普通高等教育“十四五”规划教材

食品工厂设计

岳田利　王云阳　主编

中国农业大学出版社
·北京·

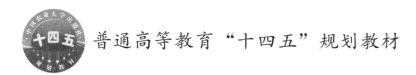

内 容 简 介

食品工厂设计是一门涉及政治、经济、工程、技术和环境等诸多学科的综合性较强的课程。本书以食品专业培养目标为出发点，以专业国际工程认证的要求为导向，以工艺设计为核心，图文并茂，主要内容包括：基本建设程序和工厂设计的内容，厂址选择，食品工厂总平面设计，工业建筑基础知识，食品工厂工艺设计，食品工厂辅助部门，食品工厂卫生设计，公用工程，食品工厂安全生产与环境保护，基本建设概算，技术经济分析等。

本书可作为大专院校食品科学与工程、食品质量与安全专业和相关专业的教材，也可作为相关领域科研人员、企业工程技术与管理人员以及其他希望了解食品工厂设计知识的读者的参考资料。

图书在版编目（CIP）数据

食品工厂设计 / 岳田利，王云阳主编. —北京：中国农业大学出版社，2019.1（2023.11 重印）
ISBN 978-7-5655-2096-9

Ⅰ.①食…　Ⅱ.①岳…　王…　Ⅲ.①食品厂-设计-高等学校-教材　Ⅳ.①TS208

中国版本图书馆 CIP 数据核字（2018）第 203282 号

书　名　食品工厂设计
作　者　岳田利　王云阳　主编

策划编辑　宋俊果　刘　军　魏　巍　　**责任编辑**　郑万萍
封面设计　郑　川
出版发行　中国农业大学出版社
社　址　北京市海淀区圆明园西路 2 号　　**邮政编码**　100193
电　话　发行部 010-62818525，8625　　读者服务部 010-62732336
编辑部 010-62732617，2618　　出　版　部 010-62733440
网　址　http：//www.cau.edu.cn/caup　　**E-mail** cbsszs @ cau. edu. cn
经　销　新华书店
印　刷　涿州市星河印刷有限公司
版　次　2019 年 1 月第 1 版　2023 年 11 月第 4 次印刷
规　格　889×1194　16 开本　18.75 印张　570 千字
定　价　56.00 元

普通高等学校食品类专业系列教材

编审指导委员会委员

（按姓氏拼音排序）

编写人员

主　　编　岳田利（西北大学）

王云阳（西北农林科技大学）

副 主 编　夏杨毅（西南大学）

高振鹏（西北农林科技大学）

参编人员　（按姓氏拼音排序）

蔡　瑞（西北大学）

崔福顺（延边大学）

邓洁红（湖南农业大学）

段旭昌（西北农林科技大学）

黄　英（塔里木大学）

李梦琴（河南农业大学）

李志刚（山西农业大学）

林德荣（四川农业大学）

盛文军（甘肃农业大学）

史亚歌（西北农林科技大学）

宋　微（西北大学）

田玉庭（福建农林大学）

王　媛（西北大学）

王周利（西北农林科技大学）

许　原（武夷学院）

薛彩霞（西北农林科技大学）

张佰清（沈阳农业大学）

张保军（内蒙古农业大学）

张志伟（青岛农业大学）

朱丽霞（塔里木大学）

纵　伟（郑州轻工业学院）

出版说明

（代总序）

岁月如梭，食品科学与工程类专业系列教材自启动建设工作至现在的第4版或第5版出版发行，已经近20年了。160余万册的发行量，表明了这套教材是受到广泛欢迎的，质量是过硬的，是与我国食品专业类高等教育相适宜的，可以说这套教材是在全国食品类专业高等教育中使用最广泛的系列教材。

这套教材成为经典，作为总策划，我感触颇多，翻阅这套教材的每一科目、每一章节，浮现眼前的是众多著作者们汇集一堂倾心交流、悉心研讨、伏案编写的景象。正是大家的高度共识和对食品科学类专业高等教育的高度责任感，铸就了系列教材今天的成就。借再一次撰写出版说明（代总序）的机会，站在新的视角，我又一次对系列教材的编写过程、编写理念以及教材特点做梳理和总结，希望有助于广大读者对教材有更深入的了解，有助于全体编者共勉，在今后的修订中进一步提高。

一、优秀教材的形成除著作者广泛的参与、充分的研讨、高度的共识外，更需要思想的碰撞、智慧的凝聚以及科研与教学的厚积薄发。

20年前，全国40余所大专院校、科研院所，300多位一线专家教授，覆盖生物、工程、医学、农学等领域，齐心协力组建出一支代表国内食品科学最高水平的教材编写队伍。著作者们呕心沥血，在教材中倾注平生所学，那字里行间，既有学术思想的精粹凝结，也不乏治学精神的光华闪现，诚所谓学问人生，经年积成，食品世界，大家风范。这精心的创作，与敷衍的粘贴，其间距离，何止云泥！

二、优秀教材以学生为中心，擅于与学生互动，注重对学生能力的培养，绝不自说自话，更不任凭主观想象。

注重以学生为中心，就是彻底摒弃传统填鸭式的教学方法。著作者们谨记“授人以鱼不如授人以渔”，在传授食品科学知识的同时，更启发食品科学人才获取知识和创造知识的思维与灵感，于润物细无声中，尽显思想驰骋，彰耀科学精神。在写作风格上，也注重学生的参与性和互动性，接地气，说实话，“有里有面”，深入浅出，有料有趣。

三、优秀教材与时俱进，既推陈出新，又勇于创新，绝不墨守成规，也不亦步亦趋，更不原地不动。

首版再版以至四版五版，均是在充分收集和尊重一线任课教师和学生意见的基础上，对新增教材进行科学论证和整体规划。每一次工作量都不小，几乎覆盖食品学科专业的所有骨干课程和主要选修课程，但每一次修订都不敢有丝毫懈怠，内容的新颖性，教学的有效性，齐头并进，一样都不能少。具体而言，此次修订，不仅增添了食品科学与工程最新发展，又以相当篇幅强调食品工艺的具体实践。每本教材，既相对独立又相互衔接互为补充，构建起系统、完整、实用的课程体系，为食品科学与工程类专业教学更好服务。

四、优秀教材是著作者和编辑密切合作的结果，著作者的智慧与辛劳需要编辑专业知识和奉献精神的融入得以再升华。

同为他人作嫁衣裳，教材的著作者和编辑，都一样的忙忙碌碌，飞针走线，编织美好与绚丽。这套教材的编辑们站在出版前沿，以其炉火纯青的编辑技能，辅以最新最好的出版传播方式，保证了这套教材的出版质量和形式上的生动活泼。编辑们的高超水准和辛勤努力，赋予了此套教材蓬勃旺盛的生命力。而这生命力之源就是广大院校师生的认可和欢迎。

第 1 版食品科学与工程类专业系列教材出版于 2002 年，涵盖食品学科 15 个科目，全部入选“面向 21 世纪课程教材”。

第 2 版出版于 2009 年，涵盖食品学科 29 个科目。

第 3 版（其中《食品工程原理》为第 4 版）500 多人次 80 多所院校参加编写，2016 年出版。此次增加了《食品生物化学》《食品工厂设计》等品种，涵盖食品学科 30 多个科目。

需要特别指出的是，这其中，除 2002 年出版的第 1 版 15 部教材全部被审批为“面向 21 世纪课程教材”外，《食品生物技术导论》《食品营养学》《食品工程原理》《粮油加工学》《食品试验设计与统计分析》等为“十五”或“十一五”国家级规划教材。第 2 版或第 3 版教材中，《食品生物技术导论》《食品安全导论》《食品营养学》《食品工程原理》4 部为“十二五”普通高等教育本科国家级规划教材，《食品化学》《食品化学综合实验》《食品安全导论》等多个科目为原农业部“十二五”或农业农村部“十三五”规划教材。

本次第 4 版（或第 5 版）修订，参与编写的院校和人员有了新的增加，在比较完善的科目基础上与时俱进做了调整，有的教材根据读者对象层次以及不同的特色做了不同版本，舍去了个别不再适合新形势下课程设置的教材品种，对有些教材的题目做了更新，使其与课程设置更加契合。

在此基础上，为了更好满足新形势下教学需求，此次修订对教材的新形态建设提出了更高的要求，出版社教学服务平台“中农 De 学堂”将为食品科学与工程类专业系列教材的新形态建设提供全方位服务和支持。此次修订按照教育部新近印发的《普通高等学校教材管理办法》的有关要求，对教材的政治方向和价值导向以及教材内容的科学性、先进性和适用性等提出了明确且具针对性的编写修订要求，以进一步提高教材质量。同时为贯彻《高等学校课程思政建设指导纲要》文件精神，落实立德树人根本任务，明确提出每一种教材在坚持食品科学学科专业背景的基础上结合本教材内容特点努力强化思政教育功能，将思政教育理念、思政教育元素有机融入教材，在课程思政教育润物细无声的较高层次要求中努力做出各自的探索，为全面高水平课程思政建设积累经验。

教材之于教学，既是教学的基本材料，为教学服务，同时教材对教学又具有巨大的推动作用，发挥着其他材料和方式难以替代的作用。教改成果的物化、教学经验的集成体现、先进教学理念的传播等都是教材得天独厚的优势。教材建设既成就了教材，也推动着教育教学改革和发展。教材建设使命光荣，任重道远。让我们一起努力吧！

罗云波

2021 年 1 月

前　言

从我们的祖先基于高山流水的灵感，发明创造了汉字“厂”开始，工厂被赋予了流水线的基本内涵，即产品生产制造的流水线。距今2000多年前的秦朝建立了早期的按照标准制造兵器的流水线，形成了早期由若干个流水线组成的工厂，直到18世纪60年代的第一次工业革命诞生了现代意义的工厂，再到19世纪60年代，以电的发明为标志的第二次工业革命使工厂进入了电气化时代，而发展到今天的工厂已实现了数字化智能化甚至无人化。当今世界食品工业面临着资源的紧缺化、生态的失调化、人口的过量化等巨大压力与挑战，食品安全、营养与健康成为人类生存与可持续发展的基本保障，设计什么样的食品和什么样的食品制造工厂才能满足这一基本需求和基本保障，成为全球食品科技界的最大科学问题和工程问题，安全、营养、健康食品的个性智能制造成为未来食品工厂设计的主题。

食品工厂设计是食品工业企业进行建设的第一步，成功的食品工厂设计应该有先进的工艺技术、合理的平面布置、科学的管道分布，技术上先进、经济上合算，建成后各项技术指标、经济指标能达到国内先进水平或国际先进水平；食品工厂设计是食品类专业的核心专业课，是高级食品工程技术人才培养的骨干工程训练课程；食品工厂设计是一门综合性非常强的课程，它涉及工程、工艺、设备、环保及经济等诸多学科，设计人员必须具备这些相关学科的理论和实践经验，才能胜任食品工厂的设计工作。基于以上思考并结合《食品科学与工程类教学质量国家标准》有关要求，我们组织编写了这部《食品工厂设计》教材，教材力求突显安全、营养、健康食品个性智能制造的现代食品工厂设计理念，追求节能、低碳、环境友好的食品工厂设计目标要求，这部教材凝聚了全国十几所高等院校食品科学与工程专业、建筑工程专业及经济管理专业具有丰富教学经验的一线教师的教学科研成果，是全体编写人员智慧的结晶。

本书由西北大学岳田利教授（曾任教于西北农林科技大学）统稿，全书由绪论和11章内容组成，绪论由西北大学岳田利编写，第1章基本建设程序和工厂设计的内容由湖南农业大学邓洁红、山西农业大学李志刚编写，第2章厂址选择由福建农林大学田玉庭、塔里木大学朱丽霞编写，第3章食品工厂总平面设计由西南大学夏杨毅、西北农林科技大学高振鹏编写，第4章工业建筑基础知识由河南农业大学李梦琴、内蒙古农业大学张保军编写，第5章食品工厂工艺设计由西北农林科技大学王云阳、高振鹏编写，第6章食品工厂辅助部门由西南大学夏杨毅、郑州轻工业学院纵伟编写，第7章食品工厂卫生设计由西北农林科技大学段旭昌、延边大学崔福顺编写，第8章公用工程由山西农业大学李志刚、西北农林科技大学史亚歌编写，第9章食品工厂安全生产与环境保护由四川农业大学林德荣、青岛农业大学张志伟编写，第10章基本建设概算由沈阳农业大学张佰清、塔里木大学黄英编写，第11章技术经济分析由西北农林科技大学薛彩霞、甘肃农业大学盛文军编写，部分设计案例由西北农林科技大学王周利、西北大学王媛、武夷学院许原编写，扩展资源由西北大学宋微、蔡瑞编写。

为贯彻党的二十大精神，此次重印时结合课程教学内容在绪论、第7章、第9章等相关章节融入了推动绿色发展，促进人与自然和谐共生；加快实施创新驱动发展战略；增进民生福祉，提高人民生活品质等相关内容，以便读者学习掌握。

在本书编写过程中，得到中国农业大学出版社及许多同仁的大力支持和帮助，在此一并表示衷心的感谢！

食品工厂设计涉及诸多学科，知识技术发展迅速，由于编者的知识面、专业水平及时间限制，虽然尽了最大努力，书中仍难免留有不妥乃至错误之处，敬请各位专家、读者批评指正，编者不胜感激！

岳田利

2023 年 10 月于西安

目　录

绪 论

0.1 食品工业的分类及特点

食品工业是指以农业、渔业、畜牧业、林业以及工业的产品或半成品为原料，制造、提取、加工成食品或半成品，具有连续而有组织的经济活动工业体系，它是一个最古老而又永恒的常青产业，伴随着地球人类文明的演进而发展，历史悠久。食品工业囊括了人类生活的方方面面，包括基础的谷物加工、肉类食品的加工、水果和蔬菜的加工、饮料生产、食品添加剂生产、乳制品加工等。

按照国家统计局和中国标准化研究院起草，国家质检总局、国家标准化管理委员会批准发布，2017年10月1日实施的《国民经济行业分类》(GB/T 4754-2017)，可以将食品工业分为4个大类、21个种类和36个小类。4个大类名称分别为：①农副产品加工业，包括植物油加工、水产品加工、谷物磨制、饲料加工、屠宰及肉类加工等；②食品制造业，包括乳制品，调味品、发酵制品、方便食品、焙烤食品、罐头食品制造业等；③酒、饮料和精制茶制造业，包括酒、饮料，精制茶加工；④烟草制品业，包括烟叶复烤及卷烟制造等。

近年来，我国食品产业结构不断优化，效益持续增长，投资规模进一步扩大。规模以上食品工业企业主营业务收入达11.35万亿元（2015年），比2010年增长了87.3%，年均增长13.4%。食品工业企业主营业务收入占全国工业企业主营业务收入的10.3%，利润总额占12.6%，上缴税金占19.3%。食品工业与农林牧渔业的总产值之比达1.11∶1。对全国总产值增长贡献率6.6%，拉动了全国工业增长0.4个百分点。食品产业不仅大量转化了大宗农产品，也大幅度增加了农民收入和农业效益，带动了农民脱贫致富和农村经济的健康发展，从根本上维护了人民的利益，增进民生福祉，不断实现发展为了人民、发展依靠人民、发展成果由人民共享，推动乡村振兴和共同富裕。

我国食品工业已发展成为门类比较齐全，既能满足国内市场需求，又具有一定出口竞争能力的产业，并实现了持续、快速、健康发展的良好态势。食品工业总产值年均递增10%以上，产品销售收入快速增长，经济效益大幅度提高，继续保持位列国民经济各产业部门前列的地位，在保障民生、拉动消费、促进经济与社会发展方面继续发挥重要的支柱产业的作用。我国对全球210多个国家和地区出口食品，其中，“一带一路”沿线国家对进口食品的旺盛需求为我国食品工业发展提供了巨大的国际市场。“一带一路”是中国食品工业走出去的历史新机遇，更多国内食品企业纷纷借助“一带一路”走出国门，有效促进了国内外食品贸易的交流发展。“一带一路”增加了我国食品走向世界的机会，有助于我国食品企业更好地掌握全球食品的需求动态，有助于食品工业形成新的商业模式与社会价值实现模式，有助于中国食品产业在世界食品市场竞争中，实现生产要素的跨区域合理化配置，带动行业发展。当前，我国食品工业总产值约占世界食品工业总产值的20%，居世界第一位。但初级加工占工业总产值的比重达60%，深加工食品制造仅占工业总产值的30%，我国食品工业仍属于以初级食品加工为主的资源型产业，食品产业现代化程度较低，食品工业科技创新能力不足。与此同时，我国农产品及食品仍然存在成本较高、档次较低、产量过剩却仍大量进口的市场矛盾，制约着食品行业的发展。

“民以食为天”揭示了食品在人类生活中的重要地位，食品产业是永远的朝阳产业。“十三五”时期是中国食品行业发展的关键期、转折期和历史机遇期，要按照“创新、协调、绿色、开放、共享”的发展理念，以一、二、三产融合为主线，以营养健康为目标，以食品加工为主导，坚持创新发展、融合发展、绿色发展、开放发展、重点发展、人才发展、前瞻发展、理念发展、改革发展、跨越发展，建立符合新时代要求和经济发展规律的、新型的食品工业产业体系，领跑世界食品工业发展新潮流。

0.2 食品工厂设计的意义和作用

食品工厂设计，就是以特定食品加工为目标，运用先进的生产工艺技术，通过工艺设计与工程地质勘查和工程测量、土木建筑、供电、给水排水、供热、采暖通风、自控仪表、三废处理、工程概预算以及技术经济等配套专业的协作配合，用图样并辅以文字做出一个完整的工厂建设蓝图，按照国家规定的基本建设程序，有计划、按步骤地进行工业建设，把科学技术转化为生产力的一门综合性学科。

在食品工业的发展中，工厂设计发挥着重要作用：①工厂设计是食品生产的基本条件，是食品卫生、安全、质量的物质保证；②不管是新建、改建、扩建一个厂，还是进行新工艺、新技术和新设备的研究，都需要进行设计，而且是第一步所必须做的，是生产的基本条件；③工厂设计是否先进、合理，与以后工厂的效益和兴旺密切相关。食品工厂设计有助于培养食品行业应用性、综合性人才，有助于促进和提升我国食品行业的整体水平。食品工厂的建设和改造，食品工艺的发明和提升，新型食品技术和装备的应用，都需要进行设计，科研成果的工业化，离不开设计的支撑。

食品工厂建设的先进性反映了一个国家的经济和科学发展水平，而食品工厂的先进性首先取决于其工厂设计的合理性，食品工厂的设计工作是食品工厂扩大再生产、更新改造原有企业、提高产品质量和生产效率、促进国民经济和社会发展的重要技术经济活动。随着人民对食品的需求日益多样化、食品安全问题日益严峻化，食品工厂的设计要求也越来越高。此外，食品工厂设计是一个系统工程，涵盖了食品行业设计的方方面面，食品工厂的设计需要符合国民经济发展需要，符合科学技术发展趋势。合理、有效的食品工厂的设计，能够为人民提供更多、更好、更优质的食品，更加完善地保障食品安全与营养健康。食品工厂的设计，对保障我国食品产业健康、快速发展，提升食品产业在“一带一路”中的作用，具有重要意义。

科技创新一直以来都是食品产业的支柱。没有好的技术，生产不出好的产品，食品工业中，生产工艺科技一直居首要位置。我国食品工厂企业，在资源利用、高效转化、智能控制、工程优化、清洁生产和技术标准等方面相对落后，特别是在食品加工制造过程中的能耗、水耗、物耗、排放及环境污染等问题尤为突出。学习和探讨绿色环保的食品工厂设计，有助于深入研究与集成开发食品绿色加工与低碳制造技术，进而提升产业整体技术水平，推动食品生产方式转变，实现传统食品工厂转型升级和可持续发展。目前，食品加工企业中，国产设备的智能化、规模化和连续化能力相对较低，成套装备长期依赖高价进口和维护，食品工程装备的设计水平、稳定可靠性及加工设备的质量等与发达国家相比存在较大差距。党的二十大报告指出“实施产业基础再造工程和重大技术装备攻关工程，支持专精特新企业发展，推动制造业高端化、智能化、绿色化发展。”对于食品工厂设计而言、装备是食品产业创新发展的关键因素。食品工厂的设计，能够系统地把握和熟悉各类型的食品设备，促进我国食品机械装备制造的技术改造和提升。未来食品产业将会逐步从“传统机械化加工和规模化生产”向“工业 4.0”与“大数据时代”下的“智能互联制造”、从“传统热加工”向“冷加工”、从“传统多次过度加工”向“适度最少加工”、从“依赖自然资源开发”向“人工合成生物转化”等方向发展。食品工厂设计，有助于从源头入手，着眼于未来新型化、个性化、智能化的食品加工与制造。

《“十三五”食品科技创新专项规划》提出，到2020年，实现规模以上食品企业主营业务收入突破15万亿元，预期年均增长7%左右，工业食品的消费比重全面提升，形成一批具有较强国际竞争力的知名品牌、跨国公司和产业集群，推动食品产业从注重数量增长向提质增效全面转变。培育食品高新技术企业，力争2020年企业数量达到5 000家。力争到2020年全面提升我国现代食品装备制造业的技术开发与装备创制能力，显著提高我国食品装备自给率、自动化率、工程化能力和国际竞争力，支撑我国现代食品制造业转型升级和可持续发展。实现这一目标，需要对现有的食品工业进行整体的改造和升级，在这一过程中，各种新的工艺、技术、设备的研究和应用，都需要进行设计，才能投入生产实际。所以，高科技、高附加值、绿色的食品工厂设计，对实现《“十三五”食品科技创新专项规划》的目标，具有重要意义。

0.3 食品工厂设计的任务和内容

食品的生产和消费需要加工过程便捷、可靠，以保障产品的一致性、高品质和高产量，这离不开科学、先进的食品工厂设计。食品工厂设计的总体任务是根据国家法律法规、国际国内标准与规程对食品生产企业的食品加工工厂进行科学论证与设计规划，运用先进的生产工艺技术，通过工艺主导专业与工程勘查、测量、建筑、水电暖的供给与排放、仪表、三废处理、工程概算以及技术经济等配套专业的协作配合。用图样形式并辅助以文字绘制完整的工厂建设图，工业建设完成后，使食品工厂能满足食品加工技术和安全卫生生产的要求。通过设计这个过程，使得国家有关政策方针得以体现，使得科学技术转化为实际的生产力，使得工厂建设更切合实际、安全实用、有更好的经济效益。

食品工厂的设计是一门涉及政治、经济、工程和技术诸多学科的综合性较强的科学技术。食品工厂设计者要具有计算、绘图、表达等方面的专业理论知识和扎实的设计功底，要掌握食品加工与食品安全专业知识，还要充分了解设计的规范标准、经济和法律政策的相关要求。最后，还要有较强的创新创造能力，才能完成有关的设计工作。

食品工厂设计的内容一般包括工厂建设、总平面设计、工艺设计、食品卫生与安全设计、技术经济分析等大的方面。还包括如建筑、结构、给水、排水、供电、自动控制、采暖通风和空气调节、热能动力（包括供汽、制冷、压缩空气及其他动力）、环境保护等非工艺设计，并按照设计阶段进行投资估算、概算、预算以及技术经济分析等。这些设计可以专业化、分解化、模块化，共同围绕着食品工厂设计这一主题，紧密配合、互相合作，共同组成食品工厂的设计任务。

食品工厂的建设必须根据拟建设项目的性质对建厂地区及地址的相关条件进行实地考察和论证分析，最后确定食品工厂的建设地点。考察和论证内容包括工厂建设的资源条件、厂址条件和环境条件等。总平面设计是食品工厂总体布置的平面设计，其任务是根据工厂建筑群的组成内容及使用功能要求，正确处理建筑物、交通运输、管路管线、绿化区域等布置问题。技术经济分析的核心内容是技术与经济的最佳结合问题，它通过应用技术经济理论和方法进行定性、定量的综合分析，是在多种方案的比较中选择技术上可行、先进，经济上有利、合理，财政上有保证的最优方案的过程。食品工厂工艺设计是食品工厂设计的主体，就是按工艺要求进行工厂设计。其决定着预期食品在工厂中是如何生产的，具体内容包括原材料和生产者的使用、环境条件，以及所有决定工厂设计的需求。食品工厂工艺设计的基本内容有：产品方案、规格及班产量确定；主要产品生产工艺流程的选择和论证等。

在食品工厂设计中，必须重视食品卫生与安全。食品卫生是指为防止食品在生产、收获、加工、运输、贮藏、销售等各个环节被有害物质污染，保证食品有益于人体健康所采取的各项卫生措施。食品卫生是食品安全的必要条件，食品安全是食品卫生的充分条件。随着人们对食品质量和食品安全意识的增强，人们对食品卫生和食品安全越来越重视，为防止食品在生产、加工、销售过程中的污染，保证食品卫生安全，食品生产过程对食品生产设施的卫生要求也越来越高，所以在现代食品工厂的设计过程中需要贯穿新的食品安全与卫生设计和生产管理理念和规范，以利于食品生产过程中的安全卫生管理，降低食品生产过程的质量安全卫生控制成本，保证产品的质量。在工厂设计时，一定要在厂址选择、厂房布局和车间布置及相应的辅助设施设计等方面，严格按照国家食品安全法、良好生产规范（GMP）、危害分析与关键控制点（HACCP）、企业食品生产许可（CS）、食品生产许可审查细则等标准规范和有关规定的要求，进行周密、全面的考虑。

0.4 食品工厂设计的特点

了解食品工厂的特点，是进行食品工厂设计的重要条件。只有根据食品工厂的特点进行设计，才能设计出符合食品生产要求的工厂。食品工厂的特点：①生产季节性强，生产品种要经常变换；②卫生要求高；③劳动力密集型；④生产条件较差。

食品工厂设计的先进性反映着一个国家的经济和科学技术发展的水平，也反映着人民生活水平的高低，在食品工业发展中具有重要的地位和作用，而食品工厂的先进性取决于工厂设计的合理性。工厂设计得不合理、存在缺陷或设计上缺乏前瞻性，会导致工厂无法正常生产，出现返工、改造等情况，耗费人力、物力，造成巨大的经济损失。

因此，食品工厂设计具有以下特点：

(1) 结合国情，注重技术先进性和经济合理性

在确定工艺流程、车间布局、设备选型、基础设施和管线布置时必须遵循国家有关法律法规和规范条例。

(2) 综合性强

食品工厂设计涉及政治、经济、工程和技术诸多学科。要求设计者具有扎实的理论基础，丰富的实践经验和熟练的专业技能，只有这样才能有高质量的设计。食品制造从厨房工业发展到现在，涉及不同的学科。因此，食品工厂的设计需要基于自然和生物科学的知识、大多数工程学科内容、相关法规、运营管理和经济评价的整体方法。一个典型的工厂包括食品加工和包装线、建筑和外部景观，以及公用设施供应和废物处理设施。食品工厂设计本质上是跨学科的，需要食品科学家、微生物学家和化学、机械和控制工程师以及其他专家综合论证实施。

(3) 生产方法的多样化

生产同一品种，可以采用不同的起始原料，采用不同的生产方法；选择同样的起始原料，经过不同的加工方法，可以得到不同的终产品。在相同的技术路线中，可以采用不同的工艺流程。科学技术的进步和生产水平的提高，可供选择的技术路线和生产方法越来越多。

(4) 食品种类多，季节性强

这就要求生产线、装置的设计尽可能达到优化、多用的目的，力求做到“一线多用，一机多能”的目的，以提高经济效益。

(5) 卫生要求高

考虑卫生设施，保障工作人员安全和具有良好的工作条件，减轻劳动强度，同时注意防止污染、保护环境、改善和美化环境。

食品工厂设计还要符合以下原则：①符合精心设计的总原则：做精心设计、投资省、技术新、质量好、收效快、回收期短；②设计的技术经济指标以达到或超过国内同类型工厂生产实际平均先进水平为宜；③积极采用新技术，力求设计在技术上具有现实性和先进性，在经济上具有合理性；④必须结合实际，因地制宜，体现设计的通用性和独特性相符的原则，并留有适当的发展余地；⑤食品类工厂还应贯彻国家食品卫生有关规定充分体现卫生、优美、流畅并能让参观者放心的原则；⑥设计工作必须加强计划性、各阶段工作需要有明确进度。

思考题

1. 简述我国食品工业的发展现状与机遇。

2. 食品工厂设计在食品产业中的意义及作用是什么？

3. 食品工厂设计的主要内容有哪些？

4. 食品工厂设计有什么特点？

5. 如何在食品工厂设计中体现“碳中和”理念？

第 1 章
基本建设程序和工厂设计的内容

学习目的与要求

通过本章的学习，了解食品工厂基本建设程序；掌握可行性研究的原则和方法；掌握项目建议书、可行性研究报告、设计计划任务书的编制方法；明确食品工厂设计的任务和内容。

1.1 基本建设程序

1.1.1 基本建设概述

1.1.1.1 基本建设内容

基本建设是指固定资产的建筑、添置和安装。即以资金、材料、设备为条件，通过勘察、设计、建筑、安装等一系列工作，完成各种工厂、矿山、医院、学校、商店、住宅、市政工程、水利设施等的建设。基本建设内容主要包括：各种房屋和构筑物的建筑工程，设备基础、支柱的建筑工程；生产、动力等各种机械设备的安装工程；设备、工具、器具的购置；其他与固定资产扩大再生产相联系的勘察、设计等工作。基本建设按照经济目的可分为生产性建设和非生产性建设，按照建设的性质可分为新建、改扩建、重建、迁建、更新改造等。其中，食品工厂建设属于生产性建设。

1.1.1.2 基本建设程序

所谓基本建设程序就是指建设项目从筹划建设到建成投产整个过程中必须遵循的工作环节及其先后顺序。

基本建设工作内容繁杂，涉及的部门众多，自然条件和物质条件的制约因素较多，必须有计划、按步骤、依程序地进行，才能完成好基本建设。基本建设程序的客观规律性，决定了任何项目的建设过程，一般都要经过计划决策、勘察设计、组织施工、验收投产等阶段，每个阶段又包含着许多环节。这些阶段和环节按照自身固有的规律，有机地联系在一起，并按客观要求的先后顺序进行。

我国基本建设工作流程如图 1-1 所示。步骤的顺序不能任意颠倒，但可以合理交叉，包括：①编制项目建议书；②开展可行性研究和编制设计任务书；③进行设计；④安排计划；⑤进行建设准备；⑥组织施工；⑦生产准备；⑧验收投产；⑨项目后评价。

1.1.2 项目建议书

1.1.2.1 项目建议书的作用

项目建议书又称立项报告，是项目筹建单位或项目法人根据国民经济的发展、国家和地方中长期规划、产业政策、生产力布局、国内外市场、所在地的内外部条件，提出的某一具体项目的建议文件，是对拟建项目提出的框架性的总体设想。

食品工厂项目建设前期的第一项工作就是编制项目建议书。它主要从宏观上论述项目设立的必要性和可能性，把项目投资的设想变为概略的投资建议。

1.1.2.2 项目建议书的内容

项目建议书要求的范围和深度不及可行性研究报告，篇幅也不长，编写分工也没有那么细致，要求编写人员既要熟悉工艺专业知识，也要熟知非工艺专业内容。食品工厂建设项目建议书主要包括以下内容：

① 项目投资方基本情况，如名称、生产经营概况、法定地址、法人代表姓名、职务、主管单位名称。

② 项目建设的必要性和可行性。

③ 项目产品的市场预测分析。

④ 产品方案和拟建规模。

⑤ 工艺技术初步方案，如工艺路线、生产方法、技术来源、主要设备等。

⑥ 主要原材料及水、电、汽，运输等需求量和解决方案。

⑦ 建厂条件和厂址初步方案。

⑧ 工厂组织和劳动定员。

⑨ 项目实施初步规划。

⑩ 投资估算、投资方式和资金来源。

⑪ 经济效益和社会效益的初步估算。

⑫ 结论与建议。

1.1.2.3 项目建议书的编报审批程序

项目建议书由政府部门、全国性专业公司以及现有企事业单位或新组成的项目法人提出。其中，跨地区、跨行业的建设项目以及对国计民生有重大影响的项目、国内合资建设项目，应由有关部门和地区联合提出；中外合资、合作经营项目，在中外投资者达成意向性协议书后，再根据国内有关投资政策、产业政策编制项目建议书；大中型和限额以上拟建项目上报项目建议书时，应附初步可行性研究报告。初步可行性研究报告由有资格的设计单位或工程咨询公司编制。

目前，项目建议书要按现行的管理体制、隶属关系，分级审批。

① 大中型基本建设项目、限额以上更新改造项目，委托有资格的工程咨询、设计单位初评后，经省、自治区、直辖市、计划单列市发改委及行业归

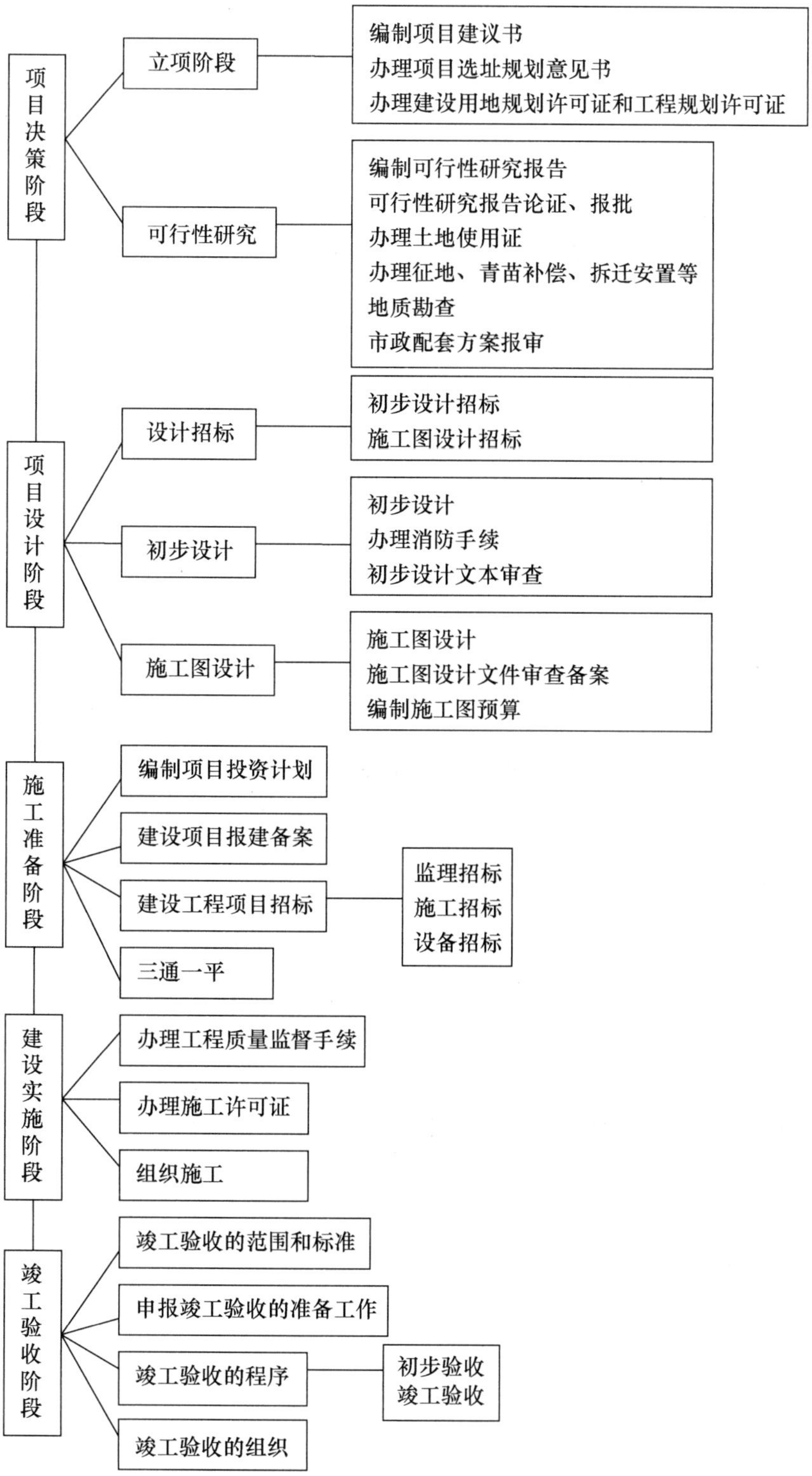

图 1-1　基本建设工作流程

口主管部门初审后，报国家发改委审批；大型项目（总投资 4 亿元以上的交通、能源、原材料项目，2 亿元以上的其他项目）由国家发改委审核后报国务院审批。总投资在限额以上的外商投资项目，项目建议书分别由省发改委、行业主管部门初审后，报国家发改委和商务部等有关部门审批；超过 1 亿美元的重大项目，上报国务院审批。

② 小型基本建设项目，限额以下更新改造项目由地方或国务院有关部门审批。小型项目中总投资 1 000 万元以上的内资项目、总投资 500 万美元以上

的生产性外资项目、300 万美元以上的非生产性利用外资项目，项目建议书由地方或国务院有关部门审批。总投资 1 000 万元以下的内资项目、总投资 500 万美元以下的生产性利用外资项目，本着简化程序的原则，若项目建设内容比较简单，也可直接编报可行性研究报告。

1.1.3 可行性研究

可行性研究是确定建设项目前具有决定性意义的工作，是在投资决策之前，对拟建项目在工程技术、经济及社会等方面的可行性和合理性进行的研究。综合论证项目建设的必要性，财务的营利性，经济上的合理性，技术上的先进性和适应性以及建设条件的可能性和可行性，从而为投资决策提供科学依据。

1.1.3.1 可行性研究的主要依据

（1）国民经济和社会发展的长远规划及行业和区域发展规划

发展规划是对整个国民经济和社会发展或行业发展的整体部署和安排，体现了整体的发展思路，建设项目在进行可行性研究时如果脱离了宏观经济发展的引导，就难以客观准确地评价建设项目的实际价值。在可行性研究中，任何与国民经济整体发展趋势和行业总体发展趋势相悖的项目都不应作为选定的项目。

（2）市场的供求状况及发展变化趋势

市场是商品供应关系的总和，可行性研究应根据投资项目所在行业的特点，分析消费者的收入水平对投资项目产品的需求状况的影响，分析项目产品与本行业中原有产品的替代关系，预测项目产品可能占有的市场份额。在可行性研究中，任何产品市场需求不足的投资项目都不应作为选定的项目。

（3）可靠的自然、地理、气象、地质、经济、社会等基础资料

可靠的基础资料是可行性研究中进行厂址选择、项目设计和经济技术评价必不可少的。拟建项目应有经国家正式批准的资源报告及有关的各种区划、规划，应对项目所需原材料、燃料、动力等的数量、种类、品种、质量、价格及运输条件等进行客观分析评价。

（4）与项目有关的工程技术方面的标准、规范

与项目有关的工程技术方面的标准、规范、指标等是可行性研究的基本依据，按照相关标准、规范等进行可行性研究可以有效地保障投资项目在技术上的先进性、工艺上的科学性及经济上的合理性。

（5）国家公布的关于项目评价的有关参数、指标

可行性研究在进行财务、经济分析时，需要有一套相应的参数、数据及指标，如基准收益率、折现率、折旧率、社会折现率、外汇汇率等，这些参数应是国家公布实行的参数。

1.1.3.2 可行性研究的作用

可行性研究的主要目的是为投资决策提供经济技术等方面的科学依据，借以提高项目投资决策水平。其作用主要有以下几个方面：

（1）可行性研究是建设项目进行投资决策的依据

可行性研究对建设项目的目的、建设规模、产品方案、生产方法、原材料来源、建设地点、工期和经济效益等重大问题都进行具体研究，有明确的评价意见。因此，可行性研究结果决定一个建设项目是否应该进行建设。

（2）可行性研究是项目单位向银行等金融组织申请贷款、筹集资金的依据

金融机构将可行性研究结果作为建设项目向其申请贷款的先决条件。金融机构是否给一个建设项目提供贷款，取决于他们对项目可行性研究报告的审批结果，只有建设项目经济效益好，具有足额偿还贷款的能力，金融机构才能同意贷款。

（3）可行性研究是项目单位与有关部门洽谈合同和协议的依据

建设项目的原材料、辅助材料、燃料、动力、供水、运输、通信等很多方面都需要与有关部门协作，合作协议或合同是根据可行性研究签订的。

（4）可行性研究是建设项目进行项目设计和项目实施的基础

可行性研究中对产品方案、建设规模、厂址、工艺流程、主要设备选型、总平面布置等都进行较为详细的方案比较、论证和筛选。可行性研究报告经审批后，建设项目的设计工作及实施须以此为依据。

（5）可行性研究是投资项目制定技术方案、设备方案的依据

通过可行性研究，可以保障建设项目采用的技术、工艺及设备的先进性、可靠性、适应性及经济合理性。

（6）可行性研究是安排基本建设计划，进行项目组织管理、机构设置及劳动定员等的依据

项目组织管理、机构设置及劳动定员等的状况直接关系到项目的运作绩效，可行性研究为建立科学有序的项目管理机构和管理制度提供了客观依据。

（7）可行性研究是环境保护部门审批建设项目对环境影响程度的依据

在编制项目的可行性研究报告时，要对建设项目的选址、设计、建设及生产等环境的影响做出评价，在审批可行性研究报告时，要同时审查环境保护方案，防污、治污设施与项目主体工程必须同时设计、同时施工、同时投产，各项有害物质的排放必须符合国家标准。

（8）可行性研究是建设项目工程招投标的依据

对于依法必须进行招标的各类工程建设项目，在报送的项目可行性研究报告中必须有关于招标的内容。工程招投标过程应依据经审批的可行性报告进行。

1.1.3.3　可行性研究报告的分类

可行性研究报告主要有两种类型。

（1）政府审批核准用可行性研究报告

审批核准用的可行性研究报告侧重关注项目的社会、经济效益和影响；具体包括：政府立项审批、产业扶持、中外合作、股份合作、组建公司、征用土地。

（2）融资用可行性研究报告

融资用报告侧重关注项目在经济上是否可行。具体包括：银行贷款、融资投资、投资建设、境外投资、上市融资、申请高新技术企业等各类可行性报告。

下面介绍几种典型的可行性研究报告。①国家发改委立项：此文件是大型基础设施项目立项的基础文件，国家发改委根据可行性研究报告进行核准、备案或批复，决定项目是否实施。②企业投融资：此类研究报告要求市场分析准确、投资方案合理，并提供竞争分析、营销计划、管理方案、技术研发等实际运作方案。③银行贷款申请：商业银行在贷款前需要项目方出具详细的可行性研究报告，国内银行一般要求该报告由甲级资格单位出具，不再组织专家评审，部分银行的贷款可行性研究报告不需要资格，但要求融资方案合理，分析正确，信息全面。另外，在申请国家的相关政策支持资金、工商注册时往往也需要编写可行性研究报告。④申请进口设备免税：主要用于进口设备免税、申请办理中外合资企业、外资企业项目。⑤境外投资项目核准：企业在对国外矿产资源和其他产业投资时，需要编写可行性研究报告，申请中国进出口银行境外投资重点项目信贷支持时，也需要可行性研究报告。⑥政府资金项目申报：企业为获得政府的无偿资助，需要对公司项目进行策划、设计、技术创新、技术规划等，编写的可行性研究报告包含管理团队、技术路线、方案、财务预测等。

1.1.3.4　可行性研究的工作程序

（1）筹划准备

项目建议书得到批复后，由项目单位筹划进行可行性研究。完成可行性研究的方式有两种：一是由项目单位组织公开招标，以签订委托合同的方式，将可行性研究交付给有能力和资质的专门咨询设计单位完成；二是由项目单位组织相关专家形成可行性研究工作小组，完成此项工作。

（2）资料收集

资料收集工作是项目可行性研究工作的基础。需要收集的资料种类繁多，包括此类项目建设的相关方针政策，项目地区的历史、文化、风俗习惯、自然资源条件、社会经济状况，国内外市场情况，有关项目的技术经济指标等。收集资料时应保证尊重客观实际，注重调查研究，力求资料详细、全面、客观、准确。

（3）分析研究

对收集的资料进行科学的分类整理，按照可行性研究的内容完成计算加工、分析研究，针对项目建设所涉及的产品方案、技术方案、组织管理、社会条件、市场定位、实施计划、资金预算、财务效益、经济效益、社会生态效益等多方面进行可行性论证，设计几套可供选择的的方案，进行分析对比，优选出最佳可行性方案，形成可行性研究的结论性意见（conclusive opinion）。

（4）报告编写

由可行性研究的承担单位或专家组根据分析研究所得的结论性意见，对项目是否可行编制可行性研究报告，交项目单位上报，以便进行下一步的项目评估。

1.1.3.5　项目可行性研究的主要内容

项目可行性研究涉及项目建设的每个方面，研究内容丰富，工作繁杂。总结起来，主要从市场营销、技术、组织管理、社会与生态影响、财务及经

济六个方面进行分析研究。

（1）市场营销方面

市场营销方面的可行性分析，主要从项目投入物的供应和项目产出物的销售两方面开展分析，分析考察商品流通渠道是否畅通，是否能保证项目顺利进行。

分析项目所需投入物能否保质、保量、以合理的价格和方式得到供应，重点分析以下问题：①项目投入物的供应渠道和供应能力，能否保证项目所需。是否开辟新的供应渠道。②采购资金融通情况，取得投入物的支付手段、支付能力及解决方法。③能否符合项目在质量、数量、价格、送货时间等方面的要求，如何保证项目有效执行。④物资采购的具体安排及方式，公开的招投标方案是否落实。⑤项目建成投产后原材料供应情况。

分析项目的产出物能否及时、足量、在有利的价格条件下通畅地销售。重点分析以下问题：①分析在有利的价格条件下，市场对项目产品的有效需求量及同类产品的竞争状况。②项目产品的销售市场在哪里，市场吸收能力，市场占有率及前景，全部项目产品进入市场是否引起价格的变化，产品在新价格体系下的盈利能力。③项目产品在数量、规格、花色、品种、质量等方面是否符合市场需求。④项目产品的贮藏、保鲜和加工问题是否得到合理解决，是否需要增加其他加工项目。⑤供国外销售产品的出口渠道是否畅通、落实，与 WTO 规则如何对接。⑥是否符合政府对产品销售（特别是名优特产）在价格、信贷、税收、补贴等方面的优惠政策。

（2）技术方面

项目在技术上的可行性分析是进行其他方面分析的起点，任何一个项目都必须进行技术设计，要根据项目目标，对项目的规模、地点、时间安排、技术措施、资源需求等做出计划。

食品工厂项目在技术可行性研究中应考虑以下问题：①项目规模。分析最经济合理的规模应该多大，工厂占地面积和原料基地区域等。②项目具体地点和布局。分析项目地点的自然条件（包括地形、地貌、植被、土地土壤、水源、种养习惯、耕作制度等）和资源条件（动植物、矿产、水、劳动力等）以及是否满足项目的要求。③地质情况。分析地质结构、利用情况、开发潜力、水土保持现状、土地坡度及植被等。④水源情况。分析项目供水方式（降雨、地下水、自来水工程、排水工程）及水源水量水质情况。⑤农业生产现状。分析农业种植养殖种类、产量，农林牧副渔生产情况及发展潜力。⑥能源和交通情况。分析能源、交通运输、通信等条件及与项目的关系。⑦技术保障。分析加工技术来源、技术的先进性与可靠性、技术开发能力及保障等。⑧技术方案。全面分析加工工艺、设备、建筑、交通运输、节能节水、环境保护各方面的技术方案及可行性。

在进行技术分析过程中，要注意以下方面：①目标明确。分析技术的可行性应紧紧围绕项目目标开展，而不能单从纯技术角度进行分析。②兼顾技术的先进与成熟适用性。项目采用的关键技术不仅应具有先进性，而且要求技术成熟适用，符合投资控制，保证项目顺利实施。③提供多方案比较。要让方案在技术上与经济上统一协调，要将不同的可供选择的方案进行对比分析，把达到项目目标的几个技术方案的成本效益加以比较后，才能确定最佳方案。④注重相关技术可行性。除完成项目本身技术分析外，同时要分析相关技术是否可行，并综合考虑与项目经营相关的储存、运输、加工、销售等技术问题。

（3）组织管理方面

完成项目的设计和建设，必须有独立的项目管理机构。负责项目的组织管理机构设置是否合理，质量是好是坏，直接影响到项目开展的结果。因此在可行性研究中，搞好组织管理方面的分析也是其重要内容之一。项目组织管理方面的可行性研究主要分析以下内容。

① 分析项目组织管理机构设置是否适当。充分考虑项目所在地区的社会文化格局、现有行政管理机构、食品加工行业管理现状、劳动力组织形式、农业生产组织方式、传统生产习惯等多因素，确保组织管理机构组织健全、结构合理、工作高效，有利于调动各方面参与项目的积极性，保证项目顺利实施。研究内容包括：分析项目内部机构的合理性；分析技术人员、管理人员和监督人员的资质及人力资源成本；分析培训设施的设置合理性；分析信息交流、反馈渠道的通畅性及与技术单位的协作关系；分析机构设置对项目发生变化的应变能力。

② 评价项目组织管理机构的环境适应性。项目实施能否成功，不仅受到组织内部能力的制约，也受到组织外部环境的影响。项目运行机制是指内部的组织机构与影响项目的外部环境，如政府部门、

非政府组织、主管部门、信贷机构、供应商、项目竞争者、客户等共同构成的决定项目运行的准则及价值取向的一系列规范和行为模式。项目外部环境及运行机制分析，是项目组织分析的重要内容，因此必须分析项目机构与有关机构组织的关系是否融通，存在何种联系，能否合作共事，有无利益冲突及应对冲突的措施。

③ 分析组织方案是否有利于项目的管理。为保证项目利益各方高度的责任心和积极性，应分析组织方案中各方面的责、权、利的划分是否明确合理，契约关系是否落实，是否有利于提高项目的管理水平。

④ 其他。有关农业产业化发展的项目，在组织管理分析中还要注意分析参加项目的农民的文化、技术及管理水平，分析相应的鼓励政策、农民培训、农技推广的计划。

（4）社会与生态环境影响方面

项目对社会与生态环境的影响分析主要包括：

① 项目是否有利于提高农民收入，缩小贫富差距。食品加工业一头联系着农业生产，一头联系着流通领域，是农业产业链中的关键环节。我国大力提倡农业产业化发展道路，希望通过加工业的发展带动农业发展，实现农民增收。因此，分析食品工厂项目对农业的带动作用是研究项目社会影响的重要内容。

② 项目是否能有效地创造就业机会。食品工业属于劳动密集型行业，在我国劳动力丰富、就业人数众多的社会背景下，食品工厂项目可对社会起到极大的稳定作用。项目方案在考虑技术进步、提高劳动生产率的同时，还应因地制宜，尽量考虑提供更多的劳动岗位，为创造社会就业机会做出贡献。

③ 项目是否有利于提高人们生活质量。从食品营养、安全与卫生方面，能否为社会提供优质产品；从生活方便性方面，产品能否减轻家庭劳动负担，是否满足旅游、野外、军需等要求；项目建设是否有利于改善当地文化设施、保健事业、交通运输及通信网络条件，增加附近农村儿童就学机会，发挥妇女的作用和提高妇女社会经济地位等。

④ 项目能否改善生态环境，促进经济可持续性发展。食品工厂项目对生态环境的影响是两方面的。一方面，规模项目的上马，可能会减少手工作坊式生产对环境的污染，以及无组织、不规范的农业生产方式对生态的破坏；另一方面，食品工厂项目形成的“三废”可能污染环境、破坏生态平衡。要客观地、充分地分析项目对生态环境的影响。

（5）财务方面

财务分析是从投资者的微观立场出发，开展的项目利益分析。投资者对一个项目最关心的问题是有没有足够的资金保证项目完成，并保证以后继续经营和保持该项目，项目能给投资者带来多少经济利益。不能给投资者带来切身经济利益的项目，在财务上是不可行的。具体财务分析包括以下内容。

① 分析投资估算与资金筹措方式。分析项目建设所需资金，年度资金计划，资金的主要用途，资金的筹措方式和可能性。如果采用银行贷款，需进一步分析贷款种类、贷款数量、贷款优惠条件、贷款回收期及贷款偿还能力等。

② 分析项目对受益者的财务回报。分析项目在建设期和生产期的收入、支出，财务盈利能力及项目的经济风险等。盈利能力一般以行业的标准收益率判断。

③ 分析项目对国家财政的影响。分析政府可能给予项目的财政支持，项目产出能否给政府带来新的税收或出口外汇收入，即项目对国家财政的影响。

（6）经济方面

经济分析是从国民经济的宏观立场出发，对项目进行的分析。投资者着重考虑项目对自身的财务回报，但对于决策部门而言，更要考虑项目能否对整个国民经济的发展做出贡献，且它的贡献能否与其耗用的资源相称。

从整个国民经济利益出发，经济分析应包括以下内容。

① 分析项目对国民财富的增加起到什么作用。如食品加工项目给国家增加了多少优质农产品及加工品，对行业产值及国民总产值（gross national product，GNP）的贡献。

② 分析说明国家有限资源是否通过该项目得到了最有效的利用。对于国家而言，土地资源、水资源、技术、资金资源都是紧缺的稀少资源，在资源利用的多种选择中，是否审批一个项目，要看该项目是否能最有效地利用有限资源，对促进国民经济发展有重要意义。

财务分析与经济分析二者互相联系，互为补充，缺一不可。财务分析从投资者的角度考虑问题，经济分析从国民经济整体角度考虑，由于考察项目的角度不同，这两种分析具有重要区别，评定经济指标上鉴定成本和效益的标准不同，采用的价格也不同。

项目可行性研究，是项目准备阶段的核心内容。6个方面的研究，各自形成相应结果。市场营销分析获得项目投资有无必要性的结果，并形成产品方案；技术及其他条件方面的分析，获得项目投资有无可能性的结果，并形成技术方案；财务和经济分析在产品方案和技术方案的基础上完成预算分析，获得投资有无经济合理性的结果；社会与生态环境影响评价在项目对社会和环境的效益方面做出进一步说明。可行性研究人员在以上详细综合分析之后，做出项目投资是否可行的结论，撰写《项目可行性研究报告》。

1.1.3.6 项目可行性研究报告的要求

(1) 项目可行性研究报告的格式应符合规范要求

可行性研究报告的篇幅、内容、项目均有一定要求。

(2) 项目可行性研究报告的深度应符合要求

可行性研究报告应具备反映客观实际的、完备可靠的技术经济分析论证及综合论证资料，报告内容全面，结构合理，结论科学，符合逻辑。报告的深度能满足作为项目投资决策依据的要求。任何材料不足、数据不全、分析不透彻、论证不严谨的报告都不符合要求。

(3) 项目可行性研究报告应具有真实性和科学性

可行性研究及报告编写均应遵循实事求是的原则，在调查研究的基础上，通过多方案比较，按客观实际情况进行论证和评价，形成结论。按自然规律、经济规律办事，不以主观愿望为导向，不为了可行而“可行”。

(4) 项目可行性报告应符合文字方面的要求

可行性报告要求文字通顺，表意准确，简洁明了。

(5) 项目可行性研究报告应责任明确

报告上应有总负责人、经济负责人、技术负责人的签字，明确对报告的质量负责。报告还应有可行性研究承担单位及其负责人资格审查单位的签字及盖章。

1.1.3.7 项目可行性研究报告的内容

项目可行性研究报告一般包括4部分：封面、目录、正文、附表（图、件）。

(1) 封面

封面内容包括项目名称、项目单位及负责人、可行性研究承担单位及负责人、可行性研究负责人资格审查单位、项目建议书批准单位及批准文号。封面参考格式见图1-2。

××省（自治区、直辖市）××食品加工厂建设项目
可行性研究报告

项目名称：____________________
项目单位名称：____________________
项目负责人姓名__________职务职称__________
项目性质（新建、改建、扩建、迁建）
项目可行性研究承担单位（公章）________（附资质证明）
可行性研究总负责人________职务职称________
经济负责人________职务职称________
技术负责人________职务职称________
项目建议书批准单位____________________
项目建议书批准文号________
编制时间：　　年　　月　　日

图1-2　食品工厂建设项目可行性研究报告封面格式

(2) 目录

目录应列出章、节两级目录，如果报告规模较大，可以列至三级目录，以便查找。

(3) 正文

项目可行性研究报告的正文一般包括14个方面的内容：①项目概述；②项目背景及意义；③项目区环境资源条件；④市场研究与产品销售方案；⑤厂址选择与项目规模；⑥项目建设方案与技术评价；⑦招投标制；⑧节能节水；⑨环境保护；⑩项目组织管理；⑪投资估算和资金筹措；⑫财务评价；⑬项目社会效益和生态效益评价；⑭结论和建议。

下面重点介绍正文中各部分内容及章节编排。

1　项目概述

1.1　项目简介　提供关于项目的基本信息。包括项目名称、项目单位、建设性质、建设地点、规模、建设期限、建设内容、项目单位及法人代表、投资规模及资金来源、资金筹措计划、主要技术经济指标、项目辐射范围及带动能力等。其中，主要技术经济指标包括占地面积、总建筑面积、建筑物占地面积、道路及铺砌占地面积、绿化面积、建筑系数、绿化系数、总投资、固定资产投资、流动资金、销售成本、销售收入、销售税金、销售利润、投资回收期、投资利润率、投资利税率、贷款偿还期、财务净现值、财务内部收益率、盈亏平衡产量等。由于主要技术经济指标数量较多，列表说

明较为清晰，参见表 1-1。

表 1-1　××食品工厂建设项目主要技术经济指标

序号	指标	单位	数量	备注
1				
2				
⋮				

1.2　项目可行性研究报告编制的依据和原则　说明开展项目可行性研究的指导思想和原则，列出项目可行性研究报告所依据的文件、方法、标准和数据来源。

1.3　综合评价和论证结论　简要说明市场营销方面、技术方面、财务方面、经济方面、社会及生态效益方面的分析评价结论。

1.4　存在的问题与建议　简述项目建设期和生产期可能出现的问题及解决问题的途径与方法。

2　项目背景及意义

2.1　项目背景　说明项目提出的背景情况，包括国家层面的宏观背景和项目所在地的微观背景。

2.1.1　项目的宏观背景　分析项目是否符合国家一定时期内的方针、政策、规划等，作为食品工厂建设项目，特别要研究项目的提出与建设是否与当前食品工业与农业产业化发展的方针、政策相符。另外，要考察项目是否与各级政府及有关部门的长远规划相符。将项目动机与产业发展方针、政策、规划的要点进行对比分析，找出契合点，得出结论。

2.1.2　项目的微观背景　一是项目单位技术经济背景，考察其规模、管理水平、信誉级别、资金状况、技术水平、人力资源等方面能否承担项目的实施；二是投资背景，考察项目所在地的农业产业化发展、农产品加工业的发展现状，项目所在地的政策扶持等，说明投资可能性。

2.2　项目建设意义　简述项目的理论依据和项目的优势条件，项目建设能给地方、部门、企业、农户带来的好处，说明项目建设意义。

3　项目区环境资源条件

3.1　自然资源条件　逐项说明项目区的自然资源情况。

3.1.1　地理位置及条件　①在国家经济区划中所处的位置；②毗邻城市地区的情况；③行政区划地界；④与相邻地区的经济关系。

3.1.2　气候条件

3.1.3　土地资源　①地质条件；②地形地貌；③土地利用现状；④原料生产土地资源及农业开发潜力。

3.1.4　水资源　①水量；②水质。

3.1.5　生物资源　①森林资源；②野生动植物资源；③饲草资源；④其他各种物种资源。

3.1.6　能源和矿产资源

3.1.7　旅游及其他资源

3.2　社会经济技术条件

3.2.1　人力条件　①项目区人口和劳动力数量及质量；②项目区劳动力利用现状；③项目区相关行业（农业、食品工业等）的科技力量状况。

3.2.2　物力条件　①原材料供应条件；②燃料、电力等供应条件；③机器设备配备、维护等条件；④运输工具配备及供应条件；⑤生产工具、办公设备等供应条件。

3.2.3　基础设施　①交通通信设施；②农产品加工贮运购销设施；③技术推广服务设施；④农业生产基础设施；⑤科教文卫设施等。

3.2.4　项目关联行业发展状况

3.2.5　经济收入状况　①城市及农村年人均纯收入；②年人均主要农产品占有量。

3.2.6　环境保护状况　①生态环境；②环境污染和治理保护现状。

3.3　项目建设有利因素分析　主要分析项目建设在政策支持、自然资源条件、市场开拓、科技力量和水平等方面具备的优势。

3.4　项目建设主要障碍及解决方案　具体分析项目建设在政策、资金、原材料、土地使用、能源供应、交通通信等方面存在哪些问题，以及解决问题的方案。

4　市场研究与产品销售方案

4.1　市场研究　从供需两方面分析国内外市场供求状况及发展趋势。

4.2　项目主要产品的商品量预测

4.3　产品生产与销售方案　①生产规模（主要原材料投入估算，燃料动力投入估算及来源）；②产品方案制定及说明；③市场价格定位（说明定位依据、竞争优势）；④销售队伍与营销网络等。

5　厂址选择与项目规模

5.1　厂址选择　阐述厂址选择的依据，选址方案涉及的自然条件、经济技术指标。

5.2　项目规模　阐述年设计生产能力及产品产量。从市场需求、资金情况、资源条件、经济效益各方面说明确定规模的依据。

6 项目建设方案与技术评价

6.1 项目的建设任务和目标 说明项目建设的主要内容以及建设目标。

6.2 项目的规划与布局 介绍项目的发展规划、布局设计及特点，说明规划设计与布局的依据。

6.3 生产技术方案及工艺流程 ①生产设计方案；②主要产品工艺流程。

6.4 项目建设标准与具体建设内容 ①建设标准（有关卫生规范、设计规范、检验规程、无害化处理规程、建筑设计规范等）；②具体建设内容（对各项建设内容的土建工程、生产设备及安装工程、主要技术措施进行说明，主要生产设备列表说明）。

6.5 项目实施进度安排 ①项目实施工程量估算；②项目实施进度安排，简述各阶段任务的主要内容，并列表说明时间进度安排。

6.6 建设方案的技术评价

6.6.1 结构的合理性 ①主导产业、主产品的选择的理由和合理性；②主导产业与其他产业的协同发展情况；③产前、产中、产后服务行业和加工行业的配置情况；④各项工程措施、生物措施、农业措施、化学措施、管理措施的运用合理性。

6.6.2 规模的适度性 ①生产企业的规模经济评价；②经营组织的规模经济评价；③生产基地的规模经济评价。

6.6.3 布局的适当性 ①开发中区域划分的合理性；②产业分区部署的合理性；③生产基地配置的合理性；④重点工程和基础设施布局的合理性。

6.6.4 时序的有效性 ①不同地区开发的进度安排；②生产项目的进度安排；③工程措施及其他各项措施的实施进度安排；④生产要素组合的进度安排。

6.6.5 技术的先进性及成熟性

7 招投标制

如果食品工厂建设项目属于国家规定的必须进行招标的工程建设项目，在可行性研究报告中应制定和说明项目招投标的原则和办法。根据《中华人民共和国招投标法》（2000 年 1 月 1 日起施行），下列国家项目在境内进行工程建设包括项目勘察、设计、监理工程有关的重要设备、材料的采购，必须进行招标：①大型基础设施、公用设施等关系社会公共利益、公共安全的项目；②全部或者部分使用国有资金投资或者国家融资的项目；③使用国际组织或者外国政府贷款、援助资金的项目。

8 节能节水

8.1 节能措施

8.2 节水措施

9 环境保护

9.1 环保设施设计依据及执行标准 以国家和地方政府指定的工程建设环境保护法规、办法、条例、工作手册等以及行业排放标准等为设计依据，执行标准不得低于现行标准。

9.2 设计范围 设计范围应涵盖所有可能对环境产生不利影响的工程。

9.3 主要污染源、污染物及其治理措施 说明项目建设期和生产期的主要污染源、污染程度，“三废”及噪声污染的治理方案和措施，项目环保机构的设置、编制和分工。

9.4 环保效果评价

9.4.1 环保投资情况

9.4.2 环保治理效果评价

9.5 环保部门意见 附件。

10 项目组织管理

10.1 项目的组织方式 说明在各项工作中的组织方式，包括办理贷款、工程承包、物资供应、民工协调、土地调整、监测评价、竣工验收等。

10.2 项目管理机构 包括①机构设置、职能、内部组织、人员配备、职称组成、岗位责任、经费预算等；②项目管理机构与政府机构的关系；③项目组织管理结构图。

10.3 经营管理模式

10.4 技术培训计划 包括培训组织形式、人员培训数量、培训方式、培训计划、培训费用等。

10.5 劳动保护与安全卫生 包括①各级劳动安全卫生管理机构；②项目劳动安全卫生机构设置；③劳动保护与安全卫生设施设计依据；④工程设计范围；⑤主要职业危害防治措施（防火防爆、电气安全、防机械伤害、防暑降温、防蝇防虫等）。

10.6 消防 包括①设计依据；②消防给水及设施；③消防制度。

10.7 食品卫生 食品加工、包装、贮藏各环节可能出现卫生问题的因素及保证卫生的措施。

11 投资估算和资金筹措

11.1 投资估算

11.1.1 估算依据

11.1.2 基本建设投资估算

11.1.3 无形资产及递延资产估算

11.1.4 建设期利息估算

11.1.5 流动资金估算

11.1.6 预备费估算

11.2 资金筹措方案

11.3 还款计划及措施

12 财务评价

12.1 项目销售收入及税金估算

12.2 产品成本估算

12.3 项目损益分析 指标包括：总利润、税后利润、投资利润率、投资利税率、资本金利润率等。

12.4 财务盈利能力分析 指标包括：财务内部收益率、财务净现值、投资回收期等。

12.5 项目清偿能力分析 指标包括：借款还本付息期、资产负债率、流动比率、速动比率。

12.6 不确定性分析 分析目标产品产量、产品销售收入、固定资产投资额、经营成本等指标的敏感性，做盈亏平衡分析。

13 项目社会效益和生态效益评价

13.1 项目社会效益

13.1.1 产品贡献 包括：①主要产品总量增长；②主要农产品商品率增长。

13.1.2 就业效果 包括：①劳动就业率；②单位投资就业机会。

13.1.3 劳动条件改善效果 指标为劳动技术装备率。

13.1.4 生活条件改善效果 指标为①人均主要产品占有量；②人均可支配收入。

13.1.5 文化水平提高效果 指标为①教育普及率；②科技人才比率。

13.1.6 分配效果 指标为①国家收益比重；②地方收益比重。

13.2 项目生态效益 一般食品工厂项目以定性分析为主，定量分析为辅。

14 结论和建议

简明扼要地给出该项目可行性研究的基本结论，并提出存在的问题及解决问题的建议。使项目投资者、贷款单位、评估和审批单位能一目了然地获悉项目在市场、技术和经济效益上是否可行。

（4）附表（图、件）

附表包括：①基本财务报表（现金流量表、损益表、资金来源与运用表、资产负债表、财务外汇平衡表、国民经济费用效益流量表、经济外汇流量表等）；②辅助财务报表（固定资产投资估算表、流动资金估算表、投资计划与资金筹措表、主要投入物和产出物使用价格依据表、单位产品生产成本估算表、固定资产折旧估算表、无形资产及递延资产摊销估算表、总成本费用估算表、产品销售收入和税金及附加估算表、借款还本付息估算表等）。

附图包括：①项目区位置图；②项目区现状图；③项目规划布局图；④其他。

附件包括：①项目建议书批准文件；②企业营业执照；③银行承贷文件；④财政配套承诺文件；⑤水电供应文件；⑥技术来源证明（如无公害生产基地等资源条件证书、专利证书、科技成果鉴定证书等）；⑦咨询机构资质证书；⑧其他。

1.1.4 项目评估

项目评估是在项目单位提交可行性研究报告之后，由项目审批单位组织有关专家对项目进行实地考察，并着重从国家宏观经济的角度检查项目各个方面，对项目可行性研究报告的可靠性做出评价。项目评估与可行性研究之间存在相互作用的关系，项目评估的意见和结论对于项目是否立项执行起着至关重要的作用。

1.1.4.1 项目评估的作用

（1）加强决策的科学性

专家小组根据实际情况，采用科学的方法，对项目的技术、管理、财务、经济方面做出分析和评价，有助于消除可行性研究中的主观意识影响，是避免决策失误的关键环节。

（2）统一微观经济与宏观经济效益

项目评估采用完整的技术方法和科学的经济指标体系，对项目的财务效益和经济效益同时做出定量分析，准确衡量项目的微观和宏观经济效益，统筹兼顾宏观利益与微观利益。

（3）规避信贷风险

没有项目评估报告的项目不能取得银行的贷款。因此，科学、全面、系统的项目评估是金融机构发放贷款的重要依据。发挥金融机构对项目的参与和监督作用，对于规避和降低信贷风险具有重要作用。

（4）指导项目管理和实施

项目评估对项目区的自然、经济、技术、社会各方面进行详细全面的调查和科学的分析，项目评估报告对项目实施的预测可作为项目管理和实施的指导意见。

1.1.4.2　项目评估与可行性研究的相互关系

项目可行性研究是项目评估的基础，项目评估是项目可行性报告得到批准的决定因素。二者的相同点体现在：①目的相同；②理论基础、分析的内容、要求和基本方法相一致；③工作性质相同。不同点体现在：①发生的时间点不同；②内容详简程度不同；③需要的时间不同；④从事工作的主体不同；⑤决策意义和权威性不同。

1.1.4.3　项目评估的内容

（1）项目必要性的评估

项目可行性研究报告中关于立项必要性的论证是审查重点。主要评估：①项目是否符合国家经济发展的总目标、食品工业发展规划和产业政策，项目在增强农村地区经济活力、促进农业可持续发展方面起到什么作用。②项目是否有利于合理配置和有效利用资源，并改善生态环境。③项目产品是否适销对路，符合市场需求，具有良好的市场前景。④项目投资的总效益，包括经济效益、社会效益、生态效益。尤其要评价项目建设能否为国民经济和解决“三农”问题做出大的贡献。

（2）项目建设条件的评估

评价是否具备项目建设的条件，包括：①项目所需资源是否具备，资源条件是否满足。②项目所需投入物，包括原材料、燃料、动力等是否能按质按量按时供应，供应渠道及采购方案是否可行。③项目产出物销售条件是否达到项目要求，主要产品生产基地布局是否合理。④科学技术条件是否满足，科技基础设施、科技人员力量是否满足，生产工人及原料基地农民的文化程度、接受新技术的能力等条件能否适应项目对新工艺、新技术、新设备的要求，是否具有改善科学技术条件的措施。⑤项目是否具备良好的政策环境条件。⑥组织管理条件是否具备，项目组织管理机构是否健全、高效；项目组织方式是否合适；技术培训及推广措施能否得到落实。

（3）建设方案的评估

建设方案涉及项目的规模布局、产品结构、技术方案、工程设计及时序安排，建设方案的主要评估内容：①项目规模与布局的合理性。②产品结构是否符合产业政策，是否有利于增强农村经济实力。③技术方案采用的工艺、技术、设备等是否先进、合理，是否符合国家的技术发展政策。④工程设计方案的合理性。⑤项目时序安排是否合理，实施进度是否科学可行。

（4）项目投资效益的评估

投资效益评估是项目评估的核心内容，包括：①基本经济数据（投入成本估算、项目效益估算、比较增量净效益估算）是否准确；基本经济参数（贴现率、影子汇率、影子工资等）的确定是否科学合理。②财务效益。鉴定投资利润率、贷款偿还期、投资回收期、净现值及财务内部报酬等的计算分析是否准确，评价项目建设对投资者的利益及农户收入提高幅度。③经济效益。评估有限资源是否得到合理高效利用，经济净现值、经济内部报酬是否达到要求，项目建设对整体国民经济的利益。④社会生态效益。评价项目建设对就业效果、地区开发程度、森林覆盖率、水土保持等指标的影响，项目建设是否综合考虑农业资源开发与生态效益的协调。⑤不确定性及风险分析。评估项目的敏感性，评价不确定性因素发生变化后项目的财务效益和经济效益发生的变化，项目单位及农户遭遇的风险危害。

（5）评估结论

完成以上评估内容后，综合各种主要问题做出项目评估结论性意见。主要包括以下几点：①项目是否必要。②项目所需条件是否具备。③项目建设方案是否科学合理。④项目投资是否落实，效益是否良好，风险程度如何。⑤评估结论性意见：明确说明同意立项，或不同意立项，或可行性研究报告及项目方案需修改或重新设计，或建议推迟立项，待条件成熟后再重新立项，并简要说明理由。

项目评估工作结束后，应撰写《项目评估报告》，格式基本同《项目可行性研究报告》。

1.1.5　设计计划任务书

1.1.5.1　设计计划任务书的作用和审批权限

设计计划任务书是在可行性研究的结论基础上编制的项目建设计划，简称为设计任务书或计划任务书。它是设计文件编制的依据。项目单位应组织人员或委托设计部门编制设计计划任务书并经主管部门批准后，方可进行初步设计。

设计计划任务书的审批权限因项目属性而不同。特殊重大项目，由国家发展改革委员会报国务院批准；大中型项目，按隶属关系，由国务院或省级主管部门提出审查意见，报国家或省（自治区、直辖市）发展改革委员会批准；中小型项目，按隶属关系，由地方主管部门审批。

1.1.5.2 设计计划任务书的内容

设计计划任务书包括正文及附件。

(1) 正文

设计计划任务书的正文部分，因建设项目的规模类别而异，大中型食品工厂项目一般包括如下内容。小型项目计划任务书，可参照如下内容并适当简化。

① 建设目的和依据。即建厂理由。说明原料资源利用情况，同类型产品生产水平和市场需求状况。项目建设的总体效益。

② 建设规模。说明年产量、生产范围、生产规划，以及分期建设每一期的生产能力。

③ 产品方案。说明全年产品品种、数量、规格标准及生产时间安排。

④ 生产方法和工艺。提出主要产品的生产方法，技术的先进性、成熟性、技术来源，产品工艺流程，需要的主要设备及订购计划。

⑤ 工厂组成。新建项目的部门组成，车间、辅助车间及仓库的配置，所需交通工具，与其他单位生产资源的协作计划，劳动定员及结构组成。

⑥ 资源综合利用和“三废”治理方案。提出副产物综合利用的要求及“三废”治理标准，制定相应的处理方案。

⑦ 建厂地址方案及占用土地估算。提出建筑面积和要求，绘制工厂总占地面积和地形图。

⑧ 防空、抗震、安全生产与食品卫生要求。

⑨ 建厂进度安排。设计、施工的实施单位，分阶段工作的时间安排。

⑩ 投资估算。固定资金和流动资金各方面的投资控制数。

⑪ 技术水平和经济效益要求。建厂后拟达到的各项技术经济指标。

此外，改扩建的大中型项目计划任务书还应包括固定资产的利用程度和现有生产潜力发挥情况。

(2) 附件

① 经国家或省（自治区、直辖市）主管部门批准的矿产资源、水文、地质等勘探勘察报告。

② 生产所需主要原材料、协作产品、燃料、水电等合作意见或协议文件。

③ 经当地政府同意的建设用地意向性协议书。

④ 由技术负责人、经济负责人出具的产品销售情况、财务和经济效益、社会效益的调查分析论证资料。

⑤ 环境保护部门的环境评价报告。

⑥ 采用新工艺新技术时，由技术部门签署的技术鉴定书，以说明技术的先进性和成熟性。

⑦ 交通运输、给排水、市政公用设施等协作单位或主管部门签署的协作意见书或文件。

1.1.6 设计工作

1.1.6.1 设计工作程序

项目单位在设计计划任务书获得批准后，即可开展设计工作。设计工作主要是通过图纸等技术语言形式更加明确、具体地表达可行性研究报告提出的建设构想，并达到设计计划任务书的要求。设计工作一般委托有资质的设计单位完成。设计单位接受设计任务后，首先进行资料收集等准备工作，然后拟定设计方案，在方案通过有关部门评审后，根据项目大小和重要性可采取二阶段设计或三阶段设计。对于新而复杂、规模特大或缺乏该种设计经验的大、中型工程，经主管部门指定的才按三阶段进行设计，即扩大初步设计（简称初步设计）、技术设计、施工图设计。对于一般性的新建、改建和扩建工程，都采用两阶段设计，即初步设计、施工图设计。

设计单位完成了施工图设计，还要负责向施工单位（丙方）进行技术交底，与施工单位共同研究施工中的技术问题，根据实际情况，做必要的设计修改，促进施工任务顺利完成。安装工程完毕后，设计单位还应参加试车运行，了解设备和生产线运转是否正常，是否达到预期效果。并与项目单位、有关部门共同参与验收。最后，还要做好技术资料的整理和归档工作。

1.1.6.2 初步设计

初步设计是基本建设前期工作的组成部分，是实施工程建设的基本依据，所有新建、改建、扩建和技术改造的建设工程都必须有初步设计。初步设计是根据批准的可行性研究报告和必要而准确的设计基础资料，对设计对象进行通盘研究，阐明在指定的地点、时间和投资控制数内，拟建工程在技术上的可能性和经济上的合理性。通过对设计对象做出的基本技术规定，编制项目的总概算。初步设计的成果主要体现在设计说明书上，图纸和表格是设计说明书的补充。在初步设计中绘制的图纸不足以作为施工之用。

(1) 初步设计的深度

初步设计的深度应满足下列要求：

① 能够用于设计方案的比较、选择和确定；

② 满足主要设备和主要材料的订货要求；

③ 土地征用；

④ 建设投资的控制；

⑤ 主管部门和有关单位进行设计审查；

⑥ 确定生产人员的岗位、技术等级、人数并安排人员技术培训；

⑦ 作为施工图设计的主要依据；

⑧ 施工、安装准备和生产准备。

（2）初步设计的注意事项

① 初步设计要严格按照国家相关法律法规的要求进行。我国现行的《出口食品生产企业备案管理规定》（自 2011 年 10 月 1 日起施行）和《食品生产加工企业质量安全监督管理实施细则》（自 2005 年 9 月 1 日起施行）对出口食品和内销食品都强调了食品质量安全准入市场。这些法规在食品生产加工企业必备条件中都明确规定了食品加工企业必须具备保证产品质量的食品生产设备、工艺装备和相关辅助设备，必须具有与保证产品质量相适应的原料、处理、加工、贮存等厂房或者场所。这就要求从初步设计方案一开始就需严格按上述法规中的规定进行工艺生产方法的选择和设备选型，并进行总平面布置及工艺布置，以符合有关法规所规定的必备条件。为此，初步设计的设计过程中，设计单位应与相应的各级质量监督检验检疫部门及卫生部门沟通，听取意见，及时修正方案。

② 初步设计要严格按照各专业的标准进行。由于食品工厂设计工艺性很强，初步设计的编制是对未来工厂的定型描述，除了协调食品工艺与土建、公用等专业之间的关系，还需协调工艺、土建、公用专业设计与消防、环境保护、节约能源、劳动安全等方面的关系，所以在初步设计过程中，应该与相应的消防、环保、劳动部门沟通，征求意见，及时调整方案。在设计过程中，严格执行工程建设强制性标准和食品及食品卫生的强制性标准。

1.1.6.3 施工图设计

施工图设计是针对已批准的初步设计将工程技术人员的设计构思、设计意图在深度上进一步深化，变成工程可执行的语言。设计的最终结果体现在图纸上，然后经过制造、施工、安装，使整个设计从设想变为现实。

（1）施工图设计的深度

施工图设计的深度除了和初步设计互相连贯衔接之外，还必须满足以下条件：

① 具有全部设备、材料的订货和交货安排；

② 具有非标准设备的订货、制造和交货安排；

③ 能作为施工安装预算和施工组织设计的依据；

④ 控制施工安装质量，并根据施工说明要求进行验收。

（2）施工图设计的内容

施工图设计文件包括图纸以及施工、安装说明，技术经济指标和预算一般以表格为主。不同类型的工厂、车间以及不同的设计工种的施工图繁简程度是不同的。互相关联不大的独立的机械设备的施工图比较简单，互相关联密切的、有特殊要求的组合设计比较复杂，管道种类较多的车间的施工图比较复杂。施工图设计内容、繁简程度也和施工、安装单位的技术水平有关，对于技术力量强、经验丰富的、技术资料积累较多的施工、安装单位，很多通用性的图纸都可以简化或省略。

各专业工种图纸的内容如下：

① 工艺部分。包括生产工艺流程图，车间设备平面布置图，车间设备立面布置图，管道平面布置图，管道立面布置图、剖面图，设备安装图，操作台，设备及管道支架、工器具以及设备表，材料汇总表等。

② 给排水部分。包括供水、排水、水处理、污水处理设备布置，管道布置，生活室、卫生设备、浴室给排水管道布置，厂区排水沙井、消防系统、凉水塔及循环用水、废水回收，以及设备表等。

冷冻机房设备布置，管道布置、安装图、以及设备表、材料表等。空调设备及管道布置图、系统图，管道安装施工详图、通用图以及设备表、材料表等。

③ 动力部分。包括锅炉房、空压机站、冷冻机和冷库设备布置图、安装图，管道流程图、机房及厂区管道布置图、管道保温结构图，主要的支架、吊架图以及设备表、材料表等。

④ 采暖通风部分。包括通风、除尘、采暖、空调设备及管道布置图、系统图，管道安装施工详图、通用图以及设备表、材料表等。

⑤ 供电部分。包括变电站（所），高、低压配电室设备布置图，动力配线图，照明配线图，厂区接线系统、防雷、通信、非标准配电柜接线图，安装详图以及设备表、材料表等。

⑥ 仪表及自动控制部分。包括生产过程各种介

质的流量、质量、液位、温度、压力，分析仪表的指示、记录、信号，调节系统原理图，线路图，仪表盘、仪表柜布置图、接线图以及材料表等。

⑦ 土建部分。包括总平面布置图，厂区土方平衡图，各部分厂房、建筑物的建筑平面图、立面图、剖面图和结构图；各构筑物、围墙、道路、沟道结构图；设备基础图，预留孔、预埋件图；各种节点详图，选用的标准图、通用图，门窗图、表等。

⑧ 施工说明。包括各专业工种的施工说明，工艺的施工说明，设备的安装要求和注意事项；管道设计的管材选用，连接方式，保温结构，试压要求，防腐油漆及标志油漆的颜色；安装验收规范和标准等。

（3）施工图设计的注意事项

施工图设计过程中应注意以下几个方面的事项：

① 在施工图设计中，当初步设计审批文件对初步设计的某些技术方案有所变更时，应按审批文件精神对方案进行调整。必要时，应有补充的设计方案按规定程序审查上报。

② 做好施工图设计准备工作，包括组建施工图设计班子及编写施工图设计工作提纲，并列出本项目的子项目一览表。

③ 施工图设计完成后，需经过消防、卫生、环保、职业安全、交通、园林等部门的专项审查，因此相关图纸应在初步设计阶段与有关部门沟通、征求意见后在施工图上充分反映，并经审查确认。

1.1.7　施工、安装、试产、验收及交付使用

建设项目施工前，必须完成相应建设准备工作，具有施工条件后方可施工。准备工作包括：①落实建设资金；②落实工程内容；③落实施工图纸；④提出物质和设备采购计划；⑤办理土地征用拆迁手续；⑥落实水电及道路等外部施工条件；⑦完成工程施工招标。施工单位根据设计单位提供的施工图（附材料表），编制施工预算和施工组织设计。施工前还需做好施工图会审工作，明确质量要求，施工中要严格按照设计要求和验收规范，确保工程质量。及时与设计单位保持联系，施工异动应取得设计单位同意。施工完成后，项目单位及时组织生产准备工作，主要工作内容包括：①管理、技术、生产人员的招收和培训；②组织完成设备的安装和调试，相关人员掌握生产技术和工艺流程；③原材料、协作产品、燃料、水电气等条件的准备；④工装、器具、备品备件等的制造和订货；⑤组织生产管理指挥机构，制定管理制度，收集生产技术资料、同类型产品样品；⑥进行负荷运转和生产调试；⑦组织验收。

大型建设项目由中华人民共和国住房和城乡建设部组织验收；中小型项目，按隶属关系，由国务院主管部门或地方主管部门负责组织验收。项目验收前，项目单位要组织设计单位、施工单位先期进行初验，向主管部门提交竣工验收报告，并整理技术资料，绘制竣工图，分类立卷，移交生产单位归档保存。项目单位认真清理物资财产，编制工程竣工决算，报上级主管部门审查。项目竣工验收后，迅速办理固定资产交付使用的交接、转账手续，做好固定资产的管理工作。

1.2　工厂设计的任务与内容

1.2.1　工厂设计的任务和分工组织

1.2.1.1　工厂设计的任务

食品工厂设计的总体任务是根据国家法律法规、国际国内标准与规程对食品生产企业的食品加工工厂进行科学论证与设计规划，使其能满足食品加工技术和安全卫生生产的要求。工厂设计通过图纸的形式，更好地、更合理地来体现可行性研究报告提出的设想。

1.2.1.2　设计项目的分工组织

食品工厂设计内容广泛，涉及多方面的专业领域，需要各专业设计人员互相配合，协同工作，共同完成设计任务。根据专业划分，食品工厂设计可以分为工艺设计和非工艺设计两大组成部分，分别由设计单位的工艺、设备、土建、动力、技术经济等设计室（组）分工合作完成。设计单位的专业分工一般包括：工艺、管道工程、自动控制、设备、土建、电气、热力、给排水、采暖通风、储运、总图、技术经济等，以满足建设项目设计工作的需要。

设计单位与项目单位签订设计合同后，成立项目组，下设分项专业组，项目管理实行项目负责人制。项目总负责人或设计项目负责人（简称总负责人）由设计单位行政负责人任命，总负责人同单位计划管理部门商定落实各专业技术负责人，专业技术负责人安排本专业组的设计人员。阶段设计计划由总负责人同单位计划管理部门下达给各分项设计组。

设计单位应对工程设计的质量给予保证，正式的工程文件和图纸都需有设计、校对、审核三级签字，特别重要的文件和图纸还需要审定。各专业之间相关的文件和图纸需要会签。我国工程设计行业执行的质量管理体系标准为GB/T 19001－2016，对应于国际标准化组织质量管理体系标准ISO 9001：2015。

1.2.2 工厂设计的内容

食品工厂设计包括工艺设计和非工艺设计两大组成部分。

1.2.2.1 工艺设计

所谓工艺设计，就是按工艺要求进行工厂设计。由于工艺设计是以工厂的生产产品及其生产能力为基础，进行生产流程及生产方法的选择，物料的平衡，设备的选型以及工艺、水、电、汽用量估算，所以工艺设计的好、坏，直接影响到全厂生产和技术的合理性，与建厂的费用、投产后产品质量、成本等均有密切的关系。同时工艺设计又是土建、公用设计所需基础资料的依据，所以工艺设计在整个工程设计中占有重要地位。

食品工厂工艺设计的内容大致包括：①全厂总体工艺布局；②产品方案、产品规格及班产量的确定；③主要产品和综合利用产品的工艺流程的确定；④物料平衡的计算；⑤生产车间工艺设备的选型及配套；⑥生产车间各工段面积估算及生产车间的设备平面布置图；⑦劳动力计算及劳动组织，更衣、消毒设施的配置；⑧水、电、汽、冷、压缩空气等能耗的计算；⑨管路计算及设计，包括管材及阀件的选用等；⑩施工说明等。

食品工厂工艺设计除上述内容外，还必须提出下列要求：①工艺流程对总平面布置图上物流、人流和各车间及辅助设施相对位置的要求；②工艺对土建跨度、柱网、层高的要求，对车间采光、通风、排水、卫生设施的要求，对车间各工段（区域）温度的要求；③生产车间水、电、汽、冷、压缩空气等的需用量计算及负荷变化要求；④对供水水质及压缩空气品质的要求；⑤对排水性质、流量的计算及废水处理的要求；⑥对各类仓库面积的计算及库房温度、湿度、通风、卫生的要求；⑦为技术经济分析所需基础资料如原、辅材料单位耗用量及单位能耗、劳动定员等提供依据。

1.2.2.2 非工艺设计

食品工厂非工艺设计包括总平面布置、建筑、结构、给水、排水、供电、自动控制、采暖通风和空气调节、热能动力（包括供汽、制冷、压缩空气及其他动力）、环境保护等设计，并按照设计阶段进行投资估算、概算、预算以及技术经济分析等。必要时，还包括设备设计。非工艺设计都是根据工艺设计的要求和所提出的数据进行设计的。

（1）总图

根据工艺要求提出的人流、物流流向，生产所需车间及仓库和水、电、汽负荷所需用房面积，对各生产车间、辅助设施进行总平面布置上的定位，按生产流量确定道路宽度，装、卸货广场的大小，堆场面积等。

（2）建筑

按工艺要求所提出的各生产车间及仓库面积及公用系统，按全厂水、电、汽、冷等负荷所需用房面积，定出各建筑物跨度、柱网、层高等。按工艺食品卫生要求定出室内、外装修标准及用料规格性能。按工艺提出生产火灾危险性类别，确定消防设计。

（3）结构

按工艺及建筑要求确定结构选型、地基处理及荷载大小等。

（4）给水、排水

按工艺及其他（包括空调、制冷、供热、空压等）用水量及水质、水压要求，计算全厂用水量，确定厂区给水工程及消防供水系统、供水处理系统。按各建筑物排水要求及负荷确定排水量及排水系统、污水处理量及处理系统，并对土建及供电提出要求，如泵房大小，用电负荷，污水处理站的位置、面积，构筑物要求等。

（5）采暖通风及空气调节

按工艺及建筑要求计算全厂采暖负荷及系统选择、空调负荷及系统选择、通风方式及设备选择。并提出对土建要求和配电、供热、制冷要求。

（6）供热

按工艺及其他（包括采暖、空调）用汽量要求计算全厂用汽量，确定全厂供热方式、供热系统及热回收系统及厂区管线等。并对建筑、结构、电、风提出锅炉房的大小、供电、通风要求。

（7）制冷

按工艺及空调要求计算全厂冷负荷，确定制冷方式及冷站和冷库的设备配置，并对土建提出制冷站及冷库的要求和配电、通风要求。

（8）压缩空气

按工艺、暖风、制冷及给水等用气量及空气质量的要求计算全厂压缩空气负荷量及设备的选择，并对土建提出空压站的面积大小、消声要求和供电、给水、通风等要求。

（9）供电

按工艺，给、排水，采暖，通风，空气调节，制冷，供热，压缩空气等要求计算全厂用电负荷量及供配电系统的选型，车间及辅助设施的动力配电及照明等及厂区外线，并对土建及其他专业提出要求。

（10）技术经济

由工艺及土建、公用各专业，提供设计内容及材料用量，进行投资估算、概算或施工图预算。由工艺专业提供产品方案，原、辅材料消耗定额，能耗量，劳动组织等以及产品原料价，成品销售价等进行成本计算及盈利情况分析，提出还贷能力及风险性分析。

综合上述，食品工厂设计项目涉及设计工种较多，而且纵横交叉，所以，各工种之间的相互配合是搞好食品工厂设计的关键。

1.2.3　工厂设计的步骤

1.2.3.1　初步设计

初步设计是依据经批准的可行性研究报告，确定全厂性的设计原则、设计标准、设计方案和重大技术问题，如总工艺流程、生产方法、工厂组成、总图布置、水电气（汽）供应方式和用量、主要设备选型、全厂的储运方案、消防、劳动安全、食品卫生与安全、环境保护、综合利用等。初步设计文件是供主管部门审批的，也是确定项目的投资额、土地征用、组织主要设备及材料的采购的依据，同时也是进行工程招标与发包、争取银行贷款、组织原料生产的依据。初步设计文件得到批准后，方可进行施工图设计。初步设计文件包括初步设计说明书、图纸（包括设备表、三大材料表）和总概算三部分。初步设计文件一般包括以下内容。

① 总论。包括 a. 设计依据、原则、范围；b. 厂址概述、建厂规模；c. 产品方案、生产方法及工艺路线；d. 主要原辅材料的供应；e. 综合利用及“三废”处理；f. 水、电、气（汽）、冷来源；g. 交通运输；h. 工厂组织管理及工作制度；i. 主要技术经济指标及投资等；j. 成品、半成品主要技术规格与质量标准。

② 技术经济。包括基础经济数据、经济分析及附件。

③ 总平面布置及运输。包括生产区、厂前区、厂后区、原料堆场库房、运输等。

④ 生产技术。包括生产方法和工艺流程。

⑤ 设备。包括设备技术参数、主要设备总图。

⑥ 自动控制。包括全厂自动化水平、控制系统及仪表、动力供应等。

⑦ 土建。包括气象、地质、地震等自然资源及施工安装条件，建筑设计、结构设计对建厂地区特殊问题的设计考虑，施工特殊要求及大型设备安装要求等。

⑧ 给排水。气象、水文、地质等自然资料条件、水源及输水管道、给水处理、厂区给排水、污水处理等。

⑨ 供电。电源状况、负荷及供电要求，主要耗电设备材料选择，总变电所及高压配电所，照明、接地、接零及车间配电，防雷、防静电设施等。

⑩ 电信。

⑪ 供热。

⑫ 采暖通风及空气调节。

⑬ 空压站、氮氧站、冷冻站。

⑭ 维修。

⑮ 中心化验室。

⑯ 仓库及堆场。

⑰ 劳动安全与食品卫生。生产中职业危害因素分析及控制措施、劳动安全及食品卫生设施及专项投资情况、预期效果及评价。

⑱ 环境保护。环境保护设计标准、主要污染源及污染物、环保措施及处理工艺流程、绿化设计、环境监测体制、环保投资概算、环保管理机构设置及定员等。

⑲ 生活福利设施。

⑳ 总概算。

1.2.3.2　施工图设计

初步设计的深度能够说明拟建工厂的全貌，但还不能用于直接指导施工，必须进行施工图设计。

施工图设计是在初步设计的基础上，对设计方案的进一步深化、完善和具体化，满足建筑工程施工、设备制造、设备安装、自动控制等建设及造价预算的需要。施工图是重要的建筑技术语言，表达设计者的要求，用以指导施工。通过图纸使施工者充分了解设计意图、使用的材料、如何施工等。施工图设计中的技术文件，所有尺寸都应该标注清楚，图纸要齐全、正确、简明、清晰，便于准确指导施工。对于小型项目或简单设计，一般不需另外编写施工图设计说明，可把施工说明简要地用文字的形式标注在施工图上即可。复杂项目的设计，除施工图外还应有施工说明及部分材料附表。

施工图设计应依照初步设计文件开展，允许对已经批准的初步设计中存在的问题做适当的修改和补充，但主要涉及内容不能更改。如需要更改，必须经过初步设计人员、项目单位、主管部门的同意和批准。

施工图设计的主要内容有：工艺设计中的带控制点的工艺流程图、公用工程系统图、设备布置图、设备一览表、管道布置图、管架管件图、设备管口方位图、设备和管路保温及防腐设计；非工艺设计中的土建施工图、供电线路图、给排水管线安装图、自控仪表线路安装图、非定型设备制造图、设备安装图等。

思考题

1. 食品工厂建设项目要经过哪些基本建设程序？

2. 项目建议书的作用是什么？

3. 什么是项目可行性研究？研究内容包括哪些？

4. 什么是项目评估？它与项目可行性研究存在什么联系与区别？

5. 食品工厂设计的任务和内容是什么？

6. 以你所在地为条件拟一份食品工厂建设可行性研究报告提纲。

第2章
厂址选择

学习目的与要求

通过本章的学习，了解食品工厂厂址选择需要考虑的各种因素；掌握食品工厂厂址选择的原则及常用方法；掌握食品工厂建设条件评价和食品项目环境影响评价的基本内容和基本方法。

食品工厂的建设必须根据拟建设项目的性质对建厂地区及地址的相关条件进行实地考察和论证分析，最后确定食品工厂建设地点。食品工厂的建设条件是保证工厂建设和生产经营顺利进行的必要条件，包括工厂本身的建设施工条件和工厂建成后交付使用的生产经营条件。工厂建设条件既包括工厂本身系统内部的条件，也包括与工厂建设有关的外部协作条件，工厂建设条件的重点是工厂建设的外部条件，包括工厂建设的资源条件、厂址条件和环境条件等。

厂址选择是在可行性研究的基础上进行的一项重要工作。厂址选择的好坏，直接影响到食品工厂建设的投资、建设进度、投产后的生产条件和经济效益以及生产卫生、职工劳作环境等各方面。在决定厂址选择方案时，应当在筹建部门的主持下，组织主管部门、土建部门、地质部门、环保部门等有关单位共同参加，经过对多个选址方案的认真充分研究论证、全面详细比较，从中选择优点最多的地点作为建厂地址。在选择厂址时应遵循厂址选择原则，而后进行技术勘查，最后写出厂址选择报告。

2.1 厂址选择的重要性及原则

厂址选择，即建厂地理位置的合理选定。其根据国民经济建设、技术经济政策，结合资源情况和工业布局的要求确定，是落实工业生产力分布、实现建厂计划的重要环节。

厂址选择是指在相当广阔的区域内选择建厂的地区，并在地区、地点范围内从几个可供考虑的厂址方案中选择最优厂址方案的分析评价过程。厂址选择一般包含地点和场地选择两个概念。所谓地点选择就是对所建厂在某地区内的方位（即地理坐标）及其所处的自然环境状况，进行勘测调查、对比分析。所谓场地选择，就是对所建厂在某地点处的面积大小、场地外形及其潜藏的技术经济性，进行周密的调查、预测、对比分析，作为确定厂址的依据。

2.1.1 厂址选择的重要性

从某种意义上讲，厂址条件选择是项目建设条件分析的核心内容。项目的厂址选择不仅关系到工业布局的落实、投资的地区分配、经济结构、生态平衡等具有全局性、长远性的重要问题，还将直接或间接地决定着项目投产后的生产经营，可以说，它直接或间接地决定着项目投产后的经济效益。所以，厂址选择问题是项目投资、项目决策的重要一环，必须从国民经济和社会发展的全局出发，运用系统观点和科学方法来分析评价建厂的相关条件，正确选择建厂地址，实现资源的合理配置。

2.1.2 厂址选择的一般原则

厂址选择应遵循的原则有下述几个方面。

（1）厂址的地区布局应符合区域经济发展规划、国土开发及管理的有关规定

食品工厂的厂址应设在当地的规划区内，以适应当地发展规划的统一布局，并尽量不占或少占良田，做到节约用地。所需土地可按基建要求分期分批征用。食品工厂应设在环境洁净，绿化条件好，水源清洁的区域。

（2）厂区的自然条件要符合建设要求

厂区应通风、日照良好，空气清新、地势高且干燥、排水方便，所选厂址附近应有良好的卫生环境，没有有害气体、放射源、粉尘和其他扩散性的污染源（包括污水、传染病医院等），特别是在上风向地区的工矿企业，更要注意它们对食品厂生产有无危害。厂址不应选在受污染河流的下游，要远离可能或者潜在污染的加工厂。还应尽量避免在古坟、文物、风景区和机场附近建厂，并避免高压线、国防专用线穿越厂区。所选厂址要有可靠的地质条件，应避开地震断层和基本烈度高于九度地震区。应避免将工厂设在流沙、淤泥、土崩断裂层上，在矿藏地表处不应建厂。厂址应有一定的地耐力。一般要求不低于 2×10^5 N/m^2。建筑冷库的地方，地下水位不能过高。厂区应地面平坦而又有一定坡度、土质坚实。厂区的标高应高于当地历史最高洪水位 0.5 m 以上，特别是主厂房及仓库的标高更应高出当地历史最高洪水位。厂区自然排水坡度最好在 4/1 000～8/1 000 之间。

（3）厂址选择应按照指向原理，根据原料、市场、能源、技术、劳动力等生产要素的限度区位来综合分析确定

食品工厂一般建在原料产地附近的大中城市郊区，个别产品为有利于销售也可设在市区。这不仅可获得足够数量和质量新鲜的原料，也有利于加强食品企业对农村原料基地生产的指导和联系，而且还便于辅助材料和包装材料的运输，利于产品的销

售，同时还可以减少运输费用。选择农业基础较好的地区建设食品工厂，工厂的原料供应充足，可有利于工厂以后的经营和发展，降低生产成本。

(4) 要考虑各种其他资源供应情况

如供电、供煤、供汽、供热等能源的资源情况，以及供水、排水、排污和“三废”处理等情况。在供电距离和容量上应得到供电部门的保证。

(5) 所选厂址附近不仅要有充足的水源，而且水质要好

水质必须符合卫生部所颁发的饮用水水质标准。城市采用自来水，即符合饮用水标准。若采用江、河、湖水，则需加以处理。若要采用地下水，则需向当地了解，是否允许开凿深井。同时，还得注意其水质是否符合饮用水要求。水源水质是食品工厂选择厂址的重要条件，特别是饮料厂和酿造厂，对水质要求更高。厂内排出废渣，应就近处理。废水经处理后排放。要尽可能对废渣、废水做综合利用。

(6) 厂址选择要考虑交通运输和通信设施等条件

综合考虑交通运输和通信设施等条件以利于工厂货运，降低物流费用。若需要新建公路或专用铁路时，应选最短距离为好，以减少投资。

(7) 便于利用现有的生活福利设施、卫生医疗设施、文化教育和商业网点等设施

厂址周围应有较好的生活服务设施，如住房、商业网点、学校、公共交通医疗、银行保险机构等，尽量充分利用现有公共基础设施，以方便职工的生活，也便于建设过程中进行施工。换句话讲，厂址所选地必须具备生产的各种条件，能有利于工厂各项功能的充分发挥；生产区和生活区相距不能太远，整座工厂能尽量靠近村镇、铁路或公路线，以方便职工生活和长期稳定居住；对于工程施工，应当能具备建筑设备、大量建筑材料运输和存放的条件，也能保证施工人员的基本的必需生活条件。

(8) 要注意保护环境和生态平衡，注意保护自然风景区、名胜古迹和历史文物

厂址的选择必须进行环境影响评价，厂址选择要有利于项目所在地区的环境保护。

2.1.3 厂址选择原则举例

(1) 罐头食品厂厂址的选择原则

① 原料：厂址要靠近原料基地，原料的数量和质量要满足建厂要求。关于“靠近”的尺度，厂址离鲜活农副产品收购地的距离宜控制在汽车运输2h路程之内。

② 周围环境：厂区周围应具有良好的卫生环境。厂区附近不得有有害气体、粉尘和其他扩散性的污染源，厂址不应设在受污染河流的下游和传染病医院近旁。

③ 地势：地势应基本平坦，厂区标高应高出通常最高洪水水位，且能保障排水顺利。

④ 劳动力来源：季节产品的生产需要大量的季节工，厂址应靠近城镇或居民集中点。

(2) 饮料厂厂址选择原则

① 符合国家方针政策、行业布局、地方规划等。

② 要有充足可靠的水源，水质应符合国家《生活饮用水卫生标准》。天然矿泉水应设置于水源地或由水源地以管路接引原料水之地点，其水源应符合《饮用天然矿泉水》之国家标准，并得到地矿、食品工业、卫生（防疫）部门等的鉴定认可。

③ 要有良好的卫生环境，厂区周围不得有有害气体、粉尘和其他扩散性污染源，不受其他烟尘及污染源影响（包括传染病源区、污染严重的河流下游）。

④ 要有良好的工程地质、地形和水文条件，地下避免流沙、断层、溶洞；要高于最高洪水位；地势宜平坦或略带倾斜，排水要畅。

⑤ 要有方便的交通运输条件。

⑥ 注意节约投资及各种费用，提高项目综合效益。

⑦ 除了浓缩果汁厂、天然矿泉水厂处于原料基地之外，一般饮料厂由于成品量及容器用量大，占据的体积大，均宜设置在城市或城市近郊。

2.2 厂址选择的工作程序

不同类型的食品厂适合于不同的建厂环境，因为不同的建厂环境具备不同食品项目所需要的建厂条件。一般来说，食品厂址选择应考虑的建厂条件应包括建厂地区条件选择和建厂地址条件选择。先对建厂地区条件进行分析并选择，然后再对建厂地址条件进行分析并确定建厂地址。

2.2.1 厂址区域的选择

选择建厂地区要考察的因素有自然方面的，也

有社会方面的，有政治方面的，也有经济方面的。

2.2.1.1 自然环境

自然环境包括气候条件和生态要求两个方面。

（1）气候条件

在选择建厂地区时气候是一个重要因素。除了直接影响项目成本以外，对环境方面的影响也很重要。在厂址选择时，应从气温、湿度、日照时间、风向、降水量等方面说明气候条件。

（2）生态要求

有些食品厂可能本身并不对环境产生不利影响，但环境条件则可能严重影响着食品厂的正常运行。食品厂多数为农产品加工项目，明显依赖于使用的原材料，这些原材料可能由于其他因素（如被污染的水和土壤）而降低等级。有的食品项目，用水量很大，而且对水质要求也很高，如果附近的工厂将废水排入河中，影响工厂水源的卫生质量，则该项目将受到严重损害。

2.2.1.2 社会经济因素

（1）国家政策的作用

政府从城市工业集中所造成的外部不经济性的角度考虑，要求国内工业分散布局。即使公共政策方面并未过分限制某一特定区域（地区）工业的增长，仍有必要了解有关选择建厂地区的政策知识，以适当地考虑可能获得的各种特许及鼓励政策，分析其能否满足建厂要求。

（2）财政及法律问题

对各种建厂地区方案所涉及的财政、法律条例及程序应加以解释。分析各地区在动力供应、水资源供应、建筑规划、财政问题、安全要求方面可提供的条件。了解项目所适用的税种及税率，同时还应了解新建工业项目所能得到的鼓励和优惠政策。

2.2.1.3 基础设施条件

食品企业的正常运行对各种基础设施条件有很强的依赖性。

（1）水资源和燃料动力

项目所需的用水量可以根据工厂生产能力及工艺确定。首先，必须确定供水的来源能否满足供应以及所要花费的成本的高低。其次，对不同地区的水质，应就其不同用途进行分析和鉴定。电力供应是工业项目的重要制约因素。电力需要可以根据工厂生产能力确定，应对不同地区的电力供应能力和成本加以分析。对燃料的数量、质量、热量值以及化学组成（以确定排污量）、来源、与不同厂址的距离、运输设施以及在不同厂址之间的成本进行比较分析。

（2）人力资源

对一个项目来说，能否聘用到管理人员及技术人员是一个极其重要的因素。在考虑各个建厂地区时应把人力资源考虑在内，大多数项目还包括培训规划，或是在工厂建设期间培训，或在工厂内部进行岗位培训。

（3）基础服务设施

对某些项目来说，应考虑到不同地区的可供土建工程、机械安装及工厂设备维修的设施。这在很大程度上取决于承包商及建筑材料的来源和质量。

（4）排放物及废物处理

工业项目产生的废物或排放物可能对环境造成重大影响，这些废物的处理及排放物的净化，对项目的社会经济及财务上的可行性来说，可能会成为一个关键因素。应特别考虑可供选择的建厂地区的排放物的排放范围及可能的处理方法，食品项目须考虑处理费用、泵及管道设施费用以及建设与维护排污场的费用等。

2.2.1.4 建厂地区的最后选择

建厂地区应选择在原材料和燃料动力的产区（即面向资源）或与企业有关的主要消费中心所在地（即面向市场）。

选择建厂地区最简单的方式：根据原材料来源地及主要市场的交通情况，提出几个可供选择的厂区方案，并计算其运输、生产成本。

以资源为基础的食品项目，由于运输费用较高，应选择建设在基本原材料产地附近；对易变质的食品工业则应面向市场，这类项目一般建在主要消费中心附近。但是，许多食品项目不可能由一个特定的因素就决定其厂址，既可以建在资源地，也可建在消费中心附近，甚至可以设在中间的某些点上。

许多食品工业企业也可建在距原材料和市场远近不等的地区而不会过分地破坏项目的经济合理性。对于不过分面向资源或市场的食品项目，最好的建厂地区能够将下列因素很好地结合起来：距原材料和市场的距离合理，良好的环境条件，劳动力储备丰富，能以合理的价格取得充足的动力和燃料，运输条件良好以及具有废物处理设施等。

2.2.2 厂址的选择

在建厂地区基本确定后（按照选择的需要，也可能决定几个可供选择的建厂地区)，在可能的情况下，尽可能确定几个备选方案，然后从自然条件、基建条件、生产条件、环境保护和成本费用等方面进行综合比较论证，从中选择一个最佳的厂址方案。

厂址选择工作程序一般分为三个阶段，即准备阶段、现场调查阶段和编制厂址选择报告阶段。

2.2.2.1　准备阶段

组织准备：由主管建厂的国家部门组织建设、设计（包括工艺、总图、给排水、供电、土建、技经分析等)、勘测（包括工程地质、水文地质、测量等）等单位有关人员组成选厂工作组。

① 根据项目建议书提出的产品方案和生产规模，确定工厂组成（包括主要生产车间、辅助车间和公共工程等各个组成部分)，做出工艺、总平面方案，初步确定厂区外形和占地面积（估算)。

② 根据生产规模、生产工艺要求估算全厂职工人数，由此估算出工厂生活区的组成和占地面积。

③ 根据生产规模估算主要原辅材料及成品运输量（包括运入及运出量)。

④ 三废（包括废水、废气、固体废物）排放量及其主要有害成分。

⑤ 预计今后的发展趋势，提出工厂发展设想。

⑥ 根据上述各方面的估计与设想，勾画出所选厂址的总平面简图并注明图中各部分的特点和要求，作为选择厂址的初步指标。根据这些指标拟定收集资料提纲，包括地理位置地形图、区域位置地形图、区域地质、气象、资源、水源、交通运输、排水、供热、供汽、供电、弱电及电信、施工条件、市政建设及厂址四邻情况等。

2.2.2.2　现场调查阶段

现场的主要任务是根据厂址选择的基本原则到现场进行调查研究，收集资料，具体落实厂址条件，以便判断该地区建厂的可能性。

① 选厂工作组向厂址地区有关领导机关说明选厂工作计划。要求给予支持与协助，听取地区领导介绍厂址地区的政治、经济概况及可能作为几个厂点的具体情况。

② 进行踏测与勘探，摸清厂址厂区的地形、地势、地质、水文、场地外形与面积等自然条件，绘制草测图等。同时摸清厂址环境情况、动力资源；交通运输、给排水、可供利用的公用、生活设施等技术经济条件，以使厂址条件具体落实。

现场调查是厂址选择工作中的重要环节，对厂址选择起着十分重要的作用，一定要做到细致深入。

2.2.2.3　编制厂址选择报告阶段

分析、整理已采集的各种资料，比较、选择最佳厂址方案，呈送相关上级部门。厂址选择报告的编写内容可按《轻工业建设项目厂（场）址选择报告编制内容深度规定》(QBJS20）执行。

厂址选择报告的内容：

① 选厂依据及简况。

依据的项目建议书及批文；建厂条件；选址原则；选址的范围、选址经过。

② 拟建厂基本情况。

工艺流程概述及对厂址的要求，三废治理及污染物处理后达标及排放情况。

③ 厂址方案比较。

概述各厂自然地理、社会经济、自然环境、建厂条件及协作条件等。对各厂址方案技术条件、建设投资和年经营费用进行比较。

④ 厂址推荐方案。

论述推荐方案的主要优缺点，并与拟建厂所要求的基本条件进行比较。

⑤ 当地政府及有关方面对推荐厂址的意见。

⑥ 结论、存在问题与建议。

2.3　厂址选择的基本方法

2.3.1　基本方法

厂址条件分析的基本内容与建厂地区分析基本一致。实践证明，厂址选择的优劣直接影响工程设计质量、建设进度、投资费用大小和投产后经营管理条件。对在选定的区域内的可能的厂址来说，应当分析下列需要和条件：

① 厂址的生态条件（土壤、场地上的危险因素和气候等)；

② 环境影响（限制、标准、准则)；

③ 社会经济条件（限制、鼓励、要求)；

④ 厂址所在地的基础设施（现有的工业基础设施、经济和社会基础设施，关键性的项目投入物，如劳动力和燃料动力的来源情况)；

⑤ 战略问题（有关将来可能的发展、供应和销售政策的战略)；

⑥ 土地费用。

这些因素的重要性，随着项目的性质，拟进行的土建工程种类，排污物的种类和工人人数而定。在一个区域内原材料的取得和供应，公用设施、运输方式和通信条件有着明显的差异。对此，需要进一步分析。

因此，我们要学习厂址选择的基本方法。厂址选择可采用的技术分析方法较多，在此介绍几种常用的方法。

2.3.1.1 统计学法

所谓统计学法，就是把厂址的诸项条件（不论是自然条件还是技术经济条件）当作影响因素，把要比较的厂址编号，然后对每一厂号厂址的每一个影响因素，逐一比较其优缺点，并打上等级分值，最后把诸因素比较的等级分值进行统计，得出最佳厂号的选择结论。进行比较的内容详见表 2-1、表 2-2 和表 2-3。

表 2-1 厂址技术性方案比较表

序号	项目名称	1#			2#			3#		
		A	B	C	A	B	C	A	B	C
1	地理位置（靠近城镇？）	—				—				—
2	面积？外形？		—		—				—	
3	地势（海拔？坡度？）		—		—					—
4	地质（地耐力＝？ N/m^2，地下水位？）		—		—				—	
5	土方量（挖填平衡否？）		—		—					—
6	建筑施工条件（方便？困难？）	—				—				
7	建筑材料（就地取材？有协作？）						—	—		
8	交通运输条件（陆地？水路？）	—				—		—		
9	给水条件（有水源地？深井水？水质？）		—		—			—		
10	排水条件（有排放系统？污水站？）	—				—				—
11	热电供应（充足？有协作关系？）	—						—		
12	环卫条件（邻近污染源？三废处理？）			—			—		—	
13	职工生活（有公共设施？自建生活区？）			—			—		—	
小计	以上单项累积数									
总计	技术性比较级差									
结论										

注：A—优，B—较优，C—一般。

表 2-2 厂址经济性方案比较表—基建费用

序号	项目名称	1#			2#			3#		
		A	B	C	A	B	C	A	B	C
1	铁路专用线费用（线路、桥梁、涵洞）		—		—				—	
2	码头建筑费用			—			—	—		
3	公路建筑费用			—		—			—	
4	土地征用费用	—				—				—
5	土方工程费用（挖土、填方、夯土、运土）			—			—	—		
6	建筑材料费（钢筋、水泥、木石……）	—			—					—
7	建筑厂房及设备基础费用			—		—		—		
8	住宅及文化设施建筑费用			—			—	—		
9	给水设施费用（水泵房、给水管线、水塔）			—		—			—	
10	排水设备费用（排水管线、污水处理）			—		—		—		
11	供热设施（锅炉房、蒸汽管线）			—		—		—		
12	供电设施（变电器、配电设备、供电线路）		—		—			—		
13	临时建、构筑费用		—			—			—	
小计	基建费用									

注：A—优，B—较优，C—一般。

表 2-3　厂址经济性方案比较表—经营费用

序号	项目名称	A	B	C	A	B	C	A	B	C
1	运输费用（原料、材料、成品等）		—			—		—		
2	给排水		—			—		—		
3	汽耗量费用		—			—			—	
4	电耗量费用			—		—		—		
小计	经营费用									
结论										

注：A—低费用等级，B—中等费用等级，C—高费用等级。

2.3.1.2　方案比较法

这种方法是通过对项目不同选址方案的投资费用和经营费用的对比，做出选址决定。它是一种偏重于经济效益方面的厂址优选方法。

其基本步骤是先在建厂地区内选择几个厂址，列出可比较因素，进行初步分析比较后，从中选出两三个较为合适的厂址方案，再进行详细的调查、勘察，并分别计算出各方案的建设投资和经营费用。其中，建设投资和经营费用均为最低的方案，为可取方案。

如果建设投资和经营费用不一致时，可用追加投资回收期的方法来计算：

$$T=(K_2-K_1)/(C_1-C_2) \tag{2-1}$$

式中：T—追加投资回收期；

K_1、K_2—甲、乙两方案的投资额；

C_1、C_2—甲、乙两方案的经营费用。

节约的经营费用（C_1-C_2）来补偿多花费的投资费用（K_2-K_1），需要多少年抵消完，即增加的投资要多少年才能透过经营费用的节约收回来。计算出追加投资回收期后，应与行业的标准投资回收期相比，如果小于标准投资回收期，说明增加投资的方案可取，否则不可取。

2.3.1.3　评分优选法

这种方法可分三步进行，首先，在厂址方案比较表中列出主要判断因素；其次，将主要判断因素按其重要程度给予一定的比重因子和评价值；最后，如公式（2-2）所示，将各方案所有比重因子与对应的评价值相乘，得出指标评价分，其中评价分最高者为最佳方案。采用这种方法的关键是确定比重因子和评价值。

评分优选法法则：

① 综合考虑影响选址的各种因素，并在众多的因素中权衡各种因素，看哪一个更重要。

② 决策时需要将所有相关因素都列出，并根据各因素对企业决策的相对重要性加以权重分析。

③ 为每一个设定的因素规定出打分范围，并根据设定的范围为每个因素打分。

④ 将得分与权重相乘，以计算出每一个地址的总得分情况。

⑤ 根据各个地址的得分结果，选取最高得分者作为最佳选择。

该法则优点为决策比较客观。

例如，某食品厂址选择有两个可供比较选择的方案。厂址选择时，首先确定方案比较的判断因素。接着，根据各方案的实际条件确定比重因子和指标评价值。指标评价值的确定，有的可根据经验判断，有的可根据已知数据计算出其中一个方案的指标值在总评价值中的比重。最后，再根据比重因子求出各方案每项指标的评价分和不同方案的评价分总和。

$$\text{评价分}=\text{比重因子}\times\text{评价值} \tag{2-2}$$

2.3.1.4　重心法

如果在生产成本中运输费用占很大比重，则常常采用重心法来选择厂址。它的基本思想是所选厂址可使主要原材料或货物总运量距离最小，从而使运输或销售成本降至最低。选择最佳的运输模式，以能够将货物从几个供应地发送到几个需求地，从而实现整个生产与运输成本的最低。此法特别适用于那些拥有很多供需网络的厂商，以帮助他们决策复杂的供求网络。要求首先求出一个初始可行解，然后一步步地深入，直到找出最优解。与线性规则法则相比，其优点是运输模型计算起来相对更为容易些。

例如建立销售中心时，大批货物需要经常运送到某几个地区，那么在选择地址时，就必须考虑如何使得总运量距离最小，从而降低运输成本并提高运输速度。同样，企业在建立原材料或成品仓库，在各大城市建立物流中心或配送中心时，选址也需要采用重心法。运用重心法选址主要包括以下几个步骤：

① 首先准备一张标有主要原材料供应基地（或货物主要运送目的地）位置的地图。地图必须精确并且满足比例。将一个直角坐标系重叠在地图上并确定各地点在坐标系中的相应位置，也就是确定它们的坐标。

② 确定新建工厂与现有各原材料供应基地的运输量。重心法的基本前提是假设运输到每个目的地的商品相对数量是基本固定的。

③ 求出其重心坐标。即计算选址位置坐标，使得新厂址与各原材料供应基地或货物目的地之间的总运量距离最小。

④ 选择重心所在位置为最佳厂址。

重心计算公式如下

$$X' = \sum_{i}^{n} X_i Q_i / \sum_{i=1}^{n} Q_i \qquad (2\text{-}3)$$

$$Y' = \sum_{i=1}^{n} Y_i Q_i / \sum_{i=1}^{n} Q_i \qquad (2\text{-}4)$$

式中：X'，Y'—重心坐标值；

X_i，Y_i—第 i 个运送目的地或第 i 个原材料供应基地坐标；

Q_i—送至第 i 个运送目的地或来自第 i 个原材料供应基地的货物数量；

n—运送目的地或原材料供应基地数目。

一家处理危险垃圾的公司需要建立一个新处理中心，以降低其将垃圾从 5 个接收站运至处理中心的运输费用。把市中心作为原点，5 个垃圾站的坐标和每日将向新处理中心运送垃圾的数量如表 2-4 所示。

表 2-4　5 个接收站位置和日送垃圾

接收站	坐标（X，Y）/km	每日送来垃圾量/t
A	（10，5）	26
B	（4，1）	9
C	（4，7）	25
D	（2，6）	30
E	（8，7）	40

解：根据计算公式（2-3），（2-4）可计算 5 个接收站的重心坐标

$$Y' = \sum_{i=1}^{n} Y_i Q_i / \sum_{i=1}^{n} Q_i$$
$$= \frac{5\times 26 + 1\times 9 + 7\times 25 + 6\times 30 + 7\times 40}{26 + 9 + 25 + 30 + 40}$$
$$= 5.95$$

$$X' = \sum_{i=1}^{n} X_i Q_i / \sum_{i=1}^{n} Q_i$$
$$= \frac{10\times 26 + 4\times 9 + 4\times 25 + 2\times 30 + 8\times 40}{26 + 9 + 25 + 30 + 40}$$
$$= 5.97$$

因此，新的处理中心应该建在距离市中心 X 方向 6 000 m，Y 方向 6 000 m 的地方。

上述公式的直观表示：

$$C_x = \frac{\sum(\text{某地址的 } X \text{ 轴坐标} \times \text{运进/运出该地的产品数量})}{\sum(\text{运进/运出该地址的产品数量})} \qquad (2\text{-}5)$$

$$C_y = \frac{\sum(\text{某地址的 } Y \text{ 轴坐标} \times \text{运进/运出该地址的产品数量}}{\sum(\text{运进/运出该地址的产品数量})} \qquad (2\text{-}6)$$

式中：C_x—所选地址在 X 轴上的坐标；

C_y—所选地址在 Y 轴上的坐标。

重心法要则：

① 属于一种数学分析方法。

② 将所有预选地址放在一个坐标中，坐标的原点和长度可根据预选地址之间的实际距离按照比例设定，并通过将货物送到各个地址所花费的各种费用，找出一个最佳的位置作为分配中心。

③ 重点：找出一个最佳位置，而非从众多位置中选择一个相对较好的位置。

④ 运货数量与距离是选址决策的主参考因素。

⑤ 实施公式。

2.3.2　厂址的定性比选

2.3.2.1　重要因素排除法

备选厂址所对应重要因素的建设条件凡不能满足国家和地方有关法律法规及工程技术要求的厂址，均不再参与比选。一般主要包括：

① 不符合国家产业布局和地方发展规划的。

② 地震断裂带和抗震设防烈度高于九度的地震区。

③ 有海啸或湖涌危害的地区。

④ 有泥石流、滑坡、流沙、溶洞等直接危害的地段。

⑤ 采矿沉陷区界限内；爆破危险范围内。

⑥ 坝或堤决溃后可能淹没的地区；重要的供水水源卫生保护区。

⑦ 国家或地方规定的风景区和自然保护区；历史文物古迹保护区。

⑧ 国家划定的机场净空保护区域，电台通信、电视转播、雷达导航和重要的天文、气象、地震观察以及军事设施等规定有影响的范围内。

⑨ 很严重的自重湿陷性黄土场地或厚度大的新近堆积黄土和高压缩性的饱和黄土地段等地质条件恶劣地区。

⑩ 具有开采价值的矿藏区（压煤问题）。

可能严重影响厂址选择的重要因素包括：

① 全年主导风向（注意沿海选址，风频与风速）。

② 卫生防护距离和安全防护距离（注意光气及光气化产品）。

③ 原料供应可靠性（如天然气）。

④ 公用工程供应可靠性（如水）。

⑤ 环境保护（东营钛白粉项目）。

⑥ 交通运输（如大件运输）。

⑦ 公众支持（厦门 PTA、南沙乙烯项目等）。

风频和风速的关系可能严重影响厂址选择和总图布置：

① 污染系数＝风向频率/该风向风速。

② 某风向污染系数小，表示从该风向吹来的风所造成的污染小，因此，选择厂址的一般原则是在污染系数最小的方位。如表 2-5 和图 2-1 所示，若仅考虑风向，工厂应设在居住区东面（最小风频方向）；从污染系数考虑，应设在西北方向。

表 2-5　各方位的风频和相对污染系数

风向	风频/%	风速/(m/s)	污染系数	相对污染系数/%
北	14	3	4.7	20.1
东北	8	3	2.7	11.5
东	7	3	2.3	10.1
东南	12	4	3.0	12.9
南	15	5	3.0	12.9
西南	17	6	2.8	12.2
西	15	6	2.5	10.8
西北	13	6	2.2	9.4
合计	100		23.2	100

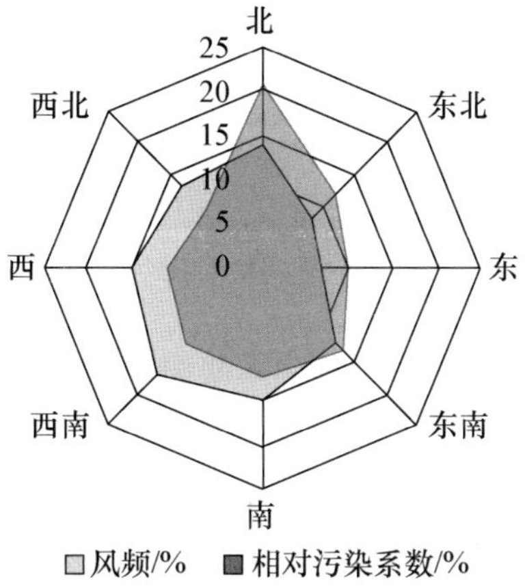

图 2-1　各方位的风频和相对污染系数图（风向、相对污染系数玫瑰图）

2.3.2.2　防护距离基本概念

（1）安全防护距离

主要是指在发生火灾、爆炸、泄漏等安全事故时，防止和减少造成人员伤亡、中毒、邻近装置和财产破坏所需要的最小的安全距离。

（2）卫生防护距离

主要是指装置或设备等无组织排放源，或称面源（高于 15 m 的烟筒或排气筒为有组织排放，或称高架点源），排放污染物的有害影响从车间或工厂的边界至居住区边界的最小距离。其主要作用就是为无组织排放的大气污染物提供一段稀释距离，使之到达居住区时的浓度符合大气环境质量标准的要求。

（3）大气环境防护距离

为保护人群健康，减少正常排放条件下大气污染物对居住区的环境影响，在项目厂界以外设置的环境防护距离。

（4）防火间距

防止着火建筑的辐射热在一定时间内引燃相邻建筑，且便于消防扑救的间隔距离。

2.3.3　厂址比选结论

（1）总体评价

对备选厂址总体上进行评价。

(2) 备选厂址主要优劣势

结合前面的定性和定量比选，对各厂址的主要优劣势进行分析。

(3) 厂址推荐意见

在全面分析、权衡各种因素的基础上，××厂址符合国家产业布局；符合地方发展规划；厂址开阔平整，不占用基本农田，搬迁费用较低，地质条件良好；环境容量较大；有较大的发展空间。因此本报告推荐××厂址。

2.4 厂址选择报告编制

厂址选择报告的编写内容可按《轻工业建设项目厂（场）址选择报告编制内容深度规定》（QBJS20）执行。根据上述方法对所选厂址进行分析比较，从中选出最适宜者作为定点，而后向有关上级部门呈报厂址选择报告。报告的内容大致如下：

① 厂址的坐落地点，四周环境情况。

② 地质及有关自然条件资料。

③ 厂区范围、征地面积、发展计划、施工时有关的土方工程及拆迁民房情况，并绘制 1∶1 000 的地形图。

④ 原料供应情况。

⑤ 水、电、燃料、交通运输及职工福利设施的供应和处理方式。

⑥“三废”排放情况。

⑦ 经济分析，对厂区一次性投资估算及生产中经济成本等综合分析。

⑧ 选择意见，通过选择比较，经济分析，认为哪一个厂址是符合条件的。

2.4.1 厂址选择报告的基本内容

2.4.1.1 概述

(1) 说明选厂的目的与依据。

(2) 说明选厂工作组成员及其工作过程。

(3) 说明厂址选择方案并论述推荐方案的优缺点及报请上级机关考虑的建议。

2.4.1.2 主要技术经济指标

(1) 全厂占地面积（m^2），包括生产区、生活区面积等。

(2) 全厂建筑面积（m^2），包括生产区、生活区、行政管理区建筑面积。

(3) 全厂职工人数控制数。

(4) 用水量（t/h 或 t/年）、水质要求。

(5) 用电量（包括全厂生产设备及动力设备的定额总需要量（kW））。

(6) 原材料、燃料耗用量（t/年）。

(7) 运输量（包括运入及运出量）（t/年）。

(8) 三废措施及其技术经济指标等。

2.4.1.3 厂址条件

(1) 地理位置及厂址环境

说明厂址所在地在地理图上的坐标、海拔高度；行政归属及名称；厂址近邻距离与方位（包括城镇、河流、铁路、公路、工矿企业及公共设施等），并附上地理位置图及厂址地形测量图。

(2) 厂址场地外形

地势及面积说明、地势坡度及现场平整措施，附上总平面布置规划方案图。

(3) 厂址地质与气象

说明土壤类型、地质结构、地下水位，及厂址地区全年气象情况。

(4) 土地征用及迁民情况

说明土地征用有关事项、居民迁居的措施等。

(5) 交通运输条件

依据地区条件，提出公路、铁路、水路等可利用的运输方案及修建工程量。

(6) 原材料、燃料情况

说明其产地、质量、价格及运输、贮存方式等。

(7) 给排水方案

依据地区水文资料，提出对厂区给水取水方案及排水或污水处理排放的意见。

(8) 供热供电条件

依据地区热电站能力及供给方式，提出所建厂必须采取的供热供电方式及协作关系问题。

(9) 建筑材料供应条件

说明场地施工条件及建筑厂房的需要，提出建筑材料来源、价格及运输方式问题，尤其就地取材的协作关系等。

(10) 环保工程及公共设施

说明厂址的卫生环境和投产后对地区环境的影响，提出三废处理与综合利用方案及地区公共福利和协作关系的可利用条件等。

2.4.1.4 厂址方案比较

提出选择意见，通过比较分析，确定最佳厂

址。概述各厂址自然地理、社会经济、自然环境、建厂条件及协作条件等。对各厂址方案技术条件、建设投资和年经营费用进行比较，并制作技术条件比较表、建设投资比较表（表 2-6）和年经营费用比较表（表 2-7）。

技术条件比较表包括的内容有：①通信条件；②地点、地形、地貌特征；③区域稳定情况及地震烈度；④总平面布置条件（风向、日照）等；⑤占地面积，目前使用情况和将来发展条件；⑥场地特征及土石方工程量；⑦场地、工程地质、水文条件及地基处理工程；⑧水源及供水条件；⑨交通运输条件；⑩动力供应条件；⑪排水工程条件；⑫三废处理条件；⑬附近企业对本厂（场）的影响；⑭拆迁情况及工作量；⑮与邻近企业的生产协作条件；⑯与城市规划的关系，生活福利区的条件；⑰原料、燃料、产品（进、出）的运距（运输条件）；⑱安全防护条件；⑲施工条件；⑳资源利用与保护；㉑其他可比的技术条件；㉒结论及存在问题。

表 2-6　建设投资比较表

序号	项目名称	方案甲	方案乙	方案丙
1	场地开拓费			
2	交通运输费			
3	给排水及防洪设施费			
4	供电、供热、供气工程费			
5	土建工程费			
6	抗震设施费			
7	通信工程费			
8	环境保护工程费			
9	生活福利设施费			
10	施工及临时建筑费			
11	协作及其他工程费用			
12	合计			

表 2-7　年经营费用比较表

序号	项目名称	甲方案	乙方案	丙方案
1	原料、燃料成品等运输费用			
2	给水费用			
3	供电、供热、供气费用			
4	排污、排渣等排放费用			
5	通信费用			
6	其他			
7	合计			

2.4.2　有关附件资料

（1）各试选厂址总平面布置方案草图（1∶2 000）。

（2）各试选厂址技术经济比较表及说明材料。

（3）各试选厂址地质水文勘探报告。

（4）水源地水文地质勘探报告。

（5）厂址环境资料及建厂对环境的影响报告。

（6）地震部门对厂址地区地震烈度的鉴定书。

（7）各试选厂址地形图（1∶10 000）及厂址地理位置图（1∶50 000）。

（8）各试选厂址气象资料。

（9）各试选厂址的各类协议书，包括原料、材料、燃料、产品销售、交通运输、公共设施。

2.5　建厂条件评价

任何食品项目的建设与实施，均离不开一定的资源、能源和原材料等条件。资源是指项目建设所需要的自然资源，一般是指土地、矿产、水资源、生物资源、海洋资源等天然存在的自然物，主要是农副产品。评价的重点在于考察资源的产量、质量、品位等是否具有开发利用价值，是否具备开发条件。能源是指能产生机械能、热能、光能、化学能及各种形式能量的自然资源和物质资料。原材料是指工业生产中所投入的包括未加工或加工的原料、经过加工的工业材料、制成品（如半成品等）、辅助材料等。食品工厂建设须根据不同项目类型的生产特点和不同生产规模的要求，分析研究各种资源、能源、原材料和其他投入的供应是否能落实，以及物资供应的运输和通信条件的保证程度和经济性。

2.5.1 资源条件评价

资源是项目建设的物质基础，对资源条件的评价是保证项目能按照设计生产能力正常运转和获取预期投资效益的重要环节。

2.5.1.1 资源评价的一般内容

（1）拟建项目所提供的资源报告是否可靠，是否经过国家有关部门的批准，是否具有立项的价值。

（2）分析和评价拟建项目所需资源的种类和性质，是否属于稀缺资源或供应紧张的资源，是可再生资源还是不可再生资源。

（3）分析和评价拟建项目所需资源的可供数量、服务年限、成分质量、供给方式、成本高低及综合利用的可能性等。

（4）分析和评价技术进步对资源利用的影响，提出关于节约使用土地、水等资源的有效措施。

2.5.1.2 农副产品资源条件的评价

（1）分析过去农副产品的年产量及可供工业生产的用量。

（2）分析农副产品的贮藏、运输条件及费用情况。

（3）目前作为加工原料的农副产品的供应情况及生产期的预测数量。

（4）目前作为加工原料的农副产品可供项目使用的质量、供给的期限及保证条件。

（5）项目中的农副产品如需进口，还须了解进口国的有关情况，可能进口的种类、数量、价格、供给期限及保证条件。

2.5.2 原材料供应条件评价

原材料包括各种原料、主要材料、辅助材料、半成品等。原材料中有的是未经加工的原材料，有的是经过加工的中间产品、辅助材料（如包装材料等）。原材料的供应状况是项目建成后能否正常稳定地发挥设计生产能力的决定性条件。原材料供应条件指投资项目在建设施工和建成投产后生产经营过程中所需的各种原材料的供应数量、质量、加工、供应来源、运输距离、仓储设施等方面的条件。任何一个投资项目所需要的原材料必然是多种多样的，在实际工作中没有必要面面俱到，只需根据需要对项目关键性的、耗用量大的原材料进行分析评价。原材料供应条件评价应着重做以下工作。

① 分析评价原材料供应数量能否满足项目生产能力的要求。工业项目如果没有长期稳定的原材料供应来源，则项目的设计生产能力的发挥将受到极大的影响。在项目评价分析中应根据项目的设计生产能力、选定的工艺技术及设备来估算项目所需的原材料的数量，并分析预测原材料在项目期内供应的稳定性及保证程度。

② 分析评价原材料的质量是否符合项目生产工艺的要求。对项目所需主要原材料的名称、品种、规格、理化性状等质量方面的要求进行了解和分析。项目的生产工艺、产品质量及资源的综合利用在很大程度上取决于投入物品的质量和性能。在项目评价分析中，应注意分析原材料的各种加工性能和原材料的营养成分及其在加工过程中的变化等。

③ 分析评价原材料的价格是否合理。一般情况下，项目主要投入物品的价格是影响项目产品生产成本的关键因素，因而不仅应分析评价投入物品目前的价格，而且应分析投入物品未来时期的价格变化趋势，对未来的价格做出科学的预测，充分估计到原材料供应的弹性和互补性，为原材料的选择和替换提供依据。如果项目需使用进口的原材料，还必须注意人民币汇率、关税税率的现状及未来的变化趋势，人民币汇率和关税税率不但直接影响进口的原材料价格，而且会影响国内同类原材料的价格。

④ 分析评价原材料的运输费用是否合理。项目所需主要原材料的运输费用的高低，对项目产品生产的连续性、产品成本的高低及产品的质量都有很大的影响。远距离运输不但会提高项目产品的生产成本，而且会造成某些种类原材料质量的变化。运输费用取决于项目所需原材料的运输距离和运输方式。为减少运输费用，降低项目产品成本，项目所需原材料应就地取材、缩短运输距离并选择合理的运输方式。对用量较多的原材料应着重考察能否就

近满足供给。

⑤ 分析评价原材料的存储是否经济合理。原材料存储费用要占企业流动资金的一半以上，为了减少存储费用，原材料的存储应适量。原材料的存储数量主要取决于原材料的周转量与周转期，一定时期内原材料的周转期越短，周转次数越多，则周转量就越少，需要的存储量就越小。可通过计算来确定项目原材料的存储定额。

⑥ 分析评价原材料的来源是否合理。项目所需原材料应主要从国内市场上获取，尤其是项目所需数量较多的原材料，更应立足国内市场。如果立足国际市场，依靠进口解决，可能会增加项目产品成本，项目将受到国际政治、经济形势的影响，项目的风险较大。

总之，评价原材料的供应条件的目的是选择适合项目要求的、来源稳定可靠的、价格经济合理的原材料，作为项目的主要投入物，这样可以保证项目生产的连续性和稳定性。

2.5.3 燃料及动力供应条件评价

（1）燃料供应条件评价

分析评价所选燃料对项目生产过程、产品成本、产品质量、环境保护等方面的影响程度，燃料数量能否满足项目生产的需要，燃料的质量是否符合项目生产工艺的要求。分析评价项目建设所使用燃料是否经济合理，燃料选择对项目生产能力和经济效益的影响程度。分析评价项目所选燃料是否能够达到环境保护的要求，燃料供应的稳定性如何，燃料供应方式、运输形式、存储设施是否能够满足项目设计的要求。

（2）供水条件评价

一般项目用水量较大，用水范围广泛，在进行项目评估时首先应根据项目对水源、水质的要求，估算项目的用水量；然后结合项目所在地水资源的具体状况，分析评价水的供应量是否能够满足项目施工、生产需求，水的质量能否达到生产、生活用水标准，耗用水费对项目产品成本的影响等。目前在我国许多地方水资源比较缺乏，供水能力不足，属于相对稀缺资源，因此，必须对项目的供水条件进行认真的评估。供水条件评价从以下几个方面入手：

① 根据国家有关规定，按照各行业及产品的用水定额核定项目的用水量，凡高于用水定额的应采取节水降耗措施，凡低于用水定额的应总结节水降耗的有效方法。

② 拟建项目均应选用节水生产工艺、设备，项目节约用水的工程措施应与项目的主体工程同时设计、同时施工、同时投产。

③ 根据项目的特点选择节水措施，工业项目用水可采取循环用水，争取一水多用，对项目所产生的废水应进行处理并综合利用，提高工业用水利用率。同时减少跑、冒、滴、漏，将管网损失率控制在一定幅度以内。

④ 凡使用地下水的拟建项目，必须按照当地水资源管理机构的要求，有计划地开发利用地下水资源。

⑤ 坚持地表水和地下水结合使用的原则，珍惜水资源。

⑥ 使用城市自来水的项目，应取得项目所在地城市自来水公司的同意，并报请主管部门审核批准，还要在项目的总投资中增列相关的工程建设费用。

⑦ 项目所在地区水源的质量应符合环保及项目工艺的要求。如果水质不符合项目的要求，则需要考虑水处理设备投资。

⑧ 分析评价项目给排水设施投资的落实。根据有关规定，新建项目用水需缴纳给水工程建设费、排水设施有偿使用费、地下水开采补偿费等。

（3）电力条件的评价

① 分析评价项目用电的供电方式，用电的时间特点。

② 分析评价项目电力增容的必要性、可能性及所需费用。

③ 分析评价供电的质量、安全性及对项目用电的保证程度。

④ 分析评价供电的合理性及电费对项目经济效益的影响。

2.5.4 交通运输和通信条件评价

项目的运输条件分为厂外运输条件和厂内运输条件两个方面。

厂外运输涉及的因素包括地理环境、物资类型、运输量大小及运输距离等。根据这些因素合理地选择运输方式及运输设备，对铁路、公路和水运做多方案比较。

厂内运输主要涉及厂区布局、道路设计、载体类型、工艺要求等因素。厂内运输安排的合理适当，可使货物进出通畅，生产流转合理。对交通运输条件的分析和评价，重点应注意运输成本、运输方式的经济合理性、运输中各个环节（即装、运、卸、储等）的衔接性及运输能力等方面。

通信是指电话和电传系统，它是现代生产系统顺利运转的保证条件之一。现代社会已经步入信息社会，企业要在激烈的市场竞争中处于不败之地，就必须掌握大量的经济信息，同时，也要经常与客户、供应商保持密切联系，这就需要先进的通信设施为其服务。在分析评价时，应考察通信设施能否满足项目的需要。

2.5.5 外部协作配套条件和同步建设评价

外部协作配套条件是指与项目的建设和生产具有密切联系、互相制约的关联行业，如为项目生产提供半成品和包装物的上游企业和为其提供产品的下游企业的建设和运行情况。

同步建设是指项目建设、生产相关交通运输等方面的配套建设，特别是大型项目，应考虑配套项目的同步建设和所需要的相关投资。另外，铁路专用线的铺设、道桥和水运码头的建设等，这些外部条件都是项目建设和生产必不可少的，需要与项目同步建设，才能保证项目投产后正常运行。分析评估的主要内容有：

① 全面了解关联行业的供应能力、运输条件和技术力量，从而分析配套条件的保证程度。

② 分析关联企业的产品质量、价格、运费及对项目产品质量和成本的影响。

③ 分析评价项目的上游企业、下游企业内部配套项目在建设进度上、生产技术上和生产能力上与拟建项目的同步建设问题。

2.6 环境影响评价

环境影响评价简称环评，英文缩写 EIA，即 environmental impact assessment，是指对规划和建设项目实施后可能造成的环境影响进行分析、预测和评估，提出预防或者减轻不良环境影响的对策和措施，进行跟踪监测的方法与制度。通俗地说就是分析项目建成投产后可能对环境产生的影响，并提出污染防治对策和措施。《中华人民共和国环境保护法》中所称环境，“是指影响人类生存和发展的各种天然的和经过人工改造的自然因素的总体，包括大气、水、海洋、土地、矿藏、森林、草原、野生动物、自然遗迹、人文遗迹、自然保护区、风景名胜区、城市和乡村等”。食品项目可行性研究和评价中涉及的环境是指自然环境，自然环境是指环绕在人群的空间中可以直接或间接影响到人类生活、生产的一切自然形成的物质、能量的总体。

食品项目环境影响评价是指对项目在建设和生产过程中对环境所造成的影响进行的分析评判。具体分析在项目建设和生产过程中是否产生污染物、产生何种污染物、治理措施是否恰当、污染消除程度是否符合国家环境保护法的有关要求。

对环境产生有害影响或向环境排放有害物质的场所、设备或装置，总称污染源。污染物分为气态、液态和固态几种形态，即通常所说的废气、废水、废渣，总称为“三废”。环境污染的对象可以是自然环境，也可以是社会环境。通常所说的环境污染是指由于人类的社会经济活动对自然界造成破坏，从而恶化人类生活环境的现象。污染物包括废水、废气、废渣、粉尘、垃圾、放射性物质及噪声等，其中最常见的、对环境危害最大的是“三废”。按其性质可将污染物分为化学性、物理性和生物性3类。常遇到的化学性污染物有汞、镉、铬、砷、铅、氰化物等无机物，以及有机磷、有机氯、多氯联苯、酚、多环芳烃等有机物。常遇到的物理性污染有噪声、震动、核辐射、高温、低温等。常遇到的生物性污染物为有害微生物等。不同的污染物和污染源需要采取不同的治理措施。

环境保护是指采取行政、法律、经济、科学技术等多方面措施，合理地利用自然资源，防止环境污染和破坏，以求保持和发展生态平衡，扩大有用自然资源的再生产，保障人类社会发展。按照我国环境保护法的规定，在进行新建、改建和扩建工程等项目之前，必须进行严格的项目可行性研究并形成报告，其中必须提出反映项目环境效果的环境影响报告书，经过有关部门审查批准，才能进行项目的设计。项目评估中，必须在审查环境影响报告书和环保部门的审查意见后才能决定项目的取舍。对食品厂的环境影响评价一般有以下几方面。

2.6.1 选址地区的环境状况

2.6.1.1 一般情况

食品厂的一般情况包括建设项目的名称、性

质、地点、建设规模、产品方案和主要工艺方法、主要原料、燃料、水的用量和来源，废水、废气、废渣、粉尘、放射性废物的种类、排放量和排放方式，噪声、震动数值，废弃物回收利用、综合利用和污染物处理技术、设施等。

2.6.1.2　食品厂的环境状况

食品厂的环境状况包括建设项目周围地区的江河湖海、水文、地质、气象、矿藏、森林、草原、水产、野生植物、野生动物、农作物等资源情况，周围地区的自然保护区、风景区、名胜古迹、温泉等文化设施情况，周围地区的工矿企业分布状况，周围地区的居民居住区分布、人口密度、健康状况、地方病等情况，大气、地表水、地下水的环境质量状况，其他社会活动和经济活动污染、破坏环境现状的资料等。

2.6.2　主要污染源和污染物

食品厂对周围地区环境的影响包括对周围地区的地质、水文、气象等可能产生的影响，对周围地区的自然保护区、风景区、名胜古迹、温泉等文化设施等可能产生的影响，对周围地区大气、水、土壤和环境质量的影响，以及噪声、电磁波、震动等对周围生活区的影响等。食品工业项目也有可能成为环境的重要污染源。

食品工业项目对自然环境和生态平衡可能造成的破坏，主要来自以下 3 个方面：一是来自生产中投入的物料，例如有害或腐蚀性的投入物，在没有密封和安全设施的情况下，会污染自然环境；二是生产过程中产生的污染，如生产过程中产生的“三废”直接对空气、土壤、水质等自然环境产生污染或加大噪声强度等；三是来自项目的产出物，有些产出物对周围环境产生有害影响，有些产出物对生态产生不良影响。如某些食品添加剂在使用时若不遵守使用规则，将会对产品和环境产生不良影响。

2.6.3　控制污染的方法与措施

我国自 1979 年颁布《环境保护法》（试行）以来，环境保护工作已成为各项工程项目建设中必须考虑的问题。《环境保护法》明确规定：“一切企业、事业单位都必须充分注意防止对环境的污染和破坏。在进行新建、改建和扩建工程时，必须提出环境影响评价报告书，经环保部门和其他有关部门审查批准后才能进行设计；其中防止污染和其他公害的设施，必须与主体工程同时设计、同时施工、同时投产；各项有害物质的排放必须遵守国家规定的标准”。根据这一规定，所有会造成环境污染的食品工程项目，都必须有相应的环保措施。

在分析评价时，应着重分析评价这些环保措施是否能达到环境保护的目的。具体步骤如下：

① 在拟建食品工业项目可行性研究报告的附件中必须有环境影响评价报告书和各级环保部门的审查意见。

② 全面分析项目对环境的影响，并提出治理对策。在分析产生污染的种类、可能污染的范围及程度的基础上，提出治理污染的可行的具体方法。特别是要提出控制生产过程污染的科学方案。

③ 保证、落实投入环保工程的资金。应贯彻环保工程与主体工程同时设计、同时施工、同时投产使用的方针，以达到控制环境污染和恶化的目的。

④ 分析评价治理后能否达到有关标准要求。项目在规划治理措施时，必须保证各种污染物的排放低于国家环保部门规定允许的最大排放量。在分析评价时，以国家颁发的有关标准作为依据，检测项目的治理是否达到这些标准要求的限度。对于国家尚未颁布标准的一些项目类型，则应根据项目的具体情况，分析其对环境造成的污染程度，并结合国家关于环境质量的一些标准，如大气环境质量标准、城市噪声标准等，来判断该工程项目的污染治理措施是否符合环境保护的要求。只有符合环境保护要求的项目，才能进行建设。

许多工业发达国家，已经明确提出了以预防为主的环保对策。变事后处理为事先排除，以达到从根本上保护和平衡自然环境的目的。我国目前的资源利用率较低，综合利用也较差，这是工业生产污染严重的主要原因。

2.6.4　环境影响评价结论

根据我国有关环境保护的规定，在项目可行性研究和项目评估中必须对建设项目的环境保护条件做出分析评价，并将分析评价结论编制成环境影响评价报告书进行报批，作为选址的重要依据。环境影响评价报告书是指预测评价经济建设和资源开发活动对周围环境可能造成的污染、破坏和其他影响的书面报告。它是食品工程建设计划的重要组成部分，由环境影响评价负责单位组织协作单位完成，包括分组报告和综合报告。分组报告是各自从所负责专业角度出发提出环境影响评价的结论性意见。综合报告是对工程建设从环境角度提出的结论性意见，并提出工程的代替性方案或应采取的补救措施。编制环境影响评价报告书的目的是，在项目的可行性研究阶段，对项目可能给环境造成的近期、远期影响及拟采取的防治措施进行评价和论证，选择技术上可行、经济和布局上合理、对环境有害影响较小的最佳项目建设方案。

食品建设项目的性质、大小和所处的区域不同，对环境的影响也有很大的差异。编制报告书应根据项目的具体情况，略有侧重。环境影响评价报告书一般包括以下基本内容。

(1) 建设项目的一般情况

① 建设项目名称、建设性质。

② 建设项目地点。

③ 建设项目规模（扩建项目应说明原有规模）。

④ 产品方案和主要工艺方法。

⑤ 主要原料、燃料、水的用量和来源。

⑥ 废水、废气、废渣、粉尘、放射性废物等的种类、排放量和排放方式。

⑦ 废弃物回收利用、综合利用以及污染物处理方案、设施和主要工艺原则等。

⑧ 职工人数和生活区布局。

⑨ 占地面积和土地利用状况。

⑩ 发展规划。

(2) 建设项目周围地区的环境状况

① 建设项目的地理位置。

② 周边区域地形地貌和地质情况，江河湖海和水文情况，气象情况。

③ 周边区域矿藏、森林、草原、水产和野生植物等自然资源情况。

④ 周边区域的自然保护区、风景游览区、名胜古迹、温泉、疗养区以及重要的政治文化设施情况。

⑤ 周边区域现有工矿企业分布情况。

⑥ 周边区域的生活居住分布情况和人口密度、地方病等情况。

⑦ 周边区域大气、水的环境质量状况。

(3) 建设项目对周围地区的影响分析与预测

① 对周边区域的地质、水文、气象可能产生的影响，防范和减少这种影响的措施，最终不可避免的影响。

② 对周边区域自然资源可能产生的影响，防范和减少这种影响的措施，最终不可避免的影响。

③ 对周边区域自然保护区等可能产生的影响，防范和减少这种影响的措施，最终不可避免的影响。

④ 各种污染物最终排放量，对周围大气、水、土壤的环境质量的影响范围和程度。

⑤ 噪声、震动等对周围生活居住区的影响范围和程度。

⑥ 绿化措施，包括防护地带的防护林和建设区域的绿化。

⑦ 专项环境保护措施的投资估算。

思考题

1. 食品工厂选择的程序是什么？

2. 食品工厂选择的方法都有哪些？各自特点是什么？

3. 食品工厂一般的污染源都有哪些？

4. 食品工厂的污染物主要是什么？如何进行环境评价和控制？

第 3 章

食品工厂总平面设计

学习目的与要求

通过本章的学习，学生应了解食品工厂总平面设计的任务和内容；掌握总平面设计的原则及方法；掌握食品工厂总平面布置的形式和步骤；了解总平面布置的技术经济指标及有关参数；掌握总平面布置图绘制的基本方法。

3.1 总平面设计的任务、内容和基本原则

3.1.1 总平面设计的任务

总平面设计是食品工厂总体布置的平面设计，其任务是根据工厂建筑群的组成内容及使用功能要求，结合厂址条件及有关技术要求，协调研究建、构筑物及各项设施之间空间和平面的相互关系，正确处理建筑物、交通运输、管路管线、绿化区域等布置问题，充分利用地形，节约场地，使所建工厂布局合理、协调一致、生产井然有序，并与四周建筑群形成相互协调的有机整体。

食品工厂总图设计的主体专业在我国各设计院中是总图与运输专业，通常是总图与运输专业的技术人员根据工厂规模、产品方案和工艺专业所提供的工艺流程、车间及工段的配置图，厂内外及车间、工序间的物料流量，运送方式等资料，综合厂址的地理环境、自然环境等条件，设计出符合国家现行有关规程、规范的总平面布置图。总平面布置图是用各建筑物、构筑物、工程管线、交通运输设施（铁路、道路、港站等）、绿化美化设施等的中心线、轴线或轮廓线作正投影图，并标注有定位的平面坐标及标高。主要考核指标，如厂区占地面积、建构筑物占地面积、建筑系数、道路铺砌面积、铁路铺轨长度、绿化占地率等，这些参数成为评价总平面布置图设计质量的基本参数。

一个优秀的食品工厂总图布置，应该是在满足建设项目生产规模的前提下，具有最简化和便捷的生产流程，能量消耗最少的物料和动力输送，最有效地利用建设场地及其空间，最节省的投资和运行费用，最安全和最满意的生产和工作环境。

工厂总平面设计是在选定厂址后进行的。正确合理地设计总平面，不仅使基建工程既省又快地完成，而且对投产后生产经营也提供了重要基础。

3.1.2 总平面设计的内容

现代食品工厂，不论其生产规模、产品结构及工艺技术等差异如何，总平面设计一般包括平面布置设计、竖向布置设计、运输设计、管线综合设计、绿化布置和环保设计等 5 项程序。

（1）平面布置设计

平面布置就是在用地范围以内对规划的建筑物、构筑物及其他工程设施就其水平方向的相对位置和相互关系进行合理的布置。通过合理确定全厂建筑厂房、构筑物、道路、堆场、管路管线及绿化美化设施等在厂区平面上的相互位置，使其适应生产工艺流程的要求、方便生产管理的需要。

（2）竖向布置设计

平面布置设计不能反映厂区范围内各建筑物、构筑物之间在地形标高上配置的关系和状态，虽然这一点对于厂区地形平稳、标高基本一致的厂址总平面设计并不重要，但是对于厂区内地形变化较大，标高有显著差异的场合，仅有平面布置是不够的，还需要进行竖向布置并对布置方案进行较直观的铅直方向显示。竖向布置设计就是确定厂区建筑物、构筑物、道路、沟渠、管网的设计标高，使之相互协调并充分利用厂区自然地势地形，减少土石方挖填量，使运输方便和地面排水顺利。

（3）运输设计

食品工厂运输设计，首先要确定厂内外货物周转量，制订运输方案，选择适当的运输方式和货物的最佳搬运方法，统计出各种运输方式的运输量，计算出运输设备数量，选定和配备装卸机具，相应地确定为运输装卸机具服务的保养修理设施和建、构筑物（如库房）等。对于同时有铁路、水路运输的工厂，还应分别按铁路、公路、水运等不同系统，制订运输组织调度系统。确定所需运输装卸人员，制定运输线路的平面布置和规划。分析厂内外输送量及厂内人流、物流组织管理问题，据此进行厂内输送系统的设计。

（4）管线综合设计

管线综合布置是根据工艺、水、汽（气）、电等各类工程线的专业特点，综合规定其地上或地下敷设的位置、占地宽度、标高及间距，使厂区管线之间，以及管线与建筑物、构筑物、铁路、道路及绿化设施之间，在平面和竖向上相互协调，既要满足施工、检修、安全等要求，又要贯彻经济和节约用地的原则。

（5）绿化布置和环保设计

绿化布置对食品厂来说，可以美化厂区、净化空气、调节气温、阻挡风沙、降低噪声、保护环境等，从而改善工人的劳动卫生条件。但绿化面积增大会增加建厂投资，所以绿化面积应该适当。绿化

布置主要是绿化方式（包括美化）选择、绿化区布置等。食品工厂的四周，特别是在靠马路的一侧，应有一定宽度的树木组成防护林带，起阻挡风沙、净化空气、降低噪声的作用。种植的绿化树木花草，要经过严格选择，厂内不栽产生花絮、散发种子和特殊异味的树木花草，以免影响食品质量，一般来说选用常绿树较为适宜。环境保护是关系到国计民生的大事，工业“三废”和噪声，会使环境受到污染，直接危害到人民的身体健康，所以，在食品工厂总平面设计时，在布局上要充分考虑环境保护的问题。

3.1.3 总平面设计的基本原则

总平面布置是一项政策性、系统性、综合性很强的设计工作。涉及的知识范围很广，遇到的矛盾也错综复杂，所以影响总平面布置的因素甚多，见表3-1。因此，总平面设计必须从全局出发、结合实际情况，进行系统的综合分析，经多方案的技术经济比较，择优选取，以便创造良好的工作和生产环境、提高投资经济效益和降低生产能耗。

表3-1 影响企业总平面布置的因素

方针政策	企业生产及使用功能	建设场地条件
1. 节约用地	1. 生产工艺流程和使用功能要求	1. 地形、地质、水文、气象等自然条件
2. 环境保护	2. 企业预留发展和扩建要求	2. 交通运输条件
3. 降低能耗	3. 生产管理和生活方便要求	3. 动力供应和给排水条件
4. 综合利用	4. 安全、卫生要求	4. 施工建设条件
	5. 建筑艺术要求	5. 厂际协作条件
	6. 环境质量要求	6. 城镇或工业区、居住区规划条件

食品工厂尽管原料种类、产品性质、规模大小以及建设条件不同，但总平面设计都是按照一定的基本原则结合具体实际情况设计的。

（1）总平面设计要符合厂址所在地区的总体规划

特别是用地规划、工业区规划、居住规划、交通运输规划、电力系统规划、给排水工程规划等方面，要求了解拟建食品工厂的环境情况和外部条件，使总平面布置与其适应，使厂区、厂前区、生活居住区与城镇构成一个有机的整体。食品工厂总平面设计应按任务书要求进行布置，做到紧凑合理、节约用地，分期建设的工程应一次布置、分期建设，还必须为远期发展留有余地。

（2）总平面设计必须符合工厂生产工艺的要求

① 主车间、仓库等应按生产流程布置，并尽量缩短运输距离，避免物料往返。

② 全厂的货物、人员流动应有各自路线，力求避免交叉，合理加以组织安排。

③ 动力设施应接近负荷中心。如变电所应靠近高压线网输入本厂的一边，同时，变电所又应靠近耗电量大的车间。如制冷机房应接近变电所，并紧靠冷库。肉类罐头食品工厂的解冻间亦应接近冷库，而杀菌等用汽量大的工段应靠近锅炉房。

（3）食品工厂总平面设计必须满足食品工厂卫生要求

① 生产区（加工车间、仓库等）和生活区（食堂、浴室等）、厂前区（化验室、办公室等）分开。特别是饲养场和屠宰场应远离主车间，使食品工厂有较好的卫生条件。

② 生产车间应注意朝向，保证阳光充足、通风良好。我国大部分地区车间最佳朝向为南偏东或西30°角的范围内。相互间有影响的车间，尽量不要放在同一建筑物里，但相似车间应尽量放在一起，提高场地利用率。

③ 生产车间与城市公路有一定的防护区，一般为30～50 m，中间有绿化带，阻挡尘埃污染食品。

④ 根据生产性质不同，动力供应、货运周转和卫生防火等应分区布置。同时，主车间应与对食品卫生有影响的综合车间、废品仓库、煤堆及有大量烟尘或有害气体排出的车间间隔一定距离。主车间应设在锅炉房的上风向。

⑤ 总平面中要有一定的绿化面积，但不宜过大。

⑥ 公用厕所与主车间、食品原料仓库或堆场及成品库保持一定距离，并采用水冲式厕所，以保持厕所的清洁卫生。

（4）厂区布置要符合规划要求，同时合理利用地质、地形和水文等的自然条件

① 厂区道路应按运输量及运输工具的情况决定其宽度，一般厂区道路应采用水泥或沥青路面，以保持清洁。运输货物道路应与车间间隔，特别是运

送煤和煤渣，容易产生污染。一般道路应为环形道路，以免在倒车时造成堵塞现象。

② 厂区道路之外，应从实际出发考虑是否需有铁路专用线和码头等设施。

③ 厂区建筑物间距（指两幢建筑物外墙面相距的距离）应按有关规范设计。从防火、卫生、防震、防尘、噪声、日照、通风等方面来考虑，在符合有关规范的前提下，使建筑物间的距离最小。

建筑间距与日照关系（图 3-1）。冬季需要日照的地区，可根据冬至日太阳方位角和建筑物高度求得前幢建筑的投影长度，作为建筑日照间距的依据。不同朝向的日照间距 D 约为（1.1～1.5）H（D 为两建筑物外墙面的距离，H 为布置在前面的建筑遮挡阳光的高度）。

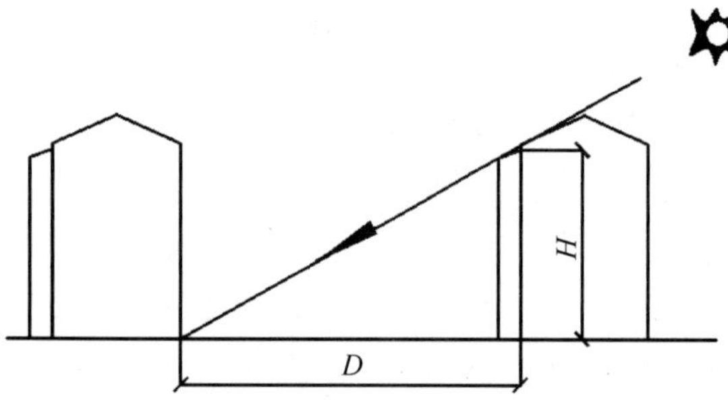

图 3-1　建筑间距与日照关系示意图

建筑间距与通风关系（图 3-2）。当风向正对建筑物时（即入射角为 0°时），希望前面的建筑不遮挡后面建筑的自然通风，那就要求建筑间距 D 在（4～5）H 以上。当风向的入射角为 30°时，间距 D 可采用 1.3 H。当入射角为 60°时，间距 D 采用 1.0 H，一般建筑选用较大风向入射角时，用 1.3 H 或 1.5 H 就可达到通风要求，在地震区 D 采用（1.6～2.0）H。

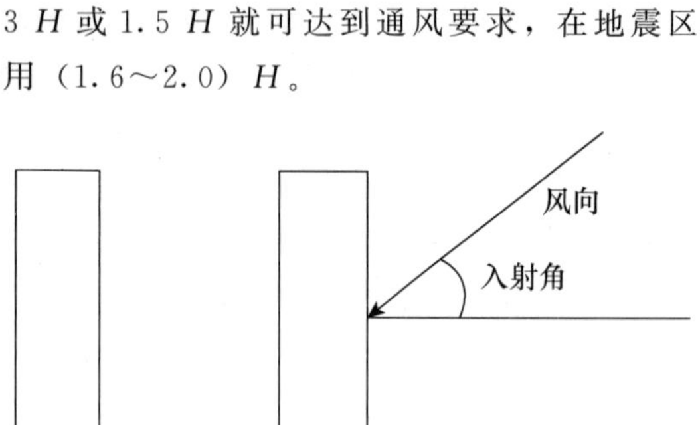

图 3-2　建筑间距与风向关系示意图

④ 合理确定建筑物、道路的标高，既保证不受洪水的影响，使排水畅通，同时又节约土方工程。在坡地、山地建设工厂，可采用不同标高安排道路及建筑物，即进行合理的竖向布置。但必须注意设置护坡及防洪渠，以防山洪影响。

（5）总平面设计必须符合国家有关规范和规定

如《工业企业总平面设计规范》《工业企业设计卫生标准》《建筑设计防火规范》《厂矿道路设计规范》《工业企业采暖通风和空气调节设计规范》《工业锅炉房设计规范》《工业“三废”排放试行标准规定》《工业与民用通用设备电力装备设计规范》《中国出口食品厂、库卫生要求》《保健食品良好生产规范》《洁净厂房设计规范》《食品生产质量管理规范》（食品 GMP）等，以及厂址所在地区的发展规划，保证工业企业协作条件。

3.2　食品工厂总平面布局

3.2.1　单位工程在总平面中的相互关系

食品工厂的单位工程主要包括建筑物、构筑物等，根据它的使用功能可分为：

① 生产车间——如实罐车间、空罐车间、糖果车间、饼干车间、面包车间、奶粉车间、炼乳车间、消毒奶车间、种子车间、发酵车间、浓缩汁车间、脱水菜车间、综合利用车间等。

② 辅助车间——机修车间、中心试验室、化验室等。

③ 仓库——原料库、冷库、包装材料库、保温库、成品库、危险品库、五金库、各种堆场、废品库、车库等。

④ 动力设施——发电间、变电站、锅炉房、制冷机房、空压机和真空泵房等。

⑤ 供水设施——水泵房、水处理设施、水井、水塔、水池等。

⑥ 排水系统——废水处理设施。

⑦ 全厂性设施——办公室、食堂、医务室、哺乳室、托儿所、浴室、厕所、传达室、汽车房、自行车棚、围墙、厂大门、厂办学校、工人俱乐部、图书馆、工人宿舍等。

食品工厂是由上述这些功能的建筑物、构筑物所组成的，而它们在总平面上的排布又必须根据食品工厂的生产工艺和上述原则来设计。

食品工厂生产区各主要使用功能的建筑物、构筑物在总平面布置中的关系如图 3-3 所示。

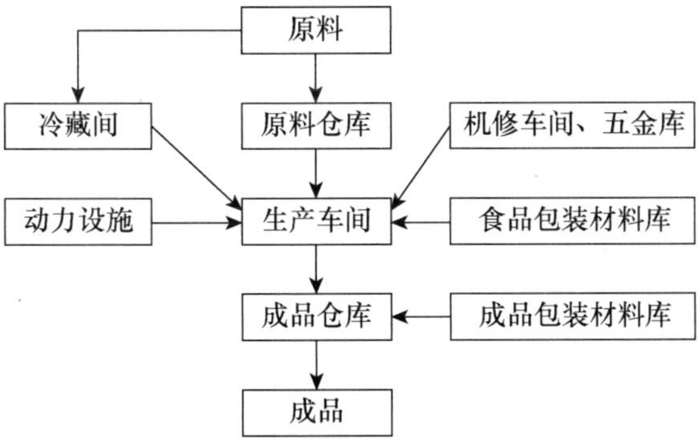

图 3-3　主要使用功能的建筑物、构筑物在总平面布置中的关系示意图

由图 3-3 可以看出，食品工厂总平面设计一般围绕生产车间进行排布，也就是说生产车间是食品工厂的主体建筑物，一般把生产车间布置在中心位置，其他车间、部门及公共设施都围绕主体车间进行排布。不过，以上仅仅是一个比较理想的典型，实际上由于地形地貌、周围环境、车间组成以及数量上的不同，都会影响总平面布置图中的建筑物的布置。

3.2.2　厂区划分

在明确总平面设计内容后，须考虑建（构）筑物的位置、平面图形式、总体布置的质量标志等。为此，往往先把厂区进行区域划分。

厂区划分就是根据生产、管理和生活的需要，结合安全、卫生、管线、运输和绿化的特点，把全厂建、构筑物群划分为若干联系紧密而性质相近的单元。这样，既有利于全厂性生产流水作业畅通（可谓纵向联系），又利于邻近各厂房建、构筑物设施之间保持协调、互助的关系（可谓横向联系）。

通常将全厂场地划分为厂前区、生产区、厂后区及左右两侧区，如图 3-4 所示。如此划分，体现出各区功能分明、运输联系方便、建筑井然有序的特点。厂前区的建筑，基本上属于行政管理及后勤职能部门等有关设施（食堂、医务所、车库、俱乐部、大门传达室、商店等），生产区包括主要车间厂房及其毗连紧密的辅助车间厂房和少量动力车间厂房（水泵房、水塔或冷冻站等）。生产区应处在厂址场地的中部，也是地势地质最好的地带。厂后区主要是原料仓库、露天堆场、污水处理站等，根据厂区的地形和生产车间的特殊要求，可将机修、给排水系统、变电所及其有关仓库等分布在左右两侧区而尽量靠近主要车间，以便为其服务。

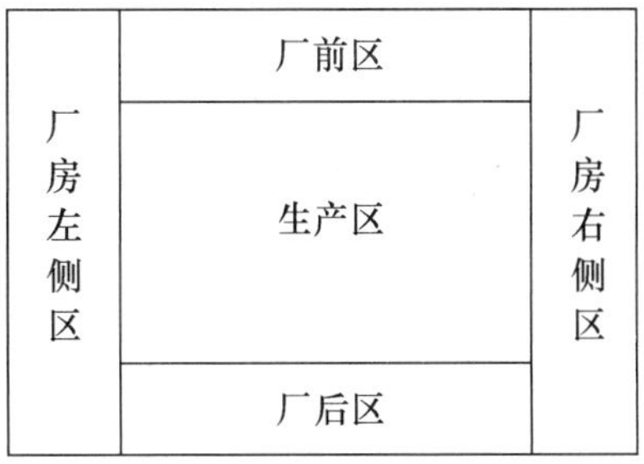

图 3-4　食品工厂典型厂区划分示意图

全厂运输道路设置在各区片之间，主干道应与厂大门通连。根据城市卫生规范，厂前区、主干道两侧应设置绿化设施并注意美化环境。必要时，要根据地区主风向，在左右两侧区域或厂后区设置卫生防护地带，以免污染厂外环境并降低噪声的影响。

3.2.3　建筑物和构筑物的布置

建筑物布置应符合食品卫生要求和现行国家规程、规范规定，尤其遵守《出口食品生产企业卫生要求》《食品生产加工企业必备条件》《建筑设计防火规范》中的有关条文。

各有关建筑物应相互衔接，并符合运输线路及管线短捷、节约能源等原则。生产区的相关车间及仓库可组成联合厂房，也可形成各自独立的建筑物。

（1）主生产车间建筑物的布置

主生产车间建筑物的布置是决定全厂布置的关键，应按生产工艺过程的顺序进行配置，生产线路尽可能做到径直和短捷。但并不是要求所有生产车间都安排在一条直线上，否则会给仓库等辅助车间的配置及车间管理等方面带来困难和不便。为使生产车间的配置达到线性的目的，同时又不形成长条，可将建筑物设计成 T 形、L 形或 U 形等不同建筑形状。

主生产车间应首先考虑布置在生产区的中心地带，其所在位置应当地势平坦，地耐力达到或超过 $(1.5\sim2)\times10^5\ N/m^2$；其朝向应当正面朝阳或偏南向布置，以加强车间内通风采光和改善操作环境。车间生产线路一般分为水平和垂直两种，此外也有多线生产的。加工物料在同一平面由一车间送到另一车间的叫作水平生产线路；而由上层（或下层）车间送到下层（或上层）车间的叫作垂直生产线路。多线生产线路：开始为一条主线，而后分成两条以上的支线；或者开始是两条或多条支线，而后汇合成一条主线。但不论选择何种布置形式，希望车间之间的距离是最小的，并符合食品卫生要求。当然，由于厂址地形和四周情况的限制，为达到美化环境与城市建设规划的要求，常将主要生产车间设计成高层建筑或沿街道直线布置的形式。这样生产集中，便于管理，但通风采光欠佳。

(2) 辅助车间建筑物的布置

辅助车间建筑物等的位置应靠近其服务的主车间厂房或其服务对象的等距离处。如啤酒厂内，瓶、箱堆场因其储量较大而占地面积较大，应布置在厂后区，但又紧靠啤酒包装车间的部位，这样可减少输送距离。而给水设施（水泵房、水池或水塔等）应靠近啤酒车间的糖化麦汁冷却间、麦芽车间的浸渍及冷冻站的冷凝器部位，最好布置在等距的位置上，即布置在厂后区，从而减少输水管线。又如酒精厂的酒精处理厂房应靠近蒸馏间；二氧化碳回收厂房应靠近发酵间，并且两者还应同居于下风向，这样既减少酒糟液、二氧化碳输送中的障碍，又可保证厂区的环境卫生。依据上述要求，两者可布置在厂区左侧或右侧处。

(3) 动力车间建筑物的布置

动力车间（包括锅炉房、冷冻站、空压站、变电站）应尽量靠近其服务的具体部门，可以大部分集中在厂区左侧和右侧，少数也有布置在生产区内的。这样，可最大限度地减少管路管线的铺设以及输送蒸汽、冷、气、电的管线损耗。除此之外，动力车间还应布置在厂区的下风向，以免烟尘污染厂区和引起火灾。例如，罐头厂的锅炉房应靠近杀菌间，并且处在地势较低处和厂区的下风向。这样可以减少供汽的热量与压力损失，有利于凝结水的回收及环境卫生。又例如速冻果蔬厂的冷冻站应尽量靠近冷却速冻间，以最大限度地减少管路和冷耗损失。而变电站则应靠近冷冻站，因冷冻站的电量负荷占全厂用电的45%以上，此举可节省电线铺设和降低线路的电能浪费。

(4) 行政管理和后勤部门建筑设施的总体布置

行政管理和后勤部门建筑设施应集中在厂前区。因为其职能性质规定，对厂内要方便于全厂性的行政业务和生产技术管理及后勤服务；对外在建筑上要适应城市规划、市容整齐的要求，所以多设置在工厂的大门附近及两侧。首先，办公大楼要正对着入口并且附以大型花池绿化及侧旁美化，有体现厂址方位朝向的作用。此建筑物内包括行政、技术管理部门及中心试验室，并且通风采光充分，其他公共设施可布置在办公大楼的两侧。如食堂和俱乐部可同在一栋建筑楼内，车库、消防车、医务室、护卫室等可同在一栋建筑楼内。

(5) 确定厂区建筑物与构筑物之间的距离

厂区建筑物与构筑物的位置在总平面图上的确定，还必须考虑相邻建筑物与构筑物之间的距离。当厂址方位朝向在地形图上确定之后，就应该划分建筑物与构筑物群，依次确定其方位朝向，然后分析、比较并确定它们之间的距离，计算出全厂利用面积与建筑面积。

3.2.4 厂内运输

厂内运输是联系各生产环节的纽带。从原料到成品的各个加工、中转、储存等环节无不通过运输联系得以实现。也就是说，各个生产加工环节只有通过各种运输线路的连接才能构成一个有机的能够顺利完成生产任务的统一整体。所以，厂内运输是企业生产的重要组成部分。厂内运输系统又是厂区总平面布置的骨架和大动脉，没有合理的厂内运输系统，就谈不上总平面布置的合理性。同时，厂内运输方式的选择及其线路布置对厂区总平面又有较强的制约性。

厂内运输是工厂总平面设计的一个重要内容，完善合理的运输不仅保证生产中的原料、材料及成品及时进出，而且对节约基建投资及投产后提高劳动生产率、降低成本、减轻劳动强度等有着重大意义。同时，运输方式选择、道路的布置形式等对厂区划分、车间关系、仓库堆场的位置都起着决定作用。所以，厂内运输是工厂总平面设计的重要组成部分。

(1) 厂内运输的任务

厂内运输的任务是通过各种运输机械工具，完成厂内仓库与车间、堆场与车间、车间与车间之间的货物分流。也就是通过运输组织以保证生产中原材料、燃料等陆续供应，生产的产品和副产品源源不断地运出。厂内运输是联系各生产环节的纽带。

厂内运输设计就是根据原材料、燃料、产品、副产品的种类、运输量，结合厂区运输条件，选择运输工具和运输方式，并进行合理布置。

(2) 厂内运输方式的选择

由于现代工业生产技术的发展，自动控制理论及电子技术的大量运用，带来了生产过程的连续化和自动化。因而，厂内运输方式日趋增多。目前厂内较为广泛采用的运输方式有铁路运输、道路运输、带式运输、管道运输、辊道运输等。不同的运输方式有不同的特点和适用性。例如铁路运输，运输能力大，运输成本低，爬坡能力小，适用于运输量大、运输距离远、场地平坦的情况；道路运输则机动灵活，适用于运输货物品种多、用户较分散的情况；而带式运输、管道运输及辊道运输均为连续运输，对场地适应性强，且便于和生产环节直接衔接，所以适用于连续性的生产等。厂内常用的几种运输方式见表 3-2。各种运输方式的特点和适用性，是选择厂内运输方式的基本依据，运输为了生产，生产必须运输，二者是不可分割的整体，这一点在企业中更为明显，所以，选择厂内运输方式时除了考虑各运输方式本身的特点外，还必须考虑生产，如生产的性质、生产对运输的要求等。选择运输方式时，还应考虑运输货物的属性（固体、液体、气体、热料、冷料）、运输的环境条件等。

表 3-2　厂内常用的几种运输方式比较

比较内容	运输方式				
	铁路运输	道路运输	带式运输	管道运输	辊道运输
输送物料的属性	固体、液体	固体、液体	散状料	液体、粉料	固体
与生产环节的衔接性	差	差	好	好	好
运输的连续性	间断运输	间断运输	连续运输	连续运输	连续运输
运输的灵活性	差	好	差	差	差
对场地的适应性	差	较好	好	好	好
建设投资	大	小	大	大	大
运营成本	低	较高			
对环境的污染	大	大	小	小	小

（3）道路布置的形式

厂内道路布置形式有环状式、尽头式和混合式 3 种（图 3-5）。

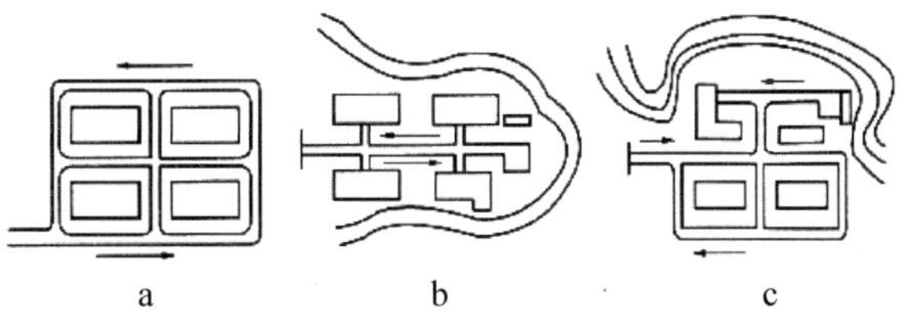

图 3-5　厂内道路布置形式示意图

a. 环状式　b. 尽头式　c. 混合式

① 环状式道路布置。环状式道路围绕着各车间布置，而且多平行于主要建筑物、构筑物而组成纵横贯通的道路网，如图 3-5a 所示。这种布置形式使厂区内各组成部分联系方便，有利于交通运输、工程管网铺设、消防车通行等。但厂区道路长、占地多，又由于道路是环状系统，所以对场地坡度要求较为平坦一些。这种形式适用于交通运输频繁、场地条件较为平坦的大、中型工厂。

② 尽头式道路布置。尽头式道路不纵横贯通，根据交通运输的需要而终止于某处，如图 3-5b 所示。这种布置形式厂区道路短，对场地坡度适应性较大。但运输的灵活性较差，而且尽头处一般需要设置回车场。回车场是用于汽车掉头、转向的设施。根据总平面布置形式及场地条件，回车场的布置形式有圆形、三角形与 T 形等，如图 3-6 所示。总平面布置时应避免回车场在坡道或曲线上而应设于平直道上；同时为了汽车行驶得安全，竖曲线应设置在回道路起点 10 m 以外。

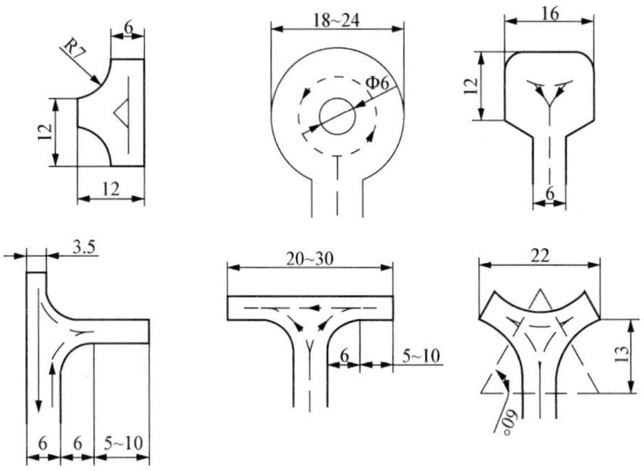

图 3-6　尽头式停车场（单位：m）

③ 混合式道路布置。这种形式为以上两种形式的组合，即在厂内有环状式道路布置也有尽头式道路布置，如图 3-5c 所示。这种形式具有环状和尽头式布置的特点，能够很好地结合交通运输需要、建设场地条件及总平面布置情况进行厂内道路布置。

这是一种较为灵活的布置形式，在工业企业中广泛采用。

道路布置还有些辅助布置形式：①在线路长的单车道路上应补上会让车道，如图 3-6 所示。②在道路的交叉口处，应做圆形布置。其最小曲率半径：双车道为 7 m，单车道为 9 m。③在办公楼、成品库前，车辆需要停放和调转，此处的道路要加宽成停车场。

（4）道路的规则

道路的规格包括宽度、路面质量等，根据城市建筑规定、工厂生产规模等而定。通常以城市型道路标准施工。路面采用沙石沥青浇注铺设，道路一侧或两侧设有路缘石，并采用暗管排出雨水，保持环境卫生。道路纵横贯通，其宽度依主干道、次干道、人行道和消防车道而异。主干道宽至 6～9 m，其他支干道宽为 4～6 m。

3.3 总平面设计方法

3.3.1 总平面布置的形式

厂区总平面图是一个结合厂址自然条件和技术经济要求，进行规划布置的图纸。为了获得理想的总体效果，相继出现了许多工厂平面的布置形式。关于布置形式的分类法，在工厂设计理论中尚未完全统一。下面仅就形式分类问题，做些研究并举实例予以说明。

3.3.1.1 总平面水平向布置形式

总平面水平布置就是合理地、科学地对用地范围内的建筑物、构筑物及其他工程设施水平方向相互间的位置关系进行设计。总平面水平布置因工厂规模、生产品种不同而各有不同，布置形式有整体式、区带式、组合式、周边式等，各具特色，因厂而异。

（1）整体式

将厂内的主要车间、仓库、动力等布置在一个整体的厂房内。这种布置形式具有节约用地、节省管路和线路、缩短运输距离等优点。国外食品工厂多用此形式。

（2）区带式

在厂区划分的前提下，保证区域功能分明的特点，以主要生产车间的定位布置，带起辅助车间和动力车间的逐一布置，称为区带式布置。这种布置形式的特点是突出了主要生产车间的中心地带位置，全厂各区布置得比较协调合理，道路网布置井然有序，绿化区面积得以保证。但是也存在着占地多，运输线路、管线长等缺点。我国的食品工厂多采用这种布置形式。

（3）组合式

组合式由整体式和区带式组合而成，主车间一般采用整体布置，而动力设施等辅助设施则采用区带式布置。

（4）周边式

由于厂址四周情况与城市规划的需要，将生产车间环绕厂区周边，首先从厂大门处开始布置，逐一带起辅助部门与动力部门，相随着布置，此称为周边式布置。其特点是厂房建筑沿周边布置，比较整齐美观；但厂房方位很难与主风向呈 60°～90°的合适角度，因而通风不利，环境卫生须注意改善。

图 3-7 是总平面水平向周边式布置形式的典型实例。这是年产量 20 000 t 的啤酒厂，其厂址三面邻街道，一面与另一厂毗连。场地呈近似等腰梯形，占地面积约为 60 000 m^2。厂区地势平坦，方位与地形坐标呈 35°偏北向。全年风向玫瑰图上主风向为东南风。主要生产车间（指糖化间、发酵间、包装间）沿厂周边线布置，并依次带起锅炉房、制冷站、成品库等，以及办公楼、机修间、瓶堆场等。此种布置形式的主要特点是车间厂房沿街道布置，建筑物外形壮观，使市容整齐。厂区内生产车间靠拢，生产集中，便于联系管理。但采光与卫生要求须妥善处理。厂内绿化难以保证足够的面积，也须特殊考虑。总之，周边式布置形式较为紧凑、技术管理集中方便，但发展余地较少。

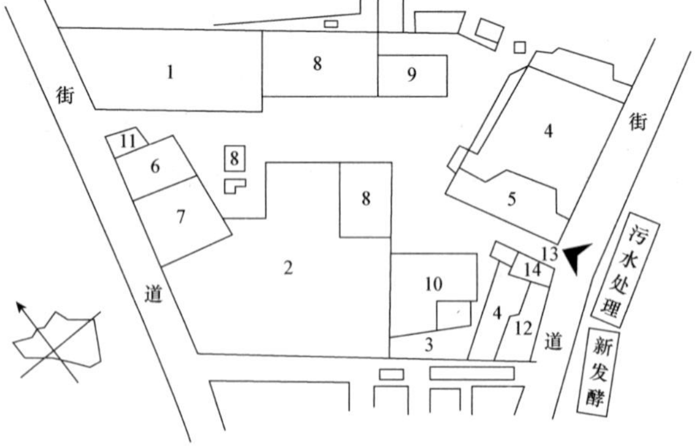

图 3-7 某啤酒厂总平面布置图

1. 糖化间 2. 发酵间 3. 灌装间 4. 包装间 5. 瓶堆场 6. 锅炉房 7. 制冷间 8. 机修间 9. 办公楼 10. 食堂 11. 变电所 12. 成品库 13. 大门 14. 传达室

3.3.1.2　总平面竖向布置形式

厂区竖向布置的任务，主要是根据工厂的生产工艺要求、运输装卸的要求、场地排水的要求及厂区地形、工程地质、水文地质等条件，选择竖向设计的系统和方式；确定全部建筑物、构筑物、铁路、道路、广场、绿地及排水构筑物的标高等；保证工厂在生产物料、人流上有良好的运输和通行条件；使土方工程量尽量减少，并使厂区填挖土方量平衡或接近平衡。同时，要防止因开挖引起的滑坡和地下水外露等现象发生；合理确定排水系统，配置必要的排水构筑物，尽快地排除厂区内的雨水；尽量减少建筑物基础与排水工程的投资；解决厂区防洪工程问题。

（1）竖向布置形式分类

根据设计整平面之间连接方法的不同，竖向布置形式分为平坡布置形式、阶梯布置形式和混合布置形式。

① 平坡布置形式。平坡布置形式又可分成水平型、斜面型和组合型。

- 水平型平坡式，场地整平面无坡度。
- 斜面型平坡式，如图 3-8 所示。斜面型平坡式又分为 4 种：a. 单向斜面平坡式；b. 由场地中央向边缘倾斜的双向斜面平坡式；c. 由场地边缘向中央倾斜的双向斜面平坡式；d. 多向斜面平坡式。
- 组合型平坡式，场地由多个接近于自然地形的设计平面或斜面所组成。

② 阶梯布置形式。设计场地由若干个台阶相连接组成阶梯布置，相邻台阶间以陡坡或挡土墙连接，且其高差在 1 m 以上，如图 3-9 所示。阶梯布置形式又分为 3 种：a. 单向降低的阶梯；b. 由场地中央向边缘降低的阶梯；c. 由场地边缘向中央降低的阶梯。

③ 混合布置形式。设计地面由若干个平坡和台阶混合组成。

（2）竖向布置形式比较

水平型平坡式能为铁路、道路创造良好的技术条件，但平整场地的土方最大，排水条件较差。斜面型平坡式和组合型平坡式能利用地形、便于排水，减少平整场地的土方量。一般平坡式布置在地形比较平坦，场地面积不大，暗管排水，场地为渗透性土壤的条件下采用。

阶梯式布置能充分利用地形，节约场地平整的土方量和建筑物、构筑物的基础工程量，排水条件比较好，但铁路、道路连接困难，防排洪沟、跌水、急流槽、护坡、挡土墙等工程量增加。一般阶梯式布置在地形复杂、高差大，特别是山区建厂的条件下采用。竖向布置形式比较见表 3-3。

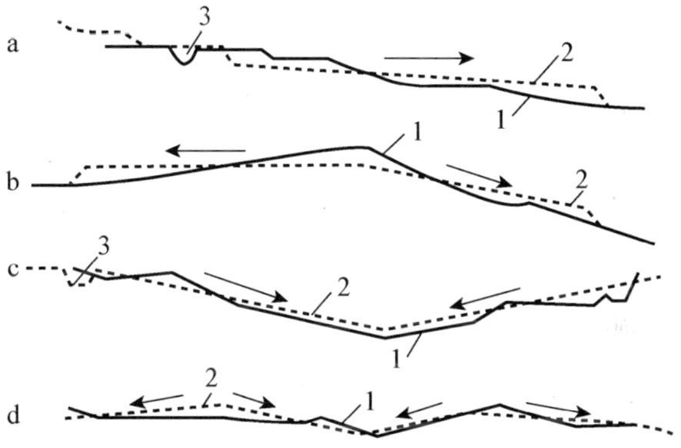

图 3-8　斜面型平坡式

1. 原自然地面　2. 整平地面　3. 排洪沟
a. 单向斜面平坡式　b. 中高双向斜面平坡式
c. 中低双向斜面平坡式　d. 多向斜面平坡式

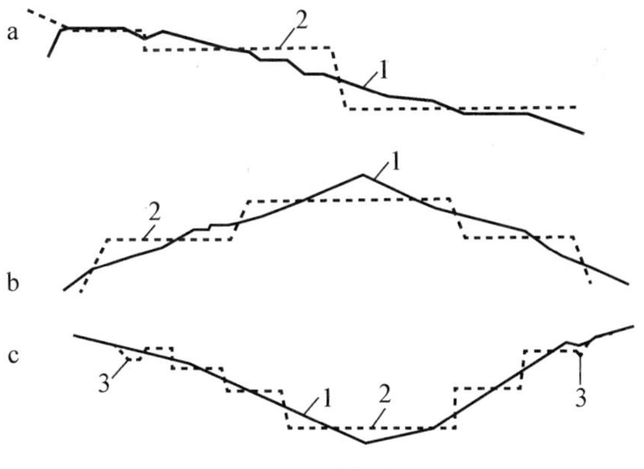

图 3-9　阶梯布置形式

1. 原自然地面　2. 整平地面　3. 排洪沟
a. 单向降低的阶梯　b. 由中间向边缘降低的阶梯
c. 由边缘向中央降低的阶梯

表 3-3　竖向布置形式比较

比较项目		平坡式	阶梯式
铁路、道路及管线敷设的技术条件		良好	较差
土方和基础工程量	地形平坦	较小	较大
	地形起伏较大	往往出现大填、大挖和大量的深基础	工程量显著降低，往往仅局部需设深基础，有时需设挡土墙、护坡等

续表 3-3

比较项目	平坡式	阶梯式
土方平衡情况	多为全厂平衡，运距较远	易就地平衡，运距较短
排水条件	排水条件较差，往往需要结合排水管网	排水条件较好，但需要的防洪沟、排水沟、跌水、急流槽较多
适用范围	地形平坦时采用较多	山区和丘陵地区采用较多

(3) 竖向布置形式选择

竖向布置形式应根据自然地形坡度、厂区宽度、构建筑物基础埋设深度、运输方式和运输技术条件等因素进行选择。

① 按自然地形坡度和厂区宽度选择。

● 当自然地形坡度小于3%，厂区宽度不大时，宜采用平坡式布置。

● 当自然地形坡度大于3%，或自然地形坡度虽小于3%，但厂区宽度较大时，用阶梯式布置。

● 当自然地形坡度有缓有陡时，可考虑平坡与台阶混合式布置。

② 按综合因素选择。按自然地形坡度、厂区宽度和建筑物、构筑物基础埋设深度的概略关系式选择。

3.3.2 总平面设计的步骤

3.3.2.1 设计准备

总平面设计工作开始前，一般应具备下列条件。

① 已经审批的设计任务书。

② 已确定的厂址，厂地面积、地形、水文、地质、气象等资料。

③ 有关的城市规划或区域规划。

④ 厂区总体规划。

⑤对同类食品工厂调研所取得的资料。

⑥ 厂区区域地形图，比例为1∶500、1∶1 000、1∶2 000等。

⑦ 专业资料。各有关专业（包括参加该整个工程设计项目的全部设计单位）提供的工厂车间组成、主要设备、工艺联系和运输方式、运量情况以及建筑物、构筑物平面图（或外形尺寸）的资料。

⑧ 风玫瑰图。它属于建厂地区气象资料，其主要用于确定当地的主导风向。风玫瑰图有风向玫瑰图和风速玫瑰图两种。

常用的是风向玫瑰图又称风频玫瑰图，它是在直角坐标上绘制的。坐标原点表示厂址地点，坐标分成8个方位，表示有东、西、南、北、东南、东北、西南和西北的风吹向厂址；也可分成16个方位，即表示再有8个方位的风吹向厂址（图3-10）。如果将常年每个方向吹向厂址的风之次数占全年总次数的百分率称为该风向的频率，则将各方向风频率按一定的比例，在方位坐标上描点，可连成一条多边形的封闭曲线，称之为风向频率图。由于多边形的图像很像一朵玫瑰花，故又称为风向玫瑰图，如图3-11所示。由图3-11可见，全年风向次数最多的方位集中在东北向，故称之为主风向。图中虚线表示夏季的风向频率图。很明显各方位的风向频率不同，但其总和为100%。

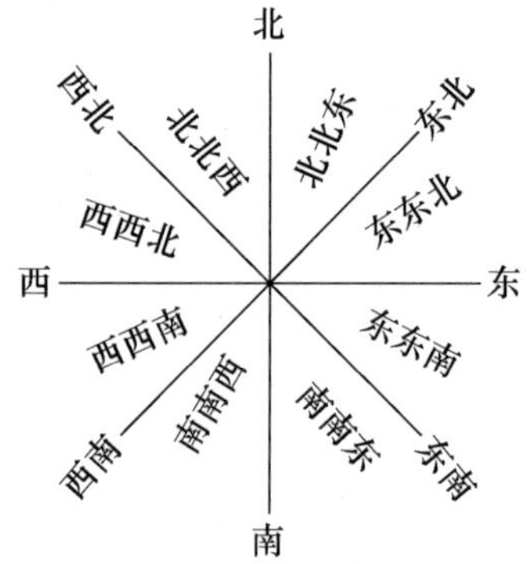

图 3-10 方位线图

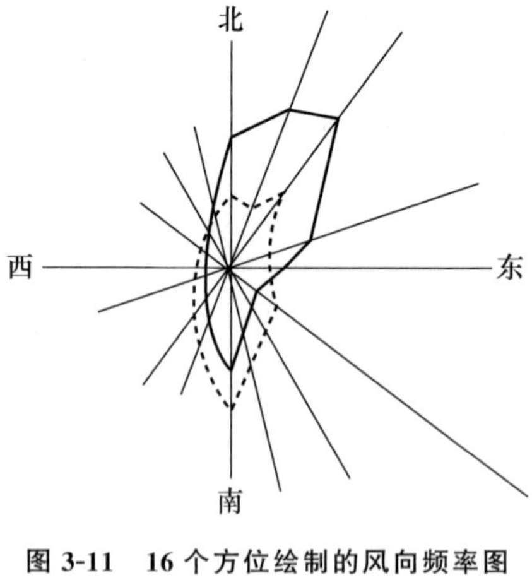

图 3-11 16个方位绘制的风向频率图

另一种风速玫瑰图是表示各方向平均风速大小的玫瑰图形。其画法与风向玫瑰图大致相同。要注意，主导风向和主导风速两者往往并不在同一个方向上，因此为了综合判断它们二者对环境的影响，就提出了一个污染系数的概念，它的表示式如下：

$$污染系数=\frac{风向频率}{平均风速} \tag{3-1}$$

污染系数的提出既可以使主导风向与主导风速方向不一致的矛盾得以解决，同时用它也可以判断在任何一个方向上风力的可能污染性大小。而单纯凭借一个主导风向或一个主导风速就较难准确加以判断。

式3-1表明：污染系数愈大，其下风向可能受污染程度就愈大。换言之，其方向刮风次数越多，其平均风速越小，在其下风向受污染的程度就越严重。

3.3.2.2 设计阶段

食品工厂总平面设计，亦如其他设计一样应按初步设计和施工图设计两个阶段进行。有些简单的小型项目，可根据具体情况，简化初步设计的内容。

进行总平面设计，应先从确定方案开始，其次才是运用一定的绘图方式将设计方案表达在图纸上。方案构思和确定是做好总平面设计中一项很重要的工作，是总平面设计好坏的关键。为此，要进行不同方案的制定和比较工作，最后定出一个比较理想的方案。

（1）方案确定

- 确定方案的主要工作

① 厂区方位，建筑物、构筑物的相对位置的确定。

② 厂内交通运输路线以及与厂外连接关系的确定。

③ 给排水、供电及蒸汽等管线布置的确定。

- 确定方案的步骤

在总平面方案确定时，通常做法是把厂区及主要建筑物、构筑物的平面轮廓按一定比例缩小后剪成同样形状的纸片，在地形图上试排几种认为可行的方案，再用草图纸描下来，然后分析比较，从中选出较为理想的方案。

排布方案中的各种建筑物、构筑物的顺序大致如下。

① 在生产区内，根据生产工艺流程先布置主要车间的位置，一般放在中心位置，坐北朝南。

② 根据厂区建设物、构筑物的功能关系放置辅助车间。

③ 根据风玫瑰图放置锅炉房的位置。一般放在主车间的下风向区，但要靠近负荷中心。

④ 确定原料库、成品库及其他库的位置，使各种库放在与生产联系距离最近的地方，但又不致交叉污染。

⑤ 确定厂区道路，使物流、人流、货流应有各自的线路和宽度。

⑥ 确定给水、排水和供电的方向及位置。

⑦ 布置厂前区的各种设施，同时考虑绿化位置及面积大小。

⑧ 布置厂大门以及其辅助建筑设施的位置。

（2）初步设计

在方案确定以后，就进入到初步设计，实际上就是对方案的具体化，即在方案确定的基础上按规定的画法绘制出初步设计正式图纸，然后编写出初步设计说明书，供有关主管部门审批。

① 图纸内容。一般仅有一张总平面布置图，图纸比例为1∶500、1∶1 000等，图内应有地形等高线，原有建筑物与构筑物和将来拟建的建筑物与构筑物的位置和层数、地坪标高、绿化位置、道路、管线、排水方向等。在图的一角或适当位置还应绘制风向玫瑰图和区域位置图。区域位置图按1∶2 000到1∶5 000绘制，它可以展示和表明厂区附近的环境条件及自然情况。它对审查和评判设计方案的优劣也有着一定的辅助作用。

② 设计说明书。在总平面的初步设计阶段应当附有关于各平面设计方案的设计说明书。在说明书中需要阐明：设计依据、布置特点、主要技术经济指标、概算等情况。其文字要简明扼要，要让决策部门和上级领导能借助于它对总平面设计方案做出准确的判断和抉择。

（3）施工图设计

在初步设计审批以后，就可以进行施工图设计。施工图是现场施工的依据和准则，进行施工图设计实际上是深化和完善初步设计，落实设计意图和技术细节，图纸用于指导施工和表达设计者的要求。图纸要做到齐全、正确、简明、清晰、交代清楚、没有差错，保证施工单位能看清看懂。

施工图一般不用出说明书，至于一些技术要求和施工注意事项只要用文字说明的形式附在总平面施工图的一角上予以注明即可。

① 总平面布置施工图。比例1∶500、1∶1 000等，图内有等高线，红色细实线表示原有建筑物和构筑物，黑色粗实线表示新设计的建筑物和构筑

物。图按最新的《总图制图标准》绘制，而且要明确标出各建筑物和构筑物的定位、尺寸、道路、绿化等位置，做好竖向布置，确定排水方向等。

为使上述总平面布置资料图为现场施工服务，还必须有明确的尺寸标注。即标注各个建筑物、构筑物、道路等的准确位置和标高。为此，采用测量坐标网与建筑施工坐标网（也称设计坐标网）给予定位。这样，在上述两种坐标方格网的图纸上绘制的工厂总平面布置图，即是总平面布置施工图。此图能正确、简明、清晰、周全地标注尺寸及给出现场施工的要求。

总平面图是表明场区范围内自然状况和规划设计的图纸。要说明的皆是总体性的问题，所以要表达的内容很多，主要包括以下内容：a. 表明厂址原有地形的等高线；b. 表明测量坐标网及建筑施工坐标网；c. 表明全年（或夏季）风向频率的风向玫瑰图；d. 表明全厂建筑物、露天作业场等平面位置坐标、地坪标高及厂区转角（方位角θ）；e. 道路、铁路的平面布置、标高及坡度；f. 竖向设计、排水设施；g. 厂区围护设施及绿化规划等。

② 竖向布置图。竖向布置是否单独出图，视工程项目的多少和地形的复杂情况确定。一般来说对于工程项目不多、地形变化不大的场地，竖向布置可放在总平面布置施工图内（注明建筑物和构筑物的面积、层数、室内地坪标高、道路转折点标高、坡向、距离、纵坡等）。

③ 管线综合平面图。一般简单的工厂总平面设计，管线种类较少，布置简单，常常只有给水、排水和照明管线，有时就附在总平面施工图内。但管线较复杂时，常由各设计专业工种出各类管线布置图。总平面设计人员往往出一张管线综合平面布置图，图内应表明管线间距、纵坡、转折点标高、各种阀门、检查井位置以及各类管线、检查井、窨井等的图例符号说明。图纸与总平面布置施工图的比例尺寸相一致。

④ 道路设计图。它也是仅对于地形较复杂的情况下才出图。一般在总平面施工图上表示。

⑤ 有关详图。如围墙、大门等图纸。

⑥ 总平面布置施工图说明书。一般不单独出说明书，通常将文字说明的内容附在总平面布置施工图的一角上。主要说明设计意图、施工时应注意的问题、各种技术经济指标（同扩初设计）和工程量等。有时，还将总平面图内建筑物、构筑物的编号列表说明。

为了保证设计质量，施工图必须经过设计、校对、审核、审定会签后，才能交给施工单位按图施工。

3.4 总平面设计的主要技术指标

3.4.1 有关参数

（1）建筑物间距 X

建筑物间距如图 3-12 所示。在总图布置时，从建筑物防火安全出发，相邻建筑物间距必须超过最小间距 X_{min}。计算方法如下：

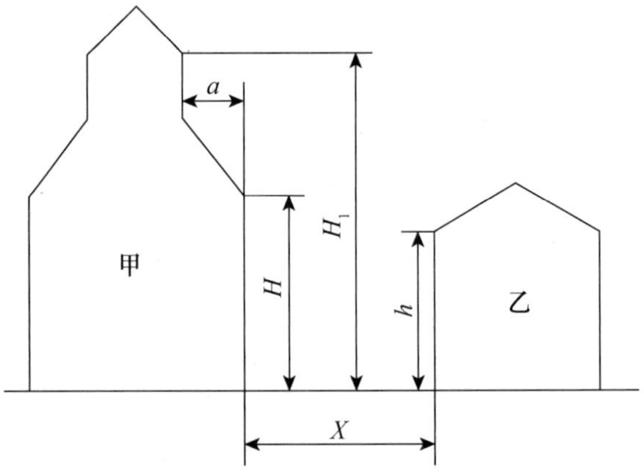

图 3-12 建筑物间距示意图

当 $a<3$ m 时，则要求

$$X \geqslant X_{min}=\frac{H_1+h}{2} \tag{3-2}$$

当 $a>3$ m 时，则要求

$$X \geqslant X_{min}=\frac{H+h}{2} \tag{3-3}$$

式中：H、H_1、a 分别为甲建筑物的肩高、顶高、肩宽；h 为乙建筑物的肩高。

例如，甲厂房顶高 27 m，乙厂房顶高 24 m。由于是平顶厂房，肩宽 $a=0$，故由式（3-2）计算甲、乙两厂房间距应为：

$$X \geqslant \frac{27+24}{2}=25.5(\text{m})$$

式（3-2）与式（3-3）适用于同类建筑物、构筑物间最小间距计算。如果相邻建筑物、构筑物间有道路，其两侧地上或地下架设综合管线者，则上述间距 X 值加大：主干道路者 X 为 30～40 m；次主干道路者 X 为 20～30 m；而其他支道路者 X 为

12～15 m。

如果是露天堆栈与建筑物、构筑物的防火间距 X，也不能用式（3-2）与式（3-3）计算，可由表 3-4 规定给出。

表 3-4 露天堆栈与建筑物、构筑物的防火间距 m

堆储物质		堆储容量	由堆储处至各种耐火级的建筑物、构筑物之间的距离		
			Ⅰ及Ⅱ	Ⅲ	Ⅳ及Ⅴ
煤块		5 000～100 000 t	12	14	16
		500～5 000 t	8	10	14
		500 t 以下	6	8	12
泥煤	块状	1 000～100 000 t	24	30	36
		1 000 t 以下	20	24	30
	散状	1 000～5 000 t	36	40	50
		1 000 t 以下	30	36	40
木材		1 000～10 000 m^3	18	24	30
		1 000 m^3 以下	12	16	20
易燃材料等（锯末、刨花等）		1 000～5 000 m^3	30	36	40
		1 000 m^3 以下	24	30	36
易燃液体堆栈		500～1 000 m^3	30	40	50
		250～500 m^3	24	30	40
		10～250 m^3	20	24	30
		10 m^3 以下	16	20	24

对于大型食品工厂，由于综合管线地上地下敷设较多，交通运输量较大，道路两侧相邻建筑物、构筑物的底线间距要宽些。

（2）厂房建筑物正面与全年（或夏季）主风向的夹角 θ

θ 以 60°～90°为宜，其迎风位置布置如图 3-13 所示，以改善通风条件。

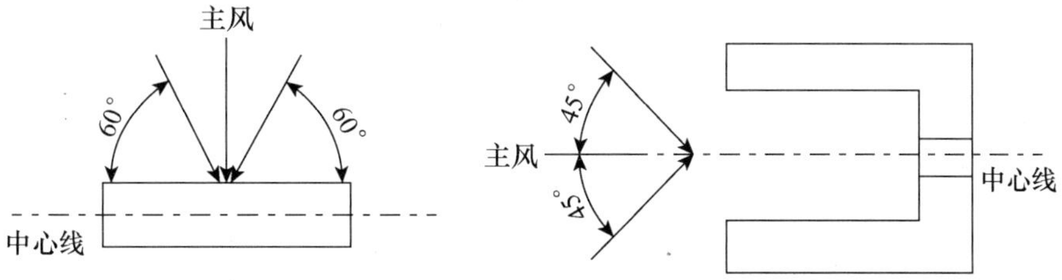

图 3-13 厂房位置与主风向关系图

（3）建筑系数 K_1 与场地利用系数 K_2

其值与总平面布置形式有关，见表 3-5。

表 3-5 建筑系数 K_1 与场地利用系数 K_2 经验值

形式	区带式	周边式	分离式	连续式	联合式
$K_1=\frac{A_1+A_2}{A}\times100\%$	40～45	45～55	25～35	45～55	40～50
$K_2=\frac{A_1+A_2+A_3}{A}\times100\%$	50～65	60～75	40～50	60～75	60～75

表 3-5 中的 A_1，A_2，A_3 为建筑物、构筑物占地面积，堆场、作业场地占地面积，道路、散水坡、管线的占地面积。即皆表示总平面水平向布置时场地利用的性状，并不表示竖向平面布置时的特性。例如，多层厂房建筑的建筑面积是层数的函数，即整体建筑物的建筑面积（A_0）是各层面积之和，或者是占地面积 A_1 与层数 N 的乘积，即

$$A_0=\sum_{1}^{n}A_i=N\cdot A_1 \tag{3-4}$$

如果将建筑物的建筑面积 A_0 与全厂占地面积 A 相除，可得竖向平面布置建筑系数 K_0，

$$K_0=\frac{A_0}{A}\times 100\% \tag{3-5}$$

如将式（3-4）代入式（3-5）可得

$$K_0=N\cdot K_1 \tag{3-6}$$

式（3-6）说明竖向平面布置建筑系数 K_0 是水平向布置建筑系数 K_1 的 N 倍。说明高层建筑厂房提高了场地的空间利用程度。K_0 值是 K_1 值的 N 倍，而层数 N 不固定，故 K_0 的经验值不宜给出。

（4）堆场面积（A_5）

食品工厂对原料、材料及燃料的消耗量很大，往往需要堆场储放才能保证正常生产的进行。根据储存物类别、堆垛方式与储存时间，可计算相应的堆场面积。

① 原料堆场面积。工厂生产所需要的储存原料量 Q（t）计算如下

$$Q=P(1-\Phi_0)\tau \tag{3-7}$$

式中：P—工厂生产所需要的原料量，t/年；

Φ_0—未储存的物料量占总原料量的百分率，%；

τ—原料所需要的储存时间，月。

确立堆垛的剖面和类型、垛底宽度 b、高度 h、长度 l 及物料的堆放密度 γ，即可知道每堆所容纳的物料量 q（t/堆）

$$q=bh/\gamma \tag{3-8}$$

由此，总堆数 N 应为

$$N=\frac{Q}{q} \tag{3-9}$$

假设堆场上纵向堆数为 Y，横向堆数为 X，并且通过下式计算

$$X=\sqrt{\frac{(b+p_1)p}{(l+p)p_1}N} \tag{3-10}$$

式中：b—堆的宽度（一般取 2～4 m），m；

l—堆的长度，m；

p—纵向方向堆与堆之间及场地边界的距离（一般取 5～6 m，以方便走装卸车），m；

p_1—横向方向堆与堆之间及场地边界的距离（一般取 2～4 m），m。

由此可计算得纵向堆数

$$Y=\frac{N}{X} \tag{3-11}$$

则堆场的长度 L（m）为

$$L=lY+(Y-1)p+2p \tag{3-12}$$

堆场的宽度 B（m）为

$$B=bX+(X-1)p_1+2p_1 \tag{3-13}$$

故堆场面积 A（m^2）为

$$A=LB \tag{3-14}$$

② 瓶箱堆场面积。新瓶箱堆场面积 A_1：新瓶储存是外销市场的需要，并且皆是一次性进厂储存。所需新瓶数量 N_1 可由下式计算

$$N_1=Pm\Phi_1\Phi_2 \tag{3-15}$$

式中：P—产品年产量，t/年；

m—每吨酒灌装的瓶量，个/t；

Φ_1—在年产量中瓶装酒所占有的百分率，%；

Φ_2—计划外销新瓶占有的百分率，%。

堆垛先垫底层，后垛到某一高度（即人工或机械方法垛堆高度），令单位面积堆垛的瓶子数量为 m_A（个/m^2），则所需净堆场面积 A_0 为

$$A_0=\frac{N_1}{m_A} \tag{3-16}$$

考虑堆垛纵横向皆须留出通道，故上述净面积将增加。即

$$A_1=A_0(1+\Phi_3) \tag{3-17}$$

式中：Φ_3—通道占堆场的裕量系数，%。

旧瓶箱堆场面积 A_2：旧瓶周转是近销市场的需要。这就要有箱的周转，并且多用塑料制品箱，以免周转中损坏。与此同时，厂内必须有旧瓶箱的储存量。

满足近销市场需求的最大旧瓶数 N_2 由下式计算

$$N_2=Pm\Phi_1\Phi_2 \tag{3-18}$$

式中：Φ_1—旺季近销酒占年产量的百分率，%；

Φ_2—近销酒中瓶装酒占有的百分率，%；

P—年产量，t/年；

m—吨酒装瓶数，个/t。

相应地需要储存的瓶箱数，可由下式确定

$$N_3=\frac{N_2}{24\times 90}\tau \tag{3-19}$$

式中：24—每箱装 24 瓶酒；

90—近销酒的旺季天数（30×3=90 d）；

τ—瓶箱的储存期，d。

根据瓶箱堆垛层数 Z 与每个瓶箱占地面积 f，

可初步计算其所需要的净堆场面积 A_0：

$$A_0=\frac{N_3}{Z}\times f \qquad (3\text{-}20)$$

考虑堆垛间留有纵横通道的需要，则瓶箱堆场面积 A_2 应为

$$A_2=A_0(1+\Phi_3) \qquad (3\text{-}21)$$

式中：Φ_3—堆垛通道占堆场的裕量系数，%。

【例】 某新建 100 000 t/年啤酒厂，瓶装占 50%，其中 30%用于新瓶装外销；而近销旺季产量占全年的 20%，其中 75%为旧瓶装。试确定瓶、箱所需的堆场面积。

解：(1) 新瓶堆场面积 A_1

由式（3-15）可计算外销新瓶数

$$N_1=100\,000\times1\,580\times50\%\times30\%=23\,700\,000(\text{个})$$

（其中，1 580 指每吨酒装 1 580 瓶）

新瓶装堆垛方式为露天横卧叠放，堆垛高度按 25 层计算，则单位面积堆放瓶子数为

$$m_A=13\times2\times2\times25=1\,300(\text{个}/\text{m}^2)$$

根据式（3-16）计算新瓶的净堆场面积：

$$A_0=\frac{23\,700\,000}{1\,300}=18\,230.8(\text{m}^2)$$

考虑堆垛间的通道，取裕量系数 $\Phi_3=30\%$，由式（3-17）计算可得新瓶需要的堆场面积

$$A_1=18\,230.8\times(1+30\%)=23\,700(\text{m}^2)$$

(2) 旧瓶箱堆场面积 A_2

近销市场需要的瓶数可由式（3-18）计算

$$N_2=100\,000\times20\%\times1\,580\times75\%=23\,700\,000(\text{个})$$

设旧瓶储存期为 60 d，代入式（3-19）可计算旧瓶箱数：

$$N_3=\frac{23\,700\,000}{24\times90}\times60=658\,333(\text{箱})$$

因为塑料制品瓶箱规格为长 $l=530$ mm，宽 $b=370$ mm，所以每个瓶箱占地面积 $f=l\times b=0.53\times0.37=0.2$（$\text{m}^2$），取堆垛层数为 5 层，代入式（3-20）可得净堆场面积 A_0：

$$A_0=\frac{658\,333}{5}\times0.2=26\,333.3(\text{m}^2)$$

同样，考虑堆垛瓶箱间有通道，取裕量系数 $\Phi_3=30\%$，则旧瓶箱堆场面积为

$$A_2=26\,333.3\times(1+30\%)=34\,233(\text{m}^2)$$

将以上新瓶和旧瓶箱所需的堆场面积加起来，即为瓶箱堆场总面积

$$A=A_1+A_2=23\,700+34\,233=57\,933(\text{m}^2)$$

(5) 坐标网

为了标定建筑物、构筑物等的准确位置，在总平面设计图上，常常采用地理测量坐标网与建筑施工坐标网两种坐标系统。

① 地理测量坐标网——X-Y 坐标系。此坐标规定南北向以横坐标 X 表示，东西向以 Y 表示。在 X-Y 坐标轴上作间距为 50 m 或 100 m 的方格网上，标定厂址和厂房建筑物的地理位置。这是国家地理测量局规定的坐标系，全国各地都必须执行。

② 建筑施工坐标网——A-B 坐标系。由于厂区和厂房的方位不一定都是正南正北向，即与地理测量坐标网不是平行的（即有一个方位角 θ）。为了施工现场放线的方便和减少每一点地形位置标记坐标时的烦琐计算，总平面设计时，常常采用厂区、厂房之间方位一致的建筑施工坐标网。规定横坐标以 A 表示，纵坐标以 B 表示。也作间距 50 m 或 100 m 的方格网，用来标定厂区、厂房的建筑施工位置。很明显，A-B 坐标系在施工现场上使用十分方便，但 A-B 坐标轴与原来的 X-Y 坐标轴成一夹角（即方位角 θ），并且坐标原点 O 与 X-Y 坐标原点 O 也不重合，如图 3-14 所示。

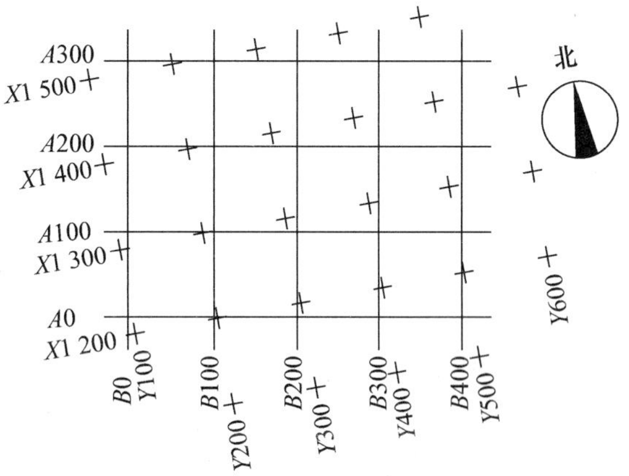

图 3-14　坐标网络

（图中 X 为南北方向轴线，X 的增量在 X 轴线上；Y 为东西方向轴线，Y 的增量在 Y 轴线上。A 轴相当于测量坐标中的 X 轴，B 轴相当于测量坐标中的 Y 轴）

(6) 几项竖向布置参数

① 建筑物、构筑物的标高应高于最高洪水水位

0.5 m以上，保证企业建成后不受洪水威胁。例如，锅炉房应位于全厂最低处，以利于回收凝结水，但也应至少高出最高洪水位0.5 m以上。

② 综合管线埋设深度一般要达到冻土层深度以下，以免遇到极冷时刻被冻裂。

③ 散水坡的坡度应大于3%，保证雨水顺利排除，但是也不能大于6%，以免产生冲刷现象。

④ 厂区自然地形坡度大于4%，车间之间高差达1.5～4.0 m，多采用阶梯竖向布置。这样有利于利用地形，节省基建投资。

3.4.2 技术经济指标

总平面设计的内容丰富，最直观的表达形式是总平面布置图及竖向平面布置图。但是，还须有技术经济指标加以说明，总平面设计的技术经济指标，系用于多方案比较或与国内、外同类先进工厂的指标对比，以及进行企业改、扩建时与现有企业指标对比，可以衡量所做设计的经济性、合理性和技术水平。

3.4.2.1 总平面设计的技术经济指标项目

总平面设计的技术经济指标是在总平面设计时估算的，它作为设计阶段的控制指标，用于指导总平面施工图阶段的设计，在一定程度上，反映出总平面设计的正确性和合理性。对于食品工厂总平面设计，至关重要的技术经济指标有12项之多，如表3-6所示。

表3-6 总平面设计技术经济指标表

序号	项目名称	符号	单位	数量
1	厂区占地面积	A	m^2	
2	建筑物与构筑物占地面积	A_1	m^2	
3	堆场与作业场占地面积	A_2	m^2	
4	道路、散水坡、管线占地面积	A_3	m^2	
5	可绿化地占地面积	A_4	m^2	
6	道路总长度	L_B	m	
7	围墙总长度	L_W	m	
8	建筑系数：$K_1=\frac{A_1+A_2}{A}\times 100\%$	K_1	%	
9	场地利用系数：$K_2=\frac{A_1+A_2+A_3}{A}\times 100\%$	K_2	%	
10	绿地率：$K_4=\frac{A_4}{A}\times 100\%$	K_4	%	
11	土方工程量	V	m^3	挖： 填：
12	其他			

注：作业场地指有固定机械作业的构筑物场地。

3.4.2.2 总平面设计的技术经济指标意义分析

（1）厂区占地面积

厂区占地面积A是指在一定生产规模前提下，采取一定的工艺技术方法，需要的场地面积（包括生产区、厂前区、厂后区和两侧区）。此值越大，说明土地征用费和基本建筑费用越高，反之，说明节省用地又节约基建投资费用。将生产规模（指年产量）G（t/年）与占地面积A（m^2）相比较即得工厂生产强度q［t/（m^2·年）］，由工厂生产强度更容易分析出其技术经济效果来。工厂生产强度的计算公式为

$$q=\frac{G}{A}$$

（2）建筑物与构筑物占地面积

建筑物与构筑物占地面积A_1是指建筑物与构筑物底层轴线所包围的面积。此值（A_1）高低，说明建筑物与构筑物数量多少及建筑结构的复杂程度，从而说明建筑费用高低。现代化的食品工厂，往往都要设计高层工业厂房，以适应高新工艺技术需要。虽然节省用地面积，但建筑费用有可能增加。在总平面设计中权衡建筑费用单价，即单位建筑物占地面积所投入的建筑费用，是十分重要的。

（3）堆场与作业场占地面积

堆场、作业场占地面积A_2是原材料、燃料及成品储存作业所需要的场所面积。其值高低与原材料、燃料等的进厂方式及储存周期长短有密切关

系。全年内集中进料、储存周期长，势必需要较为充足的占地面积。分散进料或就地取材即可节约占地。采用立仓的露天作业场将比平仓明显节约占地，但是建筑费用却较高。这方面还反映了原材料的供需协作关系，协作关系好，原材料等储存周期短，可节省占地面积。应当指出，堆场、作业场等作为辅助车间，其能力应与主要生产能力相平衡，否则在技术上将失去可靠性。但是，也不能为了能力平衡贪求占地面积过大，而应提高其固有设备的机械化作业水平。

（4）道路、散水坡、管线占地面积

道路、散水坡、管线占地面积 A_3 是指工厂建筑物、构筑物群之间纵横通达的空场面积，其大小固然取决于建筑物、构筑物占地面积 A_1 的大小及其形状，同时还与这三者面积特性有关。

道路面积是全厂道路网的总占地面积 $\sum_{i=1}^{n} L_i B_i$ 。其中，道路长度（L_i）取决于全厂建筑物、构筑物占地面积及其外部形状，而道路宽度（B_i）却取决于工厂规模及其规定的运输量（包括运入量与运出量）。如果厂房建筑物间距较大或者厂区划分过细或者主次干道规格不加区别地布置设计，都将导致道路占地面积过多。

散水坡占地面积是建筑物、构筑物底层外缘至道路两边明沟，用于排放雨水的地带的面积。它的长度取决于所沿依的道路明沟之长度，宽度由总平面竖向布置确定。要求坡度在2%～5%之间比较合适，否则雨水排放不顺利。还要求其宽度须超过建筑物与道路间的最小间距，以保证防火、卫生的要求。

管线占地面积是各种技术管线由总平面图综合布置于建筑群与道路之间直埋地下或敷设地上的地带面积，其大小主要取决于总平面布置的形式。同等生产规模条件下，集中式布置要比分散式布置节省管线面积。对于食品工厂来说，有工艺料管、给排水管、汽管、风管、冷媒管、冷凝回水管等30余种。如果综合敷设时，没遵守管路互让布置原则，也可能造成管线占地面积过多。管线占地面积过大，则管材费及安装费较高，而且也将增加输送动力消耗费；反之，管线占地面积过小，对安全防火、现场维修不利。管线占地面积的技术经济性是否适宜，首先要求总平面紧凑布置，以控制管线长度，其次要求采取互利原则去布置综合管线。

（5）建筑系数

建筑系数 K_1 是建筑物、构筑物与堆场、作业场占地面积之和占全厂占地面积的百分率，即

$$K_1=\frac{A_1+A_2}{A}\times 100\% \tag{3-22}$$

K_1 值的高低说明厂内建筑物、构筑物的密集程度。K_1 值高说明厂内建筑密度高，相应的建筑费用就高，可能对防火、卫生与通风、采光不利；但是，车间之间联系方便，有利于生产技术管理，管线长度缩短，管材费和安装费及管线输送费较低。反之，K_1 值低说明厂内建筑密度低，相应的建筑费就低，对防火、卫生、通风、采光有利；但是对车间联系、技术管理不利，管线变长，导致管材费、安装费及管线输送费的增加。如此看来，建筑系数 K_1 值是权衡建筑投资费与操作管理费矛盾关系的技术经济性指标，在一定程度上，较好地反映出工厂总平面设计的合理性。不过，由于建筑投资费是投产前一次性支出的，而操作管理费则是投产后常年性支出的，所以，对新建工厂的总平面设计往往追求较高的建筑系数。K_1 通常控制在35%～50%。

（6）场地利用系数

场地利用系数 K_2 是包括全厂建筑物、构筑物与土建设施在内的占地面积同全厂占地面积比值的百分率，即

$$K_2=\frac{A_1+A_2+A_3}{A}\times 100\% \tag{3-23}$$

将道路、散水坡及管线占地面积除以全厂占地面积得土建设施系数 K_3，即

$$K_3=\frac{A_3}{A}\times 100\% \tag{3-24}$$

土建设施系数表示道路、散水坡、管线等土建设施占用面积 A_3 在全厂总面积中占有的份数。

将式（3-22）与式（3-23）代入式（3-24），可知

$$K_2=K_1+K_3 \tag{3-25}$$

上式说明，场地利用系数 K_2 是建筑系数 K_1 与土建设施系数 K_3 之和。K_2 值高低表示厂区面积被建筑物、构筑物及土建设施有效利用的程度。若 K_2 值高，说明此有效利用率高；反之，未被利用或尚未利用的厂区面积大。场地利用系数低，有可能是总平面布置中留有扩建余地，以图后期发展；

也有可能是技术上不先进、经济上不合理。然而，随着食品工业发展与技术水平的提高，在总平面图布置设计中，多是追求技术经济性，使 K_2 值逐渐提高。目前，在我国，K_2 在 50%～70%范围内。如使 K_2 值再提高，势必要提高建筑系数 K_1 和土建设施系数 K_3，这不仅增加建筑费用，而且余下的不需要建筑物、构筑物的面积就越来越小，比如绿化面积 A_4 就成问题了。

（7）绿地率

绿地率 K_4 是指全厂可绿化地面积 A_4 占全厂占地面积的百分率，即

$$K_4=\frac{A_4}{A}\times 100\% \tag{3-26}$$

式中，A_4 是指厂前区办公大楼与大门之间、厂内车间厂房底层外缘与道路网之间及厂围墙以内空地等面积。合理的绿地率 K_4 是现代化食品工厂总平面设计不可少的技术经济指标之一。绿地率不合理，则工厂环境卫生、净化和美化将无法保证。随着食品工业的发展，绿化工程设计逐渐被重视。目前，绿地率控制在 10%～15%为宜。

（8）土方工程量

土方工程量 V 是指由于厂址地形凸凹不平或自然坡度太大，平整场地需要挖填的土方工程量。V 越大，施工费用越高。为此，要现场测量挖土填石的工程量，最好能做到挖填土石方量平衡，这样，可尽量减少土石方的运出量或运入量，从而加快施工进程。食品工厂厂址大都在城市郊区，为节省平地、良田，土方工程量虽多些，但却能利用坡地、劣区建厂，总体看来是经济可行的。

3.5 总平面设计图的绘制

3.5.1 总则

（1）为了统一总图制图规则，保证制图质量，提高制图效率，做到图面清晰、简明，符合设计、施工、存档的要求，适应工程建设的需要，制定本标准。

（2）本标准适用于下列制图方式绘制的图样：

① 手工制图；

② 计算机制图。

（3）本标准适用于总图专业的下列工程制图：

① 新建、改建、扩建工程各阶段的总图制图；

② 原有工程的总平面实测图；

③ 总图的通用图、标准图。

（4）总图制图，除应符合本标准外，还应符合《房屋建筑制图统一标准》（GB/T 50001-2017）以及国家现行的有关强制性标准的规定。

3.5.2 一般规定

3.5.2.1 图线

（1）图线的宽度 b，应根据图样的复杂程度和比例，按《房屋建筑制图统一标准》中图线的有关规定选用。

（2）总图制图，应根据图纸功能，按表 3-7 规定的线型选用。

表 3-7 图线

名称		线型	线宽	用途
实线	粗	▬▬▬	b	1. 新建建筑物±0.00 高度的可见轮廓线 2. 新建的铁路、管线
	中	———	0.5 b	1. 新建构筑物、道路、桥涵、边坡、围墙、露天堆场、运输设施、挡土墙可见轮廓线 2. 场地、区域分界线、用地红线、建筑红线、尺寸起止符号、河道蓝线 3. 新建建筑物±0.00 高度以外的可见轮廓线
	细	———	0.25 b	1. 新建道路路肩、人行道、排水沟、树丛、草地、花坛的可见轮廓线 2. 原有（包括保留和拟拆除的）建筑物、构筑物、铁路、道路、桥涵等的可见轮廓线 3. 坐标网线、图例线、尺寸线、尺寸界线、引出线、索引符号等

续表 3-7

名称		线型	线宽	用途
虚线	粗		b	新建建筑物、构筑物的不可见轮廓线
	中		0.5 b	1. 计划扩建建筑物、构筑物、预留地、铁路、道路、桥涵、围墙、运输设施、管线的轮廓线 2. 洪水淹没线
	细		0.25 b	原有建筑物、构筑物、铁路、道路、桥涵、围墙的不可见轮廓线
单点长画线	粗		b	露天矿开采边界线
	中		0.5 b	上方填挖区的零点线
	细		0.25 b	分水线、中心线、对称线、定位轴线
粗双点长画线			b	地下开采区塌落界线
折断线		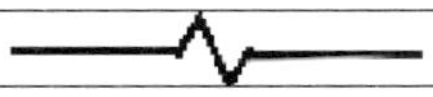	0.5 b	断开界线
波浪线			0.5 b	

注：应根据图样中所表示的不同重点，确定不同的粗细线型。例如，绘制总平面图时，新建建筑物采用粗实线，其他部分采用中线和细线；绘制管线综合图或铁路图时，管线、铁路采用粗实线。

3.5.2.2 比例

（1）总图制图采用的比例，宜符合表 3-8 的规定。

表 3-8　制图比例

图名	比例
地理、交通位置图	（1∶25 000）～（1∶200 000）
总体规划、总体布置、区域位置图	1∶2 000，1∶5 000，1∶10 000，1∶23 000，1∶50 000
总平面图、竖向布置图、管线综合图、土方图、排水图、铁路、道路平面图、绿化平面图	1∶500，1∶1 000，1∶2 000
铁路、道路纵断面图	垂直：1∶100，1∶200，1∶500 水平：1∶1 000，1∶2 000，1∶5 000
铁路、道路横断面图	1∶50，1∶100，1∶200
场地断面图	1∶100，1∶200，1∶500，1∶1 000
详图	1∶1，1∶2，1∶5，1∶10，1∶20，1∶50，1∶100，1∶200

（2）一个图样宜选用一种比例，铁路、道路、土方等的纵断面图，可在水平方向和垂直方向选用不同比例。

3.5.2.3 计量单位

（1）总图中的坐标、标高、距离宜以米（m）为单位，并应至少取至小数点后两位，不足时以“0”补齐。详图宜以毫米（mm）为单位，如不以毫米为单位，应另加说明。

（2）建筑物、构筑物、铁路、道路方位角（或方向角）和铁路、道路转向角的度数，宜注写到［角］秒（″），特殊情况，应另加说明。

（3）铁路纵坡度宜以千分计，道路纵坡度、场地平整坡度、排水沟沟底纵坡度宜以百分计，并应取至小数点后一位，不足时以“0”补齐。

3.5.2.4 坐标注法

（1）总图应按上北下南方向绘制，根据场地形状或布局，可向左或右偏转，但不宜超过 45°。总图中应绘制指北针或风向玫瑰图。

（2）坐标网格应以细实线表示。测量坐标网应成交叉十字线，坐标代号宜用“X、Y”表示，建筑坐标网应画成网格通线，坐标代号宜用“A、B”表示。坐标值为负数时，应注“－”号；为正数时，“＋”号可省略。

（3）总平面图上有测量和建筑两种坐标系统时，应在附注中注明两种坐标系统的换算公式。

（4）表示建筑物、构筑物位置的坐标，宜注其三个角的坐标，如建筑物、构筑物与坐标轴线平行，可注其对角坐标。

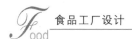

（5）在一张图上，主要建筑物、构筑物用坐标定位时，较小的建筑物、构筑物也可用相对尺寸定位。

（6）建筑物、构筑物、铁路、道路、管线等应标注下列部位的坐标或定位尺寸：

① 建筑物、构筑物的定位轴线（或外墙面）或其交点。

② 圆形建筑物、构筑物的中心。

③ 皮带的中线或其交点。

④ 铁路道岔的理论中心，铁路、道路的中线或转折点。

⑤ 管线（包括管沟、管架或管桥）的中线或其交点。

⑥ 挡土墙墙顶外边缘线或转折点。

（7）坐标宜直接标注在图上，如图面无足够位置，也可列表标注。

（8）在一张图上，如坐标数字的位数太多时，可将前面相同的位数省略，其省略位数应在附注中加以说明。

3.5.2.5　标高注法

（1）应以含有±0.00标高的平面作为总图平面。

（2）总图中标注的标高应为绝对标高，如标注相对标高，则应注明相对标高与绝对标高的换算关系。

（3）建筑物、构筑物、铁路、道路、管沟等应按以下规定标注有关部位的标高：

① 建筑物室内地坪，标注建筑图中±0.00处的标高，对不同高度的地坪，分别标注其标高（图3-15a）。

② 建筑物室外散水，标注建筑物四周转角或两对角的散水坡脚处的标高。

③ 构筑物标注其有代表性的标高，并用文字注明标高所指的位置（图3-15b）。

④ 铁路标注轨顶标高。

⑤ 道路标注路面中心交点及变坡点的标高。

⑥ 挡土墙标注墙顶和墙趾标高，路堤、边坡标注坡顶和坡脚标高，排水沟标注沟顶和沟底标高。

⑦ 场地平整标注其控制位置标高，铺砌场地标注其铺砌面标高。

（4）标高符号应按《房屋建筑制图统一标准》（GB/T 50001-2017）中“标高”一节中有关规定标注。

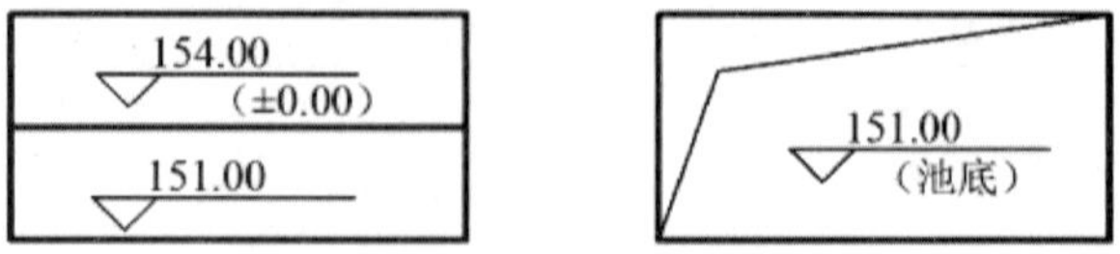

图3-15　标高注法

3.5.2.6　名称和编号

（1）总图上的建筑物、构筑物应注写名称，名称宜直接标注在图上。当图样比例小或图面无足够位置时，也可编号列表标注在图内。当图形过小时，可标注在图形外侧附近处。

（2）总图上的铁路线路、铁路道岔、铁路及道路曲线转折点等，均应进行编号。

（3）铁路线路编号应符合下列规定：

① 车站站线由站房向外顺序编号，站线用阿拉伯数字表示。

② 厂内铁路按图面布置有次序地排列，用阿拉伯数字编号。

③ 露天采矿场铁路按开采顺序编号，干线用罗马字表示，支线用阿拉伯数字表示。

（4）铁路道岔编号应符合下列规定：

① 道岔用阿拉伯数字编号。

② 车站道岔由站外向站内顺序编号，一端为奇数，另一端为偶数。当编里程时，里程来向端为奇数，里程去向端为偶数。不编里程时，左端为奇数，右端为偶数。

（5）道路编号应符合下列规定：

① 厂矿道路用阿拉伯数字，外加圆圈（如①、②……）顺序编号。

② 引道用上述数字后加－1、－2（如①－1、②－2……）编号。

（6）厂矿铁路、道路的曲线转折点，应用代号JD后加阿拉伯数字（如JD1、JD2……）顺序编号。

（7）一个工程中，整套总图图纸所注写的场地、建筑物、构筑物、铁路、道路等的名称应统一，各设计阶段的上述名称和编号应一致。

3.5.3　总平面设计范例

图3-16是年产5 000 t肉类食品罐头厂总平面布置图。在这个设计方案中，生产、生活、管理区分开，生产区围绕实罐车间布置，动力车间和污水处理车间均布置在主生产车间附近，布局合理。生活区与生产区间用绿化带进行隔离，保证了各区域的相互独立性。

无论食品工厂的新建、改建和扩建，工艺技术人员都要进行食品工厂工艺设计，而食品工厂工艺设计必须对非工艺设计部分提供设计参数和要求。因此，食品工艺技术人员了解厂房建筑的基本知识，不仅有利于设计工作的正常进行，而且对工艺路线的合理安排、工艺方案的正确实施等方面都十分重要。

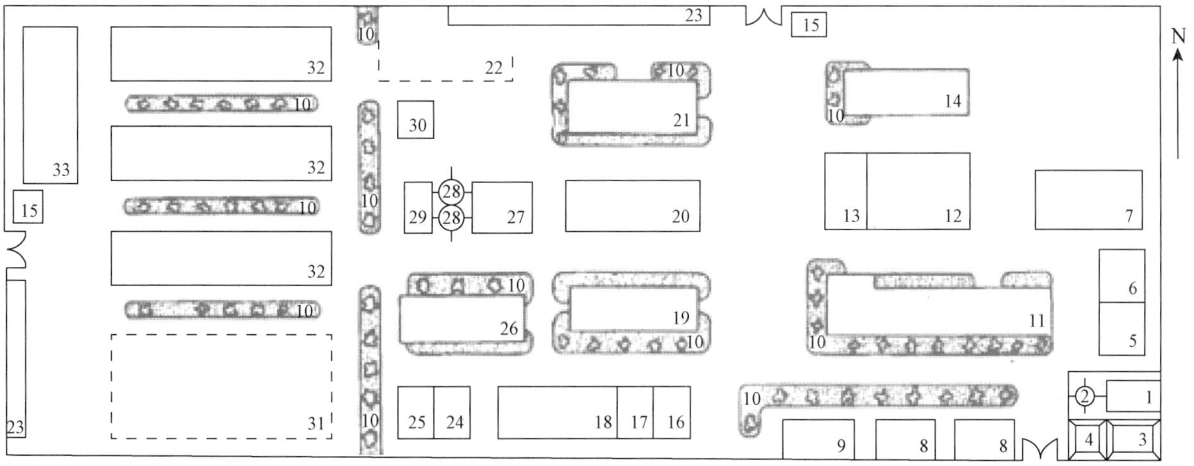

图 3-16　年产 5 000 t 肉类食品罐头厂总平面布置图

1. 锅炉房（112.5 m^2）　2. 烟囱（Φ 3.5 m）　3. 煤场（150 m^2）　4. 煤渣场（100 m^2）　5. 洗衣房（180 m^2）6. 浴室（厕所）（144 m^2）　7. 食堂（375 m^2）　8. 污水处理池（150 m^2×2）　9. 污水处理房（200 m^2）　10. 绿化带、花坛（若干）　11. 实罐车间（774 m^2）　12. 成品房（540 m^2）　13. 保温库（216 m^2）　14. 包装车间（384 m^2）　15. 门房（30 m^2，2处）　16. 包装材料库（225 m^2）　17. 五金设备库（225 m^2）　18. 机修车间（450 m^2）　19. 空罐仓库（432 m^2）　20. 冷库（432 m^2）　21. 办公楼（中心实验室）（540 m^2）　22. 停车场（1 500 m^2）　23. 自行车棚廊（309 m^2，2处）　24. 劳保用品仓库（150 m^2）　25. 危险品仓库（150 m^2）　26. 空罐车间（32 m^2）　27. 冷冻机房（180 m^2）　28. 冷却塔（Φ 4 m，2座）　29. 水泵房（90 m^2）　30. 配电所（81 m^2）　31. 运动场（1 800 m^2）　32，33. 宿舍（900 m^2，4幢）

思考题

1. 食品工厂总平面设计的任务和内容有哪些？
2. 食品工厂总平面设计的基本原则有哪些？
3. 食品工厂中包含哪些单位工程？它们在总平面中的相互关系是什么？
4. 如何进行厂区内运输设计？
5. 管线综合布置的意义和目的是什么？
6. 绿化与美化设计在食品工厂中的功能是什么？
7. 食品工厂水平向布置形式有哪些？
8. 风玫瑰图的定义是什么？
9. 如何进行总平面竖向布置设计？
10. 平面设计的步骤有哪些？
11. 平面设计中的技术经济指标有哪些？
12. 如何绘制总平面布置图？

第 4 章

工业建筑基础知识

学习目的与要求

通过本章的学习，学生应了解工业建筑的分类和组成；了解厂房的结构和设计要求；熟悉各类厂房的使用范围；掌握建筑设计的标准化与模数制要求；了解工业建筑学的基本知识。

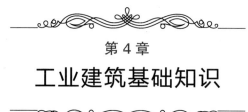

工业建筑是为满足工业生产需要而建造的各种不同用途的建筑物和构筑物的总称，包括进行各种工业生产活动的生产用房（工业厂房）及必需的辅助用房。工业建筑与民用建筑一样具有建筑的共同性，在设计时要体现适用、安全、经济、美观的建筑方针。但是工业建筑是进行产品生产和工人操作的场所，所以生产工艺将直接影响建筑的平面空间布局、建筑构造、建筑结构及施工工艺等。

4.1　工业建筑的分类和组成

4.1.1　工业建筑的分类

随着科学技术及生产力的发展，工业生产的种类越来越多，生产工艺更为先进复杂，技术要求也更高，相应地对建筑设计提出的要求更为严格，从而出现各种类型的工业建筑。为了掌握建筑物的特征和标准，便于进行设计和研究，工业建筑可归纳为如下几种类型。

4.1.1.1　按用途分类

（1）主要生产厂房

主要生产厂房指从原料、材料至半成品、成品的整个加工装配过程中直接从事生产的厂房。如在面制品生产厂中的小麦清理车间、制粉车间、挂面车间、方便面车间、焙烤车间等，都属于主要生产厂房。“车间”一词，本意是指工业企业中直接从事生产活动的部位，后被用来代替“厂房”。

（2）辅助生产厂房

辅助生产厂房指间接从事工业生产的厂房。如面制品生产厂的机器修理车间、工具车间等。

（3）动力用厂房

动力用厂房指为生产提供能源的厂房。这些能源有电、蒸汽、煤气、乙炔、氧气、压缩空气等。其相应的建筑是配电房、锅炉房、氧气站、压缩空气站等。

（4）储存用房屋

储存用房屋指为生产提供储备各种原料、材料、半成品、成品的房屋。如油料库、半成品库、成品库等。

（5）运输用房屋

运输用房屋指管理、停放、检修交通运输工具的房屋。如机车库、汽车库、消防车库等。

（6）其他

如水泵房、污水处理站等。

4.1.1.2　按层数分类

（1）单层厂房

这类厂房主要用于重型机械制造工业、冶金工业、纺织工业等。这类厂房的特点是设备体积大，重量大，车间内以水平运输为主，生产中的联系靠厂房中的起重运输设备和各种车辆进行，见图 4-1。单层厂房常用专业术语有跨度、柱距、厂房高度、柱网等。

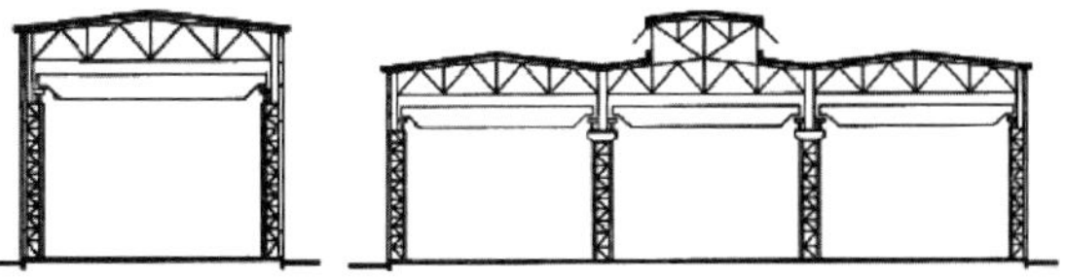

（1）单跨厂房　　（2）多跨厂房

图 4-1　单层厂房

① 跨度。跨度指单层工业厂房中两条纵向线之间的距离。《厂房建筑模数协调标准》（GB/T 50002-2013）中规定，工业厂房的跨度在 18 m 及 18 m 以下时取 3 m 的倍数；18 m 以上时取 6 m 的倍数；如果工艺要求必须采用 21 m、27 m、33 m 时，也可以采用。

② 柱距。柱距指单层工业厂房中两条横向轴线之间的距离。标准中规定，柱距一般为 6 m 或 6 m 的倍数。

③ 厂房高度。厂房高度指单层工业厂房中的柱顶高度和牛腿面高度，见图 4-2。一般为 300 mm 的倍数。

④ 柱网。柱网指单层工业厂房中纵向轴线与横向轴线共同决定的轴线网，其交点处设置承重柱。这种平面称为柱网平面，见图 4-2。

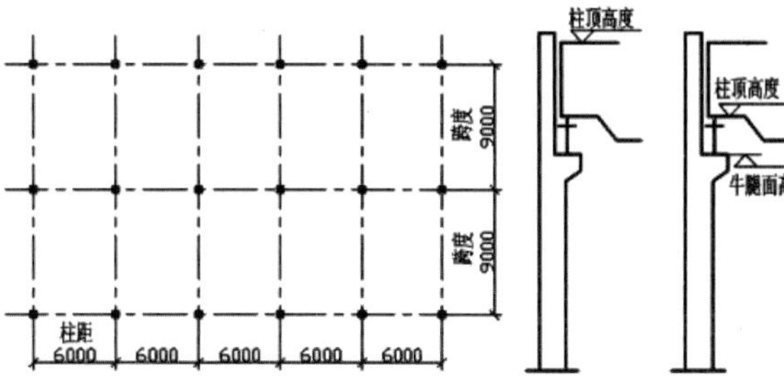

图 4-2　常用技术名词图解

（2）多层厂房

多层厂房指层数在 2 层及以上的厂房，常用的层数为 2～6 层，见图 4-3。主要用于轻工类的生产车间。如食品工业、电子工业、化学工业、轻型机械制造工业、精密仪器工业等。这类厂房的设备轻，体积小，工厂的大型设备一般安装在底层，小型设备安装在楼层。车间运输分垂直和水平两大部分，垂直运输靠电梯、气流输送等形式；水平输送则通过小型运输工具或水平输送设备来完成。

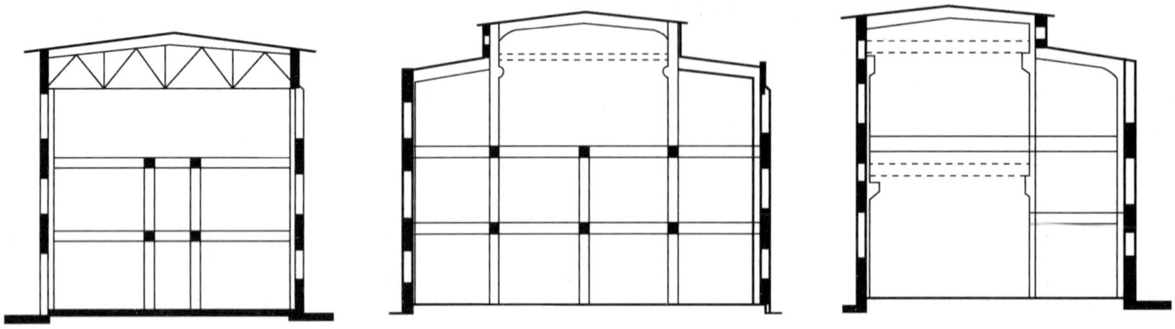

图 4-3　多层厂房

与单层厂房相比，多层厂房具有以下特点：①占地面积小，节约用地，缩短室外各种管网长度，降低建设投资和维修费用；②厂房宽度较小，可以不设天窗而利用采光；③屋面面积小，防水、排水构造处理简单，利于室内保温、隔热；④增加了垂直交通运输设施，人、货流组织较复杂；⑤如果楼层上有振动荷载，使结构计算和处理复杂。

(3) 混合层次厂房

混合层次厂房指单层和多层混合在一起的厂房。主要用于化工类的生产车间。

4.1.1.3　按生产状况分类

(1) 冷加工车间

生产操作在常温下进行，如面粉车间、方便面车间等。

(2) 热加工车间

生产中散发大量余热，有时伴随烟雾、灰尘、有害气体。如铸工车间、锻工车间等。

(3) 恒温恒湿车间

为保证产品质量，车间内部要求稳定的温湿度条件。如精密机械车间、纺织车间等。

(4) 洁净车间

为保证产品质量，防止大气中灰尘及细菌的污染，要求保持车间内部高度洁净，如精密仪器加工及装配车间、集成电路车间等。

(5) 其他特种状况的车间

如有爆炸可能性、有大量腐蚀物、有放射性散发物、防微振、高度隔声、防电磁。

4.1.1.4　按跨度分类

(1) 按跨度的数量和方向分

按跨度的数量和方向，可分为单跨厂房、多跨厂房、纵横相交厂房。

(2) 按跨度尺寸分

① 小跨度。小跨度厂房指小于或等于 12 m 的单层工业厂房。这类厂房的结构类型以砌体结构为主。

② 大跨度。大跨度厂房指 15～36 m 的单层工业厂房。其中 15～30 m 的厂房以钢筋混凝土结构为主，跨度在 36 m 及 36 m 以上时，一般以钢结构为主。

4.1.1.5　按建筑物主要承重构件（指墙、柱、楼板、屋顶等）采用的材料分类

(1) 砖木结构

砖木结构建筑物是用砖墙、木楼层和木屋架建造的房屋。这种结构耐火性能差，耗费木材多，已很少采用。

(2) 砖混结构

砖混结构建筑物是用砖墙、钢筋混凝土楼板层、钢、木屋架或钢筋混凝土屋面板建造的房屋，砖混结构又称混合结构。这种结构多用于层数不多（六层或六层以下）的民用建筑及小型工业厂房中。其中木屋架已很少采用。

(3) 钢筋混凝土结构

建筑物的主要承重构件均用钢筋混凝土制作，这种结构形式普遍应用于单层或多层工业建筑、大型公共建筑以及高层建筑中。

(4) 钢结构

建筑的主要承重构件全部采用钢材。这种结构类型多用于某些工业建筑和高层、大空间、大跨度的民用建筑中。

某些大型公共建筑，由于大跨度空间的需要，可采用钢结构屋顶，其他主要承重构件采用钢筋混凝土，这种结构称为钢–钢筋混凝土结构。

4.1.2　工业建筑的组成

工业建筑依靠承重结构、围护结构和其他结构合理地连接为一个整体，组成一个完整的结构空间，保证厂房的坚固、耐久。工业建筑一般都由基础、墙或柱、楼板和地面、梁、楼梯、屋顶和门窗等七部分组成。

4.1.2.1　地基

承受厂房或工程构筑物的自重及所有荷载的土层称为地基。厂房或构筑物地基的土壤必须具有足够的强度和稳定性，来保证厂房或工程构筑物的坚固和安全。

4.1.2.2　基础

建筑物的墙、桩及设备的地下部分称基础。它承受建筑物或构筑物本身的自重以及作用在构筑物上的全部荷载，并将这些荷载传递到地基上。

4.1.2.3　墙与柱

墙的作用主要有承重、分隔、保温、隔音、防雨、防风等。墙分为承重墙和非承重墙，当厂房为墙承重结构时，外墙为承重墙，内墙可以是承重墙或非承重墙。承重墙承受着屋顶、楼板传来的荷载，并加上自身重量再传给基础。当厂房为框架结构时，外墙只起围护作用，与内墙一样为非承重墙。图 4-4 是墙体各部分的名称。

砖墙是常见的墙，它适用于高度 10 m 以下，吊车起重量小于 15 t 及柱距小于 6 m 的情况使用。常用工业厂房墙的规格有“18 墙”（厚 180 mm）、一砖墙（厚 240 mm）、一砖半墙（厚 370 mm）、二砖墙（厚 490 mm），工业建筑中也有采用保温墙（如冷库等）、大型板材等作为墙体的。

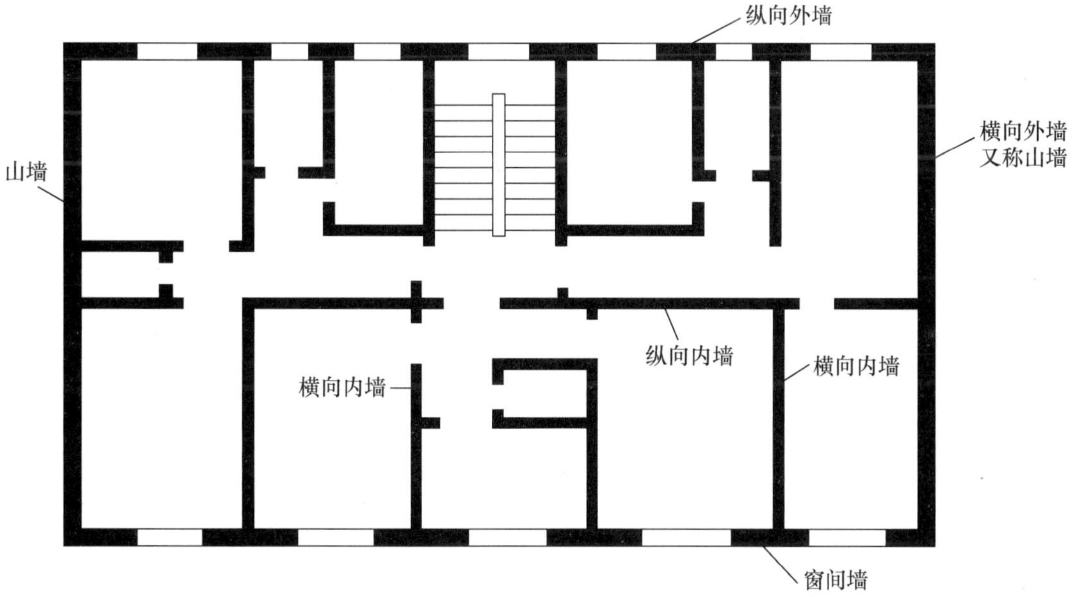

图 4-4　墙体各部分名称

柱是承重结构，它承受屋顶、楼板、墙、梁及水平风力所传来的载重。这些力以中心受压或偏心受压形式传到柱子上，因此要求柱子要有足够的抗压强度和抗弯能力，按照柱子材料可以分为砖柱、钢筋混凝土柱、钢柱。砖柱适合于中小型厂房，常见规格有：370 mm×370 mm、370 mm×490 mm、490 mm×490 mm 等。钢筋混凝土柱一般为方形、长方形、工字形、管形等，其承重能力随着纵向钢筋的配置数量（钢筋百分率）、混凝土的强度（标号）和柱的高度及两端支撑情况而变化。由于生产工艺要求不同，厂房的高度、跨度、跨数、截面形状等的不同，厂房柱的完全定型化和标准化是困难的，其截面尺寸由计算确定。一般常见的矩形截面为 400 mm×400 mm、400 mm×600 mm；工字形截面为 400 mm×600 mm 及以上。在单层厂房中有单肢柱和双肢柱。

柱起着承重、围护和分隔作用。当柱承重时，柱间的墙仅起围护和分隔作用；外墙作为围护构件，起着抵御自然界各种因素的影响与破坏。

4.1.2.4　楼板、地面

楼板和地面由面层、垫层和基层组成。

楼板将整个建筑物分成若干层，是建筑物的水平承重构件，承受着作用在其上的荷载，并连同自重一起传递给墙和柱，同时对墙体起水平支撑作用。首层地面直接承受其上的各种使用荷载并传给地基，也起保温、隔热、防水作用。楼板可以分为整体式、装配式、混合式，厂房一般采用钢筋混凝土结构。

整体式楼板也称现浇式楼板，在食品工厂中由于设备复杂，楼板需要打洞，常采用现浇钢筋混凝土楼板，其可以分为单跨式、梁板式等。单跨式结构简单，节省楼层高度，但费钢筋，适合于跨度不大于 7 m 的厂房。梁板式由板、次梁和主梁组成，形成一个整体，适合于大跨度厂房，但梁身占有一定的空间。食品厂常用梁板式楼板。

装配式楼板也称预制式楼板，将梁、楼板等预先浇注成型，使用时进行装配，楼板可分为槽形板、空心板和双 T 形板（图 4-5）等。槽形板的优点是自重轻，整体刚度较好，便于开设洞，其允许荷载可达到 1 500 kg/m^2，运输堆放都比较方便。但因板底有肋、易积灰尘，卫生和隔音较差。空心板（多空板）的优点是具有隔音、隔热及板底平整等优点，其允许荷载一般在 1 000 kg/m^2 以内，但开洞设孔较困难。双 T 形板是一种多功能的楼板结构，其优点是体形简洁、尺寸灵活、没有端部，便于制作，但横向刚度差，运输、吊装中悬臂容易碰坏。

混合式楼板：在采用装配式楼板时，部分采用整体式楼板。在食品厂有些厂房中采用这种楼板，楼板的大部分采用装配式，而为了设备布置、铺设管道和打洞的需要，部分采用现浇式楼板。

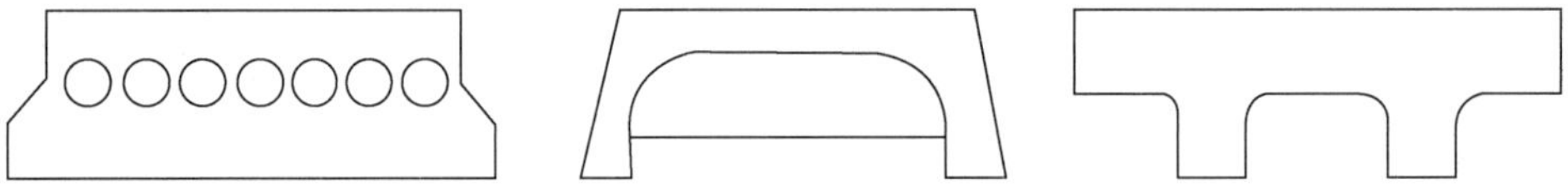

图 4-5 预制钢筋混凝土楼板形式

A. 空心板 B. 槽形板 C. 双 T 形板

4.1.2.5 梁

食品厂常见的梁有吊车梁、框架主梁和连系梁、过梁、屋架梁等。

（1）吊车梁

吊车梁直接承受吊车传来的竖向和纵、横向水平荷载，并将它们传给厂房柱列。吊车梁是单层吊车厂房的重要承重构件。

（2）框架主梁和连系梁

框架主梁和连系梁是框架结构中重要的构件，是承重墙的柱间连系构件，一般支撑在柱上。框架结构中纵向由梁和柱承重，楼板横向搁置在主梁上，横向则由连系梁将纵向框架连成一空间结构体系。主梁和连系梁的截面形状一般有矩形、T 形、花篮形、十字形及倒 T 形等（图 4-6）。

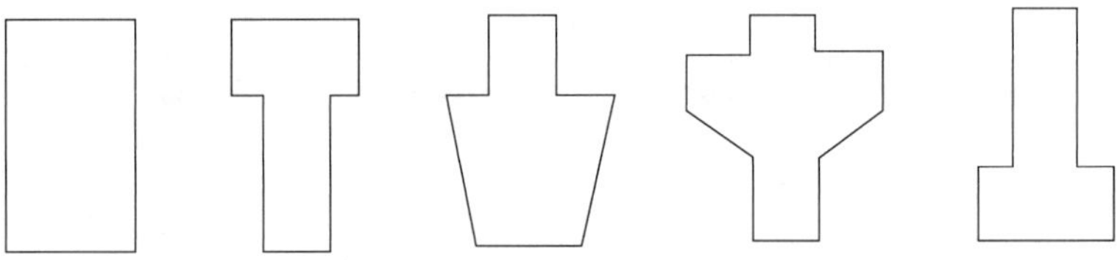

图 4-6 梁的形式

（3）过梁

当墙体上开设门窗洞口时，为了支撑上层墙体传来的荷载，并把荷载传给窗间墙，需要在孔洞上设置横梁，此横梁称为过梁。常见过梁有砖过梁、钢筋混凝土过梁。

（4）圈梁与构造柱

圈梁是沿外墙四周、内纵墙和主要内墙设置的在同一水平面上的连续闭合的梁，它可以提高建筑物的空间刚度及整体性，增加墙体的稳定性，减少由于地基不均匀沉降而引起的墙身开裂。对于抗震设防地区，利用圈梁可以起到加固墙身、抵抗地震力的作用。

圈梁有钢筋砖圈梁和钢筋混凝土圈梁。钢筋砖圈梁是用不低于 M5 砂浆砌成五层（皮）砖，圈梁中设置 4Φ6 通长钢筋，分上下两层设置。钢筋混凝土圈梁的高度要结合砖的尺寸来考虑，应该为砖厚的整倍数，并不小于 120 mm，宽度与墙厚相同，在寒冷地区可以略小于墙厚，但是不宜小于墙厚的 2/3，见图 4-8。当圈梁被门窗洞口截断时，应该在洞口上部增设相同截面的附加圈梁，其配筋和混凝土强度等级均不变，见图 4-9。

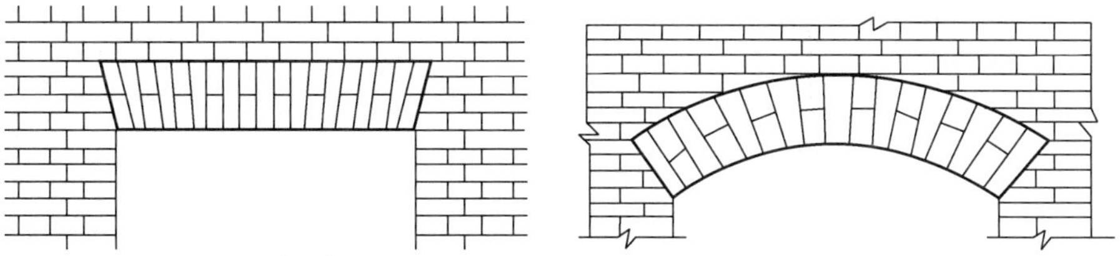

(1) 平拱过梁　　(2) 弧拱过梁

图 4-7　砖拱过梁

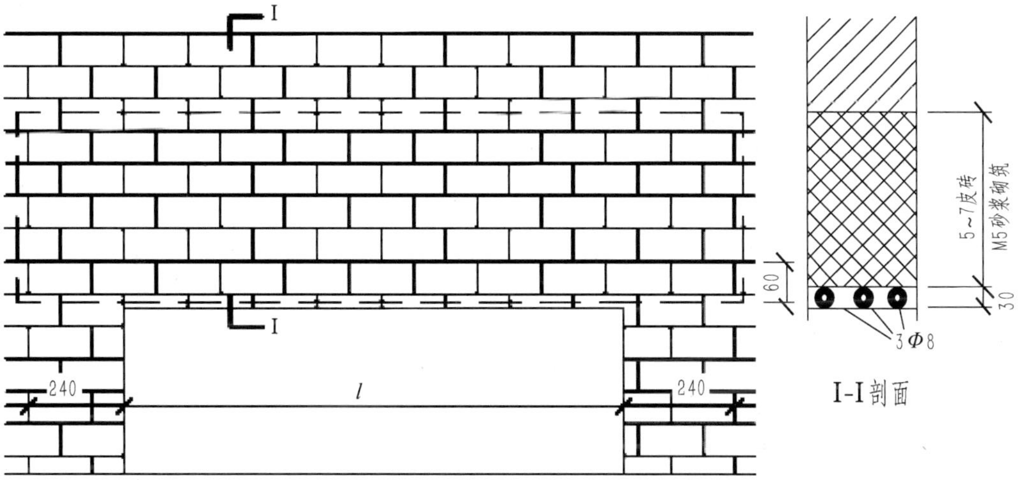

图 4-8　钢筋混凝土和钢筋砖圈梁

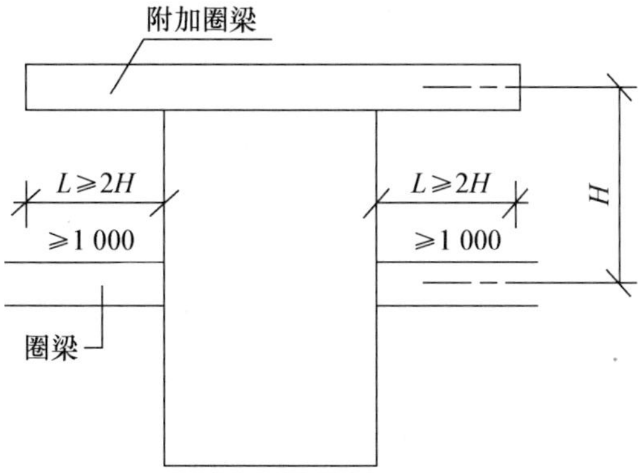

图 4-9　附加圈梁

钢筋混凝土构造柱是从构造角度考虑设置的，是防止房屋倒塌的一种有效措施。多层砖混建筑的构造柱一般设在建筑物四角、外墙、错层部位横墙与外纵墙交接处，较大洞口两侧，大房间内外墙交接处、楼梯间、电梯间以及某些墙体中部，以加强墙体的整体性。构造柱必须与圈梁及墙体紧密相连，从而加强建筑物的整体刚度，提高墙体抗变形能力，即使开裂也不倒塌。

(5) 屋架梁

屋架梁是柱距因某种原因加大时，使柱网与屋架间距离尺寸不能互相配合时，在柱上沿厂房纵向设置的梁。

4.1.2.6　屋顶

屋顶是建筑物顶部的围护和承重构件，由屋面层和承重结构层两大部分组成。结构层承受屋顶的全部荷载，并将这些荷载传给墙和柱。

4.1.2.7　楼梯

楼梯作为楼层间垂直交通用的构件，用于楼层之间和高差较大时的交通联系。

(1) 楼梯的分类

按位置分类：室内梯和室外梯。

按性质分类：主楼梯、辅助楼梯、室外安全楼梯和消防楼梯。

按材料分类：钢筋混凝土楼梯、木楼梯、混合式楼梯、金属楼梯。

按形式分类：单跑楼梯、双跑楼梯、双分平行楼梯、转角楼梯等。见图 4-10。

(2) 楼梯的结构

楼梯一般由楼梯平台和楼梯段组成，楼梯平台由平台梁及平台板组成，其宽度不小于楼梯的宽度，楼梯段由斜梁（钢筋混凝土板式楼梯无斜梁）、踏步及栏杆或栏板组成，见图 4-11。

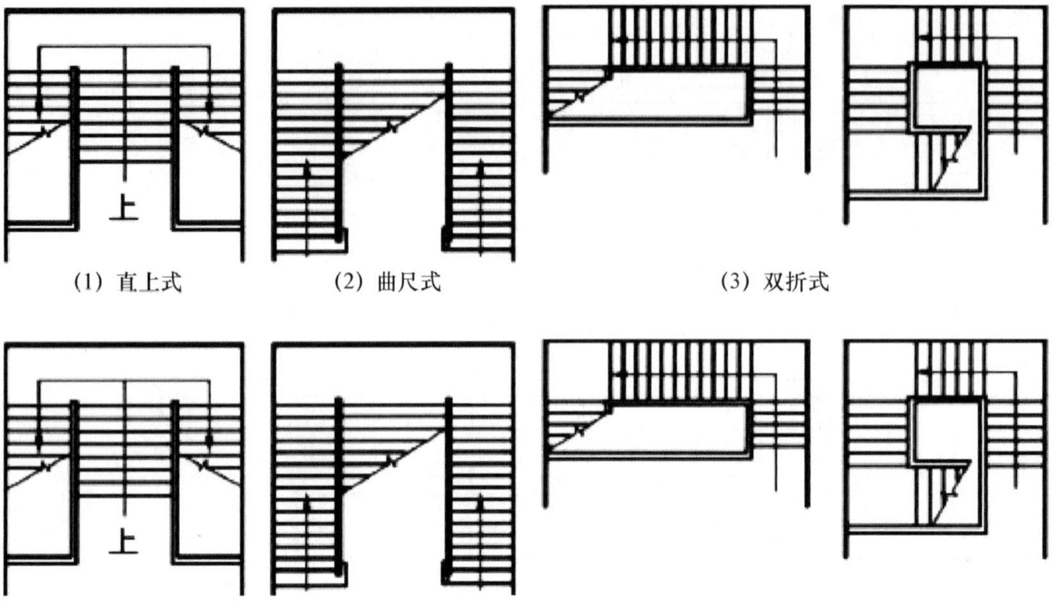

(1) 直上式　(2) 曲尺式　(3) 双折式

(4) 合上双分式　(5) 分上双合式　(6) 三折式　(7) 四折式

图 4-10　楼梯的形式

踏步由水平的踏板和垂直的踢板组成，规定每段楼梯不得超过 18 级踏步，也不得少于 3 级踏步，楼梯的斜度一般要求在 20°～45°，踏板宽度通常为 260～300 mm，踢板高度为 150～170 mm，由此组成 23°～37°的斜度。

楼梯的宽度由建筑类型、建筑物的防火等级，层数及通过的人数、疏散人流等决定，一般单人楼梯大于 850 mm；双人楼梯 1 000～1 200 mm；公共楼梯 1 500～1 650 mm；辅助楼梯不得小于 900 mm；疏散安全楼梯不得小于 1 100 mm。

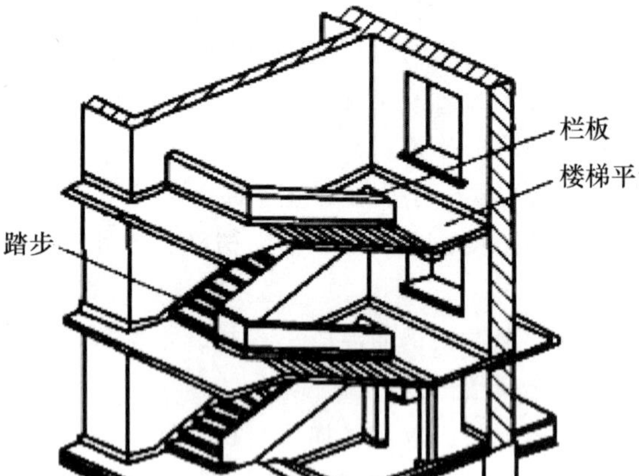

图 4-11　楼梯的组成

(3) 消防梯、吊车及平台楼梯

消防梯一般设在屋外，单层厂房多设在山墙及天窗端壁处，其宽度为 600 mm。常见消防梯有 2 种，一种是有楼梯基可作扶手用，楼梯基用角钢做成，并逐步用铁脚固定在墙上，踏板采用圆钢；另一种将踏步钢条直接固定在墙上，只限于比较短的消防梯。

吊车及平台梯大多用钢（也有钢筋混凝土的）做成，其宽度为 600～800 mm，斜度 40°～60°，当高度较低时，也可以采用更大的斜度或垂直设置。

4.1.2.8　门窗

(1) 门

门是非承重构件，是房屋围护结构的一部分。门按其所处的位置不同分为围护构件或分隔构件，有不同的设计要求，要具有保温、隔热、隔声、防水、防火等功能。工业建筑的大门主要供车辆通行与产品、设备的运输，因而门的尺寸较大，其宽度要根据运输工具的外轮廓尺寸再加上 700 mm，高度高出外轮廓尺寸 400～500 mm。办公室、生活室门的尺寸（宽×高）为：800 mm×2 000 mm。车间一般行人使用及手推车用门的尺寸（宽×高）为：2 000 mm×2 700 mm。

通行电瓶车的大门尺寸（宽×高）为：2 100 mm×3 400 mm、2 400 mm×2 400 mm。

通行一般载重汽车的大门尺寸（宽×高）为：3 600 mm×4 200 mm。

大门开启方式有：平开式、推拉式、平开折叠式和推拉折叠式。其中平开式有内开和外开两种，一般多用外开式。

(2) 窗

工业建筑中的窗有天窗和侧窗。

天窗主要用于采光和通风排气。侧窗一般由窗框、窗扇及窗台组成。按照开启方式有平开、推拉、固定、中悬、上悬、立旋窗等。工业建筑中提出采用坚固耐用、遮光少，不燃性的开启轻便和易于工厂机械化生产的钢窗。钢窗规格按照厂房结构统一模数制的规定设计，由基本窗组合成各种窗口类型，窗口的宽度有 1 200、1 500、1 800、2 400 mm，直至 6 000 mm（300 模数）等 8 种；窗高有 1 200、1 800、2 400、3 000 mm，直至 4 800 mm 等多种。考虑到安装方便，窗的实际尺寸要小于窗口的标志尺寸，平开窗的最大扇尺寸为 600 mm×1 500 mm。

4.1.2.9　其他

如地沟（明沟或暗沟）、散水、坡道、消防梯、吊物洞等。

4.2　工业建筑的结构

4.2.1　单层工业厂房的结构

4.2.1.1　单层厂房的结构组成

结构是厂房建筑的骨骼。在设计中考虑建筑功能和建筑空间组合的同时，要同时构思有关结构的内容。厂房设计中以坚固耐用、技术先进和经济合理为原则，正确选择厂房平面和剖面形式，合理确定承重结构和维护结构、材料及构造形式等，即要考虑以下几点：① 采用什么样的结构形式来满足建筑空间的需要；② 选用哪种建筑材料和建造方式来构成选定的结构形式；③ 具有怎样的经济性、合理性和可行性；④ 选择的结构会给建筑空间、建筑形象带来怎样的建筑艺术表现效果，二者怎样结合才能达到相互丰富和促进的效果。

单层厂房结构通常由下列构件组成，见图 4-12。

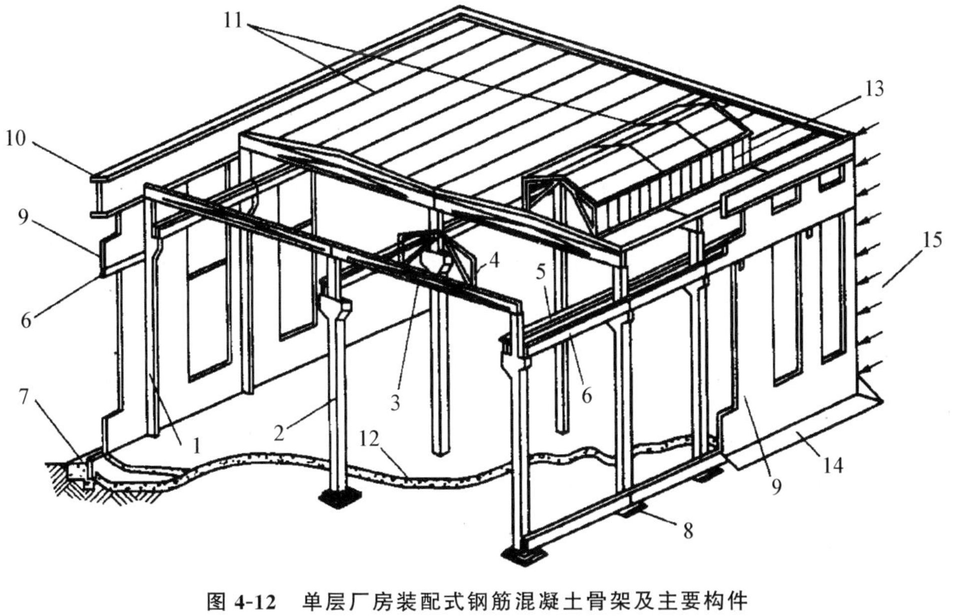

图 4-12　单层厂房装配式钢筋混凝土骨架及主要构件

1. 边列柱　2. 中列柱　3. 层面大梁　4. 天窗架　5. 吊车梁　6. 连系梁　7. 基础梁　8. 基础　9. 外墙　10. 圈梁　11. 屋面板　12. 地面　13. 天窗　14. 散水　15. 风力

4.2.1.2　单层厂房的平面结构

(1) 单层厂房的平面形式

单层厂房的平面形式见图 4-13。厂房平面形式的选择，要根据生产工艺的要求、生产特点和生产规模来确定。面粉厂、米厂等的车间常采用“一”形，包装车间可以采用“一”形和“L”形。

(2) 柱网布置和定位轴线

结构平面的主要尺寸都由定位轴线表示。跨度方向的轴线称为纵向定位轴线，一般以Ⓐ、Ⓑ、Ⓒ…表示；柱距方向的轴线称为横向定位轴线，一般以①、②、③…表示。

柱网布置是确定柱子和承重墙的位置，同时也是确定屋架、椽条、屋面板和吊车梁等构件的跨度。因此柱网布置是否恰当直接影响厂房结构的经济性和先进性，对生产的工艺流程、设备安装等有密切的关系，在柱网布置时，必须考虑结构形式并

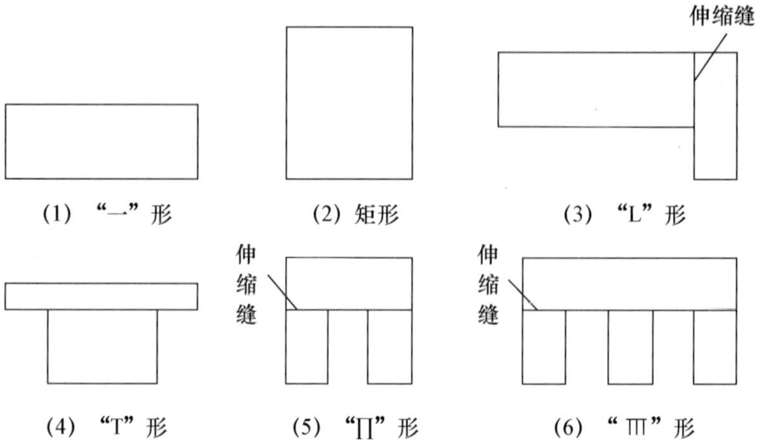

图 4-13　单层厂房平面形式

遵守规定的模数。

① 厂房跨度。首先必须符合生产要求，同时要方便运输、方便检修和有利于安全生产，其次结合建筑结构类型和结构特点、施工技术条件、材料供应、经济效果以及厂房统一化规定情况。厂房跨度在 18 m 以下时，应采用扩大模数 30 M 数列；在 18 m 以上时应采用扩大模数 60 M 数列，常用跨度有 6、9、12、15、18、24、30、36 m 等。

② 柱距。厂房的柱距应采用扩大模数 6 M 数列，一般取 6 m，对于设有大型设备等具体情况也可以扩大厂房的柱距，对施工技术条件好的大中型厂房也可采用 9 m 和 12 m 的柱距。对于采用砖木结构时，可用 4 m 的柱距，厂房山墙外抗风柱柱距应该采用扩大模数 15 M 数列。

4.2.1.3　单层厂房的立面结构

（1）厂房高度

取决于生产工艺要求，同时也应符合建筑模数制的规定。有吊车和无吊车的厂房（包括有悬挂吊车的厂房），自室内地面（其标高为±0.000）至支撑吊车梁的牛腿面的高度应为扩大模数 3 M 数列。

（2）吊车布置

考虑屋架挠度和地基不均匀沉降等不利因素，柱顶与吊车外轮廓线最高点之间的净空尺寸 C 值一般应不小于 220 mm。吊车桥架外缘与上柱内缘之间有一定的净空尺寸，当吊车起重量≤50 t 时，净空尺寸 B 应不小于 80 mm；当吊车起重量≥75 t 时，应不小于 100 mm，当厂房建于湿陷黄土地区或软弱地基上时，需考虑大面积地面荷载的影响，上述 C 和 B 值均应分别增大。在设有桥式、梁式吊车的厂房中，吊车轨道中心线至边柱或中柱纵向定位轴线的距离 λ 一般为 750 mm，当构造需要或起重量≥75 t 时，λ 值宜为 1 000 mm。

4.2.2　多层工业厂房的结构

4.2.2.1　多层厂房的结构体系

结构体系与结构的承载能力、侧向刚度、抗震性能、材料用量及造价高低等有密切关系，也与房屋层数、总高度和建筑空间大小等有关。目前在多层厂房中常用的承重结构形式主要有：混合结构、框架结构、框架-剪力墙结构三大类。

（1）混合结构

一般指不同建筑材料制成的构件所组成的厂房结构。通常楼（物）盖采用钢筋混凝土，墙体采用砖砌体或砌块砌体，基础则采用砖、毛石、灰土、混凝土或钢筋混凝土。墙体是混合结构房屋中的主要承重构件，起着承重、围护和隔断的作用，根据厂房的生产工艺流程和厂房的跨度、柱距的不同，墙体在建筑平面和剖面上的布局可有各种不同的方案。按照承重墙体位置的不同，其结构布置可分为纵墙承重、横墙承重、纵横墙承重和内框架承重四种方案。

由于砖石材料取材容易，建筑造价相对较低，但其强度低，不能有过大的变形，所以混合结构只适用于非地震区、楼面荷载不大、无振动设备、层高不大于 6 m，层数不超过 5 层的中小型厂房。

（2）框架结构

由梁、柱构件通过节点连接构成的空间结构。框架可以是等跨的或不等跨的，层高相等或不完全相等的，也可以因为某种使用要求而在某层缺柱或某跨缺梁而形成复式框架。框架可分为现浇式、装配式和装配整体式三种。装配整体式是将预制构件就位后再连成整体框架，它兼有现浇式和装配式框架的一些优点，因此应用广泛。

框架结构具有建筑平面布置灵活，房屋空间大等优点，在工业厂房及公共建筑中得到广泛应用。框架结构在层数及总高度方面，应当根据层高、跨度、抗震设计等具体条件，确定其合理使用范围。在此范围内，框架结构的承重能力、侧向刚度都能满足设计要求，材料用量及造价也较为合理。一般认为在非地震设防区，框架不宜超过 15 层；抗震设防区，框架不宜超过 10 层，最大高度约为 30 m；当设防烈度 9 度时不宜采用框架结构。

(3) 框架-剪力墙结构

在框架结构平面中适当部位设置一定的钢筋混凝土剪力墙，形成框架-剪力墙体系。框架结构能使建筑空间比较灵活，且能形成较大的使用空间，但是厂房的侧向刚度较差，所以在框架结构平面中适当位置设置一些刚性较大的剪力墙来代替部分框架，使之与框架协同工作，使大部分的水平荷载由剪力墙来承担，而框架本身则主要承担竖向荷载。这样，便得到了承载能力较大，建筑布置又灵活的一种结构形式，即框架-剪力墙结构。它的建造层数可比框架结构多，一般可见 20 层以下的建筑。

4.2.2.2 多层厂房的平面形式

多层厂房的平面形式首先应满足生产工艺的要求，并综合考虑与生产相关的各项技术要求，以及与运输设备、交通枢纽和生活辅助用房的关系。根据工程的具体情况，常见的多层厂房平面布置的形式有。

(1) 内廊式

内廊式适用于使用于面积不大，相互生产上又需要紧密联系，但又不希望干扰的工段。这就可以将各工段按照工艺流程的要求布置在各个房间内，并用内廊（内走道）联系起来，见图 4-14。

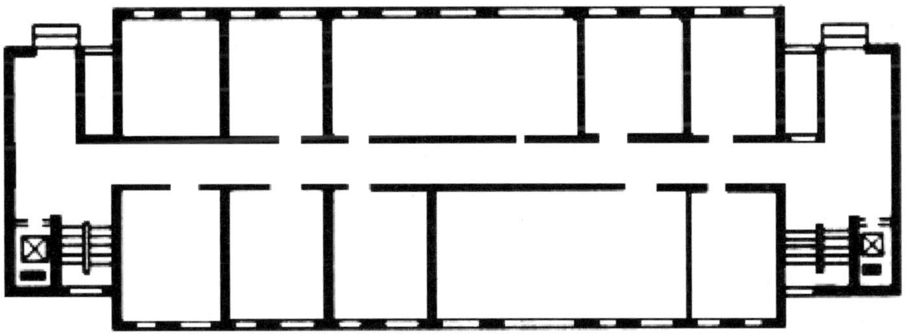

图 4-14 内廊式平面布置

(2) 统间式

由于生产工段面积较大，各工序又紧密联系，不宜分隔小间布置，这时常采用统间式布置。这种布置对自动化流水线的操作十分有利，在生产过程中如有少数特殊工段需要单独布置时，也可以将它们集中，分别布置在某一区段的一端或一隅，如图 4-15 所示。

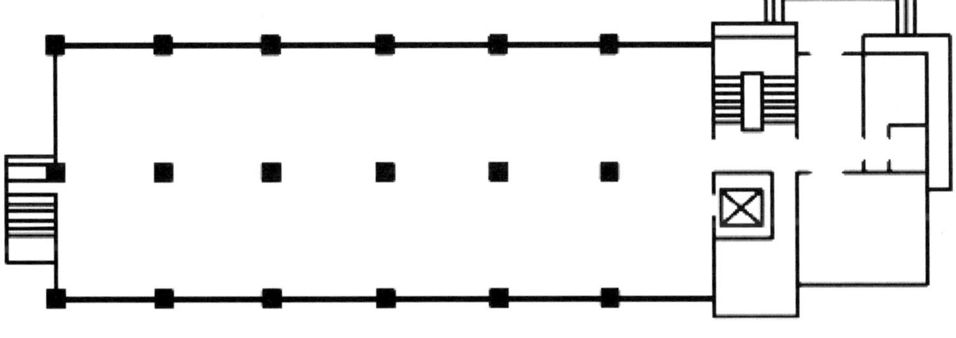

图 4-15 统间式平面布置

(3) 大宽度式

为满足某些工段的高精度、超净化等的特殊要求，使厂房平面布置更为经济合理，可以采用加大厂房宽度，形成较大宽度的平面布置，见图 4-16。

这时可以把交通运输枢纽及生活辅助用房布置在厂房中部采光条件较差的地区，以保证生产工段所需的采光与通风要求。

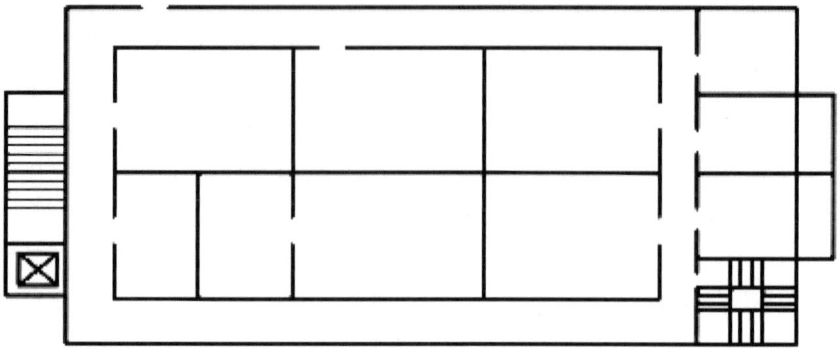

图 4-16　大宽度式平面布置

（4）混合式

根据不同生产要求，采用上述平面形式的混合布置，如图 4-17 所示。它的优点是能满足不同生产工艺流程的要求，灵活性较大。缺点是平面及剖面形式复杂，结构类型不易统一，施工较麻烦，对抗震不利。

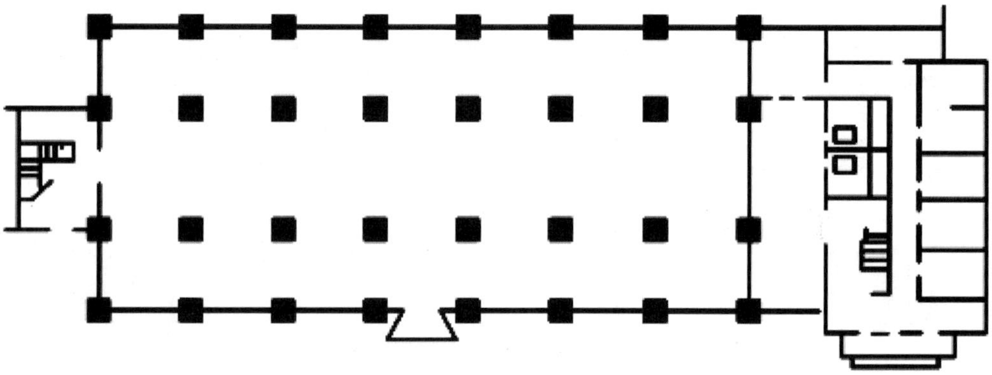

图 4-17　混合式平面布置

4.2.2.3　多层厂房的柱网

柱网的选择首先应满足生产工艺的要求，其尺寸的确定应符合《建筑模数协调标准》的要求。同时考虑厂房的结构形式、采用的建筑材料及其在经济上的合理性以及施工上的可能性。

（1）柱网的类型

在工程实践中结合平面布置的形式，多层厂房的柱网一般有图 4-18 所示几种主要类型。

① 内廊式柱网。适用于内廊式平面布置。组成的平面都是对称的，在两跨中间布置走廊，具体尺寸不统一，常见的柱距 d 为 6.0 m，进深 a 有 6.0 m，6.6 m 及 6.9 m 数种，而走廊宽 b 则为 2.4～3.0 m 居多。

② 等跨式柱网。适用于需要大面积布置生产工艺的厂房，底层一般布置机加工、仓库或总装配车间。这类柱网可以是两个以上连续等跨的形式，用轻质隔墙分隔后，也可以作为内廊式的平面布置。常见的柱距 d 为 6.0 m，跨度 a 有 6.0 m，6.6 m、6.9 m、7.5 m、9.0 m 及 12.0 m 等数种。

③ 对称不等跨柱网。其适用范围基本和等跨式柱网类似。常用的柱网尺寸有（5.8＋6.2＋6.2＋5.8）m×6.0 m（仪表类），（1.4＋6.0＋6.0＋1.4）m×6.0 m（轻工类），（7.5＋12.0＋12.2＋7.5）m×6.0 m 及（8.0＋12.0＋12.0＋8.0）m×6.0 m（机械类）。

④ 大跨度式柱网。由于取消了中间柱子，为生产工艺的变革提供了更大的适应性。由于跨度较大，楼层常采用桁架结构，这样楼层结构空间（桁架空间）可以作为技术层，用于布置各种管道及生活辅助用房。

除上述主要柱网类型外，在实践中根据生产工艺及平面布置等方面的要求，也可以采用其他一些类型的柱网，如（9.0＋6.0）m×6.0 m，[（6.0～9.0]＋3.0＋[6.0～9.0]）m×6.0 m。

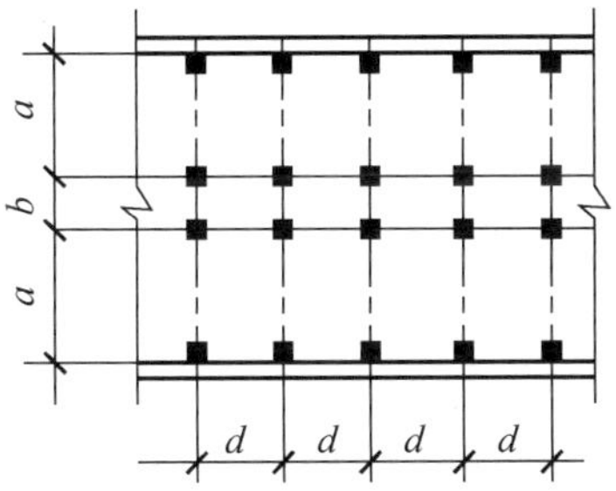

(1) 内廓式柱网

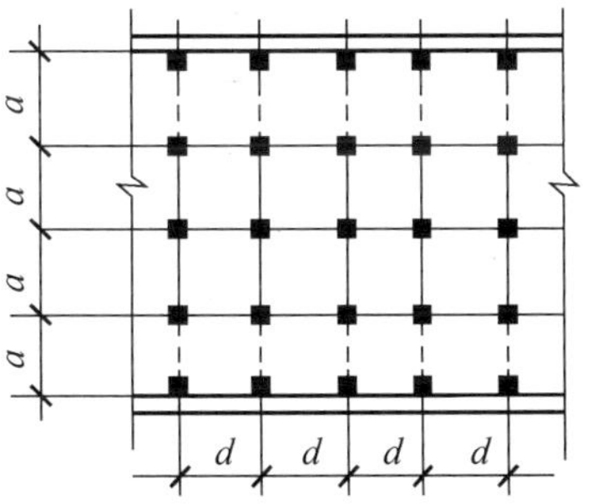

(2) 等跨式柱网

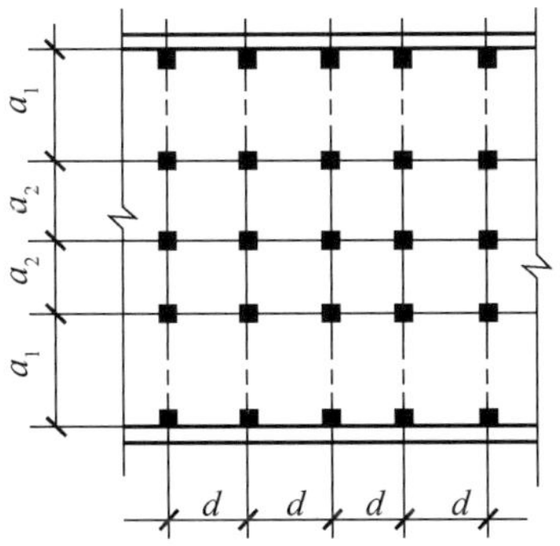

(3) 对称不等跨柱网

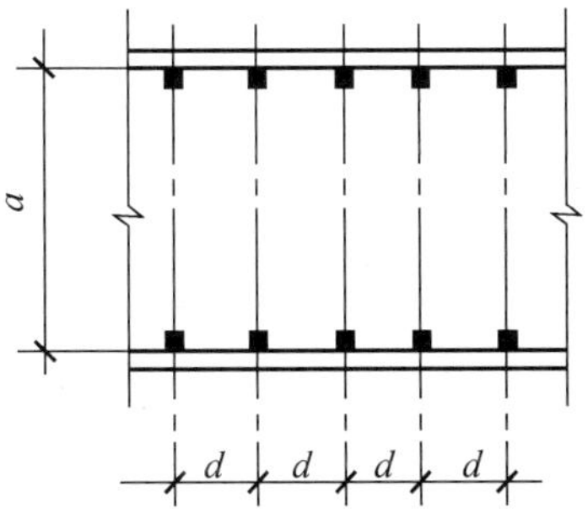

(4) 大跨度式柱网

图 4-18　柱网布置类型

(2) 柱网的布置

① 厂房跨度。多层厂房的跨度采用扩大模数 15 M 数列，宜采用 6、7.5、9、10.5、12 m，跨度的组合可为 6＋6＋6（m），6＋6＋6＋6（m），7.5＋7.5（m），9＋9（m）、9＋9＋9（m）、12＋12（m）等。内廓式厂房的跨度可以采用扩大模数 6 M 数列，一般采用 6、6.6、7.2 m，直廓的跨度应采用扩大模数 3 M 数列，可以采用 2.4、2.7、3.0 m。

② 柱距。厂房的柱距应采用扩大模数 6 M 数列，宜采用 6、6.6、7.2 m。4 层和 4 层以下的厂房，柱截面尺寸不宜超过两种；4 层以上的厂房，柱截面尺寸不宜超过三种。

③ 厂房的高度。多层厂房的层高也是按照每层所安装设备（包括吊车）的外形高度，并考虑到装卸和维修的需要而确定的。厂房各层楼、地面上表面间的层高应采用扩大模数 3 M 数列。当构造需要时，可以按照楼地面的结构层上表面确定各层间的层高；层高在 4.8 m 以上时，宜采用 5.4、6.0、6.6、7.2 m 等数值。一般厂房的层高不宜超过两种。

4.2.2.4　多层厂房的剖面设计

多层厂房的剖面设计要结合平面设计和立面处理同时考虑。主要研究和确定厂房的剖面形式、层数、层高和内部设计等有关问题。

① 多层厂房的剖面形式。由于厂房平面柱网的不同，多层厂房的剖面形式多种多样。不同的结构形式和生产工艺的平面布置都对剖面形式有着直接的影响，目前我国多层厂房设计中，常见的几种剖面形式如图 4-19 所示。

② 多层厂房层数的确定。层数的确定与生产工艺、楼层使用荷载、垂直运输设施以及地质条件、基建投资等因素均有密切关系。为了节约用地，在满足生产工艺要求的前提下，可以增加厂房的层数，向竖向空间发展。

4.2.2.5　多层厂房定位轴线的标定

同单层厂房一样，多层厂房的平面定位轴线有纵向和横向两种。与厂房长度方向平行的轴线称为纵向定位轴线，与其垂直的轴线称为横向定位轴线。

多层厂房定位轴线的标志方法，随厂房结构形式而有所不同。砌块墙承重和装配式钢筋混凝土框架的多层厂房定位轴线的标志形式分别如下：

① 砌块承重墙。厂房采用砌块墙承重时，其内墙的中心线一般与定位轴线相重合。外墙的定位线和墙内缘的距离应为半块块材宽度或其倍数；或定位轴线与外墙中心线相重合，带有壁柱的外墙，定位轴线也可与墙内缘相重合，见图 4-20。

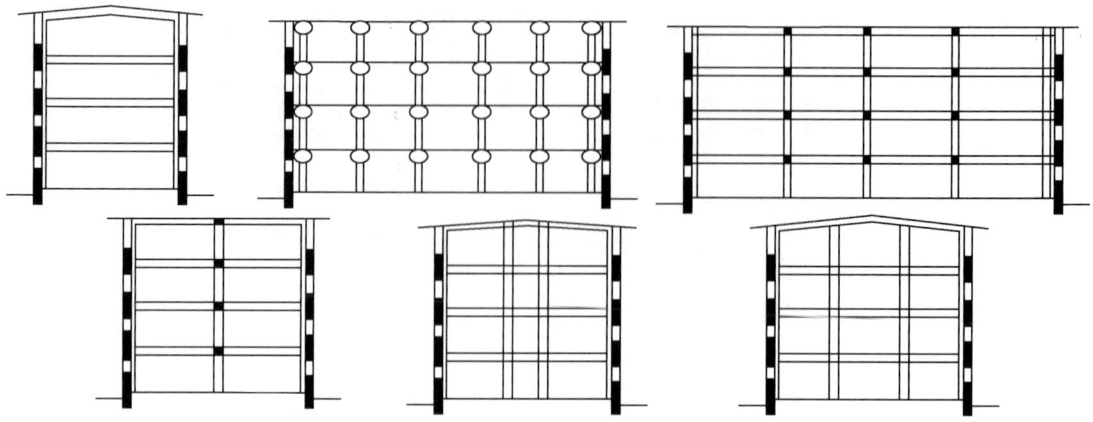

图 4-19　多层厂房的剖面形式

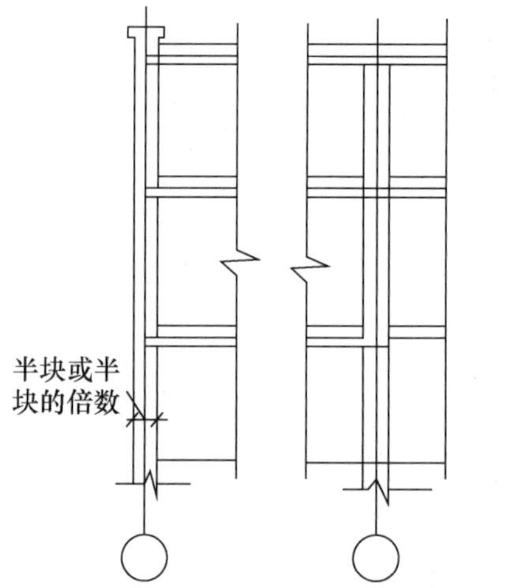

图 4-20　承重外墙、内墙与定位轴线的关系

② 钢筋混凝土框架承重。框架承重时，定位轴线的定位不仅涉及框架柱，还涉及梁板等构件，下面主要介绍定位轴线和墙、柱的关系。

墙、柱与横向定位轴线的定位：横向定位轴线一般与柱中心线相重合，在山墙处定位轴线仍通过柱中心，这样可以减少构件规格品种，使山墙处横梁与其他部分一致，虽然屋面与山墙间出现空隙，但是构造上是容易处理的，见图 4-21。

墙、柱与纵向定位轴线的定位：纵向定位轴线在中轴处应与轴中心线相重合。在边柱处，纵向定位轴线在边柱下柱截面高度（h_1）范围内浮动定位。浮动定位 a_n 最好为 50 mm 的整倍数，这与厂房柱截面的尺寸应是 50 mm 的整倍数是一致的。a_n 值可以是零，也可以是 h_1，当 a_n 为零时，纵向定位轴线即定于边柱的外缘，见图 4-22。

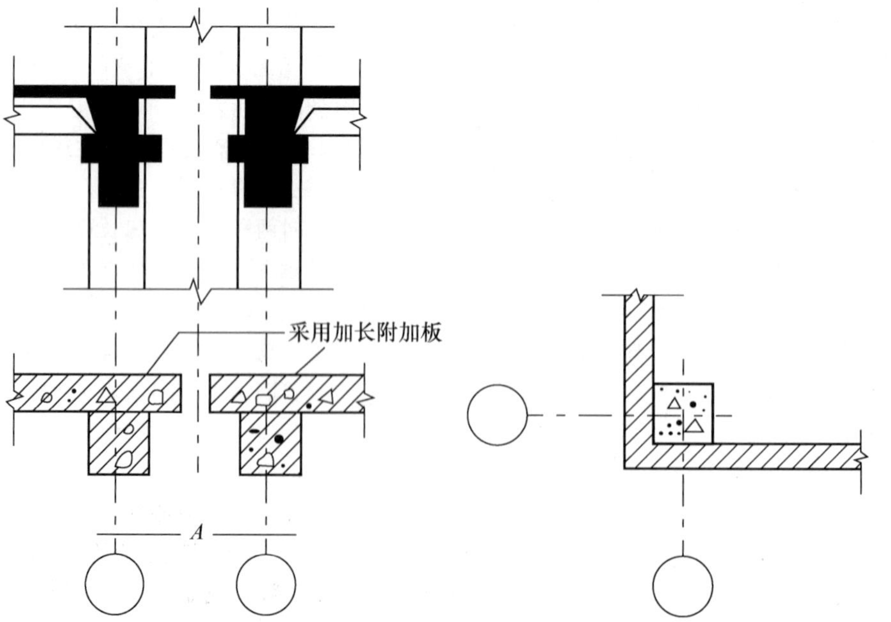

图 4-21　框架承重时横向定位轴线定位

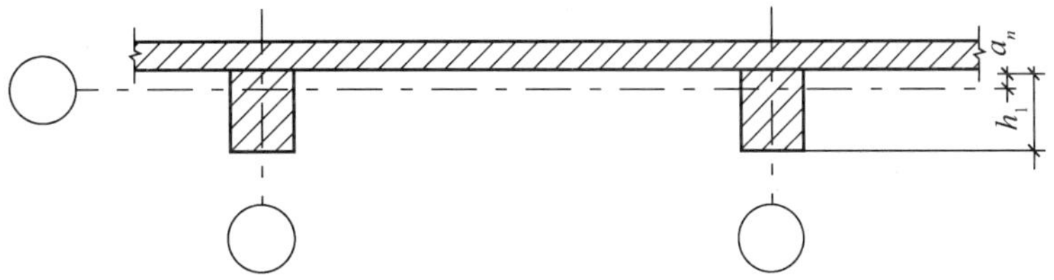

图 4-22　边柱与纵向定位轴线的定位

4.3　工业建筑标准化及图例

4.3.1　建筑的工业化和标准化

所谓建筑工业化，就是将大工业生产的现代化制造、运输、安装和科学管理的成熟经验应用于建筑业，以现代化的科学技术为手段，把分散落后的手工业生产方式改变为集中的、先进的大工业生产方式。

建筑工业化的主要标志为建筑设计标准化、构件生产工厂化、施工现场机械化、组织管理科学化。建筑工业化有发展预制构件装配化体系和发展工具式模板现场工业化两种形式。要实现建筑工业化，建筑设计标准化、系列化及通用化是重要基础和前提。任何一项生产活动，要达到高质量、高速度，就必须实行机械化、工业化。而当它的生产过程走向机械化、工业化时，就必然要对设计、制造、安装和使用提出标准化、系列化和通用化的要求，否则，机械化和工业化是不完整和不落实的，高质量和高速度也将不能实现。对建筑工业来说，要实现工业化，必须使建筑构件尺寸统一、类型最少，做到一种构件多种使用。而为了达到这个目的，就必须在建筑设计中实行标准化、系列化和通用化。

所谓建筑标准化，就是把不同用途的建筑物，分别按照统一的建筑模数、建筑标准、设计规范、技术规定等进行设计，并经过时间检验具有足够科学的建筑物的形式、平面布置、空间参数、结构方案、建筑构件和配件的形状、尺寸等，在全国和一定地区统一定型，编制目录，作为法定标准，在较长时期内重复使用。如现在广泛使用的标准构件等。

所谓建筑系列化，就是在标准化的基础上，把同类建筑物和构配件的主要参数（包括：几何参数的长、宽、高及平面和空间的尺寸；技术参数如计算荷载、结构构件的承载能力以及隔声、热工等方面的物理性能指标；工艺参数如建筑构件的重量、尺寸、形状和材料对预制、运输、安装的相应要求等），经过技术经济比较，按照一定规律排列起来，形成系列，以尽可能少的品种规格，满足多方面的需要，为集中的专业化大批量生产创造条件。

所谓建筑通用化，就是对那些能够在各类建筑中可以互换通用的构配件加以归类统一，如楼板与屋面的统一，单层厂房墙板与多层厂房墙板的统一等。逐步打通各类建筑中专用构配件的界限，尽可能使工业用和民用建筑的构件能够互相通用。

4.3.2　建筑模数的协调

建筑模数是选定的标准尺寸单位，作为建筑物、建筑构配件、建筑制品及有关设备尺寸相互协调中的增值单位。

4.3.2.1　基本模数

基本模数是模数协调中选用的基本单位，其数值为 100 mm，符号为 M，即 1 M=100 mm。基本模数是整个模数协调体系的基础数值，建筑物的整体及其一部分或建筑组合构件的模数化尺寸应为基本模数的倍数。

4.3.2.2　导出模数

由于建筑中需要用模数协调的各部位尺度相差较大，仅仅靠基本模数不能满足尺度的协调要求，因此，在基本模数的基础上又发展了相互之间存在内在联系的导出模数，导出模数包括扩大模数和分模数。

① 扩大模数是基本模数的整数倍数，其中水平扩大模数基数为 2 M，3 M，6 M，9 M，12 M，…。

② 分模数是基本模数的分数值，其基数为 M/10，M/5，M/2。

4.3.2.3　模数数列

模数数列应根据功能性和经济性原则确定。

① 建筑物的开间或柱距、进深或跨度、梁、板、隔墙和门窗洞口宽度等分部件的截面尺寸宜采用水平基本模数和水平扩大模数数列，且水平扩大

模数数列宜采用 $2nM$，$3nM$（n 为自然数）。

② 建筑物的高度、层高和门窗洞口高度等宜采用竖向基本模数和竖向扩大模数数列，且竖向扩大模数数列宜采用 nM。

③ 构造节点和分部件的接口尺寸等宜采用分模数数列，且分模数数列宜采用 M/10，M/5，M/2。

4.3.2.4 模数协调原则

建筑模数协调，主要是房屋、房屋的构配件与组合件以及房屋装备之间和它们自身之间的模数尺度协调。定位是它们协调的基础之一。如何使它们在三向正交的空间中合理就位，就需要一个由模数化空间形成的能协调的空间定位系列，即模数化空间网格，来确定建筑物、组合件、构配件的位置与尺寸及其相互关系。

（1）定位轴线和定位线

在模数化空间网格中，轴线网格的面为定位轴面，定位轴面在水平面或垂直面的投影线为定位轴线。它是主体结构的定位依据。除定位轴面以外的定位平面均为定位面，定位面在水平面或垂直面上的投影线为定位线，如图 4-23 所示。

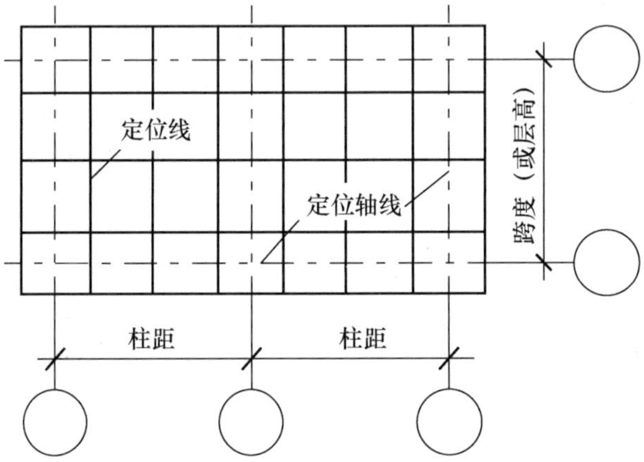

图 4-23 定位轴线与定位线

（2）几种尺寸

为了保证建筑制品、构配件等有关尺寸间的统一与协调，在建筑模数协调中尺寸分为标志尺寸、构造尺寸、实际尺寸和技术尺寸 4 种。

① 标志尺寸：符合模数数列的规定，用以标注建筑物定位轴线之间的距离（如开间或柱距、进深或跨度、层高等），以及建筑构配件、建筑制品、建筑组合件、有关设备位置界限之间的尺寸。

② 构造尺寸：建筑构配件、建筑制品等的设计尺寸。一般情况下，构造尺寸加上缝隙尺寸等于标志尺寸。缝隙尺寸的大小，宜符合模数数列的规定。

③ 实际尺寸：建筑制品、构配件等的实有尺寸。实际尺寸与构造尺寸之间的差数，应由允许偏差值加以限制。

④ 技术尺寸：建筑功能、工艺技术和结构条件在经济上处于最优状态下所允许采用的最小尺寸数值（通常是指建筑构配件的截面或厚度）。

标志尺寸、构造尺寸和缝隙之间的关系见图 4-24。

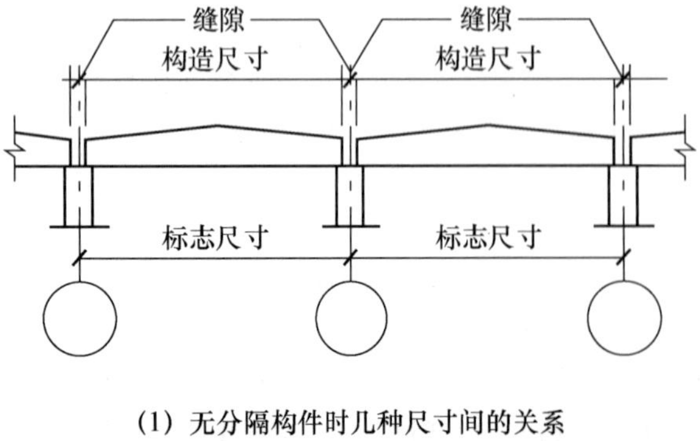

（1）无分隔构件时几种尺寸间的关系

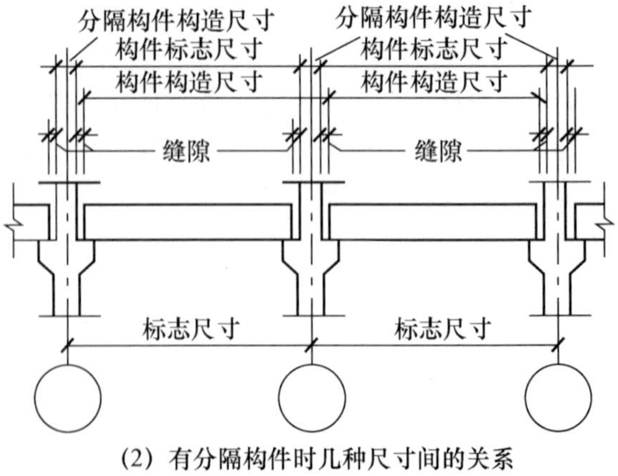

（2）有分隔构件时几种尺寸间的关系

图 4-24 几种尺寸的关系

4.3.3　主要建筑参数的确定

食品工厂一般由几个车间构成，各车间根据不同生产需要，考虑生产工艺流程可以分为几个主要部分或工段，相应地设置车间。设计厂房时，应该根据工艺流程及设备布置方案，确定车间的建筑平面尺寸，楼层高度与层数，即可进行厂房的平面、剖面设计。具体要求如下：

4.3.3.1　厂房宽度的确定

根据厂房机器设备和纵向走道的情况，厂房宽度由下列公式确定：

$$B=b_1+b_2+b_3+b_4$$

式中：b_1—各机器设备所占厂房宽度之和；

b_2—厂房内纵向走道宽度之和；

b_3—各机器设备沿厂房宽度方向间距之和；

b_4—纵墙厚度。

通常主要纵向走道宽度最小为 1 800 mm，一般纵向走道宽度 1 000 mm，设备纵向间距根据操作需要确定。

4.3.3.2　厂房长度的确定

根据厂房机器设备和横向走道的情况，厂房长度由以下公式确定：

$$L=l_1+l_2+l_3+l_4+l_5$$

式中：l_1—各机器设备所占厂房长度之和；

l_2—厂房内横向走道宽度之和；

l_3—各机器设备沿厂房长度方向间距之和；

l_4—横墙厚度；

l_5—楼梯间所占厂房长度（纵墙外不计）。

通常主要横向走道宽度为 1 500 mm，一般横向走道宽度 1 000 mm，设备横向间距根据操作要求确定。

4.3.3.3　厂房楼层

根据楼（地）面上安装机器设备的情况，各楼层高度可以按照下式计算确定：

$$H=h_1+h_2+h_3$$

式中：h_1—最高机器设备的高度；

h_2—最高机器设备至梁板底面的净距离；

h_3—梁板的厚度。

在厂房长度、宽度、高度计算确定后，再根据开间、跨度等的模数要求，取整确定厂房的建筑主要参数。

4.3.4　建筑设计图例

4.3.4.1　建筑识图知识

索引及详图符号

① 索引符号。如果设计图中某一局部需要另见详图，就应该以索引符号索引。按照国家标准规定，索引符号的圆和引出线应以细实线绘制，圆直径为 10 mm，引出线应对准圆心，圆内过圆心画一水平线，上半圆中用阿拉伯数字注明该详图的编号，下半圆中用阿拉伯数字注明该详图所在图纸的图纸号。如果详图与被索引的图样在同一张图纸内，则在下半圆中间画一水平细实短线。索引出的详图，如果采用标准图，应在索引符号水平直径的延长线上加注该标准图册的编号。如图 4-25 所示。

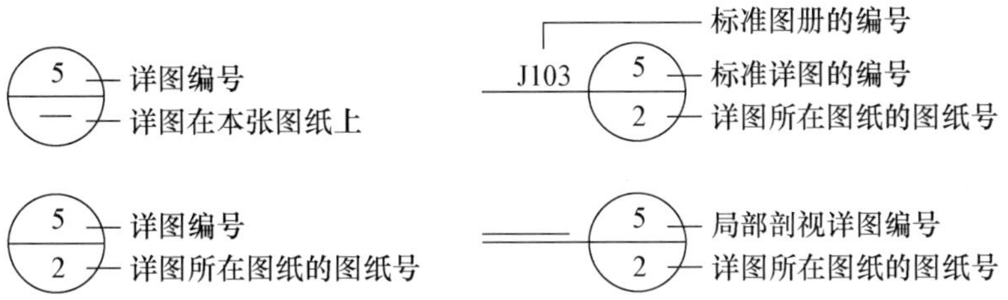

图 4-25　索引符号

② 详图符号。详图符号用一粗实线圆绘制，直径为 14 mm。详图与被索引的图样同在一张图纸内时，应在符号内用阿拉伯数字注明详图编号。如果不在同一张图纸内时，可以用细实线在符号内画一水平直径，在上半圆中注明详图编号，在下半圆中注明被索引图纸号，如图 4-26 所示。

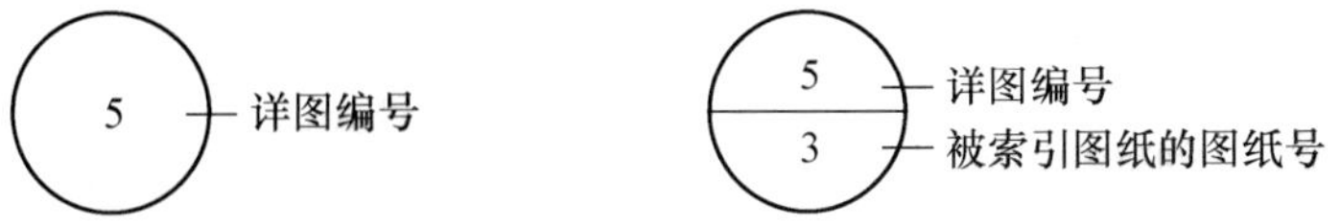

（1）与被索引图样同在同一张图纸内　（2）与被索引图样不在同一张图纸内

图 4-26　详图符号

4.3.4.2 标高

在建筑图中经常用标高符号表示某一部位的高度，它有绝对标高和相对标高之分。绝对标高是以我国青岛附近黄海的平均海平面为零点测出的高度尺寸；相对标高是以建筑物室内主要地面为零测出的高度尺寸。

各类图上所用标高符号应该按照图 4-27 所示形式。以细实线绘制，标高符号的尖端应指至被标注的高度，尖端可以向下也可以向上。标高数值以米（m）为单位，一般注至小数点后 3 位（总平面图中为两位数）。在建筑施工图纸中的标高数字表示其完成面的数值。在标高数字前有“－”，则表示该处完成面低于零点标高；如果数字前有“＋”号或没有符号，则表示高于零点标高。如果在同一位置表示几个不同标高时，数字可以按照图 4-27（5）的形式标注。

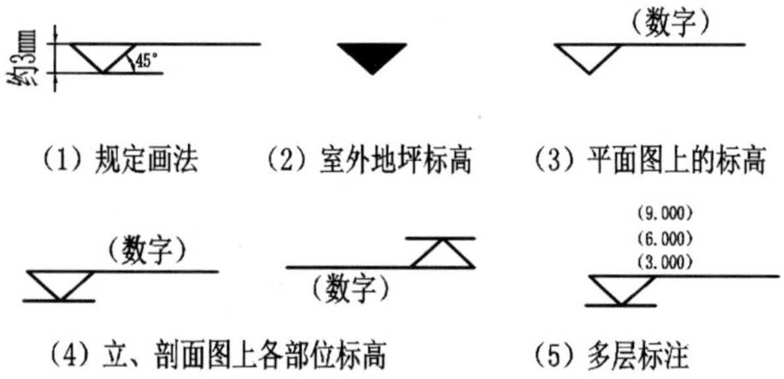

图 4-27 标高符号及规定画法

4.3.4.3 指北针及风玫瑰图

（1）指北针

用细实线绘制，圆的直径为 24 mm。指针尖为北向，指针尾部宽度为 3 mm，如图 4-28（1）所示，需要较大直径绘制指北针时，指针尾部宽度为直径的 1/8。

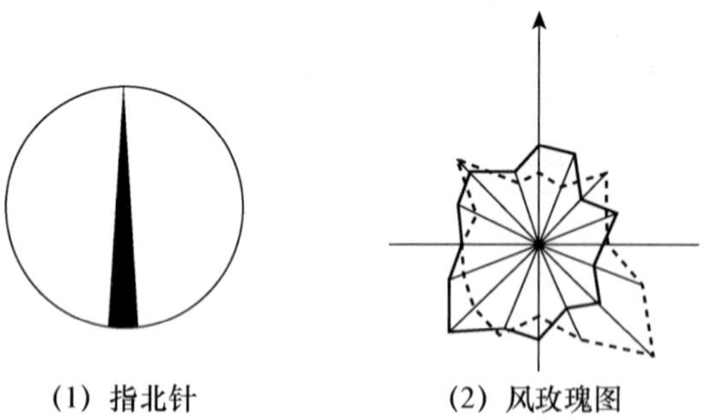

图 4-28 指北针和风玫瑰图

（2）风玫瑰图

根据当地的气象资料，将全年中各不同风向的刮风次数与刮风总次数之比用同一比例画在 16 个方位线上连接而成的图形，因为其形状像一朵玫瑰花而得名。图中实折线距中心点最远的风向表示刮风频率最高，称为常年主导风向，图 4-28（2）中常年主导风向为西南风。图中虚折线表示当地夏季 6 月、7 月、8 月这 3 个月的风向频率，该图中夏季主导风向为东南风。

4.3.4.4 定位轴线

定位轴线是设计时确定建筑物各承重构件位置和尺寸的基准，也是施工时用来定位和放线的尺寸依据。

定位轴线采用细点画线表示。轴线编号的圆圈用细实线，直径一般为 8 mm，详图上为 10 mm，如图 4-29 所示，轴线编号写在圆圈内。在平面图上水平方向的编号采用阿拉伯数字从左向右依次编写，垂直方向的编号用大写拉丁字母自下而上顺次编写。拉丁字母中的 I、O、Z 三个字母不得作轴线编号，以免与数字 1、0、2 混淆。在较简单或对称的房屋中，平面图的轴线编号，一般标注在图形的下方及左侧，对较复杂或不对称的房屋，图形上方和右侧也可以标注。

对于附加轴线的编号可以用分数表示，分母表示前一轴线的编号，如图 4-29 所示。在画详图时，如一个详图适用于几个轴线时，应该同时将各有关轴线的编号注明。

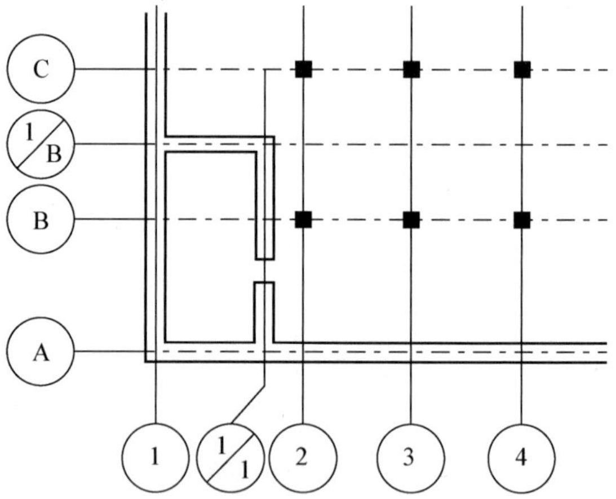

图 4-29 定位轴线编号

4.3.4.5 常用图例

（1）总平面图常用图例

总平面图常用图例见表 4-1。其他图例使用时可以查阅相关设计手册。

（2）常用构造及配件图例

常用的构造及配件图例见表 4-2。

（3）常用建筑材料图例

常用建筑材料图例见表 4-3。

表 4-1　总平面图常用图例

名　称	图　例	说　明
新建的建筑物	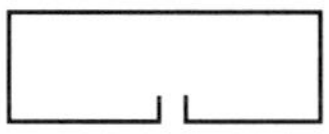	（1）用粗实线表示，可以不画出入口 （2）需要时，可以在右上角以点数或数字（高层宜用数字）表示层数
原有建筑物	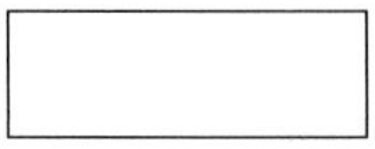	（1）在设计图中拟利用者，均应该编号说明 （2）用细实线表示
计划扩建的预留地或建筑物		用中虚线表示
拆除的建筑物	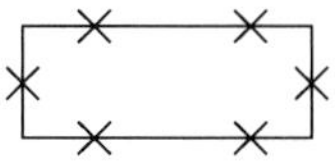	用细实线表示
围墙和大门	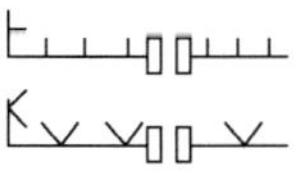	上图表示砖石、混凝土或金属材料围墙 下图表示镀锌铁丝网、篱笆等围墙 如果仅表示围墙时不画大门
坐标	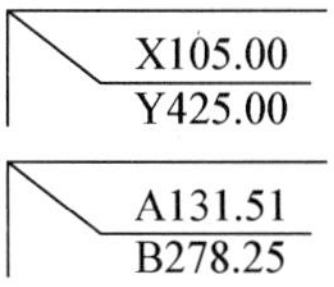	上图表示测量坐标 下图表示施工坐标
护坡	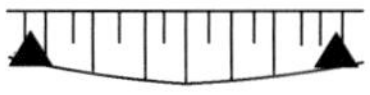	边坡较长时，可以在两端或一端局部表示
原有的道路	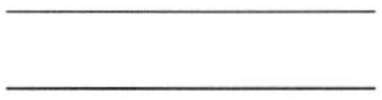	
拆除的道路		
计划扩建的道路		
新建道路	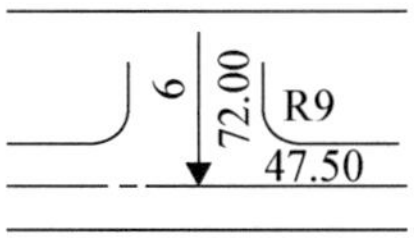	“R 9”表示道路转弯半径为 9 m，“47.50”为路面中心标高，“6”表示 6%为纵向坡度，“72.00”表示变坡点间距离
桥梁	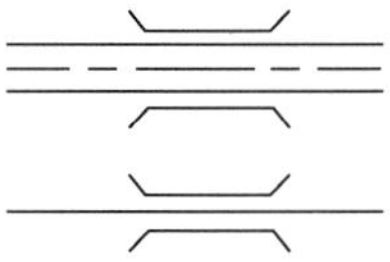	（1）上图表示公路桥，下图表示铁路桥 （2）用于旱桥时应注明

表 4-2　常用构造及配件图例

名　称	图　例	说　明
楼梯	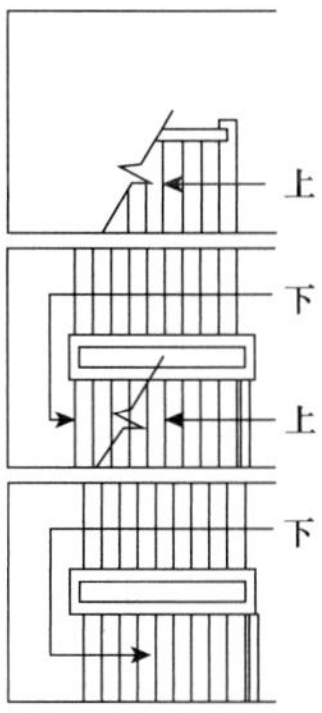	（1）上图为底层楼梯平面，中图为中间层楼梯平面，下图为顶层楼梯平面 （2）楼梯的形式及步数应该按照实际情况绘制

续表 4-2

名　称	图　例	说　明
检查孔		左图为可见检查孔 右图为不可见检查孔
孔洞		
坑槽		
烟道	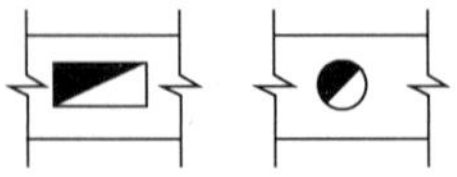	
通风道	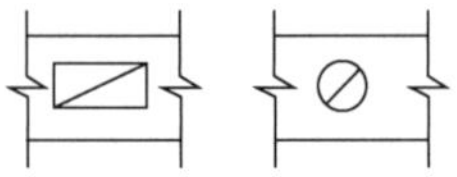	
地上预留洞或槽	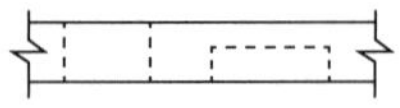	
单扇门	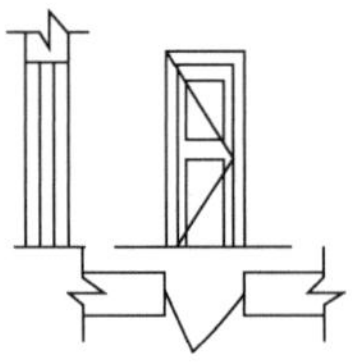	
双扇门	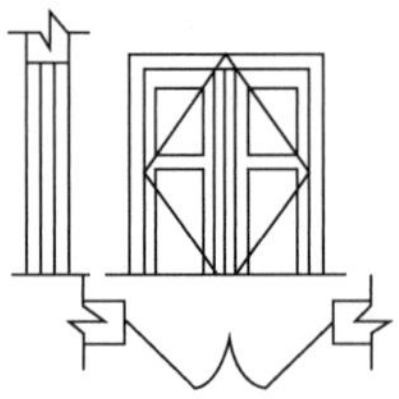	

表 4-3　常用建筑材料图例

名　称	图　例	说　明
自然土壤		包括各种自然土壤
夯实土壤		
沙、灰土		靠近轮廓线绘较密的点
毛石		
普通砖	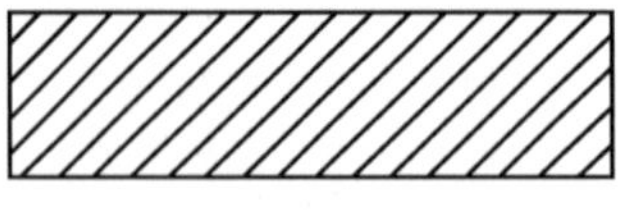	包括实心砖、多孔砖、断面纹窄不易绘出倒线时，可以涂红
空心砖	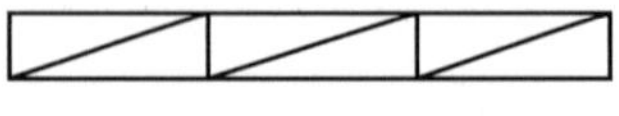	非承重砖砌体
饰面砖		包括铺地砖、人造大理石等

续表 4-3

名　称	图　例	说　明
混凝土	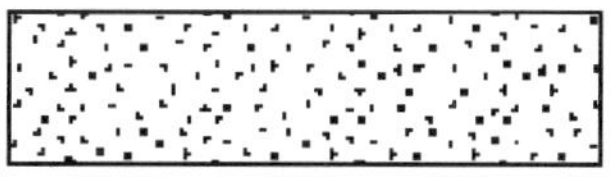	(1) 能承重的混凝土或钢筋混凝土 (2) 绘制面图上绘出钢筋时，不画图例线 (3) 断面图例小，不易画出图例线时可以涂黑
钢筋混凝土	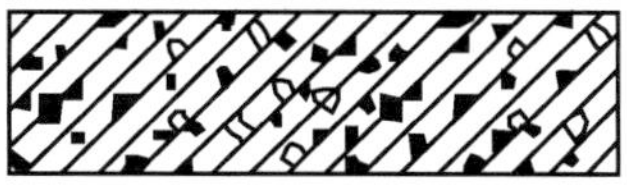	
多孔材料	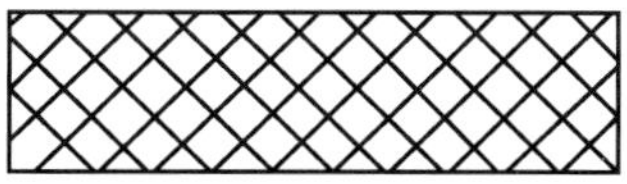	水泥珍珠岩、泡沫混凝土、非承重加气混凝土、软木、细石制品等
粉刷	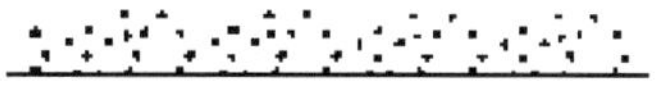	图例采用较稀的点
木材	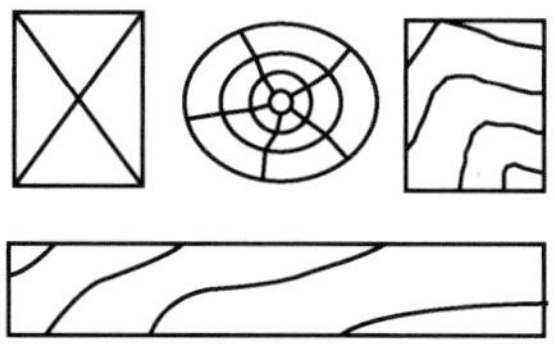	(1) 上图为横断面，上左图为垫木、木砖或木龙骨 (2) 下图为纵断面
金属	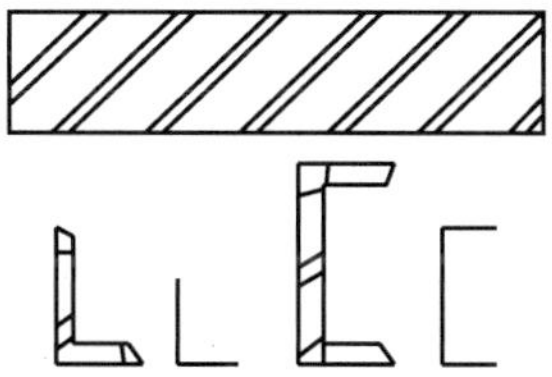	(1) 包括各种金属 (2) 图形小时可以涂黑

思考题

1. 工业建筑的分类依据是什么？分为哪几类？有什么特点？

2. 多层厂房的平面布局有哪几种形式？分别适合什么样的生产车间？

3. 多层厂房的柱网布置有几种方式？有什么特点？

4. 建筑模数有几种基本形式？在车间设计时常用哪一种形式？

5. 熟悉各种尺寸线的标注含义及标注方法。

6. 什么是建筑工业化？什么是建筑设计标准化？

第 5 章

食品工厂工艺设计

学习目的与要求

通过本章的学习，学生应了解食品工厂工艺设计的内容及其作用；熟悉工艺设计的方法和步骤；掌握生产车间水、电、汽、冷用量的估算方法；掌握产品方案、工艺流程、物料衡算、设备选型配套、车间平面布置和管路布置设计等工艺设计内容。

5.1 概述

5.1.1 工艺设计的重要性、内容和基础资料

(1) 工艺设计的重要性和依据

工艺设计决定了工厂设计的先进性和合理性，在设计过程中，工艺设计是主导设计，其他部门的工作应尽量满足工艺的要求，即整个工程的构思、设想都贯彻了工艺的设计意图。

工艺设计的主要依据：①计划任务书；②项目工程师下达的设计工作提纲；③采用新工艺、新技术、新设备、新材料时的技术鉴定报告；④选用设备的有关产品样本和技术资料；⑤其他设计资料。

(2) 基本内容

食品工厂工艺设计的基本内容：产品方案、规格及班产量确定；主要产品生产工艺流程的选择和论证；工艺计算，包括物料衡算、生产车间设备生产能力的计算和选型，劳动力计算及分配；生产车间水、电、汽、冷用量计算；生产车间设备平面布置和设备工艺流程图、管路布置图等。工艺设计还需向包括土建面积、车间高度、结构、洁净度、卫生设施等其他设计提供要求和信息；进行全厂供水排水，电、汽、冷量计算及提出要求；提出原料、中间产品、终产品数量及储藏要求；提出辅助车间的工艺要求等。

(3) 资料收集

设计中产品采用的生产方法及生产工艺流程，主要依据试验结果或其他经验，也可以多方面收集资料。通常包括：产品的配方、质量标准和消耗定额；工艺参数、生产周期；生产原料、辅助材料的规格、标准及用量；菌种培养条件；生产的特殊要求及操作要求。

设备方面主要收集各生产工艺流程所需的设备名称、数量、主要技术参数、使用情况、操作方位、接管位置、存在问题、生产制造单位、价格、产品样本或技术资料、其他行业使用同类设备的情况。

设计基础资料包括水文、地质、气象、资源、交通运输、水质等。

5.1.2 工艺设计的步骤

食品工厂工艺设计重点是确定由原料到产品的生产工艺过程，各环节操作方法及参数，物料流量及流向，加工设备的种类与数量，车间设备布置设计和管道布置设计等。具体步骤如下：

① 根据前期可行性调查研究，确定产品方案及生产规模。

② 根据当前的技术和经济水平选择生产技术方法。

③ 生产工艺流程设计。

④ 物料衡算。

⑤ 能量衡算（包括热量、耗冷量、供电量、给水量计算）。

⑥ 选择设备。

⑦ 车间工艺设计。

⑧ 管路设计。

⑨ 其他工艺设计。

⑩ 设计绘制设备工艺流程图、车间设备布置图、管道布置设计图及编制说明书等。

5.2 产品方案及班产量的确定

5.2.1 产品方案

产品方案即生产纲领，指食品工厂全年生产产品的种类、数量、生产周期、生产班次的计划安排。产品方案的影响因素主要有：原料供应的季节性、产品的市场销售、人们的生活习惯、各地的气候和季节。在制定产品方案时，首先要根据调查研究分析得到的资料，确定重要产品的品种、规格、产量和生产班次。其次是调节产品，用以调节生产忙闲不均的现象。最后尽可能对原料进行综合利用，对半成品进行储存，以合理调剂生产中的淡、旺季节。例如饮料生产厂夏季以生产碳酸饮料和果汁饮料为主，冬季则可生产杏仁露、核桃露、花生奶等蛋白饮料以满足市场需求。

在安排产品方案时，应尽量做到“四个满足”和“四个平衡”。四个满足包括：满足主要产品产量的要求，满足经济效益的要求，满足淡旺季平衡生产的要求，满足原料综合利用的要求。四个平衡包括：产品产量与原料供应量平衡，生产班次要平衡，产品生产量与设备生产能力要平衡，水、电、汽负荷要平衡。

5.2.2 班产量的确定

班产量是工艺设计的基础，直接影响到设备配

套、车间布置、占地面积、劳动定员和经济效益等。影响班产量大小的因素有：原料供应、设备生产能力和市场销售状况等。一般情况下，食品工厂班产量越大，单位产品成本越低，效益越好。由于投资局限、销售状况及其他方面制约，班产量有一定的限制，但是必须达到或超过经济规模的班产量。最适宜的班产量实质就是经济效益最好的规模。

年生产能力按公式（5-1）估算：

$$Q=Q_1+Q_2-Q_3-Q_4 \tag{5-1}$$

式中：Q—新建厂某类食品年产量，t；

Q_1—本地区该类食品消费量，t；

Q_2—本地区该类食品年调出量，t；

Q_3—本地区该类食品年调入量，t；

Q_4—本地区该类食品原有厂家的年产量，t。

对于淡、旺季明显的产品，如饮料、啤酒、月饼等按式（5-2）估算：

$$Q=Q_{旺}+Q_{淡}+Q_{中} \tag{5-2}$$

式中：$Q_{旺}$—旺季产量，t；

$Q_{淡}$—淡季产量，t；

$Q_{中}$—中季产量，t。

在实际生产过程中，全年实际生产日数为250～300 d，每天的生产班次为1～2班，旺季为3班。班产量受各种因素影响，每个工作日的实际产量并不完全相同。班产量$Q_{班}$可用公式（5-3）计算。

$$Q_{班}=\frac{Q}{k(3t_{旺}+2t_{中}+t_{淡})} \tag{5-3}$$

式中：k—设备不均匀系数，$k=0.7\sim0.8$；

$t_{旺}$—旺季天数，d；

$t_{中}$—中季天数，d；

$t_{淡}$—淡季天数，d。

5.2.3 产品方案的表达

产品方案形成之后，其表达方式可以是文字叙述的形式，也可以是图表表达的形式。图表表达的形式较为明确、清晰，也较容易发现方案安排中的疏漏和问题。表5-1至表5-5列举了不同类型生产厂的产品方案。

关于产品方案的构成虽无硬性规定的格式，常用以上示例中比较简单的形式表示。主要包括：产品名称、年产量、班产量及全年12个月份，每月上中下三旬又分成3个竖栏目。在月份栏内用粗体黑色短画线表示产品的生产时间，粗短画线的数目表示生产的班次。

表5-1 年产1.8万～2.0万t罐头工厂产品方案

名称	年产量/t	班产量/t	劳动生产率/(人/t)	1月	2月	3月	4月	5月	6月	7月	8月	9月	10月	11月	12月	每班人数/(人/班)
午餐肉	5 500	11														154
原汁猪肉	3 333	12.5														150
红烧扣肉	2 500	10														150
红烧排骨	700	7														154
青豆	333	20														300
什锦蔬菜	1 333	16														192
圆蹄	217	5月6.4 11月4.4														5月192 11月132
蘑菇	1 625															195
蚕豆	3 733															96
每天产量/(t/d)					63		62	48.4	74	66		77	57	56.4	62 36	
每天需劳动力/(人/d)					800		803	800			800		803	830	803 800	
全年总产量	19 274 t，其中肉类罐头占63.56%															

表 5-2　北方地区年产 4 000 t 罐头工厂产品方案

名称	年产量/t	班产量/t	1月	2月	3月	4月	5月	6月	7月	8月	9月	10月	11月	12月
草莓酱	200	4												
糖水杏	100	5												
糖水桃	400	8												
糖水梨	250	6												
糖水苹果	1 500	8												
苹果酱	150	2												
番茄酱	300	4												
山楂酱	300	4												
水产类罐头	600	2～4												

表 5-3　华东地区日处理 10～40 t 原乳乳品厂产品方案

名称	年产量	1月	2月	3月	4月	5月	6月	7月	8月	9月	10月	11月	12月
全脂奶粉	200												
甜炼乳	100												
麦乳精	400												
奶油	250												
婴儿奶粉	1 500												
乳糖	150												
干酪素	300												
冰淇淋	300												

表 5-4　西南地区某饮料厂年产 40 000 t 浓缩果汁及 40 000 t 果汁饮料产品方案

名称	年产量/t	班产量/t	1月	2月	3月	4月	5月	6月	7月	8月	9月	10月	11月	12月	备注
14°Brix芒果浆	1 200	15													220 L无菌铝塑复合袋，每小时处理芒果4 t
50°Brix西番莲浓缩汁	1 350	4.5													220 L无菌铝塑复合袋，每小时处理西番莲8 t
60°Brix菠萝浓缩汁	1 500	4													220 L无菌铝塑复合袋，每小时处理菠萝7.5 t
100%全果汁饮料	20 000	50													250 mL三片罐，灌装能力500罐/h
30%果汁饮料	4 000	10													200 mL无菌铝塑复合纸盒，灌装能力7 500盒/h
	16 000	40													1 000 mL无菌铝塑复合纸盒，灌装能力6 000盒/h

表 5-5　年产 4 000 t 饼干糕点厂产品方案

名称	年产量/t	班产量/t	1月	2月	3月	4月	5月	6月	7月	8月	9月	10月	11月	12月
婴儿饼干		2.403	—	—	—	—	—	—	—	—	—	—	—	—
菊花饼干		1.960	—	—	—									
动物饼干		2.540		—				—	—	—				
鸡蛋饼干		2.100								—	—			
口香饼干		2.736				—	—	—	—	—	—	—	—	—
椒盐饼干		2.007	—	—	—	—						—	—	—
双喜饼干		1.800										—		
钙质饼干		2.106	—	—	—	—	—	—	—	—	—	—	—	
宝石饼干		1.700		—	—	—								
奶油饼干		2.034	—	—	—	—	—	—	—	—	—	—	—	
孔雀饼干		2.000					—	—	—	—	—	—		
鸳鸯饼干		1.746							—	—	—			
旅行饼干		1.890							—	—	—			
人参饼干		1.760									—	—		
维生素饼干		1.680	—	—	—									

5.2.4　产品方案的比较与分析

根据任务书的规定与要求，参照同类型工厂的产品方案实例，设计出几个不同的方案。对产品方案进行分析，主要是从生产可行性和技术先进性入手，比较各方案设备、工艺及其他方面的优势，从中选择具有优势的产品方案。常用的分析比较方法按照表 5-6 进行。

表 5-6　产品方案分析

项目	方案一	方案二	方案三
产品年产值/元			
劳动生产率/［t/（人・年）］			
平均每人年产值/［元/（人・年）］			
基建投资/元			
经济效益/［利税元/年］			
水、电、汽耗量/元			
员工人数/人			
全年空员工人数差值/人			
原料损耗率			

5.3　工艺流程设计

5.3.1　工艺流程的选择与设计

生产工艺流程的优劣不仅会影响产品质量、成本，还会影响工厂建设投资、面积以及经济效益。另外，整个工厂的设计是根据工艺流程进行的。设计人员应对所设计的食品厂主要产品的生产工艺流程进行认真探讨和论证，广泛收集相关信息，进行比较和选择。

在选择生产工艺流程时，应遵循下列原则。

① 符合相关标准。保证产品符合国家食品安全标准，出口产品还须满足销售地产品质量要求，并

保证符合食品 GMP 的卫生要求。

② 技术先进合理，有利于劳动保护。应优先选择先进、科学的工艺流程，以确保生产符合时代要求的、优质适销的产品。尽量缩短生产周期，减少生产工序和环节，优先采用机械化、连续化的生产线。对暂时不能实现机械化、连续化生产的品种，其工艺流程应尽可能按流水线排布，缩短成品或半成品在生产过程中的停留时间，避免变色、变味、变质。选择的流程要考虑到安全操作和劳动保护问题，尽量采用封闭式操作。

③ 经济合理。应确保产品有市场竞争能力，选择可以提高产品质量和生产效率、降低生产消耗和成本的生产工艺。选择的流程要尽量节省厂房和生产设备，特别是要尽量减少特殊的厂房和设备。这样可以节省基建投资，缩短建厂周期。

④ 原料综合利用，减少三废排放。要选择有利于原料综合利用和多层次深加工的流程。选择产生“三废”少或经过治理容易达到国家规定的“三废”排放标准的生产流程。要注意充分节约能源和利用余热。

⑤ 积极慎重采用新技术。对特产或传统名优产品不得随意更改生产方法；若需改动时，要经过反复试验，然后报请上级部门批准，方可作为新技术用到设计中；非定型产品开发，技术要成熟；对科研成果，必须经过中试放大试验及产品试销过程；对新工艺的采用，需经有关部门鉴定，才能应用到设计中来。

5.3.2 工艺流程方框图的绘制

已确定的生产工艺流程可以用工艺流程图来表示。工艺流程图有工艺流程方框图和设备工艺流程图两种。在工厂建设报批材料中采用工艺流程方框图上报，工艺流程方案批准后再绘制设备工艺流程图。设备工艺流程图可以直观地表示出设备之间的连接关系、物料流向，尤其是不同楼层或高度的设备之间的连接，这是工艺流程方框图无法表现的。

生产工艺流程方框图的绘制在物料衡算前进行，其主要作用：定性地表明原料变成产品的路线和顺序，以及应用的过程及设备。在设计工艺流程方框图时，首先要弄清楚原料变成产品要经过哪些单元操作，其次要确定采用连续还是间歇式。

工艺流程方框图包括工序名称、完成该工序的工艺操作手段、物料流向、工艺条件等。以带箭头实线表示物料由原料到成品的主要流动方向，中间产物、废料的流动方向。

具体实例参见图 5-1 至图 5-5。

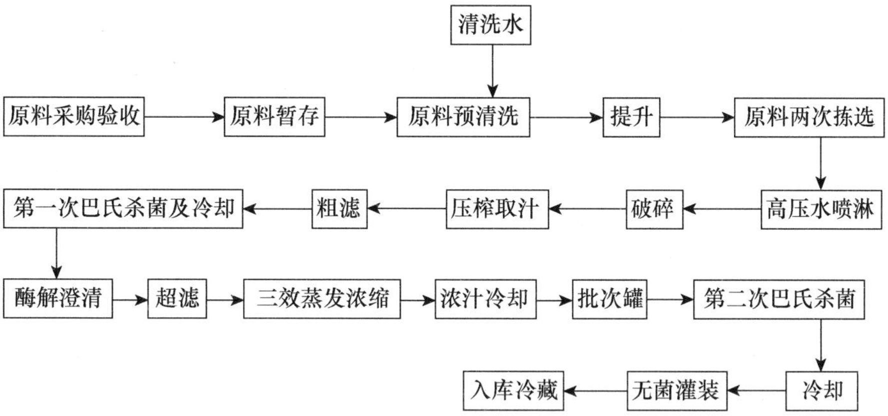

图 5-1　苹果浓缩汁工艺流程图

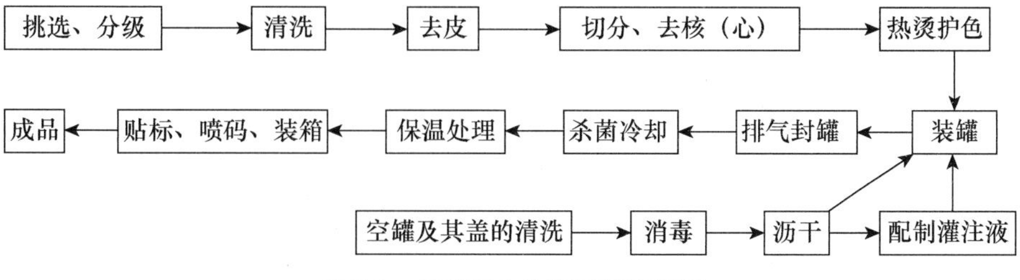

图 5-2　果蔬罐头生产工艺流程图

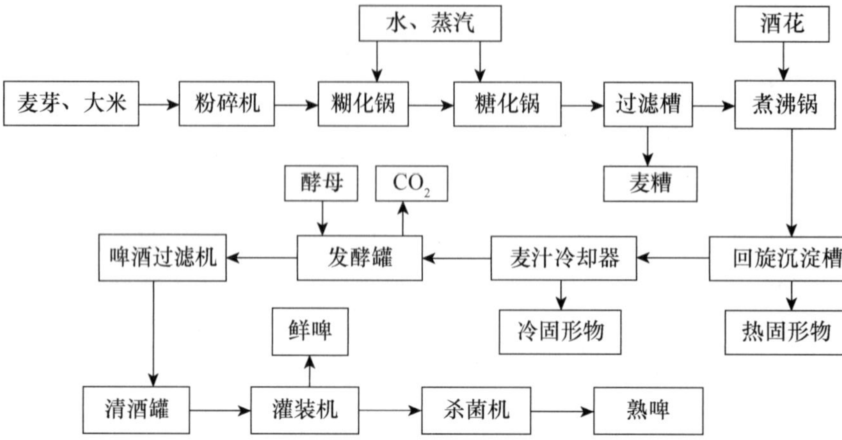

图 5-3 啤酒生产工艺流程图

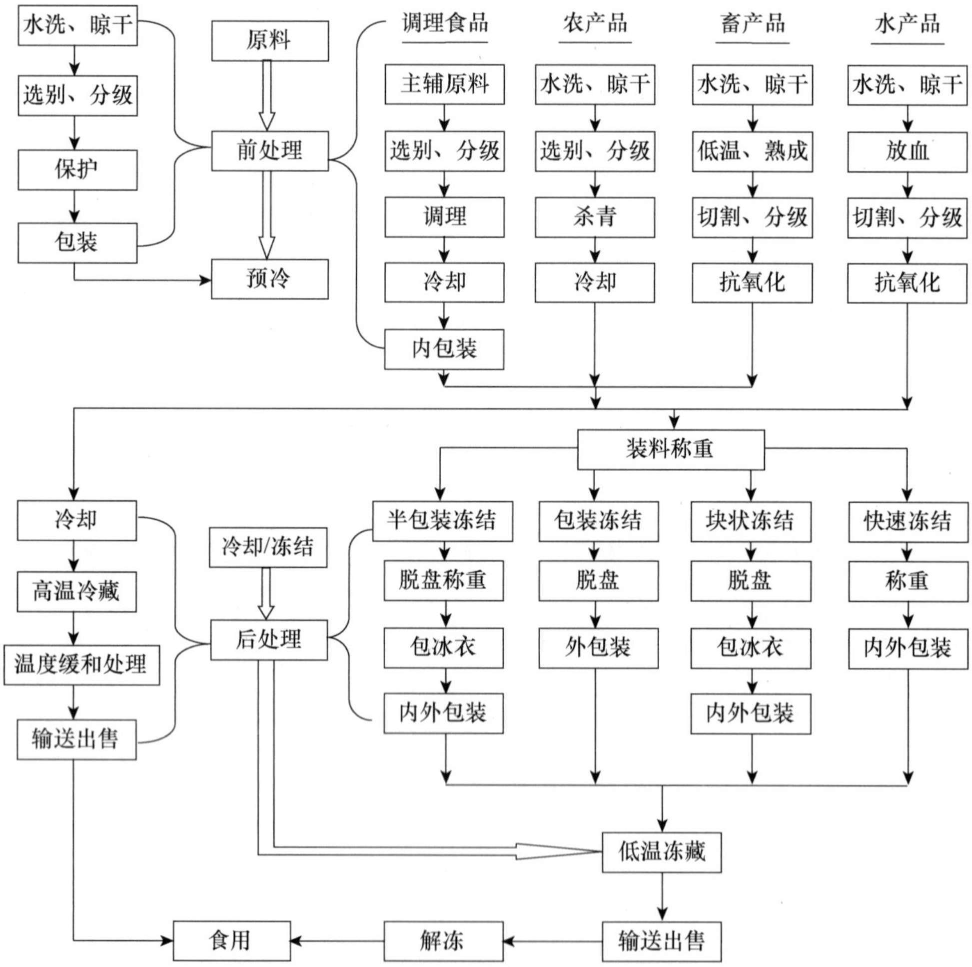

图 5-4 冷冻食品工艺流程方框图

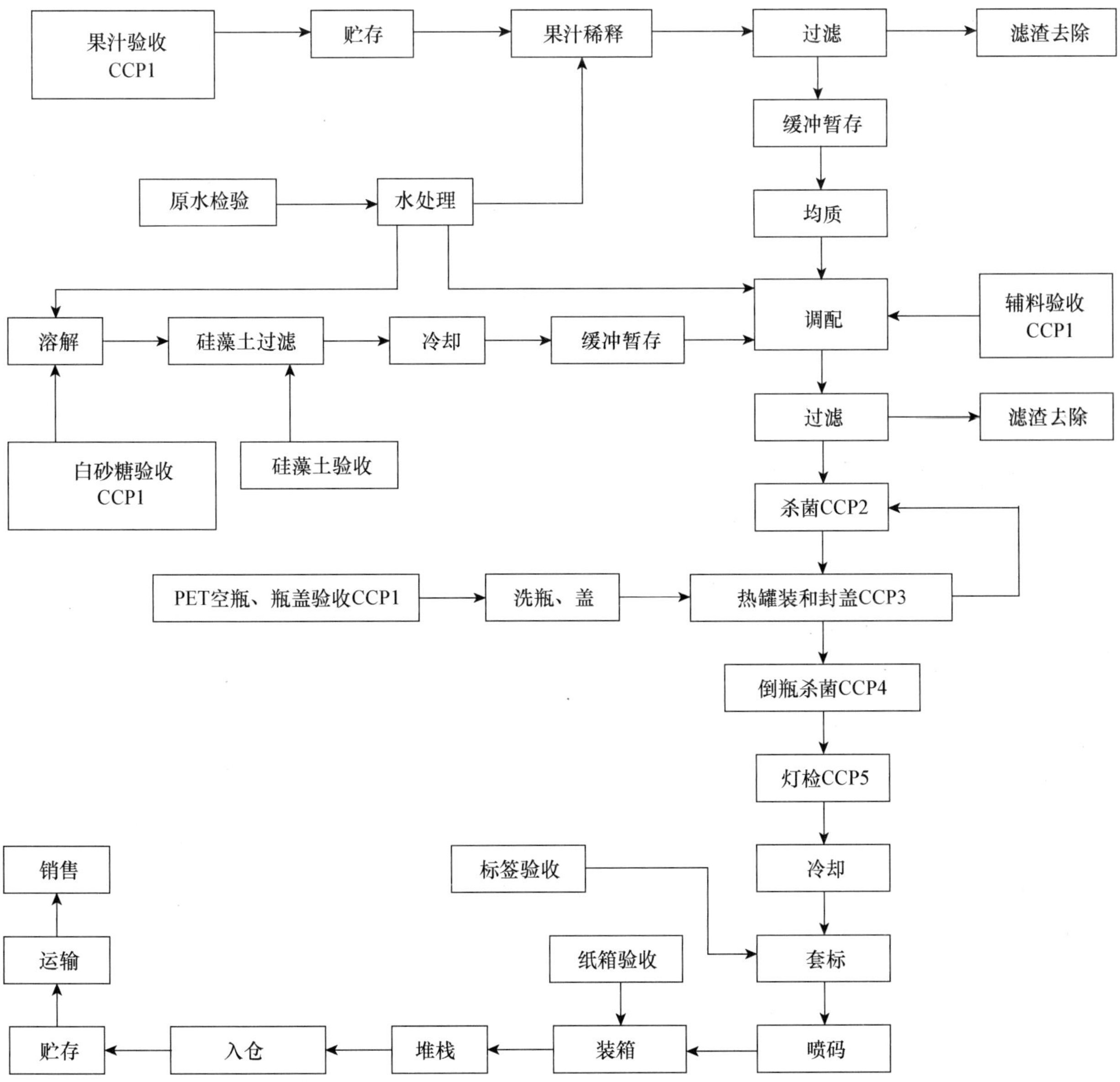

图 5-5　果汁饮料生产工艺流程图

5.3.3　设备工艺流程图的绘制

设备工艺流程图是以形象的图形、符号、代号表示食品加工设备、输送路线、控制仪表等，借以表达食品生产过程、设备先后配置和物料流向等的一种工艺流程图，也称生产控制流程图或工艺控制流程图。在初步设计和施工图设计中均要提供这种图样。其由工艺专业和自控专业人员合作绘制而成，是设备布置、仪表测量和控制设计的依据，并可供施工安装、生产操作时参考。

如前所述，工艺流程方框图和设备工艺流程图并不是单独完成的，而必须同物料衡算、能量衡算、设备设计计算以及车间布置设计等交叉进行。因此，从事工艺设计时，必须全面、综合考虑，思路清晰，有条不紊，前后一致。只有这样，才能高质量地完成这项复杂又细致的设计任务。作为正式的设计成果，工艺流程图将被编入设计文件，供上级部门审批和今后施工使用。我国没有关于食品工厂设计中设备工艺流程图绘制的国家标准或规范，可参考化工工艺设计施工图绘制的相关标准（HG/T 20519-2009）和技术制图的相关国家标准（GB/T 17450-1998～17453-1998、GB/T 16675-2012、GB/T 6567-2008 等）。设备工艺流程图的例子见图 5-6 至图 5-8。

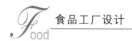

5.3.3.1 视图内容

（1）图形

将各设备的简单外形按工艺流程次序，展开在同一平面上，配以连接的主辅管线及管件、阀门和仪表控制点符号等。

（2）标注

注写设备位号或序号、设备名称、管段编号、控制点代号、必要的尺寸和数据等。

（3）图例

代号、符号及其他标注的说明，有时还有设备位号的索引等。

（4）标题栏

注写图名、图号、设计阶段等。

5.3.3.2 表示方法

（1）比例与图幅

设备工艺流程图可以车间（装置）或工段（分区或工序）为主项进行绘制，原则上一个主项绘一张图样。图 5-7 是以一个车间为主项绘制的图样。若流程复杂，一个主项也可以分成数张（或分系统）绘制，但仍算一张图样，且需要使用同一个图号。

① 比例：图上的设备图形及其高低间相对位置大致按 1∶100 或 1∶200 的比例绘制，流程简单时也有用 1∶50 的比例。一般流程图用展开画法，实际上并不全按比例绘制，故于标题栏内不予注明。

② 图幅：图形采用展开图形式，呈长条形，因此可采用标准幅面加长的规格。但不宜太长，以阅读方便为前提。

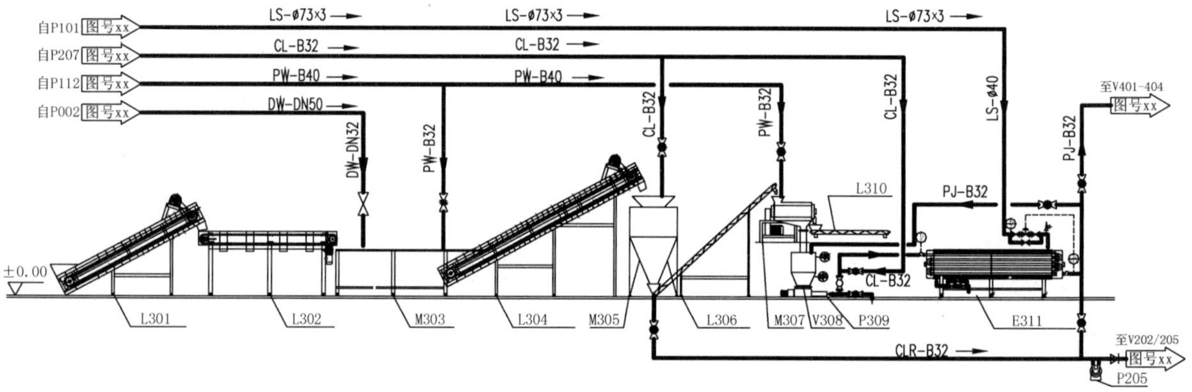

图 5-6 果酱加工预处理工段工艺流程图

（2）设备的画法

① 图形：设备、机器图形按设计规定 HG/T 20519.31-1992 绘制。设备在图上一般按比例用细线（*b*/3）绘制，画出设备的主要轮廓，如图 5-9a 所示。有时也画出具有工艺特征的内件示意结构（如塔板、填充物、冷却管、搅拌器等），可以用虚线绘制或用剖视形式表示，如图 5-9b、图 5-9c 所示。未规定的设备、机器的图形可以根据其实际外形和内部结构特征绘制，只取相对大小，不按实物比例。如有可能，设备、机器上全部接口（包括人孔、手孔、卸料口等）均画出，其中与配管有关以及与外界有关的管口（如直连阀门的排液口、排气口、放空口及仪表接口等）则必须画出。管口一般用单细实线表示，也可以与所连管道线宽度相同，允许个别管口用双细实线绘制。一般设备管口法兰可不绘制。

② 相对位置：设备间的高低和楼面的相对位置，一般按比例绘制。低于地面的，也要相应画在地平线以下，尽可能符合实际安装情况。有位差要求的设备，需注明其限定尺寸。设备的横向顺序应与主要物料管线一致，勿使管线曲折往返过多。设备间的横向间距，要合理布置，避免管线过长或过密。目前国内除了对有位差要求的设备按相对位置绘制外，也有不按高低相对位置绘制的情况。

③ 相同系统（或设备）的处理：两个或两个以上相同的系统（或设备），一般应全部画出，但也有只画出一套者（例如发酵罐罐数较多时，可只画出一套）。只画出一套时，被省略部分的系统（或设备），则需用双点画线绘出矩形框表示。框内注明设备的位号、名称，并绘出引至该套系统（或设备）的一套支管。如图 5-10 所示。

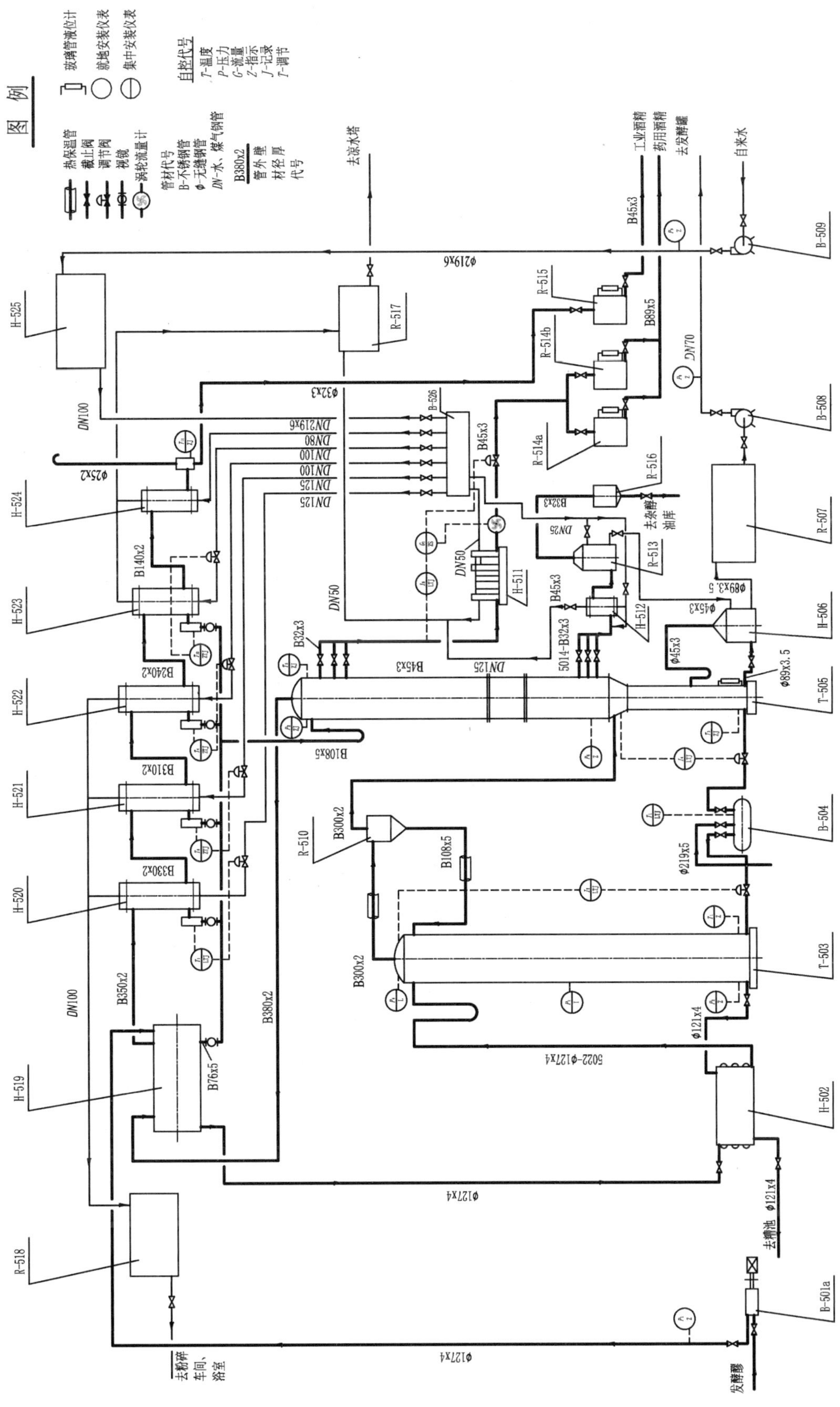

图 5-7　为初步设计阶段提供的带控点工艺流程图

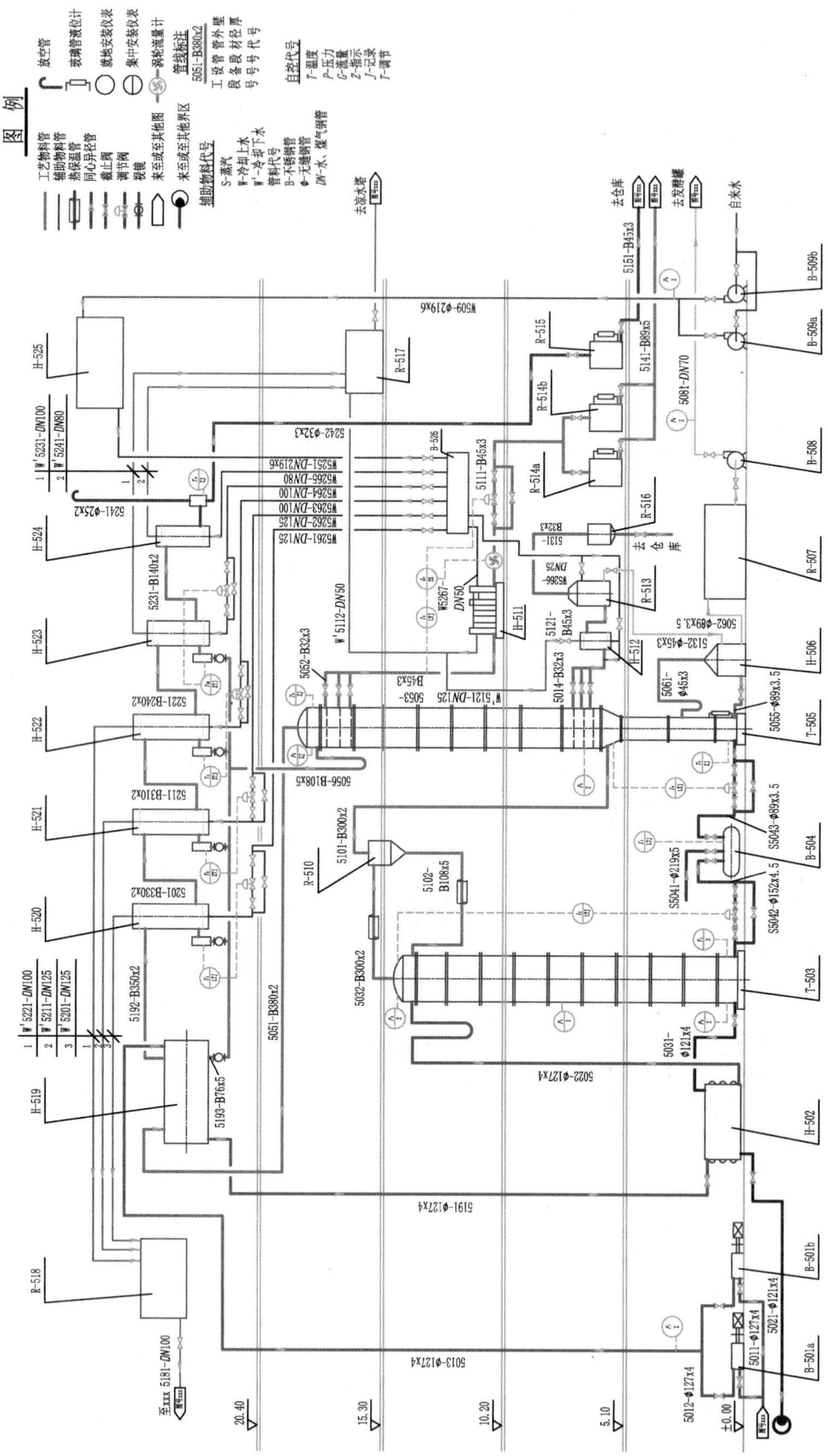

图 5-8 为施工图设计阶段提供的设备工艺流程图

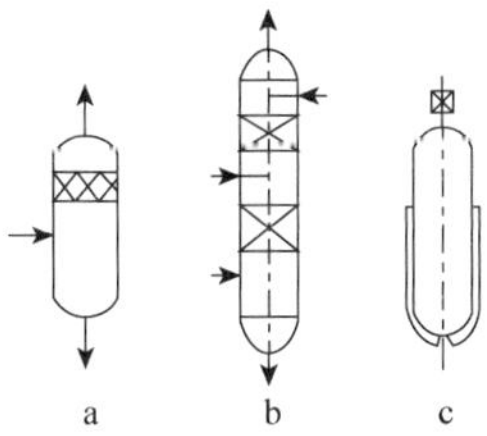

图 5-9　设备画法

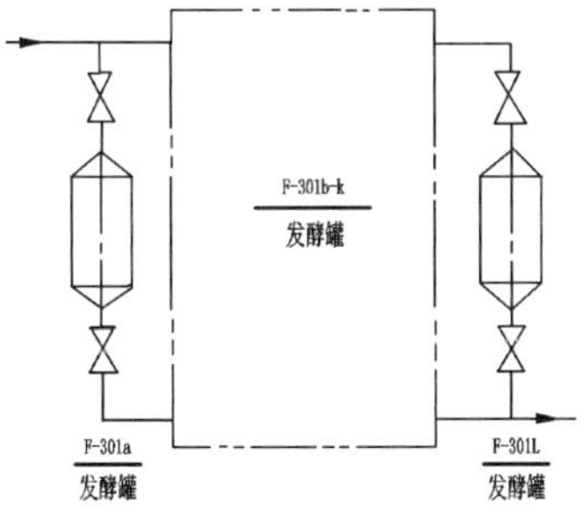

图 5-10　相同设备的表示方法

（3）设备的标注

① 标注内容：设备在图上应标注位号（序号）和名称。设备位号（序号）在整个车间（装置）内不得重复。施工图设计与初步设计中的编号应一致。如果施工图设计中设备有增减，则位号（序号）应按顺序补充或取消（即保留空号）。设备名称也应前后一致。

② 标注方式：设备的位号（序号）、名称一般标注在相应设备的图形上方或下方，即在图纸的上端及下端两处，各设备在横向之间的标注方式应基本排成一行，如图 5-7 所示。在图纸同一高度方向出现两个设备图形时，将偏上方的设备标注在图纸上端。若在同一高度方向出现两个以上设备图形时，则可按设备的相对位置将某些设备的标注放在另一设备标注的下方。也有一些图样，将设备位号（序号）用指引线引出，注在设备图形的空白处，如图 5-6 所示。

设备的标注方式，如图 5-11 和图 5-12 所示。图 5-11a 中水平线上方的“B-509a 为设备位号，设备位号可由设备分类代号、工段（分区）序号、设备序号等组成。设备分类代号一般规定见表 5-7。同位号的设备在位号的尾端加注“a”“b”“c”等字样以示区别。如数量不止一台而仅画出一台时，则在位号中应予注全，如“225a-c”即表示该设备共有 3 台，如图 5-11b 所示。设备位号还有一种表示方法，如图 5-12 所示，设备名称注写在水平线下方，并需注意反映设备的用途。

表 5-7　设备分类代号

序号	分　类	内　容	代号
1	塔	填料塔、板式塔、喷洒塔	T
2	反应器	反应器、反应釜	R
3	工业炉	箱式炉、圆筒炉	F
4	火炬烟囱	火炬、烟囱	S
5	换热器	列管、套管、螺旋等各种换热器、蒸发器等	E
6	泵	各种形式泵	P
7	压缩机	压缩机、鼓风机	C
8	容器	贮槽、贮罐、高位槽、除尘器、分离器	V
9	起重运输机械	各种起重机、输送机、提升机	L
10	称量机械	带式定量给料秤、地上衡	W
11	其他机械	压滤机、挤压机、混合机	M
12	动力机	电动机、内燃机、汽轮机	M、E、S、D

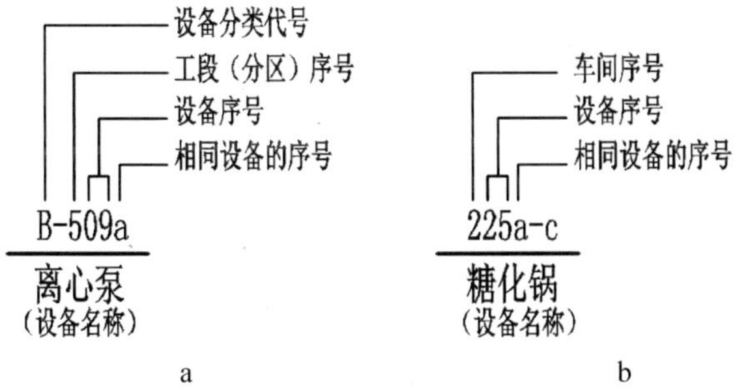

图 5-11　设备的标注方法（一）

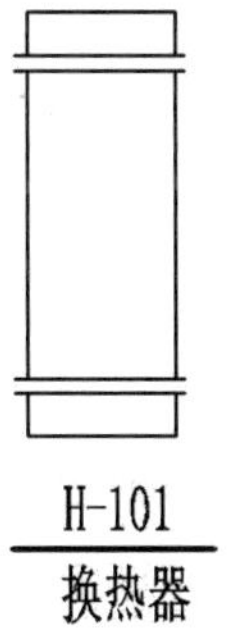

图 5-12　设备的标注方法（二）

（4）管道的表示方法

图上一般应画出所有工艺物料和辅助物料（如蒸汽、冷却水、冷冻盐水等）的管道。当辅助管道系统比较简单时，可将其总管道绘制在流程图的上方，其支管道则下引至有关设备。当辅助管道系统比较复杂时，待工艺管道布置设计完成后，另绘辅助管道系统图予以补充，此时流程图上只绘出与设备相连接位置的一段辅助管道（包括操作所需要的阀门等）。蒸汽伴热管道比较复杂的系统，通常还需另绘蒸汽伴管系统图。

● 管道的画法

① 线型规定：工艺物料管道用粗实线（常用 b=0.6 mm 左右）绘制，辅助管道用中实线（b=0.4 mm 左右）绘制，仪表管则用细虚线（b=0.2 mm 左右）或细实线绘制。有些图样上，保温、伴热等管道除了按规定线型画出外，还示意画出一小段（约 10 mm）保温层。有关各种常用管道的规定线型，可参考图 5-13。

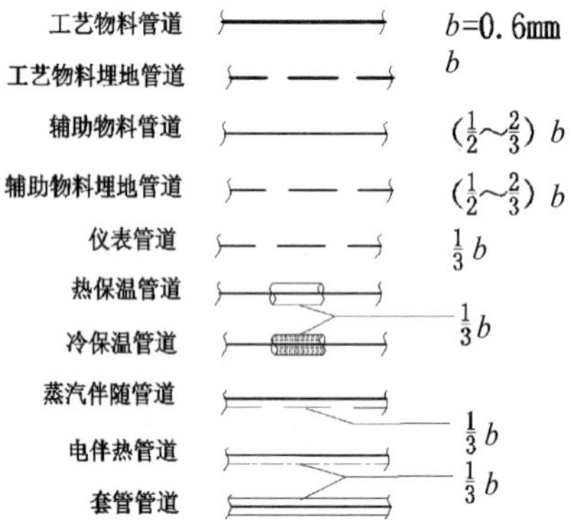

图 5-13 各种常用管道的规定线型

② 交叉与转弯：绘制管道时，应尽量注意避免穿过设备或使管道交叉，不能避免时，应将横向的管道断开一段，如图 5-14a 所示。管道要尽量画成水平或垂直，不用斜线。若斜线不可避免时，应只画出一小段，以保持图画整齐。图上管道转弯处，一般应画成直角而不是圆弧形（图 5-14b）。

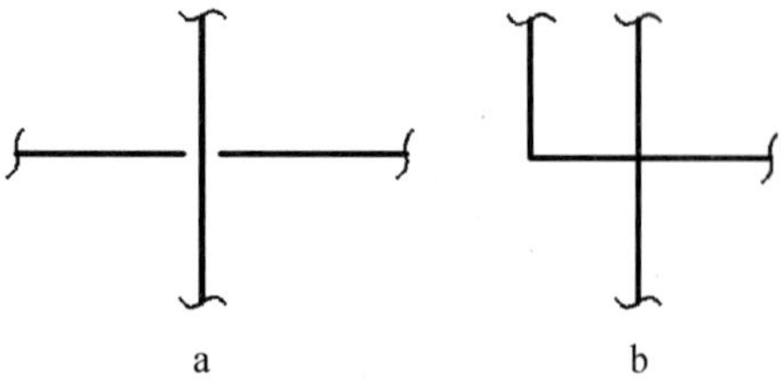

图 5-14 交叉管道的画法

③ 放气口、排液管及液封管：管道上的取样口、放气口、排液管、液封管等应全部画出。放气口应画在管道的上边，排液管则绘于管道下侧，U 形液封管尽可能按实际比例长度表示，如图 5-15 所示。

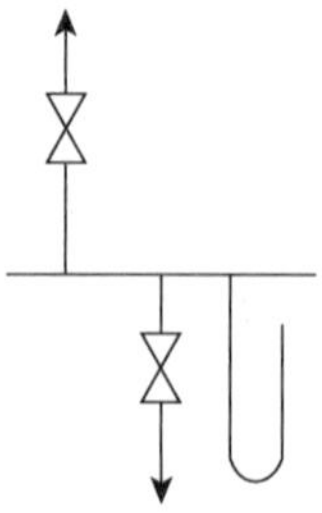

图 5-15 放气口、排液管、液封管等画法

④ 来向和去向：本流程图与其他流程图连接的物料管道（即在本图上的始端与末端）应引至近图框处。与其他主项（在不同图号的图纸上）连接者，在管道端部画一个由细线构成的空心箭心，如图 5-16 所示。箭头框中写明来向或去向的设备图号，上方则注明物料来向或去向的设备位号。与本主项另一张图纸（图号相同）上的设备连接者，则在管道端部画一个如图 5-17 所示的符号，外圆用细线绘制。习惯上将来向集中在图纸左侧，去向集中在图纸右侧。

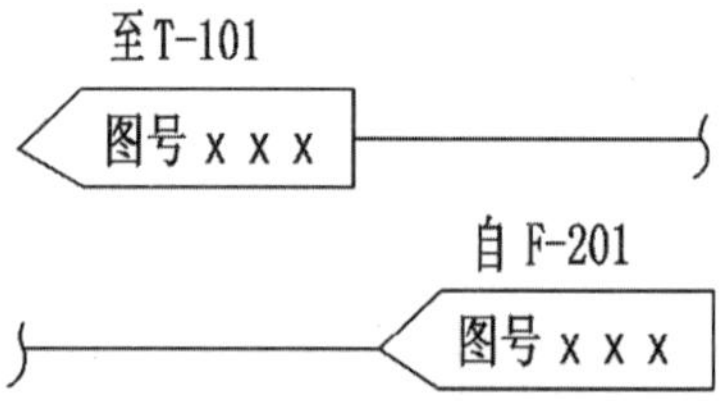

图 5-16 管道来向和去向表示法（一）

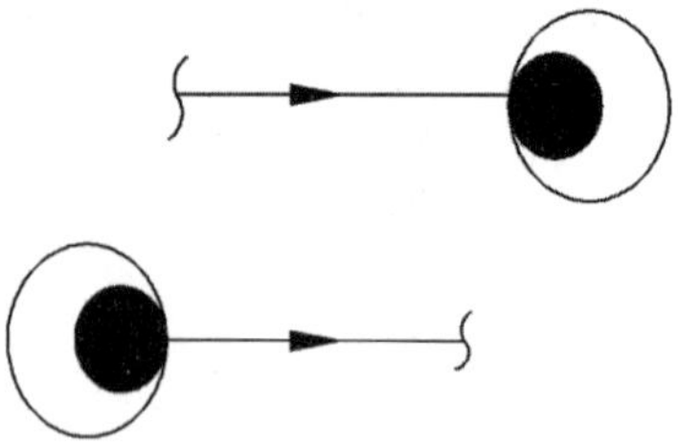

图 5-17 管道来向和去向表示法（二）

● 管道的标注

每段管道上都要有相应的标注，横向管道标注在管线的上方，竖向管道则标注在管线的左方，若标注位置不够时，可用引线引出标注。标注内容和标注方式如图 5-18 所示。

① 管道尺寸：用管道公称直径表示，如图 5-18 中所表示的 100 mm。

② 物料代号：根据《技术制图 管路系统的图形符号 管路》（GB/T 6567.2-2008）和《管道仪表流程图物料代号和缩写词》（HG 20559.5-1993）规定，管路中介质的类别代号用相应的英语名称的第一位大写字母表示。如不同介质的类别代号重复时，则用前两位大写字母表示，也可采用该介质化合物分子式符号（如硫酸为 H_2SO_4）或国际通用代号（如聚氯乙烯为 PVC）表示其类别。必要时可在类别代号的右下角注上阿拉伯数字，以区别该类介质的不同状态和性质。

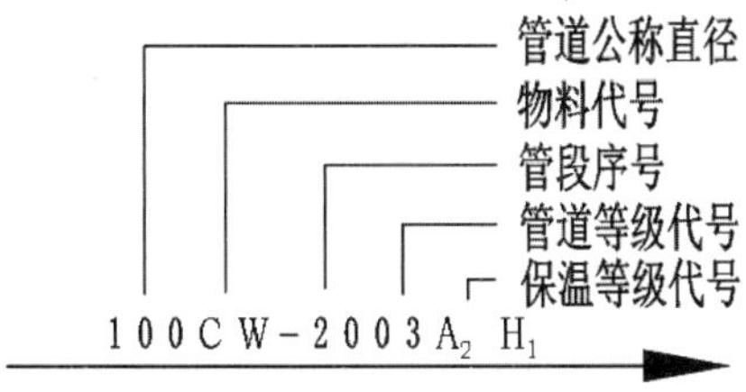

图 5-18　管道标注的内容和方式

③ 管段序号：序号可按工艺流程顺序编写，其中第一位数字为工段（或分区）号，工段有 10 个以上，则可用两位数字表示，如“2003”即第二工段中该物料管道的第三段。有些图样不按物料编号，无须标注物料代号，而用与物料管道相连接的设备编号和管道编号表示，具有易于辨认的特点，给施工安装带来方便。如图 5-19 中“3212”表示与第三工段第 21 号设备连接的第二段管道。图 5-8 中的管道标注也采用这种表示方法。

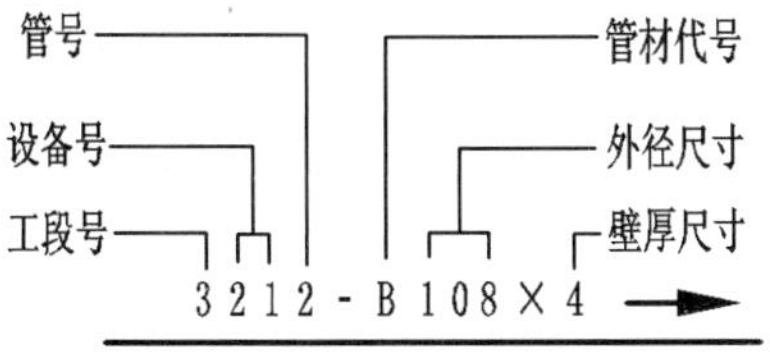

图 5-19　管段序号表注法

④ 管道等级：管道按温度、压力、介质腐蚀等情况，预先设计各种不同管材、壁厚及阀门等附件的规格，做出等级规定，图上标注各管道的等级代号，便于按等级规定施工。也有些图样不标注管道等级代号，而注明管材代号与壁厚尺寸等，给施工辨认带来方便。如图 5-19 中，“B”为不锈钢管的代号（铝管的代号为“L”、铜管为“T”等），无缝钢管则在外径尺寸前冠以“Φ”符号，水、煤气输送钢管的尺寸采用公称直径“DN”标注，例如 DN25，表示公称直径为 25 mm 的水、煤气钢管。

为简化方便，工艺流程图管道标注用 W-Φ89×4 表示或 Φ89×4 表示也可（初步设计），或按图 5-19 的表示方法也可，管道等级、保温等级可以不标。

⑤ 保温等级：根据图上标注的管道等级代号，可确定施工时管道保温所需的保温材料、规格等。目前有些图纸尚未采用这一标注法，则保温规格需查阅其有关设计资料。管道标注中，若包括了保温等级代号，就不必再画出一小段保温层了。

⑥ 物料流向：可标注在管线上（图 5-18），或标注在尺寸后（图 5-19）。

⑦ 其他尺寸：工艺上对某些管道有一定的尺寸要求时，也要在图上注出，如液封管长度、安装坡度（如图 5-20 中倾斜度为 0.3%）等。异径管（异径接头）有时需注明其两端所连接管道的公称直径，如 70/50（或 Dg70/50），一般直径大者写在前面。当管道转折较多时，管道标注有时需做适当重复，以便看图。

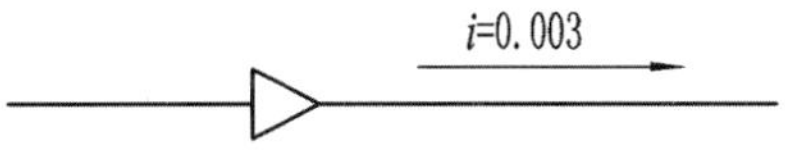

图 5-20　管道有一定尺寸要求

（5）管件与阀门的表示方法

在管道上需用细实线画出全部阀门和部分管件（如阻火器、异径接头、盲板、视镜、下水漏斗等）的符号。管件中的一般连接件，如法兰、三通、弯头、管接头等，若无特殊需要均不予画出。有些图上将所有管线上的控制阀组（包括检修该阀所需之前后阀及旁路阀）编成控制阀表附在图样的左下角，安装有控制阀组的仪表，分项一一填注各阀的有关数据，如图 5-21 所示。有了控制阀表，在流程图上就不必一一画出控制阀组了。图 5-22 即为两种表达方法的对比情况。

控制阀表

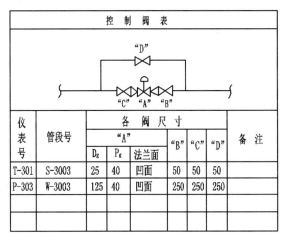

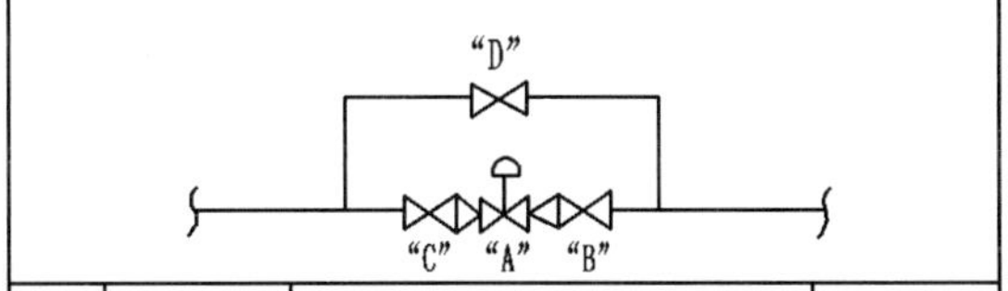

仪表号	管段号	各阀尺寸						备注
		“A”			“B”	“C”	“D”	
		Dg	Pg	法兰面				
T-301	S-3003	25	40	凹面	50	50	50	
P-303	W-3003	125	40	凹面	250	250	250	

图 5-21　控制阀表

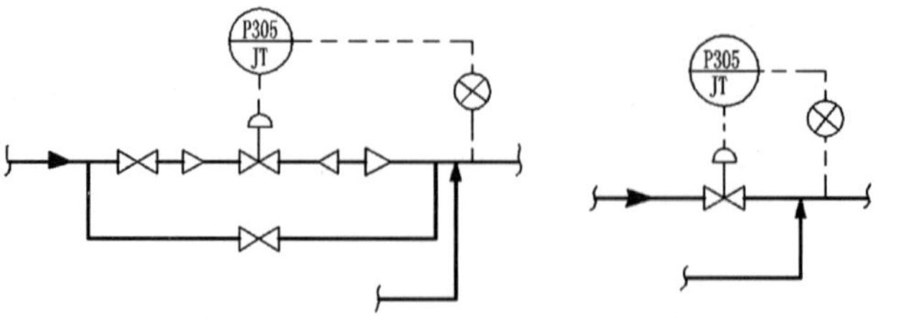

(1) 无控制阀表时的画法　　(2) 有控制阀表时的画法

图 5-22　控制阀组的表示

下面介绍几种常用阀门的表示方法，见表 5-8。

表 5-8　常用阀门的表示方法

名　称	图　例	名　称	图　例
取样、特殊管（阀）件的编号框	 A：取样；SV：特殊阀门；SP：特殊管件；圆直径：10 mm	密闭式弹簧安全阀	
闸阀		减压阀	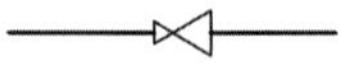
截止阀		压力调节阀	
节流阀		重锤安全阀	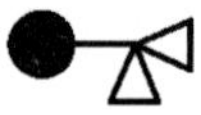
球阀		三通旋塞阀	
旋塞阀	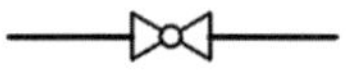	四通截止阀	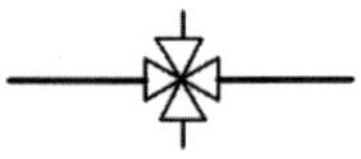
隔膜阀		疏水阀	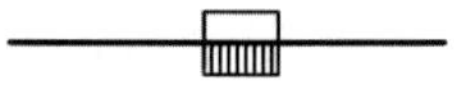
角式截止阀	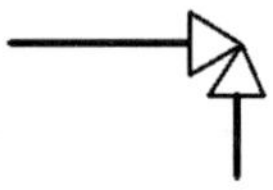	止回阀	
角式节流阀	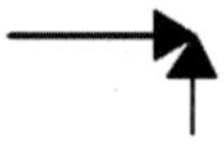	三通截止阀	
角式球阀	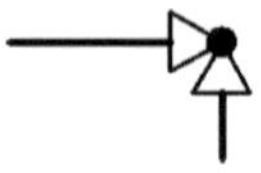	三通球阀	

(6) 仪表控制点的表示方法

生产工艺流程中的仪表及控制点应该在有关管道上，并大致按安装位置用代号、符号进行表示。代号、符号的规定如下。

① 参量的代号：常用参量的代号见表 5-9。

② 功能的代号：常用的仪表功能代号如表 5-10 所示。

③ 仪表控制点的符号：仪表控制点的图形符号，一般用细线绘制，常用者如表 5-11 所示。

表 5-9　常用参量的代号

序号	参量	代号	序号	参量	代号
1	温度	T	11	密度	ρ
2	温差	ΔT	12	分析	A
3	压力（或真空）	P	13	湿度	φ
4	压差	ΔP	14	厚度	δ
5	流量	q	15	频率	f
6	液位（或料位）	H	16	位移	s
7	质量（或体积）流量	q_m（q_v）	17	长度	L
8	转速	n	18	热量	Q
9	浓度	c	19	氢离子浓度	pH
10	机械量	M			

表 5-10　表示功能的代号

序号	功能	代号	序号	功能	代号
1	指示	Z	5	信号	X
2	记录	J	6	手动遥控	K
3	调节	T	7	联锁	L
4	积算	S	8	变送	B

表 5-11　仪表控制点符号

序号	名称	符号	序号	名称	符号
1	变送器		7	锐孔板	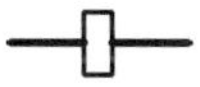
2	就地安装仪器	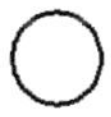	8	转子流量计	
3	机组盘或就地仪表盘安装仪表		9	靶式流量计	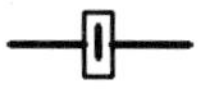
4	控制室仪表盘安装仪表	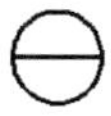	10	电磁流量计	
6	检测点		12	变压计	

④调节阀的符号：调节阀的图形符号，用细线绘制，图形由执行机构与阀体两个部分组成。各种执行机构的规定符号如图 5-23 所示。各种调节阀的规定符号如图 5-24 所示。图 5-22 中

表示：一个引至控制室仪表盘安装的压力计，其编号为“305”，它具有记录和调节的功能。

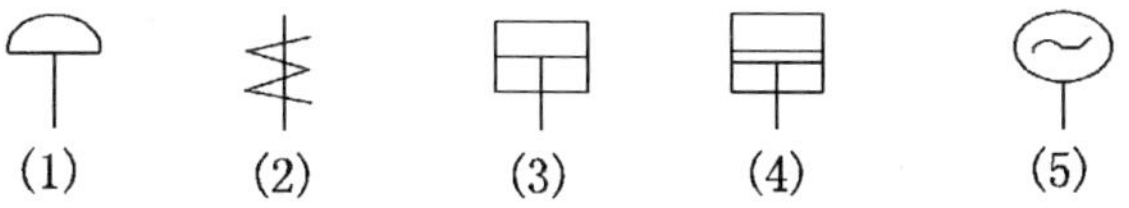

图 5-23　执行机构的规定符号

（1）气动薄膜执行机构　（2）电磁执行机构
（3）气动活塞执行机构　（4）液动活塞执行机构
（5）电动执行机构

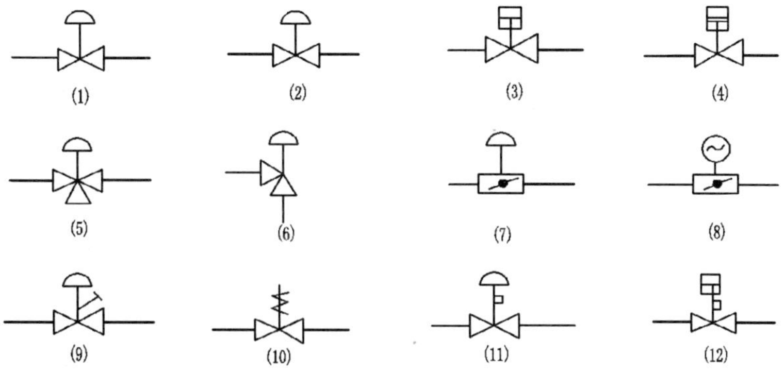

图 5-24　调节阀的规定符号

（1）气动薄膜调节阀（气闭式）　（2）气动薄膜调节阀（气开式）　（3）气动活塞式调节阀　（4）液动活塞式调节阀
（5）气动三通调节阀　（6）气动角形调节阀　（7）气动蝶形调节阀　（8）电动蝶形调节阀　（9）气动薄膜调节阀（带手轮）
（10）电磁调节阀　（11）带阀门定位器的气动薄膜调节阀　（12）带阀门定位器的气动活塞式调节阀

(7) 地面及楼面的表示方法

地面线在图上可用细实线画出，也可以不画。有时在图上用细线画出楼板及其剖面，并与地面一起注上标高（以建筑物底层室内地面为基准的高度尺寸，单位为 m），以帮助表达设备与设备间的高低位置。如图 5-7 所示。

(8) 图例和索引

图上有关代号、符号等图例说明，在流程图简单时，可放在图纸的右上方。流程图复杂且图样分成数张绘制时，代号、符号的图例说明及需要编制的设备位号的索引等往往单独绘制，作为工艺流程图的第一张图纸。

5.4 工艺物料衡算

物料计算是为了确定各种主要物料的采购运输量和仓库储存量，并为计算生产过程中所需设备和劳动力定员及包装材料等的需要量提供依据。物料计算主要包括该产品的原辅料计算和包装材料计算。物料计算的基本资料是“技术经济定额指标”，即各工厂在生产实践中积累起来的经验数据。计算物料时，必须使原料、辅料的量与加工处理后成品量和损耗量相平衡，投入的辅助料按正值计算，物料损失以负值计算。这样，可以计算出原料和辅料的消耗定额，绘制出原料、辅料耗用表和物料平衡图，并为下一步设备计算、热量计算、管路设计等提供依据和条件，还为劳动定员、生产班次、成本核算提供计算依据。

5.4.1 物料计算的方法

一般老厂改造就按该厂原有的技术经济定额为计算依据；新建厂则参考相同类型、相近条件的工厂的有关技术经济定额指标，再以新建厂的实际情况做修正。物料计算时，计算对象可以是全厂、全车间、某一生产线、某一产品，在一年、一个月、一日、一个班次或单位小时，也可以是单位批次的物料数量。

一般新建食品工厂的工艺设计都是以“班产量”为基准。具体如公式 (5-4) 至公式 (5-7) 所示：

$$\text{每班耗用原料量(kg/班)}=\text{单位产品耗用原料量(kg/t)}\times\text{班产量(t/班)} \tag{5-4}$$

$$\underset{\text{(只/班)}}{\text{每班耗用包装容器量}}=\underset{\text{(只/t)}}{\text{单位产品耗用包装容器量}}\times\underset{\text{(t/班)}}{\text{班产量}}\times[1+0.1\%\text{(损耗)}] \tag{5-5}$$

$$\text{每班耗用包装材料量(只或张/班)}=\text{单位产品耗用包装材料量(只或张/t)}\times\text{班产量(t/班)} \tag{5-6}$$

$$\underset{\text{(t 或 kg/班)}}{\text{每班耗用各种辅助材料量}}=\underset{\text{(t 或 kg/t 成品)}}{\text{单位产品耗用各种辅助材料量}}\times\underset{\text{(t/班)}}{\text{班产量}} \tag{5-7}$$

单位产品耗用的各种包装材料、包装容器也可仿照上述方法计算。

以上仅指采用一种原料生产一种产品时的计算方法，若一种原料生产两种以上产品，则分别求出各产品的用量，再汇总求得。另外，在物料计算时，也可用原料利用率作为计算基础，通过各厂生产实际数据或试验，根据用去的材料和所得成品，算出原料消耗定额。不同产品消耗的原料、包装容器、包装材料、辅料千差万别。此外，这些技术经济定额指标也因地域不同，设备自动化程度的差异，原料品质和操作条件不同而有一定的变化幅度。我国目前条件下，这些经济技术定额指标大多是各食品厂在各自生产条件下总结出的经验数据。在选用计算时，可参考同类型工厂的有关技术经济定额指标，确定本设计中的物料计算定额。表 5-12 至表 5-20 是食品物料计算及原料利用率表，供相关的食品工厂在确定物料计算定额时参考。

表 5-12 班产 20 t 青刀豆物料计算

项　目	指　标	每班实际量	项　目	指　标	每班实际量
成品		20.06 t	食盐消耗量	25 kg/t	505 kg
850 g 装 45%	成品率 99.7%	9.03 t	空罐消耗量	损耗率 1%	
567 g 装 30%		6.02 t	9124 号	1 189 罐/t	10 737 只
425 g 装 25%		5.01 t	8117 号	1 782 罐/t	10 728 只
青刀豆消耗量			7114 号	2 377 罐/t	11 909 只

续表 5-12

项　目	指　标	每班实际量	项　目	指　标	每班实际量
850 g 装	0.74 t/t 成品	6.68 t	纸箱耗用量		
567 g 装	0.74 t/t 成品	4.22 t	9124 号	24 罐/箱	443 只
425 g 装	0.75 t/t 成品	3.76 t	8117 号	24 罐/箱	443 只
合计		14.66 t	7114 号	24 罐/箱	491 只
青刀豆投料量	不合格率 4%	15.27 t	劳动工日消耗	25～30 工日/t	500～600 人

表 5-13　几种主要乳制品的物料计算

产品名称		全脂奶粉	全脂甜奶粉	甜炼乳	消毒奶	麦乳精（配 500 kg 料）	冰激凌（配 1 t 料）	奶油
原乳量/kg		1 000	1 000	1 000	1 000			1 000
提取稀奶油量 40%/kg		25.2	25.2	25.2	25.2			25.2
标准乳量/kg		974.8	974.8	974.8	974.8			
辅助材料量/kg	砂糖		27.93	154		101.55	160	
	精盐							0.32
	乳糖			0.1				
	全脂奶粉					22.07	43.26	
	全蛋粉					3.30	20	
	甜炼乳					217.5		
	葡萄糖粉					14.25		
	麦精					92.50		
	稀奶油					21.63	108.46	
	可可粉					36.5		
	明胶						5	
浓缩量/kg	进浓缩锅糖液量 65%		43	243				
	进浓缩锅总量	974.8	1 017.8	1 208.8				
	浓奶量	259	274	357				
	水分蒸发量	715.8	748.8	851.0				
干燥量/kg	干制品量	111	139.79			407		
	水分蒸发量	148	134			93		
结晶凝冻量/kg				357			1 000	
成品/kg		109	139	351	955	403	980	12

表 5-14　班产 10 t 午餐肉的物料计算

项　目	指　标	每班实际量	项　目	指　标	每班实际量
成品		10.04 t	空罐耗用量	损耗率 1%	
340 g 装 50%		5.02 t	304 号	3 001 罐/t	15 064 套
397 g 装 50%	成品率 99.7%	5.02 t	962 号	2 507 罐/t	13 087 套
猪肉消耗量			纸箱耗用量		
净肉	854 kg/t 成品	8.48 t	304 号	48 罐/箱	308 只
或冻片肉	出肉率 60%	14.0 t	962 号	48 罐/箱	264 只
辅料消耗量					
淀粉	62 kg/t 成品	623 kg			
混合盐	20 kg/t 成品	201 kg	劳动工日消耗	18～23 工日/t	180～230 人
冰屑	105 kg/t 成品	1 054 kg			

表 5-15　日产 12 t 番茄酱罐头物料计算

项　目	指　标	每日实际量	项　目	指　标	每日实际量
成品		12.026 t	空罐耗用量		
70 g 装 20%	成品率 90.7%	2.405 t	668 号	5 102 罐/t	18 408 只
198 g 装 30%		3.608 t	15173 号	337 罐/t	2 026 只
3 000 g 装 50%		6.013 t	纸箱耗用量		
番茄消耗量		85.03 t	539 号	200 罐/箱	172 只
70 g 装	7.2 t/t 成品	17.32 t	668 号	96 罐/箱	190 只
198 g 装	7.1 t/t 成品	25.62 t	15173 号	6 罐/箱	335 只
3 000 g 装	7.0 t/t 成品	42.09 t	劳动工日消耗		
番茄投料量	不合格率 2%	86.73 t	70 g 装	26～30 工日/t	
空罐耗用量	损耗率 1%		198 g 装	18～24 工日/t	3×(60～75) 人
539 号	14 429 罐/t	34 702 只	3 000 g 装	8～12 工日/t	

表 5-16　常用物料利用率表

序号	原料名称	工艺损耗率	原料利用率/%
1	芦柑	橘皮 24.74%，橘核 4.38%，碎块 1.97%，坏橘 6.21%，损耗 6.66%	56.04
2	蕉柑	橘皮 29.43%，橘核 2.82%，碎块 1.84%，坏橘 2.6%，损耗 3.53%	59.78
3	菠萝	皮 28%，根、头 13.06%，蕊 5.52%，碎块 5.52%，修整肉 4.38%，坏肉 1.68%，损耗 8.10%	33.74
4	苹果	果皮 12%，籽核 10%，坏肉 2.6%，碎块 2.85%，果蒂梗 3.65%，损耗 4.9%	64
5	枇杷	草种：果梗 4.01%，皮核 42.33%，果萼 3%，损耗 4.66%	46
		红种：果梗 4%，皮核 41.67%，果萼 2.5%，损耗 3.05%	48.78
6	桃子	皮 22%，核 11%，不合格 10%，碎块 5%，损耗 1.5%	50.5
7	生梨	皮 14%，籽 10%，果梗蒂 4%，碎块 2%，损耗 3.5%	66.5
8	李子	皮 22%，核 10%，果蒂 1%，不合格 5%，损耗 2%	60
9	杏子	皮 20%，核 10%，修正 2%，不合格 4%，损耗 2.5%	61.5
10	樱桃	皮 2%，核 10%，坏肉 4%，不合格 10%，损耗 2.5%	71.5
11	青豆	豆 53.52%，废豆 4.92%，损耗 1.27%	40.29
12	番茄（干物质 28%～30%）	皮渣 6.47%，蒂 5.20%，脱水 72%，损耗 2.13%	14.2
13	猪肉	出肉率 66%（带皮带骨），损耗 8.39%，副产品占 25.61%。其中：头 5.17%，心 0.3%，肺 0.59%，肝 1.72%，腰 0.33%，肚 0.9%，大肠 2.16%，小肠 1.31%，舌 0.32%，脚 1.72%，血 2.59%，花油 2.59%，板油 3.88%，其他 2.03%	
14	羊肉	出肉率 40%，损耗 20.63%，副产品占 39.37%。其中；羊皮 8.42%，羊毛 3.95%，肝 2.69%，肚 3.60%，肺 1.21%，心 0.66%，头 6.9%，肠 1.31%，油 2.7%，脚 2.63%，血 4.47%，其他 0.73%	
15	牛肉	出肉率 38.33%（带骨出肉率 72%），损耗 12.5%，副产品占 49.17%。其中：骨 14.67%，皮 9%，肝 1.37%，肺 1.17%，肚 2.4%，腰 0.22%，肠 1.5%，舌 0.39%，头肉 2.27%，血 4.62%，油 3.28%，心 0.52%，脚筋 0.31%，牛尾 0.33%，其他 7.12%	
16	家禽（鸡）	出肉率 81%～82%（半净膛），66%（全净膛），肉净重占 36%，骨净重占 18%，羽毛净重占 12%，油净重占 6%，血 1.3%，头脚 6.4%，内脏 18.8%，损耗 1.5%	
17	青鱼	出肉率 48.25%，损耗 1.5%，副产品占 50.25%，其中：鱼皮 4%，鱼鳞 2.5%，内脏 9.75%，头尾骨 34%	

表 5-17 部分原料消耗定额及劳动力定额参考表

序号	产品 名称	产品 净重/g	产品 固形物含量/%	固形物装入量/(kg/t)	原料定额 名称	原料定额 数量/(kg/t)	辅助定额/(kg/t) 油	辅助定额/(kg/t) 粮	其他 名称	其他 数量/(kg/t)	工艺得率/% 加工处理	工艺得率/% 预煮	工艺得率/% 油炸	工艺得率/% 增重(－)脱水(＋)	工艺得率/% 其他损耗	总得率/%	劳动率定额/(人/t)
1	原汁猪肉	397	65	905	冻猪片	1 215					76				2	74.5	8～12
2	红烧扣肉	397	70	670	冻猪片	1 200	120				82	88	89		2	56	
3	清蒸猪肉	550	70	954	冻猪片	1 280					76				2	74.5	7～10
4	猪肝酱	142		340 648	猪肝肥膘	400 670			玉米粉 丁香面	0.39 0.19	86	100 98			1 1	85 97	28～31
5	午餐肉	397		831	去膘冻猪片	1 170		淀粉 62	玉米粉	0.31	72				2	71	11～15
6	红烧排骨	397	70	744	去膘冻猪片	1 260	120				86		70		2	71	
7	红烧圆蹄	397	70	680	去膘冻猪片	1 190	猪油 50				82	80	90		2	59	
8	红烧猪肉	397	70	718	去膘冻猪片	1 330	100				82	80	75		3	57	
9	猪肉香肠	454	55	529	去膘冻猪片	1 150					63		熏 75		2	54	14～17
10	咖喱兔肉	256	60	664	冻兔（胴体）	1 150	60	24			82.5	78			3	46	15～18
11	茄汁兔肉	256	60	645	冻兔（胴体）	1 100	70	14	丁香粉 12% 番茄酱	0.55 190	82.5	75			5	59	
12	牛羊午餐肉	340		322 322	牛肉、羊肉	475 475		102	玉米粉	0.83	70 70	76			3 3	68 68	
13	咸牛肉	340		949	牛肉	1 600		65			70	85			1	59	
14	咸羊肉	340		949	羊肉	1 600		65			70	85			1	59	
15	红烧牛肉	312	60	609	牛肉	1 523	70		琼脂	230	74	58			6	40	13～17
16	咖喱牛肉	227	55	529	牛肉	1 511	70	20			74	52			8	35	
17	白烧鸡	397	53	1 000	半净膛	1 490	鸡油 38				70				4	67	11～15
18	白烧鸭	500	53	1 019	半净膛	1 460	鸭油 40				70				2	69	10～14
19	去骨鸡	140	75	915	半净膛	2 800					45	75			8	33	20～27
20	红烧鸡	397	65	730	半净膛	1 360	50				70	80			8	54	12～16

续表 5-17

序号	产品			固形物装入量/(kg/t)	原料定额		辅助定额/(kg/t)		其他		工艺得率/%					总得率/%	劳动率定额/(人/t)
	名称	净重/g	固形物含量/%		名称	数量/(kg/t)	油	粮	名称	数量/(kg/t)	加工处理	预煮	油炸	增重(－)脱水(＋)	其他损耗		
21	红烧鸭	397	65	655	半净膛	1 380			玉米粉 丁香粉	0.24 0.18	68	75			7	47	10～14
22	咖喱鸡	312	60	525	半净膛	1 017	70		面粉	38	70		70		1	49	16～21
23	烤鸭	250		920	半净膛	2 440	150		玉米粉	6	68	85	68		4	37.7	
24	烤鹅	397	58	844	半净膛	1 835	120	20			70	75	90		2	46	
25	油浸青鱼	425	90	888	青鱼	1 620	163				头 15	内脏 20	不合格 1.6		2.4	63	18～22
26	油浸鲅鱼	256	90	1 074	鲅鱼	1 603	163				头 12	内脏 18	不合格 0.6		2.4	67	
27	油浸鳗鱼	256	90	1 152	鳗鱼	1 580	148				头 12	内脏 11	不合格 0.6		3.4	73	16～20
28	茄汁黄鱼	256	70	664	大黄鱼	2 075		糖 20			头 24	内脏 15		21	8	32	
29	茄汁鲢鱼	256	70	703	花鲢鱼	2 050	100				头 31	内脏 14		17	4	34	
30	凤尾鱼	184		1 000	凤尾鱼	1 920	290				头 17			56～28	3	52	25～30
31	油炸蚝	227	80	771	熟蚝肉	2 106	290	糖 22						56	7.4	36.6	
32	清汤蚝	185	60	703	蚝肉	1 520								31	22.7	46.3	
33	清蒸对虾	300	85	997	对虾（秋汛）	3 560					头 35	壳 13	不合格 2	15	7	28	18～23
34	原汁鲍鱼	425		595	盘大鲍	2 587						内脏 33	不合格 22	13	9	23	
35	豉油鱿鱼	312	55	609	鱿鱼（春）	2 436							不合格 22	43	10	25	

表 5-18 糖水水果类罐头主要原辅材料消费定额参考表

编号	产品			固形物装入量/(kg/t)	原料定额		辅料定额/(kg/t)	工艺损耗率/%					利用率/%	备注
	名称	净重/g	固形物含量/%		名称	数量/(kg/t)	糖	皮	核	不合格料	增重(－)脱水(＋)	其他损耗		
1	糖水橘子	567	55	670	大红袍	970	138	21	7			3	69	半去囊衣
2	糖水橘子	567	55	670	早橘	900	147	19	4			2.5	74.5	半去囊衣
3	糖水橘子	312	55	641	本地早	1 070	111	24	8			8	60	全去囊衣
4	糖水橘子	312	55	721	温州蜜橘	1 100	93	27				8	65	无核橘全去囊衣
5	糖水菠萝	567	58	660	沙捞越	2 000	120	65				2	33	
6	糖水菠萝	567	54	660	菲律宾	2 200	115	65				5	30	
7	糖水荔枝	567	45	485	乌叶	900	147	19	17	6		4	54	
8	糖水荔枝	567	45	511	槐枝	1 020	120	47				3	50	
9	糖水龙眼	567	45	510	龙眼	1 000	126	21	19			9	51	
10	糖水枇杷	567	40	441	大红袍	860	180	16	26			7	51	
11	糖水杨梅	567	45	521	荸荠种	660	156			14		7	79	
12	糖水葡萄	425	50	647	玫瑰香	1 000	110		3	30	1	1	65	核率指剪枝
13	糖水樱桃	425	55	518	那翁	700	507	2	11	7		6	74	糖盐渍
14	糖水苹果	425	55	565	国光	796	155	12	13	7	－6	3	71	核率包括花梗
15	糖水洋梨	425	55	553	巴梨	1 025	145	18	17	7.6		3.4	54	核率包括花梗
16	糖水白梨	425	55	665	秋白梨	942	145	17	14	6.6		2.4	60	
17	糖水莱阳梨	425	55	541	莱阳梨	1 200	145	20	19	7.6	5	3.4	45	
18	糖水雪花梨	425	55	541	雪花梨	1 100	145	19	17	7.6	4	3.4	49	
19	糖水桃子	425	60	659	大久保	1 100	130	11	15	6.6	4	3.4	60	硬肉
20	糖水软桃	425	60	659	大久保	1 200	150	5	15	8.6	10	6.4	55	软肉
21	糖水桃子	425	60	659	黄桃	1 200	150	12	16	6	4	7	55	
22	糖水桃子	425	60	559	其他品种	1 345	150	16	18	8	5	4	49	
23	糖水杏子	425	55	623	大红杏	865	145	15	10		1	2	72	

续表 5-18

编号	产品			固形物装入量/(kg/t)	原料定额		辅料定额/(kg/t)	工艺损耗率/%					利用率/%	备注
	名称	净重/g	固形物含量/%		名称	数量/(kg/t)	糖	皮	核	不合格料	增重(−)脱水(+)	其他损耗		
24	糖水杏子	425	55	623	其他品种	1 113	145	20	16	5		3	56	
25	糖水山楂	425	45	494	山楂	1 235	180		25	22		13	40	
26	糖水芒果	567	55	617	红花芒果	1 500	150	14	37			8	41	
27	糖水金橘	567	50	518	柳州金橘	545	180			2		3	95	
28	什锦水果	425		612	合计	880								
			60	235	苹果	331	140	12	13	7	−6	3	71	
				94	橘子	168		27	5	8		4	56	
				118	菠萝		437	65				8	27	
				66	洋梨	122		18	17	7.6		3.4	54	
				66	葡萄	91			3	20	1	4	72	
				33	樱桃	52			14	9	11	3	83	
29	糖水李子	425	60	601	秋李子	985	160	23		12		4	81	
30	干装苹果	2 724		1 000	国光	1 500	50	12	13	6	−2	4	67	
31	双色水果	425	60	377	洋梨	700	250	18	17	8	4	3	54	
				294	黄桃	600		12	18	10		7	49	
32	糖水苹果	510	52	530	国光	747	170	12	13	7	−6	3	71	500 mL 玻璃罐装
33	糖水桃子	510	60	657	黄桃	1 217	178	12	17	8	4	4	54	500 mL 玻璃罐装
34	糖水梨	510	55	549	香水梨	1 120	118	20	18	9.6		3.4	49	500 mL 玻璃罐装
35	糖水橘子	525	50	591	早橘	850	140	21	4	1		4	70	500 mL 玻璃罐装

表 5-19 果汁、果酱类罐头主要原材料消耗定额参考表

编号	产品			固形物装入量/(kg/t)	原料定额			辅料定额/(kg/t)		备注
	名称	净重/g	固形物含量/%		名称	数量/(kg/t)	糖/(kg/t)	其他		
								名称	数量	
1	猕猴桃酱	454	65	1 000	猕猴桃	2 000	600			
2	柑橘酱	700	65	1 000	本地早	1 350	634	琼脂	2.4	
3	菠萝酱	700	65	1 000	菠萝	2 800	650	琼脂	1.3	
4	苹莓酱	454	65	1 000	草莓	840	650			
5	苹果酱	454	65	1 000	苹果	680	500	淀粉糖浆	145	
6	桃子酱	454	65	1 000	桃子	980	540	淀粉糖浆	100	
7	杏子酱	454	65	1 000	大红杏	680	500	淀粉糖浆	160	
8	山楂酱	454	65	1 000	山楂	900	550			
9	椰子酱	397	65	1 000	椰子 蛋粉 鲜蛋液	1 636 个 56 80	568			
10	李子酱	454	65	1 000	李子	930	600			
11	什锦果酱	454	65	1 000	苹果 橘子	670 50	600			
12	山楂汁	200	16～17	1 000	山楂	870	134			
13	荔枝汁糖酱	600	63	1 000	荔枝	1 150	630			
14	鲜荔枝汁	200	12～15	1 000	荔枝	1 380	180			
15	葡萄汁	200	15～18	1 000	玫瑰香	1 630	80			
16	鲜柑橘汁	200	11～15	1 000	柑橙	1 750	60			
17	鲜菠萝汁	200	12～16	1 000	菠萝	2 115	20			
18	鲜柚子汁	555	11～15	1 000	酸柚	2 700	85			
19	杏子汁	200	15～20	1 000	杏子	740	185			
20	苹果汁	200	13～18	1 000	苹果	800	130			
21	苹果汁	200		1 000	苹果	420	175			
22	洋梨汁	200	14～18	1 000	洋梨	1 850	80			
23	洋梨汁	200		1 000	洋梨	420	145			
24	猕猴桃汁	400	35	1 000	中华猕猴桃	750	150			
25	番石榴汁	200	12～15	1 000	番石榴	500	145			
26	苹果酱	630	60	1 000	国光苹果	1 219	438	淀粉糖浆	143	500 mL 玻璃罐装
27	山楂酱	600		1 000	山楂	900	650			500 mL 玻璃罐装

表 5-20　蔬菜类罐头主要原辅料消耗定额参考表

编号	产品			固形物装入量/(kg/t)	原料定额		辅料定额/(kg/t)				工艺损耗率/%					利用率/%
	名称	净重/g	固形物含量/%		名称	数量/(kg/t)	油	糖	其他		皮	核	不合格料	增重（－）脱水（＋）	其他损耗	
									名称	数量						
801	青豆	397	60	600	带壳青豆	1 500					58			1	1	40
802	青刀豆	567	60	640	白花	710					5			2	3	90
804	花椰菜	908	54	551	花椰菜	1 240					44			9	2	45
805	蘑菇	425	53.5	575	整蘑菇	880								－25 55	4.6	65.4
805	片蘑菇	3 062	63	677	蘑菇	1 035								－25 55		65.4
					小番茄	607					3					97
807	整番茄	425	55	589	番茄	793						10		34	2	54
					合计	1 400		12								
809	香菜心	198	75	560	腌菜心	1 200	80	150			20			30	3	47
811	油焖笋	397	75	625	早竹笋	3 290	15	20			75				6.5	18.5
822	蚕豆	397		554	干蚕豆	280							10	－110	2	198
823	雪菜	200		875	雪菜粗梗	2 500					叶 64				1	35
824	清水荸荠	567	60	608	小桂林	1 600					53			7	2	38
825	清水莲藕	540	55	560	莲藕	1 400					带泥 30			10	20	40
835	茄汁黄豆	425	70	557	干黄豆	268	20							－110	2	208
841	甜酸荞头	198	60	681	荞头坯	1 090		170			20				17.5	62.5
847	番茄酱	70	干燥物 28～30	1 028	鲜番茄	7 200					10			72	3.7	14.3
847	番茄酱	198	干燥物 28～30	1 010	鲜番茄	7 100					10			72	3.8	14.2
847	番茄酱	198	干燥物 22～24	1 010	鲜番茄	5 570					10			68	3.8	18.2
851	清水苦瓜	540	65	676	鲜苦瓜	1 250					20			20	6	54
854	鲜草菇	425	60	624	鲜草菇	980					14			20	2	64
856	原汁鲜笋	552	65	661	春笋	2 500					56			10	7.5	26.5

物料计算结果通常用物料平衡图或物料平衡表来表示。

5.4.2　物料平衡图

物料平衡图的绘制原理：任何一种物料的质量与经过加工处理后所得的成品及少量损耗之和在数值上是相等的。其具体内容包括：物料名称及质量、成品质量、物料的流向、投料顺序等事项。绘制物料平衡图时，物料主流向用实线箭头表示，必要时可以用细实线表示物料支流向。物料衡算举例见图 5-25 和图 5-26。

（1）南瓜速溶粉生产线物料衡算

年产 755 t 南瓜速溶粉生产线物料衡算如图 5-25 所示。

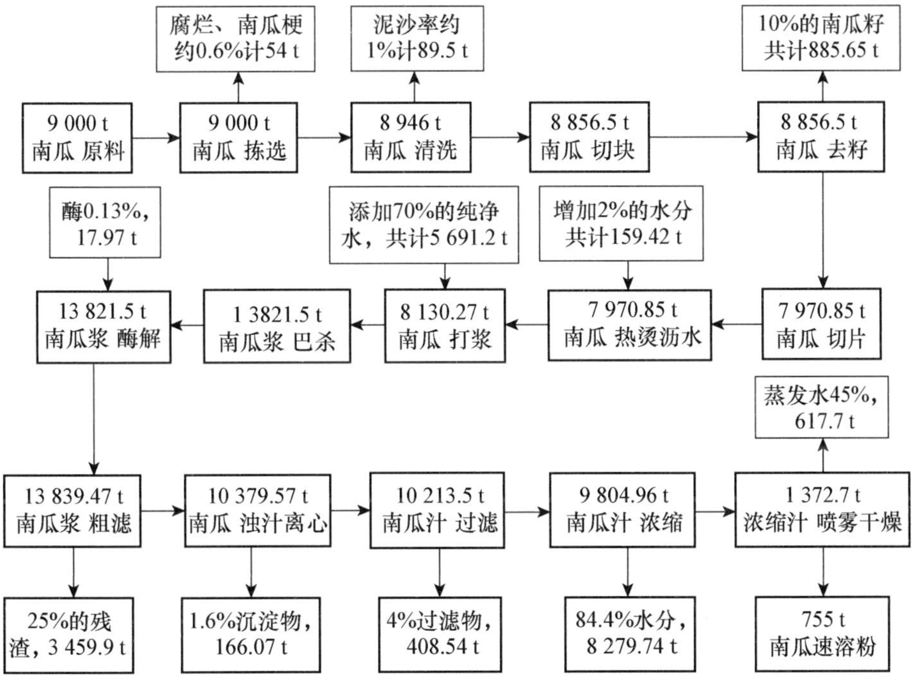

图 5-25　年产 755 t 南瓜速溶粉生产线物料衡算

（2）班产 18.25 t 原汁猪肉罐头生产线物料衡算

罐头规格：397 g，962 号罐，采用逆算法进行物料衡算，见图 5-26 所示。

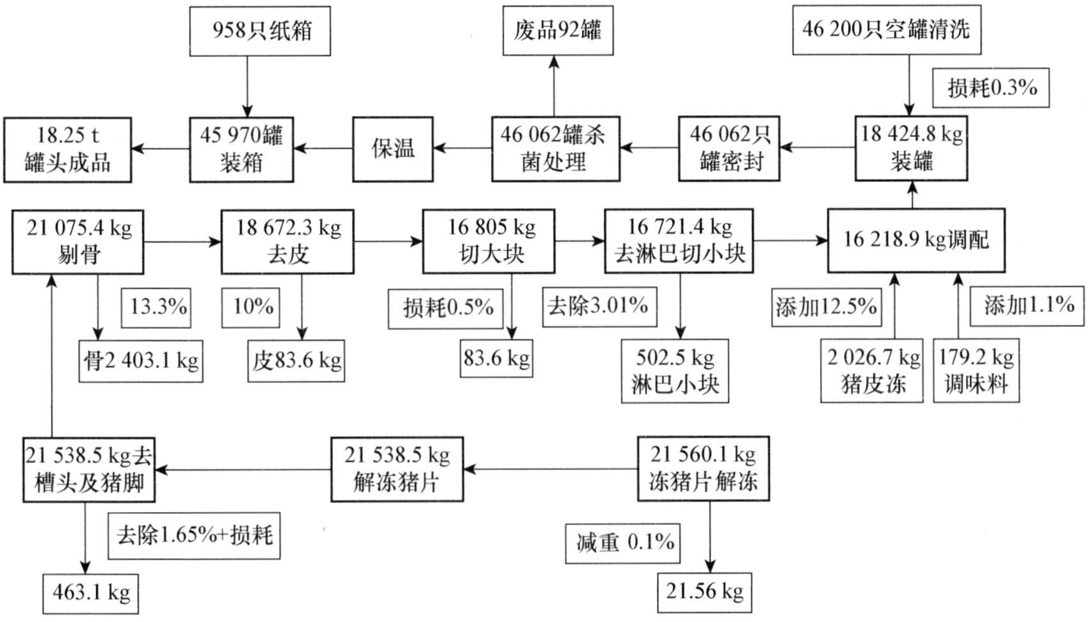

图 5-26　班产 18.25 t 原汁猪肉罐头生产线物料衡算

5.4.3 物料平衡表

物料平衡表格样式见表 5-21。

表 5-21 物料平衡表 单位：kg

计算单位 \ 名称		主、辅原料							产品		
									食品	正常损失	非正常损失
批次	质量百分比										
班次	质量百分比										

5.5 设备选型

物料衡算是设备选型的根据，而设备选型则要符合工艺的要求。设备选型是保证产品质量的关键和体现生产水平的标准，又是工艺设计的基础，并且为动力配电，水、汽用量计算提供依据。设计时，应根据每一个品种、单位时间（小时或分钟）产量的物料平衡情况和设备的用途及生产能力确定所需设备的类型和台数。若有几种产品都需要共同的设备，在不同时间使用时，应按处理量最大的品种所需要的台数来确定。对生产中的关键设备，除按实际生产能力所需的台数配备外，还应考虑有备用设备。一般后道工序设备的生产能力要略大于前道工序，以防物料积压。

5.5.1 设备选型的原则

食品工厂生产设备大体可分 4 个类型：计量和储存设备、定型专用设备、通用机械设备和非标准专业设备。在选择设备时，要按照下列原则进行。

① 满足工艺要求，保证产品的质量和产量。

② 一般大型食品工厂应选用较先进的、机械化程度高的设备；中型厂则看具体条件，一些主要产品可选用机械化、连续化程度较高的设备；小型厂则选用较简单的设备。

③ 所选设备能充分利用原料，能耗少，效率高，体积小，维修方便，劳动强度低，并能一机多用。

④ 所选设备应符合食品卫生要求，易清洗装拆，与食品接触的材料要抗腐蚀，不致对食品造成污染。

⑤ 设备结构合理，材料性能可适应各种工作条件（如温度、湿度、压力和酸碱度等）。

⑥ 在温度、压力、真空度、浓度、时间、速度、流量、液位、计数和程序等方面有合理的控制系统，并尽量采用自动控制方式。

5.5.2 设备生产能力的计算

食品工厂所用设备的生产能力，有些一看铭牌就可知道，但有些设备的生产能力随物料、产品品种、生产工艺条件等而改变，例如流槽、输送带、杀菌锅等等。现将一些设备生产能力的计算公式介绍如下。

5.5.2.1 流送槽

流送槽生产能力的计算公式（5-8）为：

$$Q=\frac{A\rho v}{m+1} \tag{5-8}$$

式中：Q—原料流量，kg/s；

A—通过流送槽的有效截面面积（水浸部分的截面积），m^2；

ρ—混合物密度（计算时可近似取 1 000 kg/m^2）；

v—流送槽的流送速度（一般取 0.5～1.0 m/s）；

m—水对物料的倍数（对于蔬菜类取 3～6，鱼类取 6～8）。

5.5.2.2 斗式升送机

斗式升送机生产能力的计算公式（5-9）为：

$$G=3\,600\,\frac{i}{a}v\rho\varphi \tag{5-9}$$

式中：G—斗式升送机生产能力，t/h；

i—料斗容积，m^3；

a—两个料斗中心距，m（对于疏斗，可取斗深的 2.3～2.4 倍；对于连续布置的斗，可取斗深的1倍）；

φ—料斗的充填系数（决定于物料种类及充填方法，对于粉状及细粒干燥物料取0.75～0.95，谷物取0.70～0.90，水果取0.50～0.70）；

v—牵引件（带子或链条）速度，m/s；

ρ—物料的堆积密度，t/m³。

5.5.2.3　带式输送机

（1）水平带式输送机

其生产能力的计算公式（5-10）为：

$$G=3\,600\,Bh\rho v\varphi \tag{5-10}$$

式中：G—水平带式输送机生产能力，t/h；

B—带宽，m；

ρ—装载密度，t/m³；

φ—装填系数，（取0.6～0.8，一般取0.75）；

h—堆放一层物料的平均高度，m；

v—带速，m/s（用于检查性的一般取0.05～0.1 m/s，用于运输时一般取0.8～2.5 m/s）。

（2）倾斜带式输送机

其生产能力的计算公式（5-11）为：

$$G_0=\frac{G}{\varphi_0} \tag{5-11}$$

式中：G_0—倾斜带式输送机生产能力，t/h；

G—水平带式输送机生产能力，t/h；

φ_0—倾斜系数（其值决定于倾斜角度，参阅表5-22）。

表5-22　倾斜系数

倾斜角度	0～10°	11°～15°	16°～18°	19°～20°
φ_0	1.00	1.05	1.10	1.15

凡是用带式输送机原理设计的其他设备，如预煮干燥等设备，均可用此公式计算。

5.5.2.4　杀菌锅

（1）每台杀菌锅操作周期所需的时间

其计算公式（5-12）为：

$$T=t_1+t_2+t_3+t_4+t_5 \tag{5-12}$$

式中：t_1—装锅时间，min（一般取5 min）；

t_2—升温时间，min；

t_3—恒温时间，min；

t_4—降温时间，min；

t_5—出锅时间，min（一般取5 min）。

（2）每台杀菌锅内装罐头的数量

其计算公式（5-13）为：

$$n=kaz\frac{d_1^2}{d_2^2} \tag{5-13}$$

式中：k—装载系数（随罐头的罐型不同而不同，常用罐型的k值可取0.55～0.60）；

a—杀菌篮高度与罐头高度之比值；

z—杀菌锅内杀菌篮数目；

d_1—杀菌篮内径，m；

d_2—罐头外径，m。

（3）每台杀菌锅的生产能力

其计算公式（5-14）为：

$$G=\frac{60n}{T} \tag{5-14}$$

（4）1h内杀菌X（罐）所需的杀菌锅数目

依式（5-15）计算：

$$N=\frac{X}{G} \tag{5-15}$$

（5）制作杀菌工段操作图表

先计算装完一锅罐头所需时间t（min），依式（5-16）计算：

$$t=\frac{60n}{X} \tag{5-16}$$

然后计算一个杀菌的操作周期时间T和杀菌锅所需的数目N，则可制订杀菌工段的操作图表。

【例】设第一个锅8：00开始装锅，则第二锅是8：00+t后装锅，第三锅是8：00+$2t$后装锅，依此类推，直至N锅。

第一个锅杀菌后出锅完毕的时间是8：00+T，第二个锅出锅完毕是8：00+($T+t$)，第三个锅出锅完毕是8：00+($T+2t$)，依此类推，直至第n个锅。这样即可制订出杀菌工段的操作图表。

如果根据计算需要6个杀菌锅，t=26 min，杀菌式为$\frac{25-90-25}{116℃}$。第一个杀菌锅在8：00开始装锅，则其操作图表如表5-23所示。

表 5-23 杀菌工段的操作参数

过 程	杀菌锅号数						
	1	2	3	4	5	6	7
装锅开始	8：00	8：26	9：52	9：18	9：44	10：10	10：36
装锅结束	8：05	8：31	8：57	9：23	9：49	10：15	10：41
升温结束	8：30	8：56	9：22	9：48	10：14	10：40	11：06
杀菌结束	10：00	10：26	10：52	11：18	11：44	12：10	12：36
降温冷却结束	10：25	10：51	11：17	11：43	12：09	12：35	13：01
出锅结束	10：30	10：56	11：22	11：48	12：14	12：40	13：06

从操作图表中可知，第一号杀菌锅于 8：00 开始装锅到杀菌全过程结束时是 10：30，操作周期时间为 150 min。第二个周期开始是 10：36，周期间隔时间为 6 min。第六号锅装锅结束时间是 10：15，而第一号锅出锅开始时间是 10：25，即装锅和出锅时间最少相差有 10 min，进出锅时间不会冲突，工人可以顺利操作，否则就需要增加杀菌操作工人。

排气箱、二重锅生产能力 G（罐/h 或 kg/h）亦按杀菌锅生产能力的公式（5-17）计算，即：

$$G=\frac{60n}{T} \qquad (5\text{-}17)$$

式中：n—排气箱容量或二重锅每次加料量，罐或 kg；

T—排气时间或二重锅预煮循环一个周期时间，min。

5.5.2.5 空气压缩机

（1）杀菌锅反压冷却时所需空气压缩机容量

依式（5-18）计算：

$$N_2=N_1\frac{p_2}{p_1} \qquad (5\text{-}18)$$

式中：N_1—杀菌锅体积，m^3；

p_1—大气压力，kPa；

N_2—杀菌锅内反压为 p_2 时所需的空气量，m^3；

p_2—反压冷却时的绝对压力，kPa。

（2）每只杀菌锅在反压时所需储气桶容量

依式（5-19）计算：

$$Q=\frac{N_2}{N_3} \qquad (5\text{-}19)$$

式中：N_2—杀菌锅内反压为 p_2 时所需的空气量，m^3；

N_3—在储气桶的压力 p 下每立方米空气所提供的常压空气量，m^3/m^3，参见表 5-24。

表 5-24 在不同压力下，储气桶内每立方米容积能提供的常压空气量 m^3

冷却时反压（绝对压力）/kPa	储气桶的绝对压力/kPa									
	500	565	625	696	765	834	902	961	1 069	1 098
164.75	3.4	4.1	4.75	5.45	6.10	6.80	7.50	8.20	8.85	9.55
181.42	3.20	3.90	4.60	5.20	5.95	6.65	7.20	8.00	8.70	9.25
198.09	3.05	3.75	4.40	5.1	5.80	6.45	7.15	7.85	8.50	9.20
217.71	2.85	3.55	4.20	4.90	5.55	6.25	6.95	7.65	8.30	9.00
238.30	2.65	3.35	4.00	4.70	5.35	6.05	6.75	7.45	8.10	8.80

注：本表中 1 个大气压按 98.066 5 kPa 计。

（3）空气压缩机每分钟的空气供应量

依下式（5-20）计算：

$$N=\frac{N_2}{t}n \qquad (5\text{-}20)$$

式中：N—空气压缩机每分钟的空气供应量，m^3/min；

N_2—杀菌锅内反压为 p_2 时所需的空气量，m^3/min；

t—冷却过程所需时间，min；

n—杀菌锅数目。

5.5.2.6 泵的流量

（1）离心奶泵的流量

依式（5-21）计算：

$$Q=\frac{102N\eta}{\rho H} \qquad (5\text{-}21)$$

式中：Q—离心奶泵的流量，m^3/s；

H—扬程，m；

ρ—液体密度，kg/m^3；

η—泵之总效率［η 取 0.4～0.6。$\eta=\eta_1\eta_2\eta_3$，η_1 为容积效率，η_1＝实际流量 Q/通过叶轮的流量 Q'；η_2 为水力效率，η_2＝实际扬程 H/理论扬程 H'；η_3 为机械效率（考虑轴承密封装置摩擦等因素）］；

N—轴功率，kW［$N=N_p\eta_a/(1+a)$，其中 N_p 为电动机功率，kW；η_a 为传动效率，皮带传动取 0.9～0.95，齿轮转动取 0.92～0.98；a 为保留系数，取 0.1～0.2］。

（2）螺杆泵的流量

① 螺杆泵螺杆每转一圈时的流体流量 Q_1（m^3/r）的计算公式（5-22）

$$Q_1=\frac{(4eD+\frac{\pi D^2}{4}-\frac{\pi D^2}{4})T}{100^3}=\frac{4eDT}{100^3} \quad (5\text{-}22)$$

② 螺杆 n（r/min）时的总流量 Q（m^3/h）的计算公式（5-23）

$$Q=60Q_1n\eta_1=\frac{neDT\eta_1}{4\ 167} \quad (5\text{-}23)$$

式中：η_1—螺杆泵的容积效率（一般为 0.7～0.8）；

T—螺腔的螺距，$T=2t$，cm；

t—螺杆的螺距，cm；

e—偏心距，cm；

n—螺杆的转速，r/min；

D—螺杆直径，cm。

某小型螺杆泵的技术特性：螺杆直径 D＝35 mm；螺杆偏心距 e＝3 mm；螺杆螺距 t＝50 mm；螺腔螺距 100 mm，长度＝200 mm，头数 2；电动机 $JO_3-21-6D_2$ 1.5 kW，940 r/min；压头 294 kPa（301 m H_2O）；流量 1.5 m^3/h。

在一些设备的生产能力计算时，要用到物料密度，表 5-25 列出了部分物料密度以供参考。

表 5-25　部分物料密度表　　kg/m^3

原料名称	密度	原料名称	密度	原料名称	密度
辣椒	200～300	花生米	500～630	肥度中等的牛肉	980
茄子	330～430	大　豆	700～770	肥猪肉	950
番茄	580～630	豌豆粒	770	瘦牛肉	1 070
洋葱	490～520	马铃薯	650～750	肥度中等的猪肉	1 000
胡萝卜	560～590	甘　薯	640	瘦猪肉	1 050
桃果	590～690	甜菜块根	600～770	鱼类	980～1 050
蘑菇	450～500	面　粉	700	脂肪	950～970
刀豆	640～650	肥牛肉	970	骨骼	1 130～1 300
玉米粒	680～770	蚕豆粒	670～800		

5.5.2.7　高压均质设备

柱塞高压均质泵的生产能力 Q 的计算公式（5-24）如下：

$$Q=\frac{\pi d^2}{4}snz\varphi\times 60=47d^2snz\varphi \quad (5\text{-}24)$$

式中：Q—单作用多缸往复泵生产能力，m^3/h；

d—柱塞直径，m；

s—柱塞行程，m；

n—柱塞每分钟来回数（即主轴转数），r/min；

z—柱塞数（即缸数）；

φ—泵的体积系数（一般为 0.7～0.9）。

5.5.2.8　摆动筛

（1）生产能力

其计算公式（5-25）如下：

$$G=3\ 600B_0hv_{cp}\mu\rho \quad (5\text{-}25)$$

式中：G—生产能力，t/h，

B_0—筛面有效宽度，m，$B_0=0.95B$；

B—设计筛面宽度，m；

h—筛面的物料厚度，m，h＝（1～2）D；

D—物料最大直径，m；

v_{cp}—物料沿筛面运动的平均速度，m/s，常为 0.5 m/s 以下；

μ—物料松散系数，取 0.36～0.64；

ρ—物料密度，t/m^3。

（2）功率计算

其计算公式（5-26）为：

$$P=\frac{En}{60\eta_a}=\frac{G(\pi n\lambda)^2n}{60\times 900\eta_a} \quad (5\text{-}26)$$

式中：G—筛体满负荷时的重力，N；

E—筛子轴每回转一周时筛子动能；

λ—振幅（取 4～6 mm），mm；

n—偏心轮转数；

η_a—传动效率（取 0.5）。

5.5.2.9 绞肉机

（1）切割能力

其计算公式（5-27）为：

$$F=60\times\frac{n\pi D^2}{4}\times\varphi\times Z \tag{5-27}$$

式中：F—切刀的切割能力，cm^2/h；

n—切刀转速，r/min；

D—格板直径，cm；

φ—孔眼总面积与格板面积之比值（平均为 0.3～0.4）；

Z—切刀总数（十字刀为 4）。

（2）生产能力

依下式（5-28）计算：

$$G=\frac{F}{A_1}\alpha \tag{5-28}$$

式中：G—生产能力，kg/h；

A_1—被切割每千克物料的面积，cm^2/kg；

α—切刀切割能力利用系数（0.7～0.8）。

注：当孔眼直径为 2 mm 时，$A_1=11\ 000\sim12\ 000\ cm^2/kg$；

当孔眼直径为 3 mm 时，$A_1=6\ 000\sim7\ 000\ cm^2/kg$；

当孔眼直径为 2 mm 时，$A_1=700\sim1\ 000\ cm^2/kg$。

（3）功率

依下式（5-29）计算：

$$P=\frac{GW}{\eta} \tag{5-29}$$

式中：P—功率，kW；

W—切割每千克物料的能量消耗比率，kW/kg，取值范围参见表 5-26；

η—功效率。

表 5-26 W 的取值范围 kW/kg

孔眼直径/mm	原料肉	
	鲜　肉	冻　肉
2	0.004～0.005	0.019
3	0.002 5～0.003 0	0.010
25	0.000 4	

5.5.3 主要设备选择配备实例

5.5.3.1 乳制品设备

常用的乳品设备除了夹层锅、奶油分离机、洗瓶机、热交换器、真空浓缩设备和喷雾干燥设备外，还有均质机、甩油机、凝冻机、冰激凌装杯机等。

（1）均质机

均质机是一种特殊的高压泵，利用高压作用，使料液中的脂肪球碎裂至直径小于 2 μm，主要通过一个均质阀的作用，使高压料液从极端狭小的间隙中通过，由于急速降低压力产生的膨胀和冲击作用，使原料中的粒子微细化。生产淡炼乳时，可减少脂肪上浮现象，并能促进人体对脂肪的消化吸收；生产搅拌型酸奶时，可使产品质地均匀一致，口感细腻；在果汁生产中，利用均质可使物料中残留的果渣小微粒破碎，制成均匀的混合物，减少成品沉淀；在冰激凌生产中，能使牛乳的表面张力降低，增加黏度，得到均匀一致的胶黏混合物，提高产品质量。均质机按构造分为高压均质机、离心均质机和超声波均质机三种，目前常用的均质设备是高压均质机，额定工作压力为 20～60 MPa。

（2）喷雾干燥

喷雾干燥是利用喷雾器的作用，将溶液、乳浊液、悬浮液或膏糊状物料喷洒成极细的雾状液滴，在干燥介质中雾滴迅速汽化，形成粉状和颗粒状干制品的一种干燥方法。喷雾干燥技术特别适合于干燥初始水分高的物料。20 世纪初，该技术在快速干燥牛奶上获得成功，随后在 20 世纪 30 年代，又在干燥蛋粉和咖啡方面获得成功。经过一个世纪的发展，该技术在食品工业上正在发挥越来越广泛的作用。喷雾干燥具有干燥速度快、时间短，干燥温度较低，制品有良好的分散性和溶解性，生产过程简单，操作控制方便，适宜连续化生产等优点。乳品加工除利用喷雾干燥设备（压力喷雾、离心喷雾和气流喷雾）外，微波干燥设备、红外辐射干燥设备、真空干燥设备、升华干燥设备、沸腾干燥设备和冷冻干燥设备等也有应用。奶粉生产用压力喷雾干燥设备和离心喷雾干燥设备，麦乳精生产中用真空干燥设备。

（3）凝冻机和冰激凌装杯机

凝冻机和冰激凌装杯机主要用于冰激凌生产中。甩油机是黄油生产中的主要设备，可使脂肪球互相聚合而形成奶油粒，同时分出酪乳。

乳品厂常用的乳品加工设备见表5-27。

表5-27 乳品厂常用的加工设备

产品名称	型 号	规 格	外形尺寸（长×宽×高）/mm	参考价/元	净重/t
磅奶槽		最大体积：350 L		4 500	0.065
受奶槽		最大体积：600 L	1 610×1 220×657	7 800	
离心式奶泵	BAW150-5G	流量：5 m^3/L	536×326×409	3 459	0.042
平衡槽	RPC-P200	最大体积：200 L	800×550×810	3 047	0.06
储奶缸	RZWG01-5000	体积：5 000 L（系列产品）	2 600×2 100×3 150	2 930	0.9
双效降膜蒸发器	RP_6K_6	蒸发能力：700 kg/h	4400×2200×6700	135 000	3.6
真空浓缩锅	RP_3B_1	蒸发能力：300 kg/h	3 000×2 800×3 200	25 760	0.995
立式储奶缸	RP_2J_2-2000	最大体积：2 300 L	1 340×1 545×2 260	15 000	0.7
喷雾干燥设备	RPYP03-250	蒸发量：250 kg/h（系列产品）	10 000×6 500×10 500	31 500	13
鲜奶分离机	DRL200	生产能力：1 000 L/h 额定转速：6 792 r/min	690×488×924	20 007	0.178
空气过滤机				2 200	
奶油搅拌机	RPJ180	每次换料：180 L 体积：400 L	1 950×1 640×2 080	14 904	0.48
冰激凌连续冷冻机	BJ	160～600 L/h	1 850×780×1 360	24 000	0.5
冰激凌灌装机	GZ	灌装速度：1 800～3 600 杯/h	947×785×1 527		0.8
冷热缸	RL110	体积：1 000 L（系列）	1 600×1 385×1 660	18 600	1.15
保温消毒器	RZGC07-1000	体积：1 000 L（系列）	1 760×1420×1 730	1 680	0.484
均质机	HFIM-25	流量：4 m^3/L，压力：25 MPa	1 100×1400×1 400	5 340	1.4
均质机	GJ1.5-2.5	流量：1.5 m^3/h，压力：25 MPa	750×1 000×1 090	19 000	0.8

5.5.3.2 罐头工厂主要设备

罐头生产需要的主要设备有以下六类。

(1) 输送设备

● 液体输送设备

常用的液体输送设备有真空吸料装置、流送槽和泵等。

① 真空吸料装置。利用真空系统对流体进行短距离输送及提升一定的高度，如果原有输送装置是密闭的，还可以直接利用这些装置进行真空吸料，不需添加其他设备。对果酱、番茄酱等或带有固体块料的物料尤为适宜，缺点是输送距离较短或提升高度不大、效率低。

② 泵。

螺杆泵：一种回转容积式泵，利用一根或数根螺杆的相互啮合使空间容积发生变化来输送液体。目前食品厂多用单螺杆卧式泵，多用于黏稠液体或带固体物料的酱体输送，如番茄酱连续生产流水线上常采用此泵。

离心奶泵：主要用于流体输送，在乳品、饮料、果汁、果酒和植物蛋白饮料生产中应用广泛。其工作原理和用途与离心泵基本相同，区别在于凡与液体接触部分均用不锈钢制造，可以确保食品安全卫生，故又称卫生泵。

齿轮泵：属于回转容积式泵，在食品厂中主要用来输送黏稠液体，如油类、糖浆等。

● 固体输送设备

固体输送设备根据其功能和用途不同，又分为带式输送机、螺旋输送机和斗式升送机等。

① 带式输送机。食品厂应用最广的一种连续输送机械，适用于块状、颗粒状物料及整件物料水平方向或倾斜方向运送。同时，还可以用作拣选工作台、清洗、预处理、装填操作台。在罐头厂一般用于原料分选、预处理、装填各工序及成品包装仓库等，在饮料生产企业用于灌装流水线。

② 螺旋输送机。主要适用于需要密闭运输的物料，如颗粒状物料。

③ 斗式升送机。罐头食品厂连续化生产中，用于不同高度装运物料，如从地面运送到楼上或从一台机械运送到另一台机械。

④ 流送槽。流送槽属于水力输送物料装置，用

于把原料从堆放场送到清洗机或预煮机中，可用于苹果、番茄、蘑菇、菠萝、马铃薯和其他块茎类原料的输送。

（2）清洗和原料预处理设备

● 常用清洗设备

清洗机械设备在罐头食品生产过程中至关重要，罐藏原料在生长、成熟、运输和储藏过程中会受土壤、微生物及其他污染，为了保证产品的卫生与安全，加工前必须进行清洗。清洗还可以保证罐藏容器清洁和防止肉类罐头产生油商标等质量事故。

常用清洗设备包括鼓风式清洗机、空罐清洗机、全自动洗瓶机、实罐清洗机等。

鼓风式清洗机是利用空气进行搅拌，既可加速污物从原料上洗去，又可使原料强烈翻动而不破坏其完整性，最适合果蔬原料的清洗。

全自动洗瓶机用于玻璃瓶的清洗，对新瓶和回收瓶均可使用。

● 常用的原料预处理设备

① 分级机。常用的分级设备有滚筒式分级机、摆动筛、三辊筒式分级机、花生米色选机等。滚筒式分级机分级效率高，广泛应用于蘑菇和青豆的分级。三辊筒式分级机，适用于球形或近似球形的果蔬原料，如苹果、柑橘、番茄、桃子和菠萝等。

② 切片机。蘑菇定向切片机、菠萝切片机和青刀豆切端机。

③ 榨汁机、果蔬去皮机、打浆机、分离机。用于果品罐头的生产。

④ 绞肉机、斩拌机、真空搅拌机。用于午餐肉罐头生产。

（3）热处理设备

罐头食品厂热处理的主要作用是使原料脱水、抑制或杀灭微生物，排除罐藏原料组织中的空气，破坏酶活力，保持产品颜色。常见热处理设备有预热、预煮、蒸发浓缩、干燥、排气、杀菌等设备。

● 热交换器

常用的热交换器有列管式热交换器、板式热交换器、滚筒式杀菌器、夹层锅、连续预煮机（分链带式和螺旋式）。

列管式热交换器广泛应用于番茄汁、果汁、乳品等液体食品生产中，多用作高温短时或超高温短时杀菌及杀菌后冷却。

板式热交换器用于牛奶的高温短时（HTST）或超高温瞬时（UHT）杀菌，也可作食品液料的加热杀菌和冷却。

夹层锅常用于物料的热烫、预煮、调味液的配制、熬煮浓缩等。

连续预煮机广泛用于蘑菇、青刀豆、青豆、蚕豆等各种原料的预煮。

● 真空浓缩设备

该类设备按加热器结构可分为盘管式、中央循环式、升膜式、降膜式、片式、刮板式和外加热式等，在选择不同结构的真空浓缩设备时，应根据食品溶液的性质来确定。

对于那些加热浓缩时，易在加热面上生成垢层的料液，应该选择流速较大的强制循环型或升膜式浓缩设备，以防止热阻增加和传热系数降低。对于那些浓度增加时，有晶粒析出的溶液，应采用带有搅拌器的夹套式浓缩设备或带有强制循环的浓缩器，防止晶析沉积于传热面上，影响传热效果，堵塞加热管。对于那些黏度随浓度的增加而增加的食品溶液，一般选用强制循环式、刮板式或降膜式浓缩设备，防止由于黏度增加造成的流速降低，传热系数变小，生产能力下降。不同的食品加工原料对热的敏感性不同，加工温度过高时，会影响有些产品的色泽，使产品质量下降，所以，对这类产品应选用停留时间短、蒸发温度低的真空浓缩设备，通常选用各种薄膜式或真空度较高的浓缩设备。有些食品溶液在浓缩过程会产生大量气泡，这些泡沫易被二次蒸汽带走，增加产品损耗，严重时无法操作。因此在浓缩器的结构上应考虑消除发泡的可能，同时要设法分离回收泡沫，一般采用强制循环型和长管薄膜浓缩器，以提高料液的管内流速。

真空浓缩装置的附属设备主要有捕沫器、冷凝器及真空装置等。

捕沫器的作用是防止蒸发过程中形成的微细液滴被二次蒸汽夹带逸出，减少料液损失，防止污染管道及其他浓缩器的加热表面。捕沫器一般安装在浓缩设备的蒸发分离室顶部或侧部。

冷凝器的作用是将真空浓缩所产生的二次蒸汽进行冷凝，并将其中不凝结气体分离，以减少真空装置的容积负荷，同时保证达到所需要的真空度。

真空装置的作用是抽取不凝结气体，降低浓缩设备内环境的压力，使料液在低沸点下蒸发，有利于减少食品中热敏性物质的损失。真空装置采用的真空泵有机械泵（往复式真空泵和水环式真空泵）和喷射泵（蒸汽喷射泵和水力喷射泵）两大类。

● 杀菌设备

罐头食品厂所用的杀菌设备按其杀菌温度不同，分为常压杀菌和加压杀菌设备，按其操作方法分为连续杀菌和间歇杀菌设备。间歇杀菌设备有立式杀菌器、卧式杀菌器（静止式和回转式），连续杀菌设备有常压连续杀菌器、静水压连续杀菌器、水封式连续高压杀菌器、火焰杀菌器、真空杀菌器及微波杀菌器等。目前我国罐头食品厂以使用卧式杀菌器和常压连续杀菌器为主。

（4）封罐设备

罐头的品种繁多，容器和罐形多种多样，容器材料也不相同，所以封罐机的形式也多种多样。一般镀锌薄钢板罐头用手动、半自动封罐机和自动封罐机（单机头自动真空封罐机和多头自动真空封罐机）。玻璃瓶封口机也分手动、半自动及自动封罐机。螺口瓶用四旋盖拧盖机封罐。封罐机的生产能力是按每分钟封多少罐计，而不是按班产量计。

（5）成品包装机械

常用的成品包装机械包括贴标机、装箱机、封箱机、捆扎机等。

（6）空罐设备

常用的空罐罐身设备按焊接方法分为焊锡罐设备（单机和自动焊锡机）、电阻焊设备。焊锡罐的焊锡中含有重金属铅，对人体有害，锡属于稀有金属，价格昂贵、成本高，故此法已被逐渐淘汰。

空罐罐盖设备：波形剪板机、冲床、圆盖机、注胶机、罐盖烘干机及球磨机等。

罐头加工厂常用的设备见表 5-28 和表 5-29。

表 5-28 罐头食品厂制罐机械设备（一）

产品名称	型 号	规 格	外形尺寸（长×宽×高）/mm	参考价/元	净重/t
35t 自动冲床	GT_2A_2	20 次/min		55 000	2.7
方盖圆边机	GT_2B_2	400 只/min			2.3
圆盖圆边机	GT_2B（1523）	内模转速 275 r/min		1 600	0.15
上胶机	GT_2C_3（GSJ-160）	圆盖 160 罐/min		4 500	0.55
印胶机	GT_3C_4	方盖 116 罐/min		15 500	0.9
罐盖烘干机	GT_2D_5	15 000～16 000 只/h，烘 85～90℃，硫化 120～125℃		13 000	1.8
印铁烘房	GT_1D_1			170 000	35
划线机	GT_1C_4	160 张/min		15 000	0.72
圆刀和切板机	GT_1B_4（GQ-378）	60m/min		6 000	1.2
圆罐罐身三道机	GT_3A_9	90 罐/min		22 000	1.42
踏平机	GT_3A_6（KT-72）	36～74 罐/min，踏平块往复 129 次/min		27 000	0.41
单头翻边机	GT_3B_6（F-274）	74 只/min		5 000	1.0
试漏机	GT_3E_2	10 只/min		910	0.095
喷涂机	GD_3D_1	70 只/min			
四头翻边机	GT_3B_3	适用圆罐 96 罐/min		5 500	0.7
罐盖打印机	GT_2E_5（GG160）	160 只/min		4 500	0.39
四头封罐机	GT_4B_2	圆罐 60～180 罐/min	2 226×1 059×1 556	150 000	2.58

表 5-29 罐头食品厂制罐机械设备（二）

产品名称	型 号	规 格	外形尺寸（长×宽×高）/mm	参考价/元	净重/t
四头全自动真空封罐机	GT_4B_{12}	圆罐 130 罐/min	2 278×1 660×1 925	240 000	4.8
自动真空封罐机	GT_4D_{32}	圆罐 50 罐/min	12 101×530×1 900	58 000	1.36
自动真空封罐机	GT_4B_2B	圃灌 42 罐/min	1 330×1 170×2 000	48 000	1.3
自动真空封罐机	GT_4B_{26}	圆罐 60 罐/min	1 115×8 001×600	45 000	1.0
异型封罐机	GT_4AC（QBF-40）	圆罐 42 罐/min，异型罐 25 罐/min		6 500	0.55

续表 5-29

产品名称	型　号	规　格	外形尺寸（长×宽×高）/mm	参考价/元	净重/t
四头异型封罐机	GT_4B_7	异型罐 90～150 罐/min		80 000	4.5
绞肉机	JR1000	生产能力：1 000 kg/h	810×420×1 050	5 500	
斩拌机	ZB125	生产能力：30 kg/次	2 100×1 420×1 650		
真空搅拌机	GT_6E_5	250 L		25 000	1.0
肉糜精选机	GT_9D_{29}	250～2 000 kg/h		13 700	1.3
肉糜装卸机	GT_7A_6	80～120 罐/min		1 300	0.47
浮选机	GT_5A_1（J-24-01）	20 t/h		4 200	3.0
番茄（猕猴桃）去籽机	GT_6A_{13}（1-7A）	生产能力：7 t/h	2 130×870×1 935	24 000	1.5
去籽储槽	GT_5G_9（J-24-18）	350 L		2 300	0.30
预热器	YR-8	番茄酱用 8 t/h	3 200×615×1 350	11 000	0.8
三道打浆机	GT_6F_5	生产能力：7 t/h	1 980×1 700×2 275	26 000	2.0
打浆储槽	GT_9G_{10}（I-24-9）	1 200～1 500 L		6 000	0.6
成品储槽	GT_9G_{11}（I-24-20）	550 L		2 500	0.4
番茄真空浓缩锅	GT_6K_1（GT6K14-03）	12 t/d		186 000	15
杀菌器	GT_6C_4（I-14B-01）	8 t/d		11 500	0.5
螺杆浓浆泵	GT_9J_8	流量 8 t/h		2 000	1
连续杀菌机	GT_6C_{15}	三层压，杀菌 30 罐/min		83 700	10
番茄去皮联合机	GT_6J_{22}	去皮、烫皮、提升 6 t/h		136 300	18
可倾式夹层锅	GT_6J_6A	容量：300 L	2 120×1 150×1 100	3 950	0.42
夹层锅	GT_6J_6	容量：600 L	1 500×1 160×1 940	1 180	0.55
搅拌式夹层锅	GT_6J_{19}	容量：500 L			0.4
真空泵	2W-176			6 000	0.9
卧式杀菌锅	GT_7C_5	体积 6 m^3	4 050×1 700×1 800	13 000	2.6
立式杀菌锅	GT_7C_3	体积 1 m^3	2 200×1 120×2 000	2 500	1.0

5.5.3.3　碳酸饮料生产设备

碳酸饮料生产过程中常用的设备主要包括水处理设备、配料设备及灌装设备，另外还有卸箱机、洗箱机、洗瓶机、装箱机等，见表 5-30。

表 5-30　碳酸饮料厂机械设备

产品名称	型　号	规　格	外形尺寸（长×宽×高）/mm	参考价/元	净重/t
反渗透水处理器	HYF2.0		2 400×800×1 800		
电渗析器	HYW-0.2		1 200×900×1 400		0.23
离子交换器	HYB-2		Φ400×3000	3 200	1.0
紫外线消毒器	ZYX-0.3	最大生产能力：0.3 t/h 灯管总功率：0.25 kW	450×250×520		0.02
砂棒过滤器	101	生产能力：1.5 t/h		3 500	0.12
水过滤器	106	生产能力：1.0 t/h	500×500×600	1 050	0.1
净水器	SST103	生产能力：3～6 t/h	Φ480×1 800	8 000	0.3
钠离子交换器	SN_2-4	生产能力：3 t/h	480×480×2 600	13 500	0.4
汽水混合机	QSHJ-3	生产能力：3 t/h	2 000×120×2 000	4 500	1
一次性混合机	QHC-B	生产能力：2.5 t/h		68 500	0.5
汽水灌装机	GZH-18	7 000～12 000 瓶/8 h	1 800×1 200×980		1.5

续表 5-30

产品名称	型　号	规　格	外形尺寸（长×宽×高）/mm	参考价/元	净重/t
汽水混合机	QHP1.5	生产能力：1.5 m^3/h			
汽水桶	QS-25	容积：25 L	500×500×800		
小型多用灌装机	YSJ001	4 000 瓶/8 h	1 600×1 600×2 200		1.0
二氧化碳净化器	EJQ-100	100 kg/h	2 000×1 200×2 500	100 620	1.1
二氧化碳测定仪			120×350×450		
饮料混合机		生产能力：0.81～5 t/h	1 000×800×1 600		0.3

5.5.3.4　其他食品生产设备

有关肉类、糖果、饼干、面包焙烤设备等详细资料可查阅《中国食品与包装工程装备手册》（中国轻工业出版社，2000 年 1 月版）及《机械产品目录》第 6 册（机械工业出版社，1996 年版《食品机械部分》）。

食品厂生产的产品，具有品种多、季节性强的特点。应对每一种产品按最大班产量进行设备计算和选型，然后将各品种所需的设备归纳起来，相同设备按最大需要量计。列出满足生产车间全年所需生产设备清单，内容包括：设备名称、规格型号、生产能力、耗电量、平衡计算简述、数量、金额等。

5.6　劳动力计算

劳动定员是企业在投产后，全面达到设计指标和正常操作管理水平的标志，根据劳动定员数与计划产量相比较，可得出“劳动生产率”，这是技术经济分析的一个重要指标，也是进行生产成本计算中的一个重要的组成部分。

劳动力计算在工厂设计中主要用于工厂定员定编、生活设施（如工厂更衣室、食堂、厕所、办公室、托儿所等）的面积计算和生活用水、用汽量的计算，产品产量、定额指标的制订及工资福利估算。保证设备的合理使用和人员的合理配置。

5.6.1　劳动定员的组成

工厂职工按其工作岗位和职责的不同分为两大类，各类职工再分为不同的岗位与工种，具体见表 5-31。

表 5-31　劳动定员分类表

<table>
<tr><td rowspan="4">职工</td><td>生产人员</td><td colspan="2">基本工人（岗位生产工人）辅助工人（动力、维修、化验、运输等）</td></tr>
<tr><td rowspan="3">非生产人员</td><td>管理人员</td><td>技术人员</td></tr>
<tr><td rowspan="2">服务人员</td><td>行政人员</td></tr>
<tr><td>后勤服务人员（警卫、卫生、炊事、清杂等）</td></tr>
</table>

在具体定员时，应根据企业性质、规模、生产组织结构等进行责任制、岗位制的确定，在明确定员的类别组成后，可将全厂定员按表 5-32 和表 5-33 的要求来进行定员。

表 5-32　车间（或工段）定员表

序号	工种名称	生产工人		辅助工人		管理人员	操作班数	轮休人员	合计
		每班定员	技术等级	每班定员	技术等级				
合计									

表 5-33 全厂定员表

序号	部门	职务	人数						说明
			管理人员	技术人员	生产人员	辅助生产人员	后勤人员	合计	
1	厂部科室								
2	生产车间								
3	辅助车间								
4	后勤服务								
5	其他								
6	合计								
7	占全员的百分比								
8	临时工 季节工								

5.6.2 劳动定员的依据

① 国家有关法律、法规和规章制度；

② 工厂和车间的生产计划、产品品种和产量；

③ 生产运营复杂程度与自动化水平；

④ 劳动定额、产量定额、设备维护定额及服务定额等；

⑤ 工作制度连续或间歇生产、每日班次；

⑥ 出勤率指全年扣除法定假日、病假、事假等因素的有效工作日和工作时数。

5.6.3 劳动力的计算

食品工厂需按良好生产操作规范（good manufacturing practice，GMP）、危害分析和关键控制点（hazard analysis critical control point，HACCP）、质量安全（quality safety，QS）的要求组织生产，对劳动力的要求也越来越高，同时由于受原料供应和市场需求等因素的影响，食品工厂生产呈现出极强的季节性；且食品生产卫生条件要求较高，生产工艺复杂，对食品工厂的劳动力需求带来一定的影响。在食品工厂设计中若劳动力定员过少，会使投产后生活设施不足，工人超负荷工作，从而影响生产的正常进行；定员过多，又会造成资源的浪费，加大生产成本。在实践中，劳动力数量既不能单靠经验估算，也不能将各工序岗位人数简单地累加。随着科学技术发展和自动化生产线的应用，食品生产自动化程度得到了很大提高，这不仅提高了产品质量，也缩短了产品生产周期。机器在食品工厂生产中的地位越加突出，机器的性能决定着工厂的生产能力。由于尚有许多技术难关还未解决，当前大多数食品工厂的车间生产是由机器生产和手工作业共同完成的。按照生产旺季的产品方案，兼顾生产淡季，以主要工艺设备（如方便面生产中的油炸机，饮料生产中的充填机）的生产能力为基础进行计算。

5.6.3.1 各生产工序的劳动力计算

按照生产工序的自动化程度高低分两种情况计算。

① 对于自动化程度较低的生产工序，即基本以手工作业为主的工序，根据生产单位质量品种所需劳动工日来计算，若用 P_1 表示每班所需人数，则：

$$\underset{(人/班)}{P_1} = \underset{(人/产品)}{劳动生产率} \times \underset{(产品/班)}{班产量} \tag{5-30}$$

大多数食品工厂同类生产工序手工作业劳动生产率是相近的。手工作业常见于食品工厂的初加工生产工序，如水果去核、去皮，肉类的剔骨、去皮、分割等。此外，若采用人工作业生产成本较低时，也经常选用该种生产方式。

② 对于自动化程度较高的工序，即以机器生产为主的工序，根据每台设备所需的劳动工日来计算，若用 P_2 表示每班所需人数，则：

$$P_2(人/班) = \sum K_i M_i(人/班) \tag{5-31}$$

式中：M_i 为第 i 种设备每班所需人数。K_i 为相关系数，其值小于等于 1，影响相关系数大小的因素主要有同类设备数量、相邻设备距离远近及操作难度、强度及环境等。

5.6.3.2　生产车间的劳动力计算

在实际生产中，常常是以上两种工序并存。若用 P 表示车间的总劳动力数量（单位：人），则：

$$P=3S(P_1+P_2+P_3) \tag{5-32}$$

式中：3—在旺季实行 3 班制生产；

S—修正系数，其值≤1；

P_3—辅助生产人员总数，如生产管理人员、材料采购及保管人员、运输人员、检验人员等，具体计算方法可查阅相关设计资料来确定。

男女比例由工作岗位的性质决定。强度大、环境差、技术含量较高的工种以男性为主，女性能够胜任的工种则尽量使用女工。此外能够采用临时工的岗位，应以临时工为主，以便加大淡、旺季劳动力的调节空间。

5.6.3.3　应用（以利乐 TBA/8 生产车间的劳动力计算为例）

（1）确定工艺流程

由食品工厂的工艺设计可知其工艺流程如下。

（2）确定设备的生产能力及操作要求

由设备选型资料可知设备的生产能力及操作要求如表 5-34 所示。

（3）确定工序生产方式

由相关资料可知利乐 TBA/8 车间生产工序如表 5-35 所示。

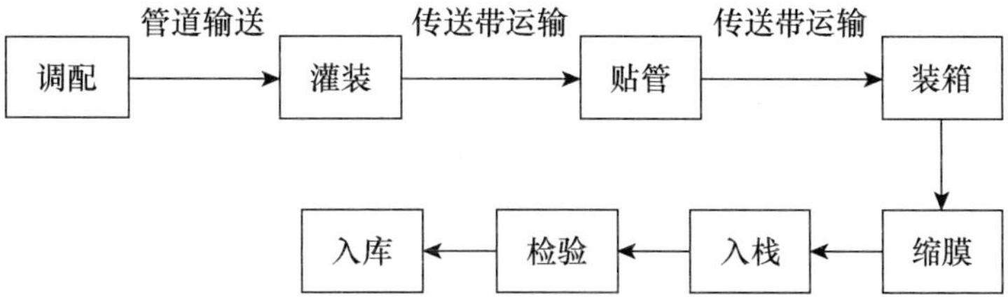

表 5-34　利乐 TBA/8 生产车间设备清单

设备名称	生产能力/（包/h）	数量/台	操作人员素质要求	每台所需人数/人
无菌灌装机	6 000	4	本科以上学历	1
贴管机	7 500	4	技术工人	1
缩膜机	1 100	1	技术工人	1

表 5-35　利乐 TBA/8 生产车间工序和生产方式

工序名称	生产方式
调配	由调配车间调制好调配液经管道自动送入无菌包装机
灌装	采用利乐无菌包装机生产，然后由传送带自动送入贴管机
贴管	由贴管机自动贴管后经传送带自动送到装箱处
装箱	人工装箱后送入缩膜机进行缩膜
缩膜	由缩膜机自动缩膜
入栈	由人工将缩膜好的每箱饮料在栈板分层摆放
检验	由检验员对已摆放好的每栈板饮料进行检验
入库	由运输设备搬运入库

（4）计算班产量

根据产品方案可知班产量，但这是一个平均值，而劳动力的需求应按最大班产量来计算，这样才能使生产需求和人员供应达到动态平衡。利乐 TBA/8 生产车间班产量主要是由无菌包装机所决定。若每班工作 8 h，则：班产量＝4（台）×6 000（包/h）×8（h/班）＝192 000（包/班）＝8 000（箱/班）（注：1 箱＝24 包）。

（5）各生产工序的劳动力计算

利乐 TBA/8 生产车间各工序劳动力计算，见表 5-36。

表 5-36 利乐 TBA/8 生产车间各生产工序劳动力计算

工序名称	计算依据	人数	性别	文化素质	主要职责
包装	式（5-31），相关系数 $K_{包装}=1$	4	男	本科以上	无菌包装机的操作、保养及车间设备的维修
贴管	式（5-31），相关系数 $K_{贴管}=0.5$	3	女	中专以上	贴管机的操作、保养
装箱	式（5-30），劳动生产率为 0.001 人/箱	8	女	普通工人	手工装箱
缩膜	式（5-31），相关系数 $K_{缩膜}=1$	1	女	中专以上	缩膜机的操作、保养
入栈	式（5 30），劳动生产率为 0.000 3 人/箱	3	男	普通工人	手工搬运产品至栈板并摆放好
检验	式（5-30），劳动生产率为 0.000 2 人/箱	2	女	本科以上	检验产品是否合格
入库	式（5-31），每台叉车需 1 人	1	女	中专以上	运输产品入库

（6）生产车间劳动力计算

由表 5-35 可知：$P_1=P_{装箱}+P_{入栈}=8+3=11$；$P_2=K_{包装}\ M_{包装}+K_{贴管}\ M_{贴管}+K_{缩膜}\ M_{缩膜}=4\times1+4\times0.5+1\times1=7$（人/班）；另外因车间管理和随时调配的需要，需要增加 3 名机动人员，均为男性，本科以上学历，能够参与车间管理和填补每种岗位的空缺。故 $P_3=P_{检验}+P_{入库}+P_{机动}=2+1+3=6$（人/班）。考虑到车间生产在员工上厕所及吃饭时不停机，修正系数 S 取 1。在生产旺季时每天实行 3 班生产，因此车间的劳动力总数 $P=3S\ (P_1+P_2+P_3)=3\times1\times(11+7+6)=72$（人/d）。其中男员工 30 人，女员工为 42 人，临时工 33 人，正式工 39 人，本科以上学历的员工为 27 人。

食品工厂劳动生产率的高低，主要取决于原料的新鲜度、原料的成熟度、工人操作的熟练程度以及设备的机械化程度等，制定产品方案时就应注意到这一点。所以，在设计中确定每一个产品的劳动生产率指标时，尽可能地用生产条件相仿的老厂。另外，在编排产品方案时，尽可能地用班产量来调节劳动力，使每班所需工人人数基本相同。对于季节性强的产品，在高峰期允许使用临时工，为保证高峰期的正常生产，生产骨干应为基本工人。在平时正常生产时，基本工人应该是平衡的。

下面提供罐头食品工厂某些生产操作的劳动力定额，供参考（参阅表 5-37）。

表 5-37 罐头食品工厂某些生产操作的劳动力定额

生产工序	单 位	数 量	生产工序	单 位	数 量
猪肉拔毛	kg/h	265	擦罐	箱/h	490
剔骨	kg/h	213	实罐装箱	箱/h	20
分段	kg/h	346	捆箱	箱/h	75
去皮	kg/h	277	钉木箱	箱/h	60
切肉	kg/h	284	贴商标	罐/h	1 200
洗空罐	罐/h	900	刷箱	箱/h	150
肉类罐头	kg/h	571	切鸡腿	kg/h	378
橘子去皮去络	kg/h	16	鸡拔毛	kg/h	14.5
橘子去核	kg/h	12	鸡切大块	kg/h	150
橘子装罐	罐/h	1 200	鸡切小块	kg/h	90
苹果去皮	kg/h	10	鸡装罐	箱/h	210
苹果切块	kg/h	60	桃子去核	kg/h	30
苹果去核	kg/h	20	苹果装罐	箱/h	500

5.7 生产车间工艺布置设计

生产车间的工艺布置是食品工厂工艺设计的重要组成部分，不仅影响实际的生产操作，而且会影响到全厂的整体效果。车间布置一经施工就不易改变，所以在设计过程中必须全面考虑。工艺布置设计必须与本章第一节中所述的设施及要求协调统一，在满足生产需要的同时，兼顾生产操作方便性和安全性。

生产车间工艺布置设计，就是把设计计算出的与生产能力相适应的全部设备（包括工作台、排水设施等）以及卫生设施（更衣间、厕所等）等，在一定的建筑面积内做出合理安排。平面布置图中要求画出设备的外形俯视图，并标明各设备、设施（包括门窗、下水道等）的安装位置。根据车间面积画出车间（工厂）建筑平面图，并在上面标出不同生产车间、卫生设施的分布。除平面图外，必要时还必须画生产车间立面图（或称立剖面图）。它可以较直观地反映出建筑物立面与主要设备、设施的安装位置、高度尺寸等，以及上下楼层之间的设备、管路等的连接，这些都是平面布置图中无法反映出来的。尤其对空间要求严格的设备（如检修、物料输送等），车间工艺设备立面图显得更为重要。

5.7.1　食品 GMP 对生产车间工艺布置设计的要求

食品 GMP 要求工厂的生产车间必须按照生产工艺和卫生、质量要求，划分洁净级别，并应按生产工艺流程及所要求的卫生级别进行合理布局，同一车间和邻近车间进行的各项生产操作不得相互妨碍。其设计要求最大程度地防止食品、食品接触面和食品包装受到污染。加工过程中，原料、半成品、成品分开；不同洁净区的生产人员要严格分开；生的食品和熟的食品也要严格分开，防止交叉污染的发生。因此，原料处理、半成品加工和成品包装要在不同的独立车间内完成。生产车间内的人流、物流不得交叉。原材料和包装材料从卫生要求低的运货通道进入卫生要求较高的车间环境中时，需通过投料口进入缓冲间，去掉外包装，然后再进入车间内部。人员从非洁净区进入洁净区时也要经过缓冲间。卫生要求高的车间物料流通过传递口连接，不应设有明显的通道，以防止交叉污染。

5.7.2　生产车间工艺布置设计的原则

一个优良的车间平面设计应该设备排列简洁、紧凑、整齐，力求美观，节省空间，操作流畅，方便维修。生产车间工艺设备布置除了严格按照食品 GMP 的卫生要求设计外，还应遵循下列原则进行。

① 首先满足生产、卫生方面的要求，同时还必须从本车间在总平面图上的位置、与其他车间或部门间的关系以及发展前景等方面，满足总体设计的要求。

② 设备布置要尽量按流水线安排，但有些特殊设备可按同类型作适当集中，务必使生产过程占地最少，生产周期最短，操作最方便。生产车间的小冷库应尽量靠墙布置，以便于附属设备的安装、维护。如果厂房属于多层建筑，一般重型设备最好设在底层。对于旧厂房改造，车间布置要兼顾厂房建筑结构。

③ 在进行生产车间布置设计时，应考虑到进行多品种生产的可能，并留有适当的余地，以便灵活调动和更换设备。同时，还应注意操作台之间、设备之间的间距和设备与建筑物的安全维修距离，既要保证操作方便，又要保证维修装拆和清洁卫生的方便。

④ 生产车间与其他车间的各工序要相互配合，保证各物流运输通畅，避免重复往返，力求缩短物流的运输距离。尽量采用机械运输带输送，要尽可能利用生产车间的空间运输，合理安排生产车间各种废料的收集和排出。对于多楼层结构的车间，必要时可设置垂直运输装置（管路或简易升降机），利用重力输送物料，可节约能源和占地，简便快速。

⑤ 必须考虑生产卫生和劳动保护。生产卫生控制主要包括水与冰的卫生；食品接触表面的卫生、清洁；交叉污染的预防；手的清洁和卫生间设施；防止污染物造成的不安全、不卫生；有毒化合物的标识、储存和使用；操作人员的健康状况；虫害的灭除与控制。另外还应注意车间排水、电器防潮、防止噪声及安全防火等措施，具有转动部件的设备，要加防护装置。

⑥ 应注意车间的采光、通风、采暖、降温等设施。对散发热量、气味及有腐蚀性的介质，要单独集中布置。对空压机房、空调机房、真空泵房等既要分隔，又要尽可能接近使用地点，以减少输送管路及管路损失。

⑦ 可以设在室外的设备，尽可能设在室外，上面可加盖防雨、防晒棚。

5.7.3　生产车间工艺布置设计的步骤与方法

食品工厂生产车间平面设计一般有两种情况：一种是新设计车间平面布置；另一种是对原有车间进行改造的平面布置设计。后一种比前一种有较多的限制条件，但设计方法、设计步骤基本相同。

5.7.3.1　拟定车间内各设施的面积

根据前面工艺设计中“劳动力计算”部分得出的各车间操作人员数据，计算更衣室、浴室、厕所等设施的面积，以及洗手消毒设施的数量，确定相应的面积。

5.7.3.2 整理好设备清单和生产车间等各部分的面积要求

生产工艺过程所需要的设备列成表格的形式，便于统计。

5.7.3.3 进行车间布置设计与分析

根据车间的建筑结构、形式、朝向和跨度，采用计算机辅助设计软件 AutoCAD 进行车间设计与分析，可快捷地设计出不同的方案。计算机辅助设计的步骤及车间相应部分的设计要求如下。

（1）绘图环境设置

包括绘图界限、图形单位、背景及各种模式等设置，确定设计比例。

（2）图层设置

分别包括门、窗、柱、轴线、楼梯、墙体、设备、文本和标注等图层。在不同的图层中设计相应的部分，这样方便图形绘制、修改和使用。其他图层锁定时，对某一图层中进行修改不会对其他图层的绘制结果产生影响，可避免误操作引起的数据、图形、图线丢失。

（3）绘制轴线和墙线

首先用轴线画出整个厂房的基本轮廓，根据车间跨度绘出柱子的位置和排布，绘制定位轴线；然后根据前面得出的各车间的面积定出各车间基本轮廓，绘出墙线进行分隔。墙的厚度按前面所述。

定位轴线是确定建筑物结构或构件的位置及其标志尺寸的基线，用点画线表示，用于标定主要承重墙体和柱的位置。

（4）绘制窗体结构

根据车间采光要求设计窗的大小和位置，在图中绘出。窗体的设置应避开墙间柱体的位置。

（5）绘制门

根据人员进出和物料运输需要，合理设置门的类型、大小、位置及开门的方向。

（6）绘制柱结构

利用定位轴线的交汇点确定柱的位置，然后以小方块表示柱体。

（7）绘制楼梯

面积较大的多层车间应设置多个楼梯。主楼梯布置在人流集中的车间大门附近，宽度一般为 1 500～1 650 mm，坡度为 30°；辅助楼梯位于车间两侧，宽度为 1 000～1 200 mm，坡度为 45°；消防楼梯的个数、宽度、坡度、结构形式等都需符合安全防火疏散和使用的要求。楼梯形式可有单跑、双跑、三跑及双分、双合式四种，其图例如图 5-27 所示。

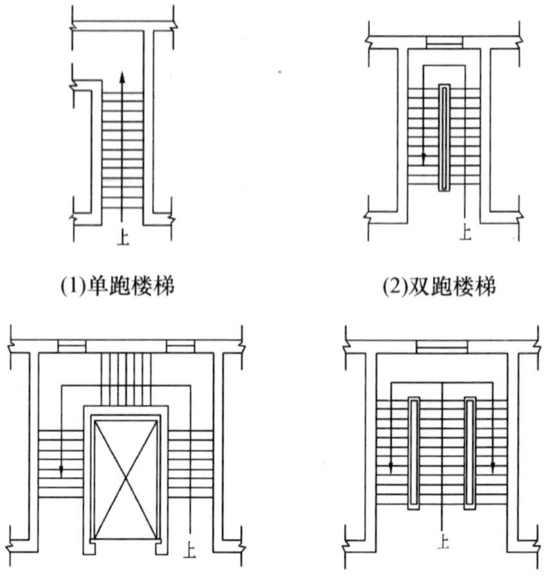

(1)单跑楼梯　(2)双跑楼梯　(3)三跑楼梯　(4)双分、双合式楼梯

图 5-27　楼梯结构形式示意图

对于多楼层结构的车间，为了方便原材料、包装材料及成品的运输，大多设置有人流、物流电梯。原材料电梯应靠近原料库，成品电梯应尽量靠近成品库，包装材料运输电梯应靠近其储存地点。一般来说，原材料运输电梯和成品运输电梯应分开设置，防止交叉污染。

（8）设备布置

按绘图比例绘出设备的外形俯视轮廓图，在图中进行布置。但应注意以下几点。

根据设备清单将设备分类，明确轻重（考虑承重量），固定式还是可移动的；明确是几种产品生产时公用的，还是某一种产品专用的等。对于笨重的、固定的和专用的设备，应尽量排布在车间四周；轻的、可移动的设备可排在车间的中间，这样有利于生产过程中设备的调节。

有特殊要求的部分应尽量集中安排，以便于集中进行特殊处理。如：热加工部分、冷加工部分；有保温要求部分；有空调要求部分；要求层高较高或较低的部分；有通风排气要求的部分；有消烟除尘的部分；噪声较大的部分；排水量较大的部分；有防爆要求的部分；消防要求较高的部分；卫生要求较高的部分等。

生产操作区内的设备与设备之间或设备与墙壁

之间，应有适当的通道或工作空间，其宽度应足以容许工作人员完成工作（包括清洗、消毒和维修），且不至于由于衣服或身体的接触而污染食品、食品接触面或内包装材料。对门、窗、通道的设计，提出几点供设备布置及厂房设计时参考。

① 在门或车间内部楼梯旁边布置设备时，不仅要求门能打开，而且要通行方便，一般要求留有一定的间距，如图 5-28 和图 5-29 所示。

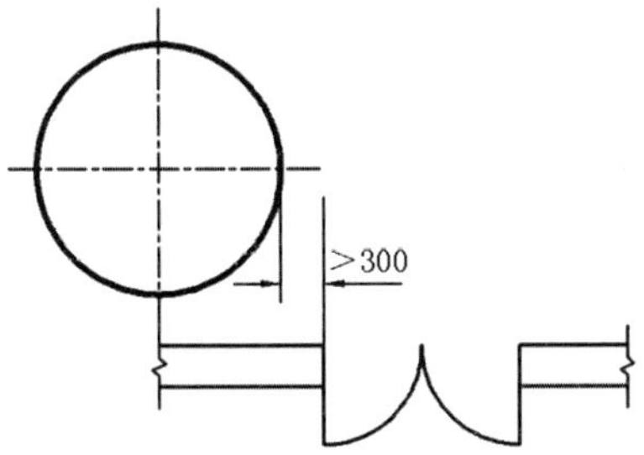

图 5-28　设备与门距离示意图

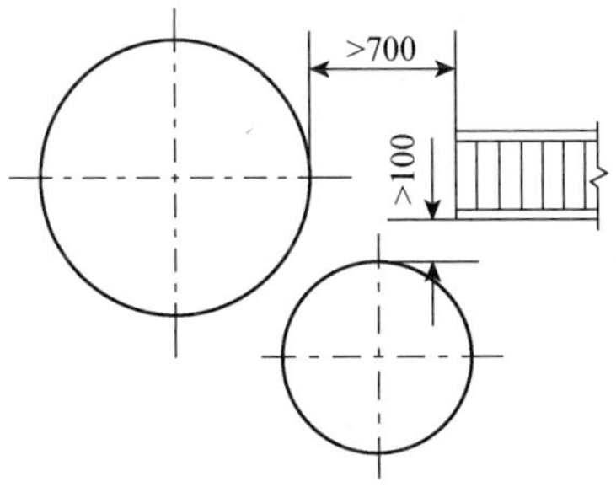

图 5-29　设备与楼梯距离示意图

② 靠墙布置设备时，设备与墙间的净距应大于 0.6 m，使窗户能开启，并利于设备检修。

③ 为了生产安全和方便操作，车间内部应考虑走道，并根据具体情况，确定走道宽度。

主要走道：宽度应大于 1.5 m。次要走道：车间内部之间由于操作联系所需要的走道，其宽度为 0.7～0.9 m。设备外缘与配电盘之间的走道大于 1.5 m；设备外缘与墙壁之间的非主要走道大于 0.7 m。

设备间距是指设备之间的安装距离。其大小主要取决于设备和管道的安装、检修和安全生产以及节约投资等因素。设备之间的安全距离，可参考表 5-38 的数据。操作设备所需的最小间距如图 5-30 所示。

（9）添加标注

为了表明建筑物各部分的结构尺寸，需要在视图中进行定位轴线、尺寸及标高等标注。在施工图中对标注的要求更严格，标注的作用显得更为重要。

表 5-38　设备之间的安全距离

项　目	尺寸/m
往复运动机械与建筑墙的距离	≥1.5
回转机械间距	0.8～1.2
回转运动机械离墙距离	0.8～1.0
泵的间距	≥1.0
泵列与泵列间距	≥1.5
离心机周围通道	≥1.5
被吊物与设备最高点间距	≥0.4
储槽间距	0.4～0.6
计量桶间距	0.4～0.6
控制室、开关室与炉子之间的距离	15
货车通道（上无吊轨时）	>1.52
运输吊轨距墙	2.13
冷藏间轨道间隔距离（肉类）	0.91
人行通道宽	≥1.0
不常通行地段的净空	≥1.9
操作台通行部分的最小净空高度	2.0～2.5
工艺设备和道路间距	≥1.0
操作台楼梯的斜度（一般情况/特殊情况）	≤45°/60°

定位横向（即和车间主要立面垂直的方向）轴线从左至右用阿拉伯数字 1，2，3 …编号；纵向轴线从下至上用 A，B，C …编号。对次要的墙、柱的轴线可编分号。如在 B、C 当中有次要的横向轴线时就编写 1/B、2/B …；如在 2，3 中有次要的横向轴线时就编写为 1/2，2/2 …。轴线编号写在直径为 8 mm（详图中可为 10 mm）的圆圈中，一般注在图的下方和左侧，如图 5-31 所示。根据平面图的定位轴线编号，在剖面图、立面图中也须注写相应的编号，以便于查对图纸。

轴线在墙、柱中的位置和其上部的支撑构件有关，一般应和上部构件的支撑长度相吻合。如在砖墙承重的建筑物中，楼板一般支撑在外墙内 120 mm 处，所以外墙的轴线距墙的内表面为 120 mm。一般内墙的轴线位于墙当中。柱的纵、横定位轴线一般通过其截面中心。

在施工图中应注明详细尺寸。尺寸标注方法由尺寸界线、尺寸线、尺寸起止点和尺寸数字所组成。除标高及总平面图上的尺寸以米（m）为单位外，其余一律以毫米（mm）为单位。为使图画清晰，尺寸数字后面一般不必注写单位。尺寸线以细实线画出，尺寸线与尺寸线相交处应适当延长。尺寸线的起止点用 45°的粗短线表示，尺寸数字应标在尺寸线上方（垂直尺寸线在左方）中部。尺寸标注方法如图 5-31 所示。

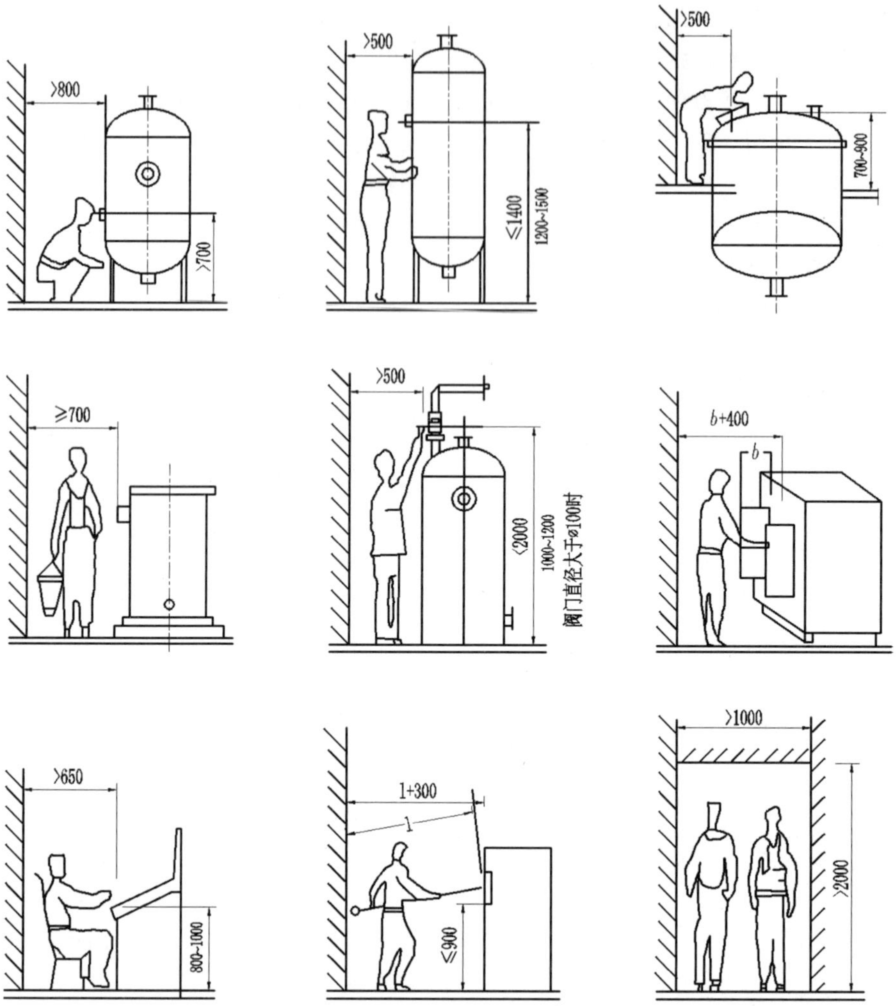

图 5-30　操作设备所需的最小间距

表示墙壁或邻近设备的外缘表面

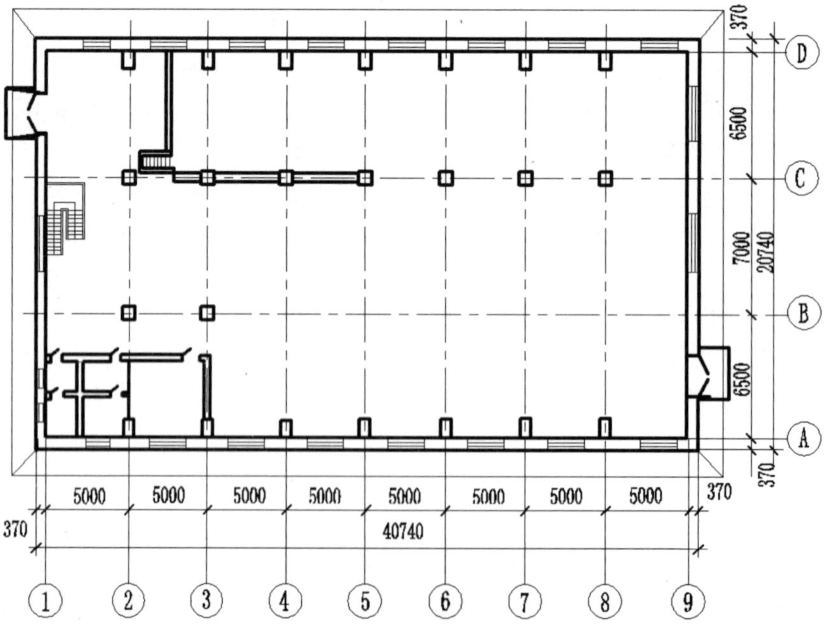

图 5-31　定位轴线标注

标高是用以表明房屋各部分，如室内、外地面、窗台、门窗口上沿和檐口底面及各层楼板上表面等处高度的标注方法。标高符号如图 5-32 所示。标高数字以米（m）为单位，一般注写到小数点后第三位。一般建筑图使用相对标高，即以首层室内地面高度为相对标高的零点写作▽±0.00，读正负零。高于它为正，但不必标注“+”号，如▽3.00。低于它为负，在数字前须加“－”号。

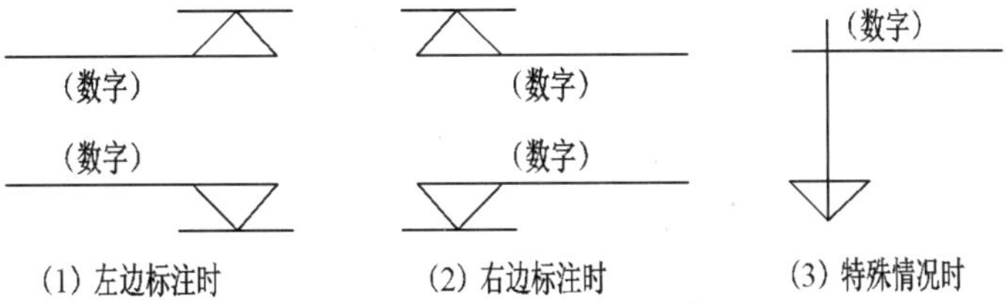

图 5-32　立面与剖面图的标高符号

另外，一套完整的施工图包括的图纸很多，而放大的详图又往往不能与有关的图纸布置在一起，为了便于相互查找，就需要注明索引标志和详图标志，分别注在放大引出部位和详图处。当图中某一部分需要放大比例绘成“局部”详图时，须在该处注明“索引标志”，见图 5-33。

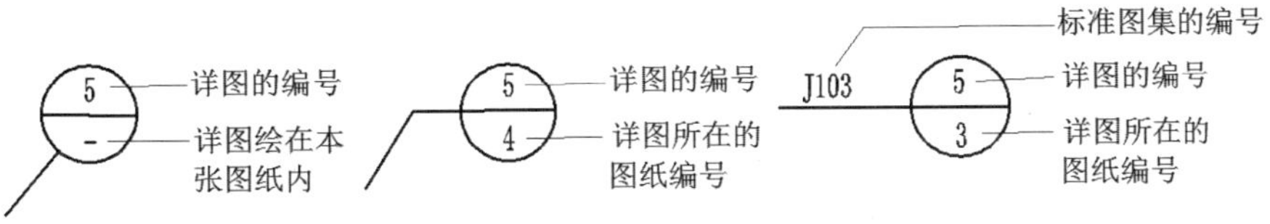

图 5-33　局部放大的详图索引标志

（10）绘制标题栏

可参照房屋建筑制图统一标准（GB/T 50001-2017）。

（11）设备清单

食品工厂车间设备平面布置图中，设备名称通常以数字排序标示。因此，平面布置图应附有与图中标号对应的设备清单，标明图纸中设备的编号、设备名称、型号、规格和台数等。设备清单在标题栏的基础上由下向上画出，具体格式如表 5-39 所示。

表 5-39　生产车间设备布置中设备清单格式

编　号	名　称	型　号	规格（长×宽×高）/ mm	数　量

平面图中门、窗体等的图例有统一画法，可参考其他资料所附图例，如有不同需说明。

（12）设施及设备布置

将电子图纸中的各设施及设备进行不同方式的排列和布置，得出多种设计方案。

（13）讨论、修改草图

对不同方案可以从以下几个方面进行比较：

① 建筑结构造价；

② 管道安装（包括工艺、水、冷、汽等）；

③ 车间运输；

④ 生产卫生条件、操作条件；

⑤ 通风采光。

（14）绘制剖面图

画出车间主要剖面图（包括门窗）。

（15）审查修改

仔细审查图纸，对绘制错误之处进行修改。

（16）打印出图

确定正式的车间设备平面布置图，并打印出图。

5.8　生产车间设备布置图的绘制

5.8.1　概述

5.8.1.1　设备布置设计的图样

设备布置设计是在确定生产流程、厂房洁净度等级和设备的型号、规格、数量的基础上进行的。其任务是将工艺流程所确定的全部设备，在厂房建筑内合理布置，安装固定，以保证生产的顺利进行。设备布置设计的最终成果，是设备布置图等一系列图样，它包括：

① 设备布置图：表示一个车间或一个工段的生产和辅助设备在厂房建筑内外安装布置的图样。

② 首页图：车间内设备布置图需分区绘制时，提供分区概况的图样。

③ 设备安装详图：表示用以固定设备的支架、吊架、挂架及设备的操作平台、附属的栈桥、钢梯等结构的图样（施工图设计内容之一）。

④ 管口方位图：表示设备上各管口以及支座、地脚螺栓等周向安装方位的图样（施工图设计内容之一）。

5.8.1.2 设备布置图的作用

设备布置图是表现车间或工段的设备布置情况的图纸，它既反映出了生产设备的相互位置及与生产流程的关系，又表现出了车间的面积与空间，生产管理与操作条件，空气洁净度等级以及各工段间的相互关系。在初步设计阶段，设备布置图主要反映设备相互位置和总体布置情况，作为施工图设计的基础和依据，供主管部门审查设计方案用。在施工图设计阶段，设备布置图要准确表达全部设备在平面和空间的定位尺寸，供施工安装时定位用，并作为管道设计的重要依据。另外，设备布置图是提供设计部门各专业作条件联系用，是辅助专业开展设计的依据。

5.8.1.3 设备布置图与建筑图的关系

设备布置图与建筑图之间存在着相互依赖的关系：设备布置图是建筑图的前提，建筑图又是设备布置图定稿的依据。工艺专业人员首先绘制设备布置图的初稿（或初步设计），对厂房建筑大小、内部分隔、跨度、层数、门窗位置以及与设备安装有关的操作平台、预留孔洞等方面，向土建设计部门提出工艺要求，作为厂房建筑设计的依据。待厂房建筑设计完成后，工艺人员再根据厂房建筑图对设备布置图进行修改、补充，使其更趋合理，最后定稿的设备布置图（施工图），就作为设备安装和管道布置的依据。

设备布置图是采用若干平面图（即水平剖视图）和必要的立面剖视图，画出厂房建筑基本结构以及与设备安装定位有关的建筑物、构筑物（如墙、柱、设备安装孔洞、地沟、地坑及操作平台等），再添加设备在厂房内外布置情况的图样。

设备布置图中的平面图，是假想掀去了屋顶或上层楼板的水平剖视图。立面剖视图是沿垂直方向剖切建筑物而画出的立面正投影图。

5.8.2 设备布置图的绘制

5.8.2.1 设备布置图的视图内容

设备布置图是设备布置设计中的主要图样，在初步设计阶段和施工图设计阶段都要进行绘制。图5-34为初步设计阶段的蒸馏车间设备布置图。图5-35为初步设计阶段的南瓜浓缩汁生产车间设备平面布置图。

设备布置图是按正投影原理绘制的，其视图内容包括：

① 一组视图：表示厂房建筑的基本结构和设备在厂房内外的布置情况。平、立面图，剖面图的数量以表示清楚为原则。

② 尺寸及标注：在图形中注写与设备布置有关的尺寸和建筑轴线的编号、设备的位号、名称等。

③ 安装方位标：指示安装方位基准的图标。

④ 说明与附注：对设备安装布置有特殊要求的说明。

⑤ 设备一览表：列表填写设备位号、名称等。

⑥ 标题栏：注写图名、图号、比例、设计阶段等。

5.8.2.2 设备布置图的表示方法

（1）分区原则

当车间范围较大，以车间为单位绘制图样不能清晰和详细表达时，则应绘制该车间的首页图，首页图上分区范围可以用粗双点画线（约1.2b）表示，然后按首页图上所划分的区域再分绘其设备布置图。如图5-36所示，图中“N”为北向，“E”为东向，“BJ”为边界的汉语拼音首位字母，“BJ”后面的数字为长度，单位为mm，例如70 000即为70 m。当车间范围不是很大，各工段（工序）的设备可以联合布置，表达清楚时，可统一出图，以车间为单位绘制设备布置图，如图5-34所示。

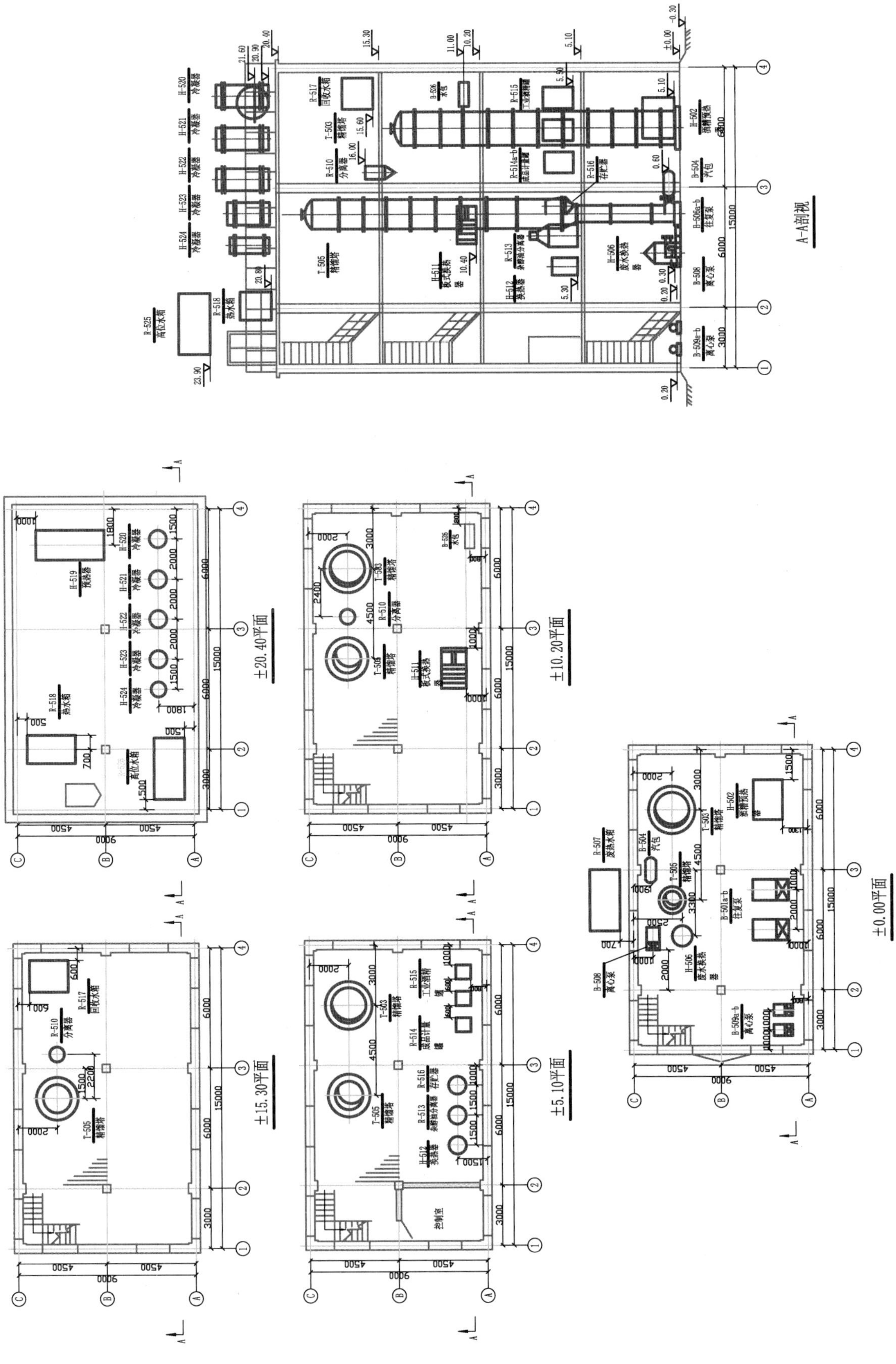

图5-34　蒸馏车间设备布置图

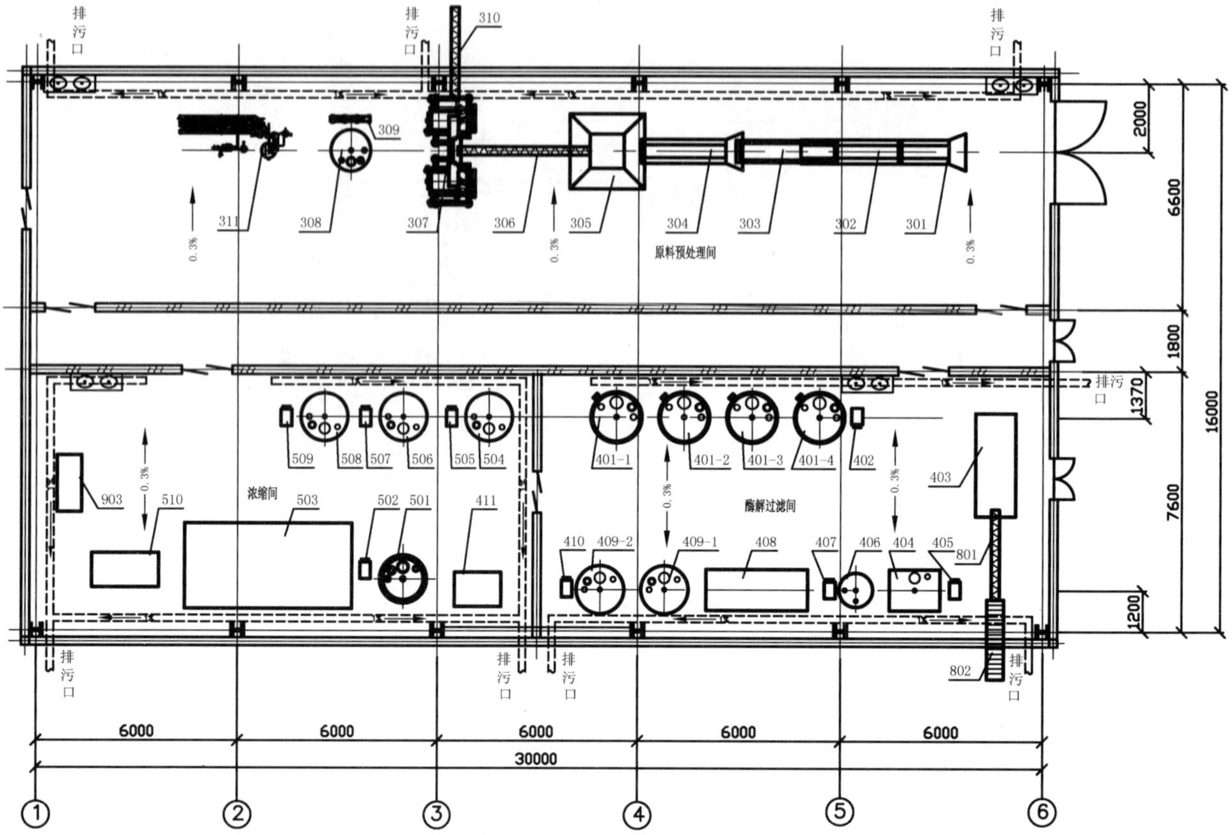

图 5-35　南瓜浓缩汁生产车间设备平面布置图

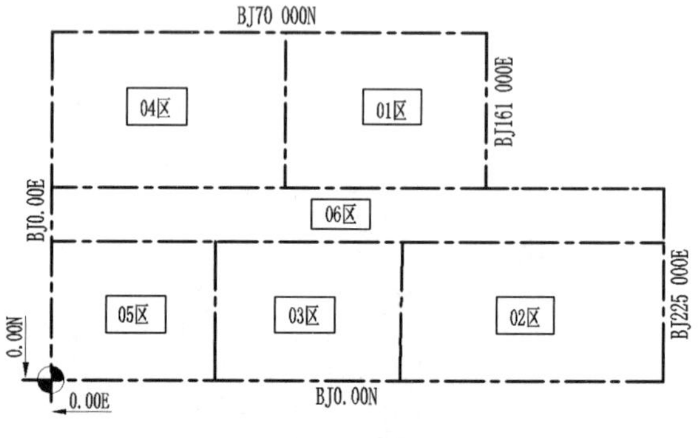

图 5-36　设备布置图

（2）比例与图幅

绘图比例通常采用 1∶50 和 1∶100，个别情况下，如设备或仓库太大时，可考虑采用 1∶200 和 1∶500。首页图可采用 1∶400、1∶500 的比例。必要时，可以在一张图纸上的各视图采用不同的比例，此时可将主要采用的比例注明在标题栏内，个别视图的不同比例则在视图名称的下方或右方予以注明。

图幅一般采用 1 号幅面，如需绘制在几张图纸上，各张图纸的幅面规格尺量相同。图幅需要加长时可按《技术制图　图纸幅面和格式》（GB/T 14689-2008）规定加以确定。

（3）视图的配置

- 平面图

设备布置图一般以平面图为主，表明各设备在平面内的布置状况。当厂房为多层时，应分别绘出各层的平面布置图，即每层厂房绘制一个平面图，例如图 5-34，画出每层厂房的平面图。在平面图上，要表示厂房的方位、占地大小、内部分隔情况、空气洁净度等级，以及与设备安装定位有关的建筑物、构筑物的结构形状和相对位置。

一张图纸内绘制几层平面图时，应以 0.00 平面开始画起，由下而上，从左至右顺序排列。在平面图下方各注明其相应标高，并在图名下画一粗线。如图 5-34 各个平面图所示，各视图下方注明平面图名称为：“±0.00 平面”“5.10 平面”“10.20 平面”等。

- 剖视图

剖视图是在厂房建筑的适当位置上，垂直切削后绘出的立面剖视图，以表达在高度方向设备安装布置的情况。在保证充分表达清楚的前提下，剖视图的数量应尽可能少，但最少要有一张。

在剖视图中要根据剖切位置和剖视方向，表达出厂房建筑的墙、柱、地面、屋面、平台、栏杆、楼梯以及设备基础、操作平台支架等高度方向的结构和相对位置。剖视图的剖切位置需在平面图上加以标记。标记方法与机械制图国家标准规定相同，如图 5-37a 所示，也可采用接近建筑制图标准的方法，如图 5-37b 所示。

在剖视图的下方应注明相应的剖视名称，如“A-A（剖视）”“B-B（剖视）”或“I-I（剖视）”“Ⅱ-Ⅱ（剖视）”等，在剖视名称下加画一粗线。剖视的名称在同一套图内不得重复。剖切位置需要转折时，一般以一次为限。剖视图与平面图可以画在同一张图纸上，按剖视顺序，从左至右，由下而上顺序排列。当剖视图与平面图分别画在不同图纸上时，有时就在平面图上剖切符号下方，用括号注明该剖视图所在图纸的图号，如图 5-37 所示。

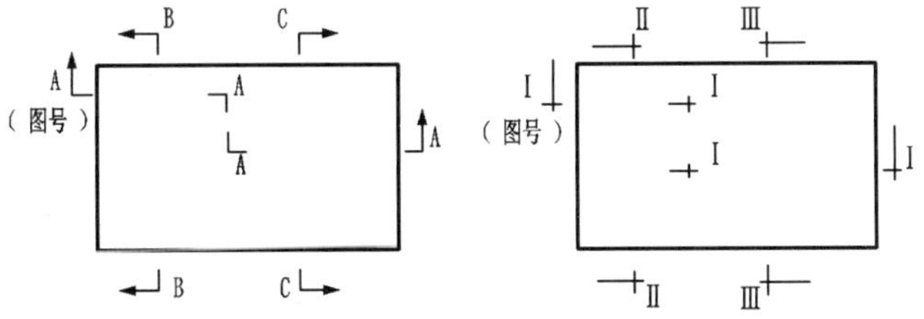

图 5-37　剖视图剖切位置的标记方法

（4）视图表示方法

设备、建筑物及构件是设备布置图中的主要表达内容。

● 建筑物及其构件

在设备布置图中，建筑物及其构件均用中实线画出。绘图的一些具体要求如下：

① 厂房建筑的空间大小、内部分隔，以及与设备安装定位有关的基本结构，如墙、柱、地面、楼板、平台、栏杆、楼梯、安装孔洞、地沟、地坑、吊车梁及设备基础等，在平面图和剖面图上，均应按比例采用规定的图例。

② 与设备安装定位关系不大的门窗等构件，一般只在平面图上画出它们的位置、门的开启方向等，在剖视图上则一概不予表示。

③ 在设备布置图中，对于承重墙、柱子等结构，要按建筑图要求用细点画线画出其建筑定位轴线。

常用建筑结构构件图例画法如图 5-38 所示。

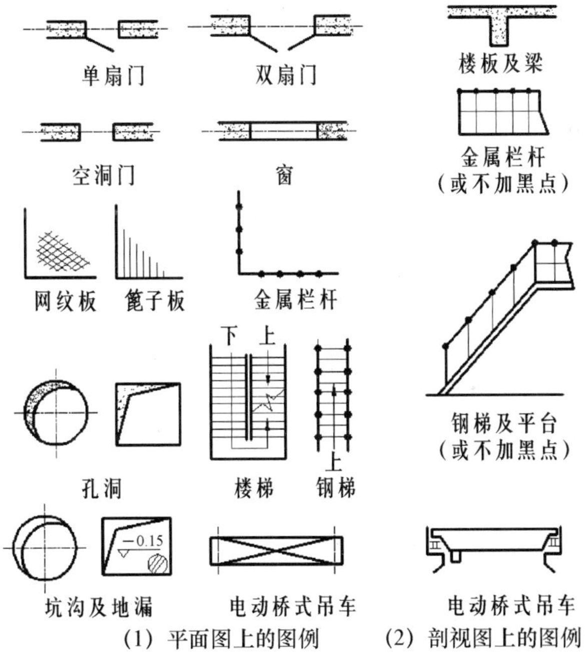

图 5-38　常用建筑结构构件图例画法

● 设备

设备布置情况是图样的主要表达内容，因此图上的设备、设备的金属支架、电机及其传动装置等，都应用粗实线或粗虚线（有些图样采用 $b/2$ 的虚线）画出。

图样绘有两个以上剖视图时，设备在各剖视图上一般只应出现一次，无特殊必要不予重复画出。位于室外而又与厂房不连接的设备及其支架等，一般只在底层平面图上给予表示。剖视图中设备的钢筋混凝土基础与设备外形轮廓组合在一起时，往往将其与设备一起画成粗线，如图 5-39 主视图所示。穿过楼层的设备，在相应的平面图上，可按图 5-40 所示的剖视形式表示。图中楼板孔洞不必画出阴影部分。

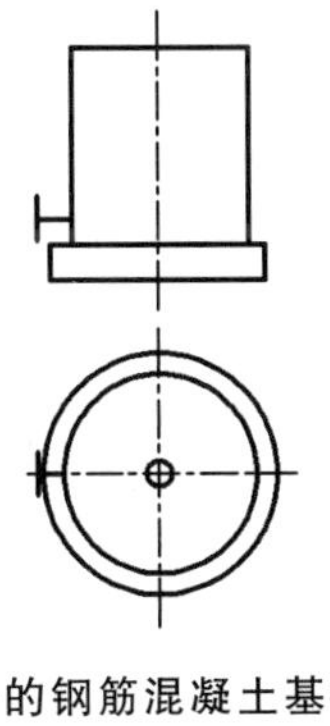

图 5-39　设备的钢筋混凝土基础与设备外形轮廓组合在一起时视图的表示方法

设备定型与否的规定画法：

① 定型设备：一般用粗实线按比例画出其外形轮廓。对于小型通用设备，如泵、压缩机、风机等，若有多台，且其位号、管口方位与支撑方位完全相同时，可只画出一台，其余只用粗实线简化画出其基础的矩形轮廓。也可在矩形中相应部位上，用交叉粗实线示意地表达电机的安装位置，如图5-41所示。车间中的起重运输设备，如吊车等，也需按规定图例示意画出。

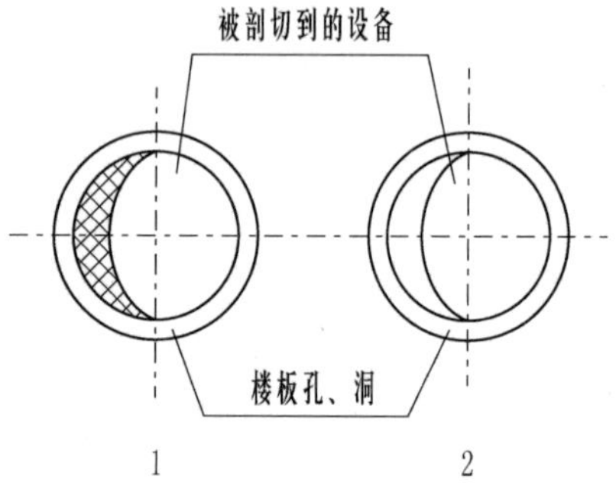

图5-40　穿过楼层设备的剖视形式

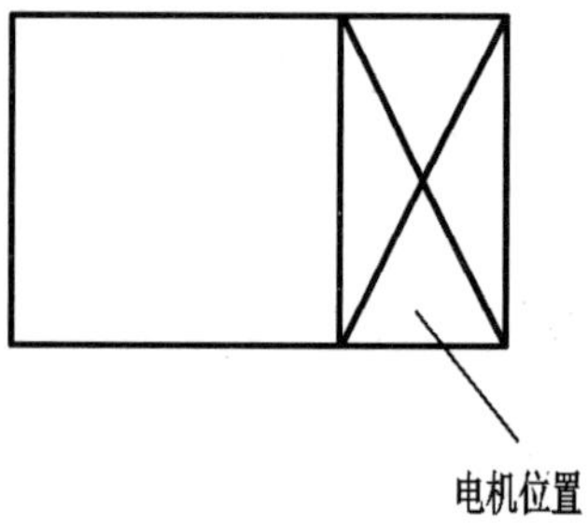

图5-41　电机安装位置的画法

② 非定型设备：用粗实线按比例画出能表示设备外形特征的轮廓。被遮盖的设备轮廓一般不予画出，如需表示可用粗虚线（或虚线）表示。在施工图设计中，应在图上画出足以表示设备安装方位特征的管口，管口可用单线表示，以中实线绘制，如图5-38所示。另绘管口方位图的设备，管口方位在设备外形图上可省略不画。

5.8.3 设备布置图的标注

设备布置图是供设备布置定位用的，所以图面上与设备布置定位有关的建筑物、构筑物、设备与设备之间、设备与建构筑物之间，都必须具有充分的定位尺寸，即具有水平面内的纵横双向尺寸和高度尺寸，并标注设备的位号、名称、定位轴线的编号，以及注写必要的说明。

5.8.3.1 厂房建（构）筑物

（1）尺寸内容

① 厂房建筑物的长度、宽度总尺寸。

② 柱、墙定位轴线的间距尺寸，必须注意和土建专业图纸完全一致，以免给施工安装造成困难。

③ 为设备安装预留的孔、洞以及沟、坑等定位尺寸。

④ 地面、楼板、平台、屋面的主要高度尺寸及其他与设备安装定位有关的建筑结构构件的高度尺寸。

（2）尺寸的注法

尺寸的标注基本上要按《建筑制图标准》GB/T 50104-2010规定的方法，以与建筑图纸一致。

- 平面尺寸

① 厂房建筑的平面尺寸应以建筑定位轴线为基准，单位用mm，图中不必注明。

② 因总体尺寸数值较大，精度要求并不是很高，因此尺寸允许注成封闭链状，如图5-42所示。

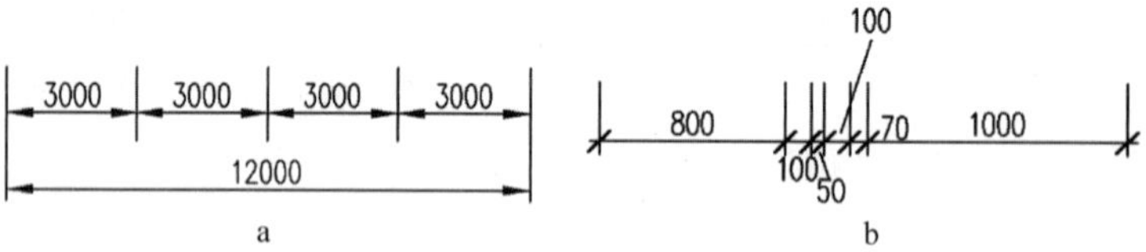

图5-42　平面尺寸的注法

③ 尺寸界线一般是建筑定位轴线和设备中心线的延长部分。

④ 尺寸线的起止点可不用箭头而采用45°的粗斜短线表示，此时最外侧的尺寸线需延长至尺寸界线外一段距离，如图5-42b所示。

⑤ 尺寸数字应尽量标注在尺寸线上方的中间，当尺寸界线距离较近没有位置注写数字时，可按图5-42b形式进行标注。

- 标高

高度尺寸以标高形式标注，方法如下：

① 一般以主厂房室内地面为基准，作为零点进行标注，单位用m，数值一般取小数点后两位，单位在图中不必注明。

② 标高符号一般采用图5-43a所示的形式，符

号以细实线绘制。如标注部位狭窄，则可采用图 5-43b 的形式，高度 h 根据实际要求决定，水平线长度 L 应以注写数字所占地位置的长度为准。有时也可采用图 5-43c 的形式。

③ 零点标高标成“±0.00”，高于零点的标高，其数字前一般不加注“+”号；低于零的标高，具数字前必须加注“−”号。如图 5-44 所示。

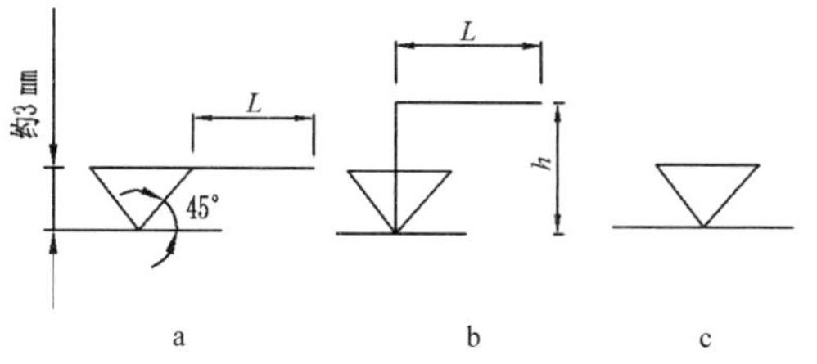

图 5-43　标高符号

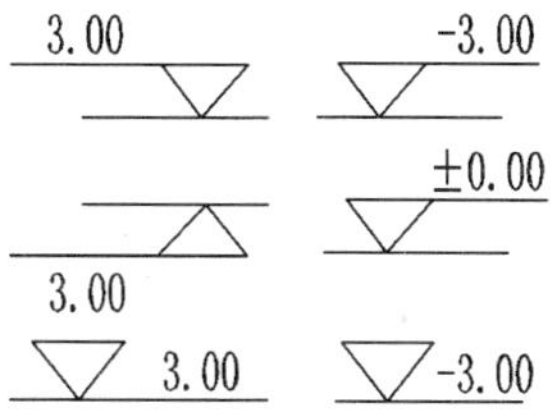

图 5-44　标高标注

④ 平面图上出现不同于图形下方所注标高的平面时，如地沟、地坑、操作台等，应在相应部位上分别注明其标高。

● 建筑定位轴线的标注

设备布置图中的建筑定位轴线，应与建筑图中的定位轴线编号相一致进行编号。标注方法是在图形与尺寸线之外的明显地位，于各轴线的端部画出直径为 8～10 mm 的细线圆，使其成水平或垂直方向排列。在水平方向自左至右顺序注以 1、2、3 …相应编号，在垂直方向则自下而上顺序注以 A、B、C …相应编号（I、O、Z 三个字母不用，字母不够用时，可增加 AA、AB …，BA、BB …）。两轴线间需附加轴线时，编号可用分数表示。分母表示前一轴线的编号，分子表示附加轴线，用阿拉伯数字顺序编号。如“1/3”表示 3 号轴线以后附加的第一根轴线，“1/B”表示 B 号轴线以后附加的第一根轴线。

5.8.3.2　设备

（1）尺寸标注

图上一般不注出设备定形尺寸而只标注其安装定位尺寸。

① 平面定位尺寸：应标注设备与建（构）筑物、设备与设备之间的定位尺寸。设备在平面图上的定位尺寸一般应以建筑定位轴线为基准，注出其与设备中心线或设备支座中线的距离。悬挂于墙上或柱子上的设备，应以墙的内壁或外壁、柱子的边为基准，标注定位尺寸。

当某一设备已采用建筑定位轴线为基准标注定位尺寸后，邻近设备可依次用已标出定位尺寸的设备中心线为基准来标注定位尺寸。

② 高度方向定位尺寸：设备在高度方向的位置，一般是以标注设备的基础面或设备中心线（卧式设备）的标高来确定。必要时也可标注设备的支架、挂架、吊架、法兰面或主要管口中心线、设备最高点（塔器）等的标高。

（2）名称与位号的标注

设备名称和位号在平面图和剖视图上都需标注，而且应与工艺流程图相一致。一般标注在相应图形的上方或下方，不用指引线，名称在下，位号在上，中间画一条粗实线（线宽为 b 或大于 b）。也有只注位号不标名称的，或标注在设备图形内不用指引线，标注在图形之外用指引线。

5.8.3.3　安装方位标

设备布置图应在图纸的右上方绘制一个设备安装方位基准的符号——安装方位标。符号以粗实线画出两个直径分别为 14 mm 与 8 mm 的圆圈和水平、垂直两直线，并分别注以 0°、90°、180°、270° 等字样如图 5-45 所示。安装方位标可由各主项（车间或工段）设计自行规定一个方位基准，一般均采用北向或接近北向的建筑轴线为零度方位基准（即所谓建筑北向）。该方位基准一经确定，设计项目中所有必须表示方位的图样，如：管口方位图、管段图等，均应统一。

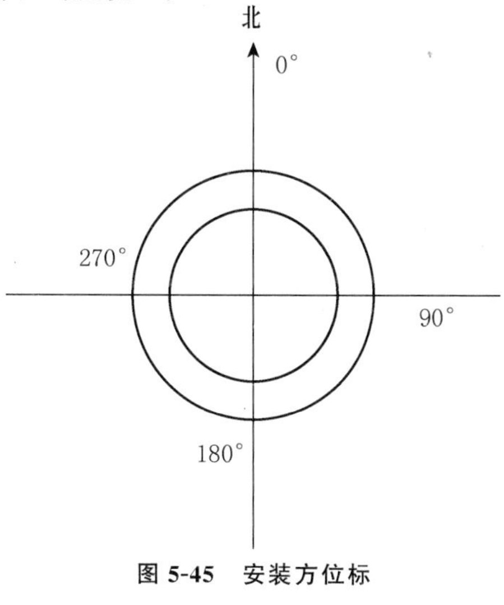

图 5-45　安装方位标

5.8.3.4 设备一览表

设备布置图可以将设备的位号、名称、规格及设备图号（或标准号）等，在图纸上列表注明。也可不在图上列表，而在设计文件中附出设备一览表。

5.8.4 不同设计阶段中的设备布置图

在初步设计和施工图设计阶段，都要绘制设备布置图，但两者的设计深度和表达要求有所不同。

5.8.4.1 初步设计设备布置图

初步设计阶段的设备布置图，主要是反映车间布置的总体情况，供有关部门讨论审查用，并作为进一步设计的依据。它与施工图设计阶段设备布置图的主要区别是设备外形表达可以较简单，设备的安装方位不表示（未确定），设备管口等一律不予画出。例如图 5-7 中，蒸馏塔、冷凝器等设备的管口方位、安装方位均未表示。因此，不能用作施工安装指导。它一般是以平面图和立画图表达设备的大致布置情况，说明设备布置对厂房建筑的要求。图面上的表达方式也可以在一定程度上从简。例如，厂房建筑一般只表示对基本结构的要求，设备安装孔洞、操作平台等有待进一步设计，因此可以不画，或者简单地表示一下。

5.8.4.2 施工设计设备布置图

施工设计设备布置图是设备安装就位的依据，要求准确表达全部设备、构筑物的平面和空间定位尺寸。它与初步设计设备布置图的主要区别是，能清楚表达设备的安装方位和管口方位。图纸内容更详细、完善、准确，能完全用于指导车间设备的施工安装。因此，需要采用一组平、立面剖视图来表达施工图设计时所确定的设备、构筑物的施工安装位置。对所有设备和构筑物，都要清楚准确地绘出其外形及特征。有些设备的主要管口需要画出，再配合必要的管口方位图，从而就完全确定了设备的安装方位。厂房建筑则进一步画出与设备安装定位有关的孔、洞、操作平台等建筑物、构筑物以及厂房建筑的基本结构。平面图上需绘制安装方位标。

5.8.5 设备布置图的绘制步骤

① 考虑设备布置图的视图配置。

② 选定绘图比例。施工图设计阶段的设备布置图采用的比例一般都大于初步设计阶段的设备布置图。

③ 确定图纸幅面。

④ 绘制平面图。在设备布置图中，平面图是主要的，因此要先绘制平面图。从底层平面起逐个绘制。由于设备定位的参照系主要取自建筑物，所以在平面图上，首先画建筑物。

a. 画建筑定位轴线。

b. 画与设备安装布置有关的厂房建筑基本结构。

c. 按照定位尺寸，画设备中心线。

d. 画设备、支架、基础、操作平台等的轮廓形状。

e. 标注尺寸。

f. 标注定位轴线编号及设备位号、名称。

g. 图上如果分区，还需要画分区界限线并作标注。

⑤ 绘制剖视图，绘制步骤与平面图大致相同，逐个画出各剖视图。

⑥ 绘制方位标。

⑦ 编制设备一览表，注写有关说明，填写标题栏。

⑧ 检查、校核、完成图样。

5.9 水、汽用量的估算

对于食品生产来说，水、汽的计算十分重要，并且与物料衡算、热量衡算等工艺计算以及设备的计算和选型、产品成本、技术经济等均有密切的关系。

5.9.1 用水量估算

估算车间用水量的目的：向给水设计提供用水要求，作为给水设计的依据；作为车间管道设计的依据；作为成本核算的依据。

食品生产工艺、设备或规模不同，生产过程用水量差异很大。即便是同一规模、同一工艺的食品厂，单位成品耗水量往往也不相同。用水量估算的方法有三种：按“单位产品耗水量定额”来估算，按水的不同用途分项估算，采用计算的方法来估算。

5.9.1.1 用“单位产品耗水量定额”来估算用水量

用“单位产品耗水量定额”来估算生产车间的用水量，其方法简便，但比较粗略。目前在我国尚缺乏这方面具体和确切的技术经济指标。这是因为单位产品的耗水额会因地区不同、原料品种的差异以及设备条件、生产能力、管理水平等工厂实际情况的不同而有较大幅度的变化。

根据我国部分乳制品和饮料类产品的调查统计，其单位耗水量大致如表 5-40 和表 5-41 所示。

表 5-40　乳制品每吨成品工艺用水耗水量　m^3/t 成品

产品	耗水量	产品	耗水量
灭菌乳	1.5～2	全脂无糖炼乳	20～25
酸牛奶	5.5～6	全脂加糖炼乳	18～22
巴氏杀菌乳（瓶装）	3～4	奶油	28～35
全脂乳粉	25～30	冰激凌	4～5

表 5-41　饮料类产品平均每吨成品耗水量　m^3/t 成品

产品	耗水量	备注
碳酸饮料	8～10	以 1.25 L 瓶装，产量 16 t/h 计
果蔬汁饮料	5～8	以 250 mL 瓶装，产量 2 t/h 计
果蔬原汁	20～25	以 5～8 t/h 计
浓缩果汁	20～40	以 8～10 t/h 计
茶饮料	4～6	以 0.5 L 瓶装，产量 6 t/h 计
番茄酱	20～80	以 50 t/h 进口生产线计
番茄酱	200～300	以 25 t/h 国产生产线计

注：表内所列数据仅为车间耗水量，不包括生活设施及冷库的用水量。

一般来说，班产量越大，单位产品耗水量相应越低，给水能力因而可以相应降低。

5.9.1.2　按水的不同用途分项估算用水量

食品工厂生产车间的用水往往因不同的用途而要求不同的水质。因此，当有不同水质的水源时，应分别进行估算；当只有一种水源时，就可以合并进行计算。

（1）产品工艺用水

产品工艺用水指直接添加到产品中的水，如饮料、液态乳制品的配料用水，带汤汁罐头的汤汁配料用水，啤酒的酿造用水等。这些产品用水水质要求很高，水质对产品质量有决定性的作用。因此，这些产品直接用水要根据产品的要求，选用合乎要求、水质较好的水。产品工艺用水量应根据物料衡算中的加水量或配方中的加水量来进行计算。

（2）原料、半成品的洗涤、冷却用水

原料、半成品的洗涤和直接冷却用水的水质要求也比较高。一般用自来水或其他符合饮用水标准的水。原料、半成品的洗涤、冷却用水以果蔬加工食品最多，通常在专门设备中进行。一些洗涤、冷却设备的用水量如表 5-42 所示。

表 5-42　洗涤、预煮及冷却设备用水

设备名称	生产能力/（t/h）	用水目的	用水量/（m^3/h）
番茄浮洗机	3	洗涤	25～30
连续预煮机	34	预煮后冷却	15～20
青刀豆预煮机	2～2.5	预煮后冷却	10～15

（3）包装容器洗涤用水

硬质包装容器包括玻璃瓶、消毒奶瓶、塑料瓶、马口铁罐、铝罐等。包装容器的洗涤用水的水质要求比较高，应按饮用水的水质标准。包装容器洗涤，通常都是在洗涤设备中进行的。洗涤的用水量与洗涤设备的设计有很大关系，表 5-43 是一些容器清洗设备的经验用水量。

表 5-43　一些容器清洗设备的用水量

设备名称	生产能力	用水目的	用水量/（m^3/h）
奶桶清洗机	180 桶/h	清洗奶桶	2
奶瓶洗瓶机	20 000 瓶/h	清洗消毒奶瓶	12～16
汽水瓶洗瓶机	3 000 瓶/h	清洗汽水瓶	2.5
洗瓶机	6 000 瓶/h	洗啤酒瓶	5
洗瓶机（德国）	12 000 瓶/h	洗啤酒瓶	3.6
洗瓶机（德国）	36 000 瓶/ h	洗啤酒瓶	14.5
玻璃罐洗罐机	3 000 罐/h	洗玻璃罐	2

（4）冷却、冷凝用水

设备的冷却、冷凝的间接式用水可用地下水或未经污染的江湖水，用水量较大的设备，应尽量考虑使用循环用水并附加冷却塔冷却用水设备。成品的冷却（包括包装后的成品的冷却，如罐头、啤酒等）则应采用饮用水或灭菌水。

热交换器冷却用水：用于间接加热杀菌的热交换器，一般是用待杀菌的物料来冷却刚杀菌的物料，刚灭菌物料冷却到一定温度后再用水冷却。这样可以节约冷却用水。

热交换器的冷却用水量按传热方程式计算。水的温升考虑为 5～12℃，具体取值视水源而定。一般采用深井水的取最大的温升，采用自来水则取较少的温升。一些设备的冷却、冷凝用水量见表 5-44。

表 5-44　部分设备的冷却、冷凝用水量

设备名称	生产能力	用水目的	用水量/（m^3/h）	备注
600 L 冷热缸		杀菌后冷却	5	乳品用
1 000 L 冷热缸		杀菌后冷却	9	乳品用
真空浓缩锅	蒸发量：300 L/h	二次蒸汽冷凝	11.6	
真空浓缩锅	蒸发量：1 000 L/h	二次蒸汽冷凝	39	
双效浓缩锅	蒸发量：1 200 L/h	二次蒸汽冷凝	15～20	
三效浓缩锅	蒸发量：3 000 L/h	二次蒸汽冷凝	20～30	
常压连续式杀菌机		杀菌后冷却	15～20	罐头用
卧式杀菌机	1 500 罐（1 kg）/次	杀菌后冷却	15～20	罐头用
板式换热器	10 m^3/h	杀菌后冷却	12	麦芽汁冷却
喷淋杀菌机	8 000 瓶/h	冷却啤酒	6	啤酒用

（5）清洁用水

清洁用水包括清洗设备、墙壁、冲洗地坪等用水。清洗与食品接触面的设备用水应按饮用水标准要求。其他卫生洗涤用水可采用井水或干净的江河水。清洁用水量一般在 5～10 m^3/h。

（6）车间生活用水

① 习惯用水量：一般车间 25 L/（人·班），较热的车间 35 L/（人·班），较脏的车间 40 L/（人·班）。

② 按车间生活用水设施计算，见表 5-45。

表 5-45　车间生活设施用水量　　m^3/h

用水设施	用水量	用水设施	用水量
洗水龙头	0.7	冲洗龙头	0.25
给水龙头	0.7	冲水式厕所	0.36
洗涤龙头	0.7	淋浴	0.48
冲洗龙头	2	盆浴	1.08
小便池龙头	0.13	饮水喷嘴	0.13

(7) 车间消防用水

一般按每2只消防龙头9 m^3/h计算。特殊情况下，则按14.5 m^3/h计算。

(8) 车间总用水量

车间总用水量并不是上述各分项用水量的总和，而应该考虑到分项的同时使用率。准确的计算应将上述各项用水量分别画出用水曲线，根据不同时间用水量的总和，计算出最大用水量，编制用水作业表（或图），这样可知道在生产用水高峰时的耗水情况。亦可将各分项用水量的总和乘以同时使用系数，作为车间的总用水量。同时使用系数一般取0.6～0.8，视实际情况而定。上面介绍的用水量估算方法工作量较大，一般适用于设计新产品时使用，或者作为对经验数据的校核。对于一些经验数据、资料积累较多的行业，可直接引用经验数据和按产品耗水定额估算。

5.9.1.3 采用计算的方法来估算用水量

目前，我国很多食品工厂缺乏对各产品较准确的用水消耗定额数据。因此，为了估算用水量，就得采用计算的方法估算。但算得的理论数据往往比实际消耗的要低得多，仅供做参考。至于低多少，这与生产中水的浪费量有关。而企业管理水平、工人素质等因素直接关系到生产用水的浪费。

下面分别介绍不同工艺或产品采用计算法估算耗水量的方法及有关公式。

(1) 制作食品和添加汤汁等产品的需水量（S_1）

S_1可根据工艺要求及其产量来计算，计算公式(5-33)如下：

$$S_1 = GZ\rho[1+(10\%\sim15\%)] \tag{5-33}$$

式中：G—班产量，kg成品；

Z—成品在调制过程中或添加汤汁时所需水量，kg/kg；

ρ—水的密度，kg/m^3。

(2) 清洗物料或容器所需水量（S_2）

清洗物料或容器所需水量（S_2）可按单位时间内水的流量及用水时间来计算，公式(5-34)如下：

$$S_2 = \frac{\pi}{4}d^2 vt\rho \tag{5-34}$$

式中：d—清洗设备上进水管的内径，m；

v—水在管道内的流速，m/s；

t—清洗设备使用时间，s；

ρ—水的密度，kg/m^3。

(3) 冷却用水计算

冷却用水主要用来使加热后的物料、产品或常温物料、产品降温，或者将蒸汽冷凝为水。冷却物料、产品及蒸汽的计算方法各不相同，这里分别介绍。

① 冷却物料、产品用水计算（S_3）

按照公式(5-35)和公式(5-36)计算。

$$S_3 = \frac{Q}{c(T_2 - T_1)} \tag{5-35}$$

$$Q = G \times c_p \times (T'_1 - T'_2) \tag{5-36}$$

式中：Q—物料或产品冷却到所需温度后放出的热量，kJ；

c—冷却水的比热容，kJ/(kg·K)；

c_p—待冷却物料或产品的比热容，kJ/(kg·K)；

G—待冷却物料或产品的质量，kg；

T_1—冷却水初温，K；

T_2—冷却水终温，K；

T_1'—待冷却物料或产品的初温，K；

T_2'—待冷却物料或产品的终温，K。

以罐头杀菌后冷却工艺为例，计算所需冷却水量。其公式(5-37)和公式(5-38)为：

$$S_3 = 2.303 \times \left(G_1 c_1 \lg\frac{T_3 - T_1}{T_2 - T_1} + G_2 c_2 \lg\frac{T_3 - T_1}{T_4 - T_1}\right) \tag{5-37}$$

$$c_2 = (G_3 c_3 + G_4 c_4 + G_5 c_5 + G_6 c_6)/G_2 \tag{5-38}$$

式中：G_1—罐头内容物的质量，kg；

c_1—罐头内容物比热容，kJ/(kg·K)；

G_2—杀菌锅、杀菌篮（或车）、罐头容器和锅内水的质量之和，kg；

c_2—杀菌锅、杀菌篮（或车）、罐头容器和锅内水的平均比热容，kJ/(kg·K)；

G_3—杀菌锅的质量，kg；

c_3—杀菌锅的比热容，kJ/(kg·K)；

G_4—杀菌篮的质量，kg；

c_4—杀菌篮的比热容，kJ/(kg·K)；

G_5—罐头容器的质量，kg；

c_5—罐头容器的比热容，kJ/(kg·K)；

G_6—杀菌锅内水的质量，kg；

c_6—杀菌锅内水的比热容，kJ/(kg·K)；

T_1—冷却水初温，K；

T_2—内容物最终冷却温度，$T_2=T_4+(5\sim7)$，K；

T_3—罐头杀菌温度，K；

T_4—杀菌锅、杀菌篮、罐头容器最终温度，K。

冷却水消耗量度（$\bar{S}_3$）：

$$\bar{S}_3=\frac{S_3}{t} \tag{5-39}$$

式中：S_3—冷却水消耗量，kg；

t—冷却时间，s。

② 蒸汽冷凝所需水量（S_4）

$$S_4=\frac{G(i-i_0)}{c(T_2-T_1)} \tag{5-40}$$

式中：G—蒸汽量，kg/s；

i—蒸汽热焓，kJ/kg；

i_0—蒸汽冷凝液热焓，kJ/kg；

c—冷却水比热容，kJ/(kg·K)；

T_2—冷却水出口温度，K；

T_1—冷却水进口温度，K。

（4）冲洗地坪耗水量（S_5）

根据实际测定，1 t水约可冲地坪40 m^2，食品厂生产车间每4 h冲洗1次，即每班至少冲洗2次，则：

$$S_5=\frac{M}{40}\times2 \tag{5-41}$$

式中：M—生产车间地坪面积，m^2。

根据生产车间的工艺要求，可算出每班生产过程的耗水量，再根据班产量即可得到生产1 t成品的耗水量，之后按上述资料编制用水作业表（或图）。

5.9.2 用汽量估算

车间生产用热主要是利用水蒸气作为热源。一般食品工厂使用低压饱和蒸汽，但有些工厂也使用压力稍高的饱和蒸汽或过热蒸汽。

按生产工艺要求，凡需要用汽的工序或设备都要进行用汽量的计算，各工序用汽量的总和就是耗汽量。算得的耗汽量与实际用量之间存在一定差异，其差异大小也与企业管理水平和工人素质有关。

用汽量计算的方法有按“单位产品耗汽量定额”估算和计算的方法。

5.9.2.1 按“单位产品耗汽量定额”估算用汽量

按“单位产品耗汽量定额”估算用汽量又包括按单位吨产品耗汽量估算、按主要设备的用汽量估算及按食品工厂生产规模大小来拟定供汽能力三种方法。

表5-46、表5-47、表5-48分别为部分乳品单位工艺用汽耗汽量表、饮料类产品平均每吨成品的耗汽量表、部分罐头和乳品用汽设备的用汽量表，供参考。

表5-46 乳制品每吨成品工艺用汽耗汽量表

产品	耗汽量（t/t成品）	产品	耗汽量（t/t成品）
灭菌乳	0.6～0.7	全脂无糖炼乳	4.8～5
酸牛奶	0.8～0.9	全脂加糖炼乳	3.8～4
巴氏杀菌乳（瓶装）	3～4	奶油	0.8～1
全脂乳粉	25～30	冰激凌	1.1～1.3

表5-47 饮料类产品平均每吨成品耗汽量表

产品	耗汽量/(t/t成品)	备 注
碳酸饮料	0.35～0.75	以1.25 L瓶装，产量16 t/h计
果蔬汁饮料	0.4～0.7	以250 mL瓶装，产量2 t/h计
果蔬原汁	0.2～0.4	以5～8 t/h计
浓缩果汁	3.5～6.5	以8～10 t/h计
茶饮料	0.3～0.4	以0.5 L瓶装，产量6 t/h计
番茄酱	2.7～3.7	以50 t/h进口生产线计
番茄酱	7.5	以25 t/h国产生产线计

表 5-48　部分罐头和乳品用汽设备的用汽量表

设备名称	设备能力	用汽目的	用汽量/(t/h)	用汽性质
可倾式夹层锅	300 L	加热	0.12～0.15	间歇
五链排气箱	＃10 124　235 罐/次	排气	0.15～0.2	连续
立式杀菌锅	＃8 113　552 罐/次	杀菌	0.2～0.25	间歇
卧式杀菌锅	＃8 113　2 300 罐/次	杀菌	0.45～5.00	间歇
常压连续杀菌机	＃8 113　608 罐/次	杀菌	0.25～0.3	连续
番茄酱预热器	5 t/h	预热	0.3～0.35	连续
双效浓缩锅	蒸发量　1 000 kg/h	浓缩	0.4～0.5	连续
双效浓缩锅	蒸发量　400 kg/h	浓缩	2～2.5	连续
蘑菇预煮机	3～4 t/h	预煮	0.3～0.4	连续
青刀豆预煮机	2～2.5 t/h	预煮	0.2～0.25	连续
擦罐机	6 000 罐/h	烘干	0.06～0.08	连续
KDK 保温缸	100 L	消毒杀菌	0.34	间歇
片式热交换器	3 t/h	消毒杀菌	0.13	连续
洗瓶机	20 000 瓶/h	洗瓶	0.6	连续
洗桶机	180 个/h	洗桶消毒	0.2	连续
真空浓缩锅	300 L/h	浓缩	0.35	间歇或连续
真空浓缩锅	700 L/h	浓缩	0.8	间歇或连续
真空浓缩锅	1 000 L/h	浓缩	1.13	间歇或连续
双效真空浓缩锅	1 200 L/h	浓缩	0.5～0.72	连续
三效真空浓缩锅	3 000 L/h	浓缩	0.8	连续
喷雾干燥塔	75 kg/h	干燥	0.3	连续
喷雾干燥塔	150 kg/h	干燥	0.57	连续
喷雾干燥塔	250 kg/h	干燥	0.875	连续
喷雾干燥塔	350 kg/h	干燥	1.05	连续
喷雾干燥塔	700 kg/h	干燥	1.96	连续

另外，根据经验，一些物料加热过程的耗气量如下。

① 果蔬的预煮或热烫：90～100 kg/t 。

② 鱼的烘干：500～600 kg/t。

③ 果蔬罐头常压杀菌：400～500 kg/t。

④ 番茄煮沸：100～150 kg/t。

5.9.2.2　用汽量计算

每台设备在加热过程中所消耗的热量应等于加热产品和设备所消耗的热量、生产过程的热效应（固体溶解、结晶融解、溶液蒸发等）以及通过对流和辐射损失到周围介质中去的热量总和，见公式(5-42)。

$$\sum Q_{入} = \sum Q_{出} + \sum Q_{损} \qquad (5\text{-}42)$$

式中：$\sum Q_{入}$—输入的热量总和，kJ；

$\sum Q_{出}$—输出的热量总和，kJ；

$\sum Q_{损}$—损失的热量总和，kJ。

物料升温、固体（晶体）溶解或液体凝固（结晶）、溶剂蒸发、热损失、蒸汽消耗量等的计算公式，叙述如下。

(1) 物料升温所耗热量计算

$$Q_1 = Wc(T_2 - T_1) \qquad (5\text{-}43)$$

式中：Q_1—物料升温所需热量，J；

W—物料量，kg；

c—物料比热容（见表 5-49 或查看有关设计手册），kJ/(kg·K)；

T_2—物料终温，K；　　T_1—物料初温，K。

表 5-49　部分物料在冰冻点以上的比热容　　kJ/(kg·K)

物料名称	比热容	物料名称	比热容	物料名称	比热容
草莓	3.851	黄瓜	4.060	兔肉	3.767
香蕉	3.349	玉米	3.307	肝	1.256
樱桃	3.642	花生米	2.009	家禽	3.349
葡萄	3.600	洋葱	3.767	鲜鱼	2.930
柠檬	3.851	青豆	3.307	熏鱼	3.181
桃、梨、橙	3.851	马铃薯	3.433	龙虾	3.391
杏、菠萝	3.648	菠菜	3.935	蚝	3.516
李	3.678	芦笋	3.952	冻鱼	3.344
西瓜	4.060	番茄	3.977	鳕鱼肉	3.595
含糖果汁	2.679	茄子	3.935	鲭鱼肉	2.759
果酱	2.009	甘薯	3.140	海鲈鱼肉	3.511
果干	1.758	猪肉	2.428～2.637	奶油	1.381
蘑菇、花椰菜	3.893	腌肉	2.135	牛油	2.512
南瓜	3.851	熏肉	1.256～1.800	鲜蛋	3.181
胡萝卜	3.767	火腿	2.428～2.637	蛋粉	1.047
苹果	2.642	猪油	2.260	鲜奶	3.767
柑橘	3.767	牛肉	2.930～3.516	糖	1.256
柿	3.516	羊肉	2.846～3.181	啤酒	3.851
甘蓝菜	3.935	鸡肉	3.307	玻璃罐	0.502
芹菜	3.977	干酪	2.093	铁器	0.481

不含脂肪的蔬菜及水果的比热容可按式（5-44）计算：

$$c=\frac{100-0.65\,n}{100} \tag{5-44}$$

式中：n—干物质含量的百分数。

（2）固体（晶体）熔化变为液体或液体凝固变为固体（晶体）时耗热量计算

$$Q_2=Wq \tag{5-45}$$

式中：W—固体（或晶体）的质量，kg；

q—熔解热或凝固热（结晶热），kJ/kg。

凝固热与熔解热的 q 值相同，计算时熔解热取正值，凝固热取负值。

（3）溶剂蒸发时耗热量计算

$$Q_3=W\gamma \tag{5-46}$$

式中：γ—汽化潜热，J/kg；

W—蒸发了的溶剂量，kg。

W 可按以下方程式（5-47）计算：

① 在浓度改变时：

$$W=\omega(1-n/m) \tag{5-47}$$

式中：ω—物料量，kg；

n—开始时干物质含量的百分率；

m—终点时干物质含量的百分率。

② 溶剂从湿物体表面自由蒸发时：

$$W=KS(p-\varphi p_1)\tau \tag{5-48}$$

$$K=0.074\,5(Vd)^{0.8} \tag{5-49}$$

式中：K—与液体性质及空气运动速度有关的相对系数，kg/(m²·s·mmHg)（参阅表 5-50，1 mmHg=133.322 Pa），对水及溶液可按式（5-49）确定；

V—空气运动速度，m/s；

d—空气密度，kg/m³；

S—蒸发表面积，m²；

p_1—在周围空气的温度下，液体的饱和蒸汽压，mmHg（1 mmHg=133.322 Pa，下同）；

p—在蒸发温度下，液体的饱和蒸汽压力，mmHg；

φ—空气的相对湿度，一般为 0.7；

τ—蒸发时间，s。

表 5-50 V 与 K 值对应表

V/(m/s)	0.5	1.0	1.5	2.0
K/[kg/(m² · s · mmHg)]	0.036	0.036	0.114	0.145

③ 在液体自蒸发时：

$$W=\frac{\omega c(T_1-T_2)}{\gamma} \quad (5\text{-}50)$$

式中：ω—产品质量，kg；

c—产品比热容，kJ/（kg · K）；

T_1、T_2—产品开始及最后的温度，K；

γ—液体在最后温度下的汽化潜热，J/kg。

（4）加热设备表面向周围环境，由于对流及辐射所造成的热损失计算

$$Q=S\tau\alpha_0(T_1-T_2) \quad (5\text{-}51)$$

式中：S—设备表面积，m²；

τ—对流和辐射散热的时间，s；

T_1—设备表面平均温度，K；

T_2—周围空气的平均温度，K；

α_0—对流及辐射总的给热系数，J/(m² · s · K)，$\alpha_0=\alpha_1+\alpha_2$。

其中 α_0 为对流给热系数，在空气自由运动时，可按下面方程式得：

当 $GrPr=500\sim(2\times10^6)$ 时：

$$\alpha_1=0.54\frac{\lambda}{l}(GrPr)^{0.25} \quad (5\text{-}52)$$

当 $GrPr>2\times10^6$ 时：

$$\alpha_1=0.135\frac{\lambda}{l}(GrPr)^{1/3} \quad (5\text{-}53)$$

式中：Gr—格拉斯霍夫数；

Pr—普朗特数；

λ—空气的导热系数，kJ/(m · s · K)；

l—壁高度，m。

对于对流给热系数的近似计算，下式已相当准确：

$$\alpha_1=1.977\sqrt[4]{T_1-T_2} \quad (5\text{-}54)$$

α_2 为辐射给热系数的近似计算，下式已相当准确：

$$\alpha_2=\frac{C\left[\left(\frac{T_1}{100}\right)^4-\left(\frac{T_2}{100}\right)^4\right]}{T_1-T_2} \quad (5\text{-}55)$$

式中：T_1—壁面平均绝对温度，K；

T_2—空气平均绝对温度，K；

C—灰体辐射系数，J/(m² · s · K⁴)，参阅表5-51。

表 5-51 灰体的辐射系数

物质名称	黑度ε	辐射系数 $C=5.70\varepsilon$ / [J/m² · s · K⁴]
经氧化的铝	0.11～0.19	0.63～1.08
新加工的钢体	0.242	1.38
经氧化的、平滑的钢板	0.78～0.82	4.45～4.67
经氧化的铸铁	0.64～0.78	3.65～4.45
暗淡的黄铜	0.22	1.25
经氧化的黄铜	0.59～0.61	3.36～3.48
经磨光的铜	0.018～0.023	0.10～0.13
经氧化的铜	0.57～0.87	3.25～4.96
石棉板	0.96	5.47
砖	0.930	5.3
不同色的油料	0.92～0.96	5.24～5.47

（5）由热量衡算式算出该设备所需总的热量 Q 之后，再根据不同载热体算出载热体的需要量

下面以蒸汽和液体两种载体为例，列出其计算公式。

① 蒸汽消牦量的计算：

$$Q=(i_1-i_2) \quad (5\text{-}56)$$

$$W=\frac{Q}{i_1-i_2} \quad (5\text{-}57)$$

式中：W—蒸汽消耗量，kg；

Q—加热过程中的热量总消耗，J，$Q=Q_1+Q_2+Q_3+\cdots+Q_n$；

i_1—蒸汽热焓，J/kg；

i_2—冷凝液的热焓，J/kg。

冷凝液的热焓可由下式求得：

$$i_2 = c_2 T_2 \tag{5-58}$$

式中：c_2—冷凝液的比热容，冷凝水的情形，$c_2 = 4.2$ J/(kg·K)；

T_2—冷凝液的温度，K，与加热蒸汽温度之差在5～8℃；实际上，取其等于加热蒸汽的温度 T，已很准确。

② 载热体为液体的消耗量：

$$W = \frac{Q}{c(T_1 - T_2)} \tag{5-59}$$

式中：W—液体载热的消耗量，kg；

c—液体载热体的比热容，kJ/(kg·K)；

T_1—载热体的开始温度，K；

T_2—载热体的最终温度，K。

(6) 求设备的加热面积 S (m^2) 或过程时间 τ (s)

可用传热的一般方程：

$$Q = SK\Delta T\tau \tag{5-60}$$

$$S = \frac{Q}{K\Delta T\tau} \tag{5-61}$$

$$\tau = \frac{Q}{K\Delta TS} \tag{5-62}$$

式中：τ—过程时间，s；

Q—设备总的热量消耗量，等于在单独条件热量消耗的总和，J；

S—传热面积，m^2；

ΔT—载热体和接受热量的介质的平均温度，K；

K—传热系数，J/(m^2·s·K)。

如果两种流体的温度随时间或者沿传热面而改变，则当开始温度差 ΔT_1 及最后温度差 ΔT_2 满足 $\frac{1}{2} < \frac{\Delta T_1}{\Delta T_2} < 2$ 时，总的平均温度差可取两者的算术平均数，即：

$$\Delta T = (\Delta T_1 + \Delta T_2)/2 \tag{5-63}$$

但当 $\Delta T_1/\Delta T_2 \leqslant \frac{1}{2}$ 或 $\Delta T_1/\Delta T_2 \geqslant 2$ 时，则可取对数平均温差：

$$\Delta T = \frac{\Delta T_1 - \Delta T_2}{2.31\lg\frac{\Delta T_1}{\Delta T_2}} \tag{5-64}$$

传热系数 K 决定于固体壁两侧的给热系数 α_1、α_2 以及固体壁的厚度 δ 和材料的导热系数 λ。K 值可按下式求得：

$$K = \frac{1}{\frac{1}{\alpha_1} + \frac{1}{\alpha_2} + \sum\frac{\delta}{\lambda}} \tag{5-65}$$

给热系数 α 的确定，必须充分掌握流动情况，否则所得出的结果就难与实际情况相符。

根据生产车间的工艺要求，可以算出生产过程中各热处理设备的消耗量。再根据班产量，就可算出1 t成品的耗汽量。然后，编制生产过程的用汽作业图表，按用汽高峰时来计算耗汽量。

5.10 管路计算与设计

管路系统是食品工厂生产过程中必不可少的部分，各种物料、蒸汽、水及气体都要用管路来输送，设备与设备间的相互连接也要依靠管路。管路对于食品工厂，犹如血管对于人体生命一样重要。可见，管路设计是食品工厂设计中的一个重要组成部分。管路设计是否合理，不仅直接关系到建设指标是否先进合理，而且也关系到生产能否正常进行以及厂房各车间布置是否整齐美观和通风采光是否良好等。因此，对于乳品厂、饮料厂、啤酒厂等成套设备，在进行食品工厂的工艺设计时，特别是在施工图设计阶段，工作量最大、花时间最多的是管路设计。搞好管路计算和管道安装具有十分重要的意义。

5.10.1 管路设计的标准化与管材选择

5.10.1.1 管路设计的标准化

在管路的设计操作和生产实践中，为了便于设计选用，有利于成批生产，降低生产成本和便于互换，国家有关部门制定了管子、法兰和阀门等管道用零部件标准。对于管子、法兰和阀门等标准化的最基本参数就是公称直径和公称压力。

(1) 公称直径

公称直径又称通称直径、公称通径。所谓管子、法兰和阀门等的公称直径，就是为了使管子、法兰和阀门等的连接尺寸统一，将管子和管道用的零部件的直径加以标准化以后的标准直径。公称直径以 Dg 表示，其后附加公称直径的尺寸。例如：公称直径为100 mm，用 $Dg100$ 表示。

管子的公称直径是指管子的名义直径，既不是管子内径，也不是它的外径，而是与管子的外径相近又小于外径的一个数值。只要管子的公称直径一定，管子的外径也就确定了，而管子的内径则根据壁厚不同而不同。如 Dg150 的无缝钢管，其外径都是 159 mm，但常用壁厚有 4.5 mm 和 6.0 mm，则内径分别为 150 mm 和 147 mm。

设计管路时应将初步计算的管子直径调整到相近的标准管子直径，以便按标准管道选择。

在铸铁管和一般钢管中，由于壁厚变化不大，Dg 的数值较简单，用起来也方便，所以采用 Dg 叫法。但对于管壁变化幅度较大的管道，一般就不采用 Dg 的叫法。无缝钢管就是一个例子，同一外径的无缝钢管，它的壁厚有好几种规格（查相关的设计资料），这样就没有一个合适的尺寸可以代表内径。所以，一般用“外径×壁厚”表示。如：外径为 57 mm、壁厚为 4 mm 的无缝钢管，可采用“Φ57×4”表示。

对于法兰或阀门来说，它们的公称直径是指与它们相配的管子的公称直径。例如公称直径为 200 mm 的管法兰，或公称直径为 200 mm 的阀门，指的是连接公称直径为 200 mm 的管子用的管法兰或阀门。管路的各种附件和阀门的公称直径，一般都等于管件和阀门的实际内径。

目前管子直径的单位除用 mm 外，在工厂有用英制的，其单位为 in。例如 1 in 管就是 Dg26。

（2）公称压力

公称压力就是通称压力，一般应大于或等于实际工作的最大压力。在制定管道及管道用零部件标准时，只有公称直径这样一个参数是不够的，公称直径相同的管道、法兰或阀门，它们能承受的工作压力是不同的，它们的连接尺寸也不一样。所以要把管道及所用法兰、阀门等零部件所承受的压力，也分成若干个规定的压力等级，这种规定的标准压力等级就是公称压力，以 Pg 表示，其后附加公称压力的数值。例如：公称压力为 25×10^5 Pa 用 Pg25 表示。公称压力的数值，一般指的是管内工作介质温度在 0～120℃范围内的最高允许工作压力。一旦介质温度超出上述范围，则由于材料的机械强度要随温度的升高而下降，因而在相同的公称压力下，其允许的最大工作压力应适当降低。

在选择管道及管道用的法兰或阀门时，应把管道的工作压力调整到与其接近的标准公称压力等级，然后根据 Dg 和 Pg 就可以选择标准管道及法兰或阀门等管件，同时，可以选择合适的密封结构和密封材料等。

按照现行规定，低压管道的公称压力分为 2.5×10^5 Pa、6×10^5 Pa、10×10^5 Pa、16×10^5 Pa 4 个压力等级；中压管道的公称压力分为 25×10^5 Pa、40×10^5 Pa、64×10^5 Pa、100×10^5 Pa 4 个压力等级；高压管道的公称压力分为 160×10^5 Pa、200×10^5 Pa、250×10^5 Pa、300×10^5 Pa 4 个压力等级。

5.10.1.2　管道材料的选择

根据输送介质的温度、压力以及腐蚀情况等选择所用管道材料。常用管道材料有普通碳钢、合金钢、不锈钢、铜、铝、铸铁以及非金属材料。食品工厂常用的管道材料有以下几种（表 5-52）。

表 5-52　常用管材

介质名称	介质参数	适用管材	备注
蒸汽	$p<784.8$ kPa	焊接钢管	
蒸汽	$p=883\sim1275.3$ kPa	无缝钢管	
热水、凝结水	$p<784.8$ kPa	焊接钢管	
压缩空气		紫铜管、塑料管	
压缩空气	$p\leqslant784.8$ kPa	焊接管	Dg80 以上
压缩空气	$p>784.8$ kPa	无缝钢管	
给水、煤气		镀锌焊接钢管	Dg150 以上
给水、煤气	埋地	铸铁管	
排水		铸铁管、石棉水泥管	
排水	埋地	铸铁管、陶瓷管、钢筋混凝土管	
真空		焊接钢管	
果汁、糖液、奶油		不锈钢管、聚氯乙烯管	
盐溶液		不锈钢管	
氨液		无缝钢管	
酸、碱液	0.92～0.96		

(1) 钢管

1) 无缝钢管

无缝钢管材料为碳钢，用于输送有压力的物料、蒸汽、压缩空气等，如果温度超过435℃，则须用合金钢管，按照压力的不同可选用不同壁厚的钢管。无缝钢管分热轧和冷拉两种。热轧无缝钢管的外径为32～600 mm，壁厚25～50 mm。冷拉钢管外径为4～150 mm，壁厚为1～12 mm。标注方法是“外径×壁厚”。例如Φ45×3.5表示钢管外径为45 mm，壁厚为3.5 mm。

2) 电焊钢管

① 螺旋电焊钢管：用碳钢板条卷制，连续螺旋焊接，壁厚6～8 mm。用于大口径（大于Φ200 mm）低温低压的管道，按公称直径标注。

② 钢板卷管：用碳钢板卷制，直缝焊接，壁厚8～12 mm，用于大口径（大于Φ600 mm）低温低压管道，按公称直径标注，一般由安装单位在现场制作。

3) 水煤气钢管

水煤气钢管的材料是碳钢，有普通和加厚两种。根据镀锌与否，分镀锌和不镀锌两种（白铁管和黑铁管），用于低温低压的水管。普通管壁厚为2.75～4.5 mm，加厚的壁厚为3.25～5.5 mm。可按普通或加厚管壁厚和公称直径标注。

4) 不锈钢管

对于输送有腐蚀性介质、酸、碱等，且有高压的或食品卫生要求高的管道，可用不锈钢管（含镍、铬、钼，可耐800～950℃高温）。例如酸法糖化管道、啤酒大罐发酵的管道等。对于有腐蚀性但压力不太高的管道，也可用衬橡胶的钢管和铸铁管。

(2) 铸铁管

铸铁管用于室外给水和室内排水管线，也可用来输送碱液或浓硫酸，埋于地下或管沟。用砂型离心浇铸的普压管，工作压力高于735 kPa（7.5 kgf/cm^2）；高压管工作压力高于980 kPa（10 kgf/cm^2）。

接口为承插式的内径Φ75～500 mm，壁厚7.5～200 mm。用砂型立式浇铸的铸铁管也有低压[工作压力低于441 kPa（4.5 kg/cm^2）]、普压和高压3种。壁厚9.0～30.0 mm，用公称直径标注。

高硅铸铁管、衬铅铸铁管系输送腐蚀介质用管道，公称通径Dg10～400。

(3) 有色金属管

① 铜管与黄铜管：铜管与黄铜管多用于制造换热设备，也用于低温管道、仪表的测压管线或传送有压力的流体（如油压系统、润滑系统）。当温度大于250℃时不宜在压力下使用。

② 铝管：铝管系拉制而成的无缝管，常用于输送浓硝酸、醋酸等物料，或用作换热器，但铝管不能抗碱。在温度大于160℃时不宜在压力下操作，极限工作温度为200℃。

铜管、黄铜管和铝管的规格均为“外径×壁厚”。

(4) 非金属管

非金属材料的管道种类很多，常见的材料有塑料、硅酸盐材料、石墨、工业橡胶、其他非金属衬里材料等。

① 硅酸盐材料管：硅酸盐材料管有陶瓷管、玻璃管等，它们耐腐蚀性能强，缺点是耐压低，性脆易碎。

钢筋混凝土管、石棉水泥管用于室外排水管道，管内试验压力：混凝土管0.3×10^5 Pa（0.5 kgf/cm^2）；重型钢筋混凝土管1×10^5 Pa（1.0 kgf/cm^2）。公称内径：混凝土管Φ75～450 mm，厚度25～67 mm；轻型钢筋混凝土管Φ100～1 800 mm，厚度25～140 mm；重型钢筋混凝土管Φ300～1 550 mm，厚度58～157 mm，按公称内径标注。近年来，给水管道用内径500～1 000 mm的预应力钢筋混凝土管日益增多，工作压力可达6×10^5 Pa（6 kgf/cm^2）。

② 塑料管：输送温度在60℃以下的腐蚀性介质可用硬聚氯乙烯管、聚氯乙烯管或聚氯乙烯卷管（用板料卷制焊接）。市购硬聚氯乙烯管的公称通径Dg 6～400，壁厚为6～12 mm，按照“外径×壁厚”标注。常温下轻型管材的工作压力不超过2.5×10^5 Pa，重型管材（管壁较厚）工作压力不超过6×10^5 Pa。

除硬聚氯乙烯管以外，塑料管还有用软聚氯乙烯塑料、酚醛塑料、尼龙1 010管、聚四氟乙烯管等制成的管材。

③ 橡胶管：能耐酸碱，抗蚀性好，且有弹性可任意弯曲。橡胶管一般用作临时管道及某些管道的挠性件，不作为永久管道。

5.10.2 给水管道的计算及水泵选择

5.10.2.1 给水管道的计算

(1) 确定管径 D

1) 计算法

有下列计算公式

$$Q = Fv = \frac{\pi}{4}D^2 v \tag{5-66}$$

$$D = \sqrt{\frac{4Q}{\pi v}} \approx 1.128\sqrt{\frac{Q}{v}} \tag{5-67}$$

式中：D—管道设计断面处的计算内径，m；

Q—通过管道设计断面的水流量，m^3/s；

F—管道设计断面的面积，m^2；

v—管道设计断面处的水流平均速度，m/s。

对于小于 Dg 300 的钢管和铸铁管，考虑新管用旧后的锈蚀、沉垢等情况，应加 1 mm 作为管内径，而后再查管子的规格，选用最相近的管子。

在设计时，选用的流速 v 过小，则需较大的管径，管材用量多，投资费用大；若设计时选用的流速 v 较大，则管道的压头损失太大，动力消耗大，能源浪费。因此，在确定管径时，应选取适当的流速。根据长期工业实践的经验，找到了不同介质较为合适的常用流速，如表 5-53 所示。

表 5-53　管道输送常用流速

介质名称	管径	流速/(m/s)	介质名称	管径	流速/(m/s)
给水、冷冻水	Dg15～50	0.5～1.0	饱和蒸汽	Dg15～20	10～15
	Dg50 以上	0.8～2.0		Dg25～32	15～20
	蛇盘管	<0.1		Dg40	20～25
				Dg50～80	20～30
自流凝结水	Dg15～18	0.1～0.3		Dg100～150	25～30
压缩空气	小于 Dg50	100～15			
煤气	Dg25～50	≤4.0	真空	Dg15～40	<8.0
	Dg70～100	≤6.0		Dg50～100	<10
低压冷凝水	Dg15～20	≤0.5	车间风管	干管	8～12
	Dg25～32	≤0.7		支管	2～8
	Dg40～50	≤1.0			
	Dg70～80	≤1.6	车间排水	暗沟	0.6～4.0
				明沟	0.4～2.0

注：排水管的流量计算，其充满度为 0.4～0.6。

2）查表法

根据给水钢管（水、煤气管）水力计算表（表 5-54），其中有 Q（qv）、Dg、v、i 4 个参数，只要知道其中任意 3 个数值，就可从表中查到剩下的另两个需求的参数。该表是按清水、水温为 10℃，并且考虑了垢层厚度为 0.5 mm 的情况算得。水的黏滞性与水的温度有负相关的关系，故 i 与水温也为负相关。但因自来水温与 10℃ 相差不大，故一般均可不考虑这项微小的影响。

表 5-54　给水钢管（水、煤气管）水力计算表

qv	Dg15		Dg20		Dg25		Dg32		Dg40		Dg50		Dg70		Dg80		Dg100	
	v	i	v	i	v	i	v	i	v	i	v	i	v	i	v	i	v	i
0.05	0.29	28.4																
0.07	0.41	51.8	0.22	11.1														
0.10	0.58	98.5	0.31	20.8														
0.12	0.70	137	0.37	28.8	0.23	8.59												
0.14	0.82	182	0.43	38	0.26	11.3												
0.16	0.94	234	0.50	48.5	0.30	14.2												
0.18	1.05	291	0.56	60.1	0.34	17.6												
0.20	1.17	354	0.62	72.7	0.38	21.3	0.21	5.22										
0.25	1.46	551	0.78	109	0.47	31.8	0.26	7.70	0.20	3.92								
0.30	1.76	793	0.93	153	0.56	44.2	0.32	10.7	0.24	5.42								
0.35			1.09	204	0.66	58.6	0.37	14.1	0.28	7.08								
0.40			1.24	263	0.75	74.8	0.42	17.9	0.32	8.98								
0.45			1.40	233	0.85	93.2	0.47	22.1	0.36	11.1	0.21	3.12						
0.50			1.55	411	0.94	113	0.53	26.7	0.40	13.4	0.23	3.74						
0.55			1.71	497	1.04	135	0.58	31.8	0.44	15.9	0.26	4.44						

续表 5-54

qv	Dg15		Dg20		Dg25		Dg32		Dg40		Dg50		Dg70		Dg80		Dg100	
	v	i	v	i	v	i	v	i	v	i	v	i	v	i	v	i	v	i
0.60			1.86	591	1.13	159	0.63	37.2	0.48	18.4	0.28	5.16						
0.65			2.02	694	1.22	185	0.68	43.1	0，52	21.5	0.21	5.97						
0.70					1.32	214	0.74	49.5	0.56	24.6	0.33	6.83	0.20	1.99				
0.75					1.41	246	0.79	56.2	0.60	28.3	0.35	7.70	0.21	2.26				
0.80					1.51	279	0.84	63.2	0.64	31.4	0.28	8.52	0.23	2.53				
0.85					1.60	316	0.90	70.7	0.68	35.1	0.40	9.62	0.24	2.81				
0.90					1.69	254	0.95	78.7	0.72	39.0	0.42	10.7	0.25	3.11				
0.95					1.79	394	1.00	86.9	0.76	43.1	0.45	11.8	0.27	3.42				
1.00					1.88	437	1.05	95.7	0.80	47.2	0.47	12.9	0.28	3.76	0.20	1.64		
1.10					2.07	528	1.16	114	0.87	56.4	0.52	15.3	0.31	4.44	0.22	1.95		
1.20							1.27	135	0.95	66.3	0.56	18	0.34	5.13	0.24	2.27		
1.30							1.37	159	1.03	76.9	0.61	20.8	0.27	5.99	0.26	2.61		
1.40							1.48	184	1.11	88.4	0.66	23.7	0.40	6.83	0.28	2.97		
1.50							1.58	211	1.19	101	0.71	27	0.42	7.72	0.30	3.36		
1.60							1.69	240	1.27	114	0.75	30.4	0.45	8.70	0.32	3.76		
1.70							1.79	271	1.35	129	0.80	34.0	0.48	9.69	0.34	4.19		
1.80							1.90	304	1.43	144	0.85	37.8	0.51	10.7	0.36	4.66		
1.90							2.00	339	1.51	161	0.89	41.8	0.54	11.9	0.38	5.13		
2.0									1.59	178	0.94	46.0	0.57	13	0.40	5.62	0.23	1.47
2.2									1.75	216	1.04	54.9	0.62	15.5	0.44	6.66	0.25	1.72
2.4									1.91	256	1.12	64.5	0.68	18.2	0.48	7.79	0.28	2.0
2.6									2.07	301	1.22	74.9	0.74	21	0.52	9.03	0.30	2.31
2.8											1.32	86.9	0.79	24.1	0.56	10.2	0.32	2.63
3.0											1.41	99.8	0.80	27.4	0.60	11.7	0.35	2.98
3.5											1.65	136	0.99	36.5	0.70	15.5	0.40	3.93
4.0											1.88	977	1.13	46.8	0.81	19.8	0.46	5.01
4.5											2.12	224	1.28	58.6	0.91	24.6	0.52	6.20
5.0											2.35	277	1.42	72.3	1.01	30	0.58	7.49
5.5											2.59	335	1.56	87.5	0.11	35.8	0.63	8.92
6.0													1.70	104	1.21	42.1	0.69	10.5
6.5													1.84	122	1.31	49.4	0.75	12.1
7.0													1.99	142	1.41	57.3	0.81	13.9
7.5													2.13	163	1.51	65.7	0.87	15.8
8.0													2.27	185	1.61	74.8	0.92	17.8
8.5													2.41	209	1.71	84.4	0.98	19.9
9.0													5.55	234	1.81	94.6	1.04	22.1
9.5															1.91	105	1.10	24.5
10.0															2.01	117	1.15	26.9
10.5															2.11	129	1.21	29.5
11.0															2.21	141	1.27	32.4
11.5															2.22	155	1.33	35.4
12.0															2.42	168	1.39	38.5
12.5															2.52	183	1.44	41.8
13.0																	1.50	45.2
14.0																	1.62	52.4
15.0																	1.73	60.2
16.0																	1.85	68.5
17.0																	1.96	77.3
20.0																	2.31	107

注：流量 qv 单位为 L/s，流速 v 单位为 m/s，单位管长水头损失 i 单位为 mm/m。

（2）阻力计算

1）沿程水头损失 h_1

水在沿着管子计算内径 D 和单位长度水头损失 i（又叫水力坡度）不变的匀直管段全程流动时，为克服阻力而损失的水头，叫沿程水头损失 h_1(m)。

当 $v \geq 1.2$ m/s 时

$$h_1=iL=\left(0.00107\frac{v^2}{D^{1.3}}\right)L \tag{5-68}$$

或

$$h_1=\left(0.001736\frac{Q^2}{D^{5.3}}\right)L \tag{5-69}$$

式中：i—单位管长的水头损失，mm/m；

Q—流量，m^3/m；

L—管长，m；

v—流速，m/s；

D—管子的计算内径，m。

当 $v<1.2$ m/s 时

$$h_1=iL=\left[0.000912\left(1+\frac{0.867}{v}\right)^{0.3}\frac{v^2}{D^{1.3}}\right]L \tag{5-70}$$

或

$$h_1=K\left[0.001756\frac{Q^2}{D^{5.3}}\right]L \tag{5-71}$$

式中：Q、i、L、v、D 含义同上式，K 为修正系数（参见表 5-55）。

表 5-55　当 $v<1.2$ m/s 时的修正系数 K 值

v (m/s)	0.20	0.25	0.30	0.35	0.40	0.45	0.50	0.55	0.60
K	1.41	1.33	1.28	1.24	1.20	1.175	1.15	1.13	1.115
v (m/s)	0.65	0.70	0.75	0.80	0.85	0.90	1.0	1.1	≥1.20
K	1.10	1.085	1.07	1.06	1.05	1.04	1.03	1.015	1.00

2）局部水头损失 h_2

水流经过断面面积或方向发生改变从而引起速度发生突变的地方（如阀门、缩节、弯头等）时，所损失的水头，叫局部水头损失 h_2(m)。它可用局部阻力系数来计算，这叫精确计算法，亦可用沿程水头损失乘上一个经验系数的方法，这叫概略算法。概略算法较简便，在工程计算中用得较多。

① 精确算法：计算公式为

$$h_2=\sum\xi\frac{v^2}{2g} \tag{5-72}$$

式中：ξ—局部阻力系数（参见表 5-56）；

v—流速，m/s；

g—重力加速度，9.81 m/s^2。

表 5-56　局部阻力系数

接头配件、附件名称	图例	阻力系数
三通		2.0
合流三通	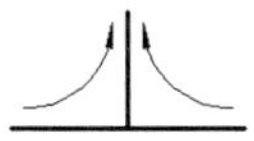	3.0
分流三通	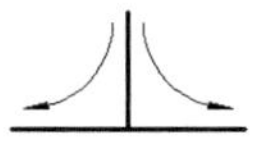	1.5
顺流三通		0.05～0.1
带镶边的管子入口	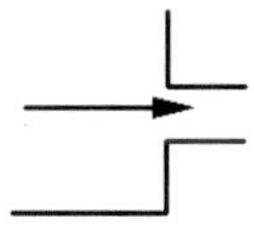	0.5
带圆嵌边的管子入口	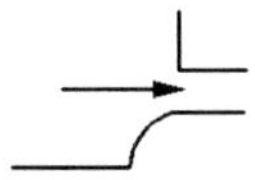	0.25
入水箱的管子入口	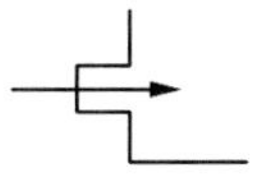	1.0

续表 5-56

接头配件、附件名称	图例	阻力系数
扩张大小头	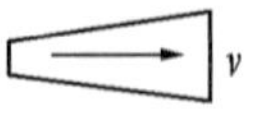	0.073～0.91（v 按大管计）
收缩大小头	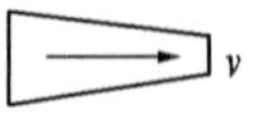	0.24（v 按小管计）
90°普通弯头		0.08 0.48
闸　门	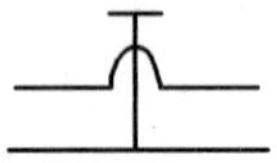	d/mm：50、70、100、150 ξ：0.47、0.27、0.18、0.08
普通球阀	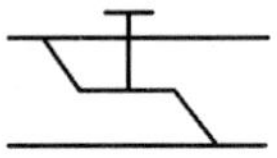	3.9
开肩式旋转龙头	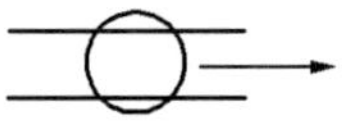	1.0
逆止器		1.3～1.7
突然扩大	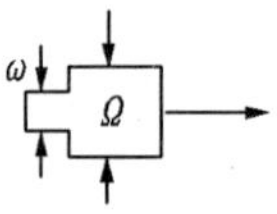	$\xi=\left(\frac{\Omega}{\omega}-1\right)^2$，0～81
突然收缩	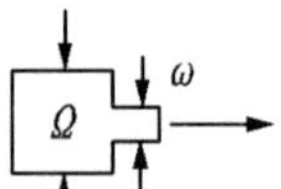	0～0.5

② 概略算法（常用）：其计算公式为

生活给水管网

$$h_2=(20\%\sim30\%)h_1 \quad (5\text{-}73)$$

式中：h_1—沿程水头损失，m。

生产给水管网

$$h_2=20\%h_1 \quad (5\text{-}74)$$

消防给水管网

$$h_2=10\%h_1 \quad (5\text{-}75)$$

生活、生产、消防合用管网

$$h_2=20\%h_1 \quad (5\text{-}76)$$

3）总水头损失 H_2(m)

水在流动过程中，用于克服阻力而损耗的（机械）能，称为总水头损失。

① 精确算法：公式为

$$H_2=h_1+h_2=iL+\sum\xi\frac{v^2}{2g} \quad (5\text{-}77)$$

② 概略算法：公式为

$$\begin{aligned}H_2&=h_1+h_2\\&=h_1+(0.1\sim0.3)h_1\\&=(1.1\sim1.3)h_1\end{aligned} \quad (5\text{-}78)$$

5.10.2.2 水泵的选择

水泵的选择是根据流量 Q 和扬程 H 两个参数进行的。

（1）定 Q 值

① 无水箱时，设计采用秒流量 Q。

② 有水箱时，采用最大小时流量计算。

（2）定扬程 H

计算公式为

$$H=H_1+H_2+H_3+H_4 \quad (5\text{-}79)$$

式中：H_1—几何扬程（从吸水池最低水位至输水终点的净几何高差），m；

H_2—阻力扬程（为克服全部吸水、压水、输水管道和配件之总阻力所耗的水头），m；

H_3—设备扬程（即输水终点必需的流出水头），m；

H_4—扬程余量（一般采用 2～3m），m。

5.10.3　蒸汽管道的计算与选择

水和蒸汽的最大差别是：1 m^3 水在任何压力下，只要在4℃时其质量基本上是1 t；而1 m^3 蒸汽的质量，则随蒸汽的压力大小而变化，所以，同一管道，同一流速，但在不同蒸汽压力下，每小时流过的蒸汽质量亦不同。

表5-57中只列出6种压力下的流量和阻力，其流速范围为20～40 m/s。在表5-56中可以看出：在不同蒸汽压下，虽然管道和流速相同，但流量和阻力都不同。例如在588 kPa（6 kgf/cm^2）压力下的32×3.5管道，在流速为20 m/s时，流量为0.13 t/h；当在883 kPa（9 kgf/cm）下，流速仍为20 m/s时，流量却为0.18 t/h。两种压力下的阻力分别为97 mm H_2O/m及135 mm H_2O/m（1 mm H_2O=9.8 Pa）。

（1）有关蒸汽管阻力计算的几个公式

① 在相同压力下，流速与流量及阻力的关系（与水相同）计算公式是

$$Q_1=\frac{v_1}{v_2}Q_2 \tag{5-80}$$

$$i_1=\left(\frac{v_1}{v_2}\right)^2 i_2 \tag{5-81}$$

【例】89×4的蒸汽管道，在588 kPa表压下，当流速为20 m/s时的流量为1.34 t/h，阻力为22 mmH_2O/m。试问流速在40 m/s时的流量和阻力各为多少？

解：

$$Q_1=\frac{40}{20}\times 1.34=2.68(t/h)$$

$$i_1=\left(\frac{40}{20}\right)^2\times 22=88(mmH_2O/m)$$

答：流速在40 m/s时的流量和阻力分别为2.68 t/h和88 mmH_2O/m。

② 在管径不同，流速相等时，流量与管道半径的关系

其流量的变化与管道半径的平方成正比，即

$$Q_1=\left(\frac{d_1}{d_2}\right)^2 Q_2 \tag{5-82}$$

式中：d_1，d_2—两根管道的直径，m或mm；

Q_1，Q_2—两根管道中流体的流量，m^3/h或t/h。

③ 管径、流速相同，在不同的压力下，其流量和阻力变化的计算公式

$$Q_1=\frac{p_1+98}{p_2+98}Q_2 \tag{5-83}$$

$$i_1=\frac{p_1+98}{p_2+98}i_2 \tag{5-84}$$

式中：p_1，p_2——两根等径管道中的蒸汽压表，kPa；

Q_1，Q_2——两根等径管道中蒸汽流量，m^3/h或t/h。

【例】32×3.5蒸汽管道，在表压588 kPa，流速20 m/s时，流量为0.13 t/h，阻力为97 mmH_2O/m。试问蒸汽表压在883 kPa，流速为20 m/s时的流量和阻力各为多少？

解：表压为883 kPa时的流量Q_1为

$$Q_1=\frac{883+98}{588+98}\times 0.13=0.188(t/h)$$

表压为883 kPa时的阻力i，为

$$i_1=\frac{883+98}{588+98}\times 97=138.6(mmH_2O/m)$$

（2）利用表5-56来选择管径

以下举例说明选择过程。

【例】现需要选一条蒸汽管道，其通过的蒸汽表压力为588 kPa，流量为2 t/h，输送路程为50 m，允许降低压力49 kPa，试问管径应选多大？

解：假定局部阻力占沿程阻力的100%，则可按50 m的1倍（即100 m）管长来计算每米允许的压力降（即每米管子所允许的阻力大小）。由题中可知，输送路程的允许压力降为49 kPa，即允许压力降为5 mH_2O=5 000 mmH_2O。由此可得管道每米允许阻力为$\frac{5\,000}{100}$=50（mmH_2O/m）。

查表5-57，在蒸汽压为588 kPa的一组里，查满足流量为2 t/h、阻力在50 mmH_2O/m左右的管径。在表5-57中查得89×4管道在流速32 m/s时，其流量为2.14 t/h，阻力为56 mmH_2O/m，这与本题要求很接近，所以选用89×4的无缝钢管。

5.10.4　制冷系统管道的计算及泵的选择

冷库制冷系统管道是整个密闭系统的组成部分。它把制冷机器与设备连接起来，使液体和蒸汽制冷剂在系统内循环流动。管子要具有一定的抗拉、抗压、抗弯的强度，并能耐腐蚀。

表 5-57　饱和水蒸气管阻力计算表

无缝钢管外径×壁厚/mm	流量/（t/h）阻力/（mm H_2O/m）	69 kPa（0.7 kgf/cm^2）时流速（m/s）						147 kPa（1.5 kgf/cm^2）时流速（m/s）						294 kPa（3 kgf/cm^2）时流速（m/s）					
		20	24	28	32	36	40	20	24	28	32	36	40	20	24	28	32	36	40
32×3.5	蒸汽流量 Q	0.03						0.05						0.08					
	阻力 i	2.5						27						57					
38×3.5	蒸汽流量 Q	0.05						0.07						0.12					
	阻力 i	20						28						44					
45×3.5	蒸汽流量 Q	0.08	0.09	0.11				0.11	0.13	0.16				0.17	0.21	0.24			
	阻力 i	11	16	22				22	32	44				35	50	68			
57×3.5	蒸汽流量 Q	0.13	0.16	0.19				0.19	0.23	0.27				0.30	0.36	0.42			
	阻力 i	10	15	21				15	22	30				20	34	45			
73×4	蒸汽流量 Q	0.23	0.27	0.32	0.36	0.41	0.45	0.33	0.39	0.46	0.52	0.59	0.66	0.51	0.61	0.71	0.81	0.91	1.02
	阻力 i	8	11	15	19	24	30	11	15	21	27	35	43	17	24	33	43	54	67
89×4	蒸汽流量 Q	0.35	0.42	0.50	0.57	0.64	0.71	0.51	0.61	0.71	0.82	0.92	1.02	0.79	0.95	1.10	1.26	1.42	1.57
	阻力 i	6	8	11	15	19	23	8	12	16	21	27	33	13	18	25	33	41	51
108×4	蒸汽流量 Q	0.54	0.65	0.75	0.86	0.97	1.08	0.78	0.93	1.09	1.24	1.49	1.55	1.20	1.44	1.68	1.93	2.16	2.40
	阻力 i	4	6	8	11	14	17	6	9	12	16	20	25	10	14	19	25	31	39
133×4	蒸汽流量 Q	0.84	1.01	1.18	1.34	1.50	1.68	1.21	1.45	1.69	1.94	2.19	2.42	1.87	2.24	2.62	3.00	3.37	3.74
	阻力 i	2	5	7	9	11	13	5	7	9	12	15	19	7	11	14	19	24	30
159×3.5	蒸汽流量 Q	1.21	1.45	1.69	1.94	2.18	2.42	1.75	2.10	2.44	2.79	3.14	3.50	2.70	3.24	3.78	4.32	4.85	5.4
	阻力 i	3	4	5	7	9	11	4	6	8	10	12	16	6	9	12	15	19	24
219×6	蒸汽流量 Q													5.14	6.16	7.20	8.22	9.25	10.28
	阻力 i													4	6	8	10	13	16
273×8	蒸汽流量 Q													7.92	9.51	11.1	12.66	14.23	15.82
	阻力 i													3	4	6	8	10	12

续表 5-57

无缝钢管外径×壁厚/mm	流量/（t/h）阻力/（mm H_2O/m）	588 kPa（6 kgf/cm²）时流速（m/s）						883 kPa（9 kgf/cm²）时流速（m/s）						1 177 kPa（12 kgf/cm²）时流速（m/s）					
		20	24	28	32	36	40	20	24	28	32	36	40	20	24	28	32	36	40
32×3.5	蒸汽流量 Q	0.13						0.18						0.23					
	阻力 i	97						135						174					
38×3.5	蒸汽流量 Q	0.20						0.27						0.35					
	阻力 i	75						105						134					
45×3.5	蒸汽流量 Q	0.29	0.35	0.41				0.41	0.49	0.58				0.53	0.67	0.74			
	阻力 i	58	84	115				82	117	160				106	152	207			
57×3.5	蒸汽流量 Q	0.51	0.61	0.71				0.71	0.86	1.00				0.92	1.10	1.29			
	阻力 i	39	57	77				56	80	109				72	103	141			
73×4	蒸汽流量 Q	0.86	1.04	1.21	1.38	1.55	1.72	1.21	1.45	1.69	1.93	2.18	2.42	1.55	1.86	2.18	2.48	2.80	3.30
	阻力 i	28	41	56	73	92	114	40	57	78	102	129	159	51	73	100	130	165	204
89×4	蒸汽流量 Q	1.34	1.61	1.88	2.14	2.41	2.68	1.88	2.26	2.46	3.01	3.38	3.76	2.42	2.91	3.39	3.87	4.36	4.48
	阻力 i	22	31	43	56	71	87	30	44	60	78	99	122	39	57	77	100	327	157
108×4	蒸汽流量 Q	2.04	2.45	2.86	3.26	3.68	4.08	2.86	3.44	4.00	4.57	5.15	5.72	3.68	4.42	5.16	5.88	6.27	7.36
	阻力 i	16	24	32	42	53	66	23	33	45	59	75	92	30	43	58	76	96	119
133×4	蒸汽流量 Q	3.18	3.82	4.46	5.08	5.73	6.36	4.46	5.36	6.25	7.14	8.04	8.72	5.72	6.86	8.01	9.15	10.3	11.44
	阻力 i	13	18	25	32	41	50	18	25	34	45	57	70	22	32	44	58	73	90
159×3.5	蒸汽流量 Q	4.58	5.5	6.41	7.33	8.25	9.16	6.44	7.44	9.02	10.3	11.6	12.68	8.28	9.94	11.60	13.24	14.90	16.56
	阻力 i	10	14	20	26	32	40	14	20	28	36	46	57	18	26	26	47	59	73
219×6	蒸汽流量 Q	8.71	10.45	12.2	13.92	15.7	17.41	12.24	14.7	17.14	19.60	22.02	24.48	15.72	18.88	22	25.09	28.3	31.44
	阻力 i	7	9	13	17	21	26	9	13	18	24	20	37	12	17	23	30	38	47
273×8	蒸汽流量 Q	13.48	16.18	18.88	21.59	24.21	26.98	18.9	22.66	26.45	30.22	34.02	37.80	24.4	29.3	32.42	39.1	43.9	48.8
	阻力 i	5	7	10	13	17	20	7	10	14	18	23	29	9	13	18	24	30	37

5.10.4.1 制冷系统对管道的总阻力要求

制冷系统管道的液体和气体制冷剂是在一定的压力下流动的。随着流动速度的加快，它在管道内的摩擦阻力就会增加。对于液体制冷剂来说，在流动过程中会引起蒸发；对气体制冷剂来说，则引起气体过热。这都会直接降低有效的制冷量，或者增加制冷循环的功率消耗。所以，在系统管道设计中，视管内制冷剂的温度不同，规定了允许的压力损失总和，即总阻力 $\sum \Delta p$ 。

① 吸入管道允许的总阻力 $\sum \Delta p$ ，不应超过下列数值：

a. 蒸发温度－40℃时，3 900 Pa；

b. 蒸发温度－33℃时，4 900 Pa；

c. 蒸发温度－28℃时，5 900 Pa；

d. 蒸发温度－15℃时，12 000 Pa。

② 排汽管道允许的总阻力 $\sum \Delta p$ 不超过 14 700 Pa。

③ 冷凝器与储液桶之间的液体管道总阻力 $\sum \Delta p$ 不超过 1 170 Pa。

④ 储液桶与调节站之间的液体管道总阻力 $\sum \Delta p$ 不超过 24 000 Pa。

⑤ 盐水管道允许的总阻力 $\sum \Delta p$ 不超过 49 000 Pa。

5.10.4.2 管道的选择

管道系统的管径由制冷剂的流量（或热负荷）、摩擦阻力（压力降）和流体流速决定。在管道系统中，制冷剂的流动速度参阅表 5-58 和表 5-59。

表 5-58 氨制冷剂在管道内的允许流动速度

管道名称	允许流速/(m/s)	管道名称	允许流速/(m/s)
回气管、吸入管	10～16	冷凝器至高压储液桶的液体管	<0.6
排气管	12～25	冷凝器至膨胀阀的液体管	1.2～2.0
氨泵供液的进液管	0.1～1.0	高压供液管	1.0～1.5
氨泵的回液管	0.25	低压供液管	0.8～1.4
重力供液、氨液分离器至液体分配站的供液管	0.2～0.25	自膨胀阀至蒸发器的液体管	0.8～1.4

表 5-59 F-12、F-22 制冷剂在管道内的流动速度

制冷剂	吸入管 5℃饱和	排气管	液管	
			冷凝器到储液桶	储液桶到蒸发器
F-12、F-22	5.8～20	10～16	0.5	0.5～1.25
氯甲烷	5.8～20	10～20	0.5	0.5～1.25

可以根据管长（包括局部阻力在内的管子当量长度）和每小时的耗冷量，从有关图表中查出制冷系统中各部分的管径。

（1）氨系统管道

1）排气管

氨气在排气管中的压力损失对能量的影响较小，但对制冷压缩机需用功率有较大的影响。由于排气比容较小，故所用的管径也小。氨气在排气管中的压力损失相当于增加用电量 1%。

2）吸入管

吸入管中的压力损失，直接影响制冷压缩机的能量。蒸发温度越低，允许的压力损失越小。这个压力损失的数值，相当于饱和蒸发温度差 1℃及制冷压缩机制冷量降低 4%的能量。

3）供液管

供液管可分为两个管段：自冷凝器至膨胀阀之间的供液管段是高压供液管；自膨胀阀至冷却设备之间的供液管段是低压供液管。

① 高压供液管：氨液在管内流速为 1～1.5 m/s。这部分管道的直径一般选用 $D20 \sim D38$ mm。

自冷凝器至高压储液桶的管段，氨液在管内的流速小于 0.6 m/s。这部分管道直径一般选用 $D32 \sim D57$ mm。冷凝器与高压储液桶的均压管道，一般选用 $D18 \sim D25$ mm。

② 低压供液管：氨通过膨胀阀降低压力后向冷却设备供液的管段，都属于低压供液管。

按照其供液方式不同可分为以下几种：

a. 直接膨胀供液式的液管：一般供液管的管

径采用 $D20 \sim D30$ mm。

b. 重力供液式的液管：重力供液式的液管连接冷却设备必须自下而上流出。液体通过冷却排管的阻力，是靠液位差的静压来克服的。所以，重力供液的排管每一通路的允许管长受压差所限制。排管的总长度也要适应这个条件，才能起到有效的作用。

c. 氨泵供液式的液管：氨泵供液式的液管有进液管和出液管，直径的大小要与氨泵进出口直径相适应。

氨泵的进液管从低压循环储液桶接出时，应尽可能为直管，要求液体进泵时流速为 0.5～0.75 m/s，以减少氨液由于摩擦引起汽化，影响泵的正常工作。

氨泵的出液管是供给冷却设备氨液的液管，有从泵直接向冷却设备供液者，也有将出液管接至液体分调节站，然后由分调节站向各冷却设备供液者。在冷库制冷系统中，大都使用后者。氨泵出液管至分调节站的管段，其管径一般采用 $D45 \sim D57$ mm 的管子，而自分调节站至冷却设备的管段采用 $D32 \sim D38$ mm 的管子。每个通路管子长度一般不超过 350 m。

4）热氨管

热氨管专门供给冷却设备冲霜和低压设备加压用的高压氨气。为避免将润滑油带进冷却系统，高压氨气先通过油氨分离器，将油蒸气分离后，再供给冷却设备。因此，热氨管有的从油分离器与冷凝器之间的管道中接出。如需设热氨站，可在高压排出管加接油分离器，使油分离，之后再去热氨站。

热氨管管径，用于冲霜的采用 $D38 \sim D57$ mm 管子，用于加压的采用 $D25 \sim D38$ mm 的管子。

一般供冷却设备冲霜的热氨管，为了避免进入设备前热氨温度下降，都要包敷石棉隔热层。

5）排液管

排液管是把冷却设备中存在的氨液与热氨气进入冷却设备后冷凝的液体一起排至排液桶或低压循环储液桶的管道。在冷库制冷系统中，这种液管大部分是从液体分调节站接出，通常采用的管径为 $D32 \sim D38$ mm。

6）放油管

放油管是供设备放油时，将油排进集油器，然后从集油器放出之用。放油管直径一般采用 $D25 \sim D32$ mm。

7）盐水管

在盐水系统中，盐水管道大部采用镀铬钢管，以防盐水的腐蚀。盐水从盐水冷却器输出，通过盐水泵输送到冷却设备，然后再由冷却设备返回至盐水冷却器，整段管道一般采用 $Dg40 \sim Dg50$ 的镀锌管。

8）冷却水管和冲霜管

制冷压缩机用的冷却水管管径为 $Dg15 \sim Dg25$，冷凝器用的冷却水管的管径为 $Dg50 \sim Dg150$。

冲霜水管一般是管径为 $D57 \sim D108$ mm（或公称直径 $Dg50 \sim Dg100$）的管子。

9）其他管道

① 安全管：一般采用 $D25 \sim D28$ mm 管子。

② 均压管：一般采用 $D25$ mm 管子。

③ 冷凝器的放空气管：一般采用 $D25 \sim D32$ mm 管子。

④ 降压管：放空气器、集油器、排液桶上的降压管，一般使用 $D25 \sim D57$ mm 的管子。

⑤ 抽气管：连接在氨泵供液管段上的抽汽管，一般采用 $D25$ mm 的管子。

（2）氟利昂系统管道

1）排气管

氟利昂排气管管径的选择原则与氨一样，要把排气管中压力损失控制在相当于饱和冷凝温度差为 0.5℃这样的压力损失，即 F-12 的压力损失为 11.768×10^3 Pa，F-22 的压力损失为 19.6133×10^3 Pa。

2）吸入管

吸入管中的压力损失直接影响制冷压缩机的能量。一般认为吸入管中的压力损失控制在相当于饱和蒸发温度差 1℃较为合适。吸入管压力损失见表 5-60。

表 5-60 相当于饱和蒸发温度差 1℃的氟利昂压力损失

饱和蒸发温度/℃	相当于饱和蒸发温度差 1℃的压力损失/Pa	
	F-12	F-22
−40	2.942×10^3	4.903×10^3
−20	4.413×10^3	6.865×10^3
−20	5.884×10^3	9.807×10^3
−10	7.845×10^3	12.749×10^3
0	9.807×10^3	16.671×10^3
10	12.749×10^3	20.594×10^3

3）供液管

① 高压供液管：一般认为高压供液管中的压力损失控制在相当于饱和温度差 0.5℃ 比较适当。冷凝器与储液桶之间的均压管管径见表 5-61。

表 5-61 均压管管径

项目		管径					
		*Dg*15	*Dg*20	*Dg*25	*Dg*32	*Dg*40	*Dg*50
最大能量/（MJ/h）	F-12	502.4	1 005	1 675	2 931	3 977	6 699
	F-22	628	1 256	2 093	3 768	5 024	8 374

② 低压供液管：热力膨胀阀的低压供液管中不可避免地带有大量的气体，故属于两相流动，阻力比纯液体大得多，此阻力可按高压供液管的阻力乘以表 5-62 中的倍数计算。

表 5-62 热力膨胀阀后低压供液管的阻力倍数

膨胀阀前的液温/℃	蒸发温度/℃	阻力倍数		膨胀阀前的液温/℃	蒸发温度/℃	阻力倍数	
		F-12	F-22			F-12	F-22
30	10	24	12	40	10	19	17
	0	21.5	8.5		0	29	24.5
	−10	33.5	28.5		−10	43	35.5
	−20	52	43.5		−20	61	51
	−30	76.5	64		−30	93	77

低压供液管管径的大小，可按供液的通路长度和每个通路负荷来决定。氟利昂系统的每个通路允许长度取决于允许压力损失，对 F-12 一般宜控制在饱和蒸发温度降 2℃ 以内；F-22 一般宜控制在饱和蒸发温度降 1℃ 以内。按这个条件算出允许通路长度或允许负荷。

5.10.4.3 氨泵的选择计算

氨泵的选择计算包括流量和扬程两部分。

（1）氨泵的流量计算

$$Q=\frac{nGv}{\gamma} \tag{5-85}$$

式中：Q—氨泵的流量，m^3/h；

n—氨循环倍数（取 5～6）；

v—氨液比容，m^3/kg；

γ—氨液汽化潜热，J/kg。

（2）氨泵扬程的计算

氨泵的排出压力应能克服管件、管道和高度上的各项阻力。有的设计单位为了保证氨泵能稳定输液，考虑增加一些余量，一般为 74～98 kPa。

1）管子和管件的阻力损失

先计算出管子长度和管件的当量长度，然后计算阻力损失。管件换算成管子的当量长度，计算公式为

$$l=nAd_1 \tag{5-86}$$

式中：l—管件的当量长度，m；

n—该管件的个数；

A—折算系数（参见表 5-63）；

d_1—管子内径，m。

表 5-63 折算系数 A 的数值

管件	折算系数	管件	折算系数
45°弯头	15	角阀全开	170
90°弯头	32	扩径 $d/D=1/4$	30
180°小弯头	75	扩径 $d/D=1/2$	20
180°小型弯头	50	扩径 $d/D=3/4$	17
三通 ⊢→	60	缩径 $d/D=1/4$	15
三通 ↓	90	缩径 $d/D=1/2$	12
球阀全开	300	缩径 $d/D=3/4$	7

注：表中 d 为小管子外径（m）；D 为大管子外径（m）。

2）各项阻力所引起的总压力损失

$$\Delta p=\Delta p_1+\Delta p_2+\Delta p_3 \tag{5-87}$$

式中：Δp—总压力损失，Pa；

Δp_1—沿程阻力损失，Pa；

Δp_2—局部阻力损失，Pa；

Δp_3—液位升高导致的压力损失，Pa。

$$\Delta p_1+\Delta p_2=\lambda\frac{L}{d_1}\frac{\omega^2}{2}\rho \qquad (5\text{-}88)$$

式中：λ—摩擦阻力系数（氨液的摩擦阻力系数为0.035）；

L—管子长度（包括局部阻力的当量长度在内），m；

d_1—管子内径，m；

ω—氨液的流速，m/s；

ρ—氨液的密度，kg/m³。

$$\Delta p_3=\rho gH \qquad (5\text{-}89)$$

式中：ρ—氨液的密度，kg/m³；

H—输液高度，m；

g—重力加速度，9.8 m/s²。

5.10.5　生产车间水、汽等总管的确定

总管管径的确定也可按两种方法进行：一种是根据生产车间耗水（或耗汽等）高峰期时的消耗量来计算管径；另一种是按生产车间耗水（或耗汽等）高峰时同时使用的设备及各工种的管径截面积之和来计算。目前一般采用后一种方法，其优点是计算简单方便，余量较大，比较适合工厂的生产实际情况。

其具体做法是，根据产品的方案，分别做出各产品在生产过程中用水（或用汽等）的操作图表，看哪一个产品在哪一个时段用水（或用汽等）的设备最多，耗量最大。而设备上的进水管管径是固定的。所以，进入生产车间的水管或蒸汽管的总管内径，其平方值应等于高峰期各同时用水或用汽之管道内径的平方和。根据算出的内径再查标准管型即可。厂区总管亦可按此法进行计算。

5.10.6　管道附件、管道连接及管道补偿

5.10.6.1　管道附件

管路中除管子以外，为满足工艺生产和安装检修的需要，管路中还有许多其他构件，如短管、弯头、三通、异径管、法兰、盲板、阀门等，我们通常称这些构件为管路附件，简称管件和阀件。它是组成管路不可缺少的部分。有了管路附件，管路的安装和检修则方便得多，可以使管路改换方向、变化口径、连通和分流，以及调节和切换管路中的流体等。下面介绍几种管路附件。

（1）弯头

弯头的作用主要是用来改变管路的走向。常用的弯头根据其弯曲程度的不同，有90°、45°、180°弯头。180°弯头又称U形弯管，在冷库冷排中用得较多。其他还有根据工艺配管需要的特定角度的弯头。

（2）三通

当一条管路与另一条管路相连通时，或管路需要有旁路分流时，其接头处的管件称为三通。根据接入管的角度不同，有垂直接入的正接三通，有斜度的斜接三通。此外，还可按入口的口径大小差异分，如等径三通、异径三通等。除常见的三通管件外，根据管路工艺需要，还有更多接口的管件，如四通、五通、异径斜接五通等。

（3）短接管和异径管

当管路装配中短缺一小段，或因检修需要在管路中设置一小段可拆的管段阀时，经常采用短接管。它是一短直管，有的带连接头（如法兰、丝扣等）。

将两个不等管径的管道连通起来的管件称为异径管，通常叫大小头，用于连接不同管径的管子。

（4）法兰、活络管接头和盲板

为便于安装和检修，管路中采用可拆连接，法兰、活络管接头是常用的连接零件。活络管接头大多用于管径不大（Φ100 mm）的水、煤气钢管。绝大多数钢管管道采用法兰连接。

在有的管路上，为清理和检修需要设置手孔盲板，也有的直接在管端装盲板，或在管道中的某一段中断管道与系统联系。

（5）阀门

阀门在管道中用来调节流量，切断或切换管道，或对管道起安全、控制作用。阀门的选择是根据工作压力、介质温度、介质性质（是否含有固体颗粒、黏度大小、腐蚀性）和操作要求（启闭或调节等）进行的。食品工厂常用的阀门有下述种类。

① 旋塞。旋塞具有结构简单，外形尺寸小，启闭迅速，操作方便，管路阻力损失小的特点。但不适于控制流量，不宜使用在压力较高、温度较高的流体管道和蒸汽管道中；可用于压力和温度较低的流体管道中，也适用于介质中含有晶体和悬浮物的流体管道中。使用介质：水、煤气、油品、黏度低的介质。

② 截止阀。截止阀具有操作可靠，容易密封，容易调节流量和压力，耐最高温达300℃的特点。

缺点是阻力大，杀菌蒸汽不易排掉，灭菌不完全，不得用于输送含晶体和悬浮物的管道中。常用于水、蒸汽、压缩空气、真空、油品介质。

③ 闸阀。闸阀阻力小，没有方向性，不易堵塞，适用于不沉淀物料管路。一般用于大管道中作启闭阀。使用介质：水、蒸汽、压缩空气等。

④ 隔膜阀。隔膜阀结构简单，密封可靠，便于检修，流体阻力小，适用于输送酸性介质和带悬浮物质流体的管路，特别适用于发酵食品，但所采用的橡皮隔膜应耐高温。

⑤ 球阀。球阀结构简单，体积小，开关迅速，阻力小，常用于食品生产中罐的配管中。

⑥ 针形阀。针形阀能精确地控制流体流量，在食品工厂中主要用于取样管道上。

⑦ 止回阀。止回阀靠流体自身的力量开闭，不需要人工操作，其作用是阻止流体倒流。止回阀也称单向阀。

⑧ 安全阀。在锅炉、管路和各种压力容器中，为了控制压力不超过允许数值，需要安装安全阀。安全阀能根据介质工作压力自动启闭。

⑨ 减压阀。减压阀的作用是自动地把外来较高压力的介质降低到需要压力。减压阀适用于蒸汽、水、空气等非腐蚀性流体介质，在蒸汽管道中应用最广。

⑩ 疏水器。疏水器的作用是排除加热设备或蒸汽管路中的蒸汽凝结水，同时能阻止蒸汽的泄漏。

⑪ 蝶阀。碟阀又称翻板阀，其结构简单，外形尺寸小，是用一个可以在管内转动的圆盘（或椭圆盘）来控制管道启闭的。由于蝶阀不易和管壁严密配合，密封性差，仅适用于调节管路流量。在输送水、空气和煤气等介质的管道中较常见，用于调节流量。

5.10.6.2 管道的连接

管路的连接包括管道与管道的连接，管道与各种管件、阀件及设备接口等处的连接。目前比较普遍采用的有：法兰连接、螺纹连接、焊接及填料函式连接。

（1）法兰连接

这是一种可拆式的连接。法兰连接通常也叫法兰盘连接或管接盘连接。它由法兰盘、垫片、螺栓和螺母等零件组成。法兰盘与管道是固定在一起的。法兰与管道的固定方法很多，常见的有以下几种。

① 整体式法兰。整体式法兰的管道与法兰盘是连成一体的，常用于铸造管路中（如铸铁管等）以及铸造的机器、设备接口和阀门等。在腐蚀性强的介质中可采用铸造不锈钢或其他铸造合金及有色金属铸造整体法兰。

② 搭焊式法兰。搭焊式法兰的管道与法兰盘的固定是采用搭接焊接的，习惯又叫平焊法兰。

③ 对焊法兰。对焊法兰通常又叫高颈法兰，它的根部有一较厚的过渡区，这对法兰的强度和刚度有很大的好处，改善了法兰的受力情况。

④ 松套法兰。松套法兰又称活套法兰，其法兰盘与管道不直接固定。在钢管道上，是在管端焊一个钢环，法兰压紧钢环使之固定。

⑤ 螺纹法兰。这种法兰与管道的固定是可拆的结构。法兰盘的内孔有内螺纹，而在管端车制相同的外螺纹，它们是利用螺纹的配合来固定的。

法兰连接主要依靠两个法兰盘压紧密封材料以达到密封效果。法兰的压紧力则靠法兰连接的螺栓来达到。常用法兰连接的密封垫圈材料见表 5-64。

表 5-64　法兰连接的垫圈材料

介　质	最大工作压力/kPa	最高工作温度/℃	垫圈材料
水、中性盐溶液	196.133	120	浸渍纸板
	588.399	60	软橡胶
	980.665	150	软橡胶
	4 903.325	300	石棉橡胶
水蒸气	147.1	110	石棉纸
	196.133	120	纤维纸垫片
	1 471	200	浸渍石棉纸板
	3 922.66	300	石棉橡胶
空气	588.399	60	中硬度弹性橡胶
	980.665	150	耐热橡胶

（2）螺纹连接

管路中螺纹连接大多用于自来水管路、一般生活用水管路和机器润滑油管路中。管路的这种连接方法可以拆卸、但没有法兰连接那样方便，密封可靠性也较低。因此，使用压力和使用温度不宜过高。螺纹连接的管材大多用于水、煤气管。

（3）焊接连接

这是一种不可拆的连接结构，它用焊接的方法将管道和各管件、阀门直接连成一体。这种连接密封非常可靠，结构简单，便于安装，但给清洗检修工作带来不便。焊缝焊接质量的好坏，将直接影响连接强度和密封质量。可用 X 光拍片和试压方法检查。

（4）其他连接

除上述常见的 3 种连接外，还有承插式连接、填料函式连接、简便快接式连接等。

5.10.6.3　管道的补偿

管路在输送热液体介质时（如蒸汽、冷凝水、过热水等）会受热膨胀，因此应考虑管路的热伸长量的补偿问题。管路受热伸长量可按式（5-90）计算，各种材料的线膨胀系数见表 5-65。

$$\Delta L = aL(t_1 - t_2) \tag{5-90}$$

式中：a—材料线膨胀系数（参见表 5-64）；

ΔL—热伸长量，m；

L—管路长度，m；

t_1—输送介质的温度，K；

t_2—管路安装时空气的温度，K。

表 5-65　各种材料的线膨胀系数

管子材料	a/[m/(m·K)]	管子材料	a/[m/(m·K)]
镍　钢	13.1×10^{-6}	铁	12.5×10^{-6}
镍铬钢	11.7×10^{-6}	铜	15.96×10^{-6}
碳素钢	11.7×10^{-6}	铸　铁	11.0×10^{-6}
不锈钢	10.3×10^{-6}	青　铜	18×10^{-6}
铝	8.4×10^{-6}	聚氯乙烯	7×10^{-6}

从计算公式可以看出，管路的热伸长量 ΔL 与管长、温度差的大小成正比。在直管中的弯管处可以自行补偿一部分伸长的变形，但对较长的管路往往是不够的，所以，须设置补偿器来进行补偿。如果达不到合理的补偿，则管路的热伸长量会产生很大的内应力，甚至使管架或管路变形损坏。常见的补偿器有 n 形、Ω 形、波形、填料式几种（图 5-46）。其中，波形补偿器使用在管径较大的管路中；n 形和 Ω 形补偿器制作比较方便，在蒸汽管路中采用较为普遍；而填料式多用于铸铁管路和其他脆性材料的管路。

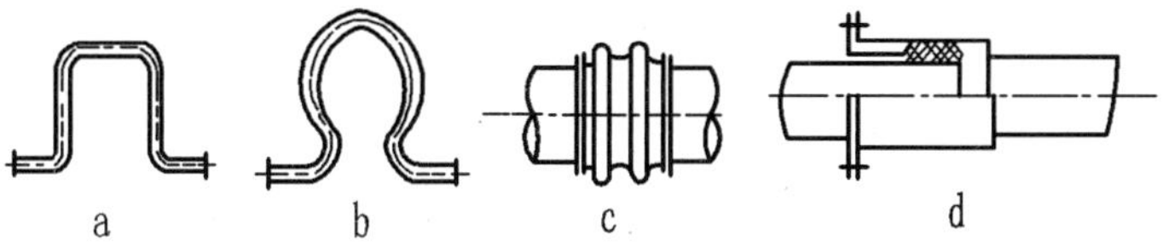

图 5-46　补偿器

a. n 形　b. Ω 形　c. 波形　d. 填料式

5.10.7　管道保温与标志

5.10.7.1　管道保温

管路保温的目的是使管内介质在输送过程中，不冷却、不升温，也就是不受外界温度的影响而改变介质的状态。管路保温采用保温材料包裹管外壁的方法。保温材料常采用导热性差的材料，常用的有毛毡、石棉、玻璃棉、矿渣棉、珠光砂、其他石棉水泥制品等。管路保温层的厚度要根据管路介质热损失的允许值（蒸汽管道每米热损失许可范围见表 5-66）和保温材料的导热性能，通过计算来确定（表 5-67 和表 5-68）。

表 5-66　蒸汽管道每米热损失允许范围　J/(m·s·K)

公称直径	管内介质与周围介质之温度差/K				
	45	75	125	175	225
$Dg25$	0.570	0.488	0.473	0.465	0.459
$Dg32$	0.671	0.558	0.521	0.505	0.497

续表 5-66

公称直径	管内介质与周围介质之温度差/K				
	45	75	125	175	225
*D*g40	0.750	0.621	0.568	0.544	0.528
*D*g50	0.775	0.698	0.605	0.565	0.543
*D*g70	0.916	0.775	0.651	0.633	0.594
*D*g100	1.163	0.930	0.791	0.733	0.698
*D*g125	1.291	1.008	0.861	0.798	0.750
*D*g350	1.419	1.163	0.930	0.864	0.827

表 5-67 部分保温材料的导热系数 J/(m·s·K)

名 称	导热系数	名 称	导热系数
聚氯乙烯	0.163	软木	0.041～0.064
聚苯乙烯	0.081	锅炉煤渣	0.188～0.302
低压聚乙烯	0.297	石棉板	0.116
高压聚乙烯	0.254	石棉水泥	0.349
松木	0.070～0.105		

表 5-68 管道保温厚度的选择 mm

保温材料的导热系数/[J/(m·s·K)]	蒸汽温度/K	管道直径（*D*g）			
		～50	70～100	125～200	250～300
0.087	373	40	50	60	70
0.093	473	50	60	70	80
0.105	573	60	70	80	90

注：在 263～283 K 范围内一般管径的冷冻水（盐水）管保温采用 50 nm 厚聚乙烯泡沫塑料双合管。

在保温层的施工中，必须使被保温的管路周围充分填满，保温层要均匀、完整、牢固。保温层的外面还应采用石棉水泥抹面，防止保温层开裂。在有些要求较高的管路中，保温层外面还需缠绕玻璃布或加铁皮外壳，以免保温层受雨水侵蚀而影响保温效果。

5.10.7.2 管路的标志

食品工厂生产车间需要的管道较多，一般有水、蒸汽、真空、压缩气和各种流体物料等管道。为了区分各种管道，往往在管道外壁或保温层外面涂有各种不同颜色的油漆。油漆既可以保护管路外壁不受大气环境影响而腐蚀，同时也用来区别管路的类别，使我们清楚地知道管路输送的是什么介质，这就是管路的标志。这样，既有利于生产中的工艺检查，又可避免管路检修中的错乱和混淆。现将管路涂色标志列于表 5-69 中。

表 5-69 管路涂色标志

序 号	介质名称	涂色	管道注字名称	注字颜色
1	工业水	绿	上水	白
2	井水	绿	井水	白
3	生活水	绿	生活水	白
4	过滤水	绿	过滤水	白
5	循环上水	绿	循环上水	自
6	循环下水	绿	循环回水	白
7	软化水	绿	软化水	白
8	清净下水	绿	净下水	白
9	热循环水（上）	暗红	热水（上）	白
10	热循环回水	暗红	热水（回）	白
11	消防水	绿	消防水	红
12	消防泡沫	红	消防泡沫	白
13	冷冻水（上）	淡绿	冷冻水	红
14	冷冻回水	淡绿	冷冻回水	红

续表 5-69

序号	介质名称	涂色	管道注字名称	注字颜色
15	冷冻盐水（上）	淡绿	冷冻盐水（上）	红
16	冷冻盐水（回）	淡绿	冷冻盐水（回）	红
17	低压蒸汽（<13 绝对压力）	红	低压蒸汽	白
18	中压蒸汽（13～40 绝对压力）	红	中压蒸汽	白
19	高压蒸汽（40～120 绝对压力）	红	高压蒸汽	白
20	过热蒸汽	暗红	过热蒸汽	白
21	蒸汽回水冷凝液	暗红	蒸汽冷凝液（回）	绿
22	废弃的蒸汽冷凝液	暗红	蒸汽冷凝液（废）	黑
23	空气（工艺用压缩空气）	深蓝	压缩空气	白
24	仪表用空气	深蓝	仪表空气	白
25	真空	白	真空	天蓝
26	氨气	黄	氨	黑
27	液氨	黄	液氨	黑
28	煤气等可燃气体	紫	煤气（可燃气体）	白
29	可燃液体（油类）	银白	油类（可燃液体）	黑
30	物料管道	红	按管道介质注字	黄

5.10.8　管路设计图绘制

5.10.8.1　管路设计资料

在进行管路设计时，应具有下列资料：

① 工艺流程图。

② 车间设备平面布置图和立面布置图。

③ 重点设备总图，并标明流体进出口位置及管径。

④ 物料计算和热量计算（包括管路计算）资料。

⑤ 工厂所在地地质资料（主要是地下水和冻结深度等）。

⑥ 地区气候条件。

⑦ 厂房建筑结构。

⑧ 其他（如水源、锅炉房蒸汽压力、水压力等）。

5.10.8.2　管路说明书

管路设计应完成下列图纸和说明书：

① 管路配置图：包括管路平面图和重点设备管路立面图、管路透视图。

② 管路支架及特殊管件制造图。

③ 施工说明，其内容为施工中应注意的问题、各种管路的坡度、保温的要求、安装时不同管架的说明等。

5.10.8.3　管路布置图

管路布置图又叫管路配置图，是表示车间内外设备、机器间管道的连接和阀件、管件、控制仪表等安装情况的图样。施工单位根据管道布置图进行管道、管道附件及控制仪表等的安装。

管路布置图根据车间平面布置图及设备图来进行设计绘制，它包括管路平面图、管路立面图和管路透视图。在食品工厂设计中一般只绘制管路平面图和透视图。管路布置图的设计程序是根据车间平面布置图，先绘制管路平面图，而后再绘制管路透视图。厂房如系多层建筑，须按层次（如一楼、二楼、三楼等）或按不同标高分别绘制平面图和透视图，必要时再绘制立面图，有时立面图还需分若干个剖视图来表示。剖切位置在平面图上用罗马数字明显地表示出来。而后用Ⅰ-Ⅰ剖面、Ⅱ-Ⅱ剖面等绘制立面图。图样比例可用 1∶20、1∶25、1∶50、1∶100、1∶200 等。

设备和建筑物用细实线画出简单的外形或结构，而管线不管粗细，均用粗实线的单线绘制；也有将较大直径的管道用双线表示，其线型的粗细与设备轮廓线相同。管线中管道配件及控制仪表，应用规定符号表示。管路平面图上的设备编号，应与车间平面布置图相一致。在图上还应标明建筑物地面或楼面的标高、建筑物的跨度和总长、柱的中心距、管道内的介质及介质压力、管道规格、管道标高、管道与建筑物之间在水平方向的尺寸、管道间的中心距、管件和计量仪器的具体安装位置等主要尺寸。有些尺寸亦可在施工说明书上加以说明。尺寸标注方式：水平方向的尺寸引注尺寸线，单位为 mm，高度尺寸可用标高符号或引出线标注，单位为 m。

（1）管道布置图的基本画法

1）不相重合的平行管线

其画法见图 5-47。

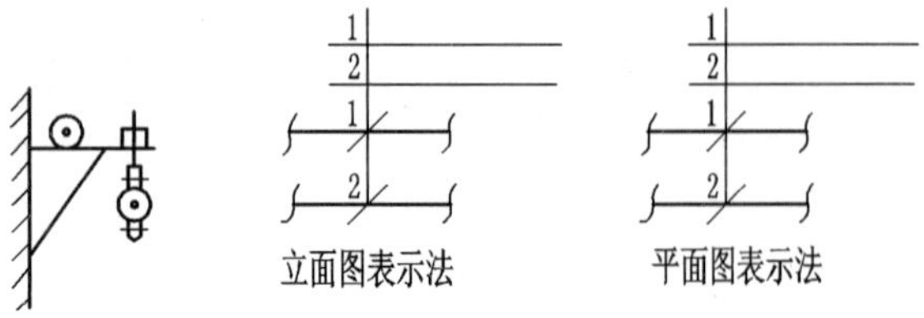

图 5-47　不相重合的平行管线画法

2）重叠管路的画法

上下重合（或前后重合）的平行管线，在投影重合的情况下一般有两种表示方法：一种方法是在管线中间断出一部分，中间这一段表示下面看不见的管子，而两边长的代表上面的管子，这种表示方法已很少使用，因为假设有 4～5 根甚至更多的管子重合在一起，则不容易清楚地表示；另一种表示方法是重合部分只画一根管线，而用引出线自上而下或由近而远地将各重合管线标注出来。后一种表示方法较为方便明确，故在食品工厂设计中用得较多（图 5-48）。

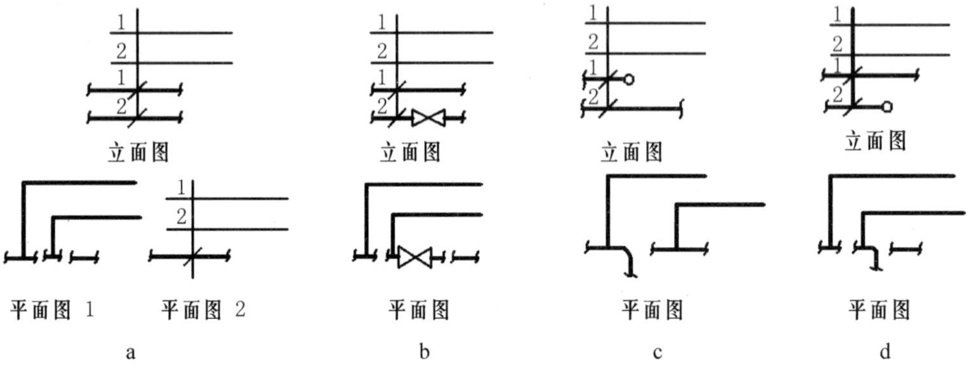

图 5-48　重叠管路的表示方法

3）立体相交的管路画法

离视线近的能全部看见的画成实线，而离视线远的则在相交部位断开（图 5-49）。

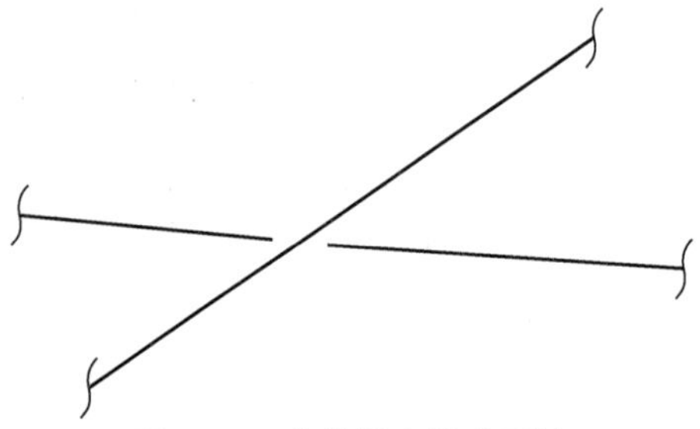

图 5-49　立体相交管路画法

4）管件的画法

90°弯头向上、弯头向下；三通向上、三通向下等的画法见表 5-70。

（2）管路图的标注方法及含义

在管路图中的各条管道都应标注出管道中的介质及其压力、管道的规格和标高，这样便于管路施工。

以图 5-50 为例，其中“3”表示介质压力大小，其单位为 kgf/cm^2，即介质压力为 3 kgf/cm^2（2.94×10^5 Pa）；“S”代表管道中的介质为水（S 是水的代号）；“Dg50”表示公称通径为 50 mm 的管子，“＋4.00”表示管子的标高为正 4 m。所以，本例管路标注的含义为：公称通径为 50 mm 的管路中，通过 3 kgf/cm^2（2.94×10^5 Pa）压力的自来水，离标高为“0”的地坪之安装高度为 4 m。

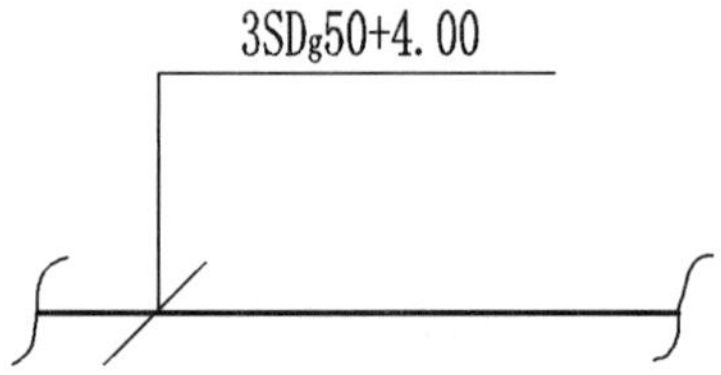

图 5-50　管道标注

有了管路布置图的基本画法和标注方法，就可以把我们的设计思想、设计意图通过图纸的形式表示出来，由施工人员进行施工安装。

管路平面图和管路透视图的画法，我们用以下例子加以说明。

【例】有一条水管管路由车间北面进入东北墙角，车间外管道埋地敷设，其标高为－0.5 m。进车间后沿东北墙角上升，到了 3 m 处有 1 个三通，一路沿东墙朝南敷设，另一路向上至 4 m 处有一弯头沿北墙向西。在向西管路的一个地方，再接 1 个三通，一路向南，而后有 1 个弯头向下；一路继续沿北墙向西，而后亦有 1 个弯头向下。在沿东墙朝南管路的一个地方，亦有 1 个三通，一路向西并有 1 个弯头向下，一路继续向南墙边有 1 个弯头沿南墙向西，然后有 1 个弯头使管道向北，经一定距离，而后管道向下，在离地坪 2.5 m 处有 1 个弯头使管道

表 5-70　管件符号（摘自 GB/T 6567-2008）

管件名称	符号	管件名称	符号
90°弯头	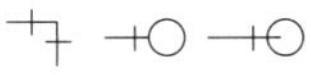	疏水器	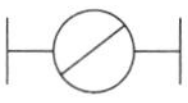
40°弯头		油分离器	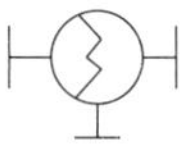
正三通	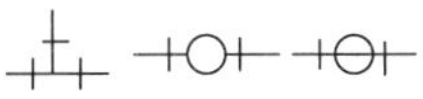	滤尘	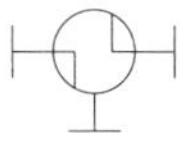
异径接头		喷射器	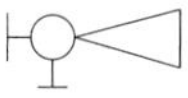
内外螺纹接头	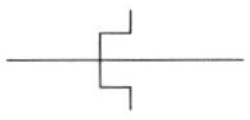	注水器	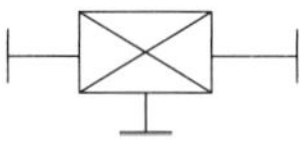
连接螺纹	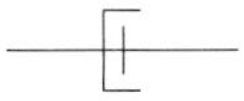	冷却器	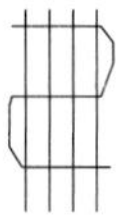
活接头		离心水泵	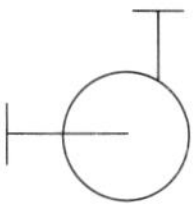
丝堵		温度控制器	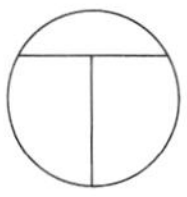
管帽		温度计	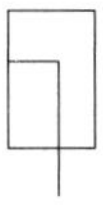
弧形伸缩器	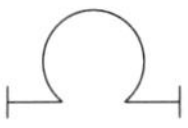	压力表	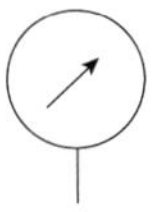
方形伸缩器	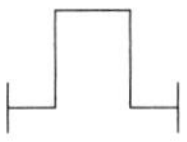	自动记录压力表	
放水龙头	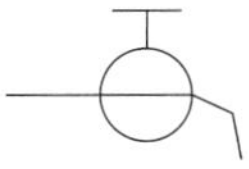	流量表	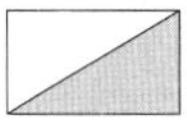
实验室用龙头	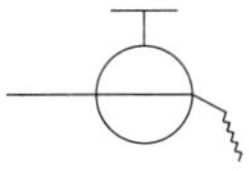	自动记录流量表	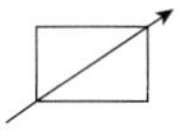
水分离器	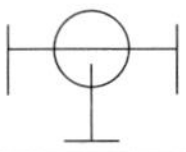	文氏管流量表	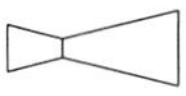

向东，最后又有 1 个弯头使管道向下，试作出管路平面图和管路透视图。

做管路平面图前必须先用细实线画出车间平面布置图，而后再根据设备和工艺的需要来进行设计。管路必须用粗实线表示。在这个例子中，没有车间平面布置图。为作图方便，所以先画一长方形，以表示车间平面，而后再根据文字叙述的设计意图进行绘制，并将管路标注清楚，最后得出如图 5-51 所示的管路平面图。

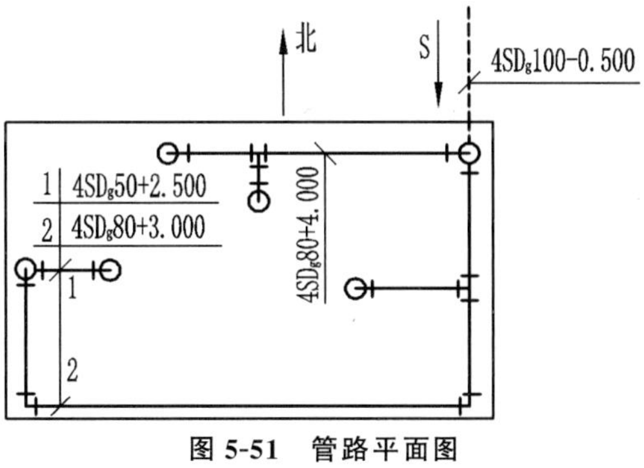

图 5-51　管路平面图

有了管路平面图，就可画管路透视图。所谓管路透视图，也就是管路的立体图。一般情况下，管路透视图上不画设备，更不画房屋的轮廓线。

管路透视图中有 X、Y、Z 三根立体坐标轴（图5-52）。一般把房屋的高度方向看作 Y 轴，房屋开间方向（即房屋长）看作 X 轴，房屋的进深方向（即房屋宽）看作 Z 轴。在作管路透视图时，Z 轴方向可以与 X 轴呈 45°，也可以呈 30°或 60°，其投影反映实长（即变形系数取 1）。所谓变形系数，即轴单位长度与实长的比值，对于 Z 轴的管线，变形系数亦有 1/2、1/3 或 3/4。对于初学画管路透视图的人，可取变形系数为 1。在画管路透视图时，可先将车间的长、宽、高按比例画成一个立体空间，而后根据管路的高度和靠哪垛墙走，就顺着进行绘制，然后擦去车间立体空间轮廓线，即得管路透视图。根据图 5-51 的管路平面图，按上述方法绘制便得到图 5-53 的管路透视图。

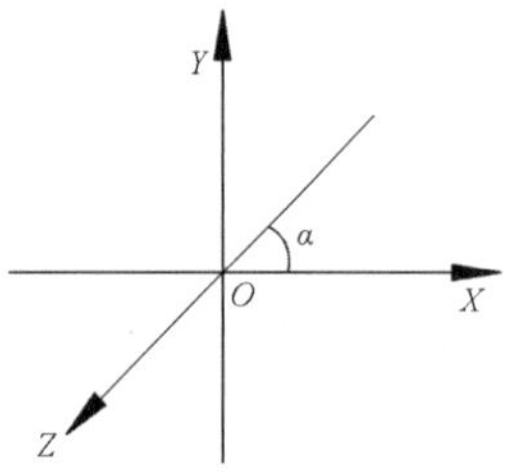

图 5-52　透视图坐标轴

5.10.8.4　管路设计的一般原则

正确的设计和敷设管道，可以减少基建投资，节约管材以及保证正常生产。管道的正常安装，不仅使车间布置得整齐美观，而且对操作的方便性、检修的简易性、经济的合理性甚至生产的安全性都起着极大的作用。

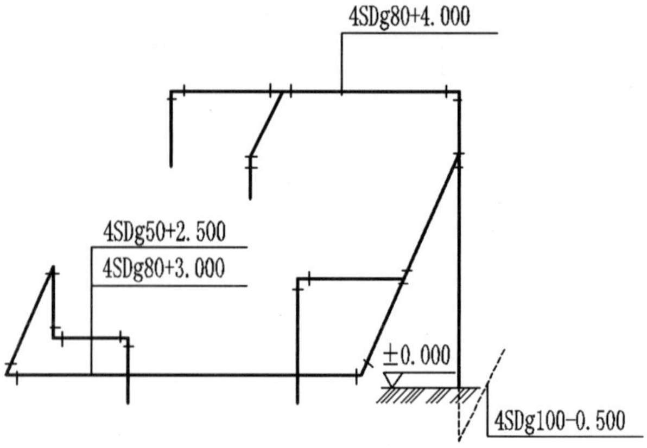

图 5-53　管路透视图

要正确地设计管道，必须根据设备布置进行考虑。以下几条原则，供设计管路时参考。

① 管道应平行敷设，尽量走直线，少拐弯，少交叉，以求整齐方便。

② 并列管道上的管件与阀件应错开安装。

③ 在焊接或螺纹连接的管道上应适当配置一些法兰或活管接，以便安装、拆卸和检修。

④ 管道应尽可能沿厂房墙壁安装，管与管间及管与墙间的距离，以能容纳活管接或法兰，以能进行检修为度（表 5-71）。

表 5-71　管道离墙的安装距离　　mm

Dg	25	40	50	80	100	125	150	200
管中心离墙距离	120	150	150	170	190	210	230	270

⑤ 管道离地的高度以便于检修为准，但通过人行道时，最低点离地不得小于 2 m，通过公路时不得小于 4.5 m，与铁路铁轨面净距不得小于 6 m，通过工厂主要交通干线一般标高为 5 m。

⑥ 管道上的焊缝不应设在支架范围内，与支架距离不应小于管径，且至少不得小于 200 mm。管件两焊口间的距离与上述要求相同。

⑦ 管道穿过墙壁时，墙壁上应开预留孔，过墙时，管外加套管。套管与管子的环隙间应充满填料。管道穿过楼板时与上述要求相同。

⑧ 管子应尽量集中敷设，在穿过墙壁和楼板时，更应注意。

⑨ 穿过墙壁或楼板间的一段管道内应避免有焊缝。

⑩ 阀件及仪表的安装高度主要考虑操作方便和安全。下列数据供参考：阀门（球阀、闸阀、旋塞等）1.2 m，安全阀 2.2 m，温度计 1.5 m，压力表 1.6 m。

如阀件装置位置较高时，一般管道标高以能用手柄启闭阀门为宜。

⑪ 坡度：气体及易流动物料的管道坡度一般为（3/1000）～（5/1000），黏度较大物料的坡度一般应≥1%。

⑫ 管道各支点间的距离根据管子所受的弯曲应力来决定，并不影响所要求的坡度（表 5-72）。有关热损失和保温层厚度可按表 5-66 和表 5-68 中的

数据来计算。

⑬ 输送冷流体（冷冻盐水等）的管道与热流体（如蒸汽）管道应相互避开。

⑭ 管道应避免经过电机或配电板的上空，以及两者的附近。

⑮ 一般的上下水管及废水管宜采用埋地敷设，埋地管道的安装深度应在冰冻线以下。

⑯ 地沟底层坡度不应小于 2/1 000，情况特殊的可用 1/1 000。

⑰ 地沟的最低部分应比历史最高洪水位高 500 mm。

⑱ 真空管道应采用球阀，因球阀的流体阻力小。

⑲ 压缩空气可从空压机房送来，而真空最好由本车间附近装置的真空泵产生，以缩短真空管道的长度。用法兰连接可保证真空管道的紧密性。

⑳ 长距离输送蒸汽的管道在一定距离处安装疏水器，以排出冷凝水。

㉑ 陶瓷管的脆性大，作为地下管线时，应埋设于离地面 0.5 m 以下。

表 5-72　管道跨距

管外径/mm			22	38	50	60	76	89	114	133
管壁厚/mm			3.0	3.0	3.5	3.5	4.0	4.0	4.5	4.5
管道跨距/m	无保温	直管	4.0	4.5	5.0	5.5	6.5	7.0	8.0	9.0
		弯管	3.5	4.0	4.0	4.5	5.0	5. 5	6.0	6.5
	保温	直管	2.0	2.5	2.5	3.0	2.5	4.0	5.0	5.0
		弯管	1.5	2.0	2.5	3.0	3.0	3.5	4.0	4.5

5.10.9　管路安装与试验

5.10.9.1　管路的安装

（1）管路安装的一般要求

① 安装时应按图纸规定的坐标、标高、坡度，准确地进行，做到横平竖直，安装程序应符合先大后小、先压力高后压力低、先上后下、先复杂后简单、先地下后地上的原则。

② 法兰结合面要注意使垫片受力均匀，螺栓握紧力基本一致。

③ 连接螺栓、螺母的螺纹上应涂以二硫化钼与油脂的混合物，以防生锈。

④ 各种补偿器、膨胀节应按设计要求进行拉伸与压缩。

（2）同转动设备相连管道的安装

对与转动设备和泵类、压缩机等相连的管道，安装时要十分重视，应确保不对设备产生过大的应力，做到自由对中、同心度和平行度均符合要求，绝不允许利用设备连接法兰的螺栓强行对中。

（3）仪表部件的安装

管道上的仪表附件的安装，原则上一般都应在管道系统试压吹扫完成后进行，试压吹扫以前可用短管代替相应的仪表。如果仪表工程施工期很紧，可先把仪表安装上去，在管道系统吹扫试验时应拆下仪表而用短管代替，应注意保护仪表管件在试压和吹扫过程中不受损伤。

（4）管架安装

① 管道安装时应及时进行支吊架的固定和调整工作，支吊架位置应正确，安装平整、牢固、与管子接触良好。

② 固定支架应严格按设计要求安装，并在补偿器预拉伸前固定。

③ 弹簧支吊架的弹簧安装高度，应按设计要求调整并做记录。

④ 有热位移的管道，在热负荷试运行中，应及时对支吊架进行检查和调整。

5.10.9.2　焊接、热处理及检验

（1）预热和应力消除处理

预热和应力消除的加热，应保证使工件热透，温度均匀稳定。对高压管道和合金钢管道进行应力热处理时，应尽量使用自动记录仪，正确记录温度-时间曲线，以便于控制作业和进行分析与检查。

（2）焊缝检验

焊缝检验有外观检查和焊缝无损探伤等方法。

5.10.9.3　管路的试验

管路在安装完毕后要进行系统压力试验，检验管路系统的机械性能及严密性。

（1）试验压力

试验压力取设计压力的 1.25～1.5 倍或按规范进行取值。

（2）试验介质

一般以清洁水为介质，对空气、仪表空气、真空系统、低压二氧化碳管线等可采用干燥无油的空气进行试压，但必须用肥皂水对每个连接密封部位进行泄漏检查。

（3）试验前的准备工作

① 管道系统安装完毕，并符合规范要求。

② 焊接和热处理工作完成并检验合格。

③ 管线上不参加试验的仪表部件拆下。

④ 与传动设备连接的管口法兰加盲板。

⑤ 具有完善的试验方案。

（4）水压试验和气压试验

● 水压试验

系统充满水，排尽空气，试验环境温度为5℃以上，逐级升压到试验压力后，保持不少于10 min。观察整个系统是否有泄漏，如有泄漏不得带压处理，需降压处理。降压时应防止系统抽成真空，可把高处排气阀打开引入空气，并排尽系统内的积水。试压期间应密切注意检查管架的强度。

● 气压试验

首先缓慢升压至试验压力的50%，进行检查，消除缺陷。然后按试验压力的10%逐级升压，每级稳压3 min，用肥皂水检查。达到规定的试验压力后，保持5 min，以无泄漏、无变形为合格。

（5）管道吹洗

管道试压合格后，应分段进行吹扫与清洗。管道吹洗合格后，还应做好排尽积水、拆除盲板、仪表部件复位、支吊架调整、临时管线拆除、防腐与保温等工作。

思考题

1. 食品工厂工艺设计包括哪些内容？

2. 制定产品方案有何意义？有哪些原则和要求？

3. 工艺流程选择与设计应遵循的原则。

4. 什么是工艺流程图？

5. 工艺流程图的类型都有哪些？它们之间有何联系？

6. 设备工艺流程图的绘制方法有哪些？

7. 物料计算包括什么项目？

8. 如何进行物料衡算？

9. 食品工厂生产车间设备选型的原则是什么？

10. 如何进行设备计算及选型？

11. 车间工艺布置设计的原则是什么？

12. 车间工艺布置设计的步骤和方法有哪些？

13. 设备布置图的视图内容是什么？

14. 车间工艺设计对建筑、采光、通风等非工艺设计的要求是什么？

15. 为什么在水汽用量计算时要选定计算基准？

16. 管路布置图包括的内容和绘制方法是什么？

17. 管道设计与布置的步骤有哪些？

18. 什么是公称直径？

19. 什么是公称压力？

20. 管道连接的方式有哪些？

21. 管路常用的补偿器形式有哪些？

22. 简述管路设计及安装的一般原则。

23. 管路安装与试验时应注意哪些问题？

第6章

食品工厂辅助部门

学习目的与要求

通过本章的学习，学生应了解食品工厂辅助部门的组成、作用、特性及要求等基本知识；掌握各部门间合理配置和布局；掌握设施配置等知识。

食品工厂辅助部门是指除物料加工所在场所（即生产车间）以外的其他部门或设施，其所占空间为整个工厂的大部分。对食品工厂来说，仅有生产车间是无法进行生产的，还必须配有足够的辅助设施，这些辅助设施可分为下述三大类。

（1）生产性辅助设施

生产性辅助设施的主要功能：原材料的接收和暂存；原料、半成品和成品的检验；产品、工艺条件的研究和新产品的试制；机械设备和电气仪器的维修；车间内外和厂内外的运输；原辅材料及包装材料的储存；成品的包装和储存等。

（2）动力性辅助设施

主要包括：给水排水、锅炉房或供热站、供电和仪表自控、采暖、空调及通风、制冷站、废水处理站等。

（3）生活性辅助设施

主要包括：办公楼、食堂、更衣室、厕所、浴室、医务室、托儿所（哺乳室）、绿化园地、职工活动室、单身宿舍等。

以上三大部分属于食品工厂设计中需要考虑的辅助部门的基本内容。此外尚有职工家属宿舍、子弟学校、技校、职工医院等，一般作为社会文化福利设施，不在食品工厂设计这一范畴内，但亦可考虑在食品工厂设计中。以上三大类辅助部门的设计，由它们的工程性质和工作量大小来决定专业分工。通常第一类辅助设施主要由工艺设计人员考虑，第二类辅助设施则分别由相应的专业设计各自承担，第三类辅助设施主要由土建设计人员考虑。本章作为工艺设计的继续，着重叙述生产性辅助设施。

6.1 原料接收部门

食品工厂生产的第一环节是原料的接收。原料的接收大多数设在厂内，也有的需要设在厂外，不论厂内厂外都需要有一个适宜的卸货、验收、计量、及时处理装置、车辆回转和容器堆放的场地，并配备相应的计量装置（如地磅、电子秤）、容器和及时处理配套设备（如制冷系统）等。由于原料品种繁多，性状各异，它们对接收站的要求亦不相同，同时食品原料多为易腐败变质生物原料，因此，验收后需要及时进行处理，否则会发生品质下降，直接影响后面的生产工序。原料接收部门依据原料分类可分为：肉类接收站、水产类接收站、蔬菜类接收站、水果类接收站等。

6.1.1 蔬菜原料接收站

蔬菜原料因其品种、性状相差悬殊，对接收站的情况要求比较复杂。它们进厂后，除需进行常规验收、计量以外，还得采取不同的措施，如考虑蘑菇之类护色的护色液的制备和专用容器。由于蘑菇采收后要求立即护色，因此蘑菇接收站一般设于厂外，蘑菇的漂洗要设置足够数量的漂洗池。芦笋采收进厂后应一直保持其避光和湿润状态，如不能及时进车间加工应将其迅速冷却至 4～8℃，并保证从采收到冷却的时间不超过 4 h，以此来考虑其原料接收站的地理位置。青豆（或刀豆）要求及时进入车间或冷风库，或在阴凉的常温库内薄层散堆，当天用完。番茄原料由于季节性强，到货集中，生产量大，需要有较大的堆放场地。若条件不许可，也可在厂区指定地点或路边设垛，上覆油布等防雨淋、日晒措施。蔬菜原料在预处理完毕后，应尽快进行下一道生产工序，以确保产品的质量。

6.1.2 水果原料接收站

水果原料种类较多，根据不同的原料性质，可采取不同的处理方法，接收站的配备要求也不相同。有些水果肉质娇嫩，加工的新鲜度要求特别高，如杨梅、葡萄、草莓、荔枝、龙眼等。这些原料进厂后，需要及时对它们进行分选并尽快进入生产车间，减少在外停留时间，特别要避免雨淋日晒。因此，最好放在有助于保鲜而又进出货方便的原料接收站内。

另一些水果，如苹果、柑橘、桃、梨、菠萝等进厂后并不要求及时加工，相反刚采收的原料还要经过不同程度的后熟期（如阳梨、甜瓜还需要人工催熟），以改善它们的质构和风味。因此，它们进厂后，或进常温仓库暂时储存，或进冷风库较长期储藏。但在进库之前，必须要进行适当的挑选和分级，也要考虑足够的场地。

6.1.3 水产原料接收站

水产品接收时，要对原料进行新鲜度、农药残留等污染物的标准化检验。同时，由于水产品容易腐败，其新鲜度对罐头的质量影响很大。比如，新鲜鱼进厂后必须及时采取冷却保鲜措施，常用的有加冰保鲜法，或散装或装箱，其用冰量一般为鱼重的40%～80%，保鲜期3～7 d，冬天还可延长。此法的实施，一是要有非露天的场地，二是要配备碎冰设备。另一种适用于肉质鲜嫩的鱼虾、蟹类的保鲜法，是冷却海水保鲜法，其保鲜效果远比加冰保鲜法好。此法的实施需设置保鲜池和制冷机，使池内海水（可将淡水人工加盐至2.5～3.0波美度）的温度保持在－1.5～－1℃。保鲜池的大小按鱼水比例7∶3、容积系数0.7考虑。此外，水产品冷却保鲜措施还包括微冻保鲜和冻藏保鲜等方式。近年来，流体冰保鲜技术也开始在水产品冷却保鲜中得到应用，流体冰是一种可流动的微粒，与传统的冰种相比，冷却速度快5倍。而且流体冰冰粒细小圆滑，可迅速填充到海鲜的任何缝隙，快速密封包围产品且不伤害其表面，极大限度地抑制细菌繁衍，长时间保持海鲜的新鲜度、品味及品质。相比之下，流体冰保鲜时间比传统冰保鲜时间可延长2 h。

6.1.4　肉类原料接收站

肉类原料大多来源于屠宰厂经专门检验合格的原料，因此，不论是冻肉或新鲜肉，接收时首先检查有无检验合格证。对具有检验合格证的原料，经计量验收，即可直接进入冷库贮存。

6.1.5　收奶站

收奶站一般亦设在厂外奶源比较集中的地区。收奶站的收奶半径宜在10 km左右，新收的原料乳必须在12 h内运送到厂，最好对运送过程进行远程监控，在收奶站设监控点实时监测收奶站生产、收购等视频图像和生产数据。同时，收奶站要求配备完善的贮存、冷藏、消毒设施，配备必要的检测仪器，并经质监部门计量检定。日收奶量视生产车间规模大小而定。

6.2　中心实验室与化验室

食品工厂的实验室包括中心实验室和化验室，是工厂生产技术的研究、产品的检验机构，其主要任务有：一是对工厂的产品进行严格的质量检验，保证产品的质量；二是向工厂提供新产品、新技术，提高工厂的竞争力，以便获得更好的经济效益。

6.2.1　中心实验室

6.2.1.1　中心实验室的任务

（1）供加工用的原料品种的研究

对于柑橘、桃、葡萄、苹果、番茄、黄瓜等常见果蔬，有的品种只宜鲜食，不宜加工；有的虽然可以加工，但品质不佳；有的品种虽佳，但经种植多年后，品质退化，这都需要对原有品种进行定向改良或培育出新型品种。定向改良和培育新品种的工作，要与农业部门协作进行，而厂方着重进行产品加工性状的研究，如成分的分析测定和加工试验等，目的在于鉴别改良后的效果，并指出改良的方向。

（2）制定符合本厂实际的生产工艺

食品的生产过程是一个多工序组合的复杂过程。每一个工序又各涉及若干工艺条件。要找到一条最适合于本厂实际的工艺路线，往往要进行反复的试验摸索。凡本厂未批量投产和制定定型工艺的产品，在投入车间生产之前，都需先经过小样试制，而不能完全照搬外厂的工艺直接投产。这是因为同一种原料，产地不同，它的性状和加工特性往往差异较大。再者，各厂的设备条件、工人的熟练程度、操作习惯等也不尽相同。就罐头而言，它的产品花色繁多，按部颁标准编号的就有六七百种之多。每个厂一年中生产的品种都是有限的，为了适应市场需求情况的变化和原料构成情况的变化，需不断更换产品品种。对这些即将投产的品种，先通过小样试验，制定出一套符合本厂实际的工艺，是非常必要的。

（3）开发新产品

近年来，新的食品门类不断涌现，如婴儿食品、老年食品、运动员食品、疗效食品、保健食品等。这些新兴的食品门类，现在还不够充实，需要做大量艰苦的研制开发工作，中心实验室可在其中发挥作用。

（4）解决生产中出现的技术问题

食品产品在生产过程中出现异常情况时，由于食品原料的特殊性，往往需要通过对产品进行分析检测来查找异常问题的原因，寻求解决的方案。

（5）制定产品标准

产品的标准在食品工厂的生产中起到重要作用，是组织生产、出厂检验、贸易（交货）、技术交流、仲裁和质量监督检查的依据。中心实验室根据企业的情况，可采用国家标准或行业标准，也可制定自己的企业标准。

（6）其他

中心实验室的任务还包括原辅材料综合利用的研究、新型包装材料的试用研究、某些辅助材料的自制、“三废”治理工艺的研究等。此外，为了达到国内、国际先进水平，中心实验室还应发挥情报机构的作用，随时掌握国内外的技术发展动态，搜集整理先进的技术情报，并综合本厂实际情况加以推广应用。

6.2.1.2　中心实验室的装备

中心实验室一般由研究工作室、分析室、保温间、细菌检验室、样品间、资料室、试制工厂等组成。例如：罐头厂的中心实验室的主要仪器方面，除配备一定数量的常用仪器外，最好能配备一套罐头中心温度测试仪和自动模拟杀菌装置。另外，在设备方面，可配备一些小型设备，如小型夹层锅、手扳封罐机、小型压力杀菌锅以及电冰箱、真空泵、空压机等。依据实验室规模来设计容量大小不等的水管、蒸汽管、电源等，并需事先留有若干电源插座。

6.2.1.3　中心实验室对土建的要求

（1）中心实验室的位置

中心实验室原则上应在生产区内，也可单独或毗邻生产车间，或安置在由楼房组成的群体建筑内。总之，要与生产密切联系，并使水、电、汽供应方便。

实验室外部环境要求：远离灰尘、烟雾、噪声和震动源，远离有害气体，远离生活区、锅炉房与交通要道。

（2）中心实验室的面积

中心实验室的总建筑面积主要包括使用面积和辅助建筑面积（过厅、走廊、墙体横截面积等）。总面积可由建筑面积利用系数估算得到。

建筑面积利用系数φ＝各实验室与辅助实验室使用面积之和/总建筑面积

对食品企业单独设立的中心实验室，φ为0.5～0.7。

（3）开间、进深与层高

开间：我国实验室的开间一般采用3.0 m、3.3 m、3.6 m三种开间模数，这是因为实验室的中央实验台和侧式边实验台宽度一般为1.2～1.8 m，设有工程管网的该类实验台宽度不小于1.4 m，靠墙侧式边实验台的宽度一般为0.6～0.9 m，设有工程管网的靠墙侧式边实验台宽度不小于0.75 m，两个实验台之间的距离为1.2～1.8 m。这样的开间均能满足上述的需要。

进深：实验室的进深主要取决于以下五个方面。

① 根据实验性质确定的每个实验人员所需要的实验台长度；

② 考虑实验台的布置方式的影响，如相同长度的岛式实验台比半岛式实验台所需要的进深大；

③ 考虑实验台的端部是否布置研究人员的办公室；

④ 考虑通风柜的布置方式影响，如通风柜平行窗户布置比垂直窗户布置的进深大；

⑤ 考虑采光通风方式的影响。

综合上述五个方面的因素，中心实验室进深一般在6.0～9.0 m。即6.0 m、7.0 m、8.0 m、9.0 m四种进深。

层高：一般采用3.6～3.9 m，但洁净实验室本身的净高比一般实验室的净高要低，这是由于洁净实验室节约空调冷量以及采用人工照明等原因，一般净高为2.5 m左右。小试、中试设备等一般放底层，且由于需设大型的仪器设备，故层高比楼层略高，具体高度应视其设备安装使用要求的尺寸、管道走向及吊顶布置等具体情况而定。

（4）门窗、地面和墙裙

一般实验室的地面可采用水磨石地，墙壁喷涂浅色防潮涂料或水泥墙面外涂浅色油漆，墙裙的高度为1.2～2.0 m。窗户要能防尘。

对一些特殊实验室，有一些特殊建筑要求。对温度和湿度要求较高的实验室，如精密仪器室，可装双层门窗及空调装置；地面可用水磨石地或防静电地板，不可使用地毯，因为地毯容易积聚灰尘，还容易产生静电。对有恒温、恒湿要求的实验室，则应为无窗建筑；对化学分析室，门应该向外打开，大实验室应设2个出口，以便于发生意外时人员的撤离。

（5）通风系统

实验室的通风不仅要保证新鲜空气的引入，而且还要注意灰尘、废气及其他测试过程中产生的有害副产品的排出问题。

实验室的通风方式有两种，即局部排风和全室通风。

局部排风是在产生有害物质后立即就近排出，一般采用通风柜进行局部排风。通风柜在工作场所的配置数量依实验室类型而定，差别较大。一般化学实验室按每位研究者 1 台通风柜，生物实验室每 6～10 位研究者共用 1 台通风柜，食品加工实验室可能整个部门设 1 台通风柜。

通风柜设计时的指导思想如下：

① 应根据实验性质和实验室工艺要求，选择通风柜类型，确定通风柜数量。综合考虑各项因素，确定通风柜排风系统和补风系统形式，确定通风机房和通风竖井的位置。

② 应以安全、实用、有效、经济为原则，使有害气体尽快就近排走，不致污染环境和操作者，并使实验中的气态污染物全部控制在通风柜以内。

③ 应与工艺和建筑专业结合，合理确定通风柜在实验室的位置。通风柜应设置在受气流干扰少的地方，尽量远离门口、送风口和人员频繁往来的通道，避免无组织气流对通风柜排风流场形成干扰。

④ 应远离精密仪器，避免通风柜排风影响仪器操作。

通风柜平行于穿堂风时，其前端距门边应保持 1 m 的距离；通风柜垂直于穿堂风时，其近端距门边应保持 1 m 的距离，相向布置的通风柜之间应保持 3 m 的净距。

对有些实验室不能使用局部排风，或者局部排风满足不了要求时，应采用全室通风。

(6) 给排水设计

给水管道和排水管道的布置和敷设，设计流量和管道计算，管材、附件的选择等，除应按现行的《建筑给水排水设计规范》的规定执行外，还应达到以下要求：

实验室给水管道和排水管道，应沿墙、柱、管道井、实验台夹腔、通风柜内衬板等部位布置。不得布置在遇水会迅速分解、引起燃烧、爆炸或损坏的物品旁，以及贵重仪器设备的上方。

室内、外消防设计，应符合现行有关防火规范的规定。

● 给水

中心实验室的用水包括蒸馏水、中试生产用水、一般化验用水和生活辅助用水等。供水要保证必需的水压、水质和水量，应该满足仪器设备正常运行的需要；用水量可按实验室定员估算，也可按水龙头数量估算。按实验室定员估算，每人按每天 150～200 L 水计；按水龙头数量估算，每个水龙头（规格 DN15 mm）按 0.1 L/s 估算耗水量。每间实验室应该设立总阀门，且位置应该在易于操作的位置。实验室化验龙头及其他卫生器具给水的额定流量、当量、支管管径和流出水头，应符合现行的《建筑给水排水设计规范》的规定。

实验仪器的循环冷却水水质应满足各类仪器对水质的不同要求。

凡进行强酸、强碱、剧毒液体的实验并有飞溅爆炸可能的实验室，应就近设置应急喷淋设施。当应急眼睛冲洗器水头大于 1 m 时，应采取减压措施。

下行上给式的给水横干管宜敷设在底层走道上方或地下室顶板下，上行下给式的给水横干管宜敷设在顶层管道技术层内或顶层走道上方，不结冻地区可敷设在屋顶上。

恒温、恒湿实验室，其给水管道穿墙和楼板处应采取密封措施。

从给水干管引入实验室的每根支管上，应装设阀门。

无菌室和放射性同位素的操作间、去污室的水龙头，应采用脚踏开关、肘式开关或光电开关。

无菌室和放射性同位素的去污室等，应有热水供应。热水水量、水温、水压应按工艺要求确定。无菌室和放射性同位素实验室还应配有热水淋浴装置。

● 排水

排水系统选择，应根据污水的性质、流量、排放规律并结合室外排水条件确定。排出有毒和有害物质的污水，应与生活污水及其他废水废液分开。对于较纯的溶剂废液或贵重试剂，宜在技术经济比较后回收利用。

污水及废水的最大小时流量和设计秒流量，应按工艺要求确定。

凡含有毒和有害物质的污水，均应进行必要的处理，符合国家排放标准后，方可排入城市污水管网；酸、碱污水应进行中和处理。中和后达不到中性时，应采用反应池加药处理；凡含有放射性核素的废水，应根据核素的半衰期长短，分为长寿命和短寿命两种放射性核素废水，并应分别进行处理。

(7) 供电设计

实验室建筑的用电负荷分级及供电要求，应根据重要性及中断供电在政治、经济、科学实验工作上所造成的损失或影响程度按现行的《供配电系统设计规范》的规定执行。

电设备要由总开关控制，烘箱、高温炉等电热设备应有专用插座、开关及熔断器。24 h 用电设备，如冰箱、培养箱，需要单独供电。大型精密仪器室的供电电压应稳定，一般允许电压波动范围为±10%，必要时配备稳压电源等附属设备。

城市电网电源质量不能满足用电要求时，应根据具体条件采用相应的电源质量改善措施（如：滤波、屏蔽、隔离、稳压、稳频及不间断供电等措施）。

实验室建筑按具体要求，可设置实验室工作接地、供电电源工作接地、保护接地、实验室特殊防护接地及防雷接地。

实验室工作接地的接地电阻值，应按实验仪器、设备的具体要求确定。无特殊要求时，不宜大于4Ω；供电电源工作接地及保护接地的接地电阻值不应大于4Ω；实验室特殊防护接地电阻值按具体要求确定；防雷接地电阻值应符合现行的《智能建筑防雷设计规范》的规定。

各种接地宜共用一组接地装置，无特殊要求时，接地电阻值不宜大于1Ω。如防雷接地需单独设置，应按现行的《智能建筑防雷设计规范》的规定采取防止反击措施。

实验室的工作接地与接地装置宜单点连接。使用性质不同的实验室共用一组接地装置时，宜分别引接地线与接地装置连接。由接地装置引入室内的接地干线宜采用绝缘导线（电缆）穿钢管敷设。

由实验室接地点至接地装置的引线长度不应为 $\lambda/4$ 及 $\lambda/4$ 的奇数倍，λ 应按下式计算：

$$\lambda = 3\times10^{8} f$$

式中：λ—波长，m；

f—实验室接地仪器、设备工作的主频率，Hz；

实验室保护接地宜采用等电位连接措施。

(8) 采光与照明

实验室的照明照度应合理，工作面上的平均照度标准应符合表 6-1 要求。

表 6-1　照度标准

房间名称	平均照度/lx	工作面及高度/m	备注
通用实验室	100，150，200	实验台面 0.75	一般照明
生物培养室	150，200，300	工作台面 0.75	宜设局部照明
天平室	100，150，200	工作台面 0.75	宜设局部照明
精密仪器室	100，150，200	工作台面 0.75	一般照明
研究工作室	100，150，200	工作台面 0.75	宜设局部照明
设计室、绘图室、打字室	200，300，500	桌面 0.75	宜设局部照明

实验建筑用房一般照明的照度均匀度，按最低照度与平均照度之比确定，其数值不宜小于 0.7。采用分区一般照明时，非实验区和走道的照度，不宜低于实验区照度的 1/3～1/5。采用一般照明加局部照明时，一般照明不宜低于工作面总照度的 1/3，宜不应低于 50 lx。

实验室（除暗室外）不宜用裸灯。通用实验室宜采用开启或带格栅直配光型灯具。开启型灯具效率不宜低于 0.7，带格栅型灯具效率不宜低于 0.6，实验室灯具格栅、反射器不宜采用全镜面反射材料。

通用实验室宜采用荧光灯，层高大于 6 m 的实验室宜采用高强气体放电灯。对识别颜色有要求的实验室，宜采用高显色性光源。电磁干扰要求严格的实验室，不宜采用气体放电灯。潮湿、有腐蚀性气体和蒸汽、火灾危险和爆炸危险等场所，应选用具有相应防护性能的灯具。

重要实验场所应设置应急照明，应急照明的设置应符合现行的《建筑照明设计标准》《建筑设计防火规范》的规定。暗室、电镜室等应设单色（红色或黄色）照明。入口处宜设工作状态标志灯。生物培养室宜设紫外线灭菌灯，其控制开关应设在门外并与一般照明灯具的控制开关分开设置。照明负荷宜由单独变压器、单独配电装置或单独回路供电，应设单独开关和保护电器。照明配电箱宜分层或分区设置。大面积照明场所宜分段、分区设置灯控开关。

(9) 通信端口

随着现代信息技术的发展，科学研究过程中，信息的及时获得成为科学研究的重要部分。因此，通信端口的设计也非常重要。对于规定与电信服务商提供的设施进行连接的标准，应遵从执行这些标准。与计算机设备和网络的连接，应与电器插座的要求一致。在规划此设备空间时，应考虑到将来可能扩展这种设施。

6.2.2　化验室

人们习惯上称食品厂的检验部门为化验室。它的职能是对产品和有关原材料进行卫生监督和质量检查，确保这些原材料和最终产品符合国家卫生法和有关部门颁发的质量标准或质量要求。化验室与中心实验室在业务上有联系，但工作重点不同。化验室是工厂的检测机构，而中心实验室是工厂产品的研发机构。一般来说，化验室由工厂的质量管理部门负责，而中心实验室由工厂的技术管理部门负责。所以，在设计时要根据分工范围和工作条件确定其设置的内容。

6.2.2.1　化验室的任务及组成

化验室的任务可按检验对象和项目来划分。

根据检验对象，可分为：原料检验、半成品检验、成品检验、包装材料检验、各种添加剂检验、水质检验、环境监测等；其检验项目一般有：感官检验、物理检验、化学检验、微生物检验等。

化验室的组成一般是按检验项目来划分的，它分为：感官检验室、物理检验室、化学检验室、空罐检验室、精密仪器室、细菌检验室（包括预备室，即消毒清洗间、无菌室、细菌培养室、镜检室等）、储藏室等。

6.2.2.2　化验室的装备

化验室配备的大型设备主要有双面化验台、单面化验台、药品橱、支承台、通风橱等，如表 6-2 所示。

表 6-2　化验室常用仪器及设备

名称	型号	主要规格
普通天平	TG601	最大称量 1 000 g，感量 5 mg
分析天平	TG602	最大称量 200 g，感量 1 mg
精密天平	TG328A	最大称量 200 g，感量 0.1 mg
微量天平	WT2A	最大称量 20 g，感量 0.01 mg
水分快速测定仪	SC69-02	最大称量 10 g，感量 5 mg
精密扭力天平	JN-A-500	最大称量 500 g，感量 1 mg
电热鼓风干燥箱	101-1	工作室：350 mm×154 mm×450 mm 温度：10～300℃
液体比重天平	P_2-A-5	测定比重范围 0～2，误差±0.000 5
电热恒温干燥箱	202-1	工作室：350 mm×450 mm×450 mm 温度：室温+10～300℃
电热真空干燥箱	DT－402	工作室：350×400 mm 温度：室温+10～200℃
超级恒温箱	DL-501	温度范围低于 95℃
霉菌试验箱	MJ-50	温度 29±1℃ ；湿度 97%±2%
离子交换软水器	PL-2	树脂容量 31 kg，流量 1 m^3/h
去湿机	JHS-0.2	除水量 0.2 kg/h
自动电位滴定计	ZD-1	测量范围 pH 0～14；0～±1 400 mV
火焰光度计	630-C	钠 10 mg/L，钾 100 mg/100 mL
晶体管光电比色计	JGB-1	有效光密度范围 0.1～0.7
携带式酸度计	29	测量范围 pH 2～12
酸度计	HSD-2	测量范围 pH 0～14
生物显微镜	L3301	总放大 30～1 500 倍
中量程真空计	ZL-3 型	交流便携式，测量范围 13.3×10^{-7}～13.3 Pa
箱式电炉	SRJX-4	功率 4 kW，工作温度 950℃
高温管式电阻炉	SRJX-12	功率 3 kW，工作温度 1 200℃
马福电炉	RJM-2.8-10A	功率 2.8 kW，工作温度 1 000℃
电冰箱	LD-30-120	温度－30～－10℃

续表 6-2

名称	型号	主要规格
电动搅拌器	立式	功率 25 kW，200～3 200 r/min
高压蒸汽消毒器		内径 Φ 600×900，自动压力控制 32℃
标准生物显微镜	2X	放大倍数 40～1 500
光电分光光度计	72	波长范围 420～700 nm
光电比色计	581-G	滤光片 420 nm、510 nm、650 nm
阿贝折射仪	37W	测量范围 ND：1.3～1.7
手持糖度计	TZ-62	测量范围 0～50%；50%～80%
旋光仪	WXG-4	旋光测量范围±180°
小型电动离心机	F-430	转速 2 500～5 000 r/min
手持离心转速表	LZ-30	转速测量范围 30～12 000 r/min
旋片式真空泵	2X	极限真空度 1.33×10^{-2} Pa
旋片式真空泵	2X-3	极限真空度 6.65×10^{-2} Pa，抽气速率 4 L/s

注：上表所列供选用时参考。此外，有条件的还可补充下列仪器设备：组织捣碎机、气相色谱仪、洛氏硬度计、窗式空调器、紫外线杀菌器等。

6.2.2.3 化验室对土建的要求

化验室可为单体建筑，也可合并在技术管理部门。在建筑上要求通风采光良好，环境整洁。平面布置以物理检验、化学分析室为主体。清洗消毒及培养基制备等小间应考虑机械排气方便，一般置于下风向。精密仪器间不宜受阳光直射。无菌室的要求比较特殊，一般需要设立两道缓冲走道，在走道内设紫外灯消毒。为防止高温季节工作室闷热，可安装窗式空调器。由于用电仪器较多，在四周墙壁上应多设电源插座。化验室内上下水管的设置一定要合理、通畅。自来水的水龙头要适当多安装几个，除一般洗涤外，大量的蒸馏、冷凝实验也需要占用专用水龙头（小口径，便于套皮管）。除墙壁角落应设置适当数量水龙头外，实验操作台两头和中间也应设置水管。化验室水管应有自己的总水闸，必要时各分水管处还要设分水闸，以便于冬天开关防冻，或平时修理时开关方便，并不影响其他部门的工作用水。

化验室的实验操作台面最好涂以防酸、防碱的油漆，或铺上塑料板或黑色橡胶板。橡胶板更适用一些，既可防腐，玻璃仪器倒了也不易破碎。天平室要求安静、防震、干燥、避光、整齐、清洁。精密仪器室要求与机械传动、跳动、摇动等震动大的仪器分开，要避免各种干扰。药品贮藏室最好为不向阳的房间，但室内要干燥、通风。

6.3 仓库

仓库是保管、存储物品的建筑物和场所的总称。食品工厂是物料流量较高的一种企业，仅原辅材料、包装材料和成品这 3 种物料，其总量就约等于成品净重的 3～5 倍，而这些物料在工厂的停留时间往往以星期或月为单位计算。因此，食品厂的仓库在全厂建筑面积中往往占有比生产车间更大的比例。作为工艺设计人员，对仓库要有足够的重视。如果考虑不当，工厂建成投产后再找地方扩建仓库，就很可能造成总体布局紊乱，以致流程交叉或颠倒。一些老厂之所以布局较乱，问题就在于仓库与生产车间的关系未能处理好。所以，在设计新厂时，务必要对仓库给予全面考虑。在食品工厂设计中，仓库的容量和在总平面中的位置一般由工艺人员考虑，然后提供给土建专业。

6.3.1 食品工厂仓储的特点

（1）负荷的不均衡性

如一些以果蔬产品为主的工厂，由于产品的季节性强，果蔬成熟短期内，各种物料高度集中，仓库出现超负荷，淡季时仓库又显得空余；一些节日性食品，如月饼、元宵，在节日期间销售量大，节日过后，销售量大大减少。这些，都导致仓库的负荷曲线呈现剧烈起伏状态。

（2）储藏条件要求高

总的来说，要确保食品卫生，要求防蝇、防鼠、防尘、防潮，有的需要低温环境，有的还需要恒温环境。

（3）决定库存期长短的因素较为复杂

特别是以生产出口产品为主的工厂，成品库存期的长短常常不决定于生产部门的愿望，而决定于产品在国际市场上的销售渠道是否畅通。国内销售的产品，其库存期也在很大程度上受市场因素的影响。另外，还有在生产中出现的不可预料情况，例如：包装材料因生产计划临时改变而被迫存放延期等，这些都需要在安排仓库的容量时予以考虑。

6.3.2　仓库的类别

食品仓库按不同的分类特征，可分类如图 6-1 所示。

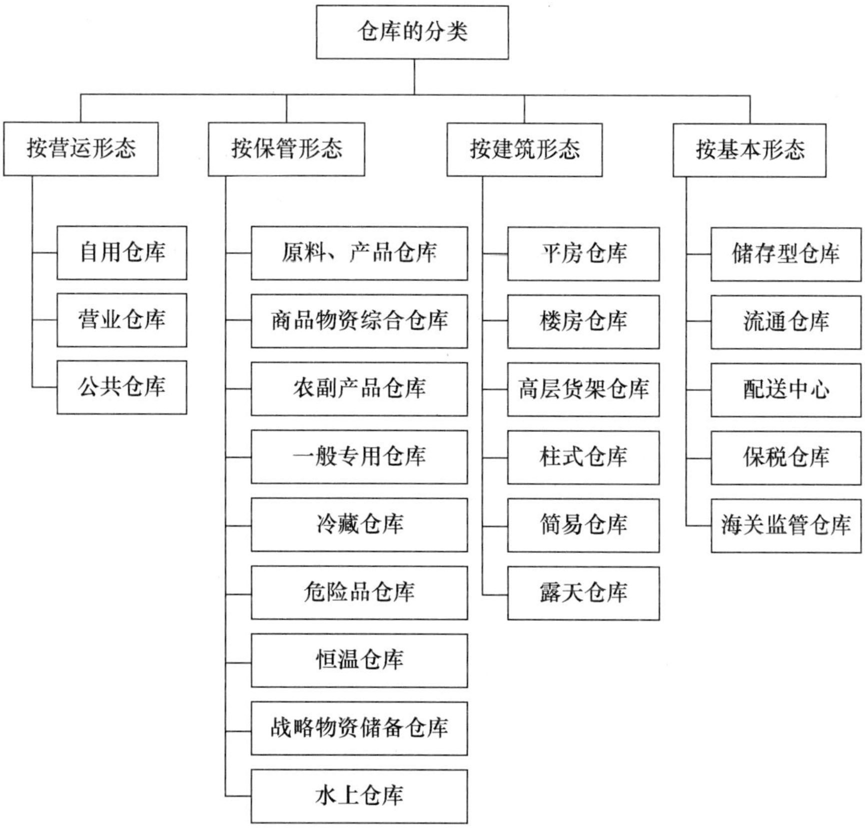

图 6-1　食品仓库分类

6.3.3　仓库容量的确定

对某一仓库的容量，可按下式确定

$$V=WT \qquad (6\text{-}1)$$

式中：V—仓库应该容纳的物料量；

W—单位时间（日或月）的物料量；

T—存放时间（日或月）。

这里，单位时间的物料量应包括同一时期内存放于同一仓库内的各种物料的总量。时间 T 则需要根据具体情况合理地选择确定。现以几个主要仓库为例加以说明。

（1）原料仓库的容量

从生产周期的角度考虑，只要有两三天的储备量即可。但食品原料多来源于初级农产品，农产品有较强的季节性，有的采收期很短，原料进厂高度集中，这就要求仓库能有较大的容量。但究竟需要多大容量，还得根据原料本身的储藏性能、维持储藏条件所需要的费用、是否考虑增大班产规模等因素，做综合分析比较后确定，不能一概而论。

（2）不耐储的原料库

一些容易老化的蔬菜原料，如芦笋、蘑菇、刀豆、青豆等，它们在常温下储藏的时间很短，对这类原料库存时间 T 只能取 1～2 d，即使在冷风库贮藏（其中蘑菇不宜冷藏）的储藏期也只有 3～5 d。对这类罐头产品，较多采用增大生产线的生产能力，增开班次来解决。

（3）较耐储的果蔬原料库

另一些果蔬原料比较耐储藏，存放时间 T 可取较大值。如苹果、柑橘等。在常温下可存放几天至十几天，如果设置冷风库，在进库前拣选处理得好，可存放2～3个月。然而，存放时间越长，损耗就越大，动力消耗也越多，在经济上是否合算要进行比较，以便决定一个合理的存放时间。

（4）冷藏库

储存冷冻好的肉禽和水产原料的冷藏库，其存放时间可取30～45 d。冷藏库的容量也可根据实践经验，直接按年生产规模的20%～25%来确定。

需注意的是，以果蔬为主的罐头厂，在确定冷风库的容量时，要仔细衡算其利用率，因为果蔬原料储藏期短，季节性又强，库房在一年中很大一部分时间可能是空闲的。一种补救办法是按高低温两用库设计，在果蔬淡季时改放肉禽原料；另一种补救办法是吸收社会上的储存货源（如蛋及鲜果之类），以提高库房的利用率。

（5）包装材料库

包装材料的存放时间一般可按3个月的需要考虑，并以包装材料的进货是否方便来增减，如建在远离海港或铁路地区的罐头厂或乳品厂，马口铁仓库或其他包装材料的进货次数最少，应考虑半年的存放量，以保证生产的正常进行。此外，如前所述，由于生产计划的临时改变，事先印制好的包装材料可能积压下来，一直要放到第二年，因此，在确定包装材料的容量时，对这种情况也要做适当的考虑。

（6）成品库

成品的存放时间与成品本身是否适于久藏及销售周期长短有关，如乳品厂的瓶装消毒牛奶，在成品库中仅停留9 h，而奶粉则可按15～30 d考虑。饮料可考虑7～10 d。至于罐头成品，从生产周期来说，有1个月的存放期就够了，但因受销售情况等外界因素的影响，宜按2～3个月的量或全年产量的1/4考虑。

（7）保温库

罐头保温库的存放时间可按保温时间的长短再加上抽验和包装时间加以确定。果蔬类罐头25℃保温5 d，肉禽水产罐头37℃保温7 d。抽样检验和揩听、贴标、装箱的时间为2～3 d。

6.3.4 仓库面积的确定

仓库容量确定以后，仓库的建筑面积可按下式确定

$$F=F_1+F_2=\frac{V}{dK}+F_2 \qquad (6\text{-}2)$$

式中：F—仓库的建筑面积，m^2；

F_1—仓库库房的建筑面积，m^2；

F_2—仓库的辅助用房建筑面积（如楼梯间、电梯间、生活间等），m^2；

V—货物的质量，kg；

d—单位库房面积可堆放的物料净重，kg/m^2；

K—库房面积利用系数，一般取0.6～0.65。

关于d值的求取，进一步说明如下。

首先，单位库房面积储放的物料量指物料的净重，没有计入包装材料重量。同样的物料，同样的净重，因其包装形式不同，所占的空间亦随之不同。比如某一果蔬原料箱装或箩筐装，所占的空间就不一样。即使同样是箱装，其箱子的形状和充满度也有关系。所以，在计算时要根据实际情况而定。

其次，货物的堆放高度与楼板承载能力及堆放方法有关。楼板承重能力也给货物堆放的高度以相应的限制。这里顺便指出，在确定楼板负荷时，绝不能只算物料的净重，而应按毛重计。在楼板承重能力许可情况下，机械堆装要比人工堆装装得更高，如铲车托盘，可使物料堆高至3.0～3.5 m，人工则只能堆到2.0～2.5 m。

最后，单位库房面积可堆放的物料净重决定于物料的包装方式、堆放方法以及楼板的承载能力，最好不要依靠纯理论计算，而要依靠实测数据。

6.3.5 食品工厂仓库对土建的要求

（1）果蔬原料库

果蔬原料如果是短期储藏一般用常温库，可采用简易平房，仓库的门应方便车辆的进出。如果是较长时间的储藏，则采用冷风库。冷风库的温度视物料而定，耐藏性好的可以在冰点以上附近，库内的相对湿度以85%～90%为宜（有条件的厂对果蔬原料还可以采用气调储藏、辐射保鲜、真空冷却保鲜等）。应考虑到果蔬原料比较松散娇嫩，不宜受过多的装卸。果蔬原料的储存期短，进出库频繁，故冷风库一般建成单层平房，或设在多层冷库的底层。

（2）肉禽原料库

肉禽原料的冷藏库温度为－18～－15℃，相对湿度为5%～10%，库内采用排管制冷，避免使用冷风机，以防物料干缩。

（3）罐头保温库

罐头的保温库一般采用小间形式，以便按不同

的班次、不同规格分开堆放，保温库的外墙应按保温墙设计建造，并不宜开窗，小间的门应能密闭，空间不必太高，2.8～3 m 即可，每个单独小间应配设温度自控装置，以自动保持恒温。

（4）成品库

要考虑进出货方便，地坪或楼板要结实，每平方米要求能承受 1.5～2.0 t 的荷载。为提高机械化程度可使用铲车。托盘堆放时，需考虑附加荷载。

（5）空罐及其他包装材料仓库

仓库要防潮、去湿、防晒，窗户宜小不宜大。

库房楼板的设计荷载能力，随物料容重而定。物料容重大的如罐头成品库之类，宜按 1.5～2 t/m^2 考虑；容重小的如空罐仓库，可按 0.8～1 t/m^2 考虑。介于这两者之间的按 1.0～1.5 t/m^2 考虑。如果在楼层使用机动叉车，还得由土建设计人员加以核定。

6.3.6　仓库在总平面布置中的位置

仓库在全厂建筑面积中占了相当大的比重，那么它们在总平面中的位置就要经过仔细考虑。诚然，生产车间是全厂的核心，仓库的位置只能是紧紧围绕这个核心合理地安排。但是，作为生产的主体流程来说，原料仓库、包装材料库及成品仓库显然也属于总体流程的有机部分。

工艺设计人员在考虑工艺布局的合理性和流畅性时，绝不能只考虑生产车间内部，还应把着眼点扩大到全厂总体上来。如果只求局部合理，而在总体上不合理，所造成的矛盾或增加运输的往返，或影响到厂容，或阻碍工厂的远期发展。因此，在进行工艺布局时，一定要通盘地考虑。考虑的原则前文已介绍，但在进行工厂设计时，往往还必须视具体情况而定。比如，原料仓库在厂前区好还是别的区好，人流、货流挤压在一起是否太杂，原料的进厂和卸货是否会影响到厂容、卫生和厂前区的宁静等，诸如此类的因素需权衡比较。

6.3.7　现代化仓库管理

现代社会中，市场经济环境下，仓库是市场与现代企业之间商品流通的重要转移和仓储的必需基础设施。仓库作为食品工厂的重要组成部分，除了必须具有满足生产要求的库房面积和库房结构外，还必须实施现代化的仓库管理，充分利用仓库空间，保证仓库作业优化，以适应现代物流的要求。

仓储的管理长期以来都是采用传统的人工管理方式，主要表现为人工填写各种票据、汇总各种账册、编制各种报表。人工管理仓库，不仅工作量大、效率低，而且差错率高，经常会发生账物不符或账账不符的情况，造成经济损失。20 世纪 60 年代末期，仓储技术开始了新一代的技术革新，由平面储存、低层储存向高层储存发展，立体仓库应运而生，实现了作业和管理的高度机械化和自动化。同时计算机技术进入到仓储管理中，实现了信息化的仓储管理，逐步向现代化的仓储技术方向发展。

仓储现代化主要是装卸自动化、机械化，仓储管理科学化，运输配送等各个主要环节全面采取先进适用的技术手段和科学的管理方法，以期物资流通效率高、费用省、周转快、效益好。目前国内外建造的自动化仓库主要的组成部分有：①库房，大跨度、高空间的建筑物，单跨建筑可达 1 000～2 000 m^2；②货物存放系统，即各种结构形式的高层货架；③货物存取系统，主要由巷道式堆垛机来完成；④货物传送系统，通常有机械传送带、机械传动或液压传动的出入库输送机；⑤货物整理系统，通常由起重机、叉车等装卸机械组成；⑥控制与管理系统，通常由功能不一的计算机系统构成。此外，还有供电、空调、报警、消防、计量、通信、传感等系统。

仓储现代化的关键就是现代化仓库管理模式的建立和现代化仓库管理系统的应用。现阶段，在仓库系统的内部，企业一般依赖于一个非自动化的、以纸张文件为基础的系统来记录、追踪进出的货物，以人为主体实施仓库内部的管理。对于整个仓储区而言，人为因素的不确定性，导致劳动效率低下，人力资源严重浪费。同时，随着货物数量的增加以及出入库频率的剧增，这种模式的运行效率急剧下降。而现有已经建立的计算机管理的仓库管理系统，随着商品流通的加剧，也难以满足仓库管理实时性的要求，因此仓储管理的信息化是现代化仓库管理的趋势。随着信息技术不断发展，尤其是信息网络化的应用，仓储信息处理越来越复杂，信息数据量也更为庞大，来源分布广而复杂。如果仍采用手工收集数据，会大大增加信息采集人员和信息输入人员数量，降低信息正确率和信息系统的执行效率。为了实现信息的快速准确输入，在现代仓储管理中已广泛应用条形码技术。条形码能够快速、高质量打印，能够被各类扫描器快速、准确识别，生产厂家采用条形码标志其产品，在生产、库存、发货、销售、售后中采集产品信息，利用计算机网络收集不同分布的产品跟踪数据，建立数据采集和跟踪管理信息系统。运用自动识别技术这一纽带将产品注上唯一标志“条形码”，贯穿于整个物流链中，为客户提供准确无误的订货、配送服务，同时让企业及时了解库存情况，建立最优库存配备，降低库存积压，充分利用仓库空间，确保仓库作业最优化。从而保障了企业在激烈的市场竞争中以低成本、高效率及优质服务处于有利地位。应用先进的计算机网络通信技术改变仓库管理模式，实现仓库管理的自动化已经成为仓库管理的必然。

现代化的仓库管理系统是以商品条形码技术为核心，充分应用无线网络通信技术、地理信息系统和无线手持电脑终端，结合 C/S 和 B/S 体系结构，建立的自动化实时仓库管理系统。

(1) 现代化仓库管理的功能

现代化的仓库管理系统要求具备以下基本功能：

① 库房的出入库管理。对库房的出入库严格进行管理，应用条形码技术达到前端应用与后台的实时联系，把出错率降至最低。

② 实时货位查询和货位动态分配、管理。通过扫描商品的条形码可以实时查询其存储的货位，同时基于货位库存信息分配货位或动态定义货位。

③ 人力、物力资源动态综合分配。可以基于出入库商品的批量，动态地分配人力、物力资源，充分利用资源，提高系统的运行效率，减少资源的浪费。

④ 仓库系统综合盘点功能。可以定期对整个仓库系统进行全面的盘点，产生差异表，便于复盘验证。

⑤ 仓库内部随机抽查盘点功能。可以分仓库、分区、分货位进行随机抽查，也可以针对特定类抽查。

(2) 现代化仓库管理系统建立的条件

针对现代化仓库管理系统的需求，从技术角度而言，系统的建立必须满足以下条件：

① 实时数据采集。由于人员操作的流动性，必须采用无线网络技术和无线手持电脑终端。

② 商品条形码化。条形码是商品的唯一标志，现代商业管理（包括仓库管理系统）的基础是商品的条形码化。

③ 货位规范化、条形码化。现代化的仓库管理必须借助条形码技术建立货位管理规范。因此，现代化仓库管理系统硬件上由终端、服务器、网络打印机等组成。其中手持式条形码终端可对货位和货物相应的物品号进行扫描，并键入该物品的数量，然后将条形码终端中采集到的数据通过通信接口传给服务器。而服务器中的软件包括了数据库系统和仓库管理软件，可按照常规和用户自行确定的优先原则来优化仓库的空间利用和全部仓储作业。对上，服务器通过电子数据交换（SDI）等电子媒介，与企业的计算机主机联网，由主机下达收货和订单的原始数据。对下，服务器通过无线网络、手持终端、条形码系统和射频数据通信（RFDC）等信息技术与仓库的管理人员联系。通过网络系统和上下位机的相互作用，传达指令，反馈信息，更新数据库，并生成所需的条形码标签和单据文件。另外，系统中还配置了条形码打印机，以便打印各种标签。

现代化仓库管理系统的实现可以大幅提高仓储运作与管理的工作效率，大幅度减少现有模式中查找货位信息的时间（经检测可以缩短 2/3 左右），提高查询和盘点精度（精确度可以达到 99.95% 以上），大大加快出、入库单的流转速度，增强了处理能力。同时，系统的实现还减少人力资源浪费，由于采用了人力资源动态综合分配，经统计可以减少 20%左右，最重要的是提高了人员的利用率，减少了不必要的耗费。因此，现代化仓库管理系统可以满足现代物流管理模式下仓库管理系统的需求，是食品工厂仓库发展的必然趋势。

6.4 商品运输

6.4.1 厂外运输

进出厂的货物，大多通过公路或水路运输。

公路运输网密度大、分布面广，在时间方面的机动性也比较大，同时，固定设施简单，车辆购置费用一般也比较低，因此，在食品工厂的运输上使用广泛。公路运输设备视物料情况，一般采用载重汽车，而对冷冻物品要采用保温车或冷藏车（带制冷机的保温车），鲜奶原料最好使用奶槽车。

水路运输的运载能力大、成本低、能耗少、投资省，但受自然条件的限制，如海洋与河流的地理分布及其地质、地貌、水文与气象等，此外，由于水路运输时间长，对于鲜活农产品，容易在运输过程中发生腐败变质。一般来说，水路运输需要利用社会的运输力量，但工厂还应配备常用的装卸机械。

6.4.2 厂内运输

厂内运输主要是指车间外厂区的各种运输。由于厂区道路较窄小，转弯多，许多货物有时还直接进出车间，这就要求运输设备轻巧、灵活、装卸方便。常用的有电瓶叉车、电瓶平板车、内燃叉车以及各类平板手推车、升降式手推车等。当然，随着大型现代化工厂的崛起，机械化程度高的运输设备也越来越多地穿梭于厂内。

6.4.3 车间运输

车间内运输与生产流程往往融为一体，工艺性很强，如输送设备选择得当，将有助于生产流程更加完美。下面按输送类别并结合物料特性介绍一些输送设备的选型原则。

（1）垂直输送

随着生产车间采用多层楼房的形式日益增加，物料的垂直运输量也就越来越大。垂直运输设备最常见的是电梯，它的载重量大，常用的有1 t、1.5 t、2 t，轿厢尺寸可任意选用2 m×2.5 m，2.5 m×3 m，3 m×3.5 m等，可容纳大尺寸的货物甚至轻便车辆，这是其他输送设备所不及的。但电梯也有局限性，如它要求物料另用容器盛装，它的输送是间歇的，不能实现连续化；它的位置受到限制，进出电梯往往还得设有较长的输送走廊；电梯常出故障，且不易及时修好，影响生产正常进行。因此，在设置电梯的同时，还可选用斗式提升机、罐头磁性升降机、真空提升装置、物料泵等。

（2）水平输送

车间内的物料流动大部分呈水平流动，最常用的是带式输送机。输送带的材料要符合食品卫生要求，用得较多的是胶带或不锈钢带、塑料链板或不锈钢链板，而很少用帆布带。干燥粉状物料可使用螺旋输送机。包装好的成件物品常采用滚筒输送机，笨重的大件可采用起升电瓶铲车或普通铲车。此外，一些新的输送方式也在兴起，输送距离远，且可以避免物料的平面交叉，送罐机运动自如。

（3）起重设备

车间内的起重设备常用的有电动葫芦、手拉葫芦、手动或电动单梁起重机等。

6.5 维修工程

6.5.1 机修车间

（1）维修车间的任务

食品工厂的设备有：定型专业设备、非标准专业设备和通用设备。机修车间的任务是制造非标准专业设备和维修保养所用设备。维修工作量最大的是专业设备和非标准设备的制造与维修保养。由于非标准设备制造比较粗糙，工作环境潮湿，腐蚀性大，故每年都需要彻底维修。此外，空罐及有关模具的制造、通用设备易损件的加工等，工作量也很大。所以，食品厂一般都配备相当的机修力量。

（2）维修车间的组成

中小型食品厂一般只设厂一级机修，负责全厂的维修业务。大型厂可设厂部机修和车间保全两级机构。厂部机修负责非标准设备的制造和较复杂设备的维修，车间保全则负责本车间设备的日常维护。

机修车间的组成因食品厂类型的不同而存在差异，一般由机械加工、冷作及模具煅打等几部分组成。铸件一般由外协作解决，作为附属部分，另外，机修车间还包括木工间和五金仓库等。但食品厂一般不设铸锻工段，往往利用代加工完成铸锻要求，它与生产车间应当保持适当的距离，使其与生产车间保持既不互相影响，又联系方便的相互位置，而有些设有锻压工段的机修车间，应安置在厂区的偏僻角落为宜。

（3）维修车间的常用设备

机修车间的常用设备如表6-3所示。

表6-3　机修车间常用设备

型号名称	性能特点	加工范围/mm	总功率/kW
普通车床 C127	适于车削各种旋转表面及公、英制螺纹，结构轻巧，灵活简便	工件最大直径 Φ270 工件最大长度 800	1.5

续表 6-3

型号名称	性能特点	加工范围/mm	总功率/kW
普通车床 C616	适于各种不同的车削工作，本机床床身较短，结构紧凑	工件最大直径 Φ320 工件最大长度 500	4.75
普通车床 C20A	精度较高，可车削 7 级精度的丝杆及多头蜗杆	工件最大直径 Φ400 工件最大长度 750～2 000	7.625
普通车床 CQ6140A	可进行各种不同的车削加工，并附有磨铣附件，可磨内外圆铣链槽	工件最大直径 Φ400 工件最大长度 1 000	6.34
普通车床 C630	属于万能性车床，能完成不同的车削工作	工件最大直径 Φ650 工件最大长度 2 800	10.125
普通车床 CM6150	属于精密万能磨床，只许用于精车或半精车加工	工作最大直径 Φ500 工件最大长度 1 000	5.12
摇臂钻床 Z3025	具有广泛用途的万能型机床，可以作钻、扩、镗、绞、攻丝等	最大钻孔直径 Φ25 最大跨距 900	3.125
台式钻床 ZQ4015	可以作钻、扩、铰孔加工	最大钻孔直径 Φ15 最大跨距 193	0.6
圆柱立式钻床	属于简易万能立式钻床，易维修，体小轻便，并能钻斜孔	最大钻孔直径 Φ15 最大跨距 400～600	1.0
单柱坐标镗床 T4132	可加工孔距相互位置要求极高的零件，并可作轻微的铣削工作	最大加工孔径 Φ60	3.2
卧式镗床 T616	适用于中小型零件的水平面、垂直面、倾斜面及成型面等	最大刨削长度 500	4.0
牛头刨床 B665	适用于中小型零件的水平面、垂直面、倾斜面及成型面等	最大刨削长度 650	3.0
弓锯床 G72	适用于各种断面的金属材料的切断	棒料最大直径 Φ200	1.5
插床 B5020	用于加工各种平面、成型面及链槽等	工件最大加工尺寸 长 480×高 200	3.0
万能外圆磨床 M120W	适用于磨削圆柱形或圆锥形工作的外圆，内孔端面及肩侧面	最大磨削直径 Φ200 最大磨削长度 500	4.295
万能升降台铣床 57-3	可用圆片铣刀和角度成型、端面等铣刀加工	工作台面尺寸 240×810	2.325
万能工具铣床 X8126	适于加工刀具、夹具、冲模、压模以及其他复杂小型零件	工作台面尺寸 270×700	2.925
万能刀具磨床 MQ025	用于刀磨切削工具，小型工件以及小平面的磨削	最大直径 Φ250 最大长度 580	6.75
卧轴矩台磨床 M720A	用砂轮的周边磨削工件的平面，用砂轮的端面磨削工件的槽和凸缘的侧面	磨削工件最大尺寸 630×200×320	4.225
轻便龙门刨床 BQ2010	用于加工垂直面、水平面、倾斜面以及各种导轨和 T 型槽等	最大刨削宽厚 1 000 最大刨削长度 3 000	6.1
落地砂轮机 S3SL-350	磨削刀刃具之用及对小零件进行磨削去毛刺等	砂轮直径 Φ350	1.5
焊接变压器 BX1-330	焊接 1～8 mm 低碳钢板	电流调节范围 160～450 A	21.0
焊接发电机 AX-320-1	使用 Φ3～7 mm 光焊条可焊接或堆焊各种金属结构及薄板	电流调节范围 45～320 A	12

（4）维修车间对土建的要求

机修车间对土建一般无特殊要求。但对需要安装行车或吊车的机修车间，要考虑厂房的高度，使吊车离地面不小于6 m。同时，机修车间在厂区的位置应与生产车间保持适当的距离，使它们既不互相影响而又互相联系方便。锻打设备则应安置在厂区的偏僻角落为宜。

6.5.2　电的维修

电的维修主要是对食品企业生产和生活用电设备和电路的维护、检修和保养，食品工厂电的维修由电工组完成，其工作场地一般设在用电设备较为集中的生产区内，但不能设在人员通道和易燃、可燃物品旁。有些企业电维修部门就设在配电房，有些企业电维修部门和机修部门共同归属一个部门。

电的维修的工具及仪表主要有：试电笔、手电钻、电烙铁、喷灯、拉具、冲击电钻、螺丝刀、铁钳、扳手、万用表、摇表、钳形电流表和转速表等。

6.5.3　其他维修

（1）仪表及自动控制系统维修

现代化生产企业，自动化程度高，仪表和自动控制系统的维修也是重要的工作，因此，一些工厂设立仪表维修班，但大部分企业该工作由电的维修人员兼任。

（2）管道维修

管路是食品工厂设备连接的主要组成部分，乳品厂、饮料厂等企业管道几乎遍布全厂每一部分，因此，一些企业设立管道班组，负责全厂管道的维修、保养工作。

6.6　其他辅助设施

食品工厂的其他生活性辅助设施包括：工厂管理机构、食堂、更衣室、浴室、厕所、医务室、停车场等配套建筑。

6.6.1　工厂管理机构

食品工厂的行政管理机构一般集中设于办公楼中，并应布置在靠近人流入口处，其面积与管理人员数及机构的设置情况有关。

办公楼建筑面积的估算可采用下式：

$$F=\frac{GK_1A_1}{K_2}+B \tag{6-3}$$

式中：F—办公楼建筑面积，m^2；

G—全厂职工总人数；

K_1—全厂办公人数比，一般取8%～12%；

K_2—建筑系数，65%～69%；

A_1—每位办公人员使用面积，5～7 m^2/人；

B—辅助用房面积，根据需要决定，m^2。

6.6.2　食堂

食堂在厂区中应布置在靠近工人出口处或人流集中处，其服务距离不宜超过600 m。食堂主要由餐厅和厨房两部分组成，其座位数和建筑总面积可由下式计算：

（1）食堂座位数的确定

$$N=\frac{0.85M}{CK} \tag{6-4}$$

式中：N—座位数；

M—全厂最大班人数；

C—进餐批数；

K—座位轮换系数，一、二班制为1.2。

（2）食堂建筑面积的计算

$$F=\frac{N(D_1+D_2)}{K} \tag{6-5}$$

式中：F—食堂建筑面积；

N—座位数；

D_1—每座餐厅使用面积，0.85～1.0 m^2；

D_2—每座厨房及其他面积，0.55～0.7 m^2；

K—建筑系数，82%～89%。

6.6.3　更衣室

为适应食品工厂对卫生的要求，更衣室应分别设在生产车间或部门内靠近人员进出口处。更衣室内应设个人单独使用的三层更衣柜，衣柜尺寸500 mm×400 mm×1 800 mm，以分别存放衣物鞋帽等。更衣室使用面积应按工人总人数及平均每人0.5～0.6 m^2计算。对需要二次更衣的车间，更衣间面积应加倍设计计算。

6.6.4　浴室

为保证食品工厂的卫生条件，从事直接生产食品的工人应在上班前洗澡。因此，浴室多应设在生产车间内与更衣室、厕所等形成一体。特别是生产肉类产品、乳制品、冷饮制品、蛋制品等车间的浴室，应与车间的人员进口处相邻接，此外，还有其他车间或部门的人员淋浴，厂区也应设置浴室。浴室淋浴器的数量按各浴室使用最大班人数的6%～9%计，浴室建筑面积按每个淋浴器5～6 m^2 估算。

6.6.5 厕所

食品工厂内较大型的车间，特别是生产车间的楼房，应考虑在车间附近设厕所，以利于生产工人的方便卫生。厕所便池蹲位数量应按最大班人数计，男厕所每40～50人设一个，女厕所每30～35人设一个。厕所建筑面积按2.5～3 m^2/蹲位估算。

6.6.6 医务室

为了保证食品工厂的卫生和安全，医务室需要负责公司内员工常见病的诊治及健康宣讲，为企业员工做好健康监护、初级保健工作，提高员工发生工伤时的急救处理。食品工厂医务室的面积和组成见表6-4。

表6-4 食品工厂医务室的面积和组成

组成	工厂人数		
	300～1 000	1 000～2 000	2 000以上
候诊室	1间	2间	3间
医疗室	1间	3间	4～5间
其他	1间	1～2间	2～3间
面积/m^2	30～40	60～90	80～130

思考题

1. 食品工厂辅助部门主要由哪几部分组成？其主要作用有哪些？
2. 食品工厂辅助设施分为哪三大类？每类主要包括哪些主要设施？
3. 不同种类的产品在接收站时应遵循的原则和注意事项有哪些？列举几种代表性的产品加以说明。
4. 原料验收站应具备什么条件，才能满足对原料质量的保证？
5. 食品工厂中心实验室的任务是什么？它一般由哪几部分组成？其主要设备有哪些？
6. 食品工厂化验室的任务是什么？它的组成有哪些？
7. 食品工厂仓库位置的特点有哪些？其容量如何确定？并举例说明。
8. 食品工厂仓库面积的确定应考虑哪些主要因素？如何确定？
9. 举例说明食品工厂对土建的要求。
10. 常用食品工厂运输设备有哪些？其选型原则如何？
11. 食品工厂机修车间的任务、组成和常用设备分别是什么？

第 7 章

食品工厂卫生设计

学习目的与要求

通过本章学习，理解食品工厂卫生设计的重要性；掌握食品生产卫生对工厂设计的要求和食品工厂设计卫生规范；掌握食品工厂生产过程中常用的消毒方法和卫生设施；掌握食品生产 GMP 规范；掌握食品生产 HACCP 质量控制管理体系；牢固树立食品工厂设计的卫生安全观。

民以食为天，食以安为先。食品安全问题直接关系到人民群众的健康问题，是全球面临的最大公共卫生问题。食品卫生是指为防止食品在生产、收获、加工、运输、贮藏、销售等各个环节被有害物质污染，保证食品有益于人体健康所采取的各项卫生措施。食品卫生是食品安全的必要条件，食品安全是食品卫生的充分条件。

随着人们食品质量和食品安全意识的增强，人们对食品卫生和食品安全越来越重视，为防止食品在生产加工销售过程中的污染，保证食品卫生安全，食品生产过程对食品生产设施的卫生要求也越来越高，党的二十大报告指出“深入开展健康中国行动和爱国卫生运动，倡导文明健康生活方式。”良好的生产环境、先进的管理方法及智能化的关键控制点监测是食品营养健康的基本和保证，是健康中国的基石。所以在现代食品工厂的设计过程中需要贯穿新的食品安全与卫生设计和生产管理理念和规范，以利于食品生产过程中的安全卫生管理，降低食品生产过程的质量安全卫生控制成本，保证产品的质量。在工厂设计时，一定要在厂址选择、厂房布局和车间布置及相应的辅助设施设计等方面，严格按照国家食品安全法、良好生产规范（GMP）、危害分析与关键控制点（HACCP）、企业食品生产许可（CS）、食品生产许可审查细则等标准规范和有关规定的要求，进行周密、全面的考虑。

我国已加入世界贸易组织（WTO），同时随着一带一路建设的快速推进，食品进出口贸易逐年增加。这就要求设计人员在进行工厂设计时的理念、设计规范要和国际上通行的设计规则、标准接轨。目前我国新的国家标准 GB 14881-2013《食品安全国家标准　食品生产通用卫生规范》《危害分析与关键控制点（HACCP）体系　食品生产企业通用要求》、食品企业生产许可（CS）、食品生产许可审查细则等已发布并开始实施。因此，在进行新的食品工厂设计时，一定要严格按照国际、国家颁发的新的卫生安全标准、规范执行。

7.1　食品工厂设计卫生规范

7.1.1　生产环境对食品安全卫生的影响

食品生产环境的卫生程度直接影响着食品的卫生质量。良好的食品生产环境能很好地保证食品的卫生质量，反之，脏乱差的食品生产环境很难保证食品的卫生质量。因此食品生产过程不仅要求有良好的车间卫生条件，同时也要求具有良好卫生状况的生产厂区和良好的周围卫生环境。食品的生产环境包括土壤、大气和水。在食品加工厂里，主要是要控制食品生产过程的大气、水、人员、食品添加物、原料、工具、设备及包装材料的卫生质量。

7.1.2　食品工厂设计卫生规范

为了保证食品质量与安全卫生，便于食品质量的监督，人们广泛采用和推广各种食品药品生产过程管理标准，以加强食品安全卫生。我国把对产品的生产经营条件，包括原料生产及运输、工厂厂址选址、工厂设计、厂房建筑、生产设备、生产工艺流程等一系列生产经营条件进行卫生学评价的标准体系，称为良好操作规范（good manufacturing practices，GMP），作为对新建、改建、扩建食品工厂进行卫生学审查的标准依据。

随着食品商品的国际化和对食品安全越来越高的要求，开展食品安全的 GMP 管理、HACCP（危害分析与关键点控制）管理、卫生标准操作程序（sanitation standard operating procedure，SSOP）管理、ISO 9000（ISO/TC176）质量体系管理、ISO1400 环境体系管理、QHSAS18000 职业健康管理、食品质量安全（QS）管理、食品生产许可证（CS）管理，以保证食品的安全性。我国在引入 GMP、HACCP、SSOP、ISO 9000（国际标准组织）、ISO 1400、QHSAS18000 管理体系的同时，于 2013 年组建了国家食品药品监督管理总局，以解决我国食品安全多头管理的弊端，修订了新的《食品安全国家标准 食品生产通用卫生规范》（GB14881-2013）并于 2014 年执行。国家于 2015 年 4 月 23 日颁布了《食品安全法》，国家食品药品监督管理总局也在同年 8 月 31 日颁布了《食品生产许可管理办法》《食品经营许可管理办法》，使食品的 QS 生产许可走向了 CS 生产许可，就是为了解决食品加工过程中的安全卫生问题，也为食品生产过程的安全卫生管理提供了更有效的管理方法。同时对食品工厂的卫生设计也提出了新的要求，所以在食品工厂设计、建设过程中，食品工厂、车间的环境卫生设计必须满足新标准的要求。

7.1.2.1　食品工厂卫生标准

食品卫生标准是对食品中与人类健康相关的质

量要素及其评价方法所做出的规定。企业标准是在没有相应的国家标准或行业标准情况下，企业为其生产的产品制定的标准；对已有国家标准或者行业标准的，企业制定的企业标准应严于国家标准或者行业标准。

食品卫生标准是由国家批准颁发的单项物品卫生法规，它是食品卫生监督员在执行监督任务中，判定食品、食品添加剂及食品用相关产品（食品容器、包装材料、食品用工具、设备、洗涤剂、消毒剂及其他与食品卫生有关的物品）是否符合食品卫生法的主要依据。食品卫生标准所规定的指标、项目也反映了食品卫生监督员的主要工作范围。

（1）食品卫生标准规定的项目

食品卫生标准规定的项目有以下几方面：①定义或性状描述（identification）；②感官指标，感官检查中应有的感官性状，这部分也是食品卫生标准中的正式指标；③理化指标；④化学残留指标；⑤微生物指标；⑥特殊项目检验指标。

（2）食品卫生标准的制订

1）制订企业标准的基本要求

① 协调性：协调性是指制订企业标准时要注意和相关国家标准的一致性。一是符合国家政策，贯彻国家法令、法规，不得与法令、法规相违背。制订标准时，只考虑技术先进、经济合理是不够的，还要符合有关政策、法令、法规。二是企业要与强制性国家标准、行业标准协调一致。

② 准确性、简明性：标准是法规的一种特定形式，与法律条文一样，必须做到准确、简明。准确是指编写标准一定要逻辑性强，语气明确，用词严禁模棱两可。为了达到准确，标准中常用一些典型词句、典型模式。如“本标准规定了……”“生产本产品应符合GB……的规定”。

③ 统一性：同一企业标准中所用的概念、术语、符号、代号前后要统一，这是标准化本身的基本原则。同一个概念，只能用一个术语表达，不能出现一物多名或一名多物。符号、代号也是一样。同时还要注意与现行强制性国家标准、行业标准的统一问题。凡是在国家标准或行业标准中已有规定的，编写企业标准就应采用。

④ 规范性：标准内容的编写顺序和编排格式，标准的构成，章节的划分及编号，标准中的图表、公式、标注等编写细则都要符合GB/T 1.1-2009的规定。

2）企业标准的内容

企业标准一般由标准概述和正文两部分组成。概述部分包括封面、目次、前言等，正文部分包括范围、引用标准、定义、产品分类、技术要求、实验方法、检验规则、标签与标志、包装、运输、储存等，有时还需要附录。

3）企业标准编写的格式

国家对企业标准的编写做了统一的规定，例如Q/DLD 002-2001为企业标准代号，其中，Q为企业标准的代号，DLD为企业名称代号，多为汉语拼音缩写，002为产品序列号，2001为年号。

4）产品质量标准

最低的质量标准是1990年在英国由《食品安全法》、有关条例和其他法律条款，以及众多的操作法规（codes of practice）确立的。虽然没有官方法律的效力，但也一定不能被忽视。ISO 9000是正式质量政策的一个基础，这个标准通常适用于所有的行业，但需要一些引申才能覆盖食品的特殊需要。一个更详细的标准指导是由英国食品科学技术学会（IFST）于1991年出版的《良好操作规程·可靠管理指南》一书，这个指南中仅仅扼要地讨论了生产面临的许多问题。在食品制造方面，许多新的质量标准和体系已颁布，给食品的设计、生产、制造和安装及人员、环境管理提出了更规范的要求。

① 良好操作规范：良好操作规范（GMP）被看作食品和饮料质量控制操作的一部分，其目的在于保证经常性地做成一种质量符合他们想要的用途的产品，即达到所期望和预料的质量。因此既要关心制造，又要兼顾质量控制过程。

质量控制从原料、配料、选择包装和购买开始，从产品制造一直到消费为止，对产品质量进行连续控制。它包括人、机械设备、工厂连同冷库和运输车辆，所有这些都能影响食品的最终质量。

② ISO 9000质量标准：这个国际性的质量管理标准正广泛应用于食品工业，它是适应食品工程行业的需要而发展起来的。它也被应用于餐饮业和旅店业及相应的服务行业（如食品分发环节）。

ISO 9000由3部分组成：ISO 9001对设计、制造和安装规定；ISO 9002对制造和安装规定；ISO 9003对最终检验和试验规定。

这是由英国食品工业制订的标准，它具有广泛的可接受性。该标准提供了一个结构性的文件体系，可进行有效的质量管理及随时审查和保持良好的质量状态。这个体系没有过多的文件，但能提供坚决而又灵活的控制。当这个标准得到正确的补充时，可使质量标准稳定改进，并明显减少未预见情况出现的问题。

③ ISO 22000 食品安全管理体系：ISO 22000 是一个国际性的食品安全管理体系，适用于从“农场到餐桌”的整个食品链中的所有组织管理。其按照 ISO 9000 的框架构筑，但覆盖了 CAC 关于 HACCP 的全部要求，并为“先决条件”概念制定了“支持性安全措施”（SSM）。ISO 22000 将 SSM 定义为“特定的控制措施”，而不是影响食品安全的“关键控制措施”，它通过防止、消除和减少危害产生的可能性来达到控制目的。依据企业类型和食品链的不同阶段，SSM 可被以下活动所替代，如：良好操作规范（GMP）、先决方案、良好农业规范（GAP）、良好卫生规范（GHP）、良好分销规范（GDP）和良好兽医规范（GVP）。ISO 22000 将要求食品企业建立、保持、监视和审核 SSM 的有效性。

④ OHSAS 18000 职业健康安全管理体系：OHSAS 18000 是一个国际性职业安全卫生管理体系评审的系列标准，适用于各种行业及规模的公司。OHSAS 18000 由英国标准协会同全球标准制订机构、认证机构与专业组织整合诸多安全卫生管理体系标准（如 BS 8000、ISA 2000、ASNZ 4801、OHSMS 等）共同发展而成。为明确职业安全健康管理体系的基本要求，鼓励用人单位采用合理的职业安全健康管理原则与方法，控制其职业安全健康风险，持续改进职业安全健康绩效，特制定了职业安全健康管理体系审核规范。以达到用人单位建立职业安全健康管理体系，有效地消除和尽可能降低员工和其他有关人员可能遭受的与用人单位活动有关的风险；实施、维护并持续改进其职业安全健康管理体系；保证遵循其声明的职业安全健康方针；向社会表明其职业安全健康工作原则；谋求外部机构对其职业安全健康管理体系进行认证和注册；自我评价并声明符合职业健康安全管理规范。

⑤ ISO 14000 环境管理体系：ISO 14000 系列标准是为促进全球环境质量的改善而制定的。目标是通过建立符合各国的环境保护法律、法规要求的国际标准，在全球范围内推广 ISO 14000 系列标准，达到改善全球环境质量，促进世界贸易，消除贸易壁垒的最终目标。它要求食品生产组织（公司、企业）对产品设计、生产、使用、报废和回收全过程中影响环境的因素加以控制。

⑥ 危害分析及关键控制点（HACCP）：危害分析和关键控制点系统是一个对食品安全性影响显著的危害予以识别、评价和控制的体系，是权威性的食品安全质量保护体系，用来分析和防范食品（包括饲料）在整个生产过程中可能发生的生物性、化学性、物理性因素的危害。其宗旨是将这些可能发生的危害在产品生产过程中加以消除，而不是在产品生产后依靠质量检测来保证产品的可靠性。HACCP 系统是一种预防性系统，其核心是在当前知识范围和技术条件下制定一套方案，用于预测和防止生产过程中可能发生的影响食品与饲料卫生安全的危害，防患于未然。食品安全（总体食品营养）规则 1995 和欧共体条例 93/43 要求食品业要去识别和控制食品危险性，这对食品安全性的控制是重要的。危害分析及关键控制点对新产品和风险因素过程的评价有价值，其技术完全与 ISO 9000 质量系统有关。该系统要求用多科学人员组合来开发质量计划和过程控制要求，选择和使用合适的设备去检测和控制，控制记录和分析结果及审计控制系统。

⑦ SCP、GMP 和 HACCP 的关系：卫生控制程序（SCP）和良好操作规范（GMP）共同作为 HACCP 的基础，构建成针对具体产品加工的完整的食品安全计划，如图 7-1 所示。没有适当的 GMP 为基础，工厂不会成功地实施 HACCP。

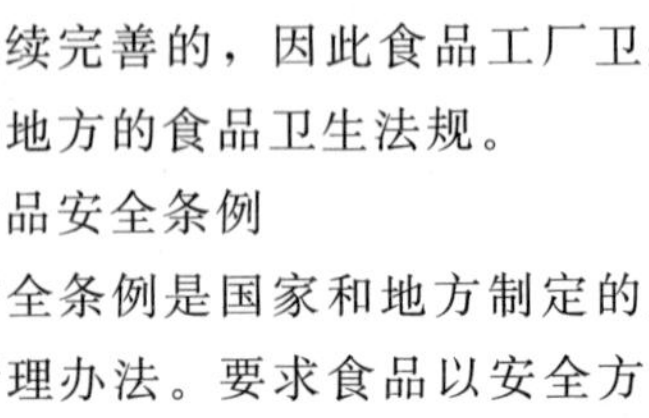

图 7-1　SCP、GMP 与 HACCP 的关系

7.1.2.2　食品卫生法规

食品卫生法规是随着人们对食品安全卫生认识的增强而持续完善的，因此食品工厂卫生设计必须符合国家和地方的食品卫生法规。

（1）食品安全条例

食品安全条例是国家和地方制定的为了保证食品安全的管理办法。要求食品以安全方式生产。食品应该满足安全标准的需求，它不应对健康有害、不适合人类消费或被污染。最大的责任部分是食品生产商要确保安全生产食品。生产商必须证明已采取了所有措施来安全生产食品。为了生产安全食品，系统必须在适当的位置生产。系统、记录和实际过程根据被加工食品类型而变化。进行污染检测确保那些危险减小到可接受的程度。条例给予了不断增加的权力，以便在他们没有满足需要的卫生标准时，以及紧急情况下关闭食品工厂。也给予权力禁止某些生产过程或强制关闭工厂直至符合规定。

(2) 食品卫生条例

在美国和欧洲，食品卫生条例要求执行危害分析和关键控制点（HACCP），作为一种减小食品污染危险的方法。某些雇员也需要作为食品管理人员被训练。他们必须知道工厂内的卫生问题以及在患有某些特定疾病后处理食品的危险。我国于1995年10月30日颁布了《中华人民共和国食品卫生法》，2015年实施了《中华人民共和国食品安全法》，2014年开始执行GB 14881-2013《食品生产通用卫生规范》。

7.1.3 食品卫生规范对食品工厂设计的卫生要求

为了防止食品在生产加工过程中受到污染，食品工厂的建设，必须从厂址选择、总平面布置、车间布置、施工要求到相应的辅助设施等，按照我国《食品安全法》《工业企业设计卫生标准》《食品生产通用卫生规范》《食品生产许可证审查细则》进行周密的考虑，并在生产过程中严格执行国家颁布的食品卫生法规和有关食品卫生条例，以保证食品的卫生质量。出口产品生产企业在符合我国的相关法规外，还需要符合国际相关食品卫生规范与条例。

7.1.3.1 厂址选择卫生要求

食品厂在选择厂址时，要考虑环境中有毒有害物质对食品的污染，保证食品的卫生和安全。另外考虑生产过程中废水和废气的排放，避免工业三废对周围居民的影响。理想的食品生产厂址应符合以下条件。

① 厂区不应选择在对食品有显著污染的区域。如某地对食品安全存在明显不利影响，且无法通过采取措施加以改善，应避免在该地址建厂。

② 厂区不应选择在有害废弃物以及粉尘、有害气体、放射性物质和其他扩散性污染源不能有效清除的地址。

③ 厂区不宜选择在易发生洪涝灾害的地区，难以避开时应设计必要的防范措施。

④ 厂区周围不宜有虫害大量滋生的潜在场所，难以避开时应设计必要的防范措施。

⑤ 要有足够可利用的面积和适宜的地形，以满足工厂总体平面布局和今后发展扩建的需要，否则会降低生产效率，给工厂卫生工作带来障碍。

⑥ 厂区通风、日照良好，空气清新，地势高且干燥，具有一定坡度利于排水，土质坚硬适于建筑，地下水位较低，地下水位至少低于基础0.5 m。地下水位高，土壤潮湿易积水，蚊虫易滋生，墙壁易损坏，木材易腐朽，特别在基础与墙身之间未设隔潮层时，由于毛细管虹吸作用，水分会沿墙壁上升达1～2 m。如地下水位高，又无法排除其影响时，基础建设应用防水材料建筑，并在两侧挖沟，填以不渗水土层。

⑦ 厂区周围环境的土壤要清洁并适合于绿化，面积宽敞且留有余地。清洁、干燥、疏松的土壤在受到有机物污染时，可借细菌和空气中氧的作用，使其无机化和无害化，可缓冲污染。垃圾场、废渣场、粪场等曾被有机物污染的土壤属于卫生上最危险的土壤，这种土壤利于苍蝇滋生繁殖和肠道传染病、寄生虫病的传播，对卫生极为不利。树林和有机物覆盖有调节土壤气温的能力，夏季植物遮挡阳光向土壤辐射，植物水分蒸发降低土壤及其附近空气层温度。冬季树木和枯草可降低土壤导热性，使土壤及附近空气温度较低。绿化能改善微小气候，美化环境可使工作人员心情舒畅。绿化又能减少灰尘，减弱噪声，是防止污染的良好屏障。

⑧ 能源供应充足，并要有清洁的水源。凡用于食品生产，包括洗涤原料、容器、设备之水都必须符合饮用水水质标准。

⑨ 交通要便利，对一些保质期短易腐败的食品要能及时送货。但又必须与公路、街道有一定的间距，以免尘土飞扬造成污染。

⑩ 便于污水、废弃物的处理，附近最好有承受污水放流的地面水体。企业必须有自己有效的生活垃圾和生产加工废弃物的处理系统。

⑪ 厂区周围不存在粉尘、烟雾、有害气体、灰、沙、放射性物质和其他扩散性污染源。

⑫ 厂区内禁止饲养畜禽及宠物。

⑬ 厂区道路应畅通无阻，便于机动车通行，有条件应修环行路，便于消防车辆到达各车间。道路便于清洗，防止积水和尘土飞扬。

7.1.3.2 厂区环境及内部总平面布置卫生要求

① 应考虑环境给食品生产带来的潜在污染风险，并采取适当的措施将风险降至最低水平。

② 厂区应合理布局，各功能区域划分明显，并有适当的分离或分隔措施，防止交叉污染。

③ 厂区内的道路应铺设混凝土、沥青或者其他硬质材料；空地应采取必要措施，如铺设水泥、地砖或草坪等方式，保持环境清洁，防止正常天气下扬尘和积水等现象的发生。

④ 厂区绿化应与生产车间保持适当距离，植被应定期维护，以防止虫害的滋生。

⑤ 厂区应有适当的排水系统。

⑥ 宿舍、食堂、职工娱乐设施等生活区应与生产区保持适当距离或分隔。

⑦ 食品厂、仓库应有单独的院落。厂内要进行绿化，特别是要求高度清洁的企业如乳品、冷饮食品类，绿化面积最好能达到50%以上。绿地分布和绿化性质应达到隔离污染源的目的。

例如在厂区周围、坑厕、垃圾场与车间之间应有较高的灌木，其他空地可适当种植草坪花草。车间与垃圾箱、牲畜圈、坑厕等污染源之间距离应在25 m以上。锅炉房及污染源均应位于车间的下风向。厕所应有排臭、防蝇、防鼠措施并装置自动关闭式的向外开的纱门，可避免因开门而将躲避在门上的苍蝇带入厕所内。垃圾箱、厕所应用不渗水的材料建造，垃圾箱结构要紧闭，严防漏水、漏臭气。

⑧ 为了避免泥土、污物被带入车间，应积极改善路面，厂区周围和厂内的道路应以水泥、柏油、砖石等不漏水、易清扫的材料铺装，并保持一定坡度，以利于雨雪的排除。

⑨ 工厂内建筑物（如生产车间、办公室和生活设施等）应按类分开，不宜混在一起。仓库、冷藏库应单独设置。建筑物密度不能过大，要尽量避免四周连接的闭锁式建筑，以利于通风。

⑩ 要按流水作业线布置企业整个生产工艺流程，防止交叉污染，垃圾污物、炉灰的排出路径应避免和食品生产运送路径交叉。

⑪ 必须配备以下辅助设施：①生产卫生用室，包括更衣室、洗衣房、浴室；②生活卫生用室，包括食堂、厕所、休息室；③容器洗涤室，专用洗刷车辆、容器、工具等的洗涤室；④工厂应备有蒸汽和热水供应设备。

7.1.3.3 厂房和车间内部建筑卫生要求

（1）设计和布局

① 厂房和车间的内部设计和布局应满足食品卫生操作要求，避免食品生产中发生交叉污染。

② 厂房和车间的设计应根据生产工艺合理布局，预防和降低产品受污染的风险。

③ 厂房和车间应根据产品特点、生产工艺、生产特性以及生产过程对清洁程度的要求合理划分作业区，并采取有效分离或分隔。如：通常可划分为清洁作业区、准清洁作业区和一般作业区；或清洁作业区和一般作业区等。一般作业区应与其他作业区域分隔。

④ 厂房内设置的检验室应与生产区域分隔。

⑤ 厂房的面积和空间应与生产能力相适应，便于设备安置、清洁消毒、物料存储及人员操作。

（2）建筑内部结构与材料

① 内部结构：建筑内部结构应易于维护、清洁或消毒。应采用适当的耐用材料建造。

② 顶棚：顶棚应使用无毒、无味、与生产需求相适应、易于观察清洁状况的材料建造；若直接在屋顶内层喷涂涂料作为顶棚，应使用无毒、无味、防霉、不易脱落、易于清洁的涂料；顶棚应易于清洁、消毒，在结构上不利于冷凝水垂直滴下，防止虫害和霉菌滋生；蒸汽、水、电等配件管路应避免设置于暴露食品的上方；如确需设置，应有能防止灰尘散落及水滴掉落的装置或措施。

③ 墙壁：墙面、隔断应使用无毒、无味的防渗透材料建造，在操作高度范围内的墙面应光滑、不易积累污垢且易于清洁；若使用涂料，应无毒、无味、防霉、不易脱落、易于清洁；墙壁、隔断和地面交界处结构合理、易于清洁，能有效避免污垢积存。

④ 门窗：门窗应闭合严密；门的表面应平滑、防吸附、不渗透，并易于清洁、消毒；应使用不透水、坚固、不变形的材料制成；清洁作业区和准清洁作业区与其他区域之间的门应能及时关闭；窗户玻璃应使用不易碎材料，若使用普通玻璃，应采取必要的措施防止玻璃破碎后对原料、包装材料及食品造成污染；窗户如设置窗台，其结构应能避免灰尘积存且易于清洁；可开启的窗户应装有易于清洁的防虫害窗纱。

⑤ 地面：地面应使用无毒、无味、不渗透、耐腐蚀的材料建造，地面的结构应有利于排污和清洗的需要；地面应平坦防滑、无裂缝、并易于清洁、

消毒，并有适当的措施防止积水。

7.1.3.4　设施与设备卫生要求

（1）设施卫生要求

① 供水设施：应能保证水质、水压、水量及其他要求符合生产需要；食品加工用水的水质应符合GB 5749-2006的规定，对加工用水水质有特殊要求的食品应符合相应规定。间接冷却水、锅炉用水等食品生产用水的水质应符合生产需要；食品加工用水与其他不与食品接触的用水（如间接冷却水、污水或废水等）应以完全分离的管路输送，避免交叉污染。各管路系统应明确标识以便区分；自备水源及供水设施应符合有关规定。供水设施中使用的涉及饮用水卫生安全产品还应符合国家相关规定。

② 排水设施：排水系统的设计和建造应保证排水畅通、便于清洁维护；应适应食品生产的需要，保证食品及生产、清洁用水不受污染。排水系统入口应安装带水封的地漏等装置，以防止固体废弃物进入及浊气逸出。排水系统出口应有适当措施以降低虫害风险。室内排水的流向应由清洁程度要求高的区域流向清洁程度要求低的区域，且应有防止逆流的设计。污水在排放前应经适当方式处理，以符合国家污水排放的相关规定。

③ 清洁消毒设施：应配备足够的食品、工器具和设备的专用清洁设施，必要时应配备适宜的消毒设施。应采取措施避免清洁、消毒工器具带来的交叉污染。

④ 废弃物存放设施：应配备设计合理、防止渗漏、易于清洁的存放废弃物的专用设施；车间内存放废弃物的设施和容器应标识清晰。必要时应在适当地点设置废弃物临时存放设施，并依废弃物特性分类存放。

⑤ 个人卫生设施：生产场所或生产车间入口处应设置更衣室；必要时特定的作业区入口处可按需要设置更衣室。更衣室应保证工作服与个人服装及其他物品分开放置。生产车间入口及车间内必要处，应按需要设置换鞋（穿戴鞋套）设施或工作鞋靴消毒设施。如设置工作鞋靴消毒设施，其规格尺寸应能满足消毒需要。应根据需要设置卫生间，卫生间的结构、设施与内部材质应易于保持清洁；卫生间内的适当位置应设置洗手设施。卫生间不得与食品生产、包装或贮存等区域直接连通。应在清洁作业区入口设置洗手、干手和消毒设施；如有需要，应在作业区内适当位置加设洗手和（或）消毒设施；与消毒设施配套的水龙头，其开关应为非手动式。洗手设施的水龙头数量应与同班次食品加工人员数量相匹配，必要时应设置冷热水混合器。洗手池应采用光滑、不透水、易清洁的材质制成，其设计及构造应易于清洁消毒。应在邻近洗手设施的显著位置标示简明易懂的洗手方法。根据对食品加工人员清洁程度的要求，必要时可设置风淋室、淋浴室等设施。

⑥ 通风设施：应具有适宜的自然通风或人工通风措施；必要时应通过自然通风或机械设施有效控制生产环境的温度和湿度。通风设施应避免空气从清洁度要求低的作业区域流向清洁度要求高的作业区域。应合理设置进气口位置，进气口与排气口和户外垃圾存放装置等污染源应保持适宜的距离和角度。进、排气口应装有防止虫害侵入的网罩等设施。通风排气设施应易于清洁、维修或更换。若生产过程需要对空气进行过滤净化处理，应加装空气过滤装置并定期清洁。根据生产需要，必要时应安装除尘设施。

⑦ 照明设施：厂房内应有充足的自然采光或人工照明，光泽和亮度应能满足生产和操作需要；光源应使食品呈现真实的颜色。如需在暴露食品和原料的正上方安装照明设施，应使用安全型照明设施或采取防护措施。

⑧ 仓储设施：应具有与所生产产品的数量、贮存要求相适应的仓储设施。仓库应以无毒、坚固的材料建成；仓库地面应平整，便于通风换气。仓库的设计应能易于维护和清洁，防止虫害藏匿，并应有防止虫害侵入的装置。原料、半成品、成品、包装材料等应依据性质的不同分设贮存场所或分区域码放，并有明确标识，防止交叉污染。必要时仓库应设有温、湿度控制设施。贮存物品应与墙壁、地面保持适当距离，以利于空气流通及物品搬运。清洁剂、消毒剂、杀虫剂、润滑剂、燃料等物质应分别安全包装，明确标识，并应与原料、半成品、成品、包装材料等分隔放置。

⑨ 温控设施：应根据食品生产的特点，配备适宜的加热、冷却、冷冻等设施，以及用于监测温度的设施。根据生产需要，可设置控制室温的设施。

（2）设备卫生要求

① 生产设备：应配备与生产能力相适应的生产设备，并按工艺流程有序排列，避免引起交叉污染。与原料、半成品、成品接触的设备与用具，应

使用无毒、无味、抗腐蚀、不易脱落的材料制作，并应易于清洁和保养。设备、工器具等与食品接触的表面应使用光滑、无吸收性、易于清洁保养和消毒的材料制成，在正常生产条件下不会与食品、清洁剂和消毒剂发生反应，并应保持完好无损。所有生产设备应从设计和结构上避免零件、金属碎屑、润滑油或其他污染因素混入食品，并应易于清洁消毒、易于检查和维护。设备应不留空隙地固定在墙壁或地板上，或在安装时与地面和墙壁间保留足够空间，以便清洁和维护。

② 监控设备：用于监测、控制、记录的设备，如压力表、温度计、记录仪等，应定期校准、维护。

③ 设备的保养和维修：应建立设备保养和维修制度，加强设备的日常维护和保养，定期检修，及时记录。

7.1.3.5 卫生管理要求

（1）卫生管理制度

① 应制定食品加工人员和食品生产卫生管理制度以及相应的考核标准，明确岗位职责，实行岗位责任制。

② 应根据食品的特点以及生产、贮存过程的卫生要求，建立对保证食品安全具有显著意义的关键控制环节的监控制度，良好实施并定期检查，发现问题及时纠正。

③ 应制定针对生产环境、食品加工人员、设备及设施等的卫生监控制度，确立内部监控的范围、对象和频率。记录并存档监控结果，定期对执行情况和效果进行检查，发现问题及时整改。

④ 应建立清洁消毒制度和清洁消毒用具管理制度。清洁消毒前后的设备和工器具应分开放置，妥善保管，避免交叉污染。

（2）厂房及设施的卫生管理

① 厂房内各项设施应保持清洁，出现问题及时维修或更新；厂房地面、屋顶、天花板及墙壁有破损时，应及时修补。

② 生产、包装、贮存等设备及工器具、生产用管道、裸露食品接触表面等应定期清洁消毒。

（3）食品加工人员健康与卫生管理

① 食品加工人员健康管理：应建立并执行食品加工人员健康管理制度；食品加工人员每年应进行健康检查，取得健康证明；上岗前应接受卫生培训；食品加工人员如患有痢疾、伤寒、甲型病毒性肝炎、戊型病毒性肝炎等消化道传染病，以及患有活动性肺结核、化脓性或者渗出性皮肤病等有碍食品安全的疾病，或有明显皮肤损伤未愈合的，应当调整到其他不影响食品安全的工作岗位。

② 食品加工人员卫生要求：进入食品生产场所前应整理个人卫生，防止污染食品；进入作业区域应规范穿着洁净的工作服，并按要求洗手、消毒；头发应藏于工作帽内或使用发网约束；进入作业区域不应配戴饰物、手表，不应化妆、染指甲、喷洒香水；不得携带或存放与食品生产无关的个人用品；使用卫生间、接触可能污染食品的物品或从事与食品生产无关的其他活动后，再次从事接触食品、食品工器具、食品设备等与食品生产相关的活动前应洗手消毒。

③ 来访者：非食品加工人员不得进入食品生产场所，特殊情况下进入时应遵守和食品加工人员同样的卫生要求。

（4）虫鼠害控制

① 应保持建筑物完好、环境整洁，防止虫害侵入及滋生。

② 应制定和执行虫害控制措施，并定期检查。生产车间及仓库应采取有效措施（如纱帘、纱网、防鼠板、防蝇灯、风幕等），防止鼠类昆虫等侵入。若发现有虫鼠害痕迹时，应追查来源，消除隐患。

③ 应准确绘制虫害控制平面图，标明捕鼠器、粘鼠板、灭蝇灯、室外诱饵投放点、生化信息素捕杀装置等放置的位置。

④ 厂区应定期进行除虫灭害工作。

⑤ 采用物理、化学或生物制剂进行处理时，不应影响食品安全和食品应有的品质，不应污染食品接触表面、设备、工器具及包装材料。除虫灭害工作应有相应的记录。

⑥ 使用各类杀虫剂或其他药剂前，应做好预防措施，避免对人身、食品、设备工具造成污染；不慎污染时，应及时将被污染的设备、工具彻底清洁，消除污染。

（5）废弃物处理与卫生管理

① 应制定废弃物存放和清除制度，有特殊要求的废弃物其处理方式应符合有关规定。废弃物应定期清除；易腐败的废弃物应尽快清除；必要时应及时清除废弃物。

② 车间外废弃物放置场所应与食品加工场所隔离，防止污染；应防止不良气味或有害有毒气体溢出；应防止虫害滋生。

（6）工作服的卫生管理

① 进入作业区域应穿着工作服。

② 应根据食品的特点及生产工艺的要求配备专用工作服，如衣、裤、鞋靴、帽和发网等，必要时还可配备口罩、围裙、套袖、手套等。

③ 应制定工作服的清洗保洁制度，必要时应及时更换；生产中应注意保持工作服干净完好。

④ 工作服的设计、选材和制作应适应不同作业区的要求，降低交叉污染食品的风险；应合理选择工作服口袋的位置、使用的连接扣件等，降低内容物或扣件掉落而污染食品的风险。

7.1.3.6 食品原料、食品添加剂和食品相关产品的卫生管理

（1）一般要求

应建立食品原料、食品添加剂和食品相关产品的采购、验收、运输和贮存管理制度，确保所使用的食品原料、食品添加剂和食品相关产品符合国家有关要求。不得将任何危害人体健康和生命安全的物质添加到食品中。

（2）食品原料的管理

① 采购的食品原料应当查验供货者的许可证和产品合格证明文件；对无法提供合格证明文件的食品原料，应当依照食品安全标准进行检验。

② 食品原料必须经过验收合格后方可使用。经验收不合格的食品原料应在指定区域与合格品分开放置并明显标记，并应及时进行退、换货等处理。

③ 加工前宜进行感官检验，必要时应进行实验室检验；检验发现涉及食品安全项目指标异常的，不得使用；只应使用确定适用的食品原料。

④ 食品原料运输及贮存中应避免日光直射，备有防雨防尘设施；根据食品原料的特点和卫生需要，必要时还应具备保温、冷藏、保鲜等设施。

⑤ 食品原料运输工具和容器应保持清洁、维护良好，必要时应进行消毒。食品原料不得与有毒、有害物品同时装运，避免污染食品原料。

⑥ 食品原料仓库应设专人管理，建立管理制度，定期检查质量和卫生情况，及时清理变质或超过保质期的食品原料。仓库出货顺序应遵循先进先出的原则，必要时应根据不同食品原料的特性确定出货顺序。

（3）食品添加剂管理

① 采购食品添加剂应当查验供货者的许可证和产品合格证明文件。食品添加剂必须经过验收合格后方可使用。

② 运输食品添加剂的工具和容器应保持清洁、维护良好，并能提供必要的保护，避免污染食品添加剂。

③ 食品添加剂的贮藏应有专人管理，定期检查质量和卫生情况，及时清理变质或超过保质期的食品添加剂。仓库出货顺序应遵循先进先出的原则，必要时应根据食品添加剂的特性确定出货顺序。

（4）食品相关产品管理

① 采购食品包装材料、容器、洗涤剂、消毒剂等食品相关产品应当查验产品的合格证明文件，实行许可管理的食品相关产品还应查验供货者的许可证。食品包装材料等食品相关产品必须经过验收合格后方可使用。

② 运输食品相关产品的工具和容器应保持清洁、维护良好，并能提供必要的保护，避免污染食品原料和交叉污染。

③ 食品相关产品的贮藏应有专人管理，定期检查质量和卫生情况，及时清理变质或超过保质期的食品相关产品。仓库出货顺序应遵循先进先出的原则。

（5）其他

盛装食品原料、食品添加剂、直接接触食品的包装材料的包装或容器，其材质应稳定、无毒无害，不易受污染，符合卫生要求。食品原料、食品添加剂和食品包装材料等进入生产区域时应有一定的缓冲区域或外包装清洁措施，以降低污染风险。

7.2 食品工厂常用的卫生清洗消毒方法与设施

食品工厂的生产原料、设备、设施、工具、环境的卫生清洗消毒工作是确定食品安全卫生质量的关键。食品工厂各生产车间的桌、台、架、盘、工具、设备、设施及生产环境在生产过程中应保持干净清洁卫生，需要经常定期进行卫生清理和消毒处理，生产过程要严格执行食品企业的卫生制度和消毒制度，做好每天、每班的卫生清洗和消毒工作，确保生产过程的卫生安全，减少和防止微生物的滋生。

7.2.1 食品工厂设备清洗方法及设施

7.2.1.1 食品工厂设备中的污物类型、成分及清洗方法

食品中一般都含有丰富的蛋白质、脂肪、糖、矿物质、维生素和其他特殊的鞣质、多酚类等物质，在加工过程中会在加工设备的表面形成不同的污物，这些污物的长时间滞留会成为微生物繁殖的温床，污染食品。食品机械表面沉积的污垢来自两个方面：一方面是由于过滤不净存在于流体中的有害粒子或在磨损作用下产生的微粒，当这些粒子进入流体食品后，在系统停止运行期间（夜间或休息日），悬浮的粒子将在重力作用下沉淀下来，在食品机械表面淤积成垢；另一方面的污垢来自被加工食品中的蛋白质、脂肪和淀粉等原料，在食品机械表面附着和沉积而形成污垢。如果这些污垢没有被及时地清洗掉，在系统重新开始运行时，一部分沉积的污垢受到液流的扰动而被重新带入流体，而那些没有被带走的污垢将在重复的沉淀中逐步积聚，当已经形成很厚的污垢被流体的振荡直接带入敏感部件时，还会造成机械磨损等其他问题。由此可见，污垢对食品加工的卫生条件及工作状况都会产生不良影响，这些污垢必须及时清洗。

因此在食品工厂中，为了保证食品的安全性，工厂对食品生产设备及设施都要进行定期严格的清洗和消毒。由于不同食品生产企业所用原料和生产食品的不同，所产生的污物成分也不相同，因此不同的食品工厂对生产设备的清洗方法也各不相同，下面我们就来讨论一下食品工厂中的污物类型及他们的主要成分和清洗方法。

（1）糖类焦结物

糖类在受热后会发生焦糖化反应，形成多聚物，这类多聚物主要成分为焦糖成分，较易溶于水。如浓缩果汁厂管道的清洗，主要污物是糖分和焦糖成分，用热水、酸水、碱水均可将其溶解清洗干净。

（2）蛋白质、脂肪、矿物质复合焦结物

蛋白质、糖、脂肪、矿物质经加热后会形成复合焦结物。如牛奶、各种植物蛋白乳等加热后易形成这类复合焦结物。这类焦结物的主要成分是蛋白质、脂肪、矿物质。矿物质中主要是钙和磷，其次是镁和钠；由于食品中糖类物质易溶于水，容易清洗，糖类成分在这类污物中含量相对较低。这类焦结物相对较难清洗，需要采用加酶和表面活性剂的清洗液、强酸、强碱化学清洗液将其清洗。一般采用温和的加酶和表面活性剂的清洗液清洗后，再采用热的强酸、强碱溶液进行清洗。

（3）矿物沉积物

矿物沉积物主要是水中的钙、镁离子及二氧化碳、磷酸根形成的碳酸盐、磷酸盐所形成的难溶于水的沉淀物，这类沉积物采用清水、热水无法清洗，只能根据沉积成分的情况采用热的强酸进行清洗。

（4）油脂污垢

油脂在热加工过程中会裂解、不饱和键发生交联形成油脂污物，这类污物也很难清洗。但这类污物一般会在热碱性溶液中进行水解形成水溶物，从而加以清除。因此对于油脂污物一般可以采用表面活性剂、洗洁剂、热碱液加以清洗。

（5）其他焦结物

食品中的一些有机酸、植酸、多酚、胶质、鞣质成分也会相互作用形成焦结物，这些焦结物成分也相对较难清洗，需要采用较强烈的酸、碱溶液进行清洗，个别易溶于有机溶剂的成分甚至需要采用有机溶剂来加以清洗。

表 7-1 对食品工厂污垢的性质和清洗方法进行了比较。

表 7-1 食品工厂污垢的性质和清洗方法

成分	可溶性	不加热	加热
糖类	易溶于水	易清洗	焦化后难清洗
脂肪	无表面活性剂时不溶于水、碱液和酸液	有表面活性剂条件下易清洗	聚合后难清洗
蛋白质	难溶于水，稍溶于酸液，易溶于碱液	水中难清洗，碱液中易清洗	变性后难清洗
矿物质	取决于不同的矿物质，大部分易溶于碱液	比较易清洗	沉淀后难清洗

7.2.1.2 食品工厂设备清洗方法

食品工厂设备清洗方法分为物理清洗法和化学清洗法，对于不同的污物类型，选取不同的清洗方法。食品工厂常用的物理清洗方法有人工清洗法、超声波清洗法、微波清洗法。采用的化学清洗法有酸溶液、碱溶液、有机溶剂、清洗剂等化学洗涤剂进行清洗。

7.2.1.3 食品工厂常用的清洗剂类型

食品工厂常用的清洗剂：溶剂清洗剂、碱性清洗剂、酸性清洗剂、合成清洗剂和熔盐清洗剂。在使用时，可根据使用要求和被清洗对象选用合适的清洗剂，对于每一种清洗剂都有使用说明和适合的工作条件。从现代清洗工艺的发展来看，为满足在低磷或无磷及低温清洗条件的特殊要求，人们在清洗剂或清洗液中常加入一些生物活性酶。由于其无毒，并能完全被生物降解，对环境又无污染，现在在食品机械的清洗过程中被广泛采用。

我国生产的常见生物活性酶有以下几种：① 碱性蛋白酶，这是一种适合 pH 在 9～11 的蛋白酶，它对血液制品、乳制品及可可等各种蛋白质造成的污垢，能起到有效的降解；② 碱性脂肪酶，其最适合 pH 在 9.5～10.5，温度在 25～30℃的条件下使用，它与清洗剂中的表面活性剂或碱性蛋白酶有很好的配伍性，对去除油脂性污垢有很好的效果；③ 碱性淀粉酶，最适合 pH 在 10.0 的环境下使用，主要用于去除含有淀粉食品的污垢，可以有效地去除食品机械表面因马铃薯、燕麦片、面条等形成的食物残渣。

食品工厂常用的清洗剂性能见表 7-2。碱性清洗剂中氢氧化钠、碳酸钠的乳化性、湿润性、分散性、悬浮性均较差，它洗去蛋白质、脂肪的能力低，溶解无机盐能力也相当差，但它价格低。食品工厂普遍用碱液清洗后，再用酸液清洗。硅酸钠的乳化性、皂化性、分散性的性能较好，洗去蛋白质、脂肪的能力也较好，且具有溶解矿物质的能力，国外乳品工厂使用较多，它一般与磷酸三钠、三聚磷酸钠混合使用。磷酸三钠、三聚磷酸钠与其他碱液相比，各项性能都较好，特别对清洗蛋白质、脂肪、无机盐的清洗能力较强，国外使用较广。如生产奶油后，用磷酸盐清洗，同时还具有杀菌作用，但成本高。

酸性清洗剂具有螯合作用，对矿物质清洗性能好，但对蛋白质、脂肪的清洗能力较差，因此适宜与碱液清洗剂配合使用，其中有机酸包括柠檬酸、醋酸、葡萄糖酸；无机酸包括盐酸、硫酸、硝酸和磷酸。

表面活性剂的乳化性、湿润性、分散性、悬浮性均好，易于清洗蛋白质、脂肪，也具有溶解矿物质的能力，但它的发泡性极好，使用中产生泡沫多，对要求泡沫少的机械化清洗，其清洗效果不理想，且成本高。食品厂常用清洗剂性能见表 7-2 所示。

表 7-2　食品厂常用清洗剂性能

成分		乳化性	皂化性	湿润性	分散性	悬浮性	软化性	溶解矿物质性	漂洗性	起泡性
碱性	氢氧化钠	C	A	C	C	C	C	D	D	C
	硅酸钠	B	B	C	B	C	C	C	B	C
	碳酸钠	C	B	C	C	C	C	D	C	C
	磷酸三钠	B	B	C	B	B	A**	D	B	C
	三聚磷酸钠	A	C	C	A	A	A*	B	A	C
酸性	有机酸	C	C	C	C	C	A**	AA	C	C
	无机酸	C	C	C	C	C	A**	AA	C	C
表面活性剂		AA	C	AA	B	B	C	C	AA	AAA

注：A-高效，B-中效，C-低效，D-负作用，**-耐热，*-螯合作用。

7.2.1.4　食品工厂清洗设施

(1) 食品工厂的 CIP 清洗系统

CIP (clean in place) 也叫就地清洗系统，被广泛地用于饮料、乳品、果汁、酒类等机械化程度较高的食品生产企业中，是一种免拆清洗设备，采用高温、高浓度洗净液，对加工设备装置内表面加以强力作用，将与食品接触的设备表面清洗干净的一种设施。具有清洗效率高，安全性好，节约时间，劳动强度低，节水节能，减少洗涤剂用量，生产设备可实现大型化，延长生产设备使用寿命，清洗自动化程度高的特点。CIP 系统由清洗贮罐、清洗管路、送液回液泵、清洗喷头和各种控制阀门构成。清洗液贮罐有酸罐、碱罐、热水罐、清水罐 4 个。前 3 个罐均装有 0～100℃温度传感器和蒸汽加热装置，酸罐和碱罐还有清洗液补给装置，见图 7-2。当 CIP 清洗站工作时，按照预先设定的程序用送液泵把清洗液泵入要清洗的管道和设备，再用回液泵把清洗后的洗液送回到清洗液贮罐。在清洗过程中，清洗液的浓度被稀释，可通过补给装置添加相应的高浓度介质，调节清洗液的浓度。清洗管路分为送液管路和回液管路，它们连接 CIP 清洗站和待清洗设备，组成清洗回路。清洗液经过对设备的清洗后，清洗液中含有污垢等杂质，经清洗液过滤装置对其进行过滤，过滤装置通常安装在接近清洗液贮罐的回液管路上。酸罐、碱罐、热水罐的进出口均采用两位三通气动阀门，蒸汽加热阀和贮液罐的进水阀均采用气动“O”形切断阀。送液、回液泵一般采用离心泵，其吨位由具体情况而定。清洗喷头主要有T形喷头、环形喷头、漏斗状喷头、球面状喷头和自转式清洗喷头等类型。喷头安装在被清洗的容器内，在清洗阶段，清洗液按工艺要求从喷头的喷孔喷出，对容器进行冲洗。喷孔在喷管上呈螺旋形均匀排列，并要求喷液具有一定的冲力，这样，当CIP工作站工作时，可保证从喷孔喷出的液体冲射到容器内的各个角落，提高清洗效果。

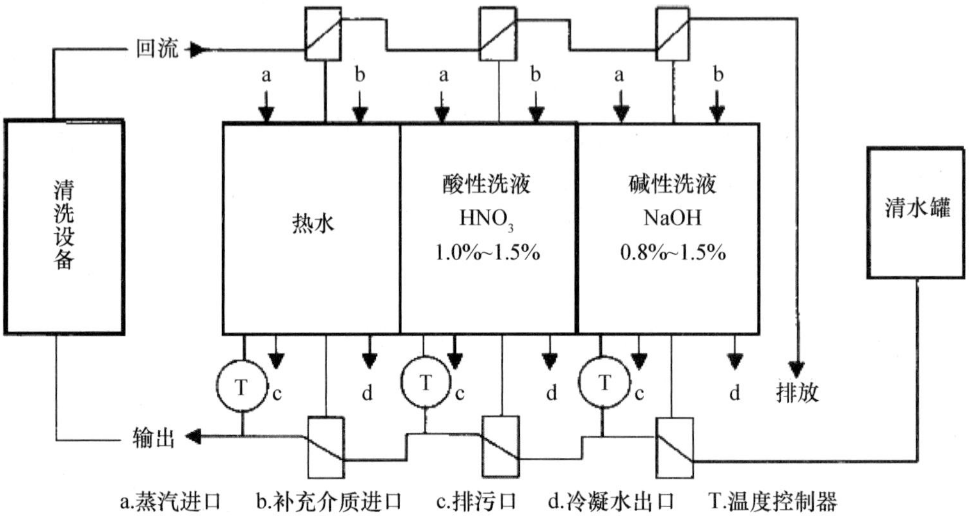

图 7-2 CIP 清洗流程图

根据清洗设备和管道中是否包括加热设备，CIP的清洗程序有所不同。对于带有热表面的巴氏杀菌器和其他设备管道的清洗过程必须有一个较长时间的酸洗循环阶段，以除去设备及管道热表面蛋白质的沉积焦结物。其CIP清洗程序是：①用清水预冲洗设备及管道约5 min；②用75℃的碱液（一般用NaOH溶液）循环15 min；③用清水冲洗约5 min；④用70℃酸溶液（通常用硝酸溶液）循环15 min；⑤用90℃热水冲洗约15 min。对于不带热表面的管道、罐和其他加工设备的CIP清洗程序是：①用清水预冲洗约5 min；②用75℃碱液循环约10 min；③用90℃热水冲洗约10 min。

（2）影响CIP清洗效率的因素

① 清洗剂：用碱性情洗剂、酸性清洗剂和表面活性剂等来清除设备表面的沉积焦结物。选用何种清洗剂应根据表7-1和表7-2沉积焦结物的组成成分和清洗剂的性质来决定清洗剂。

② 清洗接触时间：清洗液和设备、管道的接触时间长，清洗效果好，但随接触时间的延长，清洗效果趋于平衡，且其消耗的能耗和人工都要增加，相应地增加了成本。最佳时间的长短要根据沉积焦结物的厚度以及清洗液温度来确定。如凝结有蛋白质的热交换器板要用碱液清洗，还需用酸液循环约20 min；而奶罐壁上的牛奶薄膜用碱液清洗10 min就可达到要求。

③ 清洗液温度：清洗液温度高，能提高水对沉积焦结物的溶解度，使物体表面沉积焦结物分离，还能减少清洗液的黏度，提高雷诺数（*Re*），清洗效果好；但温度太高，对管道、设备有损坏作用，也会造成沉积焦结物中的蛋白质变性，致使污物与设备间的结合力提高；其最佳温度为70℃左右。

④ 清洗液浓度：开始时随浓度增大，清洗效果也相应增强，当清洗液的浓度超过其临界浓度时，随清洗液浓度增大，清洗效果反而下降，其临界浓度为1%～2%。

⑤ 清洗液流速：清洗液的流速大，清洗效果好，但流速过大，清洗液用量就多，成本增加，因此最佳流速取决于清洗液从层流变为湍流的临界速度，其中雷诺数（*Re*）是一个重要指数。根据大量研究得知，临界速度时 $Re=2\ 320$，一般情况下：层流 $Re<2\ 000$，湍流 $Re>4\ 000$。按此值考虑其最佳流速为1～3 m/s。

⑥ 清洗液压力：清洗液的压力越大，其冲击力就越大，清洗作用就越强。常用的喷射清洗，通过

喷嘴把加压的清洗液喷射出去，在冲击力和化学作用的综合作用下，利用冲击和化学腐蚀将被清洗表面清洗干净。一般喷射压力可分为高压（1.0 MPa以上）、中压（0.5～1.0 MPa）、低压（0.5 MPa以下）。CIP装置清洗工作压力是0.15～0.3 MPa，属于低压范围。在低压喷射清洗中，化学清洗起主要作用，喷射清洗为辅助作用；在高压喷射清洗中，化学清洗起辅助作用，喷射清洗为主要作用。因此，高压常用水来清洗，低压常用化学清洗液来进行清洗。

（3）CIP清洗操作规程

CIP清洗操作规程的目的是为了规范CIP清洗操作程序，进行设备的维护，保证生产的连续正常进行。不同工厂CIP的清洗操作规程不同，下面以某厂奶粉车间为例，对CIP清洗操作规程加以介绍。

奶粉车间CIP清洗操作规程

1　目的

为防止任何污染给食品生产造成的不合格，并把各种污染降低到最低程度，特制定该规程指导规范。

2　适用范围

该规程适用于奶粉车间的收奶、预处理、混料、杀菌均质、配料、浓缩工段的班后CIP清洗工作。

3　CIP清洗操作

3.1　生产结束后，由各岗位操作工和预处理当班班长通知CIP人员进行清洗操作。

3.2　所需清洗的罐类、设备和管线确定后，CIP操作人员要正确连接清洗管线。连接管线时，要注意各管接头是否拧紧，各罐罐盖是否盖严，接地阀是否关闭，并仔细检查所连接管线是否由CIP间出并向CIP间回，而构成正确循环回路。

3.3　按照“CIP清洗时间、温度、浓度表”要求，设置清洗液浓度、温度和清洗时间（表7-3）。

表7-3　CIP清洗顺序及时间、温度、浓度

清洗液	浓度	温度	时间
清水		≥60℃	3～5 min
碱液	2%NaOH	60～80℃	5～10 min
清水		60℃	3～5 min
酸液	1%HNO_3	60～80℃	5～10 min
清水		≥90℃	10～20 min

3.4　开启管路中各气动阀。

3.5　开启各回液泵，并随时检查清洗液的温度变化。

3.6　启动后随时注意清洗管路沿线的各罐的液位变化，如有异常，立即查找原因，以防酸碱打入储奶罐导致生产损失。

3.7　清洗时，CIP操作人员应注意酸碱回收，当酸碱回液浓度较低但酸碱罐中酸碱浓度较小时，可考虑手动回收。

3.8　清洗结束前，要检查清洗效果。

3.8.1　奶罐、奶仓内不能有水残留。

3.8.2　清洗后的管线、罐类、设备不能有清洗液残留，用pH试纸测残水pH，pH为6.8～7.2。

3.8.3　清洗后的管线、罐类、设备应清洁、明亮，无肉眼可见杂质，无污垢，残水清澈。

3.9　每段CIP清洗结束后，要恢复管线，同时关闭所使用的泵。

3.10　清洗工作结束后，酸碱罐的溶液必须保持清洗前的量。如不足必须补足，然后检测酸碱浓度。

3.11　配制清洗液所用的原料必须符合以下要求：

NaOH含量≥99%；HNO_3含量为65%～68%；水质要求达到水处理所供自来水的要求。

4 注意事项

4.1 当配电柜断电时，一切CIP操作立即停止。

4.2 生产任务比较紧时，CIP主操作应对各罐或管路的清洗做好计划，以免因清洗不及时而耽误生产。如果清洗设备异常或其他各种原因所致的生产延误应向当班车间主任汇报。

4.3 当出现特殊情况时，应及时与车间主任及工艺技术人员联系。

设备清洗后的评价标准有两个方面，一是气味，要求清洗后设备气味清新、无异杂味，对于特殊的处理过程或特殊阶段容许有轻微的气味但不影响最终产品的安全品质；二是感官，要求清洗表面光亮，无积水，无膜，无污垢或其他残留物。

7.2.2 食品工厂设备的消毒方法

7.2.2.1 物理消毒法

物理消毒法是较常用、简便且经济的方法。常见的物理消毒法如下：

① 煮沸法：利用沸水的高温作用杀灭病原体，是一种较为简单易行、经济有效的消毒方法。适用于小型的食品容器、用具、食具、奶瓶等。将被消毒的物品置于锅内，加水加热煮沸，水温达到100℃，持续5 min即可达到消毒目的。

② 蒸汽法：通过高热水蒸气的高温使病原体丧失活性。此法是一种应用较广、效果确实可靠的消毒方法。适用于大中型食品容器、散装啤酒桶、各种槽车、食品加工管道、墙壁、地面等，蒸汽温度100℃，持续5 min即可。

③ 流通蒸汽法：利用蒸笼或流通蒸汽灭菌器进行灭菌。适用于饭店、食堂的餐具消毒。蒸汽温度90℃，持续15～20 min即可。

④ 干烤消毒法：适用于餐具消毒。目前一些企业的大食堂使用此法，由哈尔滨市小型变压器厂生产的7DCX远红外线餐具消毒柜，靠柜内高温烘烤杀菌，达到消毒目的。

⑤ 辐射法：利用γ射线、X射线等照射后，使病原体的核酸、酶、激素等钝化，导致细胞生活机能受到破坏、变异或细胞死亡。常用的有电子辐射和钴60照射。尽管一些实验证明摄入辐照后的食品对人体无害，但目前仍无证据证明长期服用高剂量照射食品对健康无害。WTO认为10 kGy以下的剂量是安全的，但培养基灭菌试验证明20 kGy还不能达到完全杀菌要求。因此具有灭菌的安全辐射剂量用于食品可能导致安全性问题。

⑥ 紫外线法：主要用于空气、水及水溶液、物体表面杀菌，由于紫外线的穿透力很弱，即使是很薄的玻璃也不能透过，只能作用于直接照射的物体表面，对物体背后和内部均无杀菌效果；对芽孢和孢子作用不大。此外，如果直接照射含脂肪丰富的食品，会使脂肪氧化产生醛或酮，形成安全隐患，因此在应用时要加以注意。

⑦ 臭氧法：臭氧杀菌是近几年发展较快的一种杀菌技术，常用于空气杀菌、水处理等。但是臭氧有较浓的臭味，对人体有害，故对空气杀菌时需要在生产停止时进行，对连续生产的场所不适用。

7.2.2.2 化学消毒法

化学消毒法使用各种化学药品、制剂进行消毒。各种化学物质对微生物的影响是不相同的，有的可促进微生物的生长繁殖，有的可阻碍微生物的新陈代谢的某些环节而呈现抑菌作用，有的使菌体蛋白质变性或凝固而呈现杀菌作用。即使是同一种化学物质，由于浓度、作用时的环境、作用时间长短及作用对象等的不同，或呈现抑菌作用，或呈现杀菌作用。化学消毒法就是采用化学消毒剂对微生物的毒性作用原理，对消毒物品用消毒剂进行清洗或浸泡、喷洒、熏蒸，以达到杀灭病原体的目的。

（1）漂白粉

① 配制方法。称取含有效氯25%的漂白粉1 kg，倒入木器或搪瓷、陶瓷容器中，再称取9 kg水，先用少量水粉碎团块，经搅拌后，再将剩余的水倒入容器中，混合后盖严，于阴暗处放置24 h，使其成为10%的漂白粉乳剂。取澄清液200～500 mL，加水稀释至10 L即成消毒用0.2%～0.5%漂白粉溶液。适用于无油垢的工器具、机器，如操作台、夹层锅、墙壁、地面、冷却池、运输车辆、胶鞋的清洗消毒。② 消毒方法。将欲消毒物品充分清洗后，用0.1%的漂白粉溶液冲洗一遍，然后用清水洗干净，待其自然干燥后即可使用。

（2）烧碱溶液

其配制方法：以NaOH 0.5 kg（或1 kg）溶于

49.5 kg（或 49 kg）水中，即成 1%（或 2%）烧碱溶液。适用于有油垢或浓糖玷污的工具、器具、机械、墙壁、地面、冷却池、运输车辆、食品原料库等的消毒清洗。

（3）臭药水（克利奥林）

其配制方法：称取 2.5 kg 克利奥林溶于 47.5 kg 水中，即成 5%的药水溶液。适用于有臭味的阴沟、下水道、垃圾箱、厕所等的消毒。

（4）石灰乳

其配制方法：每 100 kg 水加生石灰乳（CaO）20 kg，先置石灰于容器（大罐或木槽）内，以少量冷水使石灰崩解后，再加入少量水调至浓糊状，最后加入剩余的水调成浆状，即成 20%石灰乳剂，适用于干燥的空旷地面消毒。

（5）消石灰粉

其配制方法：每 100 kg 生石灰加水 35 kg 即成粉状消石灰［$Ca(OH)_2$］。适用于潮湿的空旷地面。

（6）高锰酸钾溶液

其配制方法：每 100 kg 水加入高锰酸钾 0.1 kg（或 0.2 kg）即成 0.1%（或 0.2%）的高锰酸钾水溶液。适用于水果和蔬菜的消毒。

（7）酒精溶液

其配制方法：将酒精（无水、90%、95%均可）稀释至 70%～75%左右，吸入棉球。适用于手指、皮肤及小工具的消毒。

（8）过氧乙酸

① 制作方法。将 H_2O_2 50 mL、H_2SO_4 0.5 mL 和 CH_3COOH 10 mL 混合后，即成为 14%过氧乙酸消毒液。使用时根据所需浓度现用现配。

② 应用。过氧乙酸是一种高效、速效、广谱、原料易得、生产方便的消毒药物，对细菌繁殖体、芽孢、真菌、病毒均有高度的杀灭效果，是一种具有发展前途的新药。尤其是在低温下仍有较好的杀菌效果。主要应用于以下几个方面。a. 体温表的消毒：用纱布将体温表擦拭干净，然后全部浸入 0.5%过氧乙酸溶液内消毒 30 min，再用清水洗净备用。消毒液需每天调换 1 次。b. 手的消毒：将双手放入 0.5%过氧乙酸溶液中，浸洗 2 min，然后用肥皂流动水冲洗。消毒液每天调换 1 次。c. 地面、墙壁、家具等的消毒：用 0.5%过氧乙酸溶液进行喷雾或洗涤消毒。必须使物体表面喷洒透彻均匀。d. 各种棉布、人造纤维等纺织品的消毒：用 0.2%过氧乙酸溶液浸泡 2 h。消毒液每周调换 2～3 次。e. 各种塑料、玻璃制品的消毒：用 0.2%过氧乙酸溶液浸泡 2 h。每周调换 2～3 次或添加消毒液继续使用。f. 食具消毒：未清洗的食具用 0.5%过氧乙酸溶液浸泡 2 h，已清洗过的食具用 0.2%过氧乙酸溶液浸泡 2 h。g. 擦脚垫消毒：0.5%过氧乙酸溶液经常保持湿润。

③ 使用注意事项。在配制前首先要搞清楚过氧乙酸的浓度，配制时依据此浓度计算所需要的浓度，现用现配，以免失效；成品原液具有腐蚀性，勿触及皮肤、衣物、金属以免损坏皮肤和损坏物品，不慎接触后可立即用清水或 2%苏打（$Na_2CO_3 \cdot 10H_2O$）水溶液冲洗；成品切勿与其他药品、有机物等混合，否则易发生分解，甚至爆炸。因此，包装或分装成品的容器一定要清洗干净。预先用 2%的过氧乙酸洗涤几次，然后再分装，最后盛装在塑料容器内储放在阴凉通风的地方；成品应由专人负责，以免发生意外事故。如成品放置过久，应测定其浓度，方可继续使用。

（9）洗消剂

洗消剂是具有洗涤和消毒效果的混合物，其优点是可快速、安全、简便地对食具、机械等进行消毒，且消毒效果较好。

① 洗消剂选择注意事项：应具有良好的吸湿性，具有一定的表面去污能力，本身能保持污物的悬浮，易于被水冲洗；正常浓度应有效，没有腐蚀性，能与其他消毒剂、洗涤剂配合；消毒剂随着有机物、污染存在而含量也逐渐降低，使用时必须保持一定浓度；具有一定的稳定性，在规定的时间内不失效，不降低效果；洗消剂必须无毒无异味，不污染食品，经过一般冲洗残留量达到标准。

② 食品洗消剂的主要类型：含氯消毒剂如二氧化氯、次氯酸钠、二氯异氰尿酸钠、氯溴异氰尿酸、氯化磷酸三钠；含碘消毒剂如碘伏，是单质碘与聚维酮（povidone）的不定型结合物，是由碘络合物加入增效剂和洗涤剂配制而成；洗涤剂多以烷基苯磺酸钠为主。

为尽量减少洗涤剂、洗消剂在食品上的残留量，食具及食物最好能用清水再冲洗 3 次。消毒效果的鉴定目前没有统一的标准，一般认为消毒后原有微生物减少 60%以上为合格，减少 80%以上为效果良好。各工厂可根据消毒对象不同采用不同的方法，常用的消毒方法见表 7-4。

表 7-4 食品工厂常用的消毒方法

方法名称	方法	适用对象
漂白粉溶液	0.2%～0.5%上清液（有效氯 50～100 mg/L）	桌面、工具、墙壁、地面、运输车辆
氯胺 T	0.3%浸泡 2～5 min	食具
新洁尔灭（十二烷基二甲基苄基溴化铵）	0.2%～1%浸泡 5 min	食具、工具、手
烧碱（NaOH）	1%～2%溶液	油垢或浓糖污染的机械
碳酸钠和磷酸钠的混合消毒液	碳酸钠 500 g 加磷酸钠 260 g 加水 15 L。临用前，稀释 9 倍	冷藏车、冷藏库
洗必泰（双氯苯双胍己烷）	0.5/10 000～1/10 000 浸泡 1～2 min	食具
过氧乙酸溶液	双氧水 50 mL，硫酸 0.5 mL，冰醋酸 10 mL 混合后测定其浓度，使用前稀释之	食具、工具、环境
漂白粉精溶液	0.2%	食具、工具、桌面、手

（10）洗消剂使用时应注意的事项

① 加强采购管理，使用合格的洗消剂，采购、使用的洗消剂产品必须具有相关行政部门的许可，从正规途径采购。

② 根据工艺要求选择最优洗消剂，并与供应商沟通确定正确使用方法。

③ 重视物品清洁程度对消毒灭菌效果的影响，确保物品在消毒灭菌前清洗符合要求。

④ 加强生产监测。避免浓度、作用时间、温度、相对湿度、酸碱度、有机物、化学拮抗物、微生物污染程度、消毒剂、清洗剂的种类与穿透力等变动，进而影响消毒灭菌效果。

7.3 食品工厂 GMP 与 HACCP 管理

7.3.1 食品工厂 GMP 管理

7.3.1.1 GMP 概述

GMP 是 good manufacturing practices 的缩写，称为良好生产规范，是为保障食品药品质量安全而制定的贯穿食品药品生产全过程的技术措施，也是一种食品药品质量保证体系。该规范以企业为核心，从建厂设计到产品开发、产品加工、产品销售、产品回收等，以质量和卫生为主线，全面细致地确定各种管理方案。GMP 最初是由美国坦普尔大学 6 名教授编写制订，起初用于制药企业的产品质量管理，后来逐步扩展到食品领域。于 20 世纪 60～70 年代在欧美流行，逐步以法令形式加以颁布，波及世界 28 个国家。早在第一次世界大战期间，美国食品工业的不良状况和药品生产的欺骗行径，促使美国诞生了食品、药品和化妆品法，开始以法律形式来保证食品、药品的质量，由此还建立了世界上第一个食品药品管理机构——美国食品药品管理局（FDA）。1963 年 FDA 颁布了世界上第一部药品的良好生产规范 GMP，并于次年开始实施。1969 年世界卫生组织（WHO）要求各会员国家政府制定实施药品 GMP 制度。在药品 GMP 取得良好成效之后，GMP 很快就被应用到食品卫生质量管理中，并逐步发展形成了食品 GMP。1969 年，美国公布了《食品制造、加工、包装储存的现行良好生产规范》，简称 FGMP（GMP）基本法。同年，FDA 制定的《食品良好生产工艺通则》（CGMP），为所有企业共同遵守的法规。

自美国实施 GMP 以来，日本、加拿大、新加坡、德国、澳大利亚等国也积极推行食品 GMP 质量管理体系，并建立了有关法律法规。从 20 世纪 70 年代开始，国际上兴起卫生注册制度，德国、英国等一些欧洲国家开始对我国相关出口肉类食品加工企业实行注册制度。为了保证我国出口食品质量和卫生，满足进口国卫生注册制度的规定，根据国际食品贸易发展的需要，1984 年，原国家商检局制定了类似 GMP 的卫生法规《出口食品厂、库卫生最低要求》，该规范于 1994 年 11 月修改为《出口食品厂、库卫生要求》。1994 年，我国卫生部参照采用 FAO/WHO 食品法典委员会 CAC/RCP Rev. 2-1985《食品卫生通则》，并结合我国国情，制定了国家标准《食品企业通用卫生规范》(GB14881-1994)，以此国标作为我国食品 GMP 的总则，并制定了

《保健食品良好生产规范》《膨化食品良好生产规范》等19类食品加工企业的卫生规范，形成了我国食品GMP体系。随后几年国家卫生部及国家质量监督检验检疫总局等又制定和颁布了《乳制品企业良好生产规范》《饮料企业良好生产规范》《肉类制品企业良好操作规范》等9个良好生产规范。

2013年国家卫生与计划生育委员会对GB 14881-1994进行了修正。修改了标准名称和结构，增加了术语和定义，强调了对原料、加工、产品贮存和运输等食品生产全过程的食品安全控制要求，并制定了控制生物、化学、物理污染的主要措施；修改了生产设备有关内容，从防止生物、化学、物理污染的角度对生产设备布局、材质和设计提出了要求；增加了原料采购、验收、运输和贮存的相关要求；增加了产品追溯与召回的具体要求；增加了记录和文件的管理要求。增加了附录A“食品加工环境微生物监控程序指南”。于2013年5月24日发布了新标准，更名为《食品生产通用卫生规范》，编号GB 14881-2013，成为我国现行的食品卫生规范。

7.3.1.2 GMP的基本原则及主要内容

GMP制度是对生产企业及管理人员的长期保持和行为实行有效控制和制约的措施，其基本原则是：

① 食品生产企业必须有足够的资历、合格的生产食品相适应的技术人员承担食品生产和质量管理，并清楚地了解自己的职责。

② 操作者应进行培训，以便正确地按照规程操作。

③ 按照规范化工艺规程进行生产。

④ 确保生产厂房、环境、生产设备符合卫生要求，并保持良好的生产状态。

⑤ 符合规定的物料、包装容器和标签。

⑥ 具备合适的储存、运输等设备条件。

⑦ 全生产过程严密并有有效的质检和管理。

⑧ 合格的质量检验人员、设备和实验室。

⑨ 应对生产加工的关键步骤和加工发生的重要变化进行验证。

⑩ 生产中使用手工或记录仪进行生产记录，以证明所有生产步骤是按确定的规程和指令要求进行的，产品达到预期的数量和质量要求，出现的任何偏差都应记录并做好检查。

a. 保存生产记录及销售记录，以便根据这些记录追溯各批产品的全部历史；

b. 将产品储存和销售中影响质量的危险性降至最低限度；

c. 建立由销售和供应渠道收回任何一批产品的有效系统；

d. 了解市售产品的用户意见，调查出现质量问题的原因，提出处理意见。

食品种类多，生产过程复杂，不同种类产品的生产技术又有差异，所以企业应执行各自食品的良好生产规范，或参照执行相近食品的良好生产规范，在实施过程中还应根据实际情况，进一步细化、具体化、数量化，使之更具有可操作性和可考核性。

GMP是生产质量全面管理控制的准则，其内容包括：

① 原辅料采购、运输及贮藏过程中的要求。

② 工厂设计与设施的卫生要求。

③ 工厂卫生管理。

④ 生产过程卫生要求。

⑤ 卫生和质量检验管理。

⑥ 成品贮存、运输卫生要求。

⑦ 个人卫生与健康要求。

其内容可以概括为硬件和软件，所谓GMP的硬件是指人员、厂房与设施、设备等方面的规定；软件是指组织、规程、操作、卫生、记录、标准等管理规定。

7.3.1.3 实施GMP的目的、意义及作用

品质管理只依靠对最终产品的检验，无法完全控制质量安全事故的发生。因此，GMP主张为保证产品质量安全，从头到尾一切都在生产现场进行具体、详细的记录。实施GMP就是要保护消费者的利益，保证食品安全，同时也保护食品生产企业，使企业有法可依、有章可循。

实施GMP的目的：在产品制造过程中通过降低生产者和管理者人为的过失，防止被细菌、异物污染或混入其他成分导致产品品质劣变，建立完善的质量保证体系等确保产品的有效性、安全性及稳定性。

食品GMP是在从原材料到产品的整个制造过程中，每一环节都有它的良好生产规范，因此，GMP的推行和实施的意义在于促进食品生产企业采用新技术、新设备，从而保证食品安全性，提高食品质量；有利于提高企业和产品声誉，是企业和产品竞争力的重要保证；是与国际标准接轨，产品进入国际市场的先决条件。食品良好生产规范充分体现了保障消费者权利的观念，保证食品安全也就是保障消费者的安全权利。实施GMP也有利于政府和行业对食品企业的监管，是评价、考核、监督、检查食品企业的科学依据。

实施GMP的作用：① 确保食品生产过程的安全性；② 防止物理、化学、生物性危害污染食品；③ 实施双重检验制度，防止出现人为的损失；④ 针对标签的管理、人员培训、生产记录、报告的存档等建立完善的管理制度。

7.3.1.4 GMP车间设计规范

GMP车间是指符合GMP质量安全管理体系要求的车间。根据我国GB 50457-2008《医药工业洁净厂房设计规范》中规定，洁净室和洁净区应以微粒和微生物为主要控制对象，同时对其环境温度、湿度、新鲜空气量、压差、照度、噪声等参数做出了规定。环境空气中不应有不愉快气味以及有碍产品质量和人体健康的气体。生产工艺对温度和湿度无特殊要求时，以穿着洁净工作服不产生不舒服感为宜。空气洁净度100级、10 000级区域一般控制温度为20～24℃，相对湿度为45％～60％。100 000级区域一般控制温度为18～28℃，相对湿度为50％～65％。GMP车间的洁净度分为4个级别，见表7-5。

表7-5　医药洁净室（区）空气洁净度等级

空气洁净等级	悬浮粒子最大允许数		微生物最大允许数	
	尘粒粒径 ≥0.5 μm	尘粒粒径 ≥5 μm	浮游菌CFU/m³ （个/m³）	沉降菌（CFU/皿） （Φ90×15 mm培养皿0.5 h）
100	3 500	0	5	1
10 000	350 000	2 000	100	3
100 000	3 500 000	20 000	500	10
300 000	10 500 000	60 000		15

注：1. 在静态条件下，医药洁净室（区）监测的悬浮粒子数、浮游菌数或沉降菌数必须符合规定。测定方法应符合现行国家标准《医药工业洁净室（区）悬浮粒子的测试方法》GB/T 16292-2010、《医药工业洁净室（区）浮游菌的测试方法》GB/T 16293-2010和《医药工业洁净室（区）沉降菌的测试方法》GB/T 16294-2010的有关规定；2. 空气洁净度100级的医药洁净室（区），应对≥5 μm尘粒的计数多次采样，当≥5 μm尘粒多次出现时，可认为该测试数值是可靠的。

7.3.1.5 GMP管理方法

（1）人员管理

①在洁净区工作的人员（包括清洁工和设备维修工）应当定期培训，使无菌产品的操作符合要求。②未受培训的外部人员（如外部施工人员或维修人员）在生产期间需进入洁净区时，应当对他们进行特别详细的指导和监督。③传染病患者、皮肤病患者、药物过敏者、体表有伤者不能从事直接接触产品的操作。④进入洁净区的人员不得化妆和佩戴饰物（也不得带手机）。⑤生产过程中随时保持现场的卫生工作，不得出现脏、乱、差的场面。⑥从事无菌药品生产的员工应当随时报告任何可能导致污染的异常情况，包括污染的类型和程度。当员工由于健康状况可能导致微生物污染风险增大时，应当由指定的人员采取适当的措施。⑦洁净区及检验区禁止吸烟和饮食，禁止存放食品、饮料、香烟和个人用品等非生产用物品。⑧要养成良好的卫生习惯，做到勤洗澡、勤洗手、勤刮胡子、勤剪指甲、勤换衣。⑨不得裸手直接接触产品以及设备。应当按照操作规程更衣和洗手，尽可能减少对洁净区的污染或将污染物带入洁净区。⑩当无菌生产正在进行时，应当特别注意减少洁净区内的各种活动。应当减少人员走动，避免剧烈活动散发过多的微粒和微生物。任何进入生产区的人员均应当按照规定更衣。每位员工每次进入洁净区，应当更换无菌工作服；或每班至少更换一次。

食品加工人员健康管理：①应建立并执行食品加工人员健康管理制度。②食品加工人员每年应进行健康检查，取得健康证明；上岗前应接受卫生培训。③食品加工人员如患有痢疾、伤寒、甲型病毒性肝炎、戊型病毒性肝炎等消化道传染病，以及患有活动性肺结核、化脓性或者渗出性皮肤病等有碍食品安全的疾病，或有明显皮肤损伤未愈合的，应当调整到其他不影响食品安全的工作岗位。

食品加工人员卫生要求：①进入食品生产场所前应整理个人卫生，防止污染食品。②进入作业区域应规范穿着洁净的工作服，并按要求洗手、消毒；头发应藏于工作帽内或使用发网约束。③进入作业区域不应配戴饰物、手表，不应化妆、染指甲、喷洒香水；不得携带或存放与食品生产无关的个人用品。④使用卫生间、接触可能污染食品的物品、或从事与食品生产无关的其他活动后，再次从事接触食品、食品工器具、食品设备等与食品生产相关的活动前应洗手消毒。

来访者：非食品加工人员不得进入食品生产场所，特殊情况下进入时应遵守和食品加工人员同样的卫生要求。

人员培训：①应建立食品生产相关岗位的培训制度，对食品加工人员以及相关岗位的从业人员进行相应的食品安全知识培训。②应通过培训促进各岗位从业人员遵守食品安全相关法律法规标准和执行各项食品安全管理制度的意识和责任，提高相应的知识水平。③应根据食品生产不同岗位的实际需求，制定和实施食品安全年度培训计划并进行考核，做好培训记录。④当食品安全相关的法律法规标准更新时，应及时开展培训。⑤应定期审核和修订培训计划，评估培训效果，并进行常规检查，以确保培训计划的有效实施。

人员管理制度：应配备食品安全专业技术人员、管理人员，并建立保障食品安全的管理制度。食品安全管理制度应与生产规模、工艺技术水平和食品的种类特性相适应，应根据生产实际和实施经验不断完善食品安全管理制度。管理人员应了解食品安全的基本原则和操作规范，能够判断潜在的危险，采取适当的预防和纠正措施，确保有效管理。

（2）设备管理

①在洁净区内进行设备维修时，如洁净度或无菌状态遭到破坏，应当对该区域进行必要的清洁、消毒或灭菌，待监测合格方可重新开始生产操作。②生产设备应当在确认的参数范围内使用。③用于生产或检验的设备和仪器，应当有使用日志，记录内容包括使用、清洁、维护和维修情况以及日期、时间、所生产及检验的产品名称和批号等。④除了对设备保养外，更重要的目的是防止交叉污染。因此，每次使用完或使用前都要对设备进行清洁和消毒，确保符合质量标准。

生产设备的管理要求：①应配备与生产能力相适应的生产设备，并按工艺流程有序排列，避免引起交叉污染。②材质要求：与原料、半成品、成品接触的设备与用具，应使用无毒、无味、抗腐蚀、不易脱落的材料制作，并应易于清洁和保养；设备、工器具等与食品接触的表面应使用光滑、无吸收性、易于清洁保养和消毒的材料制成，在正常生产条件下不会与食品、清洁剂和消毒剂发生反应，并应保持完好无损。③设计要求：所有生产设备应从设计和结构上避免零件、金属碎屑、润滑油、或其他污染因素混入食品，并应易于清洁消毒、易于检查和维护；设备应不留空隙地固定在墙壁或地板上，或在安装时与地面和墙壁间保留足够空间，以便清洁和维护。④监控设备要求：用于监测、控制、记录的设备，如压力表、温度计、记录仪等，应定期校准、维护。⑤设备的保养和维修要求：应建立设备保养和维修制度，加强设备的日常维护和保养，定期检修，及时记录。

（3）物料管理

①进入洁净区的物料必须对其外包装进行处理。必要时，还应当进行清洁、消毒，发现外包装损坏或其他可能影响物料质量的问题，应当向质量管理部门报告并进行调查和记录。②盛装产品及物料的容器具必须是经过消毒灭菌的。③物料必须检验合格后方可以使用。④物料发放使用应当符合先进先出和近效期先出的原则。⑤物料应当按照有效期贮存。贮存期内，如发现对质量有不良影响的特殊情况，应当进行复验。⑥对温度、湿度或其他条件有特殊要求的物料应按规定条件储存。

食品原料管理：①应建立食品原料、食品添加剂和食品相关产品的采购、验收、运输和贮存管理制度，确保所使用的食品原料、食品添加剂和食品相关产品符合国家有关要求。不得将任何危害人体健康和生命安全的物质添加到食品中。②采购的食品原料应当查验供货者的许可证和产品合格证明文件；对无法提供合格证明文件的食品原料，应当依照食品安全标准进行检验。③食品原料必须经过验收合格后方可使用。经验收不合格的食品原料应在指定区域与合格品分开放置并明显标记，并应及时进行退、换货等处理。④加工前宜进行感官检验，必要时应进行实验室检验；检验发现涉及食品安全项目指标异常的，不得使用；只应使用确定适用的食品原料。⑤食品原料运输及贮存中应避免日光直射、备有防雨防尘设施；根据食品原料的特点和卫生需要，必要时还应具备保温、冷藏、保鲜等设施。⑥食品原料运输工具和容器应保持清洁、维护良好，必要时应进行消毒。食品原料不得与有毒、有害物品同时装运，避免污染食品原料。⑦食品原料仓库应设专人管理，建立管理制度，定期检查质量和卫生情况，及时清理变质或超过保质期的食品原料。仓库出货顺序应遵循先进先出的原则，必要时应根据不同食品原料的特性确定出货顺序。

食品添加剂管理：①采购食品添加剂应当查验供货者的许可证和产品合格证明文件。食品添加剂必须经过验收合格后方可使用。②运输食品添加剂的工具和容器应保持清洁、维护良好，并能提供必要的保护，避免污染食品添加剂。③食品添加剂的贮藏应有专人管理，定期检查质量和卫生情况，及时清理变质或超过保质期的食品添加剂。仓库出货顺序应遵循先进先出的原则，必要时应根据食品添加剂的特性确定出货顺序。

食品相关产品管理：①采购食品包装材料、容器、洗涤剂、消毒剂等食品相关产品应当查验产品的合格证明文件，实行许可管理的食品相关产品还应查验供货者的许可证。食品包装材料等食品相关产品必须经过验收合格后方可使用。②运输食品相关产品的工具和容器应保持清洁、维护良好，并能提供必要的保护，避免污染食品原料和交叉污染。③食品相关产品的贮藏应有专人管理，定期检查质量和卫生情况，及时清理变质或超过保质期的食品相关产品。仓库出货顺序应遵循先进先出的原则。④盛装食品原料、食品添加剂、直接接触食品的包装材料的包装或容器，其材质应稳定、无毒无害，不易受污染，符合卫生要求。⑤食品原料、食品添加剂和食品包装材料等进入生产区域时应有一定的缓冲区域或外包装清洁措施，以降低污染风险。

虫害控制：①应保持建筑物完好、环境整洁，防止虫害侵入及滋生。②应制定和执行虫害控制措施，并定期检查。生产车间及仓库应采取有效措施(如纱帘、纱网、防鼠板、防蝇灯、风幕等)，防止鼠类昆虫等侵入。若发现有虫鼠害痕迹时，应追查来源，消除隐患。③应准确绘制虫害控制平面图，标明捕鼠器、粘鼠板、灭蝇灯、室外诱饵投放点、生化信息素捕杀装置等放置的位置。④厂区应定期进行除虫灭害工作。⑤采用物理、化学或生物制剂进行处理时，不应影响食品安全和食品应有的品质、不应污染食品接触表面、设备、工器具及包装材料。除虫灭害工作应有相应的记录。⑥使用各类杀虫剂或其他药剂前，应做好预防措施避免对人身、食品、设备工具造成污染；不慎污染时，应及时将被污染的设备、工具彻底清洁，消除污染。

废弃物处理：①应制定废弃物存放和清除制度，有特殊要求的废弃物其处理方式应符合有关规定。废弃物应定期清除；易腐败的废弃物应尽快清除；必要时应及时清除废弃物。②车间外废弃物放置场所应与食品加工场所隔离防止污染；应防止不良气味或有害有毒气体溢出；应防止虫害滋生。

(4) 生产过程的食品安全控制

①产品污染风险控制要求：应通过危害分析方法明确生产过程中的食品安全关键环节，并设立食品安全关键环节的控制措施。在关键环节所在区域，应配备相关的文件以落实控制措施，如配料(投料)表、岗位操作规程等；鼓励采用危害分析与关键控制点体系（HACCP）对生产过程进行食品安全控制。②生物污染的控制：清洁和消毒应根据原料、产品和工艺的特点，针对生产设备和环境制定有效的清洁消毒制度，降低微生物污染的风险；清洁消毒制度应包括以下内容：清洁消毒的区域、设备或器具名称；清洁消毒工作的职责；使用的洗涤、消毒剂；清洁消毒方法和频率；清洁消毒效果的验证及不符合的处理；清洁消毒工作及监控记录。应确保实施清洁消毒制度，如实记录；及时验证消毒效果，发现问题及时纠正。③食品加工过程的微生物监控：根据产品特点确定关键控制环节进行微生物监控；必要时应建立食品加工过程的微生物监控程序，包括生产环境的微生物监控和过程产品的微生物监控。食品加工过程的微生物监控程序应包括：微生物监控指标、取样点、监控频率、取样和检测方法、评判原则和整改措施等，具体可参照 GB14881-2013 附录 A 的要求，结合生产工艺及产品特点制定。微生物监控应包括致病菌监控和指示菌监控，食品加工过程的微生物监控结果应能反映食品加工过程中对微生物污染的控制水平。④化学污染的控制：应建立防止化学污染的管理制度，分析可能的污染源和污染途径，制定适当的控制计划和控制程序。应当建立食品添加剂和食品工业用加工助剂的使用制度，按照 GB 2760-2014 的要求使用食品添加剂。不得在食品加工中添加食品添加剂以外的非食用化学物质和其他可能危害人体健康的物质。生产设备上可能直接或间接接触食品的活动部件若需润滑，应当使用食用油脂或能保证食品安全要求的其他油脂。建立清洁剂、消毒剂等化学品的使用制度。除清洁消毒必需和工艺需要，不应在生产场所使用和存放可能污染食品的化学制剂。食品添加剂、清洁剂、消毒剂等均应采用适宜的容器妥善保存，且应明显标示、分类贮存；领用时应准确计量、做好使用记录。应当关注食品在加工过程中可能产生有害物质的情况，鼓励采取有效

措施减低其风险。⑤物理污染的控制：应建立防止异物污染的管理制度，分析可能的污染源和污染途径，并制定相应的控制计划和控制程序。应通过采取设备维护、卫生管理、现场管理、外来人员管理及加工过程监督等措施，最大限度地降低食品受到玻璃、金属、塑胶等异物污染的风险。应采取设置筛网、捕集器、磁铁、金属检查器等有效措施降低金属或其他异物污染食品的风险。当进行现场维修、维护及施工等工作时，应采取适当措施避免异物、异味、碎屑等污染食品。⑥包装：食品包装应能在正常的贮存、运输、销售条件下最大限度地保护食品的安全性和食品品质。使用包装材料时应核对标识，避免误用；应如实记录包装材料的使用情况。⑦检验：应通过自行检验或委托具备相应资质的食品检验机构对原料和产品进行检验，建立食品出厂检验记录制度。自行检验应具备与所检项目适应的检验室和检验能力；由具有相应资质的检验人员按规定的检验方法检验；检验仪器设备应按期检定。检验室应有完善的管理制度，妥善保存各项检验的原始记录和检验报告。应建立产品留样制度，及时保留样品。应综合考虑产品特性、工艺特点、原料控制情况等因素合理确定检验项目和检验频次以有效验证生产过程中的控制措施。净含量、感官要求以及其他容易受生产过程影响而变化的检验项目的检验频次应大于其他检验项目。同一品种不同包装的产品，不受包装规格和包装形式影响的检验项目可以一并检验。⑧食品的贮存和运输：根据食品的特点和卫生需要选择适宜的贮存和运输条件，必要时应配备保温、冷藏、保鲜等设施。不得将食品与有毒、有害、或有异味的物品一同贮存运输。应建立和执行适当的仓储制度，发现异常应及时处理。贮存、运输和装卸食品的容器、工器具和设备应当安全、无害，保持清洁，降低食品污染的风险。贮存和运输过程中应避免日光直射、雨淋、显著的温湿度变化和剧烈撞击等，防止食品受到不良影响。

（5）产品召回管理

①应根据国家有关规定建立产品召回制度。②当发现生产的食品不符合食品安全标准或存在其他不适于食用的情况时，应当立即停止生产，召回已经上市销售的食品，通知相关生产经营者和消费者，并记录召回和通知情况。③对被召回的食品，应当进行无害化处理或者予以销毁，防止其再次流入市场。对因标签、标识或者说明书不符合食品安全标准而被召回的食品，应采取能保证食品安全、且便于重新销售时向消费者明示的补救措施。④应合理划分记录生产批次，采用产品批号等方式进行标识，便于产品追溯。

（6）记录和文件管理

①文件应当分类存放、条理分明，便于查阅。②原版文件复制时，不得产生任何差错；复制的文件应当清晰可辨。③分发、使用的文件应当为批准的现行文本，已撤销的或旧版文件除留档备查外，不得在工作现场出现。④与本规范有关的每项活动均应当有记录，以保证产品生产、质量控制和质量保证等活动可以追溯。记录应当留有填写数据的足够空格。记录应当及时填写，内容真实，字迹清晰、易读，不易擦除。⑤记录应当保持清洁，不得撕毁和任意涂改。记录填写的任何更改都应当签注姓名和日期，并使原有信息仍清晰可辨，必要时，应当说明更改的理由。生产和检验的记录应及时归档。

记录管理：①应建立记录制度，对食品生产中采购、加工、贮存、检验、销售等环节详细记录。记录内容应完整、真实，确保对产品从原料采购到产品销售的所有环节都可进行有效追溯。②应如实记录食品原料、食品添加剂和食品包装材料等食品相关产品的名称、规格、数量、供货者名称及联系方式、进货日期等内容。③应如实记录食品的加工过程（包括工艺参数、环境监测等）、产品贮存情况及产品的检验批号、检验日期、检验人员、检验方法、检验结果等内容。④应如实记录出厂产品的名称、规格、数量、生产日期、生产批号、购货者名称及联系方式、检验合格单、销售日期等内容。⑤应如实记录发生召回的食品名称、批次、规格、数量、发生召回的原因及后续整改方案等内容。⑥食品原料、食品添加剂和食品包装材料等食品相关产品进货查验记录、食品出厂检验记录应由记录和审核人员复核签名，记录内容应完整。保存期限不得少于2年。⑦应建立客户投诉处理机制。对客户提出的书面或口头意见、投诉，企业相关管理部门应做记录并查找原因，妥善处理。⑧应建立文件的管理制度，对文件进行有效管理，确保各相关场所使用的文件均为有效版本。⑨鼓励采用先进技术手段（如电子计算机信息系统），进行记录和文件管理。

（7）其他

①进入作业区域应穿着工作服。应根据食品的

特点及生产工艺的要求配备专用工作服，如衣、裤、鞋靴、帽和发网等，必要时还可配备口罩、围裙、套袖、手套等。应制定工作服的清洗保洁制度，必要时应及时更换；生产中应注意保持工作服干净完好。工作服的设计、选材和制作应适应不同作业区的要求，降低交叉污染食品的风险；应合理选择工作服口袋的位置、使用的连接扣件等，降低内容物或扣件掉落污染食品的风险。不同空气洁净度等级使用的工作服应分别清洗、整理，必要时消毒或灭菌。工作服洗涤、灭菌时不应带入附加的颗粒物质。工作服应制定清洗周期。②操作期间应当经常消毒手套，并在必要时更换口罩和手套。③清洁天花板、墙壁、与墙壁连接的物体、管道、台面、设备、地面。先上后下、先里后外、先清洗、再清洁、后消毒，不要在清洁过的地面上走动。④应当按照操作规程对洁净区进行清洁和消毒。一般情况下，所采用消毒剂的种类应当多于一种，每月轮换使用。不得用紫外线消毒替代化学消毒。应当定期进行环境监测，及时发现耐受菌株及污染情况。⑤应当监测消毒剂和清洁剂的微生物污染状况，配制后的消毒剂和清洁剂应当存放在清洁容器内，现用现配。A级洁净区应当使用无菌的或经无菌处理的消毒剂和清洁剂。⑥洁净区内应当避免使用易脱落纤维的容器和物料；在无菌生产的过程中，不得使用此类容器和物料。⑦要养成良好的GMP意识，包括法规意识、质量意识、规范操作意识、质量保证意识、持续改进意识。

总之，只有不断提高无菌生产的保障水平，才能保证生产质量的万无一失。

7.3.2 食品工厂的HACCP管理

7.3.2.1 HACCP概述

HACCP是hazard analysis and critical control point的缩写，译为危害分析与关键控制点，是一个对食品安全显著危害加以识别、评估，以及控制的体系。HACCP是由美国太空总署（NASA）和美国Pillsbury公司共同为保证太空食品安全而建立的保证体系发展而成的。1966年Pillsbury公司Howard Bauman博士首先提出HACCP概念，1971年美国食品保护协会公布了HACCP梗概，1973年Pillsbury公司用以培训美国食品药物管理局（FDA）人员，1985年美国科学院（NAS）肯定HACCP，1988年HACCP专著出版，1989年美国国家食品微生物学标准咨询委员会（NACMCF）批准HACCP标准版本。1993年，国际食品法典委员会（CAC）推荐HACCP系统为目前保障食品安全最经济有效的途径。

HACCP是以科学为基础，通过系统性地确定具体危害及其控制措施，以保证食品安全性的系统，其特点是着眼于预防而不是依靠终产品的检验来保证食品的安全，可有效减少损失。应用系统论方法全面控制整个生产过程，通过建立严格档案制度，使生产商、销售商、消费者、政府部门能对产品进行溯源，分清责任，从而确保最终的食品安全。任何一个HACCP系统均能适应设备设计的革新、加工工艺或技术的发展变化，是适用于各类食品企业的简便、易行、合理、有效的控制体系。

HACCP管理体系在世界各国广泛推行并已有相当成效，目前HACCP体系推广应用较好的国家有美国、加拿大、欧盟各国、丹麦、新西兰、澳大利亚、马来西亚、泰国、日本、巴西等。开展HACCP体系的领域包括：饮用牛乳、奶油、发酵乳、乳酸饮料、奶酪、冰激凌、生面条类、豆腐、鱼肉火腿、炸肉、蛋制品、沙拉类、脱水菜、调味品、蛋黄酱、盒饭、冻虾、罐头、牛肉食品、清凉饮料、腊肠、机械分割肉、盐干肉、冻蔬菜、蜂蜜、高酸食品、肉禽类、水果汁、动物饲料等。

7.3.2.2 HACCP内容及原理

以HACCP为基础的食品安全体系是以7个原理为基础的，主要包括：

（1）危害分析

危害分析即危害识别和危害评估。①危害识别：按工艺流程图对从原料到成品完成的每个环节进行危害识别，列出所有可能潜在的危害，包括：微生物危害（病原性微生物、病毒、寄生虫等）；化学危害（自然毒素、化学药品、农残、重金属、不可使用的色素和添加剂等）；物理危害（金属、玻璃、木屑等）。②危害评估：评估为显著危害就必须被控制。显著危害必须具备两个特性：一是有可能发生；二是一旦控制不当，可能给消费者带来不可接受的健康风险。

危害分析要把对食品安全的关注同对食品的品质、规格、数（质）量、包装和其他卫生方面有关的质量问题的关注分开，应根据各种危害发生的可能风险（可能性和严重性）来确定某种危害的显著性。通常根据工作经验、流行病学数据、客户投诉及技术资料的信息来评估危害发生的可能性，用政府部门、权威研究部门向社会公布的风险分析资料、信息来判定危害的严重性。进行危害分析时必须考虑加工企业无法控制的各种因素。例如：产品的运输、销售、食用方式和消费群体等环节，这些因素应在食品包装和文字说明中加以考虑，以确保食品的消费安全。工艺设计时不要把危害分析的控制考虑得太多，否则不易抓住重点，反而失去了实施 HACCP 的意义。

危害控制措施：控制措施也称为预防措施，是用来防止或消除食品安全危害或将其降低到可接受水平所采取的方法，也是产品加工工艺流程在安全性方面的技术性论证。

不同的产品或生产过程的危害控制可以从原料基地或原料接收开始（如在原料基地对原料的种植、养殖过程的监控，供应商的检测报告等），也可以在加工过程中进行。某些危害的控制（如农药的控制）就必须在原料种植过程中开始或在原料接收时检测。有些危害可以在生产过程中进行控制，如冷藏或冷冻可以抑制微生物的生长和毒素的产生；蒸煮等加工过程可以杀死致病菌和寄生虫；冷冻可以杀死肉禽和水产品中的寄生虫；金属探测仪可以消除金属危害等。

在危害的控制措施中，应考虑整个工艺流程中的加工单元是否能做到既满足生产流程中工艺的其他作用，同时又能满足对安全性控制的要求，加工过程中的工艺流程的确定和安全性，这两者不是相对独立，而应是一个和谐的相互能够协调统一的整体。对安全性的论证只应是工艺流程论证中一个很重要的组成部分而已。例如：烫煮在蔬菜加工中既可以起到杀灭微生物的作用，又可以达到脱水、抗氧化、抑制酶解反应的工艺目的，但必须注意，在大多数产品中，想去除已经引入的化学危害是十分困难的。通常，已鉴别的危害是与产品本身或某个单独的加工步骤有关的，必须由 HACCP 来控制；已鉴别的危害与环境或人员有关的，一般由卫生标准操作程序（sanitation standard operation procedures，SSOP）来控制较好（表 7-6）。

表 7-6　HACCP 和 SSOP 的区分

危　害	控　制	控制的类型	控制计划
组胺	贮存、运输、加工鲭鱼的时间和温度	特定的产品	HACCP
致病菌存活	烟熏鱼的时间和温度	加工步骤	HACCP
致病菌污染	接触产品前洗手	人员	SSOP
致病菌污染	限制工人在生熟加工区之间走动	人员	SSOP
致病菌污染	清洗、消毒食品接触面	工厂环境	SSOP
化学品污染	只使用食品级的润滑油	工厂环境	SSOP

（2）关键控制点确定

对危害分析中确定的每一个显著危害，均必须有一个或多个关键控制点对其进行控制。一个关键控制点可以控制一种以上的危害，也可以用几个关键控制点来控制一个危害，关键控制点也不是一成不变的。

关键控制点确定的原则：①当危害能被预防时，这些点可以被认为是关键控制点。例如：通过控制原料接收来预防农药残留；通过添加防腐剂或调节 pH 来抑制病原体在成品中的生长。②能将危害消除的点可以被确定为关键控制点。例如：通过蒸煮和冷冻来杀死病原体和寄生虫；通过金属探测仪来检出金属碎片。③能将危害降低到可接受水平的点被确定为关键控制点。例如：通过人工挑选可以使外来杂质的发生减少到最低程度。通过从认可的种植/养殖基地、安全水域获得的原料，可以使某些微生物和化学危害减少到最低限度。完全消除和预防显著危害是不可能的，在加工过程中将危害尽可能地减少是 HACCP 唯一可行并且合理的目标，最主要的是明确所存在的显著危害，同时要了解 HACCP 计划中控制这些危害的局限性。

关键控制点和控制点的确定方法：①区分关键控制点和控制点，关键控制点应是能最有效地控制显著危害的点。例如：金属危害可以通过选择原辅料来源、磁铁、筛选和在生产线上使用金属探测仪来消除。如果金属危害通过金属探测的方法能得到有效的控制，则选择原辅料来源、磁铁、筛选就不一定为关键控制点。②明确关键控制点和危害的关系。一个关键控制点上可以用来控制一种以上的危害。如冷冻贮藏可以用来控制病原菌的生长繁殖和组胺的产生；几个关键控制点也可以用来共同控制一种危害。如消毒浸泡可以部分杀灭蔬菜中的病原体，烫煮时间与消毒浸泡后残留在蔬菜中的病原体的含量有关，所以消毒液浸泡和烫煮时间都应被认为是关键控制点；如同一类产品在不同的生产线上生产时，可能会有不同的关键控制点，因为危害及其控制点随生产线的组成形式、不同的产品配方、不同的加工工艺、设备的先进程度、原辅料的选择、卫生和支持性程序的不同而不同。

（3）建立关键限值

关键控制点确定后，必须为每一个关键控制点建立关键限值（critical limiter，CL）。关键限值就是区分可接受与不可接受水平的指标。也就是设置在关键控制点上的具有生物的、化学的或物理特征的最大值或最小值，这将确保危害被消除或控制降低到可接受水平。如乳制品生产线上针对显著危害病原性微生物的一个 CCP（关键控制点）是巴氏杀菌工序，其关键限值是：$T \geqslant 72℃$，$t \geqslant 15$ s。在大多数情况下，恰当的关键限值的确定应有充分的科学依据。

操作限值（operating limiter，OL）是比关键限值更严格的限值，是操作人员用以降低偏离关键限值风险的操作标准。操作限值的确定是综合加工过程中限值对工艺、设备、产品品质没有负面影响时，操作应尽可能地控制得严一些。如杀菌温度为：OL≥121℃±2℃，OL 最低应设在 123℃。加工调整，即加工过程中使操作参数回到操作限值内而采取的措施。

（4）关键控制点的监控

关键控制点的监控就是对被控操作点的操作参数所做的有计划的、连续的观察或测量及记录活动。监控的目的是跟踪加工过程，查明和注意可能偏离关键限值的趋势，进行加工调整，使加工过程在关键限值发生偏离前恢复到可控制的状态。当一个 CCP 发生偏离时，可查明何时失控，以便为及时采取纠偏行动提供监控的记录，并用于验证。

监控有 4 个要素：每个监控程序必须包括 3W 和 1H，即监控什么（what）、何时监控（when）、谁来监控（who）、怎样监控（how）。

① 监控什么（监控对象）：通常通过测量一个或几个参数，检测产品或检查证明性文件，来评估某个 CCP 是否在关键限值内操作。

② 怎样监控（监控方法）：对于定量的关键限值，通常用物理或化学的控制方法，对于定性的关键限值采用检查的方法，要求迅速和准确。

③ 何时监控（监控频率）：可以是连续的，也可以是间歇的。

④ 谁来监控（监控人员）：受过培训可以监控操作的人员。

（5）纠偏行动

纠偏行动是在监测结果失控时在关键控制点 CCP 上所采取的纠正行动。纠偏行动由两步组成：①纠正和消除偏离的起因，重建加工控制。当发生偏离时应先分析产生偏离的原因，及时采取措施将发生偏离的参数更新控制到关键限值的范围内，并采取预防措施，防止类似偏离的再次发生。②确认偏离期间加工的产品及处理方法，确认哪一段、哪些批次、多少产品发生偏离，并确定相应的处理方法。对已发生偏离的产品，从重建 OL 到一次有效监控期间的产品均需采取纠偏行动，以现场纠偏效果最好。

对偏离期间加工的产品的纠偏处理按下面 4 个步骤进行。①确定产品是否存在安全危害（专家的评估，物理、化学或微生物的检测等）。②若评估为不存在危害，产品可被通过；如果存在潜在的危害，确定产品能否被返工处理或转为安全使用；应注意：产品返工应不会产生新的危害，如被热稳定性高的生物毒素污染（如金黄色葡萄球菌肠毒素等），返工期间温度仍应受控。③如果潜在的有危害的产品不能按第二步处理，产品必须被销毁。

可采取的纠偏行动可按以下 5 步进行：①隔离和保存要进行安全评估的产品。②将受到影响的原料、辅（配）料或半成品移作其他加工使用。③重新加工。④对不符合要求的原、辅（配）料退回或不再使用。⑤销毁产品。

纠偏行动记录：当因关键限值发生偏离而采取纠偏行动时，必须加以记录，填写纠偏行动报告，报告中应包括：①确认产品；②描述偏离；③采取的纠偏行动；④采取纠偏行动的负责人员；⑤评估结果。

（6）建立验证程序

验证（verification），即确定是否符合 HACCP 计划所采用的方法、程序、测试和其他评价方法的应用。一是证明 HACCP 计划是建立在严谨、科学基础上的，它足以控制产品本身和工艺过程中出现的安全危害；二是证明 HACCP 计划所规定的控制措施能被有效地实施，整个 HACCP 体系在按规定有效运转。验证程序由如下 4 个要素组成：①确认。即通过收集、评估科学的技术信息资料，以评价 HACCP 计划的适宜性和控制危害的有效性（在

HACCP计划实施前进行）。②确认的执行者。HACCP小组成员和受过适当的培训或经验丰富的人员。③确认内容。对HACCP计划的各个组成部分的基本原理，由危害分析到CCP验证方法做科学及技术上的回顾和评价。④确认频率。a. 最初的确认；b. 当有因素证明确认是必须的时，下述情况应当采取确认行动：原料的改变；产品或加工的改变；复查时发现数据不符或相反；重复出现同样偏差；有关危害或控制手段的新信息；生产中观察到异常情况；出现新的销售或消费方式。

CCP的验证能确保所应用的控制程序都在适当的范围内操作，正确地发挥作用以控制食品安全危害。CCP的验证包括①核准：CCP监控设备的校准是HACCP计划成功实施的基础，如果设备没有校准，监控结果是不可靠的。a. 确定校准频率：确定校准频率应考虑仪器设备的灵敏度和稳定性；b. 校准的执行：针对用于验证及监控步骤的设备和仪器，以一种能确保测量准确度的频率来进行校准时，应按仪器或设备使用时的条件或接近此种条件，参照一标准设备来检查所使用设备的准确度。②校准记录的审查：审查校准记录时，要审查校准日期是否符合规定的频率要求，所用的校准方法是否正确，校准结果的判定是否准确，发现不合格监控设备后的处理方法是否适当。③针对性的取样检测。a. 当原料验收作为CCP时，往往会把供应的证明作为监控的对象，证明是否可信，需要通过针对性的取样检测来验证；b. 当关键限值设定在设备操作中时，可抽查产品以确保设备设定的操作参数适于生产安全的产品。④CCP记录的审查：对于每一个CCP至少有两种记录，即监控记录和纠偏行动记录。他们可以证明CCP符合关键限值，偏离时的纠偏行动及时有效，产品安全可得到有效保证。

HACCP体系的验证：HACCP体系的验证审核是企业自身进行的内部审查。对整个HACCP的验证应预先制定程序计划，体系验证频率为一年至少一次。当产品或工艺过程有显著改变时，应随时对体系进行全面的验证，HACCP体系验证包括审核和对最终产品的检测。

① 审核。可通过现场观察和记录复查，从而对HACCP体系的系统性做出评价。内容包括：检查产品说明和生产流程图的准确性；检查CCP是否按HACCP计划的要求被监控；检查工艺过程是否符合关键限值的要求；检查记录是否准确并按要求的时间完成。记录复查的内容包括：监控活动的执行地点是否符合HACCP计划的规定；监控活动执行的频率是否符合HACCP计划的规定；当监控表明发生了关键限值的偏离时，是否执行了纠偏行动；是否按HACCP计划中规定的频率对监控设备进行校准。

② 对最终产品的微生物检测。它不是监控的必要条件，但它是验证HACCP体系有效的工具，可用来确定整个体系是否处于受控状态。

执行机构和第三方论证机构对HACCP的认证：世界上越来越多的食品企业意识到食品安全对企业发展的重要性，很多国家对水产品、果蔬汁、低酸性罐头等食品颁布法规，所以请第三方论证机构进行确认有公正的意义。由于很多国家以立法的形式在食品加工业中强行推行HACCP，因此，政府的执法机构必然会介入到HACCP的验证工作中来。尽管有的国家会认可有资格的第三方论证机构对企业进行认证审查，但执法机构也会从中抽查，以评价认证机构的审核质量。政府执法机构对企业的HACCP体系进行的审核，一般称为“官方验证”。执法机构和第三方认证机构的主要作用是验证HACCP计划的适宜性及是否被有效地执行。每一个加工企业针对特定的加工工艺和流程制定的HACCP计划应是唯一的，计划可能包含有专利方面的信息，因此，执法机构和第三方机构必须予以保护。

（7）建立记录保持程序

建立有效的记录保持程序，是一个成功的HACCP体系的重要组成部分，是构建产品可追溯的基础。HACCP体系应保存以下记录：①体系文件。②有关HACCP的记录，包括HACCP计划用于制定计划的支持性文件，关键控制点的监控记录、纠偏行动记录、验证活动记录。③HACCP小组的活动记录。④HACCP前提条件的执行、监控、检查和记录。企业在执行HACCP体系的全过程中，需有大量的技术文件和日常的监测记录，这些记录的表格应该是严谨和全面的。

记录的保存和检查：记录可能以不同的形式保存下来，可以是电子版本或文字图表，但无论使用何种记录形式，都必须包含有足够的信息。关键控制点的监控记录、纠偏行动记录、监控设备的校准记录。应该由企业管理层的代表定期复查，复查者应接受过系统的HACCP培训，所有的记录复查者签名，并注明日期。对已批准的HACCP体系文件及体系运行中形成的记录应妥善保管和存档，应明确和保存记录的各级责任人员，所有文件和记录应定期装订成册，以便官方验证或第三方机构认证审核时使用。

HACCP 计划的有效实施，与 7 个原理的共同作用是分不开的；HACCP 的 7 个原理不是孤立的，而是一个有机的整体。

7.3.2.3 实施 HACCP 体系的意义

采用 HACCP 体系的主要目的是建立一个以预防为主的食品安全控制体系，最大限度地消除、减少食源性疾病。因此，这种管理体系对政府监督机构、消费者和生产商都有利。其意义体现在：

① HACCP 是一种结构严谨的控制体系，能够及时识别出所有可能发生的危害（包括生物、化学和物理的危害），并在科学的基础上建立预防性措施。

② HACCP 体系是保证生产安全食品最有效、最经济的方法，能降低质量管理成本，减少最终产品的不合格率，提高产品质量，延长产品货架期，大大减少由于食品腐败而造成的经济损失，不但降低了生产成本，而且极大地减少了生产者和销售不安全食品的风险。同时，减少企业和监督机构在人力、物力和财力方面的支出，最终形成经济效益、生产与质量管理等方面的良性循环。

③ HACCP 体系能通过预测潜在的危害以及提出控制措施使新工艺和新设备的设计与制造更加容易和可靠，有利于食品企业的发展与改革。

④ HACCP 体系为食品生产企业和政府监督机构提供了一种最理想的食品安全监测和控制方法，使食品质量管理与监督体系更完善、管理过程更科学。应用 HACCP 体系可以弥补传统的质量控制与监督方法的不足。

⑤ HACCP 已被政府监督机构、媒体和消费者公认为目前最有效的食品安全控制体系，实施该体系等于向公众证明企业是一个将食品安全视为第一的企业，从而增加人们对产品的信心，提高产品在消费者中的可信度，保证食品工业和商业的稳定性。

⑥ 食品在外贸上重视 HACCP 审核可减少对成品实施烦琐的检验程序。HACCP 已逐渐成为一个全球性食品安全控制体系，有助于国家和企业将人力、财力和物力用于最需要和最有用之处，利国、利民、利厂。

7.3.2.4 HACCP 管理程序

● 第一步：组建 HACCP 工作小组。

HACCP 工作小组负责制定 HACCP 计划以及实施和验证 HACCP 体系。HACCP 小组的人员构成应保证建立有效 HACCP 计划所需的相关专业知识和经验，应包括企业具体管理 HACCP 计划实施的领导、生产技术人员、工程技术人员、质量管理人员以及其他必要人员。技术力量不足的部分小型企业可以外聘专家。工作小组来确定 HACCP 计划的范围，即在食品供应链中的具体实施环节，以及须加以解决的危害的一般类别，例如，是有选择地解决危害问题还是解决所有的危害问题。

● 第二步：描述产品，确定产品的预期用途。

HACCP 工作的首要任务是对实施 HACCP 系统管理的产品进行描述。描述的内容包括：产品名称（说明生产过程类型）、产品的原料和主要成分、产品的理化性质（包括 Aw，pH 等）及杀菌处理（如热加工、冷冻、盐渍、熏制等）、包装方式、贮存条件、保质期限、销售方式、销售区域，必要时，还包括有关食品安全的流行病学资料、产品的预期用途和消费人群。

● 第三步：绘制和确认生产工艺流程图。

HACCP 工作小组应深入生产第一线，详细了解产品的生产加工过程，在此基础上绘制产品的完整生产工艺流程图，并对制作完成的工艺流程图进行现场验证，检验流程图与实际生产过程是否相符，如不相符，应加以更正。

● 第四步：危害分析。

危害分析可分为两项活动——自由讨论和危害评价。自由讨论时，范围要广泛、全面，要包含所用的原料、产品加工的每一步骤和所用设备、终产品及其储存和分销方式、消费者如何使用产品等。在此阶段，要尽可能列出所有可能出现的潜在危害。没有发生理由的危害不会在 HACCP 计划中做进一步考虑。自由讨论后，小组对每一个危害发生的可能性及其严重程度进行评价，以确定出对食品安全非常关键的显著危害（具有风险性和严重性），并将其纳入 HACCP 管理计划。

进行危害分析时应将安全问题与一般质量问题区分开。应考虑涉及安全问题的危害包括：

① 生物危害：包括细菌、病毒及其毒素、寄生虫和有害生物因子。

② 化学危害：包括天然的化学物质、有意加入的化学品、无意或偶然加入的化学品、生产过程中所产生的有害化学物质。天然的化学物质有霉菌毒素、组胺等；有意加入的化学品常有食物添加剂、

防腐剂、营养素添加剂、色素添加剂；无意或偶然加入的化学药品包括农业上的化学药品、禁用物质、有毒物质和化合物、工厂化学物质（润滑剂、清洁化合物等）。

③ 物理危害：任何潜在于食品中不常发现的有害异物。如玻璃、金属等。

④ 列出危害分析工作单，危害分析工作单可以用来组织和明确危害分析的思路。HACCP 工作小组还应考虑对每一危害可采取哪种控制措施。

- 第五步：确定关键控制点。

对产品生产过程的每一个工艺过程进行分析，应用判定树的逻辑推理方法，确定 HACCP 系统中的关键控制点（CCPs）。对判定树的应用应当灵活，必要时也可使用其他的方法。图 7-3 是一个 CCPs 判断树实例。

如果在某一工艺步骤上对一个确定的危害进行控制对保证食品安全是必要的，然而在该步骤及其他步骤上都没有相应的控制措施，那么，对该步骤或该步骤前后的步骤的生产或加工工艺必须进行修改，以便使其包括相应的控制措施。

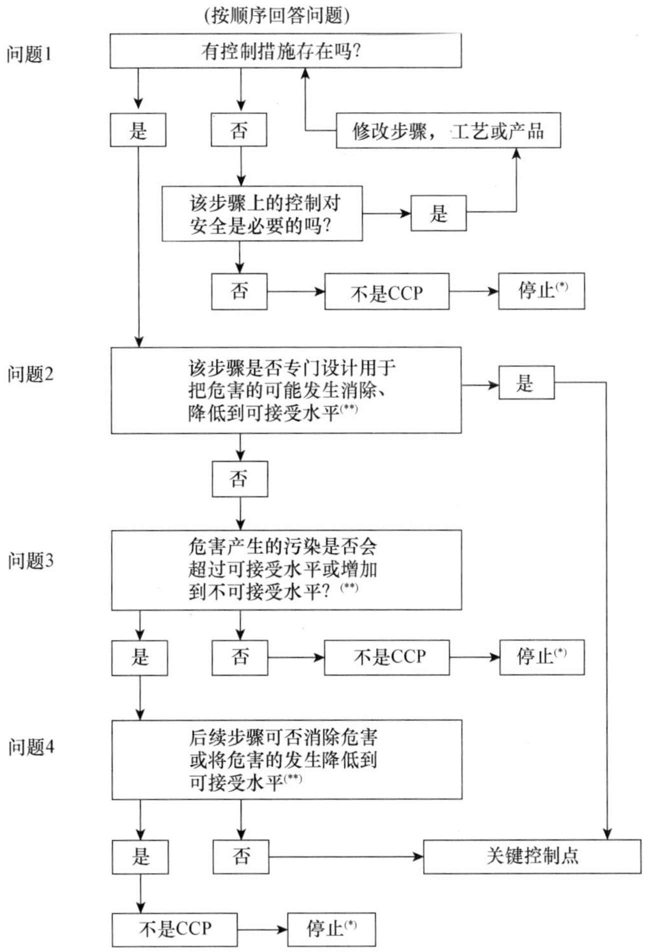

图 7-3　确定 CCPs 判断树实例

（*）按过程进行至下一个危害

（**）在 HACCP 计划的 CCPs 确定的总体目标内，需对可接受的和不可接受的水平做出定义。

- 第六步：建立每个关键控制点的关键限值。

每个关键控制点会有一项或多项控制措施确保预防、消除已确定的显著危害或将其减至可接受的水平。每一项控制措施要有一或多个相应的关键限值。

关键限值的确定应以科学为依据，可来源于科学刊物、法规性指南、专家、试验研究等。用来确定关键限值的依据和参考资料应作为 HACCP 方案支持文件的一部分。

通常关键限量所使用的指标包括：温度、时间、湿度、pH、水分活度、含盐量、含糖量、物理参数、可滴定酸度、有效氯、添加剂含量以及感官指标，如外观和气味等。

● 第七步：建立起对每个关键控制点进行监测的系统。

通过监测能够发现关键控制点是否失控。此外，通过监测还能提供必要的信息，以及时调整生产过程，防止超出关键限值。操作限值是比关键限值更严格的限值，是由操作人员使用用以降低偏离风险的标准。加工工序应当在超过操作限值时就进行调整，以避免违反关键限值，这些措施称为加工调整。加工人员可以使用这些调整措施避免失控和避免采取纠偏行动，及早发现失控的趋势，并采取行动以防止产品返工，或者更坏的情况，造成产品报废。只有在超出关键限值时才采取纠偏行动。

一个监控系统的设计，必须确定①监控内容：通过观察和测量来评估一个 CCP 操作是否在关键限值内。②监控方法：设计的监控措施必须能够快速提供结果。物理和化学检测能够比微生物检测更快地进行，是很好的监控方法。常用的物理、化学监测指标包括时间和温度组合（常用来监控杀死或控制病原体生长的有效程度）、水分活度（Aw）（可通过限制水分活度来控制病原体的生长）、酸度或 pH（一定的 pH 水平可限制病原体的生长）、感官检验（一种检测食品的直观方法）。③监控设备：例如温湿度计、钟表、天平、pH 计、水分活度计、化学分析设备等。④监控频率：监控可以是连续的或非连续的，如有可能，应采取连续监控。连续监控对许多物理或化学参数都是可行的。如果监测不是连续进行的，那么监测的数量或频率应确保关键控制点是在控制之下。⑤监控人员：可以进行 CCP 监控的人员包括流水线上的人员、设备操作者、监督员、维修人员、质量保证人员等等。负责监控 CCP 的人员必须接受有关 CCP 监控技术的培训，完全理解 CCP 监控的重要性，能及时进行监控活动，准确报告每次监控工作，随时报告违反关键限值的情况以便及时采取纠偏活动。

● 第八步：建立纠偏措施。

在 HACCP 计划中，对每一个关键控制点都应预先建立相应的纠偏措施，以便在出现偏离时实施。纠偏措施应包括：①确定并纠正引起偏离的原因；②确定偏离期所涉及产品的处理方法，例如进行隔离和保存并做安全评估、退回原料、重新加工、销毁产品等；③记录纠偏行动，包括产品确认（如产品处理，留置产品的数量）、偏离的描述、采取的纠偏行动（包括对受影响产品的最终处理）、采取纠偏行动的人员的姓名、必要的评估结果。

● 第九步：建立验证程序。

通过验证、审查、检验（包括随机抽样化验），可确定 HACCP 是否正确运行。验证程序包括对 CCPs 的验证和对 HACCP 体系的验证。

CCP 的验证活动：①校准：CCP 验证活动包括监控设备的校准，以确保采取的测量方法的准确度。②校准记录的复查：复查设备的校准记录设计检查日期和校准方法，以及实验结果。应该保存校准的记录并加以复查。③针对性的采样检测。④记录的复查。

HACCP 体系的验证：①验证的频率：验证的频率应足以确认 HACCP 体系在有效运行，每年至少进行一次或在系统发生故障时、产品原材料或加工过程发生显著改变时或发现了新的危害时进行。②体系的验证活动：检查产品说明和生产流程图的准确性；检查 CCP 是否按 HACCP 的要求被监控；监控活动是否在 HACCP 计划中规定的场所执行；监控活动是否按照 HACCP 计划中规定的频率执行；当监控表明发生了偏离关键限制的情况时，是否执行了纠偏行动；设备是否按照 HACCP 计划中规定的频率进行了校准；工艺过程是否在既定的关键限值内操作；检查记录是否准确和是否按照要求的时间来完成等。

● 第十步：建立文件和记录档案。

一般来讲，HACCP 体系须保存的记录应包括：①危害分析小结：包括书面的危害分析工作单和用于进行危害分析和建立关键限值的任何信息的记录。支持文件也可以包括：制定抑制细菌性病原体生长的方法时所使用的充足的资料，建立产品安全货架寿命所使用的资料，以及在确定杀死细菌性病原体加热强度时所使用的资料。除了数据以外，支持文件也可以包含向有关顾问和专家进行咨询的信件。②HACCP 计划：包括 HACCP 工作小组名单及相关的责任、产品描述、经确认的生产工艺流程和 HACCP 小结。HACCP 小结应包括产品名称、CCP 所处的步骤和危害的名称、关键限值、监控措施、纠偏措施、验证程序和保持记录的程序。③HACCP 计划实施过程中发生的所有记录。④其他支持性文件例如验证记录，包括 HACCP 计划的修订等。

图 7-4 列出了 HACCP 应用的逻辑顺序。在实施 HACCP 计划时，由食品安全及卫生管理行政部门对社会公众进行 HACCP 知识的宣传和教育工作。食品安全及卫生管理技术人员和食品企业应定期对系统内部相关人员进行 HACCP 培训。同时，食品

企业应将实施 HACCP 和进行企业的基础设施、技术改造结合起来。HACCP 是针对具体的产品和生产工艺的，生产工艺如有变更，企业应该结合实际情况对 HACCP 的部分内容进行修改。

HACCP 能有效执行的基本要素是对生产企业、政府和学术界人员进行 HACCP 原理和应用培训，并增加管理者和消费者的意识。原料生产者、生产企业、贸易集团、消费组织和主管机构之间的合作是至关重要的，生产企业和主管机关之间应保持相互间的连续对话，并为实践中应用 HACCP 营造良好氛围。

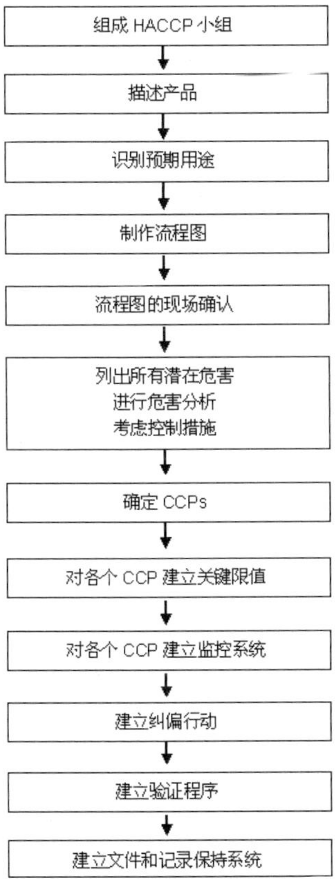

图 7-4　HACCP 应用的逻辑顺序

7.3.3　GMP 管理与 HACCP 管理的关系

我国于 2011 年开始施行的现行《出口食品生产企业安全卫生要求》应视为中国出口食品的 GMP，在《出口食品生产企业安全卫生要求》和《食品生产企业危害分析与关键控制点（HACCP）管理体系认证管理规定》中已有明确规定。如《出口食品生产企业安全卫生要求》第四条规定：列入必须实施危害分析与关键控制点（HACCP）体系验证的出口食品生产企业范围的出口食品生产企业，应按照国际食品法典委员会《HACCP 体系及其应用准则》的要求建立和实施 HACCP 体系。

一般来说，生产过程中的每个控制点都有助于确保食品安全，但只有那些对产品安全非常重要，需要实施全面控制的点才能称之为关键控制点。而其他许多控制点仅仅是良好生产规范 GMP 中的一部分。通常根据 GMP 生产的食品是安全的。如果达不到这样的效果，我们就不能将这种操作规范称为“良好”了。多数情况下，食品之所以会导致食源性疾病，是因为生产偏离了 GMP 要求，或没有及时发现生产中的事故。也就是说，如何检测和控制食品生产的各个方面是 GMP 的内容之一，而 HACCP 则着重强调了保证食品安全的关键控制点。GMP 是保证 HACCP 体系有效实施的基本条件，HACCP 体系是确保 GMP 贯彻执行的有效管理方法。两者相辅相成，能更有效地保证食品的安全。因此，在食品 GMP 制定过程中，必须应用 HACCP 技术对产品的生产进行全过程的调查分析，增加规范的科学性，体现该系统的应用在企业自身管理和卫生监督与监测工作上的优势，确保食品安全卫生。

思考题

1. 食品工厂卫生标准有哪些？
2. 食品企业的卫生管理内容有哪些？
3. 食品卫生对设计有哪些要求？
4. 简述食品卫生对工厂设计选址及厂区环境的要求。
5. 简述食品卫生对工厂设计厂房和车间的要求。
6. 简述食品工厂设备中的污物类型、成分及清洗特点。
7. 简述 CIP 系统的组成和作用。
8. 简述食品工厂常用的消毒方法及适用范围。
9. 什么是 GMP 规范？GMP 的基本原则及主要内容包括哪些？
10. 简述 GMP 车间设计规范和卫生管理要求。
11. 什么是 HACCP？HACCP 的基本原理及主要内容包括哪些？实施的步骤包括哪些？
12. 简述 GMP 与 HACCP 之间的关系。

第 8 章

公用工程

学习目的与要求

通过本章的学习，学生应了解公用工程的设计内容、设计程序和方法；掌握公用工程的基本设计条件、常用设备的结构选型和特点；了解有关公用工程的国家标准、规范；掌握公用工程设计概算和初步设计。

8.1 概述

8.1.1 公用工程的主要内容

公用系统是指与全厂各部门、车间、工段有密切关系的，且为这些部门所共有的一类动力辅助设施的总称。它是与食品生产工艺工程相辅相成、密切相关的辅助工程设施，是保证食品工厂正常生产不可缺少的重要组成部分。对于食品工厂来说，这类公用设施一般包括水处理、给排水、供汽、供电和自控、采暖与通风、制冷等工程。食品工厂设计中，这些公用工程分别由各个专业工种的设计人员承担。当然，不一定每个整体项目设计都包括上述所有工程，还需根据工厂的规模、生产产品类型、经济状况而定。在一般情况下，给排水、供电和自控、供汽这三者均得具备，而水处理、制冷和采暖通风则要根据实际情况、实际需要和当地气候去确定。

8.1.2 公用工程的区域划分

公用工程根据专业性质的不同可划分为给排水、供电和自控、供汽、采暖与通风、制冷等；根据区域位置的不同可划分为厂外工程、厂区工程和车间内工程。

(1) 厂外工程

给排水、供电等工程中水源、电源的落实和外管线的敷设，牵涉的外界因素较多，与供电局、城市规划局、市政工程局、环保局、自来水公司、消防处、质量监督部门、卫生监督部门、环境监测以及农业部门等都有一定的关系。与这些部门联系，最好先由筹建单位进行一段时间的工作，初步达成供水、供电、环保等意向性协议，在这些问题初步落实之后，再开展设计工作。

由于厂外工程属于市政工程性质，一般由当地专门的市政规划设计或施工部门负责设计比较切合当地实际，专业设计院一般不承担厂外工程的设计。

厂外工程的费用比较高，在决定厂址时，要考虑到这一因素。如果水源、电源离所选定的厂址较远，必会增大投资，显然不合理，选择厂址时其厂外管线的长度最好能控制在 2～3 km 范围内。

(2) 厂区工程

厂区工程是指在厂区范围内、生产车间以外的公用设施，包括给排水系统中的水池、水塔、水泵房、冷却塔、外管线、消防设施；供电系统中的变配电所、厂区外线及路灯照明；供热系统的锅炉房、烟囱、煤场及蒸汽外管线；制冷系统的制冷机房及外管线；环保工程的污水处理站及外管线等。这些工程的设计一般由负责整体项目的专业设计院的有关设计小组分别承担。

(3) 车间内工程

车间内工程主要是指有关设备及管线的安装工程，如风机、水泵、空调机组、电气设备及制冷设备的安装，包括水管、汽管、冷冻管、风管、电线、照明等。其中水管和汽管由于和生产设备关系十分密切，他们的设计一般由工艺设计人员担任，其他仍归属专业工种承担。

8.1.3 公用工程的一般要求

食品工厂的公用工程由于直接与食品的生产密切相关，所以必须符合如下要求：

(1) 满足生产需要

公用工程的设计要考虑生产的季节不均匀性带来的公用设施的负荷变化问题，也就是要求公用设施的容量对负荷的变化要有足够的适应性。例如，对供水系统来说，须按高峰季节产品生产的需水总量来确定它的设计能力，使其具备足够的适应性。对供电和供汽设施，则需考虑组合式结构，即不要搞单一变压器或单一锅炉，而是设置两台或两台以上变压器或锅炉，以便有不同的能力组合，适应不同的负荷要求。

(2) 符合卫生安全要求

公用设施在厂区的位置是影响工厂环境卫生的重要因素。如锅炉房的位置、锅炉的型号、烟囱的高度、运煤出灰的通道、污水处理站的位置、污水处理的工艺流程等，都必须设计合理、符合食品加工的卫生要求。此外，食品生产中，原材料或半成品不可避免地要和水、蒸汽等直接或间接接触。因此，要求生产用水的水质必须符合有关部门规定的生活饮用水卫生标准。直接用于生产产品的蒸汽应不含有危害健康或引起产品污染的物质。制冷系统中的制冷剂对产品卫生及安全是有害的，要严防泄漏。

(3) 经济合理、运行可靠

所谓经济合理，就是要求设计人员在进行设计时，要根据生产需要，从实际出发，正确收集和整理设计原始资料，进行多方案比较，并注意处理好一次性投资和长期的经常性费用的关系，选择投资最少，经济效益最好的设计。给水、供电、供汽、供暖及制冷等系统的设备及其所供应的水、电、汽、制冷的数量和质量应都能达到可靠而稳定的技术参数要求，以保证生产的正常安全运行。例如，供水的设计要考虑到水质随水源及环境的变化而变化，要采取相应措施，使最后供到生产车间的水质始终符合生产用水要求。又如，供电，要考虑到地方电网供电不稳定，可能经常出现局部停电现象，是否应该自备电源自行发电，以保证正常生产。

公用系统工程的专业性较强，各有其内在深度。本章仅从工艺设计人员需要了解和掌握的有关公用工程设计的基本原理及基本规范的角度，对公用工程的设计做简单的介绍。

8.2 水处理工程

水是生命的源泉，是促使人类社会发展和进步的重要物质。在食品工厂中，水是重要的原料之一。食品生产过程中，不管是原料的预处理、加热、杀菌、冷却还是培养基的制备、设备和食品生产车间的清洗等都需要大量的水。因此，水质的好坏、优劣将直接影响产品的质量。

8.2.1 食品工厂对水质的要求

食品工厂的用水主要包括生产用水、生活用水和消防用水。不同的用途，对水质有不同的要求。

（1）生产用水的水质要求

生产用水质量的好坏，对产品质量有直接影响。不同的生产用水，对水质的要求也不同。

① 工艺用水。这些水直接进入产品构成产品组分，水质的好坏将直接影响到半成品和成品的质量。不同的产品有不同的水质要求。一般要求符合《生活饮用水卫生标准》（GB 5749-2006），特殊用水例如矿泉水、饮用纯净水的产品用水以及啤酒生产的糖化投料水等要在生活饮用水水质标准的基础上，采用不同的水质处理方法给予进一步处理，使其在总硬度、pH、微生物含量等方面达到相应的要求。

② 冷却用水。冷却用水水质要求可低于生活饮用水标准。由于冷却水要循环使用，一般要求水温低、硬度低，水中不宜含有有机物或其他悬浮混浊物质，以免黏附于传热壁面上影响传热效果，增加清理难度，甚至堵塞管道。

③ 洗涤用水。洗涤用水的基本要求是清洁卫生。

④ 锅炉用水。根据水处理方式和用途的不同对水质有不同的要求，基本要求是水的硬度要低于一定值，具体要求参见 GB/T 1576-2008《工业锅炉水质》。

（2）生活用水的水质要求

生活用水包括清洁用水、饮食用水和卫生用水，一般按饮用水的质量标准进行设计。

（3）消防用水的水质要求

消防用水对水质没有特殊要求，但水量必须充足，无腐蚀性，没有较大的杂质，消防储水设备的任何部位均不得结冰，保证不堵塞喷淋头，不影响泵组运行、湿式报警阀组可正常工作。

8.2.2 食品工厂对水源的要求

食品工厂由于用水量大，水质要求较高，所以水源的选择是确定厂址的关键因素之一。选择既经济又合理，水质符合要求，水量又能确保供应的水源，在食品工厂的设计工作中显得尤为重要。

通常建造工厂时可利用的水源主要有自来水、地下水和地表水。各种水源的优缺点比较见表 8-1。

表 8-1　不同水源的优缺点比较

水源类型	优　点	缺　点
自来水	装接技术简单，一次性投资少，上马快，水质可靠	水价较高，经常性费用大
地下水	可就地取用，水质稳定，且不易受外部污染；深井水一般不需处理即能达到生产和生活用水需求；水温低，且基本恒定；取水构筑物简单，一次投资不大，经常性费用小	水中往往含有多种矿物质，水的硬度可能比较高；可能含有某些有害物质；使用量大可能会引起地面下沉
地表水	水中溶解物少，经常性费用低	净水系统技术管理复杂；取水构筑物多；一次性投资大；水质水温随气候变化大；易受环境污染

食品工厂水源的选择，应根据当地的具体情况进行技术经济比较后确定。如果当地的地下水比较丰富，则应优先考虑采用地下水作为主要水源。目前食品工厂取用深层地下水的较多，其原因一是水

质、水温均比较稳定；二是水量较大，可长期满足生产的需要。当地下水源比较缺乏时，则可采用江河、湖泊及泉水等地面水，但是需要设置专门的取水构筑物取水供给生产。有些地区，可以考虑地表水和地下水同时兼用，以两个水源供给不同的使用工段，如冷却用水可用地下水源。有些在大城市或城镇的工厂，离地表水距离较远，地表水水质又差，则可采用城市自来水作为生产用水水源或采用自来水和深井水相结合的给水系统。

8.2.3　水处理系统

水处理就是根据原水水质和不同用水要求，采用适当的处理方法，使之达到各种用水的水质标准。其目的主要是除去水中的悬浮物质、有色物质、胶体物质、可溶性盐类、病毒及其他有害成分，以满足各种用水要求。食品工厂水处理系统可以分为原水净化处理系统和水质深度处理系统两部分。

（1）原水净化处理系统

食品工厂的原水净化处理系统是指对不符合供水水质要求的天然水体（原水）进行加工，去除各种杂质，使之达到生活饮用水水质的要求。由于不同类型的原水水体的杂质组成和含量的差异较大，所采用的给水处理工艺也不尽相同。常用的处理方法是采用混凝、沉淀、过滤和消毒等净水工艺，去除浊度、色度和细菌、病毒等以达到水质要求。根据原水水质的不同，原水净化处理可以分别采用以下工艺流程。

① 消毒处理。其工艺流程见图 8-1。对于水质优良的地下水，如果除细菌外其他各项指标均符合出水水质要求时，可只采用消毒的净水工艺。

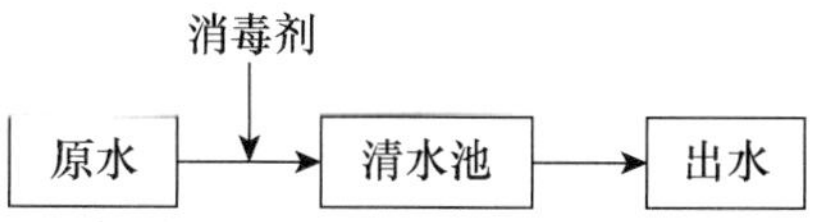

图 8-1　消毒处理工艺

② 直接过滤处理。其工艺流程见图 8-2。如果原水浊度经常在 15 NTU 以下，最高不超过 25 NTU，色度不超过 20 度时，可在过滤前省去沉淀工艺而采用直接过滤的方法。此方法由于直接过滤不需要形成重力分离所要求的足够大的絮体，因此其药耗较低。

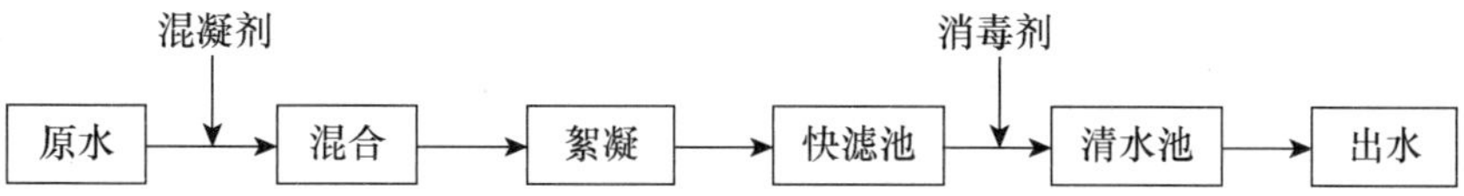

图 8-2　直接过滤处理工艺

③ 混凝、沉淀、过滤处理。其工艺流程见图 8-3。混凝、沉淀、过滤净水工艺是最常用的处理工艺。当原水浊度超过直接过滤所允许的范围时，在过滤前设置沉淀池以去除大部分悬浮物质，是经济和合理的选择。

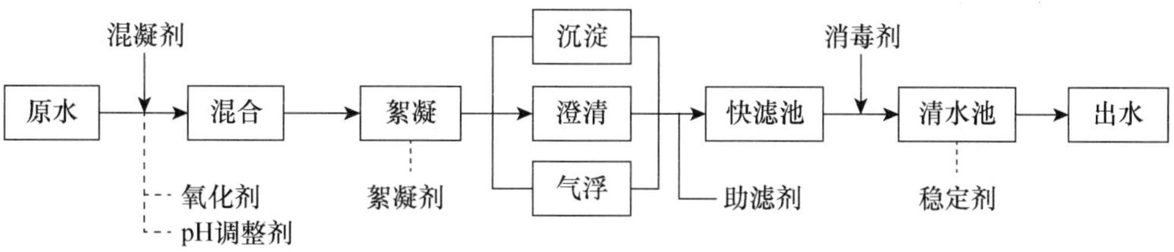

图 8-3　混凝、沉淀、过滤处理工艺

（2）水质深度处理系统

水质深度处理是为满足食品工厂工艺生产、产品用水水质要求而对符合生活饮用水卫生标准的生产用水做进一步处理的过程，常用的方法有活性炭吸附、微滤、电渗析、反渗透和离子交换等。当水中含有的某些有机物或无机物经常规混凝沉淀过滤处理工艺后仍不能去除时，可利用活性炭吸附进行深度处理，可以起到除臭、去色、脱氯、去除 TOC、去除重金属及放射性物质等作用。微滤可去除 0.1～10 μm 的物质及大小相近的其他杂质，如细菌、藻类等。电渗析是一种膜法水处理技术，当采用离子交换法的酸、碱来源困难或含盐废水排放受到限制时，宜采用电渗析脱盐方法，以减少大量的废酸、碱、盐的排放量。反渗透是一种膜分离技术，由于它具有物料无相变、能耗低、设备简单、操作方便和适应性强等特点，故被广泛地用于各个领域，可以去除水中的细菌、病毒、热源、胶体和大量的有机物。

食品工厂的实际生产中，通常是根据不同的工艺要求把上述方法组合起来进行水质的深度处理，食品工厂中常见的典型水质深度处理系统如下：

① 软饮料用水深度处理系统（图 8-4）。

② 碳酸饮料用水深度处理流程（图 8-5）。

③ 饮用纯净水深度处理系统（图 8-6）。

④ 啤酒、黄酒酿造用水深度处理系统（图 8-7）。

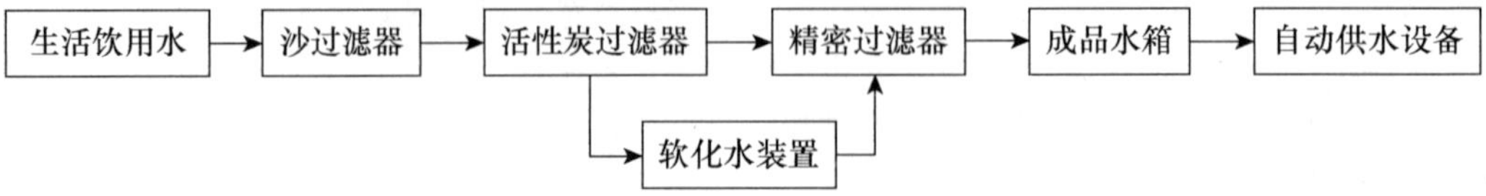

图 8-4 软饮料用水深度处理系统

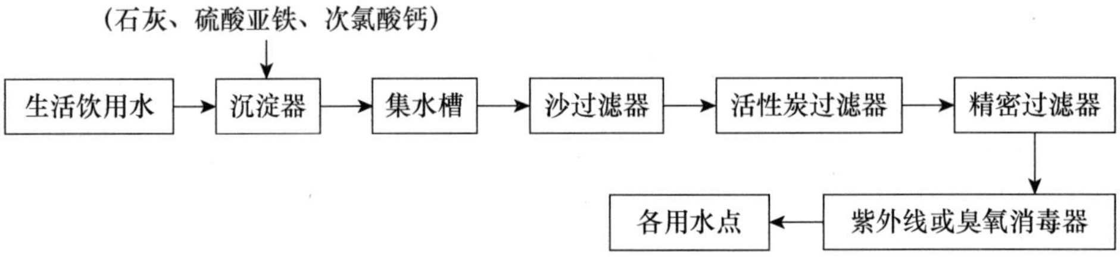

图 8-5 碳酸饮料用水深度处理系统

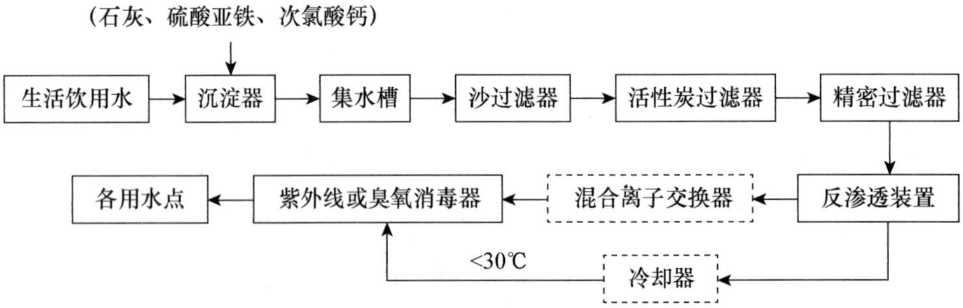

图 8-6 饮用纯净水深度处理系统

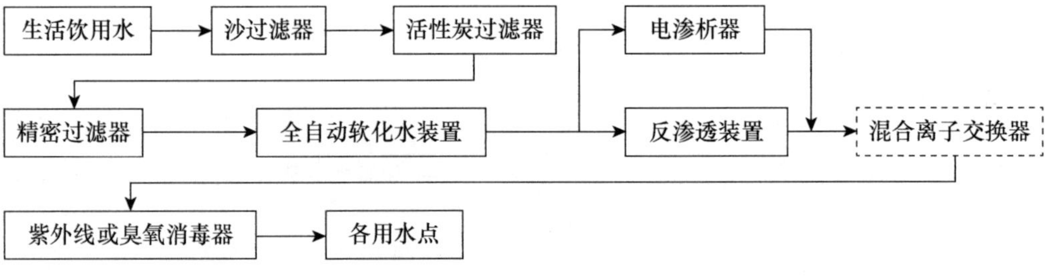

图 8-7 啤酒、黄酒酿造用水深度处理系统

8.3 给排水工程

给水和排水工程，在工业生产和人民生活的各个方面，都是十分重要和必不可少的。为了保证生产的正常进行和职工的身体健康，必须对给排水工程设计予以足够的重视。在食品工厂中水具有与所用生产原料同样重要的地位，且用水量大，用水质量要求高，排水量大，排出的废水对环境污染较严重，因此，给排水工程的设计在食品工厂设计中占有非常重要的地位。给排水工程设计的质量好坏，将直接影响到食品工厂的基建投资、生产经营管理、产品质量、成本核算等方面。

8.3.1 设计内容及所需的基础资料

（1）设计内容

食品工厂整体项目的给排水系统设计内容通常包括以下几个方面：

① 取水及净化工程；

② 厂区及生活区的给排水管网；

③ 车间内外给排水管网；

④ 室内卫生工程；

⑤ 冷却循环水系统；

⑥ 消防系统；

⑦ 污水处理系统。

(2) 设计所需基础资料

在进行给排水系统设计时要收集并依据以下资料：

① 建厂所在地的气象、水文、地质资料，特别是取水河、湖的详细水文资料；

② 厂区和厂区周围地质、地形资料；

③ 引水、排水路线的现状及有关协议或拟接进厂区的市政自来水管网状况；

④ 各用水部门对水量、水质、水温的要求及负荷的时间曲线；

⑤ 当地废水排放和公安消防的有关规定；

⑥ 当地管材、配件等的供应情况；

⑦ 给水排水工程设计常用规范，如《室外给水设计规范》(GB 50013-2006)，《室外排水设计规范》[2016 年版] (GB 50014-2006)，《建筑给水排水设计规范》[2009 年版] (GB 50015-2003)，《自动喷水灭火系统设计规范》(GB 50084-2017)。

(3) 设计注意事项

① 在具有城市自来水供应的地方应优先考虑采用自来水；

② 自备水源时，水质应符合卫生部门规定的生活饮用水卫生标准及本厂的特定要求；

③ 消防、生产、生活给水管网尽可能用同一管路系统；

④ 排放的生活、生产废水应进行相应处理，达到国家规定的排放标准；

⑤ 雨水溢流周期建议采用 $P=1$；

⑥ 冷却水应循环使用，以节约用水量和能源消耗；

⑦ 凡用于增压（如消防、冷却循环等）的水泵应尽可能集中布置，以利于统一管理和使用；

⑧ 主厂房或车间的给排水管网设计应满足生产工艺和生活安排的需要。

8.3.2 给水工程

8.3.2.1 用水量的确定

用水量的确定，是工艺设计人员在给水工程设计中的一个重要任务。要根据工艺和生活以及消防的要求，确定出单位产品的用水量和每天总用水量的最大值。

(1) 生产用水量的确定

生产用水包括生产工艺用水、锅炉用水和制冷机房冷却用水等。

① 生产工艺用水量。确定生产工艺用水量，可以根据工艺计算中的物料衡算、热量衡算和水平衡计算介绍的方法计算出单位时间的用水量，也可以参照各生产厂的实际用水定额计算。例如，肉类罐头厂每生产 1 t 肉罐头用水量在 35 t 以上；啤酒工厂每生产 1 t 啤酒用水量在 6～10 t；奶粉厂每生产 1 t 全脂奶粉，用水量在 130 t 以上。

② 锅炉用水量。锅炉用水量可按式 (8-1) 估算：

$$q_m=K_1K_2Q \tag{8-1}$$

式中：q_m—锅炉房最大小时用水量，t/h；

K_1—蒸发量系数，一般取 1.15；

K_2—锅炉房的其他用水系数，一般取 1.25～1.35；

Q—锅炉蒸发量，t/h。

③ 制冷机房冷却用水量。冷却塔循环用水量可按式 (8-2) 计算：

$$q_{m,L}=\eta\frac{Q_l}{4.2\times1\,000(t_2-t_1)} \tag{8-2}$$

式中：$q_{m,L}$—冷却塔循环用水量，t/h；

η—使用系数，一般取 1.1～1.15；

Q_l—冷凝器负荷，kJ/h；

t_1—冷凝器出水温度（即冷却塔进水温度），℃；

t_2—冷却器进水温度（即冷却塔出水温度），℃；

制冷机的冷却水循环量取决于热负荷和进出水温差，一般情况下取 $t_2\leqslant36$℃，$t_1\leqslant32$℃。

(2) 生活用水量的确定

生活用水量的多少与当地气候、人们的生活习惯以及卫生设备的完备程度、生产的卫生要求等有关。一般是按最大班次的工人总数来计算的。我国相关标准规定：

① 每小时放热量为 83.6 kJ/m^3 以上的高温车间职工每人每班饮用水量为 35 L，其他车间为 25 L。

② 在易污染身体的生产车间（工段）或为了保

证产品质量而要求特殊卫生条件的生产车间（工段），每人每次淋浴用水量为 40 L；在排除大量灰尘的生产岗位（如锅炉、备料等）以及处理有毒物质或易使身体污染的生产岗位（如接触酸、碱岗位），每人每次淋浴用水量为 60 L。

③ 脏污生产岗位盥洗用水量每人每次 5 L，清洁的生产岗位盥洗用水量每人每次 3 L。

④ 家属宿舍以每人每日用水量 30～250 L 计算；集体宿舍以每人每日用水量 50～150 L 计算；办公室以每人每班 10～25 L 计算；幼儿园、托儿所以每人每日 25～50 L 计算；厂校以每人每日 10～30 L 计算；食堂以每人每餐 10～15 L 计算；医务室以每人每次 15～25 L 计算。

（3）消防用水量的确定

由于消防设备一般均附有加压装置，所以消防用水对水压的要求不太严格，但必须根据工厂面积、防火等级、厂房体积和厂房建筑消防标准而保证供水量的要求。一般消防用水的供水量，要保证在 5～40 L/s 的流量。但在计算全厂总的用水量时，消防用水量可以不计，当发生火警时，可调整生产和生活用水量加以解决。

8.3.2.2 生产用水水压的确定

生产用水的水压因车间不同、用途不同而有不同的要求。水压确定时要符合实际，过分提高水压，不但增加动力消耗，而且对管件的耐压强度也高，从而增加建设费用。如果水压太低，则不能满足生产要求，将影响正常生产。确定水压的一般原则是进车间的水压通常为 0.2～0.25 MPa；供水的水压应为使用水的最高点加 0.1～0.15 MPa；如果最高点的用水量不大时，车间内可另设加压泵。

8.3.2.3 配水工程

配水工程一般包括清水泵房、调节水箱或水塔、给水管网等。

（1）清水泵房

清水泵房也叫二级水泵房，其从清水池吸水，增压送到各车间，以完成输送水量和满足水压要求。水泵的组合根据生产设备用水规律而确定，并配置备用水泵，以保证不间断供水。

（2）水塔

水塔是用于储水和配水的高耸结构，用来保持和调节给水管网中的水量和水压。水塔主要由水柜、基础和连接两者的支筒或支架组成。按建筑材料的不同可分为钢筋混凝土水塔、钢水塔、砖石支筒与钢筋混凝土水柜组合的水塔。不锈钢水塔是一些医药和酒厂等生产企业常用的水塔类型。

（3）给水管网

工厂区域的室内、外给水管网的任务是把符合水质标准的水由城市干管或净化构筑物送至各用水点，以保证所需水量和水压。

室外给水管网主要由输水干管、支管和配水管网、闸门及消防栓等组成。布置形式有环状和树枝状两种。小型工厂的配水系统一般采用树枝状，大中型生产车间进水管往往分为几路接入，故多采用环状管网，以确保供水正常。输水干管一般采用铸铁管或预应力钢筋混凝土管。生活饮用水的管网不得和非生活饮用水的管网直接连接，在以生活饮用水作为生产备用水源时，应在两种管道连接处设两个闸阀，并在中间加排水口等防止污染生活饮用水的措施。在输水管道和配水管网间设置分段检修用阀门，并在必要位置上装设排气阀、进气阀或泄水阀。有消防给水任务的管道直径不小于 100 mm，消防栓间距不大于 120 m。

室内管网由进户管、水表接点、干管、支管和配水设备等组成。为保证供水可靠和水压稳定，有的系统配有水箱和水泵。室内给水管网布置形式有上行式、下行式和分区式 3 种，布置方式与建筑物的性质、几何形状、结构类型、生产设备的布置和用水点的位置有关。

8.3.2.4 给水系统

常见给水系统有自来水给水系统、地下水给水系统、地面水给水系统。

① 自来水给水系统见图 8-8。

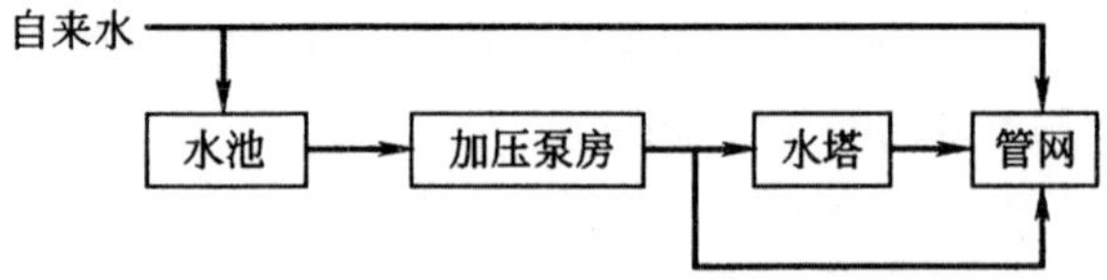

图 8-8 自来水给水系统示意图

② 地下水给水系统见图 8-9。

③ 地面水给水系统见图 8-10。

8.3.2.5 消防系统

食品工厂的消防给水一般与生产、生活给水管合并，采用合流给水系统。室外消防给水管网应为环形，水量按 15 L/s 考虑。当采用高压给水系统消防时，管道内压力应保证消防用水量达到最大，且

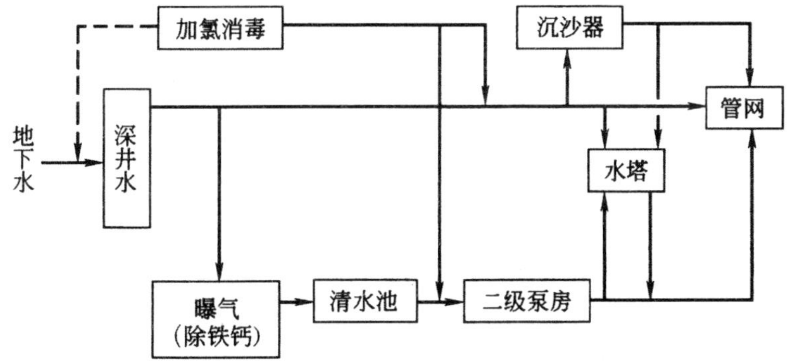

图 8-9　地下水给水系统示意图

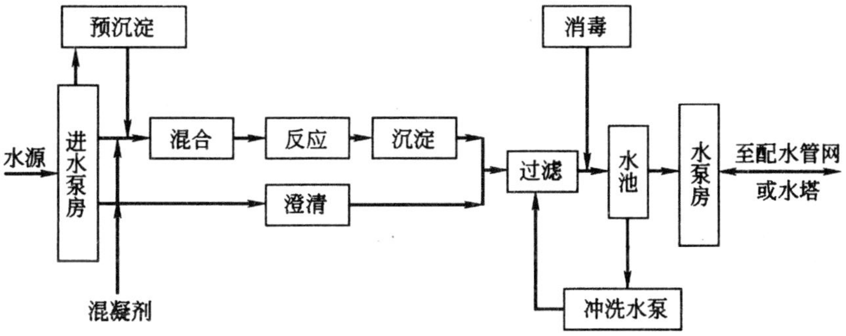

图 8-10　地面水给水系统示意图

水枪布置在任何位置的最高处时水枪充实水柱仍不小于 10 m；当采用低压给水系统消防时，管道内压力应保证在灭火时不小于 10 m 水柱。室内消防的配置，应保证两股水柱水量不小于 2.5 L/s，保证同时到达室内任何部位，管道内压力应保证水枪出口充实水柱不小于 7 m。

8.3.3　排水工程

食品工厂用水量大，排出的工业废水量也大。有许多废水含固体悬浮物多，生物需氧量（BOD）和化学需氧量（COD）很高，将废水或废糟排入江河会污染水体。现在国家已颁布了《中华人民共和国环境保护法》和《基本建设项目环境保护管理办法》以及相应的环境标准。对于新建工厂必须贯彻三废治理和综合利用工程与项目同时设计、同时施工、同时投入使用的“三同时”方针，所以废水处理在新建或扩建食品工厂的设计中占有相当重要的地位。一定要在发展生产的同时保护环境，为子孙后代造福。

（1）排水分类

按照食品工厂排出污水的性质，排水可分为：

① 生产污水。食品工厂生产过程被严重污染的废水，如含酸、碱、糖及其他有机物质的废水。它来自食品工厂原料的清洗、产品的制备、配制、设备的清洗及车间地坪清洗等。

② 生产废水。食品工厂生产过程中被轻微污染的废水。在不处理或经简单处理后可重复使用或作其他用途的废水，如空调制冷、空压机的冷却水、杀菌设备的冷却水，经冷却塔冷却后可重复使用。洗瓶机的洗涤水、洗空罐的洗涤水等经沉淀、过滤后可用于绿化、地坪冲洗、卫生器具的冲洗等。

③ 生活污水。卫生洁具的污水、厨房含油污水。

④ 生活废水。盥洗、淋浴间的废水。

⑤ 雨水。建筑物层面、道路、堆场、绿化等的雨、雪降水。

（2）排水系统划分

食品工厂的排水系统宜采取污水与雨水分流排水系统，即整个厂区根据污废水、雨水的性质，分为：雨水排水系统，包括雨、雪降水及可以不经处理的清洁生产、生活废水；污水排放系统，包括需经处理才能排放的生产、生活污水，该系统在室内可分别设置排水管道（粪便污水可设化粪池，厨房含油污水可设隔油池），排至室外后可进入同一污水管道系统，送至污水处理站。根据污水处理工艺的选择，可将污水排放系统按污水的污染程度再细划分为高、中、低三套排水系统，即采用清浊分流制，分别排至污水处理站分质处理。

另外，按照所在区域的不同可分为室内排水系统和室外排水系统两大部分。室内排水系统包括生产设备或卫生器具的受水器、水封器、支管、立管、干管、出户管、通气管等。室外排水系统包括支管、干管、检查井、雨水口及污水处理构造物等。

（3）排水量计算

食品工厂的排水主要包括生产废水、生活污水和雨水。生产废水、生活污水需经过处理达到排放标准后才能排放，排放量可按式（8-3）计算：

$$q_v = K \times q_{v,1} \quad (8\text{-}3)$$

式中：q_v—污水排水量，m^3/h；

$q_{v,1}$—生产、生活最大小时给水量，m^3/h；

K—系数，一般取0.85～0.9。

雨水排水量按式（8-4）计算：

$$q_v = q \times \varphi \times A \quad (8\text{-}4)$$

式中：q_v—雨水排水量，L/s；

q—暴雨强度，$L/(s \cdot m^2)$（可查阅当地有关气象水文资料）；

φ—径流系数，一般取0.5～0.6；

A—厂区面积，m^2。

排水系统的设计可从两个方面考虑，即排水管网和污水处理及利用。排水管网汇集各车间排出的生产污水、冷却废水、卫生间污水和生活区排出的生活污水，送到相应的污水处理设施处理后，再经预制混凝土管引流至厂外城市下水道总管或直接排入河流。雨水也是排水系统中的重要部分之一，统一由厂区道路边明沟集中后，排至厂外总下水道或附近河流。部分冷却废水可回收循环使用，采用有盖明渠或管道自流至热水池循环使用。

污水处理是为使污水达到排入某一水体或再次使用的水质要求，对其进行净化的过程。目前常用的污水处理方法有沉淀法、厌氧产沼气法、活性污泥法、生物接触氧化法以及氧化塘法等。不论采用哪一种处理方法，最终排出的工业废水都必须达到国家排放标准。

8.4 供热工程

供热是食品工厂动力供应的重要组成部分，食品厂的用热部门主要是生产车间，包括原料处理、配料、热加工、发酵、灭菌等，另外还有一些如综合利用、浴室、洗衣房、食堂等辅助生产车间也要用到热蒸汽。供热途径通常有两种，一是自行设置锅炉供热；二是由热电站或供热中心供热。其中以后者较为理想，这样可以节省锅炉设备的投资，热效率高，能节约能源，降低供热的成本。然而同时能满足工厂要求又靠近热电站或供热中心有时是很困难的，因此大多数食品工厂需要自行设置锅炉供热。

8.4.1 设计内容及所需的基础资料

（1）设计内容

① 锅炉型号及台数选择。

② 水处理设备选择。

③ 给水设备和主要管道的选择计算。

④ 送、引风系统设计。

⑤ 运煤除灰方法的选择。

⑥ 锅炉房工艺布置。

⑦ 编写设计说明书。

（2）所需基础资料

① 各用热部门的热负荷大小、要求参数、回水率和回水温度等，以及生产过程中对供热系统的要求。

② 使用燃料的种类、产地和运输方式，燃料的元素成分和水分、灰分、挥发分等工业分析成分。

③ 水源类别、供水压和温度、水质分析资料等。

④ 采暖期室外采暖和通风计算温度、采暖期室外平均温度、采暖期总日数；夏季室外通风计算温度；冬季和夏季的主导风向和大气压力等气象资料。

⑤ 工厂生产班制、最高地下水位、供热范围、凝结水返回方式和地下回水室标高、热水采暖系统的循环水泵和定压装置等其他资料。

8.4.2 锅炉容量的确定和锅炉的选择

（1）锅炉容量的确定

锅炉的额定容量是全厂各用汽量的总和，并考虑15%的富余量。可按式（8-5）计算。

$$Q = 1.15 \times (0.8Q_c + Q_s + Q_z + Q_g) \quad (8\text{-}5)$$

式中：Q—锅炉额定容量，t/h；

Q_c—全厂生产用的最大蒸汽耗量，t/h；

Q_s—全厂生活用的最大蒸汽耗量，t/h；

Q_z—锅炉房自用蒸汽量，t/h，一般取Q的5%～8%；

Q_g—管网热损失，t/h，一般取 Q 的 5%～10%。

用上式计算时，要注意各个车间或部门的生产和生活用汽最大量不一定在同一时间出现，用汽高峰可能互相交错。计算锅炉额定容量时要根据全厂热负荷的具体情况进行精打细算，有时要比较不同用汽量调度下的最大、最小用汽量的方案，做出合理锅炉总容量及锅炉台数、每个锅炉容量的选择，避免锅炉及配套设施规模过大。

在选择锅炉容量时，若高峰负荷持续时间很长，可按最高负荷时的用汽量选择。如果高峰负荷持续的时间很短，而按最高负荷的用汽量选择锅炉，则锅炉会有较多时间是在低负荷下运行。这样，不仅热效率低，煤耗增加，而且也增大了锅炉的投资。因此，在这种情况下，可按每天平均负荷的用汽量选择锅炉的容量。

在实际设计和生产中，应从工艺的安排上尽量避免最大负荷和最小负荷相差太大，尽量通过工艺的调节，如几台用汽设备的用汽时间可错开等，采用平均负荷的用汽量来选择锅炉的容量，这样是比较经济的。但是，一旦这样选了锅炉，如果生产调度不好，则将影响生产，故应全面考虑决定锅炉容量。

（2）锅炉的选择

锅炉的选择包括锅炉型号和台数选择，应根据锅炉房热负荷、介质、参数、燃料种类等因素选择，并应考虑技术经济方面的合理性，使锅炉房在冬、夏季均能达到经济可靠运行。

1）锅炉型号选择

根据计算热负荷的大小和燃料特性决定锅炉型号，并考虑负荷变化和锅炉房发展的需要。选用锅炉的总容量必须满足计算负荷的要求，也就是选用锅炉的额定容量之和不小于锅炉房计算热负荷，以保证用汽的需要。但也不应使选用锅炉的总容量超过计算负荷太多，以免造成浪费。锅炉的容量还应适应锅炉房负荷变化的需要，特别是某些季节性锅炉房，避免锅炉长期在很低的负荷下运行。对于近期热负荷将有较大增长的锅炉房，可选择较大容量的锅炉，以免发展后台数过多。

锅炉的介质和参数，应满足用户要求。同时，还应考虑到输送过程中温度和压力的损失。当用户的用汽压力不同时，一般按较高压力选择，用汽压力较低的可通过减压阀降压。

锅炉房中一般宜选用型号相同的锅炉，便于布置、运行和检修。但在某些特殊条件下，也可采用不同型号的锅炉。例如，生产使用蒸汽，采暖通风使用热水，此时可以采用蒸汽锅炉和热水锅炉两种锅炉。全年负荷变化很大的锅炉房，也可考虑采用容量不同的两种锅炉，但锅炉的燃烧设备宜相同。

2）锅炉台数选择

选用锅炉的台数应考虑负荷变化的适应性、备用性和运行的经济性以及检修和扩建的可能性。一般情况下，单机容量大的锅炉，效率高，占地少，经济性较好；但台数过少，适应负荷变化的能力和备用性较差。

3）燃烧设备选择

选用锅炉的燃烧设备应尽可能适应所使用的燃料。当使用燃料与设计的燃料不符时，特别是燃料质量低于设计燃料时，某些燃料设备可能出现燃烧不稳定或经常发生故障而不能安全运行，并使燃烧强度降低，达不到额定供热量。

此外，工业锅炉房一般不设备用锅炉，检修系利用非采暖季或生产设备正常停运期间进行。但对于生产必须连续进行，不允许中断供热，从而无法停炉检修时，或因锅炉事故而减少供热会引起重大的生产事故或重大的经济损失时，可以设置备用锅炉。

设计中可能出现几个可供选择的方案，此时，应进行技术经济比较，计算投资和经常费用大小，对各个方案的特点进行分析比较，对锅炉热效率、负荷率、备用性能、占地面积、人员数量等进行对比分析，得出比较合理的方案。

8.4.3　锅炉房的位置和设计要求

（1）锅炉房位置的确定

近年来，为了解决大气污染的问题，减少锅炉燃煤对环境的影响，我国锅炉用燃料正在由烧煤逐步转向烧油。但目前仍有不少工厂的锅炉在烧煤，为此，以烧煤锅炉为例介绍锅炉房的相关设计要求。烧煤锅炉烟囱排出的气体中，含有大量的灰尘和煤屑，这些尘屑排入大气以后，由于速度减慢而散落下来，会造成环境污染。同时，煤堆场也容易对环境带来污染。所以，从工厂的角度考虑，锅炉房在厂区的位置应选在对生产车间影响最小的地方。锅炉房位置的选择，应综合考虑以下几方面的因素：

① 锅炉房位置应力求靠近热负荷比较集中的地区，这样可以缩短蒸汽管路，节约管材，减少压力降和热损失，而且也简化了管路系统的设计、施工与维修。当厂区内管道种类较多时，还要统筹考虑，使管道布置经济合理。

② 锅炉房的位置应便于燃料的储运和灰渣的排除。在锅炉房附近要有足够的面积以储存燃料和堆放灰渣，并注意运输方便。燃料的运入和灰渣的运出应尽可能与全厂及地区的运输相结合，尽量靠近河道、公路或铁路线。

③ 锅炉房标高应合理。锅炉房宜位于供热区标高较低的位置，以便于回收凝结水；但锅炉房的地面标高应至少高出洪水位 500 mm 以上。

④ 锅炉房的位置应符合国家卫生标准、建筑设计防火规范及安全规程中的有关规定。例如，为了减少烟、灰、煤对厂区环境的污染，锅炉房应位于常年主导风向的下风侧；锅炉房应有较好的朝向，以利于自然通风和采光，同时炉前操作处应尽量避免西晒；工业企业的蒸汽锅炉房应为单独的建筑物，不应直接和居住房屋连接；锅炉房与生产房屋或与仓库之间的距离应合乎防火标准规定；等等。

⑤ 锅炉房的位置应考虑有扩建的可能性，在锅炉房附近应留有今后扩建的余地。

⑥ 如工厂有煤气站，则锅炉房和煤气站应尽可能靠近并在设计时要考虑到互相协作的问题。例如，煤的破碎与筛粉、水的软化、煤场的机械化装卸设备、运煤胶带等都可考虑共用或部分共用。此外，煤气发生炉不便使用的煤屑也可就近供锅炉燃用。

⑦ 锅炉房位置的选择应注意山区与平原的区别。山区的地形高差和气象条件均与平原不同，因此在山区建设锅炉房时，应考虑这一特点，并应充分注意利用地形。

但是，锅炉房位置的选择，要想同时满足上述所有条件往往是困难的，除了必须符合国家对安全防火等方面的有关规定外，其他均应结合具体情况，分析研究，重点解决主要问题，同时兼顾其他方面。

（2）锅炉房的布置及设计要求

锅炉机组原则上应采用单元布置，即每只锅炉单独配置鼓风机、引风机、水泵等附属设备。烟囱及烟道的布置应力求使每只锅炉的抽力均匀并且阻力最小。烟囱离开建筑物的距离，应考虑到烟囱基础下沉时，不致影响锅炉房基础。锅炉房采用楼层布置时，操作层楼面标高不宜低于 4 m，以便出渣和进行附属设备的操作。

锅炉房大多数为独立建筑物，不宜和生产厂房或宿舍连接在一起。在总体布置上，锅炉房不宜布置在厂前区或主要干道旁，以免影响厂容整洁，锅炉房属于丁类生产厂房，其耐火等级为1～2级。锅炉房应结合门窗位置，设有通过最大搬运体的安装孔。锅炉房操作层楼面荷重一般为 1.2 t/m^2，辅助间楼面荷重一般为 0.5 t/m^2，载荷系数取 1.2。在安装震动较大的设备时，其门向外开。锅炉房的建筑不采用砖木结构，而采用钢筋混凝土结构，当屋面自重大于 120 kg/m^2 时，应设气楼。

8.4.4 热工监测及控制

（1）热工监测

① 安全参数监测仪表。为保证锅炉机组安全运行，必须装设监测锅筒的蒸汽压力、锅筒的水位、锅筒进口给水压力、蒸汽过热器出口的蒸汽温度和压力、空气预热器进口的空气温度、沸腾式省煤器的进口水温和水压、非沸腾式省煤器的进出口水温和水压等参数的仪表。

② 各类锅炉特有的参数监测仪表。沸腾锅炉、煤粉锅炉、燃油锅炉、燃气锅炉、热水锅炉除必须遵守以上规范外，还必须装设监测特有参数的仪表。例如，沸腾锅炉要装设监测沸腾层的温度和风室静压的仪表；煤粉锅炉要装设监测制粉设备出口处气粉混合物的温度的仪表；燃油锅炉要装设监测燃烧器前的油温和油压、带中间回油燃烧器的回油油压、蒸汽雾化燃烧器前的蒸汽压力、空气雾化燃烧器前的空气压力、锅炉后或锅炉尾部受热面后的烟气温度等的仪表；燃气锅炉要装设监测燃烧器前的天然气压力、锅炉后或锅炉尾部受热面后的烟气温度的仪表，等等。

③ 经济核算计量仪表。锅炉房应装设供经济核算所需的计量仪表，并应尽量装设经济运行所需的有关仪表和留有必要的测点。

④ 锅炉各系统的监测仪表。在锅炉房的蒸汽、锅炉给水、燃料、热水、水处理等系统中，应装设必要的监测温度、压力、液位等参数的仪表。

⑤ 状态显示信号仪表。锅炉房应装设表明锅筒

水位过低和过高，燃油、燃气和煤粉锅炉的风机停止运行，燃油、燃气锅炉熄火，燃油锅炉房的储油罐和中间油箱的油温过高，燃气锅炉燃烧器前天然气干管的压力过低和过高，竖井磨煤机竖井出口和风扇磨煤机分离器出口气粉混合物的温度过高，热水系统的循环水泵停止运行，热水系统中高位膨胀水箱和蒸汽、氮气加压膨胀水箱水位过低，自动保护系统动作等情况的信号仪表。

（2）热工控制

热工控制应遵循下列原则。

① 锅炉给水自动调节装置的设置，应符合现行《蒸汽锅炉安全监察规程》的有关规定。

② 燃油、燃气锅炉，当热负荷变化的幅度在调节装置的可调范围之内，且经济上合理时，宜装设燃烧过程自动调节装置。

③ 热力除氧器，应装设水位自动调节装置和蒸汽压力自动调节装置。

④ 燃油和燃气锅炉的引风机、鼓风机、燃料自动快速切断阀之间，当引风机处于停止状态时，鼓风机处于停止状态，自动快速切断阀处于关闭状态；当鼓风机处于停止状态时，自动快速切断阀处于关闭状态；当鼓风机处于运行状态时，引风机处于运行状态；当自动快速切断阀处于开启状态时，鼓风机和引风机处于运行状态等情况下均要进行电气联锁。

⑤ 竖井磨煤机或风扇磨煤机、引风机、鼓风机、给煤机之间，应设置电气联锁。

⑥ 燃煤锅炉的引风机与鼓风机之间，应有电气联锁。

⑦ 连续机械化运煤系统中，各运煤机械之间应有电气联锁。连续机械化排除灰渣系统中，各排除灰渣机械之间应有电气联锁。

⑧ 燃油、燃气锅炉，应尽量装设电气点火装置和熄火自动保护装置，并应尽量实现点火的程序控制。

⑨ 当风机布置在司炉不便操作的地点时，宜装设风机进风门的远距离操作装置。

8.5 供电工程

8.5.1 供电及自控工程设计

（1）设计内容

整体项目的供电及自控设计包括以下内容：

① 厂区的外线供电系统。

② 全厂的变配电系统。

③ 车间内设备的配电系统。

④ 厂区及室内的照明系统。

⑤ 生产线、工段或单机的自动控制系统。

⑥ 弱电通信系统。

⑦ 防雷接地和电气安全。

⑧ 电器及仪表的防护维修等服务部门。

（2）设计所需基础资料

① 全厂用电设备清单和用电要求。

② 供用电协议和有关资料，包括供电电源及其有关技术数据，供电线路进户方位和方式，量电方式及量电器材划分，厂外供电器材供应的划分，供电部门要求及供电费用等。

③ 自控对象的系统流程图及工艺要求。

8.5.2 供电要求与相应措施

供电要求和相应措施如下：

① 有些食品工厂如罐头工厂、饮料工厂、乳品工厂等生产的季节性强，用电负荷变化大，因此，大中型厂宜设 2 台变压器供电，以适应负荷的剧烈变化。

② 食品工厂的机械化水平提高，用电设备逐年增加，因此，要求变配电设施的容量或面积要留有一定的余地。

③ 食品工厂的用电性质属于三类负荷，一般采取单电源供电，但由于停电将很可能导致大量食品的变质和报废，故供电不稳定的地区而又有条件时，可采用双电源供电。

④ 为减少电能损耗和改善供电质量，厂内变电所应接近或毗邻负荷高度集中的部门。当厂区范围较大，必要时可设置主变电所及分变电所。

⑤ 食品生产车间水多、汽多、湿度高，所以，供电管线及电气应考虑防潮。

8.5.3 负荷计算

为了合理设计选择变配电设备及供电系统中各组成元件，需要根据用电设备的容量对有关电力负荷进行统计计算。

（1）全厂装接容量用电负荷的计算

食品工厂变配电系统及全厂用电负荷计算一般采用需要系数法。具体计算如下。

① 最大计算有功负荷。

$$P_j = K_x P_e \quad (8\text{-}6)$$

式中：P_j—最大计算有功负荷，kW；

K_x—用电设备需要系数；

P_e—用电设备装接容量之和，kW。

② 最大计算无功负荷。

$$Q_j = P_j \tan\varphi \quad (8\text{-}7)$$

式中：Q_j—最大计算无功负荷，kV·A；

P_j—最大计算有功负荷，kW；

$\tan\varphi$—φ 的正切值。

③ 最大计算视在负荷。

$$S_j = P_j / \cos\varphi = \sqrt{(P_j)^2 + (Q_j)^2} \quad (8\text{-}8)$$

式中：S_j—最大计算视在负荷，kV·A；

$\cos\varphi$—用电负荷平均自然功率因数。

根据全厂装接设备容量的需要系数，可粗略算出全厂用电负荷。部分食品工厂车间或设备的用电参数如表 8-2 所示。

表 8-2 部分食品工厂车间或设备的用电参数

车间或用电设备	需要系数表	平均自然功率因数	
		$\cos\varphi$	$\tan\varphi$
乳制品车间	0.60～0.65	0.75～0.80	0.75
番茄酱车间	0.50～0.60	0.7	1.0
啤酒车间	0.60	0.70	1.02
麦芽车间	0.70	0.76	0.88
空压机站	0.70～0.85	0.75	0.88
冷冻机房	0.50～0.60	0.75～0.80	0.88～0.75
冷库、仓库	0.40	0.70	1.0
锅炉房	0.65～0.75	0.80	0.75
照明	0.80	0.60	1.33
生产用通风机	0.70	0.80	0.75
搅拌机、压榨机	0.70	0.80	0.75
离心泵、均质机	0.70	0.80	0.75

(2) 变压器容量的选择

变压器的容量可根据全厂或其供电范围内的总计算负荷选择，一般留有 20%左右的富余量。计算公式如下：

$$S_e \approx 1.2 S_{j\Sigma} \quad (8\text{-}9)$$

式中：S_e—变压器额定容量，kV·A；

$S_{j\Sigma}$—全厂总视在负荷，kV·A。

变压器的选择应结合额定容量再按产品规范进行，对一些季节性强的工厂应根据生产规模的大小和负荷的变化情况，合理地选择变压器的台数及相对应的容量，以节约运行成本。

(3) 无功功率补偿

进行无功功率补偿，目的是为了提高功率因数，减少电力损耗，减小导线截面，提高网络电压的质量。一般工厂由于大量采用感应电动机，致使功率因数偏低。按供电部门的要求，低压用户的功率因数应不低于 0.85，高压用户的功率因数应不低于 0.9，低于规定要求的功率因数要处以罚款，高于规定要求则给予奖励。为了提高功率因数，工厂首先要提高电动机的负载率，避免“大马拉小车”的现象，其次使感应电机同步化，当功率因数仍达不到规定的要求时，必须进行人工补偿，使全厂的功率因数达到 0.9 左右。

食品工厂一般采用低压静电电容器进行无功功率补偿，并安装于配电间集中补偿，补偿所需容量可由式 (8-10) 计算。

$$Q_c = P_j (\tan\varphi_1 - \tan\varphi_2) \quad (8\text{-}10)$$

式中：Q_c—补偿所需容量，kV·A；

P_j—最大计算有功负荷，kW；

$\tan\varphi_1$—补偿前的功率因数角的正切值，取 $\cos\varphi_1 = 0.7 \sim 0.75$；

$\tan\varphi_2$—补偿后的功率因数角的正切值，取 $\cos\varphi_2 = 0.9$。

8.5.4 供电

(1) 供电与量电

按照供电部门的规定，变压器的容量在 180 kV·A 以下或装接容量在 250 kW 以下，可以采用 380/220 V 低压供电，低压量电；变压器的容量在 180～560 kV·A 为高压供电，低压量电；变压器的容量在 560 kV·A 以上采用高压供电，高压量电。

（2）变配电设施及供电设备

为适应生产的发展，变配电设施的土建应适当留有余地，变压器室的面积可按变压器放大 1～2 级考虑，高、低压配电间应留有备用柜、屏的位置。

变配电设施位置的确定要全面考虑、统筹安排，并征得当地供电部门的同意。变电、配电中心应尽量靠近负荷中心，如冷冻机房，并偏于电源侧方向，使进出线和运输方便，符合安全防火要求。食品工厂的变压器常安装在室内，若安装在室外应有防护设施，确保其安全运转，变压器间应有变压器室、高压配电室、低压配电室等，电修间也应设在一起。

变压器的外壳与变压器室四壁的间距，当变压器的容量小于等于 315 kV·A 时，间距最小应为 0.6 m；变压器的容量在 400～1 000 kV·A 的范围内，最小间距应在 0.6～0.8 m。

变配电设施对土建的要求见表 8-3。

表 8-3 变配电设施对土建的要求

项目	低压配电间	变压器室	高压配电间
耐火等级	三级	一级	二级
采光	自然	不需要采光窗	自然
通风	自然	自然或机械	自然
门	允许木质	难燃材料	允许木质
窗	允许木质	难燃材料	允许木质
墙壁	抹灰刷白	刷白	抹灰刷白
地坪	水泥	抬高地坪，采用下进风	水泥
面积	留备用屏位	宜放大 1～2 级	留备用柜位
层高	＞3.5	4.2～6.3	架空线时≥5

注：（1）高压电容器原则上单间设置，数量较少时，允许装在高压配电间；
（2）低压电容器原则上装在低压配电间。

常用供电设备主要有配电变压器、高压开关柜、低压配电屏、静电电容柜等。

8.5.5 照明

车间和其他建筑物的照明电源必须和动力线分开，并应留有备用回路。生产车间的照明主要采用日光灯和白炽灯；潮湿车间的灯具还应考虑防潮，低温、潮湿、水雾多的工段应采用防潮灯；防爆车间的灯具还应考虑采用防爆灯具；安装检修使用的移动灯具及操作人员容易接触到的照明灯具应采用低压（36 V 或 24 V）照明。当车间的空间净高超过 6 m 时，可采用高压水银灯或碘钨灯，当采用高压水银灯时，必须与至少相同容量的白炽灯混用。路灯一般采用 80～125 W 的高压水银灯或 110 W 的高压钠灯，且宜集中在传达室控制。大面积车间的照明灯具的开关宜分批集中控制。

按照我国现行能源消费水平，食品工厂各类车间或工段的最低照明度均有一定要求，如表 8-4 所示。

表 8-4 食品工厂最低照明度要求

部门名称		光源	最低照明度/lx
主要生产车间	一般	日光灯	100～120
	精细操作工段	日光灯	150～180
包装车间	一般	日光灯	100
	精细操作工段	日光灯	150
原料库、成品库		白炽灯或日光灯	50
冷库		防潮灯	10
其他仓库		白炽灯	10
锅炉房、水泵房		白炽灯	50
办公室		日光灯	60
生活辅助间		日光灯	30

8.6 自动控制

随着经济的发展和科技的进步，食品工厂机械化、自动化水平的提高，生产中要求进行自动控制的场合已经很普遍。食品工厂生产中需要控制和调节的参数或对象主要有温度、压力、液位、流量、浓度、相对密度、重量、计数及速度等。如罐头杀菌的温度自控、浓缩物料的浓度自控、饮料生产中的自动配料、奶粉生产中的水分含量自控、灌装量的自控以及供汽、制冷系统的控制和调节等。

检测仪表和自控设计一般是由自控专业设计人员或部门完成，但工艺设计人员必须向自控设计人员提供生产工艺过程需要计量、检测的参数和自动控制的要求。因此，工艺设计人员对自控仪表设计的有关知识应有所了解。

8.6.1 自控设计的任务和内容

（1）自控设计的任务

自控设计的任务是根据工艺要求及对象的特点，正确选择监测仪表和自控系统，确立检测点、位置和安装方式，对每个仪表和调节器进行检验和参数鉴定，对整个系统按“全部手动控制→局部自动控制→全部自动控制”的步骤运行，实现生产过程的计量、检测和自动控制，以使生产过程稳定，保证产品质量，节约原材料，降低消耗，增加产量并达到改善劳动条件的目的。

（2）自控设计的内容

食品工厂自控设计的主要内容有：

① 检测参数和自动化水平的确定。

② 主要参数调节系统的设计。

③ 必要的信号和联锁保护系统。

④ 仪表选择及计算机选型。

⑤ 控制室、仪表盘、模拟盘的布置设计。

⑥ 仪表维护、修理室的设计。

8.6.2 自控设备的选择

自控系统是人们设计、制造的一种自动化设备和装置，它能在没有人直接参与的情况下，对生产过程中的一些参数进行自动调节，使之保持定值或者按照预先确定的规律变化。一个简单的自动调节系统由调节对象、测量和变送元件、调节器和调节机构四个相互联系的部分组成。它们构成一个闭环负反馈系统，能够有效地克服干扰的影响，保持被调参数的稳定。

自控系统的功能装置主要有三大类，即参数测量和变送装置（一次仪表）、显示和调节装置（二次仪表）、执行调节装置（执行机构）。参数测量和变送装置主要是一些敏感元件和传感器，它们直接响应工艺变量并转化成一个与之成对应关系的输出信号。显示和调节装置是指一些显示仪表和调控设备，用于指示和记录工艺变量，并将信号送往控制器对被控变量进行控制。执行机构主要是指一些与工艺关系较为密切的调节阀，常用的有气动薄膜调节阀、气动薄膜隔膜调节阀、电动调节阀、电磁阀等。

在自控系统中，检测传感器和显示调节装置根据被监测的具体工艺参数类型去选择。而调节阀除了选定通径、流量能力及特性曲线外，还要根据工艺特性和要求，决定采用电动还是气动，气开式还是气闭式，并要满足工作压力、温度、防腐及清洗方面的要求。调节阀的选择，还要注意在特殊情况下如停电、停气时的安全性。如电动调节阀，在停电时，只能停在此位；而气动调节阀，在停气时，能靠弹簧恢复原位；又如气开阀在无气时为关闭状态，气闭阀在无气时为开启状态。因此，对不同的工艺管道，要选择不同的阀门。如锅炉进水，就只能选气闭式或电动式，而对于连续浓缩设备的蒸气调节阀，只能选用气开式。

8.6.3 自控系统

8.6.3.1 自控系统的分类

食品工厂中常用的自控系统主要包括以下几类：

（1）顺序控制

顺序控制是食品机械自动控制的主要类型之一，它是通过预先确定了的操作顺序，一步一步自动地进行操作的方法。其操作控制过程是一些断续开关动作或动作的组合，它们按照预定的时间先后顺序进行逐步开关操作，由于它所处理的信号是一些开关信号，故顺序控制系统又称为开关量控制系统。

随着计算机技术和自动控制技术的发展，新型的可编程序控制器（PC）已开始大量应用于顺序控制，顺序控制装置的结构和使用的元器件也在不断改进和更新。在我国食品机械设备中，目前使用着各种不同电路结构的顺序控制装置或开关量控制装置，常用的顺序控制装置如图 8-11 所示。

（2）反馈控制

反馈控制系统的组成如图 8-12 所示，它由控制装置和被控对象两大部分组成。对被控对象产生控制调节作用的装置称为控制装置，主要包括检测反馈元件、比较元件、调节元件、执行元件。被控对象是指接受控制的设备或过程。生产过程中当期望值与被控制量有偏差时，控制系统会判定其偏差的正负和大小，并给出操作量，通过执行元件使被控制量趋向期望值。

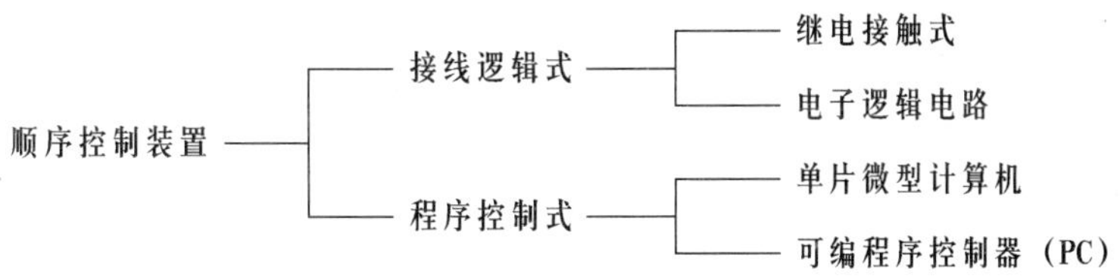

图8-11 顺序控制装置

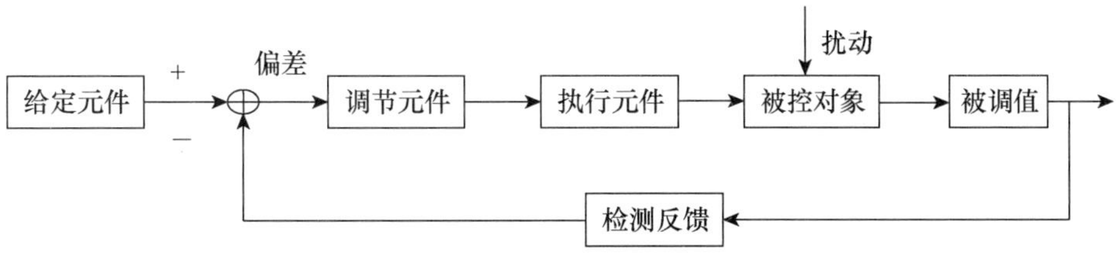

图8-12 反馈控制系统原理组成图

（3）过程控制

过程控制是以温度、压力、流量、液位等工业过程状态量作为被控制量而进行的控制。在过程控制系统中，一般采用生产过程仪表控制。由于自动化仪表规格齐全，且成批大量生产，质量和精度保证，造价低，这些都为过程仪表控制提供了方便。生产过程仪表控制系统是由自动化仪表组成的，即用自动化仪表的各类产品作为系统的各功能元件组成系统，组成原理仍是闭环反馈系统，其组成图如图8-13所示。它是由检测仪表、调节器、执行器、显示仪表和手动操作器等组成，其中检测仪表、调节器、执行器此三类仪表属于闭环的组成部分，而显示仪表、手动操作器是闭环外的组成部分，它不影响系统的特性。

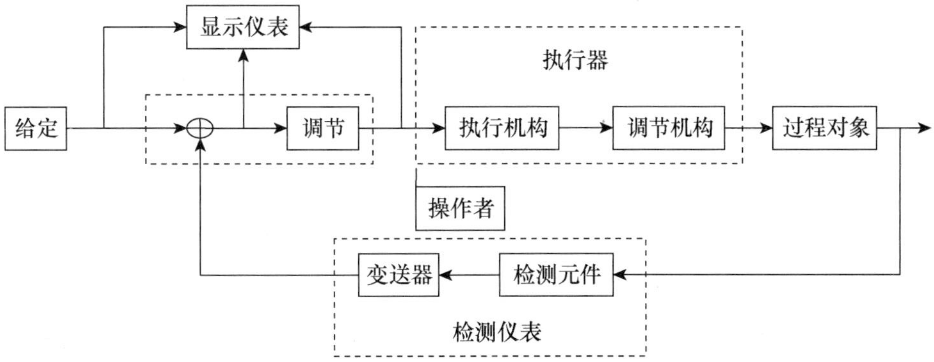

图8-13 过程控制系统原理组成图

（4）计算机控制

计算机控制是使用数字电子计算机，实现过程控制的方法。计算机控制系统由计算机和生产过程对象两大部分组成，其中包括硬件和软件。硬件是计算机本身及其外围设备；软件是指管理计算机的程序以及过程控制应用程序。硬件是计算机控制的基础，软件是计算机控制系统的灵魂。计算机控制系统本身是通过各种接口及外部设备与生产过程发生关系，并对生产过程进行数据处理及控制。用于生产过程控制的电子计算机控制系统一般包括电子计算机主机、常规外部设备、过程输入输出通道、测量变送仪表、调节阀或执行机构，以及运行操作台等几个部分。它们通过主机的系统总线和接口电路相互联系，构成一个完整的系统，计算机控制系统简图见图8-14。

下面简单介绍几种在食品工业中常用的计算机控制系统。

① 可编程序控制器（PC）。可编程序控制器（PC）是一种用作生产过程控制的专用微型计算机。可编程序控制器是由继电器逻辑控制发展而来，所以它在数字处理、顺序控制方面具有一定的优势。随着微电子技术、大规模集成电路芯片、计算机技术、通信技术等的发展，可编程序控制器的技术功能得到扩展，在初期的逻辑运算功能的基础上，增加了数值运算、闭环调节功能。运算速度提高、输入输出规模扩大，并开始与网络和工业控制计算机

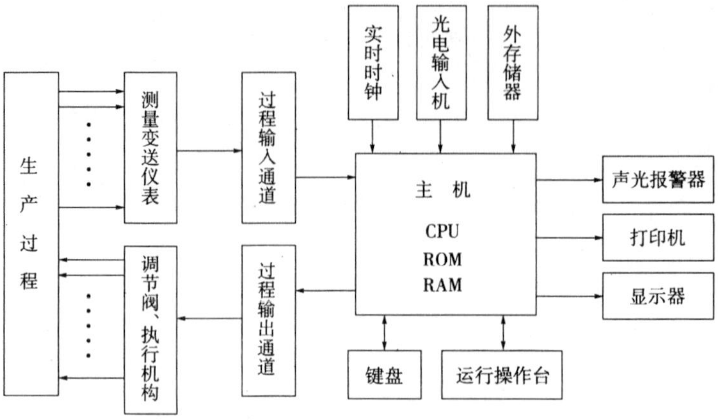

图 8-14 微型计算机控制系统简图

相连。可编程序控制器构成的自动控制系统已成为当今工业发达国家自动控制的标准设备。可编程序控制器已成为当代工业自动化的主要支柱之一。可编程序控制器的基本组成采用典型的计算机结构，由中央处理单元（CPU）、存储器、输入输出接口电路、总线和电源单元等组成，其结构如图 8-15 所示。它按照用户程序存储器里的指令安排，通过输入接口采入现场信息，执行逻辑或数值运算，进而通过输出接口去控制各种执行机构动作。

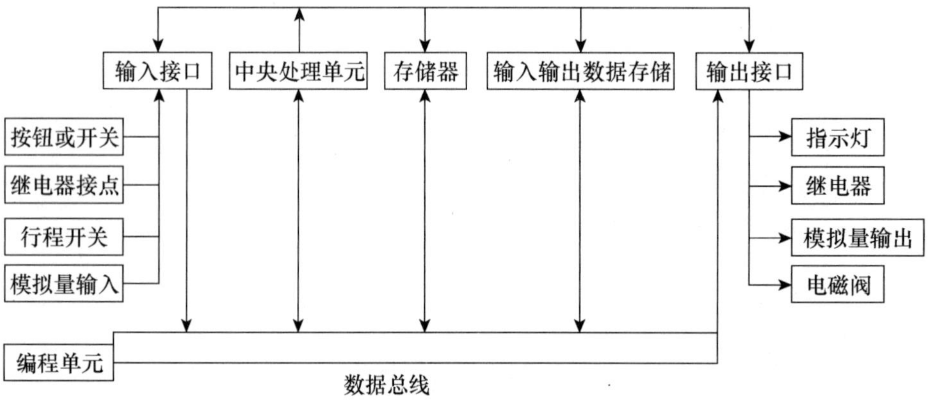

图 8-15 可编程序控制器基本组成结构图

② 直接数字控制（DDC)。目前，电子计算机在食品生产中应用较多的为直接数字控制（direct digital control，DDC）系统。DDC 系统由一台微型计算机配以相应的输入、输出设备及检测仪表和执行机构等组成，见图 8-16。系统中微型计算机直接参加闭环控制，它通过过程通道对多个过程参数进行巡回检测，并根据程序规定的调节规律进行调节运算，然后发出控制信号，通过输出通道直接控制调节阀等执行机构。

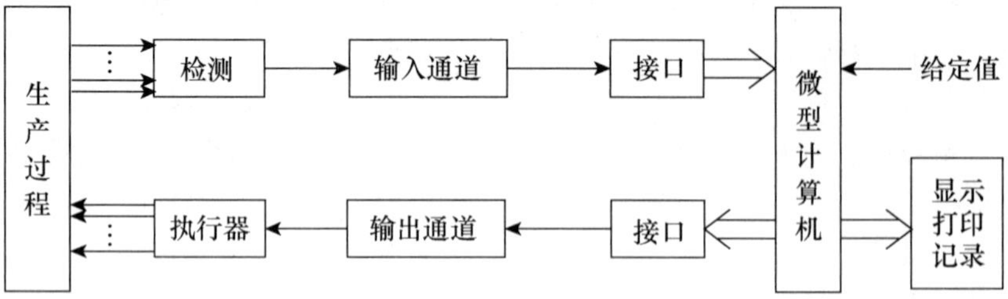

图 8-16 DDC 系统组成简图

③ 集散控制系统（DCS）。在一个大型企业里，大量信息靠一台大型计算机集中完成过程控制及生产管理的全部任务是不恰当的。同时，由于微型计算机价格的不断下降，人们就将集中控制和分散控制协调起来，取各自之长，避各自之短，组成集散控制系统。这样既能对各个过程实施分散控制，又能

对整个过程进行集中监视与操作。集散控制系统把顺序控制装置、数据采集装置、过程控制的模拟量仪表、过程监控装置有机地结合在一起，利用网络通信技术可以方便地扩展和延伸，组成分级控制。系统具有自诊断功能，可以及时处理故障，从而使其可靠性和维护性大大提高。如图 8-17 所示的是集散控制系统的基本结构，它由面向被控过程的现场 I/O 控制站、面向操作人员的操作站、面向管理员的工程师站以及连接这 3 种类型站点的系统网络所组成，各组成部分的功能和作用在此就不再赘述，具体参见相关自控书籍。

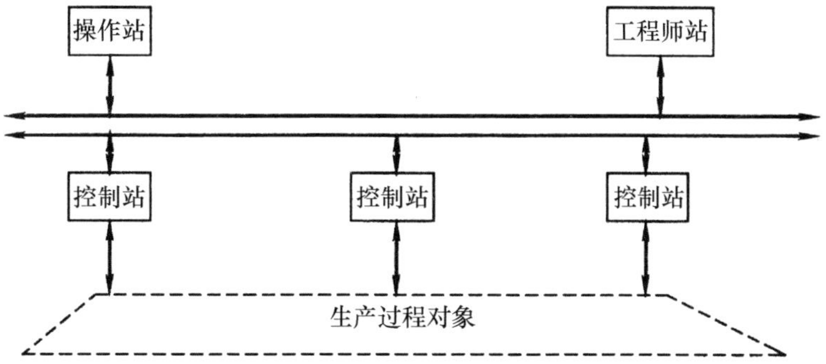

图 8-17　集散控制系统基本结构图

④ 质量体系实时监测的 ERP 系统。ERP（enterprise resource planning）译为企业资源计划，它建立在信息技术的基础上，利用现代企业先进管理思想，全面地集成了企业的资源信息，为企业提供决策、计划、经营、控制和业绩评估的全方位、系统化的管理平台。在重视质量安全的今天，结合质量体系思想的实时监测的企业 ERP 系统的核心（以下简称质量 ERP）是质量管理科学、计算机技术、传感器与检测技术结合的产物，是一种软硬件结合的网络化管理系统。它除了自动检测、实时误差报警提示、转换、计算、分析、描绘、存储、打印等单机功能，还将面向对象、信息集成、专家系统、关系数据库管理系统、图形系统等结合在一起，并以科学的质量管理的思想内涵、标准数据处理方法，与产品生产和检验工艺相结合，从而使质量控制落实到每一个过程，协调一个产品生产或检测过程的多种环节，并对其中的各个环节进行全面量化和质量监控。通过这个管理平台，可以为生产与检验过程的高效和科学运作以及各类信息的保存、交流和加工提供平台，更好地促进用户的贯标工作。图 8-18 是乳品工厂 ERP 系统。

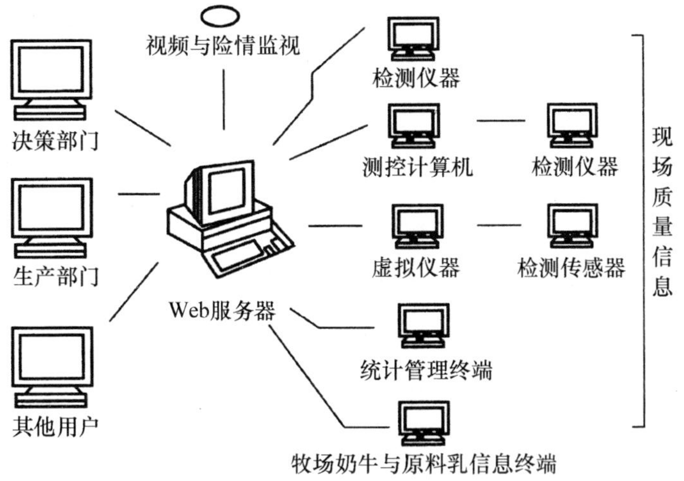

图 8-18　乳品工厂 ERP 系统图

8.6.3.2　自控系统的选择

在确定自控系统之前，首先要选择和确定被调参数，必须根据工艺条件要求和国内仪表生产现状及操作者的技术水平选择调节参数。一般对主要参数或人工调节难以满足要求的参数，进行自动调节。

确定被调参数后，根据调节对象的特性和调节质量要求，选择合理的自控系统，要遵循先进、可靠、经济、实用的原则，在满足控制要求的条件下尽可能选用简单自控系统。这不但可以节省投资，而且便于投运和维护。自动化水平的高低关键不在于选用仪表的型式、数量和系统的复杂程度，而是在于生产过程控制的实际效果和工作的可靠性。对小型食品工厂来说应尽可能选用简单自控系统，对于大中型食品工厂可考虑选用计算机控制。

8.7 采暖与通风工程

为了改善工人的工作环境条件，为了满足某些产品的生产工艺要求，为了防止建筑物的发霉，改善工厂卫生条件等，食品工厂设计过程中要进行采暖与通风等辅助工程设计。采暖与通风工程设计的主要内容包括车间和辅助室的冬季采暖、夏季空调降温，某些产品生产过程中的干燥或保温，设备或工段的排气与通风，洁净车间的空气净化等。

8.7.1 采暖

(1) 采暖标准

根据国家相关标准规定，凡日平均温度≤5℃的天数历年平均为90 d以上的地区，为集中采暖地区。我国日平均温度≤5℃的天数为90 d的等温值线基本上是以淮河为界的，在等值线以北的地区为集中采暖地区。食品工厂的供暖也按此标准执行，设计时可查阅当地室外气候资料作为参考。但在工厂设计时不能一概而论，而是要根据具体情况分别对待。如有的车间热加工较多，车间温度比室外温度高得多，即使在等值线以北的地区也可以不再考虑人工采暖。反之，有些生产车间或辅助室，即使在等值线以南地区，由于使用或卫生方面的要求，也需考虑采暖，如浴室、更衣室、医务室、女工卫生室、烘衣房等。

按照《工业企业设计卫生标准》(GBZ 1-2010)的规定，设计集中供暖时，当生产没有特殊要求时，冬季室内工作点的计算温度即通过采暖应达到的室内温度应符合表8-5的要求。辅助用室的冬季室内气温应符合表8-6的要求。采暖地区非工作时间，均按5℃设计车间值勤采暖，以免设备冻裂。当生产工艺有特殊要求时，采暖温度则应按工艺要求来确定。

表 8-5 冬季生产车间内的气温要求

分类		空气温度/℃	备注
轻作业（能耗≤140 W）	每人占用面积<50 m^2	≥15	部分比较潮湿的车间，采暖温度要略高于该表数值1～2℃
	每人占用面积50～100 m^2	≥10	
中作业（能耗140～200 W）	每人占用面积<50 m^2	≥12	
	每人占用面积50～100 m^2	≥7	

表 8-6 冬季辅助用室室内气温要求

辅助用室	室内温度/℃	辅助用室	室内温度/℃
食堂	14	哺乳室	20
办公室、休息室	16～18	淋浴室	25
厕所、盥洗室	12	淋浴间更衣室	23
女工卫生室	23	烘衣房	40～60

(2) 采暖系统热负荷计算

精确计算采暖系统热负荷的公式比较繁杂，在此不再赘述。概略计算采暖系统耗热量可采用式(8-11)计算：

$$Q=PV(T_n-T_w) \quad (8\text{-}11)$$

式中：Q—采暖系统耗热量，kJ/h；

P—热指标，kJ/(m^2·h·K)(有通风车间$P\approx1.0$，无通风车间$P=0.8$)；

V—房间体积，m^3；

T_n—室内计算温度，K；

T_w—室外计算温度，K。

(3) 采暖方式

采暖方式通常有热风采暖、散热器采暖和辐射采暖等几种。具体采暖方式的确定一般根据车间单元体积大小来定。当单元体积大于3 000 m^3时，以热风采暖为好；当单元体积较小时，多数采用散热器采暖。热风采暖时，工作区域风速宜为0.15～0.3 m/s，热风温度30～50℃，送风口高度一般不要低于3.5 m。食品工厂采暖用热媒一般为蒸汽或热水。如生产工艺用汽量远远超过采暖用汽量时，主车间采暖一般选择蒸汽作为热媒，蒸汽的工作压力要求在200 kPa左右。如采用热水作为热媒时，热水温度则有90℃、110℃和130℃ 3种。

当采暖热媒为热水时，厂区应设置集中的热交换站。热交换站应设在锅炉房内；若在锅炉房内设置有困难时，也可设置在锅炉房附近。当采暖热媒为蒸汽时，锅炉房内宜设置地下凝结水箱，以便各车间的采暖凝结水可自流回锅炉房；若锅炉房内设置有困难时，应在锅炉房就近设置冷凝水回收站。

8.7.2 通风与空调

生产过程中常常会产生大量废蒸汽、余热、余湿、有害气体、粉尘等有害物质，这些有害物会污染空气、恶化工作环境、危害人体健康、影响产品质量、降低劳动生产率。同时工作人员身体也不断向周围散热、散湿、呼出二氧化碳，也会使室内环境变劣。通风是改善室内空气环境的有效措施之一。通过通风可以有效控制有害物质和因素对环境的影响和破坏，保障生产人员的身体健康，通风对保证产品质量、提高经济效益具有重要意义。

通风过程就是将含有有害物质的污浊空气，经过处理达到排放标准，从室内排至室外，再将符合卫生要求的新鲜空气送入室内，以达到改善生产和生活环境的目的。

8.7.2.1 通风

(1) 通风系统的分类

根据空气流动的动力不同，通风系统可分为自然通风和机械通风两大类。

自然通风是依靠室内外空气温度差所造成的热压和室外风力造成的风压使室内空气流动进行换气，从而改善室内空气环境。它不需要专门动力装置，对于产生大量余热的车间是一种经济有效的通风方法。选用自然通风时，生产车间的建筑结构应按照夏季有利的通风方向布置，并保证有足够的通风窗户面积。自然通风的不足之处是自然进入室内的空气无法进行预处理；从室内排出的空气中如果含有粉尘或有害气体，由于没有进行净化处理，可能会对环境造成污染；自然通风还会受到气候条件的限制和影响，通风效果不稳定。

机械通风是依靠通风机产生的压力差使空气流动进行换气。风机的压力和风量可根据需要选择，可以确保通风量，还可以控制空气的流动方向和速度，满足各种通风的需要，在食品工厂中的应用越来越广泛。

根据通风的作用范围不同，通风系统可分为局部通风和全面通风两大类。

局部通风是在有害物产生的地点直接将它们捕集起来，经过净化处理，排至室外，以控制有害物向室内其他地方扩散；或将新鲜空气送向局部地点。局部通风有局部送风和局部排风两种形式。局部通风需要特定的机械装置，是排热、排湿、排尘、防毒最有效的方法，可以用最小的风量获得最好的通风效果。

全面通风就是对整个车间或房间进行通风换气，目的在于稀释（或冲淡）室内有害物质的浓度，消除余热、余湿，使空气达到卫生标准和满足生产要求。全面通风可以利用自然通风方法或机械通风方法实现，这些通风方法在解决实际通风问题时，应该根据具体情况加以选择，有时需要几种方法联合使用才能获得良好的效果。

(2) 通风的基本要求

通风系统设计时要注意以下几点：

① 地下室通风、车间温度超过规定值的通风降温、小容积工作室的换气等，应全面或局部采用机械通风换气，使车间温度降到规定值以内，有害气体稀释到最高允许浓度以内。

② 散发有害气体的工段应采取通风换气措施，确保室内有害气体含量控制在安全限度以内。

③ 生产过程及设备的散热通风、除尘通风以及高温作业岗位的空气淋浴可采用局部机械通风。

车间生产人员应有的新鲜空气量参见表8-7。

表8-7 车间生产人员应有新鲜空气量标准

平均每人所占车间容积/(m^3/人)	应有新鲜空气量/[m^3/(人·h)]
<20	≥30
20～40	≥20
>40	可由门窗渗入的空气换气满足需求

(3) 通风量及通风机的确定

1) 全面通风换气量的确定

单位时间进入房间空气中的有害物的数量，是确定全面通风换气量的原始资料。

假设房间内每小时散发的有害物数量为 X (mg/h)，这些有害物稳定而均匀地扩散到整个房间，利用全面通风从室内排出污染空气的有害物浓度为 c_2(mg/m³)（这个值应该维持在不超过国家卫生标准规定的有害物最高浓度），送入室内的空气中含有该有害物浓度为 c_1(mg/m³)，根据有害物量平衡的原则，房间内所需全面通风换气量 L(m³/h) 可用式（8-12）计算。

$$L = X/(c_2 - c_1) \quad (8\text{-}12)$$

当房间内产生的有害物为余热时，所需全面通风换气量 L(m³/h) 可用式（8-13）计算。

$$L = Q/C\gamma(t_p - t_i) \quad (8\text{-}13)$$

式中：Q—室内显热余热量，kW；

t_p—排出空气的温度，℃；

t_i—进入空气的温度，℃；

c—空气的比热容，kJ/(kg·℃)；

γ—进气状态下空气的容重，kg/m³。

当房间内产生的有害物为余湿时，所需全面通风换气量 L(m³/h) 可用式（8-14）计算。

$$L = W/\gamma(d_p - d_i) \quad (8\text{-}14)$$

式中：W—散湿量，g/h；

d_p—排出空气的含湿量，g/kg 干空气；

d_i—进入空气的含湿量，g/kg 干空气；

γ—进气状态下空气的容重，kg/m³。

当房间内同时散发有害气体、余热和余湿时，应分别计算所需通风换气量，然后取其中的一个最大值作为整个房间的全面通风换气量。如果散入室内的有害物无法具体计算时，全面通风换气量可以根据类似房间的实测资料或经验的换气次数来确定（式 8-15）。

$$L = nV \quad (8\text{-}15)$$

式中：V—房间体积，m³；

n—单位时间内的换气次数，次/h。

2）通风机的选择

通风机主要有离心式、轴流式、惯流式、混流式四大类。选择通风机类型时要根据输送气体的性质来确定。型号规格主要根据计算风量和计算风压进行选择。选择效率高、体积小、噪声低、质优价廉的通风机，同时还要确定通风机的出风口位置、旋转方向、转速、电动机型号、功率、传动方式、皮带轮规格及配件等。

8.7.2.2 空调

空气调节就是利用人工的方法使车间或封闭空间的空气温度、湿度、洁净度和气流速度等状态参数达到特定要求的技术过程。空气调节系统是指以空气调节为目的，对空气进行处理、输送、分配并控制其参数的所有设备、管道及附件、仪器仪表的总称。食品工厂的空气调节通常按《工业建筑供暖通风与空气调节设计规范》（GB 50019-2015）规定进行。同时要满足不同食品工厂及不同车间的环境要求。

（1）空调系统的分类

空调系统按照负荷的介质、设备的集中程度、空气来源、系统的用途不同有多种分类方法。根据设备的集中程度不同，空调系统可分为集中式、半集中式、分散式 3 种。根据空气来源的不同，空调系统可分为封闭式、直流式、混合式 3 种。其他具体分类及相互之间的区别从略，详细内容请参见相关书籍。

（2）车间空气调节的基本要求和土建要求

① 要满足生产车间或辅助室恒温、恒湿的基本要求。

② 需要空调的车间尽可能集中，以减少邻室对空调车间的影响。

③ 车间建筑需满足气流组织、风管布置等方面的要求。

④ 车间屋顶、墙、地坪等的导热系数值要到达空调车间的要求。

⑤ 空调车间尽量避免东西向窗，尽可能减少窗面积，外窗应设双层窗，南向窗户还应有遮阳措施。

⑥ 空调车间内部装饰的整洁度较高时，可设吊平顶，平顶材料应不易吸潮和长霉，墙面要求不易积灰，要保持清洁。

（3）空调系统的选择

选择空调系统时，要根据建筑物的用途、规模、使用特点、室外气象条件、冷湿负荷变化情况和参数要求等因数，通过多方面的比较来确定。在满足使用要求的前提下，尽量做到一次投资省、系统运行经济和能耗小。

8.7.3 局部排风

实际生产过程中的热加工工段，有大量的余热和水蒸气散发，易造成车间温度升高，湿度增加，并引起建筑物的内表面滴水、发霉，严重影响劳动环境和卫生。为此，对这些工段需要采取局部排风措施，以改善车间环境条件。

小范围的局部排风一般采用排气风扇，但排气风扇的电动机是在湿热气流下工作的，易出故障。故较大面积的工段或温度、湿度较高的工段，常采用离心风扇排风。有些设备如发酵房、烘房、排汽箱、预煮机等，可设专门的封闭排风管直接排出室外；有些设备开口面积大，不能接封闭的风管，可加设伞形排风罩，然后接风管排出室外。但对于易造成大气污染的油烟气或其他化学性有害气体，宜设立油烟过滤器等装置，进行处理后，再排入大气。

局部排风是对一个有限空间内的某个部分进行排风的系统。局部排风一般是通过排风罩来实现的，所以，排风罩的性能对局部排风系统的技术经济效果具有很大的影响。如设计合理，用较小的排风量能获得良好的效果。反之，用了很大的排风量也达不到预期的目的。

局部排风罩有密闭罩、柜式排风罩（通风柜）、外部吸气罩、接受式排风罩、吹吸式排风罩供选择。在选用和设计排风罩时应遵循以下原则：

① 局部排风罩应尽可能包围或靠近有害物源，使有害物源局限于较小的局部空间，应尽可能减小吸气范围，便于捕集和控制。

② 排风罩的吸气气流方向应尽可能与污染气流运动方向一致。

③ 已被污染的吸入气流不允许通过人的呼吸区，设计时要充分考虑操作人员的位置和活动范围。

④ 排风罩应力求结构简单、造价低，便于安装和维护。

⑤ 局部排风罩的配置应与生产工艺协调一致，力求不影响工艺操作。

⑥ 要尽可能避免和减弱干扰气流和穿堂风、送风气流对吸气气流的影响。

8.8　制冷工程

制冷工程是食品工厂的一个重要组成部分。生产过程中原辅料、半成品、成品的贮存保鲜，产品加工时的冷却降温、冷冻、速冻，以及车间的空气调节等均离不开制冷工程。制冷工程包含的内容繁多，较为复杂，应由专业的制冷设计人员负责完成设计。但是，工艺设计人员要按照生产工艺的要求，对制冷系统的设计提出工艺上的具体要求，并为制冷系统设计人员提供冷场所、冷负荷、温度要求等具体参数和资料，以作为制冷系统设计的依据。

8.8.1　冷库的分类与库容量计算

8.8.1.1　食品冷藏库的分类

(1) 按结构形式分

食品冷藏库按结构形式可分为土建式冷藏库和装配式冷藏库。

① 土建式。主要为钢筋混凝土结构。主体结构有柱、梁、板、屋顶等；地下荷重部分有基地和地坪；围护结构（墙体）一般砖砌而成；隔热材料主要是聚氨酯泡沫塑料、稻壳、软木等。土建式冷库又可分为单层和多层冷库。

② 装配式。主体结构为轻钢材料；维护结构为预制复合隔热板组合；隔热材料主要是聚氨酯、聚苯乙烯泡沫塑料。

(2) 按使用性质分

食品冷藏库按使用性质可分为生产性、分配性和零售性冷藏库。

① 生产性冷藏库。主要建在食品产地附近、货源较集中的产区或渔业基地。肉、禽、蛋、鱼、果蔬等食品送入冷藏库进行冷加工，经过短期冷藏后即运往各销售地区。其特点是冷却、冻结和冷藏能力较大。大城市的肉类加工厂就属于这种冷库。

② 分配性冷藏库。主要建设在大中城市、水陆交通枢纽及人口较集中的工矿区、商品集散地，专门贮存经过冷加工的食品级新鲜果蔬、禽蛋等，以调节食品淡旺季节，保证市场供应及中转运输之用。其特点是有较大的冷藏容量，并有适当的冻结能力和屠宰加工能力，进出货物比较集中。各大城市的水产品冷藏库就属于分配性冷藏库。

③ 零售性冷藏库。一般建设在工矿企业或城市的大中型超市、副食品商店、菜市场内，供临时贮存零售食品用，是为消费者直接服务的一种冷库。其特点是库容量小，贮存期短。

(3) 按规模大小分

食品冷藏库按规模大小可分为大型、大中型、中小型、小型和微型冷藏库。大型冷库的冷藏容量在10 000 t以上；大中型冷库在5 000～10 000 t；中小型冷库在1 000～2 000 t；小型冷库在1 000 t以下；微型冷库一般在100 t以下，常见的有10～20 t。

8.8.1.2 冷藏库的组成

冷藏库是一个建筑群，由主体建筑和辅助建筑两部分组成。主体建筑包括高温冷藏间、低温冷藏间等冷藏间和冷却间、冻结间、制冰间等冷加工间；辅助建筑包括装卸站台、穿堂、楼梯、电梯等生产辅助用房，制冷机房、变配电室、水泵房等生产附属用房，以及办公室、休息室等生活辅助用房。

8.8.1.3 库容量计算

冷藏库的总库容量包括冷藏库内所有的冷却物冷藏间、冻结物冷藏间及储冰间的库容量。库容量可按式（8-16）计算：

$$G=FH\rho/1\,000 \tag{8-16}$$

式中：G—冷库贮藏吨位，t；

F—库房有效堆货面积，m^2；

H—库房有效堆货高度，m；

ρ—各类冷藏食品的密度，kg/m^3。

库房有效堆货面积 F 为库房净面积扣除库内柱子总面积、距墙或设备应留的面积和库内走道面积；库房有效堆货高度与堆货方式、食品品种和包装箱的耐压力有关，一般设计计算的堆货高度见表8-8；部分冷藏食品的计算密度ρ见表8-9。

表 8-8 堆货高度

库容量/t	堆货高度/m	库容量/t	堆货高度/m
＜30	1.8～2.0	500～1 500	3.3～3.8
＜300	2.8～3.0	＞1 500	3.8～4.0

表 8-9 食品的计算密度

食品类别	密度/(kg/m^3)	食品类别	密度/(kg/m^3)
冻肉	400	鲜水果	230
冻鱼	470	冰蛋	600
鲜蛋	260	机制冰	750
鲜蔬菜	230	其他	按实际密度采用

8.8.2 耗冷量计算

耗冷量是制冷工艺设计的基础资料，无论是库房制冷设备的设计还是机房制冷压缩机的配置，都要以耗冷量作为依据。冷库的耗冷量受冷加工食品的种类、数量、温度、冷库温度、大气温度、冷库结构等多方面因素的影响。冷库耗冷量计算比较繁杂，下面简要介绍耗冷量的经验数据和估算数值，具体计算方法参见制冷技术相关书籍和资料。

（1）冷库总耗冷量的计算［式（8-17）］

$$Q=Q_1+Q_2+Q_3+Q_4 \tag{8-17}$$

式中：Q—冷库总耗冷量，kJ/h；

Q_1—冷库围护结构的耗冷量，kJ/h；

Q_2—物料冷却、冻结耗冷量，kJ/h；

Q_3—库房换气通风耗冷量，kJ/h；

Q_4—冷库运行管理耗冷量，kJ/h。

（2）冷库围护结构的耗冷量计算

冷库围护结构的耗冷量由库内外温差传热耗冷量 Q_{1a} 和太阳辐射热引起的耗冷量 Q_{1b} 两部分组成。

① 库内外温差传热的耗冷量 Q_{1a}［式（8-18)］。

$$Q_{1a}=\frac{KA}{t_w-t_n} \tag{8-18}$$

式中：K—冷库围护结构的传热系数，kJ/(m^2·h·℃)；

A—冷库围护结构的传热面积，m^2；

t_w—库外计算温度,℃；

t_n—库内计算温度,℃。

其中库外计算温度 t_w 可按式（8-19）计算：

$$t_w=0.4\,t_p+0.6\,t_m \tag{8-19}$$

式中：t_p—当地最热月的日平均温度,℃；

t_m—当地极端最高温度,℃。

② 太阳辐射热引起的耗冷量 Q_{1b}［式（8-20)］。

$$Q_{1b}=KAt_d \tag{8-20}$$

式中：K—外墙和屋顶的传热系数，kJ/(m^2·h·℃)；

A—受太阳辐射围护结构的面积，m^2；

t_d—受太阳辐射影响的昼夜平均温度,℃。

（3）物料冷却、冻结耗冷量的计算［式（8-21）］

$$Q_2=\frac{m(h_1-h_2)}{t}+\frac{m(t_1-t_2)c}{t}+\frac{m(g_1-g_2)}{t} \quad (8\text{-}21)$$

式中：Q_2—物料冷却、冻结耗冷量，kJ/h；

m—冷库进货量，kg；

h_1，h_2—物料冷却、冻结前后的热焓，kJ/kg；

t—冷却时间，h；

m　包装材料质量，kg；

t_1、t_2—进、出库时包装材料的温度，℃；

c—包装材料的比热容，kJ/(kg·℃)；

g_1、g_2—果蔬进、出库时相应的呼吸热，kJ/（kg·h）。

考虑到物料初次进入的热负荷较大，计算制冷设备制冷量时应按 Q_2 的 1.3 倍计。

（4）库房换气通风耗冷量计算［需换气的冷风库才进行此项计算，式（8-22）］

$$Q_3=\frac{3\rho V\Delta h}{t} \quad (8\text{-}22)$$

式中：Q_3—库房换气通风耗冷量，kJ/h；

3—每天更换新鲜空气的次数，一般为 1～3，此处取最大值；

ρ—库房内空气的密度，kg/m^3；

V—库房的体积，m^3；

Δh—库内外空气的焓差，kJ/kg；

t—通风机每天工作时间，h。

（5）库房运行管理的耗冷量计算［式（8-23）］

$$Q_4=Q_{4a}+Q_{4b}+Q_{4c}+Q_{4d} \quad (8\text{-}23)$$

式中：Q_4—库房运行管理的耗冷量，kJ/h；

Q_{4a}—照明的耗冷量，kJ/h（每平方米耗冷量：冷藏间 4.18 kJ/h，操作间 16.7 kJ/h）；

Q_{4b}—电动机运转耗冷量，kJ/h，$Q_{4b}=3\,594\,N$；

N—电动机额定功率，kW；

Q_{4c}—开门耗冷量，kJ/h；

Q_{4d}—库房操作人员耗冷量，kJ/h，$Q_{4d}=1\,256\,n$；

n—库内同时操作人数，一般 $n=2$～4。

由于冷藏间使用条件变化较大，为简便计，可按式（8-24）估算 Q_4：

$$Q_4=(0.1\sim0.4)Q_1 \quad (8\text{-}24)$$

对于大型冷库取 0.1，中型冷库取 0.2～0.3，小型冷库可取 0.4。

8.8.3 制冷系统

目前实现人工制冷的方法很多，按照不同的标准和特点，制冷系统有不同的分类。按照装置形式的不同可分为蒸汽压缩式、吸收式、蒸汽喷射式、吸附式、热电式、膨胀式等制冷系统等，其中蒸汽压缩式制冷系统又可分为活塞式、离心式、螺杆式、滑片式等；按照压缩比形式可分为单级压缩制冷系统、双级压缩制冷系统、多级压缩制冷系统和复叠式制冷系统等；按照冷却方式的不同可分为直接制冷系统、间接制冷系统等。

目前，生产中所使用的制冷设备基本上都是蒸汽压缩式制冷循环，且单级蒸汽压缩式制冷循环应用最广，据不完全统计，全世界单级蒸汽压缩式制冷机的数量占制冷机总数的 75％以上。蒸汽喷射式制冷系统主要用于空气调节。溴化锂吸收式制冷循环是目前最常用的吸收式制冷方式。

直接制冷系统是将制冷机组的蒸发器装设在制冷装置的箱体或建筑物内，利用制冷剂的蒸发直接冷却其中的空气，靠冷空气冷却需要冷却的物体。其优点为降温速度快，可获得较低的温度，操作方便，耗电量小。缺点是无缝钢管用量大，制冷剂消耗量较大。

间接制冷系统是靠制冷机蒸发器中制冷剂的蒸发，使载冷剂（例如盐水）冷却，再将载冷剂输入制冷装置的箱体或建筑物内，通过换热器冷却其中的空气或物体。例如，啤酒厂麦芽车间空调系统冷却水的生产，酿酒车间露天发酵罐的冷却，啤酒过冷却，麦汁冷却，包装前冷却等均采用间接制冷。采用间接制冷可以将制冷剂循环系统集中在机房或一个很小的范围内，使制冷系统的管道和接头大大减少，便于密封和系统检漏；可以使制冷剂的充注量大大减少，特别是在大容量、集中供冷的装置中采用间接制冷便于解决冷量的控制和分配问题；便于机组的安装及运行管理；载冷剂系统的安装较容易，发生事故的危险性小。缺点是系统复杂，耗电量较大，盐水对管道的腐蚀性大，维修费用较高。

8.8.4 制冷设备的计算与选择

制冷设备包括压缩机、冷凝器、节流阀、蒸发器、制冷辅助设备及一些控制器件。在为冷库配套设备时要经过相应的计算，进行设备的选型。制冷设备的选型包括的内容很多，具体选型计算方法和选型原则参见制冷技术相关书籍和手册，在此仅介绍一下活塞式制冷压缩机选型的一般原则。

① 压缩机的制冷量应能满足冷库或生产工艺旺季高峰负荷的要求。一般在选择压缩机时，按一年中最热季节的冷却水温度确定冷凝温度，由冷凝温度和蒸发温度确定压缩机的运行工况。但是，冷库生产的高峰负荷并不一定恰好就在大气温度最高的季节，秋、冬、春三季冷却水温比较低（深井水除外），冷凝温度也随之降低，压缩机的制冷量有所提高。因此，选择压缩机应考虑季节修正系数。

② 对于生活服务性小冷库，压缩机可选用单台。对于较大容量的冷库，较大冷加工能力的冻结间或车间，压缩机台数不宜少于两台，总的制冷量以满足生产要求为准，一般情况下可不考虑备用。

③ 尽可能采用相同系列的压缩机，以利于机械零件的互换和操作管理的方便。

④ 为不同蒸发温度系统配备的压缩机，应适当考虑机组之间有互相备用的可能性。

⑤ 新系列压缩机带有能量调节装置，可以对单机制冷量作较大幅度的调节。但只适宜于用作运行中负荷波动的调节，不宜用作季节性负荷变化的调节，季节性负荷或生产能力变化的负荷调节应另行配置制冷能力相适应的机器，才能取得较好的节能效果。

⑥ 在制冷系统压力比的选择和运用时，氨制冷系统的冷凝压力 P_K 与蒸发压力 P_0 的比值＞8 或 P_K-P_0＞1.4 MPa 时用双级压缩；氟利昂制冷系统用 R12 为制冷剂时，压力比＞10 或差值＞1.2 MPa，用 R22 为制冷剂时，压力比＞10 或差值＞1.4 MPa 则采用双级压缩。

8.8.5 冷库设计概要

冷库规划设计的内容和基本要求详见《冷库设计规范》（GB 50072-2010），下面概括性地介绍一些内容，供读者了解。

（1）冷库建筑的特点

冷库建筑属于仓储类的工业建筑。由于其功能是提供冷却、冻结及贮藏各类加工产品的空间，所以冷库建筑不同于一般的工业建筑，有其自身的特点。

① 作为冷加工场所，冷库建筑受生产工艺流程和运输条件的制约，并应能满足设备布置的要求。

② 作为一种仓储手段，冷库建筑内要堆放大量的货物，又要装置或通行各种装卸运输设备，所以要求冷库的结构坚固并具有较大的承载力。为考虑制冷设备的安装，多采用无梁楼板。

③ 为了避免库温波动，确保冷藏间要求的温度和湿度条件，除了通过制冷方法获得冷量外，还必须尽可能减少库内冷量的损耗。为此要在冷库的围护结构（如地坪、屋顶、墙壁等）中合理地设置隔热保温层和隔汽防潮层，同时减少门窗的数量。

④ 冷库建筑的结构物大都处于低温潮湿的环境中，有时还经受着周期性的冻融循环。这就要求冷库建筑材料和各种构件要有足够的强度和抗冻能力。

⑤ 为了防止地基和地坪的冻鼓而导致上部建筑物的变形和破坏，还需采用相应的防冻措施，以保证冷库建筑在低温高湿使用条件下的安全性和耐久性。

（2）冷库建筑的基本要求

鉴于冷库建筑的上述特点，在考虑其结构的构造和建筑材料时，应符合以下几点要求。

① 所有的结构及构件，均应根据冷库低温高湿的使用条件采取必要的防潮、防腐和防锈措施。

② 冷库的库房、穿堂以及冷却水塔、水池，应按高湿度作用的结构物考虑。如采用钢筋混凝土结构时，钢筋的保护层厚度应按规范规定的厚度增加 10 mm 以上。

③ 冷库的主体建筑，如采用钢筋混凝土框架结构，外作砖墙围护且墙体和框架分开时，为保护墙体的稳定，框架与墙体应做必要的拉结。

④ 冷库温度伸缩缝应与沉降缝相结合，构造宜采取并列支柱以便于隔热处理。

⑤ 冷库内凡与低温空气接触及有冻融循环的部分，一律采用不低于 425 号的普通硅酸盐水泥，不准采用抗冻性差的水泥；冷库库房和穿堂采用混凝土结构时，混凝土等级应≥C20（其中 C 表示混凝土，20 表示立方体抗压标准强度为 20 Pa）；冻结间的混凝土强度等级应≥C30，上述混凝土的水灰比应＞0.6。施工浇捣时应注意密实性和养护工作，以防止出现裂缝。

⑥ 冷库主体建筑用砖的强度等级，内墙应≥MU10；外墙应≥MU7.5；内墙用的砌筑砂浆强度应≥M5 水泥砂浆，外墙应≥M2.5 的混合砂浆。

⑦ 冷库内钢筋混凝土的受力钢筋要尽先采用3号（A3）钢和16号锰钢（16Mn）两种钢筋；其焊接用的电焊条，要求用碱性低氢型焊条，焊接3号钢用T426型焊条，焊接16号锰钢用T506型焊条。

⑧ 低温库内的柱子、锚系构件都应进行“冷桥”处理。内隔墙必须砌在地坪的钢筋混凝土层面上，不允许穿过隔热层。库房的冷却设备与建筑物相连接的各支吊点应设置在保温层内，以免冷桥的产生或对建筑物的破坏。

⑨ 对于温度较低的库房，当地坪的隔热层不足以防止地坪下的土壤冻结时，要采用架空、埋设通风管、蛇形热油管、电热防冻管等措施。

（3）冷库库址的选择原则

选择库址要根据冷库的性质、规模、建设投资、发展规划等条件，结合拟选地点的具体情况，审慎从事，择优确定。为了正确地选择库址，一般应考虑以下的基本条件。

① 经济依据。要考虑原材料供应、生产协作、货运、销售市场等方面是否具备建库的有利条件。冷库应根据其使用性质，在产地、货源集中地区或主要消费区选址，力求符合商品的合理流向。在总体布局上，不应布置在城镇中心区及其饮用水源的上游，应尽量选在城镇附近。

② 交通运输。必须考虑选址附近具有便利的水陆交通运输条件，以利于货源调入和调出。

③ 区域环境。库址周围应有良好的卫生环境，冷库的卫生防护距离必须符合我国《工业企业设计卫生标准》（GBZ 1-2010）的规定。此外还需了解本地区的水利规划，避免选在大型水库（包括拟建者）的下游及受山洪、内涝或海潮严重威胁的地段。

④ 地形地质。选址时应对库址的地形、地质、洪水位、地下水位等情况进行认真调查或必要的勘测分析。

⑤ 水源。冷库是用水较多的企业，水源是确定库址的重要条件之一。故库址附近必须保证有充裕的水源。

⑥ 电源。冷库供电属于第二类负荷，需要有一个可靠的、电压较稳定的电源。选址时应对当地电源及其线路供电量做详细了解，并应与当地电业部门联系，取得供电证明。

⑦ 其他。要了解附近有无热电厂和其他热源可以利用；附近有无居民点、公用生活设施、中小学，工人上下班交通是否方便等。

（4）冷库总平面设计

① 必须具备各种技术资料。必须具备库址的地质资料图、设计任务书（包括原则、任务、性质、规模）等，总平面设计直接影响基建投资的大小、产品成本的高低，是一项重要的基础工作。

② 必须满足生产工艺的要求。冷库厂区总平面布置必须满足生产工艺的要求，保证生产流程的连续性，应将所有的建筑物、道路、管线等按生产流程进行联系和组合，尽量避免作业线的交叉和迂回运输。

③ 多方案比较，充分论证和造价分析。设计时要比较全库分区是否合理，生产区、原料区、生活区应划分明确，库区的竖向设计是否合理，工程技术管网设计是否合理。

（5）保温隔热设计

保温隔热材料应选择导热系数小、体积质量小、吸湿性小、不易燃烧、不生虫腐烂的材料。常见的隔热保温材料主要有炭化软木、稻壳、聚苯乙烯泡沫塑料、聚氨酯泡沫塑料、膨胀珍珠岩、矿渣棉及其制品等。

目前，冷库墙体隔热层的施工方式，主要有采用夹层墙、采用预制隔热嵌板、墙体上现场喷涂聚氨酯3种方式，这3种方式各有优缺点，要根据实际情况合理选择。

（6）隔汽防潮设计

冷库隔汽防潮层的有无及好坏对于冷库围护结构的隔热性能起着决定性作用。因此，在设计隔汽防潮层时要注意隔汽防潮层必须设在绝热层的高温侧；对于低温侧比较潮湿的地方，其外墙和内墙隔热层两侧均应设防潮层；屋顶隔汽层采用三毡四油，外墙和地坪采用二毡三油，相同温度的库内隔墙可不用隔汽层。

思考题

1. 简述食品工厂公用工程的主要内容和一般要求。

2. 食品工厂对水质有何要求？常用的水处理方法有哪些？

3. 食品工厂对供电有哪些要求？

4. 食品工厂中常用的自控系统有哪些？

5. 简述食品工厂通风的意义及常用的通风方法和基本要求。

6. 冷库的规划设计应该从哪些方面考虑？

第9章

食品工厂安全生产与环境保护

学习目的与要求

通过本章的学习，学生应了解企业安全生产的意义，进行安全性评价及环境影响评价的作用和方法，在“碳中和”与可持续发展背景下，工厂生产与环境保护的关系；理解工厂绿化的作用和特点，环境影响评价的标准体系；掌握食品工业“三废”的特征，处理的原则和方法，发生燃烧、爆炸的条件及特点，工厂防火、防爆的措施。

9.1 安全生产

食品安全生产问题一直是各级政府关注、群众关心的重点问题，任何一个环节疏于管理都有可能造成严重的食品安全事故，危及人民群众的身体健康和生命安全，国家于2014年颁布并实施了最新的《中华人民共和国安全生产法》。

安全生产，其实质是在生产过程中防止各种事故的发生，确保设备的安全和人民生命安全健康。安全与生产是一个统一整体，安全保证了生产过程的顺利进行，提高了生产效率；生产为安全提供必要的更好的物质条件。为防止食品在生产加工过程中的污染，在工厂设计时，一定要在厂址选择、总平面布局、车间布置及相应的辅助设施等方面，严格按照GMP、HACCP、QS等的标准规范和有关规定的要求，进行周密的考虑。如果在设计时考虑不周，造成先天不足，则建厂后再行改造就更麻烦。因此，在进行新的食品工厂设计时，一定要严格按照国际、国家颁布的卫生安全标准、规范执行。食品企业生产所涉及的产品种类繁多，性质复杂，因此存在的安全隐患也复杂多变。

9.1.1 生产中的不安全因素

9.1.1.1 不安全状态

不安全状态是指导致事故发生的物质条件。包括：①防护、保险、信号等装置缺乏或有缺陷；②设备、设施、工具、附件有缺陷；③个人防护用品、用具缺少或缺陷；④生产场地环境不良。

9.1.1.2 不安全行为

不安全行为是指造成事故的人为因素。包括：①操作错误、忽视安全、忽视警告；②造成安全装置失效；③使用不安全设备；④成品、半成品、材料存放不当；⑤冒险进入危险场所；⑥攀坐平台、护栏、吊车、吊勾等不安全位置；⑦在起重物下作业、停留；⑧机器工作时检修、调整、清扫；⑨有分散注意行为；⑩在必须使用个人防护用品用具的作业场合，忽视其使用；⑪不安全装束；⑫对易燃易爆危险品处理错误。

9.1.2 防火防爆

食品工厂中有很多生产工艺存在易燃易爆的安全隐患，如油脂生产、油炸工艺、焙烤工艺、白酒生产工艺等。为了防止工厂火灾爆炸事故的发生，我们必须了解防火防爆的基本知识和相关防范措施。

9.1.2.1 燃烧

燃烧是可燃物质与空气（氧）或其他氧化剂进行反应而产生放热发光的现象。燃烧必须同时具备下列三个基本条件：

① 有可燃物。凡能与空气中的氧或其他氧化剂起反应的物质为可燃物，有固体、液体、气体。如木材、纸盒、谷壳、酒精等。

② 有助燃物。一般是指氧和氧化剂。因为空气中含有21%（体积分数）左右的氧，所以可燃物质燃烧能在空气中持续进行。

③ 有火源。指能引起可燃物质燃烧的热源。包括明火、聚集的日光、电火花、高温灼热体等。

9.1.2.2 爆炸

爆炸是指物质由一种状态迅速地转化为另一种状态并在极短的时间内以机械功的形式放出很大能量的现象。或是气体（蒸气）在极短的时间内发生剧烈膨胀，压力迅速下降到常压的现象。可分为：

① 化学性爆炸。指物质由于发生化学反应，产生大量的气体和热量而形成的爆炸。这种爆炸能直接造成火灾。

② 物理性爆炸。通常指锅炉、压力容器内的介质，受热温度升高，气体膨胀，压力急剧升高，超过了设备所能承受的限度而发生爆炸。

9.1.2.3 防火防爆措施

防火防爆必须贯彻“以防为主，防消结合”的方针。

（1）防范措施

1）建筑防火结构

国家颁布的《建筑设计防火规范》（GB 50016-2018）规定，按工业建、构筑物结构材料的耐火性能的大小，共分为四级，见表9-1。生产的火灾危险性应根据生产中使用或产生的物质性质及其数量等因素划分，可分为甲、乙、丙、丁、戊五类，见表9-2。

表9-1 工业建、构筑物耐火程度分级

耐火等级	耐火性
一级	主要建筑构件全部为不燃烧性
二级	主要建筑构件除吊顶为难燃烧性，其他为不燃烧性
三级	屋顶承重构件为可燃性
四级	火墙为不燃烧性，其余为难燃性和可燃性

表 9-2　生产的火灾危险性分类

生产的火灾危险性类别	使用或产生下列物质生产的火灾危险性特征
甲	1. 闪点小于 28℃的液体 2. 爆炸下限小于 10%的气体 3. 常温下能自行分解或在空气中氧化能导致迅速自燃或爆炸的物质 4. 常温下受到水或空气中水蒸气的作用，能产生可燃气体并引起燃烧或爆炸的物质 5. 遇酸、受热、撞击、摩擦、催化以及遇有机物或硫磺等易燃的无机物，极易引起燃烧或爆炸的强氧化剂 6. 受撞击、摩擦或与氧化剂、有机物接触时能引起燃烧或爆炸的物质 7. 在密闭设备内操作温度不小于物质本身自燃点的生产
乙	1. 闪点不小于 28℃但小于 60℃的液体 2. 爆炸下限不小于 10%的气体 3. 不属于甲类的氧化剂 4. 不属于甲类的易燃固体 5. 助燃气体 6. 能与空气形成爆炸性混合物的浮游状态的粉尘、纤维、闪点不小于 60℃的液体雾滴
丙	1. 闪点不小于 60℃的液体 2. 可燃固体
丁	1. 对不燃烧物质进行加工，并在高温或熔化状态下经常产生强辐射热、火花或火焰的生产 2. 利用气体、液体、固体作为燃料或将气体、液体进行燃烧作其他用的各种生产 3. 常温下使用或加工难燃烧物质的生产
戊	常温下使用或加工不燃烧物质的生产

其中甲、乙类属于火灾危险性较大的生产，如酒精、醋酸，必须采用比较耐火的建筑结构，同时建筑物间的防火间距要求也较大。根据以上规定，厂房之间及与乙、丙、丁、戊类仓库的防火间距，应按表 9-3 确定。

为了防止烟和火焰由外墙窗口蔓延到上层建筑物内，必须有利于烟气的扩散。因而在进行高层建筑设计时，一般规定上下两层窗口间的距离必须大于 0.9～1 m。

表 9-3　厂房之间及与乙、丙、丁、戊类仓库的防火间距　　m

名称			甲类厂房	乙类厂房（仓库）			丙、丁、戊类厂房（仓库）			
			单、多层	单、多层		高层	单、多层			高层
			一、二级	一、二级	三级	一、二级	一、二级	三级	四级	一、二级
甲类厂房	单、多层	一、二级	12	12	14	13	12	14	16	13
乙类厂房	单、多层	一、二级	12	10	12	13	10	12	14	13
		三级	14	12	14	15	12	14	16	15
	高层	一、二级	13	13	15	13	13	15	17	13
丙类厂房	单、多层	一、二级	12	10	12	13	10	12	14	13
		三级	14	12	14	15	12	14	16	15
		四级	16	14	16	17	14	16	18	17
	高层	一、二级	13	13	15	13	13	15	17	13
丁、戊类厂房	单、多层	一、二级	12	10	12	13	10	12	14	13
		三级	14	12	14	15	12	14	16	15
		四级	16	14	16	17	14	16	18	17
	高层	一、二级	13	13	15	13	13	15	17	13
室外变、配电站	变压器总油量/t	≥5，≤10					12	15	20	12
		>10，≤50	25	25	25	25	15	20	25	15
		>50					20	25	30	20

2）预防措施

主要是从思想上、组织管理和技术等方面采取预防措施。具体有：

① 建立健全群众性义务消防组织和防火安全制度；经常开展防火安全宣传及防火安全教育；开展经常性防火安全检查，并根据生产场所的性质，配备适用和足够的消防器材。

② 认真执行建筑防火设计规范，根据生产的性质，厂房和库房必须符合防火等级要求，厂房、库房应有安全距离，并布置消防用水和消防通道。

③ 合理布置生产工艺。根据产品、原料的火灾危险性质。安排选用符合安全要求的设备和工艺流程；性质不同又相互作用的物品分开存放；具有火灾、爆炸危险的厂房，要采取局部通风或全面通风，降低易燃易爆气体、蒸汽在厂房中的浓度；易燃易爆物质的生产，应在密闭设备中进行等。

（2）消防措施

万一发生火灾事故，要迅速组织灭火，防止火灾的蔓延扩大，以减少损失。扑灭火灾的方法有：窒息法、隔离法、冷却法和中断化学反应（抑制法）。火灾中使用的灭火剂就具有这些不同的作用，可以破坏继续燃烧的条件。常用的灭火剂有水、泡沫、二氧化碳、四氯化碳、卤代烷、干粉、惰性气体等。其是通过各种灭火器设备和器材来施放或喷射。为了扑灭火灾，应根据燃烧物质的性质和火势发展情况，从效能高、使用方便、来源丰富、成本低廉，对人体和物质基本无害几方面考虑，选择适合、足够的灭火剂。

9.1.3　防毒

所谓“毒物”是指在一定条件下，以较少的量进入人体后，能与人体组织发生化学或物理化学作用，影响人体正常生理功能，导致机体发生病理变化的物质。其可以通过呼吸道、皮肤、消化道进入人体，并呈现不同程度的病变现象。

9.1.3.1　工业毒物分类

目前工业毒物的分类有几种。如按毒物的化学类属可分为有机毒物和无机毒物；如按毒作用性质可分为窒息性、刺激性、麻醉性、全身性等毒物。常见的是按毒物的物理形态分类和常用的综合性分类两种。

（1）按物理形态分类

可分为气体、液体、固体，一般常以气体、蒸气、烟尘、雾等形态污染生产环境。

（2）常用的综合性分类

综合其存在形态、作用特点和化学结构等多种因素分为：

① 金属、类金属毒物：主要有汞、铅、砷、铬、镉、镍等。

② 刺激性或窒息性气体：主要有氯气、二氧化硫、光气、一氧化碳、硫化氢等。

③ 有机溶剂：苯、二氯乙烷、四氯化碳、汽油、二硫化碳。

④ 苯的硝基、氨基化合物。

⑤ 高分子化合物生产中的毒物。

⑥ 农药：农药生产从原料到成品多为剧毒或毒性大的物质。如苯、氯、硝基苯、硫化氢、乐果、六六六等。

9.1.3.2　工业毒物对人体的危害

工业毒物进入人体后，与人体组织发生化学、物理化学和生物化学的作用，并在一定条件下破坏人体的正常生理机能，使人体某些器官和系统发生暂时或永久性的病变，也叫职业中毒。职业中毒可分急性中毒，如一氧化碳中毒；慢性中毒，如铅、汞中毒；亚急性中毒，如二氧化碳中毒。工业毒物对人体的危害是多方面的：对神经系统的危害主要是中毒性神经衰弱和其他一些病症；对血液和造血系统的危害，主要是引起血细胞减少；对呼吸系统的危害，主要是引起支气管炎、肺炎、肺水肿等；还有中毒性肝炎、皮肤损害等。

9.1.3.3　综合防毒措施

为了保护职工在生产活动过程中的安全与健康，防止职业中毒事故的发生，必须从工艺和设备的技术改造、通风排毒、毒物净化、个体防护、管理与法制等方面采取综合措施，才能达到理想的要求，保证职工在生产活动过程中的安全与健康。

9.1.4　用电安全

电气安全是安全科学技术学科的重要组成部分，电气事故不仅包括触电事故，而且包括雷电、静电、电磁场危害、各种电气火灾以及由电气线路和设备的故障等造成的事故。

9.1.4.1　用电安全基本要素

电气绝缘、安全距离、设备及其导体的载流量、明显和准确的标志等是保证用电安全的基本要素。电气绝缘是保证电气设备和供配电线路的良好绝缘状态，是保证人身安全和电气设备无事故运行的最基本要素；可以通过测定其绝缘电阻、耐压强度、泄漏电流和介质损耗等参数加以衡量。安全距离指人体、物质等接近带电而不发生危险的安全可靠距离；包括线路安全距离，变配装置安全距离，检修安全距离，操作安全距离等。安全检查包括设备的绝缘有无损坏，绝缘电阻是否符合要求，设备裸露带电部分是否防护，保护接零和保护接地是否正确可靠，保护装置是否符合要求，制度是否健全等。

9.1.4.2 安全技术措施

用电安全技术措施，一般采取：保护接地防高压窜入低压保护、保护接零、重复接地保护、采用安全低电压、采用静电消除器、装设备熔断器、脱扣器、热继电器、避雷装置等。

9.1.5 安全性评价

安全性评价又称危险度评价或风险度评价。安全性评价是运用系统安全工程的理论方法，从人、机、物、法、环境等五个方面对系统的安全性进行评价、预测和度量。其基本点是以生产设备设施为主体，运用现代科学技术知识方法与检测手段，逐一分析度量生产过程中各个环节上人、机、物、法、环境的危险特性，预先研究各种潜在危险因素，为采取技术和管理的治理措施提供可靠的依据。评价采取现场检查、资料查阅、现场考问、实物检查、仪表检测、调查分析、现场测试分析试验等7种查评方法。

9.1.5.1 评价的原则

① 评价人员的客观性：要防止评价人的主观因素影响评价数据，同时要坚持对评价结果进行复查。

② 评价指标的综合性：单一指标只能反映局部功能，而综合性指标能反映评价对象各方面的功能。

③ 评价方案的可行性：只有从技术、经济、时间和方法等条件分析都可行，才是较佳方案。

④ 所采用的标准参数资料，应是最新版本，确实能反映人、机、物、环境的危险程度。

⑤ 评价结果应用综合性的单一数字表达。

9.1.5.2 安全性评价的程序

（1）制订评价计划

可参考同行业中其他企业安全性评价的计划，结合本企业情况，提出一个供讨论的初步方案。方案应是动态的，在评价过程中发现了某些缺陷或漏掉了项目，应及时修改、补充和完善。计划中包括以下项目：①评价任务和目的；②评价的对象和区域；③评价的标准；④评价的程序；⑤评价的负责人和成员；⑥评价的进度；⑦评价的要求；⑧试点建议；⑨安全问题的发现、统计和列表，整改措施的提出；⑩测试方法；⑪整改效果分析；⑫总结报告等。

（2）安全性评价的步骤

① 确认系统的危险性，即找出危险性并加以定量化。② 根据危险的允许范围，具体评价危险性及排除危险，消除或降低系统的危险性，使其达到允许范围（图9-1）。

9.1.5.3 安全性评价技术

安全性评价是方案制订、设计、制造、使用、报废整个过程中的安全保证手段，它一般分为若干个阶段。

① 根据有关法规进行评价。

② 据校验一览表或事故模型与影响分析做定性评价。

③ 有关物质（材料）、工艺过程的危险性定量评价。

④ 对严重程度，实行相应的安全对策。

⑤ 据事故灾害信息重新做出评价。

⑥ 进行全面定性、定量评价。

9.2 环境保护工程

环境科学是一个正在迅速发展的新科学。环境科学是研究环境结构、环境状态及其运动变化规律，研究环境与人类社会活动间的关系，并在此基础上寻求正确解决环境问题，确保人类社会与环境之间演化、持续发展的具体途径的科学。人类与环境之间是一个相互作用、相互影响、相互依存的对立统一体。人类的生产和生活活动作用于环境，会对环境产生有利或不利影响，引起环境质量的变化；反过来，变化了的环境也会对人类的身心健康和经济发展产生有利或不利的影响。人类是环境的产物，又是环境的改造者。由于人类认识能力和科学技术水平的限制，在改造环境的过程中，往往产生意想不到的后果，造成对环境的破坏和污染，这就是人们所说的环境问题，它是当前人类面临的主

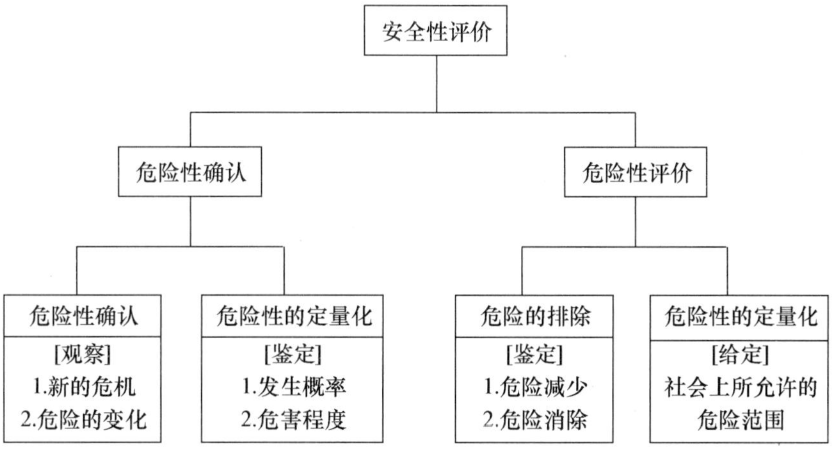

图 9-1　安全性评价流程图

要问题之一。《中华人民共和国环境保护法》明确指出："环境是指影响人类生存和发展的各种天然的和经过人工改造的自然因素的总体。环境的范畴很广，包括大气、水、海洋、土地、矿藏、森林、草原、野生生物、自然遗迹、人文遗迹、自然保护区、风景名胜区、城市和乡村等。"

所谓环境保护，概括地讲，就是运用现代环境科学理论和方法，保护和改善环境质量，保护人类的身心健康，防止机体在环境污染影响下产生遗传变异和退化；合理开发利用自然资源，减少和消除有害物质进入环境；保护自然资源，加强生物多样性保护，维护生物资源的生产能力，使之得以恢复和扩大再生产；促进经济与环境协调和可持续发展，造福人类。环境保护是一项范围广阔，综合性很强，涉及自然科学和社会科学的许多领域，又有自己独特研究对象的工作。保护环境是我国的一项基本国策。工厂设计要始终践行环境保护的理念，坚持绿水青山就是金山银山的理念，设计全过程重视环境保护、绿色循环，让我们的祖国天更蓝、山更绿、水更清。20 世纪 50 年代以来，有关环境问题的名词和事件不断出现，影响比较大的是"三废"问题即废水、废气、废渣。

9.2.1　工业废气处理

地球表面环绕着一层很厚的气体，称为环境大气或地球大气，简称大气。地球上的大气是环境的重要组成部分，是维持所有生命的要素。大气质量的优劣对整个生态系统和人体健康有着直接的影响。在人类的活动和某些自然作用下，大气中的物质和能量不断地循环与交换，从而直接或间接地影响了大气环境质量。

9.2.1.1　大气污染物

大气污染，是指由于有害的气态污染物进入大气，使大气在成分、气味、颜色和性质等方面发生变化，危害生物生活环境，影响人体健康和动植物的生存。

大气中超过洁净空气组成中应有浓度水平的物质，称大气污染物。进入大气的污染物种类是相当多的，据不完全统计，大约有 100 种，按来源可分为自然污染物和人为污染物（如工厂排放的废气），引起公害的往往是人为污染物；按其存在状态可分为气溶胶态污染物和气态污染物；按其形成过程的不同，可分成一次污染物和二次污染物。一次污染物又称原发性污染物，是由人为污染源或自然污染源直接排放环境中，其物理、化学性状均未发生变化的污染物。二次污染物又称续发性污染物，排入环境中的一次污染物，在物理、化学因素或生物的作用下发生变化，或与环境中的其他物质发生反应所形成的物理、化学性状与一次污物不同的新污染物。

食品加工厂的废气具有种类繁多、组成复杂、污染物浓度高、污染面大的特点，其典型的废气有含硫化合物、氟化物和氮氧化物，如 SO_2、H_2SO_3、H_2S、NO_2、NO 等，使周围的大气和土壤受到污染。农作物可直接吸收空气中的氟化物并在体内积累。氟在人体内的积累引起的典型疾病为氟斑牙和氟骨骼；SO_2 在大气中、尤其在被污染的大气中易被氧化形成 SO_3，再与水分子结合产生硫酸分子，经过均相或非均相成核作用，形成硫酸气溶胶，并同时发生化学反应生成硫酸盐。硫酸和硫酸盐可形成硫酸烟雾和酸性降水，造成较大的危害。二氧化硫是一种具有强烈刺激气体的无色不燃气体，其本身毒性不大，易溶于水和醚，对上呼吸道黏膜和眼结膜具有强烈刺激性。人体长期接触低浓度二氧化硫，会出现倦怠无力、鼻炎、咽喉炎、支气管炎、嗅觉障碍等，当浓度达到 400～500 cm^3/m^3 时，人就会严重中毒，最后窒息而死。

食品企业锅炉烟筒高度和排放粉尘量应符合《锅炉大气污染物排放标准》（GB 13271-2014）的规定，烟道出口与引风机之间必须设置除尘装置。其他排烟、除尘装置也应达到标准后再排放，防止污染环境。排烟除尘装置应设置在主导风向的下风向。季节性生产厂应设置在季节风向的下风向。

9.2.1.2 大气污染物的治理技术

食品工业所排放废气中主要污染物有二氧化硫、氮氧化物、氟化物、氯化物、碳化物及各种有机气体等，其中二氧化硫和氮氧化物对大气所造成的污染更为严重。

各种生产过程中产生的气溶胶态污染物可利用其质量较大的特点，通过外力的作用将其分离出来，通常称为除尘；气态污染物则要利用污染物的物理性质和化学性质，采用冷凝、吸收、吸附、燃烧、催化等方法进行处理。

（1）除尘技术

除尘设备根据其原理大致可分机械除尘器、湿式洗涤除尘器、过滤式除尘器、静电除尘器等。处理技术选用主要考虑的因素为尘粒的浓度、直径、腐蚀性等以及排放标准和经济成本等因素。

机械除尘器是利用机械力（重力、离心力）将粉尘从气流中分离出来，达到净化的目的。其中最简单、廉价、易于操作维修的便是沉降室。携带尘粒的气流由管道进入宽大沉降室时，速度和压力降低，这时较大的颗粒（直径大于 40 μm）则因重力而沉降下来，沉降室法主要用于食品加工企业和冶金工业，安装在其他设备之前，作为预处理装置。另一种设备是旋风除尘，其原理是使气流在分离器内旋转，尘粒在离心作用下被甩往外壁，沉降到分离器的底部而被分离清除。这种方法对 5 μm 以上尘粒去除效率可达 50%～80%。

湿式洗涤除尘器是一种采用喷水法将尘粒从气体中洗涤出去的除尘器，有喷雾塔式、填料塔式、离心洗涤器等多种，这种除尘器能除去直径大于 10 μm 的颗粒，如果采用离心式洗涤分离器，其去除率可达 90%左右。这种方法的缺点是能耗较高，同时存在污水处理问题。

过滤式除尘器有着较高的除尘效率，其中最常用的袋式除尘器，对直径 1 μm 颗粒的去除率接近 100%，它是使含尘气体，通过悬挂在袋室上部织物过滤而被除去。这种方法效率高，操作简便，适用于含尘浓度低的气体，其缺点是维修费高，不适于高温高湿气流。

静电除尘器的原理，是根据所有尘粒通过高压直流电场时吸收电荷的特性而将其从气流中除去。带电颗粒在电场的作用下，向接地集尘筒壁移动，借重力而把尘粒从集中电极上除去。其优点是对粒径很小的尘粒具有较高的去除效率，且不受含尘浓度和烟气流量的影响，但设备投资费用高，技术要求高。

（2）气体污染物的处理技术

1）吸收法

吸收是利用气体混合物中不同组分在吸收剂中溶解度不同，或者与吸收剂发生选择性化学反应，从而将有害组分从气流中分离出来的过程。此法适用性比较强，各种气态污染物（如 SO_2、H_2S、HF、NO_2 等）一般都可选择适宜的吸收剂和吸收设备进行处理，并可回收有用产品。因此，该法在气态污染物治理方面得到广泛应用。

吸收法中所用吸收设备的主要作用是使气液两相充分接触，以便很好地进行传递。许多吸收设备与湿式除尘器设备基本相似。用于净化操作的吸收器大多数为填料塔、板式塔、喷淋塔等。

2）吸附法

气体混合物与适当的多孔性固体接触，利用固体表面存在的未平衡的分子引力或化学键力，把混合物中某一组分或某些组分吸留在固体表面上，这种分离气体混合物的过程称为气体吸附。作为工业上的一种分离过程，吸附已广泛应用于化工、冶金、石油、食品、轻工及高纯气体制备等工业部门。由于吸附具有分离效率高、能回收有效组分、设备简单、操作方便、易于实现自动控制等优点，已成为治理环境污染物的主要方法之一。在大气污染控制中，吸附法可用于低浓度废气的净化。

常用的气体吸附剂有骨灰、硅胶、铁矾土、漂白土、分子筛、丝光沸石、活性炭等。由于硅胶、矾土、铁矾土、漂白土和分子筛等都对水蒸气有很强的吸附能力，因此他们主要用于气体干燥或处理干燥气体。在大气污染控制方面应用最广的吸附剂是活性炭。

吸附过程包括以下3个步骤：①使气体和固体吸附剂进行接触，以便气体的可吸附部分被吸附在吸附剂上；②将未被吸附的气体与吸附剂分开；③进行吸附剂的再生，或更换吸附剂。

3）催化法

这是利用催化剂的催化作用，将废气中的气体有害物质转化为无害物质或转化为易于去除的物质的一种废气治理技术。催化法治理污染物过程中，无需将污染物与主气流分离，可直接将有害物质转变为无害物，这不仅可避免产生二次污染，而且可简化操作过程。此外，由于所处理的气体污染物的初始浓度都很低，反应的热效应不大，一般可以不考虑催化床层的传热问题，从而大大简化了催化反应器的结构。由于上述优点，使催化法在净化气态污染物中得到推广和应用，此法已成为一项重要的大气污染治理技术。例如，利用催化法使废气中的碳氢化合物转化为二氧化碳和水，氮氧化物转化为氮，二氧化硫转化为三氧化硫后加以回收利用，有机废气和臭气催化燃烧，汽车尾气的催化净化等。该法的缺点是催化剂价格较高，废气预热需要一定的能量，即需添加附加的燃料使得废气催化燃烧。

绝大多数气体净化过程中所用的催化剂一般为金属盐类或金属，通常载在具有巨大表面积的惰性载体上。典型的载体为氧化铝、铁矾土、石棉、陶土、活性炭、金属丝等。

4）燃烧法

燃烧法是通过热氧化作用将废气中的可燃有害成分转化为无害物质的方法。例如，含烃废气在燃烧中被氧化成无害的CO_2和H_2O。此外，燃烧法还可以消烟、除臭。燃烧法已广泛应用于石油化工、有机化工、食品化工、涂料和油漆的生产、纸浆和造纸、动物饲养场等含有有机污染物的废气治理。

5）冷凝法

冷凝法是利用物质在不同温度下具有不同饱和蒸气压这一性质，采用降低系统温度或提高系统压力，使处于蒸气状态的污染物冷凝并从废气中分离出来的过程。该法特别适用于处理污染物浓度在$10\,000\ cm^3/m^3$以上的有机废气。

6）生物法

有机废气生物净化是利用微生物以废气中的有机组分作为其生命活动的能源或其他养分，经代谢降解，转化为简单的无机物及细胞组成物质。自然界中存在各种各样的微生物，因而几乎所有无机和有机的污染物都能被微生物所转化。与废水生物处理过程的最大区别在于：废气中的有机物质首先要经历由气相转移液相（或固体表面液膜）中的废气的传质过程，然后在液相（或固体表面生物层）被微生物吸附降解。

由于气液相间有机物浓度梯度、有机物水溶性以及微生物的吸附作用，有机物从废气中转移到液相（或固体表面液膜）中，进而被微生物捕获、吸收。在此条件下微生物对有机物进行氧化分解和同化合成，产生的代谢产物一部分溶入液相，一部分作为细胞物质或细胞代谢能源，还有一部分（CO_2）则进入到空气中。废气中的有机物通过上述过程不断减少，从而得到净化。

生物处理不需要再生过程和其他高级处理，与其他净化方法相比，此处理设备简单、费用又低，并可以达到无害化目的。因此生物处理技术被广泛应用于废气治理工程中，特别是有机废气的净化，如屠宰场、肉类加工厂等。该法的局限性在于不能回收污染物质，只适用于污染物浓度很低的情况。

7）膜分离法

混合气体在压力梯度作用下透过特定薄膜时，不同气体具有不同的透过速度，从而使气体混合物中的不同组分达到分离的效果。因此，应用不同结构的膜，就可以分离不同的气态污染物。膜法气体分离技术的优点是过程简单，控制方便，操作弹性大，能在常温下工作，能耗低。可以预料，膜分离法将广泛用于气态污染物的净化及回收利用上。

9.2.2　工业废水处理

大多数食品在其加工过程中，需要大量用水，其中少量水构成制品供消费者食用，大量水是用于对各种食物原料的清洗、烫漂、消毒、冷却以及容器和设备的清洗。因此，食品工业排放的废水量是很大的。由于食品工业的原料广泛，产品种类繁多，排出的废水水质、水量差异也很大。废水中含的主要污染物有：漂浮在废水中的固体物质，如茶叶、肉和骨的碎屑、动物或鱼的内脏、排泄物和畜毛、植物的废渣和皮等；悬浮在废水中的油脂、蛋白质、淀粉、血水、酒糟、胶体物等；溶解在废水中的糖、酸、盐类等；来自原料挟带的泥沙和动物粪便等；可能存在的致病菌等。概括地说，食品工业废水的主要特点是：有机物质和悬浮物含量高，易腐败，一般无毒性。一些常见的食品工业废水来源及水质情况见表 9-4。

表 9-4 食品工业废水来源及水质表

加工厂类别	产品名称	原料	主要污染源	排水水质/(mg/L)
肉类加工厂	红肠、火腿、咸肉	禽肉、鱼肉、调料	原料处理设备、水煮设备、冷却水	pH：5.5～7.5 BOD：300～600 SS：100～150
奶制品厂	奶油、干酪、酸乳酪、冰激凌	牛奶	设备和各种器具清洗排水	pH：6.5～11 BOD：50～400 SS：70～150
水产品加工厂	鱼贝类加工制品、鱼粉、海产品肥料	鱼贝类、调料	原料处理设备、水煮设备、其他器具清洗排水、除臭设备排水	pH：6.6～8.5 BOD：200～2 000 SS：150～1 000
砂糖加工厂	砂糖、糖粒	原糖	过滤设备、冷却水	pH：6.0～8.0 BOD：80～120 SS：70～100
面包糕点厂	各种面包、饼干、糕点	面粉、糖、酵母	清洗搅拌机、其他各种容器排水	pH：6.0～8.0 BOD：200～600
饮料厂	汽水、果汁	糖、碳酸	设备和各种容器清洗水	pH：6.0～12.0 BOD：250～350 SS：100～150
啤酒厂	啤酒	麦芽、酒花	麦芽清洗设备和冷却水	pH：8.0～11.0 BOD：200～800 SS：210～350

9.2.2.1 水体污染的种类

根据污染物质及其形成污染的性质，可以将水污染分成物理性污染、化学性污染和生物性污染三类。

(1) 物理性污染

物理性污染包括色度和浊度污染、悬浮固体污染、热污染和放射性污染；

① 悬浮固体污染。包括无机的泥沙、炉渣、铁屑，以及有机的纸片、菜叶等。水力冲灰、洗煤、冶金、屠宰、化肥、化工、建筑等工业废水和生活污水中都含有悬浮状的污染物，排入水体后除了会使水体变得浑浊，影响水生植物的光合作用以外，还会吸附有机毒物、重金属、农药等，形成危害更大的复合污染物沉入水底，日久后形成淤积，会妨碍水上交通或减少水库容量，增加挖泥负担。

② 放射性物质。放射性物质主要来自核工业和使用放射性物质的工业或民用部门。放射性物质能从水中或土壤中转移到生物、蔬菜或其他食物中，并发生浓缩和富集进入人体。放射性物质释放的射线会使人的健康受损，最常见的放射病就是血癌，即白血病。

③ 热污染。废水排放引起水体的温度升高，称为热污染。水体温度升高，加速了水中的各类反应，使水中溶解氧浓度降低，水质恶化，影响水生生物的生存和繁殖。

(2) 化学性污染

化学性污染是指废水及其他废弃物排入水体后，其中的酸、碱、有机和无机污染物造成的水体污染；

① 无机有毒物质。很多重金属对生物有显著毒性，并且能被生物吸收后通过食物链浓缩千万倍，最终进入人体造成慢性中毒或严重疾病。

② 有机有毒物质。污染水体的有机有毒物质大多是人工合成有机物，难以被生化降解，并且大多具有较强的致癌、致突变性，毒性很大。主要有农药（有机氯、有机磷农药等）、酚类化合物、多氯联苯、多环芳烃、芳香族氨基化合物等。

③ 酸碱污染。酸碱污染物排入水体会使水体 pH 发生变化，破坏水中自然缓冲作用。酸碱对水体的污染，还会使水的含盐量增加，提高水的硬度，对工业、农业、渔业和生活用水都会产生不良的影响。

④ 植物性营养物。植物性营养物主要指含有

氮、磷等植物所需营养物的无机、有机化合物。这些污染物排入水体，特别是流动较缓慢的湖泊、海湾，容易引起水中藻类及其他浮游生物大量繁殖，形成富营养化污染，除了会使自来水处理厂运行困难，造成饮用水的异味外，严重时也会使水中溶解氧下降，鱼类大量死亡，甚至会导致湖泊的干涸灭亡。

(3) 生物性污染

生物性污染是由于将生活污水、医院污水等排入水体，随之引入某些病原微生物造成的，常含有病原体，会传播霍乱、伤寒、胃炎、肠炎、痢疾以及其他病毒传染的疾病和寄生虫病。

9.2.2.2 污水的主要污染指标

① 生物需氧量（biological oxygen demand）。生物需氧量简称BOD，系指在一定的温度、时间条件下，微生物在分解、氧化废水中有机物的过程中，所消耗的游离氧数量，实际测定时采用20℃条件下，5 d的BOD，单位mg/L。

② 化学需氧量（chemical oxygen demand）。化学需氧量简称COD，它表示废水经过强氧化剂（如重铬酸钾）在酸性条件下，将有机物氧化成为H_2O和CO_2时所测得的耗氧量。COD值越高，表示水中有机污染物的污染越严重。同生物需氧量相比较，化学需氧量测定时间短，而且不受水质限制。化学需氧量一般在数值上高于生物需氧量。两者之间的差值即可粗略地表示出不能被微生物所分解的有机物。对于多数食品加工厂废水，BOD将是COD的65%～80%。

③ 总需氧量（TOD）。有机物主要元素是C、H、O、N、S等，在高温下燃烧后，将分别产生CO_2、H_2O、NO_2和SO_2，所消耗的氧量称为总需氧量TOD。TOD的值一般大于COD的值。

④ 总有机碳（TOC）。总有机碳是近年来发展起来的一种水质快速测定方法，用于测定废水中的有机碳的总含量。TOC的测定时间也仅需几分钟。TOC虽可以以总有机碳元素量来反映有机物总量，但因排除了其他元素，不能反映有机物的真正浓度。

⑤ 总悬浮固形物（total suspended solid）。废水中总悬浮固形物简称TSS，系指漂浮在废水表面和悬浮在废水中的总固形物质含量，是废水的重要污染指标之一。废水中的大部分TSS，可采用过滤法去除。

⑥ 酸碱度pH。酸度和碱度也是废水的重要污染指标。常用pH来表示废水的酸性和碱性程度。

⑦ 温度。废水温度过高而引起的危害称为热污染。在物理和化学处理系统中，由于废水温度的大幅度变化，也会影响到处理过程的稳定性。通常，市政管理部门都会规定排出废水的最高允许温度。

⑧ 有毒物质。食品工业废水一般是无毒的。但有时造成废水中出现有毒物，通常是过量的游离氨、用来消毒的剩余氯，以及清洗用的洗涤剂或其他有毒物如油漆、溶剂和农药等。

9.2.2.3 水处理技术

水处理方法按其作用原理可分为四大类，即物理法、化学法、物理化学法和生物法。生物法中又分为好氧生物处理及厌氧生物处理。

(1) 物理法

利用废水中污染物的物理特性（如密度、质量、尺寸、表面张力等），将废水中主要呈悬浮状态的物质分离出来，在处理过程中不改变其化学性质。

① 重力分离法。利用废水中的悬浮物和水的密度不同这一原理，借重力沉降或上浮作用，使密度大于水的悬浮物沉降，密度小于水的悬浮物上浮，然后分离除去。

② 过滤法。利用过滤介质截留废水中残留的悬浮物质。过滤介质有筛网、沙层、滤布等。

③ 离心分离法。利用悬浮物与水的密度不同，借助离心设备的旋转，在离心力作用下，使悬浮物与水分离。

④ 气浮法。在水中通入空气、产生细微的气泡，有时还需同时加入混凝剂或浮选剂，使水中细小的悬浮物黏附在空气泡上，随气泡一起上浮到水面，形成浮渣。

⑤ 高梯度磁分离法。利用高的磁场梯度来分离水中某些污染物质的方法，称为高梯度磁分离法。

(2) 化学法

利用污染物质的化学特性（如酸碱性、电离性、氧化还原性）来分离回收废水中的污染物，或改变污染物的性质，使其从有害变为无害。

① 酸碱中和法。改变废水的酸性或碱性，调整到合适的pH，为进一步废水处理打下基础。

② 氧化还原法。水中有些无机和有机的溶解性物质，可以通过化学反应将其氧化或还原，转化成无害的物质，或转化成气体或固体而容易从水中分

离，从而达到处理的要求。

③ 化学沉淀法。向废水中投加某些化学药剂，使其与废水中的污染物发生化学反应，形成难溶的沉淀物，从而达到去除污染物的目的。

（3）物理化学法

运用物理和化学的综合作用使废水得到净化的方法。有吸附法、离子交换法、萃取法、膜分离法等。

（4）生物法

微生物有降解有机物及部分无机物的作用，使水中呈溶解和胶体状态的有机污染物转化为无害的物质。如：活性污泥法、生物膜法、生物塘等。

9.2.2.4 食品工业废水处理方法

废水在离开食品工厂前必须降低的污染程度，特别是一个地区与另一个地区之间，差异很大，这取决于很多因素：①废水是否排入城市污水处理工厂或商业废水处理工厂，如果是，该厂能处理的最大污染负荷是多少？②这种处理的费用有多大，如由食品工厂自行处理是否会更经济些？③食品工厂拥有什么样的排放权利，应当遵守哪些法规？

选择食品工业排放污水处理工艺（图 9-2），不仅要考虑污水中有害物质的组成，而且要了解排出污水水质、水量的瞬时变化情况，这些对选择污水处理工艺、设备和日后的运行管理都很重要。对于食品工业污水，一级处理一般是采用固液分离技术去除污水中的漂浮物和悬浮物；二级处理是主要处理过程，一般采用生物处理技术去除水中有机物等有毒物质，在需要的场所可以用物理化学法来进行酸、碱中和处理；三级处理一般采用膜处理法、强氧化剂氧化等技术将污水进一步净化，多适用于特殊食品加工的饮用水所做的最终处理，一般不需要也不用来处理食品工厂的废水。

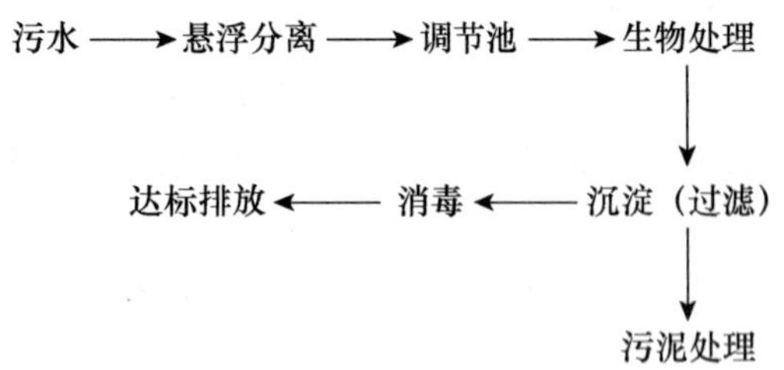

图 9-2 食品工业污水的典型处理工艺流程图

废水中的污染物质是多种多样的，往往不可能用一种处理单元就把所有的污染物质去除干净。一般一种废水往往需要通过几个处理单元组成的处理系统处理后，才能够达到排放要求。对于某一种食品加工废水，采用哪些方法或哪几种方法联合使用需根据废水的水质和水量、排放标准、处理方法的特点、处理成本和回收经济价值等，通过调查、分析、比较后才能决定，必要时还要进行小试、中试等。

9.2.3 固体废弃物处理及综合开发利用

《中华人民共和国固体废物污染环境防治法》明确指出：固体废物，是指在生产建设、日常生活和其他活动中产生的污染环境的固态、半固态废弃物质。它主要包括工业固体废物、农业固体废物、城市生活垃圾和废水处理污泥等。废弃物处理不当，将导致侵占土地、污染土壤、污染水体、污染大气、影响环境卫生等危害。

9.2.3.1 固体废弃物的分类

按照固体废物的来源不同，可分类为：

（1）工业固体废物

工业固体废物是指在工业生产、加工过程中产生的废渣、污泥和矿石等固体废物。固体废物数量大、品种繁多。冶金、煤炭、电力、化工、食品等工业是产生固体废物较多的部门。

（2）农业固体废物

农业固体废物也称为农业垃圾，包括农作物收割、农产品加工过程中排出的废物，比如农作物秸秆、家畜粪便等。

（3）城市生活固体废物

城市生活固体废物指在城市日常生活中或者为城市日常生活提供服务的活动中产生的固体废物，即城市生活垃圾，主要包括居民生活垃圾、医院垃圾、商业垃圾、建筑垃圾（又称为渣土）。

9.2.3.2 固态废弃物处理技术

（1）预处理技术

固体废物预处理是指采用物理、化学或生物方法，将固体废物转变成便于运输、储存、回收利用和处置的形态。常采用压实技术、粉碎技术、分选技术、脱水和干燥等。

（2）资源化处理技术

① 热化学处理。常用的热化学处理技术主要有焚烧、热解、湿式氧化等。

适合焚烧的废物主要是那些不适于安全填埋或不可再循环利用的有害废物，如医院和医学实验室产生的需特别处理的带菌废弃物、难以生物降解的、易挥发和扩散的、含有重金属及其他有害成分的有机物等。热解技术是指在无氧或缺氧条件下利用多数有机物热不稳定性的特征热分解，转化为分子量较小的组分。如：城市垃圾、污泥、工业废料如塑料、树脂、橡胶以及农林废料、人畜粪便等含有机物较多的固体废物都可以采用热解方法处理。湿式氧化法又称湿式燃烧法，适用于有水存在的有机物料。

② 生物处理。目前应用比较广泛的有：堆肥化、沼气发酵、废纤维素糖化和生物浸出等。

9.2.3.3　食品工业固体废弃物

食品工业固体废弃物主要有以下几类。

① 粮油食品工业固体废弃物。稻壳、麸皮、豆腐渣、植物油料榨油废弃物等。

② 肉与肉制品工业固体废弃物。碎骨、动物内脏、腐败的肉品、变质的动物血液等。

③ 禽蛋加工工业固体废弃物。蛋壳、臭蛋、禽类羽毛、碎骨、禽类内脏等。

④ 水产工业固体废弃物。鱼刺、鱼鳞、鱼内脏、变质鱼肉、贝壳等。

⑤ 水果、蔬菜加工工业固体废弃物。果皮、果梗、果籽、果渣、腐败果、废菜叶、泥沙、杂草等。

⑥ 制糖工业固体废弃物。各种原料榨汁后的残渣。

⑦ 酿造工业固体废弃物。酒糟、麦糟、废弃酵母、醋渣、发酵残渣等。

⑧ 其他工业固体废弃物。茶叶生产固体废弃物、调味料生产固体废弃物、烟草生产固体废弃物等。

9.2.3.4　食品工业固体废弃物处理方法

目前我国食品加工工业还处于发展过程中，很多企业设备技术落后，生产产品单一，因此原料利用率低，导致生产过程中形成大量固体废弃物。这些废弃物含有大量的未被利用的原料、营养物质，因此采取有效的措施进行综合开发利用，既能增加环境效益，也能增加企业的经济效益。

(1) 粮油加工工业

油脂生产副产物可以用来提取膳食纤维、蛋白肽、氨基酸（皂苷、低聚糖、黄酮、维生素、大豆磷脂）等功能性成分，也可以做动物饲料。稻壳、麸皮、豆腐渣等可做动物饲料。

(2) 果蔬加工工业

① 果籽提取油脂。包括苹果籽油、葡萄籽油、桑葚籽油、杏仁油、猕猴桃籽油等。

② 果渣。果渣生产饲料，提取果胶、多酚、色素等功能性成分，提取香料，进一步发酵生产柠檬酸、酒精等。

(3) 畜禽类加工工业

① 畜禽骨。加工产品包括骨油、骨胶、骨粉、钙制剂。

② 动物皮毛。生产日用生活用品。

(4) 水产加工工业

鱼油、鱼刺、贝壳精细加工钙制剂等。

(5) 酿造工业

发酵工业滤渣栽培菌类，生产动物饲料，提取功能性成分等。

9.2.4　噪声污染

噪声污染是指噪声强度超过人的生活和生产活动所容许的环境状况，对人们健康或生产产生危害。当噪声在30 dB以下时，较安静；40 dB时，为正常环境；50～60 dB时，则比较吵闹；80～90 dB时，相距0.15 m要大声喊话才能对话，工作效率下降；超过90 dB则会损伤听觉。

噪声污染和空气污染、水污染，被称为当今的三大污染。噪声影响人们的健康，妨碍人们的学习、工作和休息，强烈的噪声和振动还会损伤机器设备和建筑物，甚至危及人们的生命。为此，我国颁布了《环境噪声污染防治法》和《工业企业厂界噪声标准》；本着“谁污染、谁治理”的原则，凡是厂界噪声超标的企业应进行治理，做到达标排放。食品工业企业由于其工艺性质和设备配置使用等原因，存在着大量的噪声声源和相当程度的噪声污染。

噪声污染的发生必须有三个要素：噪声源、传播途径和接受者。因此控制噪声的原理也应该从这三个要素组成的声学系统出发，既要单独研究每一个要素，又要做系统综合考虑；既要满足降低噪声的要求，又要注意技术经济指标的合理性。原则上讲，优先的次序是噪声控制、传播途径控制和接受者保护。控制环境噪声则还应采取行政管理措施和合理的规划措施。

噪声控制的一般程序是：首先进行现场调查，测量现场的噪声级和频谱；然后按有关的标准和现场实测的数据确定所需降噪量；最后制定技术上可行、经济上合理的控制方案。

9.2.4.1 食品企业常见的噪声来源

(1) 风机噪声

风机是食品工业生产广泛使用的一种通用机械，如：风力输送、原料清洗和分选、物料浓缩和干燥等工艺均离不开风机。同时它也是食品企业中危害最大的一种噪声设备，其噪声高达 100～130 dB。虽然在食品厂使用的风机类型不同，产生的噪声及频率特性也各不相同，但从产生噪声的机理及特性上看，它们是相似的。主要由 4 部分组成：进、排气口的空气动力性噪声；机壳、管路、电动机轴承等辐射的机械性噪声；电动机的电磁噪声；风机振动通过基础辐射的固体噪声。在这 4 部分中，进、排气口的空气动力性噪声最强，比其他部分高出 10～20 dB。

(2) 空压机噪声

空压机是冷库或食品厂制冷车间的主要设备之一，其噪声在 90～110 dB，严重危害周围环境，尤其在夜间影响范围达数百米。空压机是个综合性噪声源。它的噪声主要是由进、出气口辐射的空气动力性噪声、机械运动部件产生的机械性噪声和驱动电机噪声等部分组成。

(3) 电机噪声

电机是食品厂生产中使用最多的动力设备，在运行中产生强烈噪声，功率愈大噪声愈严重。其噪声主要包括风扇噪声、机械噪声和电磁噪声。大多数电机都装有冷却风扇，其产生的空气动力性噪声是电机的主要声源，其产生的机理与风机相似，强度与叶片的数量、尺寸、形状及转速有关。机械噪声包括电机转子不平衡引起的低频声、轴承摩擦和装配误差引起的高频噪声、结构共振产生的噪声等。电磁噪声是由于电机空隙中磁场脉动、定子与转子间交变电磁引力、磁波伸缩引起电机结构而产生的倍频声。

(4) 泵噪声

泵也是食品工业生产中不可缺少的一种常用设备，主要有油泵、水泵、奶泵、酱体泵、气泵等。泵的噪声主要来自液力系统和机械部件。液力噪声是由液体中的空穴和液体排出时压力、流量的周期性脉动而产生的。机械噪声是由转动或移动部件的出口处不同压力的液体混合的结果，当泵压力腔中的压力低于出口管道中的压力时，噪声最大。

(5) 其他噪声

在食品企业还常有粉碎机、柴油机、制冷设备、制罐设备、机械加工设备、运输车辆等，均产生不同声级和频率的噪声。由于企业的产品或工艺特点的不同，有些噪声可能成为企业主要的或危害性较大的噪声源。

9.2.4.2 噪声控制一般原理

(1) 噪声源的控制

这是首先要考虑的治本方法。运转的机械设备和交通运输工具是造成噪声污染的主要来源，控制它们的噪声有两种方法：一是改进结构，提高部件的加工精度和装配质量，采用合理的操作方法，可显著降低源强；二是采用吸声、隔声、减振、隔振、安装消声器等技术，将设备做成低噪声整机。

(2) 传播途径的控制

噪声在传播过程中，一旦遇到障碍物，就会被障碍物吸收、反射、折射和绕射等。所以在噪声控制中，人们常利用障碍物起到隔声作用。另外，噪声在传播过程中的能量是随着距离的增加而逐渐衰减的。在噪声源附近衰减的规律比较复杂，在稍远的地方，例如距离大于噪声源最大尺寸 3～5 倍以外的地方，距离若增加一倍，噪声衰减 6 dB。因此，在厂址的选择上，要把噪声级高、污染面大的工厂、车间或设备布设在远离需要安静的地方。同时，噪声源一般都有高频指向性，即在不同方位上，接收到的高频噪声有所不同，所以我们可以改变机器设备的安装方位降低噪声。

(3) 接受者的防护

在某些特殊条件下，采取以上两种措施限于技术上或经济上的原因而不可能或不合理时，便采取这种被动的防护办法。除了减少接受者在噪声环境中的暴露时间和调整他们的工种之外，可佩戴护耳器，如耳塞、耳罩、头盔等。

9.2.4.3 降低噪声的技术措施

(1) 降低噪声源源强

无论是从机电产品设备设计、制造，工程设计的设备选型、采用新工艺、总体布置，还是进行技术改造等方面，我们都要做到尽可能地降低源强。几种常见的噪声源源强控制措施如下：①采用柔性连接，选用低转数机电产品代替高转数设备。②提高加工精度，注意合理公差配合、减少安装活动间隙。③限制风机、喷嘴等气流速度，密闭减速器、链条传动等设备。④减少摩擦，改机械摩擦为活动摩擦，改进运动部件的静态平衡和动态平衡以减少激发振动。⑤用焊接代替铆接，用滚压机或风压机矫正钢板代替敲打。⑥可用液压或挤压代替冲压，可用压力机代替锻锤。⑦采用阻尼系数高的镀铬件、含锰和镁的合金、塑料材料代替金属零件。⑧可用斜齿轮代替直齿轮，用均匀的旋转运动代替直线式的往复运动。⑨采用皮带机等新工艺装卸散货代替吸粮机等。⑩采用使用润滑剂、提高光洁度等方法减少摩擦。

（2）吸声法

吸声材料是指能把入射到材料上的声能通过材料内发生的摩擦作用变为热能而耗散的材料，尤其是对低频的吸收，它依靠材料的振动来实现。吸收声能力用吸声系数来表示。

吸声材料可分为两类。一类吸声材料是多孔材料，如泡沫塑料、多孔陶瓷板、多孔水泥板、玻璃纤维、矿渣棉、甘蔗板、木丝板等。多孔吸声材料的吸声机理是：当声波入射到多孔材料时，声波部分反射部分透入。透入部分的声波带动微孔中的空气质点一起动，但紧贴材料的空气质点受到材料的黏滞阻力不易振动，声波克服这种阻力消耗声能，声能转换为热能被释放；此外，空气和材料之间有热交换，材料自己受声波作用也要振动，这些都消耗声能。因此，多孔材料表面必须有足够的空隙，内部空隙之间必须相通。多孔材料使用时要有一定厚度，一般应在3～5 cm，用在低频时最好为5～10 cm，而且还要有一定的容量，太松或太实都会影响吸声能力。另一类吸声材料是共振吸声材料，这类材料按使用方式不同，又可分为单个共振式吸声器（包括薄膜、薄板共振吸声器）和穿孔板吸声结构，共振吸声材料有与多孔材料相同的方面，也有不同的特点，相同方面是二者都是把声能通过黏带摩擦转换成热能消耗掉，不同点在于共振材料有较强的频率选择性，它只吸收某些频率成分的声能。

吸声材料一般安装在室内或顶棚面，或以空间吸声体悬挂在噪声源上方而构成吸声结构。

（3）隔声法

把产生噪声的机器设备封闭在一个小的空间，使它与周围环境隔绝开来，这种做法叫作隔声。屏障和隔声罩是主要的两种设计。衡量构件隔声性能好坏用隔声量表示，单位是dB，dB数越大构件隔声性能越好。

（4）消声器

在产生强烈噪声的设备上装消声器可使噪声降低20～40 dB。消声器的构造多种多样，但根据消声原理大致可分为阻性和抗性两种基本类型。阻性消声器中采用吸声材料吸收声能，抗性消声器不直接吸收声能，它借助于管道截面的突然扩张或收缩等，使声波部分反射回去不能沿着管道继续传播而达到消声目的。阻性消声器能在较宽的中高频范围内消声，抗性消声器适用于消除低中频噪声。实际应用的消声器多为两种类型结合的复合消声器。

（5）个人防护用具

个人防护用具可分为内用、外用两种。内用是指插入外耳道中的耳塞，也包括棉塞。外用是将耳郭全部覆盖起来的耳罩，类似无线电的耳机，头盔也包括在内。

9.2.5　绿化与美化工程

随着物质文明和精神文明的发展，人们对环境的要求日趋增高。因而保护、改善和美化环境越来越为人们所重视。厂区绿化和美化就是保护、改善和美化环境的重要措施之一。所以，在厂区总平面布置时应把厂区绿化和美化作为一项设计任务统一考虑，以使绿化和美化与厂区总平面布置相协调，并真正起到绿化和美化应起的作用，达到保护、改善和美化环境的目的。

9.2.5.1　绿化的功能

绿化有调节空气、美化环境的作用。世界上所有的绿色植物及其构成的群体以其非凡的功能保护大自然的生态平衡。

（1）吸收和滞留有害气体，补充新鲜空气

绿色植物均有吸收有害气体，释放新鲜氧气的功能。植物在阳光的照耀下，进行光合作用时，吸入二氧化碳，放出氧气。通常情况下，1 hm^2 阔叶林在生长季节，一天可以吸收1 t二氧化碳放出0.7 t氧气。每个成年人平均每天须有10 m^2 森林面积或者50 m^2 草坪的面积就足以维持呼吸的碳氧平衡。

植物的叶片吸收二氧化硫的能力较强，吸收能力为其所占土地吸收能力的8倍以上。1 hm^2 柳杉林，每年就可以吸收720 kg的二氧化硫。

（2）吸收和滞留粉尘

粉尘（含烟尘）是工业生产中产生的另一种废物。我国是以煤为主要工业燃料的国家，若粉尘治理不好，就会影响人们的身体健康。

植物中特别是树木，对粉尘有明显的阻挡、过滤和吸附作用。树的枝冠茂密，具有强大的降低风速的作用，随着风速的减低，气流中携带的大粒粉尘下降。另一方面，树木叶面不平，且多茸毛，有的还分泌黏性油脂或汁液，能吸附空气中大量灰尘及飘尘。蒙尘的树木经过雨水冲洗后，又能恢复其滞尘功能。据估计，森林吸附滞尘量要比同样面积的裸露地面大 75 倍。一条 36 m 宽的落叶混交林，在背风面 10 倍树高以内几乎没有飞尘。草地减尘功能也是十分显著的，草坪的场地吸附粉尘比裸露地面大 70 倍。北京市环境保护科学研究所调查结果表明，林地四季都有减尘作用，其中夏季最高减尘率可达 60%左右，一般为 30%左右，即使在冬季落叶期间也可达 20%左右。

（3）减弱噪声

绿色植物被人们称为绿色的“隔音墙”和“消声器”。这是因为绿色植物、特别是树木对声波有散射作用。当声波通过时，枝叶摆动，声波减弱而逐渐消失，同时，树叶表面的气孔和粗糙的茸毛，吸音功能强。试验表明，爆炸 3 kg 的硝基甲苯炸药时，声音在空气中可传播 4 km，而在森林中只能传到 400 m。草坪、花圃都有减少噪声的作用。生长茂盛的枝叶形成松软而富有弹性的表面，像海绵一样吸收声能，减缓噪声危害。

（4）防火和防震

许多树木含树脂少，含水分多，有的树木即使着火也不会产生火焰或火焰比较小，起到了阻挡火势蔓延、隔离火花飞散的作用。优良的防火树种，常绿树有珊瑚树、山茶、罗汉果等，珊瑚树的防火功能尤其显著，即使它的叶片全部烧焦也不会产生火焰。银杏的耐火能力很突出，夏季即使将它的叶片全部烧尽，仍能萌芽再生；冬季即使树干烧毁大半，也能继续存活。绿化植树比较茂密的地段如公园、街道绿地等，还可以减轻因爆炸引起的震动而减少损失，也是地震避难的好场所。同时地震不会引起树木倒伏，充分利用树木搭棚，创造了临时户外生活的优良条件。

（5）稳定土基

绿色植物有盘根错节的根系，有固沙保土、护坡蓄水的功能。大力发展绿色植物稳定土基，防止地表冲刷是非常有效的。据有关资料记载：20 cm 厚的表土层，被雨水冲刷尽所要的时间，草坪是 8.2 万年，裸露土地只需要 18 年。总降雨量 340 mm 时，草坪年冲刷量是 93 kg/hm^2，农耕地是 4 800 kg/hm^2，农闲地是 6 750 kg/hm^2，草地的冲刷量仅相当于农耕地的 1.9%。

（6）杀菌

绿化可以减少空气中细菌数量，有净化空气的特殊功能。如桦、柞栎、稠李、椴树、欖、柏、樟树都有较强的灭菌功能。每公顷柏树林每天能分泌出 30 kg 杀菌素；地榆根的水浸液能在 1 min 内杀死伤寒、副伤寒病原痢杆菌的各菌系；0.1 g 磨碎的稠李的冬芽甚至能在 1 s 内杀死苍蝇。据测定，某市百货大楼、市区街道、绿地处和森林内，1 m^3 空气中含菌量分别是 40 万个、3 万～4 万个、300～400 个和 50 个。

（7）调节和改善小气候

从炎热空旷的环境步入绿树成荫的环境时，人们会觉得空气新鲜、清爽宜人。其原因在于树木具有吸热等改善小气候的功能。

绿化的好处不仅给人们带来适宜的气温，而且可以提高空气的相对湿度，缓解湿度的变化幅度。冬天绿化地区风速小，空气交换较弱、土壤和树木蒸发的水分不易扩散，因此绿地里的绝对湿度大，相对湿度比未绿化地区高 10%～20%；夏季是树木、花草茁壮生长期，它们的根系大量地吸收土壤里的水分，以满足自身的生长和枝、叶的蒸腾，蒸腾时水汽增多，湿度容易接近饱和，因此绿地内的湿度比非绿地高 10%～20%。无疑会给人们带来一个比较凉爽、舒适的气候环境。

9.2.5.2 食品工厂绿化、美化植物的选择

食品工厂绿化、美化植物的选择应注意以下几方面。

① 适应性强，具有抗御有害污染的性能。

② 满足绿化的主要功能要求。

③ 病虫害较少、易于管理。

④ 植物释放产物须无毒、无絮、无异味等，不影响食品生产及产品品质。

⑤ 种植释放浓烈香气的花草应远离生产车间。

9.2.6 环境评价

环境评价是指按一定的评价标准与方法对一定区域范围内的环境状况，包括环境质量、环境功能及其环境质量变化发展的规律进行说明、评定和预测的工作。环境评价可分为环境质量评价和环境影响评价两大类。

9.2.6.1 环境质量评价

环境质量评价是指按照一定的评价标准和方法

对一定区域范围内的环境质量进行说明和评定。它的基本目的是为环境管理、环境规划、环境综合整治等提供依据，同时也可以比较各地区受污染的程度。

环境质量评价可分为：环境质量现状评价和环境质量回顾评价。环境质量现状评价根据环境监测资料，采用统一的评价方法与标准对一定区域范围内的环境质量进行现状描述与评定，对现存的环境问题进行研究。环境质量回顾评价根据一个地区历年积累的环境资料进行对比评价，据此可以回顾一个地区的环境质量演变过程。

9.2.6.2 环境影响评价

环境影响评价是指对拟议中的重要决策或开发活动可能对环境产生的影响及其造成的环境变化和对人类健康和福利的可能影响，进行系统的分析和评估，并提出减少这些影响的对策和措施。它不仅要研究建设项目在开发、建设和生产过程中对自然环境的影响，也要研究对社会和经济的影响。既要研究污染物对大气、水体、土壤等环境要素的污染途径，也要研究污染因子在环境中的传输、迁移、转化规律以及对人体、生物的危害程度。从而制订有效防治对策，把环境影响限制到可以接受的水平，为社会经济与环境保护同步协调发展提供有力保证。环境影响评价是建设项目可行性研究工作的重要组成部分，是对特定建设项目预测其未来的环境影响，同时提出防治对策，为决策部门提供科学依据，为设计部门提供优化设计的建议。

思考题

1. 食品工厂生产中不安全因素有哪些？
2. 食品工厂防火防爆的具体措施有哪些？
3. 发酵工厂常见的毒物及防毒措施有哪些？
4. 安全性评价的原则及步骤是什么？
5. 简述大气污染物治理方法。
6. 简述食品工厂废水处理方法。
7. 噪声控制的一般原理及降低噪声的技术措施有哪些？
8. 环境评价的意义是什么？

第 10 章

基本建设概算

学习目的与要求

了解项目概算的基本概念及其作用；了解项目概算的内容。掌握工程项目的层次和性质划分；重点掌握概算文件的组成；了解概算编制的依据；重点掌握概算编制的程序和方法。

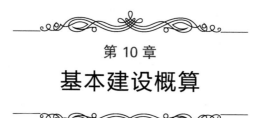

10.1　项目概算

10.1.1　项目概算的意义

项目概算是在初步设计阶段，由设计单位根据初步投资估算、设计要求以及初步设计图纸，依据概算定额或概算指标、各项费用定额或取费标准、建设地区自然、技术经济条件和设备、材料预算价格等资料，或参照类似工程预（决）算文件，确定和编制的建设项目从筹建开始到全部工程竣工、投产和验收所需要的全部建设费用的经济文件。

项目概算是项目初步设计文件中的重要组成部分之一，在项目可行性研究报告或计划任务书中，必定包含投资额这一重要指标。投资额一般根据“产品和规模”的客观要求进行估算，但是也可根据财力的可能，事先加以限额控制。这种估算出来的投资额是否符合或接近实际，需要有一个汇总各项开支内容，并以货币为指标来衡量的尺度，这个尺度就是初步设计概算书。它是确定项目投资额、编制项目建设实施计划、考核工程成本、进行项目技术经济分析和工程结算的依据，也是国家对项目建设进行管理和监督的重要方法之一。

项目概算书一般由设计部门负责编制，如果一项设计由两个以上单位共同完成，则由总体设计单位负责。

项目概算具体有以下几个方面的作用。

（1）项目概算是编制项目投资计划、确定和控制项目建设投资额的依据

国家规定，编制年度项目投资计划，确定计划投资总额及其构成数额，要以批准的项目概算为依据，在项目工程建设过程中没有批准的初步设计和概算的建设工程不能列入年度项目投资计划。经批准的项目概算的投资额是该项目工程建设投资的最高限额，未经规定程序批准，不能突破这一限额，以保证国家项目投资的严格执行和有效控制。

（2）项目概算是进行项目技术经济分析的依据

评价一个项目技术经济的优劣，应综合考核建设项目的各个技术经济指标，其中工程总成本、单位产品成本、投资回收期、贷款偿还期、内部收益率等指标的计算，都必须在建设项目概算的基础上进行。项目概算是设计方案技术、经济合理性的综合反映，可以对不同的设计方案进行技术与经济合理性的比较，从而选择最佳的设计方案。

（3）项目概算是确定项目贷款额度的依据

投资项目的资金来源分为项目投资主体的自有资金和信贷资金两部分，部分项目还能得到赠款、财政无偿拨款或借款。信贷资金是以项目的名义从有关金融机构、金融组织等获得的贷款，是项目建设资金的重要来源。项目筹备的资金必须能满足项目建设既定目标的实现，在自有资金等资金来源既定的条件下，项目概算是确定项目贷款额度的依据。

（4）项目概算是进行项日管理的依据

项目管理包括投资项目的设计、项目管理组织与项目招标、项目施工管理、项目竣工验收、项目投产准备等工作环节。项目概算是进行项目管理、实行项目投资包干的依据。在工作过程中，按照已批准的项目概算，由项目单位与项目主管部门签订包干合同，实行建设项目投资包干制；项目单位进行建设项目工程招标的标底，也必须以项目概算为基础确定，不能超过项目概算。承包单位为了在投标竞争中取胜，也应以项目概算为依据，编制合适的投标报价。

10.1.2　项目概算的内容

10.1.2.1　项目概算的构成

项目概算的内容一般由建筑工程费、设备购置费、设备安装工程费、工器具及生产家具购置费、其他费用五部分组成。

① 建设工程费。主要包括各种厂房、仓库、办公楼、生活用房等建筑物和铁路、公路、码头、围墙、道路、水池、水塔、烟囱、设备基础、地下管线敷设以及金属构件等工程费用。

② 设备购置费。包括一切需要安装和不需要安装的设备购置费用。

③ 设备安装工程费。有的设备需要固定安装，有的设备需要现场装配或连接附属装置，需要计算安装费用。主要包括运输、起重、就位、接入设备的管线敷设、防护装置、被安装设备的绝缘、保温、油漆以及设备空车试运转等费用。

④ 工器具及生产家具购置费。包括车间及化验室等配备的，达到固定资产的各种工具、仪器及生产家具的购置费。

⑤ 其他费用。主要指除上述费用以外，为保证整个工程建设顺利完成的费用。如土地征地费、建

设场地整理费、拆迁赔偿费、青苗赔偿费、建设单位管理费、生产职工培训费、咨询设计费、引进设备出国考察费、联合试车费、预备费及建设期利息等。在可行性研究阶段为简化计算方法，预备费和建设期利息可一并计入固定资产。

10.1.2.2 各项费用的性质与内容

(1) 建筑及设备安装工程费用

建筑及设备安装工程费用包括直接费用、间接费用、计划利润和税金。

1) 直接费用

直接费用由直接工程费和措施费组成。

① 直接工程费：施工过程中耗费的构成工程实体的各项费用，包括人工费、材料费、施工机械使用费。

首先，人工费是指直接从事建筑安装工程施工的生产工人开支的各项费用，内容包括：

基本工资：发放给生产工人的基本工资。

工资性补贴：按规定标准发放的物价补贴，煤、燃气补贴，交通补贴，住房补贴，流动施工津贴等。

生产工人辅助工资：生产工人年有效施工天数以外非作业天数的工资，包括职工学习、培训期间的工资，调动工作、探亲、休假期间的工资，因气候影响的停工工资，女工哺乳时间的工资，病假在6个月以内的工资及产、婚、丧假期的工资。

职工福利费：按规定标准计提的职工福利费。

生产工人劳动保护费：按规定标准发放的劳动保护用品的购置费及修理费，徒工服装补贴，防暑降温费，在有碍身体健康环境中施工的保健费用等。

其次，材料费是指施工过程中耗费的构成工程实体的原材料、辅助材料、构配件、零件、半成品的费用。内容包括：

材料原价（或供应价格）。

材料运杂费：材料自来源地运至工地仓库或指定堆放地点所发生的全部费用。

运输损耗费：材料在运输装卸过程中不可避免的损耗。

采购及保管费：为组织采购、供应和保管材料过程中所需要的各项费用。包括采购费、仓储费、工地保管费、仓储损耗。

检验试验费：对建筑材料、构件和建筑安装物进行一般鉴定、检查所发生的费用，包括自设试验室进行试验所耗用的材料和化学药品等费用。不包括新结构、新材料的试验费和建设单位对具有出厂合格证明的材料进行检验，对构件做破坏性试验及其他特殊要求检验试验的费用。

再次，施工机械使用费是指施工机械作业所发生的机械使用费以及机械安拆费和场外运费。施工机械台班单价应由下列七项费用组成：

折旧费：施工机械在规定的使用年限内，陆续收回其原值及购置资金的时间价值。

大修理费：施工机械按规定的大修理间隔台班进行必要的大修理，以恢复其正常功能所需的费用。

经常修理费：施工机械除大修理以外的各级保养和临时故障排除所需的费用。包括为保障机械正常运转所需替换设备与随机配备工具附具的摊销和维护费用，机械运转中日常保养所需润滑与擦拭的材料费用及机械停滞期间的维护和保养费用等。

安拆费及场外运费：安拆费指施工机械在现场进行安装与拆卸所需的人工、材料、机械和试运转费用以及机械辅助设施的折旧、搭设、拆除等费用；场外运费指施工机械整体或分体自停放地点运至施工现场或由一施工地点运至另一施工地点的运输、装卸、辅助材料及架线等费用。

人工费：机上司机（司炉）和其他操作人员的工作日人工费及上述人员在施工机械规定的年工作台班以外的人工费。

燃料动力费：施工机械在运转作业中所消耗的固体燃料（煤、木柴）、液体燃料（汽油、柴油）及水、电等产生的费用。

养路费及车船使用税：施工机械按照国家规定和有关部门规定应缴纳的养路费、车船使用税、保险费及年检费等。

② 措施费：为完成工程项目施工，发生于该工程施工前和施工过程中非工程实体项目的费用。包括内容：

环境保护费：施工现场为达到环保部门要求所需要的各项费用。

文明施工费：施工现场文明施工所需要的各项费用。

安全施工费：施工现场安全施工所需要的各项费用。

临时设施费：施工企业为进行建筑工程施工所必须搭设的生活和生产用的临时建筑物、构筑物和其他临时设施费用等。临时设施包括临时宿舍、文化福利及公用事业房屋与构筑物，仓库、办公室、加工厂以及规定范围内道路、水、电、管线等临时设施和小型临时设施。临时设施费用包括：临时设施的搭设、维修、拆除费或摊销费。

夜间施工费：因夜间施工所发生的夜班补助费、夜间施工降效、夜间施工照明设备摊销及照明用电等费用。

二次搬运费：因施工场地狭小等特殊情况而发生的二次搬运费用。

大型机械设备进出场及安拆费：机械整体或分体自停放场地运至施工现场或由一个施工地点运至另一个施工地点，所发生的机械进出场运输及转移费用及机械在施工现场进行安装、拆卸所需的人工费、材料费、机械费、试运转费和安装所需的辅助设施的费用。

混凝土、钢筋混凝土模板及支架费：混凝土施工过程中需要的各种钢模板、木模板、支架等的支、拆、运输费用及模板、支架的摊销（或租赁）费用。

脚手架费：施工需要的各种脚手架搭、拆、运输费用及脚手架的摊销（或租赁）费用。

已完工程及设备保护费：竣工验收前，对已完工程及设备进行保护所需费用。

施工排水、降水费：为确保工程在正常条件下施工，采取各种排水、降水措施所发生的各种费用。

2）间接费用

间接费用指服务于某单项工程或整个项目工程但不能直接计入项目各项工程的费用。由规费、企业管理费组成。

① 规费：政府和有关权力部门规定必须缴纳的费用（简称规费）。包括：

工程排污费：施工现场按规定缴纳的工程排污费。

工程定额测定费：按规定支付工程造价（定额）管理部门的定额测定费。

社会保障费：含企业按规定标准为职工缴纳的基本养老保险费、企业按照国家规定标准为职工缴纳的失业保险费、企业按照规定标准为职工缴纳的基本医疗保险费、企业按规定标准为职工缴纳的住房公积金、按照建筑法规定企业为从事危险作业的建筑安装施工人员支付的意外伤害保险费。

② 企业管理费：建筑安装企业组织施工生产和经营管理所需费用。包括：

管理人员工资：管理人员的基本工资、工资性补贴、职工福利费、劳动保护费等。

办公费：企业管理办公用的文具、纸张、账表、印刷、邮电、书报、会议、水电、烧水和集体取暖（包括现场临时宿舍取暖）用煤等费用。

差旅交通费：职工因公出差、调动工作的差旅费、住勤补助费，市内交通费和误餐补助费，职工探亲路费，劳动力招募费，职工离退休、退职一次性路费，工伤人员就医路费，工地转移费以及管理部门使用的交通工具的油料、燃料、养路费及牌照费。

固定资产使用费：管理和试验部门及附属生产单位使用的属于固定资产的房屋、设备仪器等的折旧、大修、维修或租赁费。

工具用具使用费：管理使用的不属于固定资产的生产工具、器具、家具、交通工具和检验、试验、测绘、消防用具等的购置、维修和摊销费。

劳动保险费：由企业支付离退休职工的易地安家补助费、职工退职金、6个月以上的病假人员工资、职工死亡丧葬补助费、抚恤费、按规定支付给离休干部的各项经费。

工会经费：企业按职工工资总额计提的工会经费。

职工教育经费：企业为职工学习先进技术和提高文化水平，按职工工资总额计提的费用。

财产保险费：施工管理用财产、车辆保险。

财务费：企业为筹集资金而发生的各种费用。

税金：企业按规定缴纳的房产税、车船使用税、土地使用税、印花税等。

其他：包括技术转让费、技术开发费、业务招待费、绿化费、广告费、公证费、法律顾问费、审计费、咨询费等。

3）计划利润

计划利润指政府规定的实行独立核算的施工企业，完成建筑安装工程后可按规定比率计提的利润额。法定利润率为工程预算成本的2%～5%。

4）税金

税金指按照政府对建筑工程有关规定的税种和税率计算应缴纳的税金额度。包括城乡维护建设税、教育费附加、增值税等。

城乡维护建设税指国家为了加强城市的维护建

设、稳定和扩大城市的维护建设资金的来源，对有经营收入的单位和个人征收的税种。城乡维护建设税的计税依据为营业税。纳税人所在地为市区的，按营业税的7%征收；所在地为县城、乡镇的，按营业税的5%征收；所在地为农村的，按营业税的1%征收。

教育费附加是为了发展地方性教育事业，扩大地方教育经费的资金来源，对缴纳增值税、消费税、营业税的单位和个人征收的一种附加费。建筑安装企业的教育费附加为营业税的3%，与营业税同时缴纳。

营业税是指对有偿提供应税劳务、转让无形资产和销售不动产的单位和个人，针对其营业额征收的税种。建筑安装企业营业税的税额为营业额的3%。其中营业额是指从事建筑安装、修缮及其他工程作业收取的全部收入。当所安装设备的价值作为安装工程产值时，也包括所安装设备的价款。

工程造价可按以下公式计算：工程造价＝税前工程造价×(1＋11%)。其中，11%为建筑业拟征增值税税率，税前工程造价为人工费、材料费、施工机具使用费、企业管理费、利润和规费之和，各费用项目均以不包含增值税可抵扣进项税额的价格计算，相应计价依据按上述方法调整。

建筑服务适用的税率为11%；小规模纳税人提供建筑服务，以及一般纳税人提供部分建筑服务选择简易计税方法的，征收率为3%。境内的购买方为境外单位和个人扣缴增值税的，按照适用税率扣缴增值税。根据规定，纳税人提供建筑服务的年应征增值税销售额超过500万元（含本数）的为一般纳税人，未超过规定标准的纳税人为小规模纳税人。

需要说明的是，2016年5月1日后我国全面实施营改增，即取消营业税，改征增值税，此前对建筑业利润影响较大的税种为营业税、企业所得税，税率分别为总营业额的3%和2%，加上城建和教育附加等，建筑业的实际税率为5.39%左右。“营改增”后，建筑业由原来3%的营业税税率，改为11%的增值税税率，从表面上看，税率升高了不少。但由于施工过程中耗用的构成工程实体的原材料、辅助材料、机械配件、零件、周转材料等材料费用支出，施工过程中租用外单位机械施工的租赁费以及施工机械的安装、拆卸费等机械使用费支出，技术设计费、生产工具和用具使用费、检验试验费、水电费等其他直接生产费用支出，购进的固定资产、无形资产支出，2016年5月1日后取得并在会计制度上按固定资产核算的不动产或者2016年5月1日后取得的不动产在建工程的费用等，对于一般纳税人的房地产开发商，不但购进的建筑服务、建筑或装修材料，楼宇智能设备和配套设施也可以按规定抵扣进项税额，可以实行进项税抵扣。从理论上分析，税负基本不会增加甚至还会减轻。

（2）设备及工具、器具购置费用

① 设备购置费。设备购置费指为购置需要安装和不需要安装的全部设备而花费的所有费用，包括设备原价、设备运杂费等。

设备原价指购置设备的价格。有出厂价的设备可按出厂价计算，无出厂价的设备或非标准设备可按制造厂家报价或参考有关资料或同类设备价格估价计算。

设备运杂费包括设备由设备生产厂家或供应单位运送至项目承办单位的运输、中间暂存保管费；还包括设备生产厂家或成套设备供应公司的服务费。

② 工具、器具购置费。工具、器具购置费用指项目建成后为使项目在生产经营初期能够正常生产而购置的一套未达到固定资产标准的设备、工具、器具及生产用家具等所发生的费用。

（3）其他费用

一般属于非生产形式支出，包括土地征用费、拆迁补偿费和安置费、建设单位管理费、研究试验费、员工培训费、办公费、联合试运转费、勘察设计费、施工机构迁移费、厂区绿化费、矿山巷道维修费、评估费、引进技术及进口设备等。

① 土地征用费。土地征用费指在项目设计范围内征用的土地及施工需要临时征用的土地，按照政府规定所支付的土地补偿费，树木、水井等附着物补偿费，迁坟费，安置补助费及土地管理费，耕地占用费等。

② 拆迁补偿和安置费。拆迁补偿和安置费指在建筑工程场地拆除不能利用的原有建筑物、构筑物等的拆除费和补偿费；在工程建设期间及建成后交付使用时必须迁移居民而拆、建房屋的补偿费和安置费。

③ 建设单位管理费。建设单位管理费指为进行项目筹建、建设、联合试运转、竣工验收、交付使用及后评价等全过程管理所需的费用，包括建设单

位开办费和建设单位经费等。

建设单位开办费指新建项目为保证筹建和建设工作正常进行所需的办公设备、生活家具、用具、交通工具等购置费用。

建设单位经费包括工作人员的基本工资、工资性补贴、劳动保护费、劳动保险费、职工福利费、差旅交通费、工会经费、职工教育经费、固定资产使用费、工具器具使用费、技术图书资料费、生产人员招募费、工程招标费、合同契约公证费、工程质量监督检测费、工程咨询费、法律顾问费、审计费、业务招待费、排污费、竣工交付使用清理及竣工验收费、后评价费用等，不包括应计入设备、材料预算价格的建设单位采购及保管设备材料所需的费用。

④ 研究试验费。研究试验费指为建设项目提供或验证设计数据资料而进行的研究试验及按照设计方案要求在施工过程中必须进行实验所需的费用，包括自行或委托其他部门研究试验所需人工费、材料费、试验设备及仪器使用费等。此外还有为引进科技成果、科学技术的一次性转让费。

⑤ 员工培训费。员工培训费指项目在建成后进入生产经营期前对本企业的技术人员、生产人员及管理人员等员工进行培训而发生的费用。

⑥ 办公和生活家具购置费。办公和生活家具购置费指为保证项目初期正常运转而必须购置的办公及生活家具用具的费用，设计范围内应建设的托儿所、医院、招待所、中小学等的家具、用具费用。

⑦ 联合运转费。联合运转费指在项目竣工验收前按照设计规定的工程质量标准，进行整个车间的负荷或无负荷联合试运转所发生的费用支出大于试运转收入的亏损部分。费用包括试运转所需的原料、燃料、油料和动力费用，机械使用费用，低值易耗品及其他物品的购置费用和施工单位参加试运转人员的工资等。不包括应由设备安装费用开支的试车费用，不发生试运转费的工程或试运转收入与试运转支出可相抵的工程。

⑧ 勘察设计费。勘察设计费指按照有关规定支付给委托勘察设计单位的勘察设计费，为项目进行可行性研究支付的调研费，项目单位自己进行勘察设计所需的费用等。

⑨ 供电贴费。供电贴费指按照政府有关规定，项目单位应交付的供电工程贴费及施工临时用电贴费。

⑩ 厂区绿化费。厂区绿化费指新建企业在工程竣工后进行项目移交验收前进行绿化所需的费用。

⑪ 评估费。评估费指项目单位为争取项目投资在项目评估过程中所发生的费用。

⑫ 预备费。预备费是指在投资估算时用于处理实际与计划不相符而追加的费用，包括基本预备费和涨价预备费两部分。基本预备费是由于自然灾害造成的损失及设计、施工阶段必须增加的工程和费用；涨价预备费是由于在建设期间物价上涨而引起的投资费用的增加。

⑬ 建设期利息。建设期利息是指项目在建设期内使用外部资金而支付的利息。

10.2　工程项目的概算方法

10.2.1　工程项目的层次划分

编制基本建设概算，必须根据初步设计资料，按造价构成因素分别计算并汇总起来才能求得。就整个概算而言，设备及工具器具购置费用和“其他费用”的概算比较容易求取，但是建筑及安装工程造价的确定比较复杂，为了准确计算出工程总造价，需要按照工程项目划分成若干个个体项目，分层次地逐项计算，然后汇集求出整个建设项目的工程造价。工程项目的层次划分一般如下。

（1）建设项目

建设项目又称建设单位，一般是指一个设计任务书，按一个总体设计进行施工的基本建设工程，建成后在经济上实行独立经营、行政上具有独立组织形式的基本建设单位。一般由一个或几个互有内在联系的单项工程组成。例如一个食品工厂即为一个建设项目；又如一个大型奶业项目，它包括一个大型综合养牛场，一个奶品加工厂。这两个厂具有产前和产后加工的联系，在事业发展上可相互促进。

（2）单项工程

单项工程指具有独立设计文件，建成后可以独立发挥设计文件所规定的生产能力或效益的工程，也称单体项目或工程项目。单项工程是建设项目的组成部分，一个建设项目可以是一个单项工程，也可包括几个单项工程。生产性建设项目的单项工程一般指能独立生产的车间，包括厂房建筑、设备安装工程以及设备、工具、器具、仪器的购置等。非生产性建设项目的单项工程如一所学校的办公楼、学生公寓的建设等。

（3）单位工程

单位工程指具有独立设计，可以独立组织施工但不能独立发挥生产能力的工程。单位工程是单项工程的组成部分，一个单项工程可根据能否独立施工划分为若干个单位工程。如某食品工厂的豆沙生产车间是一个单项工程，而它的厂房建筑和设备安装则分别为一个单位工程。

（4）分部工程

分部工程是单位工程的组成部分，一般按照建筑部位将一个单位工程划分为几个部分，如房屋建筑单位工程可划分为地基与基础、主体结构、装修装饰、屋面、给排水及采暖、电气、智能建筑、通风与空调、电梯等。当分部工程较大或较复杂时，可按材料种类、施工工种、施工顺序、专业系统和类别等划分。如按照施工工种划分，房屋建筑单位工程可划分为土石方工程、钢筋混凝土工程、装饰工程等。

（5）分项工程

分项工程是分部工程的组成部分，一般是按不同的施工方法、材料、规格对分部工程进行进一步的划分。如墙体工程可以划分为开挖基槽、垫层、基础灌注混凝土、防潮等分项工程，钢筋混凝土工程可以划分为模板、钢筋、混凝土等分项工程。

综上所述，一个建设项目由一个或多个单项工程组成，一个单项工程由多个单位工程组成，一个单位工程又可划分为若干个分部、分项工程。建设项目的层次划分既有利于编制概算文件，又利于项目的组织管理。

10.2.2 工程项目的性质划分

建筑工程根据各个组成部分的性质和作用可做如下划分：

① 一般土建工程：包括建筑物与构筑物的各种结构工程。

② 特殊构筑物工程：包括设备基础、烟囱、水池、水塔等。

③ 工业管道工程：包括蒸汽、压缩空气、煤气、输油管道等。

④ 卫生工程：包括上下水道、采暖、通风等。

⑤ 电气照明工程：包括室内外照明设备安装、线路敷设、变配电设备的安装工程等。

⑥ 设备及其安装工程：包括机械设备及安装，电气设备及安装两大类。

10.2.3 概算文件的组成

项目概算书由简明扼要的概算编制说明及一系列表格所组成。这些表格按层次划分主要包括单位工程概算、工程建设其他费用概算、单项工程综合概算、建设项目（整体项目）总概算等。

（1）单位工程概算

单位工程概算是确定单位工程建设费用的文件，是编制单项工程综合概算的依据。单位工程概算按工程性质分为建筑工程概算和设备及安装工程概算两大类。建筑工程概算包括土建工程、给排水、采暖、通风、空调、电气照明、弱电、特殊构筑物等的工程概算；设备及安装工程概算包括机械设备及安装、电气设备及安装、热力设备及安装、工具器具及生产家具购置等的工程概算。

（2）工程建设其他费用概算

此概算是除建筑、设备及安装工程外，与整个工程有关的其他工程和费用的文件。一般根据设计文件和国家、地方、主管部门规定的收费标准进行编制，并以独立的项目形式列入总概算书或综合概算书中。

（3）单项工程综合概算

单项工程综合概算是确定单项工程建设费用的文件，由单项工程内各单位工程概算汇编而成。该概算是建设项目总概算的组成部分，整个建设项目中有多少个单项工程就应编制多少个单项工程综合概算。如果工程不编制总概算，则工程建设其他费用和预备费应列入单项工程综合概算中。

（4）建设项目总体概算

建设项目总体概算是确定一个建设项目从筹建到竣工验收过程的全部建设费用的文件。它由各单项工程综合概算书、工程建设其他费用概算和预备费等汇编而成。

建设项目总体概算书一般分为三部分：

① 工程费用项目。包括生产设施费用、辅助生产设施费用、公用设施费用。

② 工程建设其他费用。包括土地征用费、拆迁补偿和安置费、建设单位管理费、研究试验费、员工培训费、生活家具购置费、联合运转费、勘察设计费、供电贴费、厂区绿化费、评估费。

③ 预备费。包括基本预备费、涨价预备费。

在上述三部分项目的费用合计之后，应列“未能预见工程和费用”（又称不可预见费）。

每个建设项目概算文件的组成并不完全一样，

要根据项目工程的大小、性质、用途以及工程所在地的不同要求而定。

10.2.4 概算书的编制依据和编制方法

10.2.4.1 概算书编制依据

概算书编制的依据是建设项目的初步设计文件和各种定额指标，定额指标包括概算定额、施工管理费定额、独立费用标准、法定利润率、设备预算价格以及概算单价表等。各定额指标应该按当时当地有关的、法定的、通用的定额指标进行计算，不要超越法定的或通用的定额指标。

项目概算编制时必须逐项计算，不得遗漏。

10.2.4.2 概算书编制程序

① 收集适用于项目建设地区的各项基础资料，如各项定额、概算指标、取费标准、工资标准、施工机械台班使用费、设备预算价格等。

② 根据上述资料编制单位估价表、单位估价汇总表。

③ 熟悉设计图纸，并计算工程量。

④ 根据工程量计算表和单位估价表等资料计算直接费用，确定概算费用指标和概算定额指标。

⑤ 根据施工管理费、独立费用定额、法定利润率等依据，计算施工管理费、独立费和法定利润。

⑥ 编制概算书，汇编各个综合概算文件，形成总概算书。

10.2.4.3 概算书编制方法

（1）单位工程概算

1）建筑工程概算

建筑工程概算的编制方法有概算定额法、概算指标法两种。

① 概算定额法。概算定额法又称为扩大单价法或扩大结构定额法。该法根据设计图纸资料和概算定额的项目划分确定各分项工程，并计算出各分项工程的工程量。确定相应的概算定额单价，两者相乘计算出各分项工程直接费用，各分项工程直接费用之和即为单位工程直接费用总额。根据直接费用，结合其他各项取费标准，分别计算间接费用、利润、税金。直接费用、间接费用、利润、税金之和即为建筑工程概算总值。

概算定额法要求设计达到一定深度，对于建筑工程，建筑结构比较明确，能按照设计的平面、立面、剖面图纸计算出楼地面、墙面、门窗和屋面等分部工程（或扩大结构件）项目的工程量，编制出的概算精度较高；但是，编制工作量大，需要大量的人力和物力。

② 概算指标法。概算指标法是采用直接工程费指标的编制方法。该法将拟健的厂房、住宅的建筑面积或体积乘以技术条件相同或基本相同工程的概算指标每平方米（或立方米）直接工程费单价而得出直接工程费用，然后按规定计算出措施费用、间接费用、利润和税金等。

概算指标法计算方法有两种。

一种是直接套用每百平方米建筑面积的人工、材料和施工机械台班消耗量的指标，编制概算书。计算每百平方米直接费用，然后得出每平方米直接费用，进而计算出措施费用、间接费用、利润和税金等，得出每平方米建筑面积的概算单价，乘以拟建建筑面积，得到单位工程概算造价。

另一种是用分项工程概算指标编制概算书。分项指标是工程的最小单位，所耗用的人工、材料和施工机械使用费大致相同。例如，同样厚度的砖墙，同样截面形状的钢筋混凝土柱等，材料种类与用量可能不同，但都在一定范围内变动，相差不大。根据大量统计资料和不同的结构形式，可以得到各个分项工程每平方米建筑面积中合理的平均费用，可以作为不同结构的指标。

概算指标法计算精度低，但由于其编制速度快，因此对一般附属、辅助和服务工程等项目，或住宅和文化福利工程项目，或投资比较小、比较简单的工程项目，具有一定实用价值。当初步设计不能满足计算工程量要求时，可根据当地规定，采用概算指标法编制概算。

2）设备及安装工程概算

① 设备购置概算。设备购置费为设备原价和运杂费之和。设备原价根据设计确定的设备清单，按市场价格逐项计算出设备原价，累计汇总得出设备总原价。运杂费按设备原价的一定百分比计算，国内一般为3%～6%，国外一般为10%～15%，因供应国远近不同，各地标准略有上下。

② 设备安装工程概算。当初步设计较深，要求较明确，基本上能计算出工程量时，可根据各类安装工程的概算定额编制安装概算。当初步设计较浅时，按行业或专门机构发布的安装工程定额、取费标准和指标估算投资计算，具体计算公式分别如下：

安装工程费＝设备原价×安装费率

安装工程费＝设备吨位×每吨安装费

安装工程费＝安装工程实物量×安装费用指标

3）工具、器具购置费

工具、器具购置费一般以全厂设备购置费为基础，按一定费率计算得到，也可按照项目设计生产工人的定员及定额计算得到。

（2）工程建设其他费用概算

① 土地征用费。一般按照项目所在地政府的有关规定计算。

② 拆迁补偿和安置费。一般按照项目所在地政府的有关规定计算。

③ 建设单位管理费。建设单位管理费按照单项工程费用之和（包括设备、工器具购置费和建筑安装工程费）乘以建设单位管理费率计算。建设单位管理费率按照建设项目的不同性质、不同规模确定。表 10-1 所示为不同建设规模分别规定的建设单位管理费率。

表 10-1　建设单位管理费费率

序号	建设总投资/万元	计算基础	费率/%
1	500 以下	工程项目	3.0
2	501～1 000	工程项目	2.7
3	1 001～5 000	工程项目	2.4
4	5 001～10 000	工程项目	2.1
5	10 001～50 000	工程项目	1.8
6	50 000 以上	工程项目	1.5

此外，有的建设项目按照建设工期和规定的金额计算建设单位管理费。

④办公和生活家具购置费。按照设计定员人数乘以综合指标计算，一般为每人 600～800 元。

⑤联合运转费。联合运转费一般根据不同性质的项目按需要试运转车间的工艺设备购置费的 0.5%～1.5%计算，或按联合试运转费的总额包干计算。

⑥勘察设计费

a. 勘察费。有勘察合同的按合同规定计算。没有勘察合同的，对于一般民用建筑，6 层以下 3～5 元/m^2 建筑面积，高层 8～10 元/m^2 建筑面积；工业建筑为 10～12 元/m^2 建筑面积。

b. 设计费。有设计合同的按合同规定计算。没有合同的，按照前国家计划委员会颁发的工程设计收费标准计算。

⑦供电贴费。按照国家规定，供电贴费取费标准包括供电贴费标准和配电贴费标准两部分。按照用户受电电压等级，规定用户应缴纳的贴费标准。表 10-2 所示为各级电力贴费标准。

表 10-2　各级电力贴费标准

用户受电电压等级	用户应交贴费/［元/(kV·A)］	其中	
		供电贴费/［元/(kV·A)］	配电贴费/［元/(kV·A)］
380/220 V	150～180	90～110	60～70
10 kV	120～140	99～110	30
35（66）kV	40～100	80～100	—

具体计算方法如下：

a. 按项目所在地有关部门现行规定计算；

b. 当建设单位申请的临时施工用电与永久性用电为同一外部供电工程时，只计永久性用电贴费，否则按前国家计划委员会《关于 100 kV 以下供电工程收取贴费的暂行规定》增加临时用电贴费。

（3）预备费概算

1）基本预备费

基本预备费是以建筑工程费、设备及工器具购置费、安装工程费之和为计算基数，乘以基本预备费率计算得出。

2）涨价预备费

涨价预备费以建筑工程费、设备及工器具购置费、安装工程费之和为计算基数，根据国家规定的投资综合价格指数，采用复利方法计算。具体计算公式如下：

$$PC=\sum_{t=1}^{n}I_t\left[(1+f)^t-1\right] \qquad (10\text{-}1)$$

式中：PC—涨价预备费；

I_t—第 t 年的建筑工程费、设备及工器具购置费、安装工程费之和；

f—建设期价格上涨指数；

n—建设期（年）。

对于建设期价格上涨指数，政府部门有规定的按规定执行，没有规定的由可行性研究人员预测。

（4）建设期利息

在工程项目可行性研究中，各种外部借款无论是按年计息，还是按季、月计息，均可简化为按年计息，即将名义利率折算为有效年利率，其计算公式如下：

$$R=(1+r/m)^m-1 \tag{10-2}$$

式中：R—有效年利率；

r—名义年利率；

m—每年计息次数。

计算建设期利息时，为了简化计算，通常假设借款均在每年年中使用，借款当年按半年计息，其余每年按全年计息，计算公式如下：

$$\text{各年应计利息}=\left(\begin{matrix}\text{年初借款}\\\text{本息累计}\end{matrix}+\frac{\text{本年借款额}}{2}\right)\times\text{年利率} \tag{10-3}$$

当计算有多种借款资金来源，每笔借款的年利率各不相同的项目时，既可分别计算每笔借款的利息，也可先计算出每笔借款加权平均的年利率，并以此利率计算全部借款的利息。

10.2.4.4　概算表

（1）建筑工程概算表

建筑工程概算表如表 10-3 所示。

表 10-3　建筑工程概算表

序号	价格依据	名称及规格	单位	数量	单价		总价	
					合计	其中工资	合计	其中工资
1	2	3	4	5	6	7	8	9

审核__________，校对__________，编　制__________。　　年　　月　　日

编表说明：

第 1 栏序号，应以 1、2、3 …的顺序排列。

第 2 栏按采用的概算定额编号。

第 3 栏按分部分项工程项目名称及规格填写。

第 4 栏为计算单位，按单位估价表计量单位填写。

第 5 栏按工程量计算表数量填写。

第 6 栏按概算定额或地区单位估价表的单价填写。

第 7 栏按概算定额单价中的人工费栏填写。

第 8 栏为 5 栏乘 6 栏。

第 9 栏为 5 栏乘 7 栏。

本表金额以“元”为单位，元以下取两位小数，第三位四舍五入。

（2）设备及安装工程概算表

设备及安装工程概算表如表 10-4 所示。

表 10-4　设备及安装工程概算表

序号	编制依据	设备及安装工程名称	单位	数量	重量/t		概算价值/元					
							单　位			总　价		
					单位重量	总重量	设备	安装工程		设备	安装工程	
								合计	其中工资		合计	其中工资
1	2	3	4	5	6	7	8	9	10	11	12	13

审核__________，校对__________，编　制__________。　　年　　月　　日

编表说明：

第 1 栏序号，应以 1、2、3 …的顺序排列。

第 2 栏按采用的概算定额编号。

第 3 栏根据概算定额顺序，填写应计算的工程量项目名称。

第 4 栏为计算单位，按概算定额填写。

第 5 栏为从工程量计算表中抄录各项工程之总计数量。

第 6、7、8 栏不必填写

第 9 栏按概算定额或地区单位估价表的单价填写。

第 10 栏按概算定额单价中的人工费栏填写。

第 11 栏不必填写

第 12 栏为 5 栏乘 9 栏。

第 13 栏为 5 栏乘 10 栏。

（3）单项工程概算表

将上述单位工程的概算结果以单项工程为单位分项归类并且汇总在单项工程概算表内。单项工程概算表如表10-5所示。

表10-5 单项工程概算表

万元

主项号	工程项目名称	概算单位	单位工程概算价值												
			工艺			电气			自控			土建	室内	照明	采暖
			设备	安装	管道	设备	安装	线路	设备	安装	线路	构筑物	供排水	避雷	通风
1	2	3	4	5	6	7	8	9	10	11	12	13	14	15	16

审核__________，校对__________，编　制__________。　　年　　月　　日

编表说明：

① 各栏下面应填写的内容：

第1栏填写设计主项目号（或单元代号）。

第2栏填写设计主项（或单元）名称如：主要生产项目、辅助生产项目、公用工程（供排水、供电通信、供汽采暖、运输等）、服务性工程、生活福利工程、厂外工程、总计。

第3栏填写4～16栏费用之和。

第4、5栏填写主要生产项目，辅助生产项目和公用工程的供水、供汽，运输以及相应的厂外工程的设备和设备安装费。

第6栏填写上述各项目的室内外管路及线路安装费。

第7～16栏分别填写电器，变、配电，电讯、自控等设备及其内外线路；厂区照明、土建、室内给排水、采暖、通风等费用。

② 第2栏内项各项均列合计数，总计为合计之和。

③ 本表金额以万元为单位计，并且数值取到小数点后两位。

（4）总概算表

总概算表如表10-6所示。

表10-6 总概算表

序号	工程或费用名称	概算价值/万元					占总概算价值/%	技术经济指标		
		设备购置费	安装工程费	建筑工程费	其他建筑费	合计		单位	数量	指标/元
1	2	3	4	5	6	7	8	9	10	11
	第一部分：工程费用									
	一、主要生产设施									
	（一）××装置									
	二、辅助生产设施									
	三、公用设施									
	（一）给排水									
	（二）供电及电讯									
	小　计									
	四、服务性工程									
	五、生活福利工程									
	六、厂外工程									
	合　计									
	第二部分：工程建设其他费用									
	第三部分：预备费									
	第一、二、三部分合计									
	未可预见的工程和费用									
	总概算价值									

审核__________，校对__________，编　制__________。　　年　　月　　日

总概算一般由表格和编制说明组成，编制说明不仅要介绍工程规模、概况、设计内容、概算编制的依据，而且要做简单的投资分析，从而反映投资的经济合理性。

思考题

1. 简述项目概算的概念及其作用。
2. 工程项目可以划分为哪几个层次？
3. 建设项目总体概算书的组成是什么？
4. 项目概算的内容有哪些？
5. 概算指标法的基本思路是什么？
6. 项目概算书的编制依据和程序是什么？

第 11 章

技术经济分析

学习目的与要求

通过本章的学习，学生应了解技术经济分析的意义、原则、作用及主要内容，掌握技术经济分析的指标体系及其建立，熟悉技术经济分析的步骤、方法。正确运用技术方案经济分析的基本方法、时间性指标分析法、价值性指标分析法及效率性指标分析法，为食品工厂建设项目的决策提供科学依据。重点掌握成本、投资、销售收入的核算和投资效果指标的计算。

11.1 技术经济分析概述

技术经济分析的核心内容是技术与经济的最佳结合问题，它是通过应用技术经济理论和方法进行定性、定量的综合分析，在多种方案的比较中选择技术上可行、先进，经济上有利、合理，财政上有保证的最优方案的过程。它可以对食品工厂建设项目的技术规划、技术方案、技术措施的预期经济效果进行分析、计算、比较和评价，从而选出技术上先进、经济上合理的最优方案；也可以针对已投产的产品类型，对拟更新的技术和生产组织形式等变革方案的预期经济效果进行分析、计算、比较和评价，作为经营管理决策的依据。

食品工厂的建设，特别是大型项目的建设，在厂址选择、工艺选择、设备配套、车间布局、卫生设施等方面都涉及大量的技术经济问题。如果在建设之前，没有按照客观经济规律办事，详细制定一个科学的建设方案，在技术上经过周密的研究，在经济上进行充分的论证，就匆匆忙忙“拍板定案”，就会给以后的设计、施工，甚至给长远的生产运行带来许多麻烦，给项目单位造成无法弥补的损失。

技术经济分析的现实意义是为技术的采用决策提供定性、定量数据，避免决策中的重大失误。食品工厂项目的技术经济分析，是一项十分重要的工作，只有通过前期分析，证明项目在技术上可靠、经济上合理、财政上有保证，才能将它确定下来。在项目的设计阶段，分析比较不同方案的经济价值，根据技术、经济和社会三方面的有利因素和制约因素进行全面论证和平衡，研究提出详细可靠的依据，从而防止或减少因主观臆断而造成的损失。在项目的建设和生产阶段，也都必须进行有针对性的技术经济分析工作，对实现每阶段目标可供选择的不同技术方案，进行细致的比较和评价工作，从而使生产的每一个环节都获得最大的经济效益。

11.1.1 技术经济分析的原则

利用技术经济学的方法对项目进行技术经济分析，其实就是在全面考虑与投资项目相关的社会、技术、环境及资源等多方面因素的基础上，分析一项投资项目产生的经济效果，论证得出最佳方案，付诸实施，以期取得良好的效果。而在技术经济分析过程中，必须遵循一定的规则，建立一定的假设条件，这些规则和假设条件，构成了技术经济分析应遵循的基本原则。

（1）技术与经济相结合的原则

技术进步是推动经济前进的强大动力，而技术也是在一定的经济条件下产生和发展的，技术的进步受到经济状况的制约，经济上的需求是推动技术发展的动力，技术与经济这种相互依赖、相互促进和相辅相成的关系，构成了分析与评价技术方案的原则之一。在应用技术经济方法评价项目或技术方案时，既要评价其技术能力、技术意义，也要评价其经济特性、经济价值，将两者结合起来，寻找符合国家政策、满足发展方向需要且又能促进企业发展的项目或方案，使之最大限度地创造效益，促进技术及资源、环保等工作的共同发展。

（2）收益与风险权衡的原则

通常，食品工厂项目的投资人关心的是效益指标，对于可能给项目带来风险的因素如果考虑得不够全面，对风险可能造成的损失估计不足，结果可能导致项目失败。收益与风险权衡的原则要求投资者在进行投资决策时，不能只看到效益，也要关注风险，权衡得失利弊后再进行决策。

（3）动态分析与静态分析相结合，以动态分析为主的原则

动态分析是一种考虑资金时间价值的分析方法，它将不同时点的净现金流量折算到同一时点进行对比分析。静态分析是一种不考虑资金时间价值的分析方法。资金的时间价值分析是技术经济分析的核心，所以分析评价要以动态指标为主。静态指标与一般的财务和经济指标内涵基本相同，比较直观，但是只能作为辅助指标。

（4）定量分析与定性分析相结合，以定量分析为主的原则

定性分析以主观判断为基础，在占有一定资料、掌握相应政策的基础上，根据决策人员的经验、知觉、学识、逻辑推理等进行评价，评价尺度往往是给项目打分或确定指数，属于经验决策。定量分析是以客观、具体的计算结果为依据，以得出项目的各项经济效益指标为尺度，评价更加精确，减少了分析中的直觉成分，使得分析评价更加科学化。定量分析因其具有评价科学、具体、客观、针对性强、可信程度高的特点而在实际中应用普遍。定性和定量分析相结合有利于发挥各自在技术上的优势，互相补充；以定量分析为主，可以使分析结

果科学、准确，有利于决策者在对项目总体有较全面了解的基础上，进行科学决策。

（5）可比性原则

技术经济分析既要对某方案的各项经济指标进行研究，以确定其经济效益的大小，也要进行方案比较评价，以找出具有最佳经济效果的方案。方案比较是技术经济学中十分重要的内容，可比性原则是进行定量分析时应遵循的重要原则之一。

11.1.2 技术经济分析的主要内容

技术经济分析的内容较宽泛，包括技术经济学理论方法的研究，以及经济活动中的生产、分配、交换、消费行为，也可以具体到部门、地区或行业技术经济问题的研究、论证以及技术经济学史方面的研究。因此，技术经济分析的研究内容可从不同角度进行划分。从内容性质上划分可分为基础理论、基本方法及应用三个方面；从应用角度划分可将技术经济问题分为横向和纵向两个方面，横向主要指不同行业部门，包括工业、农业、商业、建筑业、能源、交通运输、邮电通信、环境保护、科学研究等部门，纵向主要指宏观与微观两个层次的分析，宏观层次的技术经济问题通常涉及全球性、全国性、地区性的地域范围，带有全局性和战略性的特点，而微观层次的分析主要是对具体过程的影响因素分析，即具体的建设项目、技术方案、技术措施的技术经济分析论证问题。

具体到食品工厂建设过程，其技术经济分析的主要内容包括：

（1）市场需求预测和拟建规模

包括国内外市场需求的调查与预测，国内现有工厂生产能力的估计，销售预测、价格分析、产品竞争能力、进入国际市场的前景等。

（2）项目布局、厂址选择

包括项目的总平面布置，建厂的地理位置、气象、水文、地质、地形条件和社会经济现状，交通、运输及水、电、气的现状与发展趋势，厂址占地范围、厂区总体布置方案、建设条件、低价、拆迁及其他工程费用。

（3）工艺流程确定和设备的选择

包括有哪些可选择的工艺流程及各种方案的优缺点，主要设备与辅助设备名称、型号、规格、数量，若是引进设备，还应包括引进的理由、国别，若是改建、扩建项目，则应说明原有固定资产利用情况。

（4）投资估算与资金筹措

包括主体工程和协作配套工程所需的投资，流动资金的估算，产品成本估算，资金来源及依据（附意向书），筹措方式以及贷款偿付方式。

（5）项目的经济效果评价和综合评价

经济效果评价即财务评价，从企业或项目的角度，以现行价格和财会制度为基础，分析评价项目运营后盈利能力、偿还能力及外汇平衡能力，判断项目在财务上的可行性。综合评价则是对投资项目所带来的经济、社会、环境等各种效果进行全面系统的评价。

为了确定一个食品工厂的建设项目，除了要做好以上各项分析工作外，还要对每个项目所需的总投资，逐年分期投资数额，投产后的产品成本、利润率、投资回收年限，项目建设期间和生产过程中消耗的主要物质指标等进行精确的定量计算。经济核算应该全面细致，所有指标应该确切可靠。同时，由于确定项目的各项货币（如投资、经营费用或生产成本等）和实物指标是进行技术经济分析的重要前提，对技术和经济两方面都有较高的要求。因此，工程技术人员和经济工作人员一定要通力合作，对每一项目都要进行全面的、综合性的研究和分析，既要在技术上做到可行、先进，又要在经济上做到有利、合理。

11.1.3 技术经济分析的方法

11.1.3.1 技术经济分析的基本步骤

技术经济分析的基本步骤如图 11-1 所示。

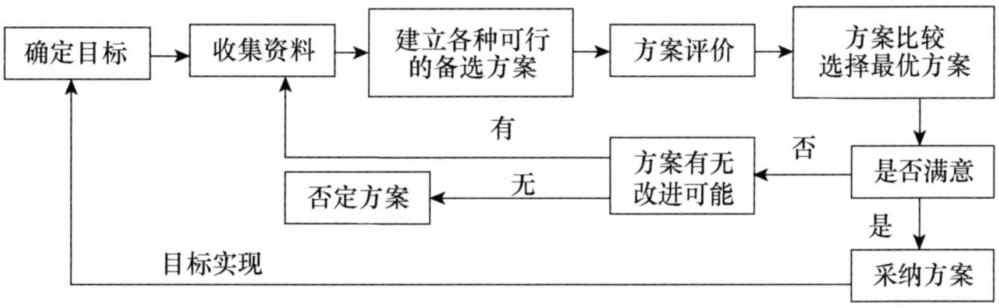

图 11-1 技术经济分析的基本步骤

（1）确定目标

任何技术方案都是为了满足某种需要或为了解决某个实际问题而提出的，因此，在进行经济分析之前，首先应该确定技术方案要达到的目标和要求，这是经济分析工作的前提。

（2）收集资料

根据需要决策的问题和确定的目标，搜集与问题有关的资料、数据，包括目前技术发展水平、各项技术的适用条件、过去与现在达到的各项技术经济指标等。所需资料的内容和范围取决于所需决策的问题和性质，还需了解为达到目标，在各项资源上有哪些约束条件。

（3）建立各种可行的技术方案

为了达到一定的目标，一般有多种不同的替代方案。为了选择最优的技术方案，首先要列出所有可能实行的技术方案，既不能漏掉实际可能的技术方案，又不要把技术上不能成立或不可能实现或技术上尚未过关的方案列出来，避免选出的方案不是最优方案或虽选出了最优方案，但在实际上无法实施或兑现。方案尽可能要考虑得多，但经过粗选后正式列出的方案要少而精。

（4）方案评价

方案评价主要是对各个备选方案进行经济效益计算与分析，主要包括企业经济效益分析与国民经济效益分析。企业经济效益分析是在国家现行的财税制度和价格体系条件下，从企业角度分析计算方案的效益、费用、盈利状况以及借款偿还能力等，以判定方案是否可行。国民经济效益分析则是从国民经济整体利益出发分析计算方案需要国家付出的代价和对国家的贡献，以考察投资行为的经济合理性。

（5）方案比较并选择最优方案

通过对技术方案进行经济效益分析，可以选出经济效益最好的方案，但不一定是最优方案。经济效益是选择方案的主要标准，但不是唯一标准。决定方案取舍不仅与其经济因素有关，而且与其在政治、社会、环境等方面的效益有关，因此必须对每个方案进行综合分析与评价。总之，在对方案进行综合评价时，除考虑产品的产量、质量、企业的劳动生产率等经济指标外，还必须对每个方案所涉及的其他方面，如拆迁房屋、占有农田和环境保护等方面进行详尽分析，权衡各方面的利弊得失，才能得出合适的最终结论。

11.1.3.2 技术经济分析的常用方法

（1）方案比较法

这是技术经济学中最常用的方法，比较简单，易于掌握，而且已有一套较为完整、成熟的程序。这种方法主要是通过若干从不同方面说明方案技术经济效果的指标，对完成同一任务的几个技术方案进行计算、分析和比较，从中选出最优的方案。方案比较中的关键环节，是使各备选方案的条件等同化，把不可比因素化为可比因素。这样，才能保证比较结果的准确性。近一二十年来，方案比较有了新的发展和扩大，程序更周密，考虑的因素更全面，分析比较的方法更为完善。

（2）系统分析法

技术经济学采用系统分析的思维方法和工作方法。首先，用系统的观点去研究问题，把研究对象作为由若干作用于同一共同目标、互相联系又互相影响的单元组成的有机整体，研究时要着眼于总体，抓住主要关系，着重于总体的变化，而不是只注意局部优化而忽略总体优化。但是，为了达到总体优化，往往会使问题变得十分复杂，为此，必须通过如价格、利息等经济杠杆采用力学研究中常用的隔离体方法使得问题简化。其次，要采用系统分析方法，如运筹学方法，更系统、更周密地分析问题的各个方面、各个因素，取得更为科学的分析结果。

（3）定量分析与定性分析相结合的方法

技术经济学采用了许多定量分析的方法，把分析的因素量化，通过数学计算进行分析比较。特别是近年来由于电子计算机和计算技术的迅速发展，定量分析的范围越来越大，许多过去只能定性分析的因素，今天已可以定量分析了。在定量分析时，应以动态分析为主，以静态分析为辅。然而，至今在技术经济学的研究领域中，还存在着大量无法定量的因素，在很大程度上只能作定性分析。因此，定量分析与定性分析相结合，应是技术经济学的基本方法之一。

11.2 总投资估算

投资是一种特定的经济活动，指投资主体为了将来获得收益或避免风险而进行的资金投放活动。对于一般的食品工厂建设项目而言，总投资是指投资主体为获取预期收益，在选定的建设项目上所需投入的全部资金。总投资估算是技术经济分析的一项重要工作，估算的准确程度将直接影响项目评价的结果，也影响着建设项目的经济效果，同时也是决定项目能否建设、银行能否提供贷款的重要因素。

食品工厂的建设项目按用途可分为生产性建设项目和非生产性建设项目。生产性建设项目总投资包括固定资产投资和流动资产投资两部分；非生产性建设项目总投资仅包括固定资产投资，不包含流动资产投资。

11.2.1 固定资产投资估算

11.2.1.1 固定资产的概念

固定资产是指单位价值高，使用期限较长，并在使用过程中保持其原有实物形态的资产。其基本特征如下：

① 使用期限超过 1 年且在使用过程中保持其原有的实物形态。

② 使用寿命是有限的，其价值随其磨损，以折旧形式逐渐转移到产品成本中去，并随产品价值的实现分次得到补偿。

③ 用于生产经营活动而不是为了出售，这一特征是区别固定资产与商品等流动资产的重要标志。

固定资产投资是指用于建设或购置固定资产投入的资金。固定资产投资由建筑工程费用、安装工程费用、设备及工器具购置费用、建设期利息以及其他工程费用、不可预见费等构成。

11.2.1.2 固定资产投资估算方法

常用的固定资产投资估算方法有类比估算法和概算指标估算法两类。

(1) 类比估算法

类比估算法是根据已建成的与拟建项目工艺技术路线相同的同类产品项目的投资，来估算拟建项目投资的方法。这种方法计算简单、速度快，但要求类似工程的资料可靠，条件基本相同，否则会产生较大误差。常用的有单位生产能力法、生产规模指数法和系数估算法等。

① 单位生产能力法。用单位生产能力法估算固定资产投资额的公式（11-1）为：

$$Y_2 = X_2\left(\frac{Y_1}{X_1}\right) \cdot P_f \qquad (11\text{-}1)$$

式中，X_1—类似项目的生产能力；

X_2—拟建项目的生产能力；

Y_1—类似项目的投资额；

Y_2—拟建项目的投资额；

P_f—物价修正系数。

② 生产规模指数法。用生产规模指数法估算固定资产投资额的公式（11-2）为：

$$Y_2 = Y_2\left(\frac{X_2}{X_1}\right)^n \cdot P_f \qquad (11\text{-}2)$$

式中，n 为生产能力指数，其他字母含义同上。根据国外某些化工项目的统计资料，n 的平均值为 0.6，所以此法又称为 0.6 指数法。

③ 系数估算法。以拟建工程的主体费用或主体设备为基数乘以适当的比例系数，来推算拟建项目的总投资额。其中，比例系数是从已建类似项目的统计数据中总结出来的。

(2) 概算指标估算法

概算指标估算法是较为详细的投资估算法。该法按下列内容分别套用有关概算指标和定额编制投资概算，然后在此基础上再考虑物价上涨、汇率变动等动态投资。

① 设备购置费：根据工艺技术要求所确定的设备、工具、器具和生产家具的数量及其相应的预算价格计算的购置费，包括设备原价、设备运杂费等。

Willianms (1971) 建议使用相关经验来估计食品加工设备的费用，采用公式（11-3）进行估计：

$$I = a \cdot q^b \qquad (11\text{-}3)$$

式中，I——个指定设备的资金投入；

a、b—常数；

q—设备的主要组成要素，例如容量、表面、人力和电力、工作能力等。

换句话说，对于两种类似（在样式和建造材料上类似）的设备，可有：

$$I_1 = a \cdot q_1^b \text{ 和 } I_2 = a \cdot q_2^b$$

可得：

$$I_2 = I_1\left(\frac{q_2}{q_1}\right)^b \qquad (11\text{-}4)$$

由此可知，已知带有一个主要的建造性特点 q_1 的设备价格 I_1，就很容易求出具有重要建造性特征 q_2 的设备资本投入 I_2。指数 b 的变量取值根据化工领域不同种类的加工设备来确定（Peters 和 Timmerhaus，1991），例如，Vian (1979) 与 Rudd 和

Watson（1976）均提供了不同种类设备的 b 值。在所有情况下，$q_2/q_1 \leqslant 10$ 是合适的，这样就能得出一个较为可靠的 I_2。成本值 I_2 不包括运输成本，常常是离岸价或者成本价，但是，这些成本转化成真实基数是非常重要的，通常把设备运输的成本加到食品工厂成本中，同时加入相应的税费和建造成本。

对于一个食品工业中给定的特定加工设备，必须找出资金投入 I 和设备的工作能力（kg/h 或 L/h）之间的关系，对应设备成本的工作能力如图 11-2 所示。根据 Bartholomai（1987）的研究，如果正常生产能力是原来 2 倍的时候，成本就要增加为原来的 1.5 倍；而当生产能力降低为原来的一半时，成本为 $0.66I$，I 为正常生产能力下的资金投入。

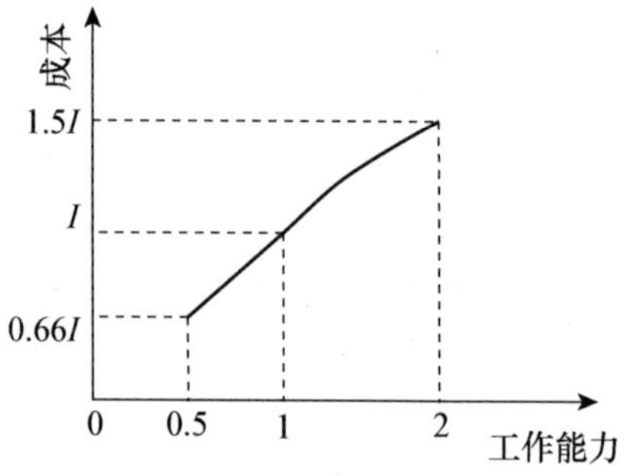

图 11-2　加工设备成本与工作能力间的关系

② 建筑工程费：建筑工程是指各种建筑物、构筑物的建造工程。其包括各种房屋（如厂房、仓库、宿舍等）、建筑物、各种管道（如蒸汽、压缩空气、煤气、给水机排水等管道）、输电线路和电讯导线的敷设工程；设备基础、支柱、工作台、梯子等建筑工程；为施工而进行的建筑场地的布置、原有建筑物和障碍物的拆除、平整土地以及建筑场地完工后的清理和绿化工作等。建筑工程费的估算公式（11-5）为：

$$建筑工程费 = 设备购置费 \times K_f \qquad (11\text{-}5)$$

式中：K_f—同类项目建筑工程费占设备购置费的比例。

③ 安装工程费：包括设备和工作台安装，以及敷设管线等的费用。一般根据设备购置费与相应的安装费率估算。估算公式为：

$$建筑安装费 = 设备购置费 \times 安装费率$$

④ 工程建设其他费用：根据有关规定应计入固定资产投资的除建筑、安装工程费用和设备、工器具购置费以外的一些费用，包括土地征购费、居民迁移费、人员培训费、勘察设计费等。采用比率指标或按照相应规定计算。

⑤ 预备费用：事先难以预料的工程费用。

a. 基本预备费：在可行性研究及投资估算、初步设计概算内难以预料的工程费用，费用内容因项目类型而异。可以以设备及工器具购置费用、建筑安装工程费用和工程建设其他费用之和为基数，乘以基本预备费率进行估算。

b. 涨价预备费：建设项目在建设期间内由于价格等变化引起工程造价变化的预测预留费用。涨价预备费的测算方法一般是根据国家规定的投资综合价格指数，以估算年份价格水平的投资额为基数，采用复利法计算。计算公式（11-6）为：

$$V = \sum_{t}^{n} K_t \left[(1+i)^t - 1\right] \qquad (11\text{-}6)$$

式中：V—涨价预备费；

K_t—第 t 年投资使用计划额；

i—年价格变化率；

n—建设期年数。

⑥ 建设期利息：建设期利息是指食品工厂项目在建设期内使用外部资金而支付的利息，包括国内银行和非银行金融机构贷款、外国政府贷款以及在境内外发行的债券等在建设期应偿还的贷款利息。因为这种利息需要根据用途分别计入固定资产或无形资产中，所以称为资本化利息。建设期的贷款利息按照复利计算。

建设期贷款利息的计算分为两种情况：

a. 贷款总额一次性贷出且利率固定的贷款，估算公式（11-7）为：

$$I = P\left[(1+i)^n\right] \qquad (11\text{-}7)$$

式中：P—本金；

I—利息；

n—计息期数；

i—利率。

b. 贷款总额分年均衡发放，假设各年借款均在年中支用，即当年借款额按半年计息，以后年份全年计息，估算公式为：

$$每年应计利息 = (年初借款本息累计 + 本年借款额/2) \times 年利率$$

国外贷款利息的估算，还应该包括贷款银行根据贷款协议向贷款方收取的手续费、管理费、承诺费以及国内代理机构向贷款单位收取的转贷费、担保费、管理费等。

11.2.2 流动资金估算

11.2.2.1 流动资金的概念

流动资金是指食品工厂用于购买原材料、支付职工工资和其他生产费用所需要的处于生产领域和流通领域供周转使用的资金。按来源可分为自由资金和借入资金；按管理方式可分为定额流动资金和非定额流动资金。定额流动资金是根据企业规模、完成任务数量、人员组成情况、物资和费用消耗水平、材料物资供应条件等，事先核定定额需用量，并实行定额管理的流动资金；非定额流动资金包括各种应收款、现金、结算户存款和其他货币资金，部分反映的是债权、债务关系。

在食品企业生产经营活动中，用流动资金购买原材料、燃料等，形成生产储备，然后投入生产，经过加工制成产品，经过销售回收货币，完成一个生产循环过程，流动资金就进行了一个周期的周转，依次经过了货币资金、储备资金、生产资金、产品资金、结算资金、货币资金几种表现形式。流动资金就是这样由生产领域→流通领域→生产领域，依次通过供、产、销三个环节，反复循环，不断周转。流动资金的构成如表 11-1 所示。

表 11-1 流动资金的构成

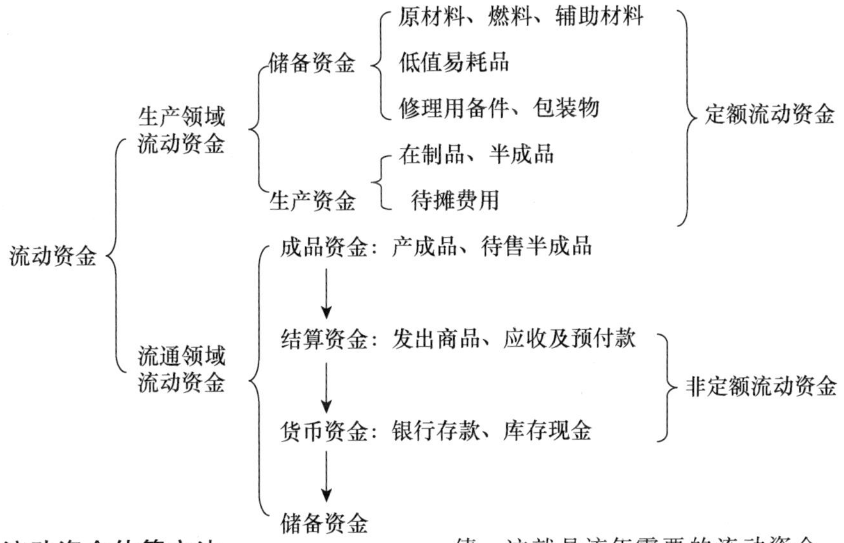

11.2.2.2 流动资金估算方法

（1）比率估算法

参照同类企业流动资金占某种基数的比例估算流动资金，一般常用的基数有产值或销售收入、经营成本、固定资产价值等。

① 按照产值或销售收入资金率估算。

$$流动资金=产值(销售收入)\times产值(销售收入)资金率$$

② 按总成本资金率估算。

$$流动资金=总成本\times总成本资金率$$

③ 按固定资产价值资金率估算。

$$流动资金=固定资产价值\times固定资产价值资金率$$

（2）分项估算法

分项估算法的基本思路：先按照项目各年生产运行的强度，估算出各大类流动资产的最低需要量，加总后减去该年估算出的正常情况下的流动负债，这就是该年需要的流动资金，再减去上年已注入的流动资金，就得到该年流动资金的增加额。当项目已经达到正常的生产运行水平后，流动资金就可以不再投入。具体估算公式如下：

$$流动资金=流动资产-流动负债$$

其中：$\text{流动资产}=\text{现金}+\text{应收账款}+\text{预付账款}+\text{存货}$

$$流动负债=应付账款+预收账款$$

要估算流动资金，首先确定各分项最低周转天数，计算出周转次数，然后进行分项估算。各类流动资产和流动负债的最低周转天数参照同类企业的平均周转天数，并结合项目特点确定或按部门（行业）规定。在确定最低周转天数时应考虑储存天数、在途天数，并考虑适当的保险系数。

① 现金：为维护正常生产运营必须预留的货币资金。估算公式为：

$$现金=(年工资及福利费+年其他费用)\div 现金周转次数$$

年其他费用=制造费用+管理费用+营业费用−(以上三项费用中所含的工资及福利费、折旧费、摊销费、管理费)

② 应收账款：企业对外销售商品、提供劳务尚未收回的资金。估算公式为：

$$应收账款=\frac{年销售收入}{应收账款周转次数}$$

③ 预付账款：企业为购买各类材料、半成品或服务预先支付的款项。估算公式为：

$$预付账款=\frac{外购商品或服务费用}{预付账款周转次数}$$

④ 存货：企业在日常生产经营过程中持有以备出售，或者仍然处在生产过程，或者在生产或提供劳务过程中将消耗的材料或物料等，包括各类材料、商品、在产品、半成品和产成品，并分项进行估算。估算公式为：

$$存货=外购原材料+外购燃料+其他材料+在产品+产成品$$

$$外购原材料=年外购原材料总成本\div 原材料周转次数$$

$$外购燃料=年外购燃料\div 按种类分项周转次数$$

$$在产品=(年外购原材料+年外购燃料+年工资及福利费+年修理费+年其他制造费用)\div 在产品周转次数$$

$$产成品=(年经营成本-年其他营业费用)\div 产成品周转次数$$

⑤ 流动负债：将在1年（含1年）或者超过1年的一个营业周期内偿还的债务，包括短期借款、应付票据、应付账款、预收账款、应付工资、应付福利费、应付股利、应交税金、其他暂收应付款项、预提费用和1年到期的长期借款等。在项目评价中，流动负债的估算可以只考虑应付账款和预收账款两项。估算公式为：

$$应付账款=\frac{(外购原材料+外购燃料+其他材料费用)}{应付账款周转次数}$$

$$预收账款=预收的营业收入金额\div 预收账款周转次数$$

11.3 产品成本与销售利润

11.3.1 产品成本估算

11.3.1.1 产品成本的概念

产品成本是以货币为表现形式，企业在一定时期内，对生产和销售一定质量和数量的产品，按一定规则而支付的各种费用的总和。

产品成本是一个极其重要的综合性指标，食品企业生产经营活动的各项工作成果，最终都会直接或间接地反映到产品成本这个指标上来。产品成本的高低，可以反映企业经营管理水平的状况，同时也直接决定了企业经济效益的好坏，因此，成本是技术经济分析中一个最重要的指标。

按照费用的原始形态，把全部费用划分为若干费用要素，构成产品总成本的费用可分为六大部分：

① 直接材料。在企业生产经营过程中，直接用于产品生产，构成产品实体的原料、主要材料、外购半成品，以及有助于产品形成的辅助材料与其他材料称为直接材料。包括：原材料、燃料、动力、外购半成品、辅助材料、包装物等。

② 直接工资。直接从事产品生产的工人的工资性支出，以及按规定比例提取的职工福利费为直接工资。包括：生产工人工资、奖金、津贴、补贴、福利费等。

③ 制造费用。企业各生产单位为生产产品或提供劳务所发生的各项期间费用称为制造费用。包括：生产单位管理人员工资、奖金、津贴、福利费；房屋建筑物等固定资产折旧费、维修费、低值易耗品、取暖费、水电费、差旅费、保险费、劳动保护费等。

④ 管理费用。企业行政管理部门和组织经营活动而发生的各项费用称为管理费用。包括：企业管理人员工资、福利及补贴、固定资产折旧费、无形资产及其他资产摊销费、办公费、差旅费、技术转让费、土地使用税、车船使用税、房产税、印花税等。

⑤ 财务费用。企业为筹集生产经营所需资金而发生的费用称为财务费用。包括：利息支出、汇兑损失、金融机构手续费以及筹集资金发生的其他费用等。

⑥ 销售费用。企业为销售产品而发生的各项费

用为销售费用。包括：运输费、折旧费、销售人员工资及福利费和广告费等。

11.3.1.2　产品成本的估算方法

对于食品企业而言，其成本估算的核心是食品生产成本和生产运营期间的费用，因此，产品成本主要是对与生产过程紧密相关的诸多要素进行详细估算或者概略估算即可。

（1）详细估算法

详细估算法，一般是按照成本和费用项目，根据有关规定和详细资料逐项进行估算。主要包括以下内容：

① 原材料、燃料、辅助材料及动力等费用项目，可根据单位产品的耗用量、单价及项目的产量规模等资料计算。其中，原材料、燃料、动力等的耗用量，可以将同类产品的历史资料和已达到的消耗定额，或新产品的设计技术经济定额作为依据。

② 生产工人的工资可按项目的生产定员人数及平均工资水平测定。

③ 制造费用中有消耗定额的按定额测算，没有消耗定额的，可根据历史资料和同类企业的统计资料确定。其中，折旧费按国家有关规定单独测算。

④ 管理费用、销售费用等期间费用可按会计规定和有关收费标准，参照历史资料估算。财务费用按项目负债的应计利息支出估算。

（2）概略估算法

在缺乏详细成本资料和定额的情况下，可采用下列方法概略估算成本和费用。

① 分项类比估算法。将产品生产成本分为材料费、工资和制造费用，然后按照各种产品的类似程度及分项费用的比例关系估算产品的生产成本。

② 差额调整法。对于老产品改进技术方案的成本预测，可以老产品实际成本为基数，找出新老产品的结构、材质、工艺等方面的差异，然后以差异额度调整老产品的成本以求得新产品的成本。或根据与类似产品比较确定成本修正系数，再与类似产品相乘，也可求得估算产品的成本。

③ 统计估算法。通过收集方案的成本统计资料，根据成本与某些参数如产量、功率、时间等之间的相互关系，测算成本和费用。

11.3.1.3　产品成本估算的主要内容

为了便于计算，在技术经济中将工资及福利费、折旧费、修理费、摊销费、利息支出进行归并后分别列出，另设一项“其他费用”，将制造费用、管理费用、财务费用和销售费用中扣除工资及福利费、折旧费、修理费、摊销费、利息支出后的费用列入其中。其估算公式为：

年总成本＝外购原材料＋外购燃料动力＋工资及福利费＋修理费＋折旧费＋摊销费＋利息支出＋其他费用

（1）外购原材料成本估算

原材料成本是成本的重要组成部分，其估算公式为：

原材料成本＝年产量×单位产品原材料成本

年产量可根据测定的设计生产能力和投产期各年的生产负荷加以确定；单位产品原材料成本是依据原材料消耗定额和单价确定的。企业生产经营过程中所需要的原材料种类繁多，在计算时，可根据具体情况，选取耗用量较大的、主要的原材料为对象，依据有关规定、原则和经验数据进行确定。

（2）外购燃料动力成本估算

燃料动力成本的估算公式为：

燃料动力成本＝年产量×单位产品燃料和动力成本

（3）工资及福利费估算

工资及福利费包括在制造成本、管理费用、销售费用之中，为了便于计算和进行经济分析，可将以上各项成本中的工资及福利费单独估算。

工资的估算可以采取以下两种方法：a. 按照整个项目职工定员数和人均年工资额估算年工资成本，其估算公式为：

年工资成本＝项目职工定员数×人均年工资额

b. 按照不同工资级别对职工进行划分，分别估算同一级别职工的工资，然后再加以汇总。一般可以分为五个级别，即高级管理人员、中级管理人员、一般管理人员、技术工人和一般工人。若有国外的技术人员和管理人员，应单独列出。

福利费主要包括职工的保险费、医药费、医疗经费、职工生活困难补助以及按国家规定开支的其他职工福利支出，不包括职工福利设施的支出。一般可按职工工资总额的一定比例提取。

（4）折旧费估算

折旧费包括在制造费用、管理费用和摊销费用中。为了便于计算和进行经济分析，可将以上各项成本费用中的折旧费单独估算。

折旧是指固定资产在使用过程中，随着资产损失而逐渐转移到产品成本费用中的那部分价值。将折旧费计入成本费用是企业回收固定资产投资的一种手段。按照国家规定的折旧制度，企业把已发生的资本性支出转移到产品成本费用中去，然后通过产品的销售，逐步回收初始的投资费用。

根据我国财务会计制度的有关规定，折旧的固定资产范围包括房屋、建筑物；在用的机器设备、仪器仪表、运输车辆、工具器具；季节性停用和在修理停用的设备；以经营租赁方式租出的固定资产；以融资租赁方式租入的固定资产。结合我国的企业管理水平，将固定资产分为三大部分、二十二类，按大类实行分类折旧。在进行技术经济分析时，可分类估算折旧，也可综合估算折旧，要视项目的具体情况而定。

(5) 修理费估算

修理费包括大修理费用和中小修理费用。在估算修理费时，一般无法确定修理费具体发生的时间和金额，可按照折旧费的一定百分比估算。该百分比可参照同行业的经验数据加以确定。

(6) 摊销费估算

摊销费是指无形资产和递延资产在一定期限内分期摊销的费用。无形资产和递延资产的原始价值要在规定的年限内，按年度或产量转移到产品的成本之中，这一部分被转移的无形资产和递延资产的原始价值，成为摊销。企业通过计提摊销费，回收无形资产及递延资产的资本支出。估算摊销费采用直线法，并且不留残值。

估算无形资产摊销费的关键是确定摊销期限。无形资产应按规定期限分期摊销，法律、合同或协议固定有效期和受益年限的，按照法定有效期或合同、协议规定的受益年限孰短的原则确定；未规定期限的，按不少于10年的期限分期摊销。递延资产按照财务制度的规定在投产当年一次摊销。

若各项无形资产摊销年限相同，可根据全部无形资产的原值和摊销年限计算出各年的摊销费；若各项无形资产摊销年限不同，则要根据《无形资产和其他资产摊销估算表》计算各项无形资产的摊销费，然后将其相加，即可得运营期各年的无形资产摊销费。

(7) 运营期利息估算

利息支出是指筹集资金而发生的各项费用，包括运营期间发生利息净支出，即在运营期所发生的建设投资借款利息和流动资金利息之和。建设投资借款在生产期间发生利息的估算公式为：

每年利息支付＝年初本金累计额×年利率

为简化估算，还款当年按年末偿还，全年利息。

流动资金借款属于短期借款，利率较长期借款利率低，且利率一般为季利率，3个月计息一次。在技术经济分析中，为简化估算，一般采用年利率，每年计息一次。流动资金借款利息的估算公式为：

流动资金利息＝流动资金借款累计额×年利率

在技术经济分析中，其他费用一般可根据成本中的原材料成本、燃料和动力成本、工资及福利费、折旧费、修理费和摊销费之和的一定百分比估算，并按照同类企业的经验数据加以确定。将上述各项合计，即得出运营期各年的总成本。

11.3.2 销售利润估算

11.3.2.1 销售收入

(1) 销售收入的估算

销售是企业经营活动的一项重要环节，产品销售过程是企业产品价值的实现过程。销售收入也称营业收入，是指企业在生产经营活动中，由于销售产品、提供劳务等取得的收入，包括基本业务收入(即产品销售收入)和其他业务收入(即其他销售收入)。营业收入是项目建成投产后补偿成本、上缴税金、偿还债务、保证企业再生产正常进行的前提，是进行利润总额、营业税金及附加和增值税估算的基础数据。销售收入的估算公式为：

销售收入＝产品销售单价×产品年销售量

在技术经济分析中，产品年销售量应根据市场行情，采用科学的预测方法确定。产品销售单价一般采用出厂价格，也可根据需要选用送达用户的价格。

(2) 销售价格的选择

估算销售收入，产品销售价格是一个很重要的因素。一般而言，项目的经济效益对其变化最敏感，所以一定要谨慎选择。一般可在以下三种价格中进行选择：

① 市场价格。如果同类产品或类型产品已在市场上销售，并且这种产品既与外贸无关，也不是计划控制的范围，则可选择现行市场价格作为项目产品的销售价格。当然，也可以以现行市场价格为基础，根据市场供求关系上下浮动作为项目产品的销

售价格。

② 根据预计成本、利润和税金确定价格。如果拟建项目的产品属于新产品，则其出厂价格的估算公式为：

$$出厂价格=产品计划成本+产品计划利润+产品计划税金$$

其中：

$$产品计划利润=产品计划成本\times产品成本利润率$$

$$产品计划税金=\frac{产品计划成本-产品计划利润}{1-税率}\times税率$$

③ 口岸价格。如果项目产品是出口产品，或者是替代进口产品，或者是间接出口产品，可以以口岸价格为基础确定销售价格。出口产品和间接出口产品可选择离岸价格（FOB），替代进口产品可选择到岸价格（CIF），或者直接以口岸价格定价，或者以口岸价格为基础，参考其他有关因素确定销售价格。

以上几种情况，当难以确定采用哪一种价格时，可考虑选择可供选择方案中价格最低的一种作为产品的销售价格。

（3）产品年产量的确定

在技术经济分析中，首先根据市场需求预测确定项目产品的市场份额，进而合理确定企业的生产规模，再根据企业的设计生产确定企业的年产量。在现实经济生活中，产品年销售量不一定等于年产量，这主要是因市场波动而引起库存变化导致产量和销售量的差别。但在技术经济分析中，难以准确地估算出由于市场波动引起的库存量变化。因此，在估算销售收入时，不考虑项目的库存情况，而假设当年生产出来的产品当年全部售出。这样，就可以根据项目投产后各年的生产负荷确定各年的销售量。如果项目的产品比较单一，用产品单价乘产量即可得到每年的销售收入；如果项目的产品种类比较多，要根据销售收入和营业税金及附加估算表进行估算，即应首先计算每一种产品的年销售收入，然后汇总在一起，求出项目运营期各年的销售收入；如果产品部分销往国外，还应计算外汇收入，并按外汇牌价折算成人民币，然后再计入项目的年营业收入总额中。

11.3.2.2　营业税金及附加

营业税金是根据商品或劳务的流转额征收的税金，属于流转税的范畴。营业税金包括增值税、消费税和城市维护建设税。附加是指教育费附加，其征收的环节和计费的依据类似于城市维护建设税。所以，在技术经济分析中，一般将教育附加并入营业税金项内，视同营业税金处理。

（1）增值税

增值税是对销售货物或者提供加工、修理修配劳务、销售服务、不动资产以及进口货物的单位和个人就其实现的增值额征收的一个税种，是以商品（含应税劳务）在流转过程中产生的增值额作为计税依据而征收的一种流转税。从计税原理上说，增值税是对商品生产、流通、劳务服务中多个环节的新增价值或商品的附加值征收的一种流转税。实行价外税，也就是由消费者负担，有增值才征税，没增值不征税。

在技术经济分析中，增值税作为价外税可以不包括在营业税金及附加中，也可以包括在营业税金及附加中。如果不包括在营业税金及附加中，产出物的价格不含有增值税的销项税，投入物的价格中也不含有增值税的进项税，但在营业税金及附加的估算中，为了计算城乡维护建设税和教育费附加，有时还需要单独计算增值税额，作为城市维护建设税和教育费附加的计算基数。增值税是按增值额计税的，其估算公式为：

$$增值税应纳税额=销项税额-进项税额$$

销项税额是指纳税人销售货物或提供应税劳务，按照销售额和增值税率计算并向购买方收取的增值税额，其估算公式为：

$$\begin{aligned}销项税额&=销售额\times增值税税率\\&=\frac{销售收入(含税销售额)}{1+增值税税率}\times增值税税率\end{aligned}$$

进项税额是指纳税人购进货物或接受应税劳务所支付或者负担的增值税额，其估算公式为：

$$进项税额=\frac{外购原材料、燃料及动力费}{1+增值税税率}\times增值税税率$$

（2）消费税

消费税是对企业生产、委托加工和进口的部分应税消费品按差别税率税额征收的一种税。消费税是在普遍征收增值税的基础上，根据消费政策、产业政策的要求，有选择地对部分消费品征收的一种特殊的税种。目前，我国的消费税共设11个税目，13个子目。消费税的税率有从价定率和从量定额两种，其中，黄酒、啤酒、汽油、柴油产品用从量定额计征的方法；其他消费品均为从价定率计税，税率3%～45%不等。

消费税采用从价定率和从量定额两种计税方法计算应纳税额，一般以应税消费品的生产者为纳税人，在销售时纳税。应纳税额估算公式为：

① 实行从价定率办法估算

$$\text{应纳税额}=\text{应税消费品销售额}\times\text{适用税率}=\frac{\text{销售收入(含增值税)}}{1+\text{增值税率}}\times\text{消费税率}=\text{组成计税价格}\times\text{消费税率}$$

②实行从量定额方法估算

$$\text{应纳税额}=\text{应税消费品销售数量}\times\text{单位税额}$$

应税消费品销售额是指纳税人销售应税消费品向买方收取的全部价款和价外费用，不包括向买方收取的增值税税款。销售数量是指应税消费品数量。

(3) 城市维护建设税

城市维护建设税是以纳税人实际缴纳的增值税和消费税的税额为计税依据所征收的一种税。城市维护建设税按纳税人所在地区实行差别税率；纳税人所在地在市区的，税率为7%；纳税人所在地在县城、镇的，税率为5%；纳税人所在地不在市区、县城或镇的，税率为1%。城市维护建设税以纳税人实际缴纳的增值税和消费税的税额为计税依据，并分别与上述两种税种同时缴纳。其应税额估算公式为：

$$\text{应纳税额}=(\text{实际缴纳的增值税}+\text{消费税})\times\text{适用税率}$$

(4) 教育费附加

教育费附加是为了加快地方教育事业的发展，扩大地方教育经费的资金来源而开征的一种附加费。根据有关规定，凡缴纳消费税、增值税的单位和个人，都是教育费附加的缴纳人。教育费附加随消费税、增值税同时缴纳。教育费附加的计征依据是各缴纳人实际缴纳的消费税、增值税的税额，征收率为3%。其估算公式为：

$$\text{应纳教育费附加额}=(\text{实际缴纳的增值税}+\text{消费税})\times 3\%$$

11.3.2.3 利润

(1) 利润总额的估算

利润总额是企业在一定时期内生产经营活动的最终财务成果，集中反映了企业生产经营各方面的效益。

现行会计制度规定，利润总额等于营业利润加上投资净收益、补贴收入和营业收支净额。其中，营业利润等于主营业务收入减去主营业务成本和主营业务税金及附加，加上其他业务利润，再减去销售费用、管理费用和财务费用后的净额。在进行技术经济分析时，假定不发生其他业务利润，也不考虑投资净收益、补贴收入和营业外收支净额，本期发生的总成本等于主营业务成本、销售费用、管理费用和财务费用之和，并且视项目的主营业务收入为本期的销售收入，主营业务税金及附加为本期的营业税金及附加。利润总额的估算公式为：

$$\text{利润总额}=\text{产品销售(营业)收入}-\text{营业税金及附加}-\text{总成本费用}$$

根据利润总额可估算所得税和净利润，在此基础上可进行净利润的分配。

(2) 所得税估算及净利润的估算

① 所得税估算。根据税法的计算，企业取得利润后，先向国家缴纳所得税，即凡在我国境内实行独立经营核算的各类企业或者组织，其来源于我国境内、境外的生产、经营所得和其他所得，均应依法缴纳企业所得税。

企业所得税以应纳税所得额为计税依据。纳税人每一纳税年度的收入总额减去准予扣除项目的余额，为应纳税所得额。纳税人发生年度亏损的，可用下一纳税年度的所得弥补；下一纳税年度的所得不足弥补的，可以逐年延续弥补，但是延续弥补的最长时间不得超过5年。企业所得税的应纳税额估算公式为：

$$\text{所得税应纳税额}=\text{应纳税所得额}\times 25\%$$

在技术经济分析中，一般是按照利润总额作为项目的所得，乘以25%税率计算所得税，即

$$\text{所得税应税额}=\text{利润总额}\times 25\%$$

② 净利润的估算。净利润是指利润总额扣除所得税后的差额，估算公式为：

$$\text{净利润}=\text{利润总额}-\text{所得税}$$

11.4 经济评价

工程项目经济评价的方法和指标是多种多样的，这些指标从不同的侧面反映投资项目的某一工程技术方案的经济性。在具体选用哪一种方法或指标时，评价者可以依据可获得资料的多少，以及项目本身所处条件的不同，选用不同的指标和方法。

11.4.1 经济评价所需的基础数据

技术经济分析中要对投资项目或建设方案进行分析论证，这就需要一些基础资料。这些基础资料包括产品的市场需求数量、品种、质量和价格，项目投资、成本、税金、现金流量等。

① 产品的市场预测。包括产品的市场需求预测、价格预测等。

② 项目的投资构成。项目总投资由建设投资、建设投资贷款利息及流动资金组成。

③ 项目的成本费用构成。成本费用估算在经济分析评价中的主要作用：计算利润、计算流动资金需要量、财务分析及评价、不确定性分析；经过价格调整后（用影子价格代替现行价格），可以用于国民经济评价。

④ 项目税金。与技术经济分析有关的主要税种有：增值税、消费税、城建税和教育费附加，以及从利润中扣除的所得税等。

⑤ 项目现金流量估计。所谓现金流量，在投资决策中是指一个项目引起的企业现金支出和现金收入增加的数额。这时的现金是广义的现金，不仅包括各种货币资金，而且还包括项目需要投入的企业现有的非货币资源的变现价值。新建项目的现金流量包括现金流出量、现金流入量和现金净流量三个。

11.4.2 经济评价指标

经济评价指标可以从不同的角度进行分类，常见的分类有以下几种。

（1）按评价指标计算是否考虑资金时间价值分类

按经济评价指标是否考虑资金的时间价值，可将经济评价方法分为动态评价指标和静态评价指标。静态评价方法是不考虑资金时间价值的方法，其特点是计算较简便、直观、易于掌握；但也存在着项目经济效益反映不准确等问题，静态投资回收期、投资收益率等属于静态评价指标。动态评价指标是考虑资金时间价值的指标，如动态投资回收期、净现值、内部收益率等，动态评价指标克服了静态评价指标的缺点，但计算需要依据较多的数据和资料，过程也较复杂。

（2）按评价指标计算所依据的经济要素是否确定分类

根据评价指标计算所依据的经济要素是否确定，经济评价的方法包括确定性评价方法和不确定性评价方法。确定性评价方法的指标计算所依据的相关经济要素是确定的；不确定性经济评价方法的指标计算所依据的相关经济要素是可变的，不是唯一的，盈亏平衡分析、敏感性分析属于不确定性分析。一般而言，同一投资项目应同时进行确定性评价和不确定性评价。

（3）按评价指标所反映的经济性质分类

项目的经济性质体现在所投入资金的回收速度、项目的盈利能力和资金的使用效率三个方面，可将项目的评价指标分为时间性评价指标、价值性评价指标和效率性评价指标。时间性评价指标是依据时间长短来衡量项目对其投资回收能力的指标；常用的时间性评价指标有静态投资回收期、动态投资回收期、增量静态投资回收期、增量动态投资回收期。价值性评价指标是反映项目投资的净收益绝对量大小的指标；常用的价值性评价指标有净现值、净年值、费用现值和费用年值等。效率性评价指标是反映项目单位投资获利能力或项目对贷款利率的最大承受能力指标；常用的效率性评价指标有投资收益率、内部收益率、净现值率和费用效益比等。

（4）按评价指标在评价过程中所起的作用分类

项目经济评价指标根据其在评价过程中所起的作用可分为单方案评价指标和多方案优选指标（表11-2）。单方案评价指标仅能进行单一方案的可行性评价，如静态投资回收期、动态投资回收期、内部收益率、投资收益率、净现值率、费用效益比等。多方案优选指标适用于对两个或多个可行方案进行选优，如增量静态投资回收期、增量动态投资回收期、增量内部收益率等。由于计算公式本身的特殊性，净现值、净年值等指标既可用于单方案的评价，也可用于多方案的选优。

表 11-2 经济评价常用的指标

	评价指标	时间性评价指标	价值性评价指标	效率性评价指标
静态评价指标	单方案评价指标	静态投资回收期	/	投资收益率
	多方案评价指标	增量静态投资回收期	/	增量投资收益率
动态评价指标	单方案评价指标	动态投资回收期	净现值、净年值	内部收益率、净现值率
	多方案评价指标	增量动态投资回收期	净现值、净年值、费用现值、费用年值	增量内部收益率、增量费用效率比

11.4.3 经济评价方法

11.4.3.1 时间性评价方法

时间性评价方法是以项目的净收益（包括净利润和折旧）抵偿其全部投资所需要的时间作为判断其经济可行性及选优的依据。

（1）静态投资回收期（P_t）

静态投资回收期是指在不考虑资金时间价值的条件下，以项目净收益抵偿全部投资所需要的时间。根据静态投资回收期的定义，P_t 的计算公式（11-8）为：

$$\sum_{t=0}^{P_t}(CI-CO)_t=\sum_{t=0}^{P_t}NCF_t=0 \qquad (11\text{-}8)$$

式中：CI—某年份的现金流入量，元；

CO—某年份的现金流出量，元；

NCF—某年份的净现金流量，元；

t—年份，年。

实际计算过程中，当累计净现金流量等于零时，往往不是某一自然年份，这时，可采用下列公式计算：

$$P_t=\left(\begin{matrix}\text{累计净现金流量开始}\\\text{出现正值的年份数}\end{matrix}\right)-1+\left(\frac{\text{上年累计净现金流量的绝对值}}{\text{当年净现金流量}}\right)$$

如果项目或方案的总投资为 I，项目或方案投产后年净收益相等且均为 R，则有：

$$\sum_{t=0}^{P_t}NCF_t=\sum_{t=0}^{m}I_t-\sum_{t=0}^{P_t}R=0 \qquad (11\text{-}9)$$

$$\sum_{t=0}^{m}I_t-\sum_{t=0}^{P_t}R=I-R(P_t-m)=0 \qquad (11\text{-}10)$$

$$P_t=\frac{I}{R}+m \qquad (11\text{-}11)$$

以上各式中，m 为项目或方案的建设期。

将方案或项目计算得到的静态投资回收期 P_t 与行业投资者设定的基准投资回收期 P_c 进行比较，若 $P_t \leqslant P_c$，则可以考虑接受该项目或方案；若 $P_t>P_c$，则可以考虑拒绝该项目或方案。静态投资回收期主要用于判断单一方案的可行与否，进行项目盈利能力分析。

静态投资回收期 P_t 的优点在于：第一，其含义明确、直观、计算过程较方便；第二，静态投资回收期在一定程度上反映了项目或方案的抗风险能力，静态投资回收期评价项目或方案的标准是资金回收期限的长短，而风险随着时间的延长可能会增加，资金回收速度快，表明项目在时间尺度上有一定的抗风险能力。由于静态投资回收期综合反映了项目的盈利能力和抗风险能力，该指标是人们容易接受和乐于使用的一种经济评价指标。

静态投资回收期 P_t 这一指标也有不足之处，主要表现为：第一，该指标没有考虑资金的时间价值，如果作为项目或方案的取舍依据，可能做出错误的判断；第二，该指标舍弃了投资回收期以后的现金流量情况，没有从整个项目周期出发来考虑，有一定的局限性；第三，基准回收期 P_c 的确定取决于项目的寿命，而决定项目寿命的因素既有技术方面的，还有产品的市场需求方面的，随着技术进步的加速，各部门各行业的项目寿命相对缩短，从而导致部门或行业的 P_c 各不相同。因此，静态投资回收期不是全面衡量项目经济效益的理想指标，可以作为辅助指标与其他指标结合起来使用。

（2）动态投资回收期（P_t'）

动态投资回收期是指在考虑资金时间价值的条件下，以项目净收益抵偿全部投资所需要的时间。该指标克服了静态投资回收期的缺陷，一般也从投资开始年算起。根据动态投资回收期的定义，P_t'的计算公式（11-12）为：

$$\sum_{t=0}^{P_t'}(CI-CO)_t(1+i_c)^{-t}=\sum_{t=0}^{P_t'}NCF_t(1+i_c)^{-t}=0 \quad (11\text{-}12)$$

式中：CI—某年份的现金流入量，元；

CO—某年份的现金流出量，元；

NCF—某年份的净现金流量，元；

t—年份，年；

i_c—基准收益率。

实际计算公式为：

$$P'_t=\left(\begin{matrix}\text{累计折现值出现}\\\text{正值的年份数}\end{matrix}\right)-1+\left(\frac{\text{上年累计折现值的绝对值}}{\text{当年净现金流量的折现值}}\right)$$

将方案或项目计算得到的动态投资回收期 P'_t 与行业投资者设定的基准投资回收期 P_c 进行比较，若 $P'_t \leqslant P_c$，则可以考虑接受该项目或方案；若 $P'_t > P_c$，则可以考虑拒绝该项目或方案。可用于判断单一方案的可行与否，反映项目的盈利能力。

动态投资回收期的计算，考虑了资金的时间价值，结果较为合理。但同样没有考虑投资回收期之后现金流量情况，不能反映项目在整个寿命期内的真实经济效果。

11.4.3.2　价值性评价方法

价值性评价方法是通过计算各个项目方案在整个寿命期内的价值作为判断其经济可行性和选优的方法。

(1) 净现值（NPV）

净现值（net present value，NPV）指标是对投资项目进行动态评价的最重要的指标之一，该指标考察了项目寿命期内各年的净现金流量。

所谓净现值是指把项目计算期内各年的净现金流量，按照一个给定的标准折现率（基准收益率）折算到建设期初（项目计算期第一年年初）的现值之和。净现值是考察项目在计算期内盈利能力的主要动态指标。根据净现值的概念，净现值的表达式 (11-13) 为：

$$NPV=\sum_{t=0}^{n}(CI_t-CO_t)(1+i_c)^{-t} \quad (11\text{-}13)$$

式中：NPV—某方案的净现值；

n—计算期；

CI_t—第 t 年现金流入量；

CO_t—第 t 年现金流出量；

i_c—设定的基准收益率。

设项目所用初始投资为 I_0，以后各年具有相同的净现金流量 NB，则净现值的表达式为：

$$NPV=NB(P/A,i_c,n)-I_0 \quad (11\text{-}14)$$

计算出净现值后，结果不外乎三种情况，即 $NPV>0$，$NPV=0$，$NPV<0$。在用于项目的经济评价时判别准则如下：

若 $NPV>0$，说明该项目或方案可行。因为这种情况说明投资方案实施后的投资收益水平不仅能够达到基准收益率的水平，而且还会有盈余，也即项目的盈利能力超过投资收益期望的水平。

若 $NPV=0$，说明该项目或方案可考虑接受。因为这种情况说明投资方案实施后的投资收益水平恰好等于基准收益率，也即其盈利能力能达到所期望的盈利水平。

若 $NPV<0$，说明方案不可行。因为这种情况说明投资方案实施后的投资收益达不到所期望的基准收益率水平。

一个方案或项目的净现值不仅取决于其本身的现金流量，还与基准收益率 i_c 有关系，在现金流量一定的情况下，基准收益率越高，项目的净现值就越低。基准收益率也可称为基准折现率，是投资者以动态的观点确认的，可以接受的投资方案最低标准的收益水平，也代表了投资者所期望的最低盈利水平。基准收益率的确定应综合考虑以下几个因素：

① 资金成本和机会成本。资金成本是指项目或方案为筹集和使用资金而付出的代价。主要包括资金筹集成本和资金使用成本。资金筹集成本又称融资费用，指资金在筹措过程中支付的各项费用，包括手续费、发行费、印刷费、公证费和担保费等。资金使用成本又称为资金占用费用，包括股利和各种利息。资金筹集成本属于一次性费用，使用资金过程中不再发生，而资金的使用成本却在资金使用过程中多次发生。

机会成本是指投资者将有限的资金用于拟建项目而放弃的其他投资机会所能获得的最好收益。

一般而言，基准收益率不应低于单位资金成本和资金的机会成本。

② 投资风险。由于项目的收益在未来才可能取得，随着时间的推移，这种收益具有不确定性，相

应会产生风险。补偿未来可能产生的风险损失，在确定基准收益率时要考虑一个适当的风险报酬。风险报酬率的大小取决于未来项目经营风险的大小。一般而言，风险越大的项目，风险报酬率越高。

③ 通货膨胀。通货膨胀是指由于货币的发行量超过商品流通所需的货币量而引起的货币贬值和物价上涨的现象。通常用通货膨胀率这一指标来表示通货膨胀的程度。当出现通货膨胀时，会造成项目在建设和经营过程中材料、设备、土地和人力资源费用等的上升，因此在确定基准收益率时，应考虑通货膨胀的影响。综合以上分析，基准收益率的计算公式（11-15）为：

$$i_c=(1+r_1)(1+r_2)(1+r_3)-1 \approx r_1+r_2+r_3 \tag{11-15}$$

式中：i_c—基准收益率；

r_1—年单位资金成本和机会成本中较大者；

r_2—年风险报酬率；

r_3—年通货膨胀率。

净现值指标的优点在于，它不仅考虑了资金时间价值，是一个动态评价指标；而且考虑了项目方案整个计算期内的现金流量情况，能够比较全面地反映方案的经济状况；此外，该指标经济意义明确，能够直接以货币额表示项目的净收益。

净现值指标的缺点在于，首先必须确定一个较合理的基准收益率，实际的操作中，基准收益率的确定是非常困难的；另外，基准收益率只能表明项目方案的盈利能力超过、达到或未达到要求的收益水平，而实际的盈利能力究竟比基准收益率高多少或低多少，则反映不出来，不能真实反映项目方案投资中单位资金的效率。

净现值可用于独立方案的评价及可行与否的判断，当 $NPV \geqslant 0$，项目方案可行，可以考虑接受；当 $NPV<0$，项目方案不可行，应予拒绝。此外，净现值还用于多方案比较和优选，通常以净现值大的为优。

（2）净年值（NAV）

净年值（net annual value，NAV），也称净年金，该指标是通过资金时间价值的计算将项目方案的净现值换算为计算期内各年的等额年金，是考察项目投资盈利能力的指标。净年值的表达式为

$$NAV=\sum_{t=0}^{n}(CI-CO)_t(1+i_c)^{-t}(A/P,I,n) = NPV(A/P,i_c,n) \tag{11-16}$$

由 NAV 的表达式可以看出，NAV 实际上是 NPV 的等价指标，对于单个投资项目而言，用净年值和净现值进行评价，其结论是相同的。其评价准则是：

当 $NAV \geqslant 0$，认为项目方案可以考虑接受；

当 $NAV<0$，项目方案不可行。

净年值指标主要用于寿命期不同的多方案比较选择。

用净年值指标评价项目投资方案的经济可行与否的结论与净现值是一致的。但是，这两个指标所给出的信息经济含义不同。净现值所表达的信息是项目在整个寿命期内所获得的超出最低期望值盈利的超额收益现值；净年值给出的信息是项目在整个寿命期内每年的等额超额收益。

11.4.3.3 效率性评价方法

效率性评价方法是用项目投资效率的高低来作为判断可行性及择优依据的方法。

（1）内部收益率（IRR）

内部收益率（internal rate of return，IRR）是净现值为零时的折现率，即在折现率水平下，项目方案的现金流出量的现值等于现金流入量的现值。该指标同净现值一样是被广泛使用的项目方案经济评价指标。由于其反映的是项目投资所能达到的收益水平，其大小完全取决于方案本身，因而被称为内部收益率。根据内部收益率的概念，内部收益率的表达式为：

$$\sum_{t=0}^{n}(CI-CO)_t(1+IRR)^{-t}=0 \tag{11-17}$$

从经济意义上而言，内部收益率 IRR 的取值范围应是：$-1<IRR<\infty$，大多数情况下的取值范围 $0<IRR<\infty$。

内部收益率的计算，通常需要“逐步测试法”。首先估计一个折现率，用它来计算方案的净现值；如果净现值为正数，说明方案本身的收益率超过估计的折现率，应提高贴现率后进一步测试；如果净现值为负数，说明方案本身的收益率低于估计的折现率，应降低贴现率后进一步测试。经过多次测试，寻找出使净现值接近于零的折现率，即为方案本身的内部收益率。具体计算步骤如下：

① 选取初始试算折现率，一般先取行业的基准收益率作为第一个试算的 i_1，计算对应的净现值为 NPV_1。

② 若 $NPV_1 \neq 0$，则根据 NPV_1 是否大于零，

再试算 i_2，一直试算至两个相邻的 i_1、i_2 对应 NPV 一正一负时，则表明内部收益率就在这两个折现率之间。

③ 用线性内插法，求得 IRR 的近似解：

$$IRR=i_1+\frac{NPV_1}{NPV_1+|NPV_2|}(i_2-i_1) \quad (11\text{-}18)$$

IRR 近似值与真实值的误差取决于 (i_2-i_1) 的大小，一般控制在 $|i_2-i_1|\leqslant 2\%$ 的范围。

计算得到的 IRR 与项目的基准收益率 i_c 比较：$IRR\geqslant i_c$，表明项目的收益率已超过或达到设定的基准收益率水平，项目方案可以考虑接受；$IRR<i_c$，表明项目的收益率未达到设定基准收益水平，项目应予以拒绝。

内部收益率的经济含义在于项目方案计算期内，如按 $i=IRR$ 计算各年的净现金流量时，则会始终存在未能收回的投资；只有在项目方案寿命终了时，投资恰好被完全收回。因此，内部收益率是建设项目寿命期内没有收回投资的收益率。

内部收益率有以下优点：第一，内部收益率这一指标比较直观、观念清晰、明确，可以直接表明项目投资的盈利能力和资金的使用效率；第二，内部收益率是内生的，即它是由项目现金流量本身特征决定的，不是由外部决定的。这与净现值、净年值等指标需要事先设定一个基准收益率才能进行计算和比较来说，操作起来困难较小，容易决策。

内部收益率也存在一些缺点：第一，内部收益率虽然能够明确表示出项目投资的盈利能力，但实际上内部收益率的过高和过低往往失去实际意义；第二，内部收益率适用于单一方案或独立方案的经济评价或可行性判断，不能直接用于多方案的比较和选优。

(2) 净现值率（$NPVR$）

净现值率（net present value rate，$NPVR$）又称净现值指数，是指项目方案的净现值与项目全部投资现值的比。净现值率是在净现值的基础上发展起来的。由于净现值指标仅反映一个项目所获净收益现值的绝对量大小，不直接考虑项目投资额的大小，为了考察项目方案投资的使用效率，常用净现值率作为净现值指标的辅助评价指标。净现值率的经济含义是单位投资现值所能带来的净现值的大小。其计算公式（11-19）为：

$$NPVR=\frac{NPV}{I_p}=\frac{\sum_{t=0}^{n}(CI-CO)_t(1+i_c)^{-t}}{\sum_{t=0}^{n}I_t(1+i_c)^{-t}} \quad (11\text{-}19)$$

式中：I_t—第 t 年的投资；

I_p—全部投资的现值。

若 $NPVR\geqslant 0$，则项目方案在经济上可以考虑接受；反之则不行。用净现值率进行方案比较时，净现值率大的方案为优。

用净现值率指标和净现值指标进行方案的可行性比较时所得的结论是一致的，但是，进行多方案的比较或进行项目方案的排队时，这两个指标的评价结论会出现互斥的情况。

(3) 投资收益率（R）

投资收益率是指项目方案达到设计生产能力后一个正常年份的年净收益与方案的投资总额的比率，一般用 R 表示。投资收益率表明投资方案在正常生产中，单位投资每年所创造的年净收益额。如果生产期内各年的净收益额变化幅度较大，可计算生产期内年平均净收益与投资总额的比率。投资收益率是衡量投资方案获利水平的静态评价指标。投资收益率的计算公式（11-20）为：

$$R=\frac{A}{I}\times 100\% \quad (11\text{-}20)$$

式中：A—项目方案达到设计生产能力后一个正常年份的年净收益或年平均收益；

I—项目总投资。

投资收益率的决策准则为：投资收益率 $R\geqslant$ 行业平均基准收益率。满足该条件，项目可行；否则，该项目应该被否定。

投资收益率是考察项目单位投资盈利能力的静态指标。该指标的优点在于能简单、直观地反映项目单位投资的盈利能力。该指标的不足之处在于没有考虑资金的时间价值，是一种静态的评价方法。

在投资收益率的实际计算中，经常应用到以下一些指标：

① 总投资收益率（R_c）。总投资收益率表示总投资的盈利水平，是指项目达到设计生产能力后正常年份的年息税前利润或生产期年平均的年息税前利润与项目总投资的比率。其计算公式（11-21）为：

$$R_c=\frac{EBIT}{I}\times 100\% \quad (11\text{-}21)$$

式中，$EBIT$ 为项目正常年份的年息税前利润或营运期内年平均息税前利润。其中：

年息税前利润＝年营业收入－营业税金及附加－息税前总成本

息税前总成本＝年经营成本＋年固定资产折旧＋无形资产摊销费＋修理费

② 投资利润率（R_L）。投资利润率是项目达到正常生产年份的利润总额或生产期年平均利润总额与项目总投资的比率。其计算公式（11-22）为：

$$R_L=\frac{NP}{I}\times 100\% \tag{11-22}$$

式中：NP—项目正常年份的利润总额或生产期内年平均利润总额。

③ 资本金利润率（R_E）。资本金利润率是指项目投产后正常生产年份的利润总额或生产期年平均利润总额与项目资本金的比率。资本金利润率是反映项目资本金盈利能力的重要指标。其计算公式（11-23）为：

$$R_E=\frac{NP}{EC}\times 100\% \tag{11-23}$$

式中：EC—项目资本金。

④ 投资利税率（R_s）。投资利税率是指项目达到生产能力后的一个正常生产年份的利润和税金总额或项目生产期内的平均利税总额与总投资的比率。其计算公式（11-24）为：

$$R_s=\frac{TP}{I}\times 100 \tag{11-24}$$

式中：TP—项目正常年份的利润和税金总额或年平均的利税总额。

投资利税率数值越大，说明项目为社会提供的利润和向国家缴纳的税金越多。投资利税率和同行业的企业的平均投资利税率做比较，可以判断项目的盈利水平。

11.4.3.4 不确定性分析

事先对技术方案的费用、收益及效益进行计算，是建立在预测的基础上，而任何预测都具有不确定性。这种不确定性包括两个方面：一是影响方案经济效果的各种因素（如价格、销量）的未来变化具有不确定性；二是方案现金流量的各种数据由于缺乏足够的信息或预测方法上的误差，使得方案经济效果评价指标带有不确定性。不确定性的直接后果是使方案经济效果的实际值与评价值相偏离，从而使得按评价值做出的经济决策带有风险性。不确定性分析主要就是对上述这些不确定性因素对方案经济效果的影响程度，以及方案本身的承受能力进行分析。常用的分析方法有盈亏平衡分析法、敏感性分析法等。

（1）盈亏平衡分析法

盈亏平衡分析法是从经营保本的角度来预测投资风险的。依据决策方案中反映的产（销）量、成本和利润之间的相互关系，找出方案盈利和亏损在产量、单价、成本等方面的临界点，以判断不确定性因素对方案经济效果的影响程度，说明方案实施的风险大小。这个临界点被称为盈亏平衡点（break even point，BEP），通常用一定的业务量来表示这种状态。

盈亏平衡分析法有以下前提假设：假设项目的产量等于销售量，销售量变化，销售单价不变，销售收入与产量呈线性关系，企业不会通过降低价格增加销售量；假设项目正常生产年份的总成本可划分为固定成本和变动成本两部分，其中固定成本不随产量变动而变化，可变成本总额随产量变动呈比例变化，单件产品可变成本为一常数，总可变成本是产量的线性函数；假设项目在分析期内，产品市场价格、生产工艺、技术装备、生产方法、管理水平等均无变化；假定项目只生产一种产品，或当生产多种产品时，产品结构不变，且都可以换算为单一产品计算。

在进行盈亏平衡分析时，首先应将全部成本费用按其与产量变化的关系划分为固定成本和变动成本两部分。实际上，在总成本费用中有一些费用，虽然也随产量增减而变化，但与产量不是等比例变化的，称半可变成本。在盈亏平衡分析前，应将半可变成本进一步分解为固定成本和变动成本两部分。将总成本费用划分为固定成本和可变成本的原则：凡与产量增减呈正比变化的费用，如原材料消耗、直接生产用辅助材料、燃料、动力等应划分为可变成本；凡与产量增加无关的费用，如辅助人员工资、职工福利费、折旧及摊销费、修理费等应划分为固定成本；对于某些辅助材料，非直接动力燃料，直接生产人员工资等，虽与产量有关，但又不呈比例变化的半可变成本，可参照类似项目的成本与产量关系或类似项目各类费用固定成本、变动成本的比例划分，近似地将其划分为固定成本或变动成本。

① 盈亏临界点销售量。就单一产品企业来说，盈亏临界点的计算并不困难。

由于计算利润的公式为：

利润＝单价×销量－单位变动成本×销量－固定成本

假设利润等于0，此时的销量为盈亏临界点销售量：

0＝单价×盈亏临界点销售量－单位变动成本×盈亏临界点销售量－固定成本

$$盈亏临界点销售量=\frac{固定成本}{单价-单位变动成本}$$

又由于：

单价－单位变动成本＝单位边际贡献

所以，上式可以写成：

$$盈亏临界点销售量=\frac{固定成本}{单位边际贡献}$$

② 盈亏临界点销售额。单一产品企业在现代经济中只占少数，大部分企业产销多种产品。多品种企业的盈亏临界点，尽管可以使用联合单位销量来表示，但是更多的人乐于使用销售额来表示盈亏临界点。

边际贡献是指销售收入减去变动成本以后的差额，即：

边际贡献＝销售收入－变动成本

边际贡献率是指边际贡献在销售收入中所占的百分率，可以理解为1元销售收入中边际贡献所占的比重，反映产品给企业做出贡献的能力。即

$$边际贡献率=\frac{边际贡献}{销售收入}\times 100\%$$
$$=\frac{单位边际贡献\times 销量}{单价\times 销量}\times 100\%$$
$$=\frac{单位边际贡献}{单价}\times 100\%$$

所以，利润计算的公式可以写成：

利润＝销售额×边际贡献率－固定成本

假设利润等于0，此时的销售额为盈亏临界点销售额：

0＝盈亏临界点销售额×边际贡献率－固定成本

$$盈亏临界点销售额=\frac{固定成本}{边际贡献率}$$

③ 盈亏临界点作业率。盈亏临界点作业率是指盈亏临界点销售量占企业正常销售量的比重。所谓正常销售量，是指正常市场和正常开工情况下企业的销售数量，也可以用销售额来表示。

盈亏临界点作业率的计算公式如下：

$$盈亏临界点作业率=\frac{盈亏临界点销售量}{正常销售量}\times 100\%$$

这个比例表示企业保本的业务量在正常业务量中所占的比重。由于多数企业的生产经营能力是按正常销售量来规划的，生产经营能力与正常销售量基本相同，所以，盈亏临界点作业率还表明保本状态下的生产经营能力的利用程度。

盈亏平衡图也称为量本利图，是将成本、销量、利润的关系反映在直角坐标系中，可以清晰地显示企业不盈利不亏损时应达到的产销量。具体见图11-3，其中，P 为盈亏平衡点。

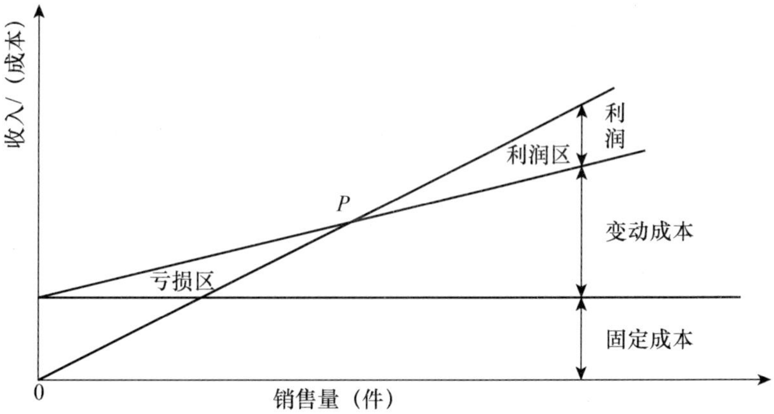

图11-3 盈亏平衡图

（2）敏感性分析法

敏感性分析是指通过测定一个或多个敏感因素的变化所导致的决策评价指标的变化幅度，以判断各种因素的变化对实现项目预期经济目标的影响程

度，从而对外部条件发生不利变化的投资建设方案的承受能力做出判断。不确定因素的变化会引起项目经济指标随之变化，各不确定因素对经济指标的影响是不一样的，有的因素可能对项目经济的影响较小，而有的因素可能会对项目经济带来大幅度的变动，称这些对项目经济影响较大的因素为敏感性因素。敏感性分析就是要找出项目的敏感性因素，并确定其敏感程度，以预测项目承担的风险。

一般进行敏感性分析所涉及的不确定性因素主要有产量、产品生产成本、主要原材料价格、固定资产投资、建设周期、折现率等。敏感性分析不仅能使决策者了解不确定因素对项目经济评价指标的影响，并使决策者对最敏感的因素或可能产生最不利变化的因素提出相应的对策和预防措施，还可以启发评价者对那些较为敏感的因素重新搜集资料进行分析研究，以调高预测的可靠性。

对敏感性分析应注意几个方面的问题：敏感性分析是针对某一个（或几个）效益指标而言来找其对应的敏感因素，即具有针对性；必须有一个定性（或定量）的指标来反映敏感因素对效益指标的影响程度，以做出因这些因素变动对投资方案承受能力的判断。敏感性分析不仅可以应用于拟建项目的经济评价中，以帮助投资者做出最后的决策，而且还可以用在项目规划阶段和方案的选择中。

敏感性分析可按以下步骤进行：

① 确定敏感性分析指标。在进行敏感性分析时，首先要确定最能反映项目经济效益的分析指标，具有不同特点的项目，反映经济效益的指标也大不相同，一般为净现值和内部收益率。

② 确定分析的不确定因素。影响项目经济评价的不确定因素很多，通常有产品销量、产量、价格、经营成本、项目建设期和生产期等。在实际的敏感性分析中，没有必要也不可能对全部的不确定因素都进行分析，一般只选那些在费用效益构成中所占比重比较大，对项目经济指标影响较大的几个因素进行分析。通常将销售收入、产品售价、产品产量、经营成本、计算期限和投资等因素作为敏感性因素进行敏感分析。

③ 确定不确定因素的变化范围。不确定因素的变化，一般有一定范围，如销售收入，将来会受市场影响，项目产量和售价将在一定预测范围内变化，这个范围可通过市场调查或初步估计获得。假设某产品价格近几年变化为－10％～10％，就可将价格变化范围定为－15％～15％来进行敏感性分析。

④ 计算评价指标，绘制敏感性分析图并进行分析。计算各种不确定性因素在可能变动幅度和范围内，导致的项目经济评价指标的变化结果，并以一一对应的数量关系，绘制出敏感性分析图。

在计算过程中，先假设一个变量发生变化，其他因素变量不变，计算其不同变动幅度，如－5％～5％，－10％～10％等所对应的经济评估指标值，这样一个一个计算下去，直到把所有敏感性因素计算完为止。然后，利用计算出来的一一对应关系，在敏感性分析图上绘出相应因素的敏感性变化曲线。纵坐标表示敏感性分析指标，横坐标表示各敏感性因素变化，零点为原来没变的情况；分析曲线的变化趋势，确定线性、最大的允许变化幅度和最敏感因素。敏感性分析作为一种风险分析，主要是为了表明项目承担风险的能力，如某个不确定性因素变化引起项目经济评价指标的变化不大，则认为项目经济生命力强，承担风险能力大。显然，项目经济评价指标对不确定性因素的敏感度越低越好。所以，敏感性分析，主要是寻找引起项目经济评价指标下降的最敏感性因素并对其进行综合评价，提出把风险降到最低限度的对策，为投资决策提供参考。

11.5 设计方案的选择

设计方案经过技术经济分析后，就进入决策阶段。对于单一方案而言，通过计算不同的经济评价指标，依据各个指标的评价标准，就可判断该方案的经济可行性，从而决定方案的取舍。但在项目的决策过程中，为保证项目最终效益的实现，都应从技术和经济相结合的角度进行多方案分析论证，根据经济评价的结果结合其他因素进行决策。可以认为，投资决策的过程就是多方案评价和择优的过程。因此，只有对多方案进行评价才能决策出技术上先进，经济上合理，社会效益最大化的最优方案。

11.5.1 方案选择的原则

一般在选择时，面对的各个方案，常常是互相矛盾、各有长短、优劣难分。为做好方案的选择工作，应根据项目特点，遵循以下原则，综合考虑，选出最佳方案。

(1) 先进适用

这是评价建设方案的最基本标准。先进与适用是对立的统一，保证建设方案技术的先进性是首先要满足的。但是同时要考察建设方案技术是否符合建设单位的财力和市场需求水平，是否符合技术发展政策。总之，要根据建设目标和项目经济效益，综合考虑先进与适用的关系。

(2) 安全可靠

项目所采用的技术必须经过多次实践证明是较为成熟的，工程质量可靠的，有详尽的技术分析数据和可靠性记录，并且工程风险应当在相关规定要求的标准之内，才能确保项目建成后发挥经济效益。对于大型项目，更应重视方案选择时技术的安全性和可靠性。

(3) 经济合理

经济合理性原则是指建设方案所用的技术应能够以尽可能小的耗费来获得最大的经济效果，要求综合考虑所用技术所能产生的经济效益和筹建方的经济承受能力。在可行性研究中尽可能提出多种不同的技术方案，通过合理的技术经济指标反复进行比较选优。

11.5.2 方案的综合分析

11.5.2.1 互斥型方案的分析

互斥型方案是指一组方案中，选择其中一个方案，则排除了接受其他方案的可能性，也就是说互斥型方案中只能选择一个方案，其余方案必须放弃，方案之间具有项目排斥的性质。

(1) 寿命期相同的互斥型方案选择方法

对于寿命期相同的互斥方案，可将方案的寿命期设定为共同的分析期，利用资金时间价值等原理进行经济效果评价时，各方案在时间上具有可比性，寿命期相等的互斥型方案比选时，可采用增量分析法、直接比较法和最小费用法。

①增量分析法。对相互比较的两个方案，可计算其在投资、年销售收入、年经营费用等方面的增量，构成新现金流量即增量现金流量，因此，对不同方案的增量现金流量进行分析的方法称为增量分析。对互斥方案进行经济分析时，根据不同方案的现金流量、可采用静态增量投资回收期、动态增量投资回收期、增量净现值、增量内部收益率等指标进行方案的比选。

增量投资回收期，也称追加投资回收期或差额投资回收期，指的是投资额不同的工程项目建设方案，用成本的节约或收益的增加来回收增量投资的期限。对于两个投资额不同的方案而言，一般来说，投资额大的方案其年经营成本往往低于投资额小的方案的年经营成本，或投资额大的方案其年净收益往往高于投资额小的方案的年净收益。增量投资回收期即是投资额大的方案用年经营成本的节约或年净收益的增加额来补偿其投资增量的时间。

静态增量投资回收期（ΔP_t）是指在不考虑资金时间价值的条件下的增量投资回收期。其一般计算式（11-25）为：

$$\sum_{t=0}^{\Delta P_t}(NCF_1 - NCF_2)_t = 0 \qquad (11\text{-}25)$$

式中，NCF_1、NCF_2 分别代表方案 1 和方案 2 的净现金流量。一般而言，方案 1 代表初始投资额较大的方案。

静态增量投资回收期的评级准则：当 $\Delta P_t \leqslant P_c$，说明投资大的方案相比较于投资小的方案的投资增量可在基准投资回收期收回，即投资额大的方案优于投资额小的方案；否则，投资额小的方案优于投资额大的方案。

动态增量投资回收期（$\Delta P_t'$）是指在考虑时间价值的条件下，投资额大的方案用年经营成本的节约额或年净收益的增加额补偿其投资增量所需要的时间。其计算公式为：

$$\sum_{t=0}^{\Delta P_t'}(NCF_1 - NCF_2)_t(1+i_c)^{-t} = 0 \qquad (11\text{-}26)$$

动态增量投资回收期的评价准则：$\Delta P_t' \leqslant P_c$，说明投资额大，经营成本低或年净收益高的方案较优；若 $\Delta P_t' > P_c$，说明投资额小，经营成本高或年净收益低的方案较优。

增量净现值法（ΔNPV）比较的原理是，在参与比较的方案达到基准收益率要求的基础上，判定投资多的方案比投资小的方案所增加的投资是否值得，如果增量投资值得投资，则投资额大的方案为优方案；否则，投资额小的方案为较优方案。

假设方案 1 和方案 2 是两个投资额不等的互斥型方案，有共同的计算期 n 年，方案 1 比方案 2 的投资额大，则两个方案的增量净现值计算如下：

$$\Delta NPV_{1-2}=\sum_{t=0}^{n}[(CI_1-CI_1)_t-(CI_2-CI_2)_t]\times(1+i_c)^{-t}=NPV_1-NPV_2 \tag{11-27}$$

若果 $\Delta NPV>0$，则表明增量投资部分是值得的，投资额大的方案优于投资额小的方案；如果 $\Delta NPV<0$，则表明增量投资部分不能达到预期的基准收益水平，该部分的投资是不值得的，因此，投资额小的方案是较优方案。

增量内部收益率（ΔIRR），又称差额内部收益率。对于两个投资额不等的方案而言，如果投资额大的方案的年净现金流量与投资额小的年净现金流量的差额现值之和等于0，此时的折现率为增量内部收益率。也可以表述成增量内部收益率是指增量净现值等于零的折现率或两个项目方案净现值相等时的折现率，一般用 ΔIRR 表示。

$$\sum_{t=0}^{n}[(CI-CO)_2-(CI-CO)_1](1+\Delta IRR)^{-t}=0 \tag{11-28}$$

式中：ΔIRR—增量内部收益率；

$(CI-CO)_2$—投资额大的方案的年净现金流量；

$(CI-CO)_1$—投资额小的方案的年净现金流量。

若 $\Delta IRR>i_c$，则投资额大的方案为优；若 $\Delta IRR<i_c$，则投资额小的方案为优。

②直接比较法。当互斥型方案的计算期相同时，在已知各投资方案的现金流入量与现金流出量的前提下，直接用净现值或净年值进行方案的评价选优最为简便。其评价步骤如下：首先是绝对经济效果检验，即计算各方案的 NPV 或 NAV，并加以检验，若某方案的 $NPV\geqslant0$ 或 $NAV\geqslant0$，则该方案通过了绝对经济效果检验，可以继续作为备选方案，进入下一步的选优；若某方案的 $NPV<0$ 或 $NAV<0$，则该方案没有资格进入下一步的选优。其次是相对经济效果检验，即两两比较通过绝对经济效果检验的各方案的 NPV 或 NAV 的大小，直至保留 NPV 或 NAV 最大的方案。最后是选最优方案，即相对经济效果检验后保留的方案为最优方案。

(2) 计算期不同的互斥型方案的选择方法

当相互比较的互斥型方案具有不同的计算期时，由于方案之间不具有可比性，不能直接采用增量分析法或直接比较法进行方案的比选。为了满足时间上的可比性，需要对各备选方案的计算期进行适当的调整，使各方案在相同的条件下进行比较，才能得出合理的结论。

①年值法。年值法主要采用净年值指标进行方案的比选，当各个方案的效益难以计量或效益相同时，也可采用费用年值指标。在年值法中，要分别计算各备选方案净现金流量的等额净年值或费用年值，并进行比较，以净年值最大（或费用年值最小）的方案为最优方案。年值法中是以“年”为时间单位比较各方案的经济效果，从而使计算期不同的互斥型方案具有时间上的可比性。

②最小公倍数法。最小公倍数法是以各备选方案计算期的最小公倍数为比较期，假定在比较期内各方案可重复实施，现金流量重复发生，直至比较期结束。以最小公倍数作为共同的计算期，使得各备选方案有相同的比较期，具备时间上的可比性，可采用净现值等指标进行方案的选择。

当相互比较的各方案最小公倍数不大且技术进步等因素的影响不大时，现金流量可以重复发生的假定可以认为基本符合事实，这是因为技术进步与通货膨胀具有一定的相互抵消作用。但当最小公倍数很大时，假定在最小公倍数的比较期内各方案的现金流量可以重复实施就会脱离实际。

③研究期法。研究期法是选择一个共同的研究期作为各个备选方案共同的计算期，在计算期内，直接采用方案本身的现金流量，在计算期末，计入计算期末结束方案的余值。通过研究期法的处理，计算期不同的方案有了共同的计算期，可以按照计算期相同的互斥型方案的比较方法进行方案的选择。

采用研究期法时，应尽可能利用方案原有的现金流量信息，把主观判断方案余值的影响减到最小。一般来说有以下三种做法：一是取最长寿命作为共同分析的计算期；二是取最短寿命作为共同分析的计算期；三是取计划规定的年限作为共同分析计算期。研究期法有效弥补了最小公倍数法的不足，适用于技术更新较快的产品和设备方案的比选，但对计算期末未结束方案余值的确定是否准确，应给予重视。

11.5.2.2 独立型方案的分析

独立型方案是指在一组备选方案中，任一方案的采用与否都不影响其他方案的取舍。即在独立方案中，各方案之间现金流量独立，互不干扰，方案之间不具有相关性，采纳一个方案并不要求放弃另外的方案。

（1）资金不受限制时独立型方案的选择

在资金不受限制的情况下，独立方案的采纳与否，只取决于方案自身的经济效果。也就是说，资金不受限制的独立型方案的经济评价只需检验其是否通过净现值 *NPV* 或内部收益率 *IRR* 等指标的评价标准即可，凡是通过了方案自身的“绝对经济效果检验”，即认为其在经济效果上达到了基本要求，可以接受，否则，应予以拒绝。

（2）资金受限制时独立型方案的选择

独立型方案经济评价中，如果资金受到限制，就不能像资金无限制的方案那样，凡是通过绝对经济效果检验的方案都被采用。因此，在通过了绝对经济效果检验的方案中，由于资金受限，也必须放弃其中一个或一些方案。独立型方案经济评价的标准是在满足资金限额的条件下，取得最好的经济效果。

①互斥方案组合法。互斥方案组合法是利用排列组合的方法，列出待选择方案的所有组合。保留投资额不超过限制且净现值大于零的方案组合，淘汰其余方案组合，保留的组合方案中，净现值最大的一组所包含的方案即为最优的方案组合。互斥方案组合法能够在各种情况下确保选择的方案组合是最优的可靠方法，是以净现值最大化作为评价目标，保证了最终所选出的方案组合的净现值最大。

②净现值率排序法。净现值率排序法就是在计算各方案净现值率的基础上，将净现值率大于或等于 0 的方案按净现值率从大到小排序，并依此选取项目方案，直至所选项目方案的投资总额最大限度地接近或等于投资限额为止。净现值率排序法所要达到的目标是在一定的投资限额的约束下，使所选项目方案的投资效率最高。

由于投资项目的不可分性，净现值率排序法不能保证现有资金的充分利用，不能达到净现值最大的目标。所以，各方案只有在投资占预算投资比例很低，或各方案投资额相差不大时，才能达到或接近达到净现值最大的目标。

11.5.2.3　方案综合分析内容

方案的综合分析，就是将每个方案在技术上、经济上的各种指标、优缺点全面列出，以作为方案评价和选择时的分析依据。方案的综合分析一般包括以下内容：

① 列出每个方案具体计算好的各项经济效果指标，并对这些指标进行分析。任何一个技术方案，它的投资效果系数和投资利润率都应高于国家或部门规定的标准数据。若项目的投资是在有偿使用的条件下，投资效果系数和投资利润率一定要高于银行贷款的利率，否则，项目建成后，连利息都付不起，这样的项目是不能投资和建设的。

② 列出各个方案的总投资、单位投资和投资的产品率，并分析投资的构成和投资高低的原因，提出降低投资风险的具体措施。在分析投资时，特别要注意结合项目技术特点，严格分清项目分期建设及逐年所需的投资额，避免投资积压，尽量提高投资的使用效果。

③ 列出和分析每个方案投产后的产品成本，分析成本的构成和影响因素，提出降低成本的原则和主要途径。

④ 列出和分析每个方案投产后的劳动生产率，指出这些产品投产后对发展食品工业、提高人民生活水平和发展农业的意义，特别是出口产品，要指明在国际上的竞争能力。

⑤ 分析各方案投产后的劳动生产率，在国内和国际上与同类企业相比是属高的还是属低的，原因何在，如何提高等。

⑥ 分析每个方案采用了哪些先进技术，它们的水平和程度如何，这些先进技术对提高产品质量和劳动生产率有什么影响，经济效益如何。

⑦ 列出和分析每个方案在消耗重要物资材料和占有农田方面的情况，指出采用了哪些措施。

⑧ 分析每个方案的建设周期，提出保证工程质量、缩短工期的措施。

⑨ 分析项目的“三废”处理情况。

在进行每个方案的综合分析时，要有科学态度、有叙述、有评论，为正确合理地选择方案提供依据。

思考题

1. 食品工厂建设项目为什么要进行技术经济分析？

2. 技术经济分析的内容有哪些方面？

3. 技术经济分析的基本步骤是怎样的？

4. 固定成本和变动成本与产品产量的关系是怎样的？

5. 简述总成本的概念，以及在技术经济分析中年成本费用的估算方法。

6. 静态投资回收期和动态投资回收期有何区别？

7. 净现值和净现值率的经济含义有何区别？

8. 试论述基准收益率的变化对净现值的影响。

9. 增量内部收益率评价准则是什么？

10. 什么是盈亏平衡点？盈亏平衡点计算有何意义？

11. 技术方案的不确定性指的是哪几方面的内容？

12. 进行敏感性分析的意义是什么？

13. 食品工厂选择建设方案时应遵循哪些原则？

推荐学习书目

[1] Antonio López-Gómez，Gustavo V. Barbosa-Cánova. 食品工厂设计．李洪军，等译．北京：中国农业大学出版社，2010.

[2] Hui Y H. Plant Sanitation for Food Processing and Food Service. Second Edition. Boca Raton：CRC Press，2003.

[3] Michael M Cramer. Food Plant Sanitation：Design，Maintenance，and Good Manufacturing Practices. Boca Raton：CRC Press，2006.

[4] Robberts. Theunis Christoffel. Food Plant Engineering Systems. Boca Raton：CRC Press，2002.

[5] 蔡功禄．发酵工厂设计概论．北京：中国轻工业出版社，2000.

[6] 蔡健，李延辉．食品质量与安全．北京：中国计量出版社，2010.

[7] 陈宗道，刘金福，陈绍军，等．食品质量与安全管理．北京：中国农业大学出版社，2011.

[8] 郭鸰，冯镇，王喜波，等．食品安全生产与管理．哈尔滨：黑龙江科学技术出版社，2009.

[9] 何东平．食品工厂设计．北京：中国轻工业出版社，2015.

[10] 何建洪．技术经济学原理与方法．北京：清华大学出版社，2012.

[11] 李国庭．化工设计概论．2 版．北京：化学工业出版社，2015.

[12] 李洪军．食品工厂设计．北京：中国农业出版社，2005.

[13] 李平兰，王成涛．发酵食品安全生产与品质控制．北京：中国化学工业出版社，2005.

[14] 刘学文．食品科学与工程导论．北京：化学工业出版社，2007.

[15] 宁喜斌．食品质量安全管理．北京：中国质检出版社，2012.

[16] 彭志行，吴鼎贤，翟建阳．食品安全生产规范及其公共卫生问题．南京：东南大学出版社，2012.

[17] 王静，单爱琴．环境学导论．徐州：中国矿业大学出版社，2013.

[18] 王如福．食品工厂设计．北京：中国轻工业出版社，2001.

[19] 王颉．食品工厂设计与环境保护．北京：化学工业出版社，2006.

[20] 王志祥．制药工程学．北京：化学工业出版，2008.

[21] 徐学平．食品工程全书：第 3 卷 食品工业工程．北京：中国轻工业出版社，2004.

[22] 杨芙莲．食品工厂设计基础．北京：机械工业出版社，2005.

[23] 闫师杰，董吉林．制冷技术与食品冷冻冷藏设施设计．北京：中国轻工业出版社，2007.

[24] 闫子鹏，王月慧，何东平．粮油加工厂开办指南．北京：化学工业出版社，2010.

[25] 于秋生．食品工厂建筑概论．北京：化学工业出版社，2011.

[26] 虞晓芬．技术经济学概论．4 版．北京：高等教育出版社，2015.

[27] 张国农．食品工厂设计与环境保护．2 版．北京：中国轻工业出版社，2016.

[28] 赵建奇，杨林，张保利．建设项目环境监理实施要点．北京：中国环境科学出版社，2012.

[29] 曾庆孝．GMP 与现代食品工厂设计．北京：化学工业出版社，2006.

[30] 张一鸣，黄卫萍．食品工厂设计．北京：化学工业出版社，2008.

[31] 张爱民，周天华．食品科学与工程专业实验实习指导用书．北京：北京师范大学出版社，2011.

[32] 纵伟. 食品工厂设计. 郑州：郑州大学出版社，2011.
[33] 陈枝汉. 工业建设项目投资估算准确性探析. 山西建筑，2013 (12)：213-214.
[34] 申健，腾昕科. 食品工厂设计审查的主要问题探讨. 中国公共卫生管理，2007 (1)：45-46.
[35] 阎民. 影响项目投资决策的风险要素简析. 现代经济信息，2013 (4)：177-178.
[36] 张永锋，郭元新. 食品工厂设计中劳动力计算的新方法. 食品工业科技，2003 (8)：108-112.

参考文献

[1] Antonio López-Gómez，Gustavo V. Barbosa-Cánova，食品工厂设计［M］．李洪军，等译．北京：中国农业大学出版社，2010.

[2] 蔡功禄．发酵工厂设计概论［M］．北京：中国轻工业出版社，2000.

[3] 蔡健，李延辉．食品质量与安全［M］．北京：中国计量出版社，2010.

[4] 蔡先治．房屋建筑学［M］．北京：中国矿业大学出版社，1999.

[5] 崔艳秋．建筑概论［M］．北京：中国建筑工业出版社，2005.

[6] 都沁军．工程经济学［M］．北京：北京大学出版社，2012.

[7] 郭鸰，冯镇，王喜波，等．食品安全生产与管理［M］．哈尔滨：黑龙江科学技术出版社，2009.

[8] 国家认证认可监督管理委员会等．HACCP 认证与百家著名食品企业案例分析［M］．北京：中国农业科学技术出版社，2006.

[9] 何东平．食品工厂设计［M］．北京：中国轻工业出版社，2015.

[10] 焦志鹏．建筑概论［M］．哈尔滨：哈尔滨工业大学出版社，2002.

[11] 李奠础，樊海舟．轻化工工厂设计基础［M］．北京：中国轻工业出版社，1992.

[12] 李国庭．化工设计概论［M］．2 版．北京：化学工业出版社，2015.

[13] 李洪军．食品工厂设计［M］．北京：中国农业出版社，2005.

[14] 李明孝．工程经济学［M］．北京：化学工业出版社，2011.

[15] 李元瑞．食品工厂设计原理［M］．西安：陕西科学技术出版社，1994.

[16] 宁喜斌．食品质量安全管理［M］．北京：中国质检出版社，中国标准出版社，2012.

[17] 钱和．HACCP 原理与实施［M］．北京：中国轻工业出版社，2003.

[18] 钱坤．建筑概论［M］．北京：北京大学出版社，2010.

[19] 彭志行，吴鼎贤，翟建阳．食品安全生产规范及其公共卫生问题［M］．南京：东南大学出版社，2012.

[20] 石杨林，李玉萍．投资项目评估与管理［M］．北京：中国农业科技出版社，2002.

[21] 王立国．可行性研究与项目评估［M］．大连：东北财经大学出版社，2001.

[22] 王如福．食品工厂设计［M］．北京：中国轻工业出版社，2001.

[23] 王世平．食品标准与法规［M］．北京：科学出版社，2010.

[24] 王维坚．食品工厂设计［M］．北京：中国轻工业出版社，2014.

[25] 王新泉．建筑概论［M］．北京：机械工业出版社，2008.

[26] 王颉．食品工厂设计与环境保护［M］．北京：化学工业出版社，2006.

[27] 王志祥．制药工程学［M］．北京：化学工业出版，2008.

[28] 吴思方．生物工程工厂设计概论［M］．北京：中国轻工业出版社，2010.

[29] 无锡轻工业学院，轻工业部上海轻工业设计院．食品工厂设计基础［M］．北京：中国轻工业出版社，1990.

[30] 熊晓辉．食品工厂设计［M］．南京：东南大学出版社，2006.

[31] 徐学平．食品工程全书：第三卷　食品工业工程［M］．北京：中国轻工业出版社，2004.

[32] 薛文通．食品工厂设计与设备［M］．北京：中央广播电视大学出版社，2010.

[33] 闫师杰，董吉林. 制冷技术与食品冷冻冷藏设施设计 [M]. 北京：中国轻工业出版社，2007.

[34] 杨芙莲. 食品工厂设计基础 [M]. 北京：机械工业出版社，2009.

[35] 闫子鹏，王月慧，何东平. 粮油加工厂开办指南 [M]. 北京：化学工业出版社，2010.

[36] 于秋生. 食品工厂建筑概论 [M]. 北京：化学工业出版社，2011.

[37] 曾庆孝. GMP 与现代食品工厂设计 [M]. 北京：化学工业出版社，2006.

[38] 张国农. 食品工厂设计与环境保护 [M]. 北京：中国轻工业出版社，2005.

[39] 张国农. 食品工厂设计与环境保护 [M]. 2 版. 北京：中国轻工业出版社，2015.

[40] 张慜，李春丽. 现代食品工业指南 [M]. 南京：东南大学出版社，2002.

[41] 张务达. 粮食工厂设计原理 [M]. 南昌：江西人民出版社，1985.

[42] 张一鸣，黄卫萍. 食品工厂设计 [M]. 北京：化学工业出版社，2016.

[43] 纵伟. 食品工厂设计 [M]. 郑州：郑州大学出版社，2011.

[44] 周镇江. 轻化工工厂设计概论 [M]. 北京：中国轻工业出版社，1994.

[45] 丁彩梅. 食品工厂设计课程教学改革探讨和实践 [J]. 中国校外教育，2014，21：119.

[46] 李宾，邓永清. 食品机械表面污垢的形成和清洗 [J]. 包装与食品机械，1998，16 (4)：37-39.

[47] 邱志强. 饮料加工厂的卫生设计 [J]. 饮料工业，2011 (7)：36-39.

[48] 王霞，刘海军，胡亚光等. 提高“食品工厂设计”课程设计教学效果的方法探讨 [J]. 农产品加工，2015，9：76-77.

[49] 余萃. 应用型本科高校“食品工厂设计”课程教学研究与探索 [J]. 决策与信息，2015，12：65.

[50] 张存胜. 高校食品工厂设计课程教学改革研究 [J]. 农产品加工，2014，21：78-80.

[51] 张水成，王沂，张世卿. 食品工厂设备清洗系统 CIP 的原理与发展前景 [J]. 中国农业通报，2006，22 (6)：91-94.

[52] 郑坚强，司俊玲，纵伟. “食品工厂设计”课程的教改探索 [J]. 轻工科技，2015，7：169-170.

[53] 之阳. HACCP 的起源·发展·特点 [J]. 中国饲料，2003，12：6-7.

[54] 中华人民共和国卫生部. 食品安全国家标准 食品生产通用卫生规范：GB 14881-2015 [S]. 北京：中国标准出版社，2014，6.

[55] 卫生部职业卫生标准专业委员会. 工业企业设计卫生标准：GBZ 1-2010 [S]. 北京：人民卫生出版社，2010，8.

[56] 中华人民共和国住房和城乡建设部. 医药工业洁净厂房设计规范：GB 50457-2008 [S]. 北京：中国计划出版社，2009，6.

[57] 国家食品药品监督管理局. 医药工业洁净室（区）悬浮粒子的测定方法：GB/T 16292-2010 [S]. 北京：中国标准出版社，2011，2.

[58] 国家食品药品监督管理局. 医药工业洁净室（区）沉降菌的测试方法：GB/T 16294-2010 [S]. 北京：中国标准出版社，2011，2.

[59] 全国质量管理和质量保证标准化技术委员会. 质量管理体系 要求：GB/T 19001-2016 [S]. 北京：中国标准出版社，2017，7.

[60] 中华人民共和国工业和信息化部. 洁净厂房设计规范 要求：GB 50073-2013 [S]. 北京：中国计划出版社，2013，9.

[61] 中华人民共和国国家食品药品监督管理总局颁布的《各类食品生产许可证审查细则（2016 版）》.

[62] 苏大路，孔繁明，沈山江翻译. 危害分析和关键控制点（HACCP）体系及其应用准则. CAC/RCP1-1969，Rev. 3 (1997).

[63] 中华人民共和国商务部. 肉制品生产 HACCP 应用规范：GB/T 20809-2006 [S]. 北京：中国标准出版社，2007，6.

[64] 中华人民共和国卫生部. 食品安全国家标准 乳制品良好生产规范：GB 12693-2010 [S]. 北京：

中国标准出版社，2010，12.

［65］中华人民共和国卫生部．食品安全国家标准 粉状婴幼儿配方食品良好生产规范：GB 23790-2010［S］．北京：中国标准出版社，2010，12.

［66］中华人民共和国国家卫生和计划生育委员会．食品安全国家标准 特殊医学用途配方食品企业良好生产规范：GB 29923-2013［S］．北京：中国标准出版社，2015，1.

［67］全国认证认可标准化技术委员会．危害分析与关键控制点（HACCP）体系 食品生产企业通用要求：GB/T 27341-2009［S］．北京：中国标准出版社，2009，6.

［68］全国认证认可标准化技术委员会．危害分析与关键控制点（HACCP）体系 乳制品生产企业要求：GB/T 27342-2009［S］．北京：中国标准出版社，2009，6.

扩展资源

请登录中国农业大学出版社教学服务平台“中农 De 学堂”查看：

二维码 1
食品工厂设计与
传统文化的融合

二维码 2
食品工厂设计考虑
社会与生态环境宝

二维码 3
“双碳”战略与
食品工厂设计

二维码 4
食品工厂设计需要
“工匠精神”

二维码 5
“食品工厂设计”课程
教学改革与探索实践

二维码 6　基于工程
认证教育的“食品工厂
设计”课程建设思考

二维码 7　“双万计划”背景
下食品工厂设计课程
“金课”建设探索

二维码 8　基于腾讯会议＋
慕课堂的食品工厂设计
线上教学应用研究

二维码 9
红枣深加工项目

二维码 10
酱菜生产项目
综合工厂设计

二维码 11
速冻草莓工厂设计

二维码 12
猕猴桃果脯加工
生产线实图

二维码 13
陕西富平特色柿饼
加工虚拟仿真实训